PD Dr. Udo Gansloßer (Hrsg.)
Unter Mitarbeit von Svenja ten Thoren

Verhaltens-physiologie & medizin

Wie innere Zustände das Verhalten beim Hund steuern

MIT KOSMOS MEHR ENTDECKEN
Inklusive
Einfluss sozialer Faktoren
SEIT 1822

KOSMOS

☞ *Inhalt*

ZU DIESEM BUCH

Häufig wird auf unseren Veranstaltungen über Hunde irgendwann die Frage gestellt, was denn im Hund vorginge, wenn er sich gerade irgendwie „daneben" benimmt. Nun soll beileibe nicht der Eindruck erweckt werden, dass solche Hunde stets und unmittelbar krank oder gestört sein müssten. Im Gegenteil, oft verhalten sie sich völlig normal. Manchmal sind die normalen Verhaltensweisen aber gesellschaftlich inakzeptabel oder für den Halter nicht zumutbar. Manchmal sind auch die Erwartungen der Gesellschaft oder der Halter für den Hund unzumutbar bis unerfüllbar.
Während bei uns Menschen die Bereiche der Sozialpsychologie, Psychotherapie und Psychiatrie in vielfältiger Weise versuchen, solche Diskrepanzen zwischen Wunsch und Wirklichkeit zu erklären und nötigenfalls zu verändern, finden sich bei Hunden und anderen Kumpantieren, vor allem im deutschsprachigen Schrifttum, kaum zusammenfassende Darstellungen, die auch biowissenschaftliche und evolutionsökologische Zusammenhänge ernsthaft mit beinhalten. Selbst etablierte Konzepte der Tierschutzforschung z. B. bei Nutztieren (Bedarfsdeckung/Schadensvermeidung oder die „Fünf Freiheiten") finden kaum Eingang in die Heimtierliteratur.
Aus diesem Grund reifte der Entschluss, in unserem interdisziplinären Team ein Buch speziell zu dieser Thematik zu versuchen. Das Autorenteam spiegelt diesen interdisziplinären Ansatz wider, neben den zoologischen und veterinärmedizinischen (im weiteren Sinne) Disziplinen sind Philosophie/Ethik, Rechtswissenschaft, Sport- und Sozialwissenschaften, um nur einige zu nennen, dabei. Vielfach haben wir auch auf die Auswertungen von Fallberichten und Fragen der Teilnehmer unserer Veranstaltungen zurückgreifen können. Möge das vorliegende Ergebnis möglichst vielen Hunden helfen, besser verstanden zu werden, und möglichst viele Menschen vor diesen Missverständnissen bewahren.

Udo Gansloßer & Team

In vielen Bereichen der Mensch-Hund-Beziehung gibt es nachgewiesene Geschlechtsunterschiede. In diesen Fällen benutzen wir die eindeutige Zuordnung Halter bzw. Halterin, ebenso wie Rüde bzw. Hündin. Ansonsten sind bei der Ansprache im Text alle bekannten und noch unbekannten Geschlechter gemeint.

VERERBUNG UND UMWELTEINFLÜSSE

GRUNDLAGEN MODERNER VERHALTENSBIOLOGIE

VON PD DR. UDO GANSLOSSER

Das Studium tierlichen Verhaltens ist bereits seit vielen tausend Jahren traditioneller Inhalt des menschlichen Strebens nach Erkenntnis und auch nach praktischen Nutzanwendungen. Dahingehend erscheint es nicht sonderlich notwendig, Verhalten zu definieren. Die knappe und etwas ironische Definition, die Peter Kappeler (2012) in seinem Lehrbuch zitiert, lautet demnach auch **„Verhalten ist das, was tote Tiere nicht mehr tun".**
Selbstverständlich gibt es auch weniger ironische Definitionen, Peter Kappeler selbst schreibt (2012) **„Verhalten (...) bezieht sich daher auf die intern koordinierte Kontrolle von Bewegungen oder Signalen, mit denen ein intakter Organismus mit Artgenossen oder anderen Komponenten seiner belebten und unbelebten Umwelt interagiert sowie auf Aktivitäten, die der Homöostase** (allgemein üblich ist heute der Begriff Allostase) **eines Individuums dienen."**
Der Rückblick auf die geschichtliche Entwicklung der Verhaltensbiologie muss keineswegs bei Adam und Eva und noch nicht einmal bei Aristoteles und Charles Darwin beginnen. Wichtige Meilensteine in der Geschichte der Verhaltensforschung waren aber z. B. die Schaffung des Instinktbegriffs durch den amerikanischen Morphologen Charles Whitman. Er führte den Begriff ein, um stereotype Verhaltensmuster, in diesem Fall von Tauben, zu beschreiben. Bemerkenswert ist, dass hier keine Fragen von genetischer Verankerung dieser Muster erwähnt werden. Whitman meinte lediglich, dass Instinkte und Organe aus einer gemeinsamen Sichtweise der stammesgeschichtlichen Herkunft betrachtet werden müssten. Ein weiterer Schritt, der die Verhaltensbiologie auch heute noch stark formt, ist die Einführung des Prägungskonzeptes durch den Berliner Ornithologen Oskar Heinroth, der den Begriff bereits 1910 veröffentlichte. Aus lernpsychologischer Sicht wichtig waren die Erkenntnisse über klassische und instrumentelle Konditionierung durch Pavlov und Skinner. Gerade die amerikanisch orientierten Psychologen haben Ende des 19. bzw. zu Beginn des 20. Jahrhunderts eine Handlungsanweisung erhalten, die auch heute noch für andere Teilbereiche der Verhaltensbiologie modern ist: Lloyd Morgan hat die sogenannte Sparsamkeitsregel formuliert, indem er 1896 forderte, eine Verhaltensweise immer auf der einfachsten möglichen Erklärungsebene zu erklären. Höhere oder gar unerklärliche Phänomene sollten nur ins Spiel gebracht werden, wenn die Erklärung auf der untersten Ebene nicht funktioniert. Diese, im Prinzip nur als Spezialform des Ockam Prinzips, in den Naturwissenschaften allgemein üblich, formulierte Anweisung hat allerdings auch sehr viele nachteilige Wirkungen gehabt. Während Morgan selbst z. B. die Existenz höherer Verhaltensphänomene (Intelligenz oder auch Emotion) keineswegs verneinte, haben seine Nachfolger und die darauf aufbauenden psychologischen Schulen des Behaviorismus so getan, als ob es diese höheren Erscheinungen gar nicht gäbe.

VERHALTENS-INTERPRETATION

Die Entwicklung auf dem europäischen Kontinent und in Großbritannien ging in etwas andere Richtungen. Die vergleichende Verhaltensforschung oder Ethologie, in modernen Lehrbüchern oft als die klassische Ethologie bezeichnet, wurde durch die Gruppe um Konrad Lorenz begründet, der erstmals umfassende Modelle zur Interpretation und auch Vorhersagbarkeit von Verhaltensweisen entwickelte und damit eine zusammenhängende, an der Evolutionstheorie orientierte Theorie der Verhaltensbiologie entwarf. Gleichzeitig wurden zwei andere Arbeitsweisen von bedeutenden Verhaltensbiologen mit ihren Schulen in Europa etabliert, nämlich die auf Karl von Frisch zurückgehende physiologische Betrachtung des Verhaltens sowie die von dem holländischen Verhaltensbiologen Nikolaas Tinbergen begründete Richtung. Letzterer hob durch eine Kombination von hypothesengestützten Langzeitbeobachtungen und gezielten einfachen, aber wirkungsvollen Versuchen mit nicht-domestizierten Tieren sowohl im Freiland als auch im Labor die Verknüpfung zur Ökologie und die Bedeutung des Verhaltens im natürlichen Lebensraum der Tiere stark hervor.

Seit den 1950er Jahren kam es zu einer zunehmenden Annäherung der genannten Forschungsdisziplinen: zum einen die aus nordamerikanischen Universitäten zunehmenden **Langzeitfreilandstudien**, zunächst an Primaten, später auch Raubtieren (George Schallers Löwenstudie als eines der ersten Beispiele) und weiteren Säugetier- und Vogelarten. Zum anderen die aus den britischen ethologischen Arbeitsgruppen stammende zunehmende Bedeutung der ökologischen Ausrichtung und des ökologisch betrachteten Artvergleichs. Dies führte zu einer Verbreiterung und zu einem gegenseitigen Annähern und Befruchten der verschiedenen Teildisziplinen. In den 1970er Jahren wurde die Konsequenz evolutionsbiologischer Betrachtung, die sich als Verhaltensökologie und Soziobiologie etablierte, kurzzeitig zu der überwältigenden Teildisziplin. Spätestens seit dem Ende der 1980er Jahre jedoch, z. B. auch durch den Gebrauch von immer mehr verfeinerten Labormethoden, erhielt auch die **Verhaltensphysiologie** wieder ihren Aufschwung. Seit Mitte der 1990er Jahre sind intensive und methodisch sehr interessante Verknüpfungen zwischen Neurobiologie, Molekulargenetik und Verhaltensbiologie methodisch möglich geworden. In den letzten Jahren hat sich noch eine weitere, sehr aufregende Möglichkeit der wenig invasiven physiologischen Bestimmung von Verhaltensvorgängen ergeben: Hunde können nun, wie sowohl die Arbeitsgruppe des US-amerikanischen Neurobiologen Gregory Berns als auch die Gruppe in Budapest unter der Leitung von Ádám Miklósi zeigte, mit geringem Aufwand durch Beobachtungs- und Nachahmungslernen an eine MRT- bzw. fMRI-Röhre gewöhnt werden. Dadurch ist es möglich, bei bestimmten Verhaltensvorgängen gleichzeitig besonders stark arbeitende Gehirnregionen zu identifizieren.

HOMOLOGIEPRINZIP

Spätestens von da an war auch die Morgansche Forderung in einem ganz neuen und weniger mechanistischen Licht zu betrachten: Das allgemein in biologischen Wissen-

> **HOMOLOGIE**
>
> Wenn ein nicht-menschliches Lebewesen über die gleichen Sinnesorgane, Gehirnfunktionen und dazugehörigen Nervenverknüpfungen verfügt und in vergleichbaren Situationen mit dem Menschen vergleichbares Ausdrucksverhalten zeigt, dann kann auch für dieses Tier eine den menschlichen Empfindungen vergleichbare Interpretation gewagt werden.

schaften praktizierte Homologieprinzip (siehe Kasten) kann auch im Bereich der Verhaltensbiologie angewendet werden.
Wenn also in den gleichen Gehirnregionen, die beim Menschen für Freude, Sprachverständnis oder Trennungsdepression bekannt sind, auch bei einem Hund in vergleichbaren Verhaltenskontexten die vergleichbaren Gehirnaktivitäten registriert werden und der Hund auch vergleichbares Ausdrucksverhalten zeigt, dann darf angenommen werden, dass dieser Hund auch ein der menschlichen Freude, dem menschlichen Spracherkennen oder der menschlichen Trauer vergleichbares emotionales Empfinden hat.
Nikolaas Tinbergen z. B. hat ja nicht etwa deshalb keine emotionale Betrachtung in seine Verhaltenstheorie eingebracht, weil er die Existenz emotionaler Vorgänge bei anderen Tieren verneinte, sondern weil er, und da war er sich auch mit Konrad Lorenz einig, schlichtweg nicht glaubte, dass man solche Vorgänge jemals mit biowissenschaftlichen Methoden untersuchen könnte. Auch der Reduktionismus der behavioristischen Lernpsychologie entsprang vorwiegend zunächst einer methodischen Überlegung: Man wollte den allgemeinen Naturgesetzen vergleichbare Gesetze des Lernens entdecken, und da Naturgesetze durch das Aktualitätsprinzip bekanntermaßen unabhängig von Raum und Zeit und anderen Umweltfaktoren gültig zu sein haben, galt es auch in Studien von Lerngesetzen, alle Umweltfaktoren auszuschließen bzw. zu standardisieren. Deshalb die Verwendung von Lernapparaturen und deshalb auch die ganz strikte Anforderung, jegliche Kommunikation zwischen Versuchsleiter und Versuchstier zu unterbinden oder keine emotionale Nähe zwischen Versuchsleiter und Versuchstier zuzulassen.
Einen ganz anderen Ansatz zur Untersuchung von Lern- und Dressurvorgängen zeigen demgegenüber einige Forscher, die sich mit der Ausbildung und dem Training von Zirkustieren beschäftigt haben. Ausgehend von dem Schweizer Heini Hediger, der in seinem Buch „Tierpsychologie im Zoo und im Zirkus, 1962“ die Ausbildungsmethoden vor allem bei Großraubtieren, Pferden und Elefanten im berühmten Schweizer Zirkus Knie studierte und in Folge davon der Freiburger Pferdeforscher Klaus Zeeb, der sich noch mehr mit Elefanten und Pferdedressur beschäftigte, gehen einen ganz anderen Weg: Im Zirkus und vergleichbaren Situationen sollen die Beziehungen zwischen Menschen und ihren tierlichen Schülern ganz gezielt auch auf sozialen Mechanismen, auf Kommunikation und Verständigung beruhen. Dementsprechend wäre es auch für angehende Hundetrainer und andere im Bereich der Hundeverhaltenstherapie und Verhaltensveränderung tätige Menschen viel sinnvoller, sich mit den Schriften dieser beiden, anstatt mit der Suche nach mechanistischen Lerngesetzen befassten behavioristischen Laborrattenforschung zu beschäftigen.

TINBERGENS VIER FRAGEN

Niko Tinbergen hat im Jahr 1963 in einem programmatischen Aufsatz über Ziele und Methoden der Verhaltensbiologie das Forschungsprogramm neuzeitlicher Verhaltensforschung so aufgestellt, wie es im Wesentlichen auch heute noch gilt. Zu dieser Zeit war durchaus noch die Unterscheidung zwischen sogenanntem angeborenem und sogenanntem erworbenem Verhalten üblich. Konrad Lorenz selbst hat ja, in deutlicher Abgrenzung von der in dieser Zeit im nordamerikanischen Schrifttum üblichen behavioristischen Ansicht, die Existenz angeborener, also nicht rein erlernter Verhaltensweisen bereits deutlich gefordert. Dies ist eine der Konsequenzen aus seiner Anwendung evolutionsbiologischer Überlegungen, denn dazu gehören zwei Komponenten: Einerseits die Überlegung, dass auch Verhalten im Leben eines Tieres eine

fitnessrelevante Konsequenz haben müsste (siehe unten), andererseits kann die Evolution aber auch eine Verhaltenseigenschaft über die Generationen hinweg nur dann beeinflussen und Selektion ausüben, wenn zumindest eine anteilige Komponente an der Steuerung dieses Verhaltens im Erbgut verankert ist. Heute wird diese Unterscheidung in angeborene und erworbene Verhaltensweisen, wie wir später noch sehen werden, nicht mehr getätigt. Und spätestens seit dem Aufkommen der **Epigenetik**, der Betrachtung von Erbe-Umwelt-Verschränkungen, wäre diese Zweiteilung ohnehin nicht mehr durchzuhalten.
Demgegenüber hat Niko Tinbergen mit seinen vier gleichberechtigten Fragen eine Struktur in die Verhaltensbiologie gebracht, die im Prinzip auch von vielen, wenn nicht allen bio- und lebenswissenschaftlichen Disziplinen übernommen werden könnte (und zum Teil auch wird, etwa im Bereich der evolutionären Medizin oder der evolutionären Psychologie). Tinbergen betont, dass diese vier Fragen absolut getrennt voneinander gestellt und jeweils getrennt voneinander beantwortet werden müssen, dass sie aber gleich wichtig und gleich bedeutsam seien. Erst wenn alle vier Fragen beantwortet sind, kann eine Verhaltensweise, oder eben auch ein anderes biologisches Phänomen, als biologisch erklärt betrachtet werden.
Vorausgehen muss einer solchen Verständnisanalyse ganz eindeutig eine klare und möglichst vorurteilsarme Beschreibung des zugrundeliegenden und zu erklärenden Phänomens. In „Aus der Forschung“ (siehe S. 17) werden wir diese methodische Vorgehensweise anhand von Aktogramm, Ethogramm und Soziogramm genauer beleuchten. Erst wenn das betreffende Phänomen eindeutig beschrieben und charakterisiert ist, können Erklärungsversuche beginnen. Und diese Erklärungsversuche strukturieren sich in den Lebenswissenschaften am besten mit den von Tinbergen bereits aufgeworfenen Fragen.

FRAGE 1 – WOHER?

Die erste Frage ist die nach der evolutionsgeschichtlichen Herkunft eines Phänomens. Diese kann entweder durch Vergleiche mit nahen Verwandten oder entfernt verwandten Tierarten stattfinden und/oder durch die Studien an Vorfahren, in Bezug auf das jeweils gezeigte Verhalten. Nun fossilisiert Verhalten zwar nicht und ist deshalb nur selten (siehe Hsieh & Plotnik 2020) in den fossilen Überlegungen direkt zu finden. Spuren oder andere Abdrücke im Sediment, Mageninhalte, in seltensten Fällen Tiere, die gerade im Kampf mit einem Rivalen oder einem Fressfeind gestorben sind und fossilisierten, sind hier die absoluten Ausnahmen. Im Bereich unseres Haushundes ist es etwas leichter, diese Frage zu beantworten. Allerdings ist der Bezug auf den Grauwolf als nächsten lebenden Verwandten unserer Hunde Segen und Fluch, wie wir noch sehen werden. Domestikations- und evolutionsgeschichtlich muss jedoch an dieser Stelle eine wichtige Aussage getätigt werden: Keine lebende Tierart ist gleichzeitig der Vorfahr einer anderen. Die heute lebenden Wölfe sind also genauso wenig die Vorfahren unserer Haushunde, wie eben Ihr Onkel nicht Ihr Vater oder Ihr Großvater ist. Wenn also molekulargenetische und paläontologische Aussagen dahingehend interpretiert werden, dass die heutigen Wölfe eben nicht die Vorfahren der Hunde wären, dann ist das eine zoologisch systematische Banalität und keine große Erkenntnis.

FRAGE 2 – WOZU?

Von der Evolutionsgeschichte getrennt werden muss die zweite Tinbergensche Frage, nämlich die nach der evolutionsbiologischen Bedeutung, nach den Selektionskonsequenzen einer Verhaltensweise. Und hier kommt der Fitnessbegriff in seiner biologisch züchtungsgenetischen Bedeutung ins Spiel. Fitness ist nämlich in der biologischen Betrachtung nicht das, was ein Tier sich im Fitnessstudio

Hunde haben ein vergleichbares emotionales Empfinden in Bezug auf Freude/Trauer wie der Mensch.

durch Muskeltraining o. Ä. holen würde. Fitness ist ganz klar definiert als der Anteil der erblichen Eigenschaften am Genpool, an der Summe der genetischen Eigenschaften nachfolgender Generationen. Und so wird auch die Darwinsche Aussage vom „Survival of the fittest" ihrer angeblichen Rolle als Zirkelschluss befreit. **„Survival of the fittest" ist für Darwin nicht das Überleben des Überlebensfähigsten (Individuums), sondern das Überleben derjenigen Merkmale, die den Genbestand der nachfolgenden Generationen am stärksten beeinflussen.** Dies ist einer der Punkte, in denen Evolutionskritiker und Kreationisten die grundlegenden Theorien von Darwin oder auch die nachfolgende synthetische Evolutionstheorie von Ernst Mayr und Theodosius Dobszhansky nicht verstehen oder nicht verstehen wollen.

Überhaupt hat die Einführung der sogenannten synthetischen Evolutionstheorie, also der gemeinsamen Betrachtung genetischer und zoologischer bzw. allgemein biologischer Evolutionsüberlegungen, seit den 1930er Jahren die Evolutionsbiologie revolutioniert. Dass nun molekulargenetische Untersuchungen nicht nur mit rechnerischen und statistischen, sondern auch mit chemischen Verfahren weiter Licht ins Dunkel bringen können, ist ein Segen moderner laborgestützter Methodik.

FRAGE 3 – WIE?

Gerade im Bereich der dritten Tinbergenschen Frage, nämlich der Frage nach den physiologischen Abläufen, die wir uns besonders ausführlich stellen, wird dies deutlich. Hierzu gehören aber nicht nur neurobiologische und hormonelle Mechanismen, sondern auch Phänomene wie z. B. Aktivitätsperiodik, Auslösereize oder allgemein die Frage nach den inneren vs. äußeren auslösenden Faktoren. Und hier muss noch ein Begriff aus der traditionellen Verhaltensbiologie, der leider immer noch sein Unwesen durch die Hundewelt treibt, kritisch hinterfragt bzw. weitgehend zurückgewiesen werden: Moderne Verhaltenswissenschaften sprechen grundsätzlich nicht mehr von einem „XY-Trieb". Der Triebbegriff ist bereits seit mehreren Jahrzehnten in den Verhaltenswissenschaften dekonstruiert und als unbrauchbare Worthülse dementsprechend auch zurückgewiesen worden. Letztlich beinhaltet er so viele verschiedene Grundannahmen gleichzeitig, dass er keinen wissenschaftlichen Erklärungswert mehr haben kann.

Dies betrifft nicht nur die im allgemeinen Sprachgebrauch doch eher negative Belegung („Triebtäter"), sondern auch die Annahme, dass die Energie für eine zu beobachtende Verhaltensweise gleich mit zur Verfügung gestellt werden dürfte, und dass die Auslösung und Weiterführung des gezeigten Verhaltens überwiegend oder ausschließlich von innen käme. In vielen Fällen (gerade in so wichtigen Bereichen wie Jagdverhalten, Spielverhalten oder gar Aggression) werden wir auch noch sehen, dass es gar keine einheitliche Verursachung einer ganzen Reihe unterschiedlich aneinander gereihter Phänomene gibt.
Neue Darstellungen der Verhaltensphysiologie (zusammengefasst z. B. bei Ganslößer 2020, Ganslößer et al. 2020) zeigen selbst und gerade bei den einfachsten Motivationssystemen (Nahrungssuche, Nahrungsaufnahme), wie komplex die Zusammenhänge wirklich sind und wie fein differenziert ein Lebewesen nicht einfach nur Hunger hat, sondern nach ganz bestimmten, gerade im Stoffwechsel fehlenden Einzelnährstoffen suchen kann.

FRAGE 4 – WODURCH?

Die vierte Tinbergensche Frage, die sich mit der individualgeschichtlichen- und ontogenetischen Herkunft eines Verhaltens befasst, ist wohl am stärksten von den genannten, durch die Epigenetik veränderten Betrachtungsweisen beeinflusst worden.
Viel zielführender ist hier z. B. das Modell der epigenetischen Landschaften, wie es von dem britischen Embryologen Waddington deutlich gemacht wurde: Steht man auf der Spitze eines Berges und lässt eine Kugel fallen, kann man nur vorhersagen, dass sie das Bestreben haben wird, irgendwann ins Flachland hinauszurollen und dort irgendwo liegen zu bleiben. Welchen Weg sie nehmen wird, ob sie die Ideallinie durch die Talsohle findet, oder mal den einen, dann den anderen Hang ein Stück weit hinaufrollt, ob sie durch Hindernisse begrenzt oder durch Steilhänge beschleunigt wird, das alles kann man nur durch direkte Beobachtung ihres Rollvorgangs studieren, aber weder rückblickend genau rekonstruieren noch vorausschauend prognostizieren.

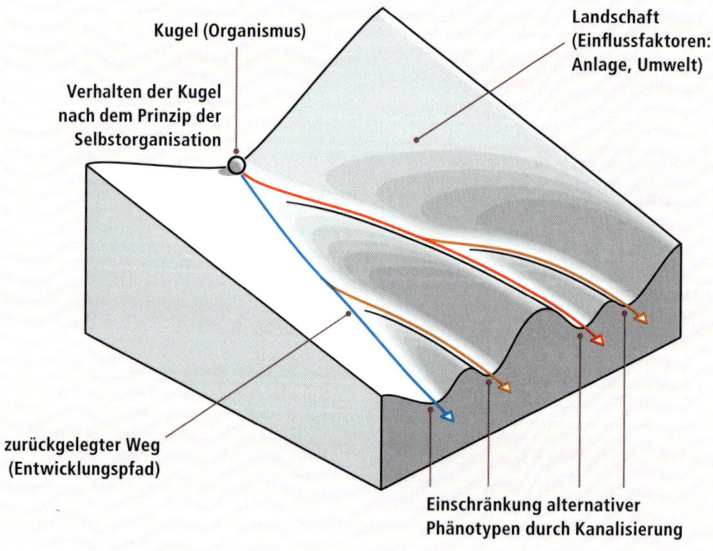

Epigenetische Landschaft

Auch in der Individualentwicklung gilt Karl Valentins Spruch, dass Prognosen besonders schwierig wären, wenn sie sich auf die Zukunft beziehen.
Häufig werden die vier genannten Tinbergen-Fragen in zwei Oberkategorien zusammengefasst: **Die ersten beiden nennt man die ultimaten und die letzten beiden die proximaten Fragen.** Trotzdem stehen alle vier auf eigenen Beinen und dürfen nicht vermischt werden. Beispiele für solche Vermischungen sind in den Einlassungen von evolutionskritischen bzw. evolutionsfeindlichen Überlegungen häufig zu finden. Wenn z. B. die Aussage „das embryonale Haarkleid des Menschen sei kein Relikt seiner Affenvorfahren, sondern schlichtweg ein Schutz vor den aggressiven Säurebestandteilen der Amnionflüssigkeit" getätigt wird, oder „die Reste von Kiemenspalten in den Embryonen von Säugetieren schlichtweg als Beugefalten in der Halsmuskulatur deklariert werden", dann sind Grenzüberschreitungen zwischen den Tinbergenschen Fragen des Woher und des Wie bzw. des Woher und des Wozu dabei zu sehen.

METHODISCHES VORGEHEN

Um die Komplexität und die notwendige Vorsicht bei der Durchführung verhaltensbiologischer Untersuchungen zu verdeutlichen, sei ein kleiner Blick auf das methodische Vorgehen erlaubt. Wie bereits erwähnt: **Ausgangspunkt jeder wissenschaftlichen Untersuchung ist einerseits eine exakte Beschreibung des Phänomens, andererseits aber eine Fragestellung, die sich entweder durch Beobachtungen oder durch das Lesen von bereits veröffentlichten oder anderweitig niedergelegten Beschreibungen aufdrängt.** Diese Frage muss dann in eine Hypothese, das heißt, in testbare Vorhersagen umgemünzt werden, wobei wissenschaftlich korrekte Vorhersagen am besten durch „Wenn-Dann-Beziehungen" beschrieben werden können. Diese Vorhersagen müssen in jedem Fall vor dem Start der Datensammlung bzw. zu Beginn der wissenschaftlichen Untersuchung festgelegt werden. Hypothesen müssen logisch entwickelt, allgemeingültig und auf der Basis der sammelbaren und auswertbaren Beobachtungen testbar sein, und sie sollten aufgeschrieben werden, damit man sich auch selbst vor im Nachhinein gefundenen, plausibel klingenden aber nicht mehr überprüfbaren Erklärungsversuchen schützt. Es bedarf danach der Datensammlung und Datenauswertung von systematisch und nach festgelegten Regeln gesammelten Messwerten. Auf der Basis dieser Messwerte wird eine Entscheidung getroffen, ob die zu Beginn der Untersuchung aufgestellte Behauptung als Erklärung für das beschriebene oder beobachtete Phänomen wertvoll ist oder nicht. Die gemeinsame Betrachtung verschiedener, umfassend angelegter Hypothesen und deren Bestätigung oder Zurückweisung mündet dann schließlich in einer Theorie. Im wissenschaftstheoretischen Sinne ist eine Theorie demnach nicht das, was man im allgemeinen Sprachgebrauch darunter versteht (eine praxisferne, rein auf Überlegungen und Gedankenspielereien beruhende Behauptung), sondern die Erklärung, die mit allen oder der Mehrzahl der beschriebenen und beobachteten Phänomene am besten in Einklang zu bringen ist, einen gemeinsamen roten Faden zwischen diesen Phänomenen herstellt und nach dem Morganschen Prinzip möglichst wenig oder keine unbeweisbaren Hilfsüberlegungen benötigt. Sie sollte dabei möglichst alle derzeit vorhandenen Erkenntnisse beinhalten. Und deshalb ist, im Gegensatz zu dem, was häufig gerade in der Hundetrainerausbildung noch gesagt wird, die sogenannte „Lerntheorie" eben keine Theorie. Denn Vorgänge wie etwa Beobachtungslernen, kognitive Filter, Perspektivwechsel und andere unter dem Begriff der Theorie des Geistes (Theory of mind) zusammengefasste

Phänomene lassen sich mit dem, was man in der traditionellen Hundetrainerausbildung als Lerntheorie bezeichnet (nämlich den behavioristischen Überlegungen) nicht erklären.

MODELL VON ROBERT HINDE

Ein letztes Kategorisierungsmodell sollte noch Erwähnung finden: Der britische Verhaltensbiologe Robert Hinde hat 1976 speziell für die Beschreibung und Einordnung von sozialen Verhaltensweisen ein mehrstufiges Modell entwickelt:

1. An der Basis dieses Modells stehen die Bewegungen und Signale, die ein Tier im Laufe seines Alltagsverhaltens immer wieder zeigt. Diese zusammengesetzt, ist dann die nächste Ebene des Verhaltens.
2. Die Interaktionen, die Wechselwirkungen, die gerade aktuell zwischen zwei oder auch mehr Individuen ablaufen. Bewegungsabläufe auf diesen beiden Ebenen sind selbst bei hochevolvierten Arten, sogar Primaten, noch weitgehend arttypisch und müssen daher irgendwo eine Grundlage in den Erbeigenschaften haben, wie auch für etliche Bewegungsmuster bei Hunden nachweisbar.
3. Über einen längeren Zeitraum hinweg betrachtet werden dann aus Interaktionen erkennbare, für das jeweils betrachtete Individuenpaar charakteristische Beziehungen. Beziehungen lassen sich also nur im Laufe einer länger währenden Beobachtung beschreiben, da sie aus der Summe, der Intensität, der Richtung, der Diversität und anderen Eigenschaften der zwischen diesen Individuen ausgetauschten Interaktionen bestehen.
4. Betrachtet man dann alle Beziehungen, die in einer Gruppe oder auch in einer Population auftreten, dann findet man schließlich die soziale Struktur.
5. Das Sozialsystem einer Tierart besteht dann aus drei verschiedenen Komponenten (Kappeler 2012):

— Die soziale Organisation beschreibt Größe, Zusammensetzung, zeitlich-räumliche und genetische Struktur der Gruppen.
— Das Paarungssystem, auch als Fortpflanzungssystem bezeichnet, zeigt auf, wer mit wem eben wie viel Nachkommen zeugt.
— Die Sozialstruktur letztlich beantwortet die Frage „Wer mit wem?" (alles außer Sex).

Diese Vorbemerkungen mögen hier an dieser Stelle nicht immer sofort in ihrer Bedeutung erkenntlich sein. Gerade im Hundewesen jedoch finden sich viele Beispiele, in denen aus einer Verletzung einer oder mehrerer der hier geschilderten Prinzipien weitreichende Schlussfolgerungen gezogen werden, die Generationen von Hundehaltern, Trainern, aber vor allem auch vielen vielen Hunden unnötige Probleme bereiten. Als Beispiel sei die im Kapitel über aggressive Kommunikation noch etwas verdeutlichte unsägliche Diskussion über die sogenannten Beschwichtigungssignale benannt (siehe Verhaltensbiologische Aspekte der Aggression, S. 184). Ausführlichere Beschreibungen der Grundlagen und vielen Fakten basierten Aussagen der modernen Verhaltensbiologie finden sich in Kappeler (2012), Gansloßer (2020), Gansloßer et al. (2020), John Alcock (2019) oder Johan Bolhuis und Luc Giraldeau (2005).

> *»Wer mit wem?, diese Frage beantwortet die Sozialstruktur einer Tierart.«*

☞ **AUS DER FORSCHUNG (VON PD DR. UDO GANSLOSSER)**

ETHOGRAMM, SOZIOGRAMM, AKTOGRAMM

Verhaltensweisen müssen, wenn sie vollständig erfassbar, vergleichbar und damit auch quantifizierbar sind, in einer Reihe von verschiedenen Parametern beschrieben werden. Für jede Verhaltensweise, die wir erfassen und dann auch zwischen verschiedenen Situationen, Individuen o. Ä. vergleichen wollen, können je nach Fragestellung bis zu vier Parameter notwendig sein:

— Häufigkeit = Frequenz
— Dauer
— Latenz, also der Zeitraum bis zum Start dieser Verhaltensweise
— Intensität

Die Intensität ist am schwierigsten zu messen. Häufig werden hierbei auch Kategorien mit Punktewerten verwendet, die oftmals etwas willkürlich erscheinen. Aus der Beschreibung aller, im Beobachtungszeitraum auftretenden Verhaltensweisen kann im Idealfall das Ethogramm der betreffenden Gruppe oder gar der betreffenden Population erstellt werden. Ein **Ethogramm** ist eine ausführliche, umfassende und lückenlose Auflistung aller beobachteten Verhaltensweisen, jeweils interpretationsfrei bzw. interpretationsarm. Mithilfe statistischer Methoden (z. B. Sequenzanalyse) können diese Verhaltensweisen dann in Funktionskreise, Motivationssysteme oder ähnliche übergeordnete Kategorien eingeteilt werden. Neben der Sequenzanalyse, die zur Einteilung von Verhaltenskreisen führen kann, ist mithilfe einer sogenannten Frequenzanalyse ein **Soziogramm** der beobachteten Gruppe oder der sonstigen sozialen Einheit möglich. Soziogramme lassen sich am einfachsten mit der Frage „Wer macht was mit wem wie oft?" charakterisieren. Sie werden häufig durch Pfeildiagramme dargestellt, wobei alle Individuen der betrachteten Gruppe als Kreise (weiblich) oder Dreiecke (männlich) dargestellt werden können, unterschiedliche Altersklassen durch unterschiedlich große Symbole und die von einem Individuum zum anderen ausgehenden Verhaltensweisen durch die Stärke der Pfeile symbolisiert werden. Besonders bei Analysen komplexer Beziehungen, z. B. Dominanz oder Bindung, sind diese Betrachtungen zeitaufwändig und nur durch viele Vergleichsdaten möglich. Zusätzlich muss vor Beginn einer systematischen Verhaltensbeobachtung, die hypothesengestützt die Fragestellung beantworten soll, auch noch ein **Aktogramm** erstellt werden, also eine Auflistung, welche Verhaltensweisen zu welchen Tages- oder sonstigen Beobachtungszeiten mit welcher Häufigkeit auftreten. Diese Erstellung ist nicht nur eine wertvolle Hilfe bei der Planung der zukünftigen Beobachtungszeiten, sondern kann auch bereits Aufschluss über bestimmte Verhaltensprobleme der betreffenden Individuen geben. So ist z. B. die Existenz eines Außenseiters, der die Gruppe eigentlich gern verlassen möchte, oftmals am leichtesten durch die Erkenntnis möglich, dass dieses Individuum zu anderen Zeiten aktiv ist als der Rest der Gruppe. Gerade im Zusammenhang mit dem Abwanderungsverhalten in der Pubertät sind solche Beobachtungen aufschlussreich, lange bevor z. B. durch Aggression oder auch nur Ignorieren und Zurückweisen des Heranwachsenden eine aktive Verhaltensbeeinflussung seitens des Restes der Gruppe beobachtbar ist. Ausführliche methodische Darstellungen der Verhaltensbiologie finden sich bei Martin et al. (1993), Naguib (2006) oder Rees (2015), kurze Zusammenfassungen bei Wehnelt und Beyer (2002) oder Ganslosser et al. (2020).

STREUNERHUNDE

VON STEFAN KIRCHHOFF, KRISTIN STRAUSS UND HANA TEBELMANN

Im Sinne der vorherigen Ausführung lässt uns ein Blick auf Streunerhunde vieles besser verstehen als der romantisierende Bezug auf Wölfe (siehe Kitchenham 2019).
Ein Großteil der weltweit lebenden Hunde – nach Corrieri (2018) und Miklosi (2018) etwa 75 bis 85 % – sind „frei lebend". Sie leben in verschiedenen Regionen der Erde, der größte Teil davon in Asien (Lord, Coppinger & Coppinger 2014, Corrieri et al. 2018, Miklósi 2018). Es ist anzunehmen, dass dieser große Prozentsatz der Hunde keiner wirklichen Rasse angehört; sie gehören zu den „Landrassen", zu den „Village Dogs" und „Straßenhunden", siehe S. 20 (Lord, Coppinger & Coppinger 2014). Es gibt ca. 700 Millionen Hunde auf der ganzen Welt (Stand 2018), was einem Durchschnitt von etwa 10 Hunden pro 100 Menschen entspricht (Kartal & Rowan 2018), von denen etwa 300 Millionen „Straßenhunde" sind.

KATEGORIEN

Frei lebende Hunde lassen sich, je nach geografischer Verteilung, Verhalten und ihrem Bezug zum Menschen, in unterschiedliche Kategorien aufteilen (Coppinger & Coppiger 2001, Miklósi 2015). In der wissenschaftlichen Literatur werden sie – als Abgrenzung zu „rural free-ranging dogs"/Village Dogs – als „urban free-ranging dogs" bezeichnet. Diese Unterteilungen basieren insbesondere auf der Lebensweise der jeweiligen Hunde, nicht auf dem Typ, zu dem die Hunde zugeordnet werden. Lose angebundene Hunde im urbanen Raum unterscheiden sich sowohl optisch als auch in ihrem Verhalten von jenen in ländlichen Gebieten, ebenso sind frei lebende Straßenhunde seltener vertreten als Pariahunde oder indigene Village Dogs, die eine möglichst vom Menschen unabhängige Exis-

HUNDEPOPULATIONEN WELTWEIT

REGION	ANZAHL VON HUNDEN PRO 100 EINWOHNER
Tansania	7,1
Mauritius	20
Malawi	4,7
Irland	8,5
Italien	Familienhunde: 11,3 / Streunerhunde: 1,4
England	Familienhunde: 13,8 / Streunerhunde: 0,2
Mexiko	Urban: 29,4 / Ländlich: 28,8
Bolivien	21,7
Brasilien	25
Bahamas	33 bis 36

Adaptiert von Kartal & Rowan (2018)

tenz bevorzugen. Bedingt durch die Abgeschiedenheit ihres Lebensraumes, durch die selbstbestimmte Fortpflanzung und das Fehlen menschlicher Eingriffe in Form von Selektion auf Zahmheit oder Arbeitstauglichkeit sowie die geringe Introgression (Einwanderung von Erbgut) moderner Rassen, handelt es sich bei den „indigenen Village Dogs" um Hunde, die in ihrem Aussehen und in ihrem Verhalten „urtypisch" sind – um Hunde, deren Verhaltensweisen und soziale Organisation von jener moderner Rassen oder in urbanen sowie europäischen Regionen lebenden Straßen- und Dorfhunden abweicht. Village Dogs werden lediglich indirekt selektiert: Die Zucht unterliegt nicht dem Menschen, aber Hunde mit einem Aggressionsproblem gegenüber Menschen oder dem Vieh werden eliminiert; andersherum werden einige Hunde bewusst gefüttert, wenn sie sich als gute Arbeitshunde, Wachhunde oder Jagdpartner erweisen (Nierhoff 2020, unpub.).

In Indien leben frei lebende Hunde oftmals in unmittelbarer Nähe zum Menschen in verschiedenen Lebensräumen, von Waldrändern bis hin zu Großstädten, und sind in Bezug auf ihre Nahrung stark vom Menschen abhängig (Bhadra et al. 2015). Diese Hunde sind ein integraler und allgegenwärtiger Bestandteil menschlicher Lebensräume in der Mehrzahl der Entwicklungsländer (Lord et al. 2013). Frei lebende Hunde stellen nicht nur eine genetisch vielfältigere Gruppe dar, sondern sind genetisch näher an heutigen Wölfen als Familienhunde, die durch Generationen künstlicher Selektion entstanden sind (Akey et al. 2010, Shannon et al. 2015). Dadurch, dass frei lebende Hunde ihre Nahrung hauptsächlich aus menschlichen Abfällen beziehen, aber aktiv nach Futter betteln, leben sie häufig nah am Menschen und sind von ihm teilweise abhängig. Erstaunlicherweise wird die Sterblichkeit dieser Hunde auch von Menschen beeinflusst (Paul et al. 2016). Während die meisten stadtangepassten Caniden die Tendenz zeigen, Kontakt zum Menschen zu vermeiden, lässt sich eine solche bei frei lebenden Hunden nicht finden – sie suchen sogar in etlichen Situationen die Nähe zum Menschen, z. B. zur Welpenaufzucht, zur Nahrungsbeschaffung

KATEGORIEN FREI LEBENDER HUNDE

FREI LEBENDE, BESITZERLOSE HUNDE (free-ranging unowned dogs)	Hunde, die in einem Zweckverband mit Menschen leben, da sie vom Aufenthalt in menschlicher Nähe profitieren. Sie ernähren sich hauptsächlich von Abfall, der von Menschen hinterlassen wurde, unterliegen aber keinerlei Einschränkung durch den Menschen, werden nicht gezüchtet, selektiert oder bewusst versorgt.
FREI LEBENDE, ZUM MENSCHEN GEHÖRENDE HUNDE (free-ranging owned dogs)	Zu einer Person oder einer Gruppe von Personen gehörende Hunde, um die sich jene kümmern, ihnen Nahrung und Unterschlupf zur Verfügung stellen, während sich diese Hunde dennoch frei bewegen können. Straßenhunde und Landschläge leben häufig mit Menschen zusammen, insbesondere in urbanen Lebensräumen.
LOSE GEBUNDENE HUNDE (loosely attached dogs)	Besitzerlose Hunde, die sich jedoch an Menschen angeschlossen haben und eine lose Bindung zu ihnen eingehen, allerdings nicht als zum Menschen dazugehörig empfunden werden. Sie leben weitgehend autonom und führen ein kaum vom Menschen bestimmtes Leben in ländlichen und naturnahen Gebieten.

EINTEILUNG NACH LEBENSRAUM

VILLAGE DOGS	Hunde, die nahe menschlicher Siedlungen frei und selbstbestimmt leben. Sie unterliegen keinerlei Zuchtprogrammen und pflanzen sich ohne Hilfe des Menschen fort (Boyko & Boyko 2013). Indigen: Ohne Einfluss moderner Rassen, in ihrer Ursprungsform weitgehend unveränderte Hunde, die v. a. in abgelegenen Regionen vorkommen. Vermischt: Haben sich mit modernen Rassen oder Landschlägen vermischt.
LANDSCHLÄGE	Hunde in einem abgegrenzten Gebiet, die sich optisch und im Verhalten stark ähneln (Boyko & Boyko 2014). Diese Hunde können, wie im Fall von Windhunden oder Herdenschutzhunden, zu einem bestimmten Zweck gezüchtet worden sein, unterlagen aber keiner weiteren Selektion. Dies unterscheidet sie von indigenen Village Dogs. In ihrem Verbreitungsgebiet leben sie häufig lose an den Menschen gebunden.
STRASSENHUNDE	Sie leben zwar häufig an den Menschen gebunden und profitieren von seinen Ressourcen, pflanzen sich jedoch selbstständig fort und unterliegen keinerlei Selektion. Nicht immer sind es auf der Straße geborene Hunde, es kann sich auch um ausgesetzte Hunde mit Besitzern handeln (Kirchhoff 2014, Beck 1973). Oftmals leben sie als Dorfhunde oder lose gebunden. Sie kommen häufig in Städten vor und weisen oftmals Einflüsse europäischer/moderner Rassen auf.

oder bei der Wahl ihrer Erkundungsrouten. Andere Caniden wie Wölfe, Kojoten und Dingos hingegen schränken ihre tageszeitlichen Bewegungen ein, um dem Menschen auszuweichen – frei lebende Hunde sind während der Tagesstunden deutlich aktiver als in der Nacht (Banerjee & Bhadra 2019). Morters et al. (2014) berichtet, dass mehr als 90 % der Straßenhunde in zwei Dörfern in Bali und Stadtzentren in Südafrika als „Eigentum" empfunden wurden. Eine Untersuchung aus Brasilien deutet zudem darauf hin, dass auch sich frei bewegende, lose angebundene Besitzerhunde eine gewisse Zugehörigkeit zum Menschen empfinden: Eine Studie von Santos et al. (2018) untersuchte das Eindringen von frei laufenden Hunden in Kakaowälder – dabei verbrachten die Hunde dort nur einen geringfügigen Teil des Tages, sie fraßen und ruhten mehr in der Nähe menschlicher Behausungen und an Orten der Kakaowälder, die von Menschen frequentiert wurden. Die Bewegung des Menschen war ein entscheidender Faktor für die Raumnutzung der Hunde. In einer Studie an chilenischen Hunden wurde beobachtet, dass jene sich vorrangig dicht an Häusern aufhielten und bei ihren Spaziergängen durch die Wildnis oft Wege oder menschgemachte Trampelpfade nutzten (Sepúlveda et al. 2015).

Laut Bhattacharjee (2020) interagieren indische Streunerhunde stärker mit Menschen als mit Artgenossen. Diese Interaktionen gehen meist vom Menschen aus. Der Mensch kann laut Bhattacharjee als wichtiger Teil des Interaktionsnetzwerks der indischen frei lebenden Hunde angesehen werden. Doch sind frei lebende Hunde, wie auch andere frei lebende Spezies, typischerweise abgeneigt gegenüber direktem physischem Kontakt zu unbekannten Menschen. Die Kontaktfreudigkeit jener Hunde steht im direktem Zusammenhang mit dem bisher erlebten menschlichen Einfluss; so spielt wohl die Lebenserfahrung in

Bezug auf menschlichen Kontakt eine Rolle bei der Formung ihrer Persönlichkeiten. Bhattacharjee et al. (2017) stellten bei der Beobachtung vielzähliger Mensch-Hund-Interaktionen fest, dass indische Streunerhunde insbesondere durch körperliche Nähe und Zugewandtheit Vertrauen zum Menschen aufbauen, nicht aber durch Futter. Obgleich frei lebende Hunde oftmals von sich aus wenig Kontakt initiieren und Fremden gegenüber zurückhaltend sind, können sie verschiedene soziale Signale des Menschen verstehen und entsprechend reagieren (Bhattacharjee 2020). Ihr Verhaltensrepertoire unterscheidet sich dennoch – auch als Besitzerhunde – von jenem moderner Haushunde. Insbesondere Trainierbarkeit, Aggressivität gegenüber Fremden, Jagdverhalten und Beachtungsbedürfnis, ebenso wie Zugewandtheit sind Verhaltensweisen, die wichtige Selektionsziele bei der Entstehung moderner Rassen waren. Das lässt darauf schließen, dass ursprüngliche Hunderassen und multigenerationale Straßenhunde, die keiner gezielten Selektion unterlagen, entsprechend weniger trainierbar sind, ein ausgeprägteres Jagdverhalten zeigen und dem Menschen auf eine andere Weise zugewandt sind als andere Hundetypen, da eine gezielte Selektion auf diese Verhaltenseigenschaften nicht oder aufgrund der lediglich schwachen Selektion nicht langfristig stattgefunden hat (Serpell & Duffy 2014, Brubaker et al. 2019).
Diese möglichen Unterschiede treten jedoch besonders zutage, wenn ehemalige Streunerhunde zu Besitzerhunden werden; so stellten sich bei einer Untersuchung an frei lebenden Bali-Dogs und von Menschen aufgenommenen Bali-Dogs deutliche Verhaltensunterschiede heraus. Hunde, die auf der Insel Bali leben, sind seit Tausenden von Jahren frei lebend. Auf Bali lebende Auswanderer adoptieren allerdings mitunter Bali-Hunde und halten sie in ihren Häusern und Hinterhöfen, wie es auch in westlich geprägten Kulturen üblich ist. Frei lebende Bali-Dogs wurden als weniger aktiv, weniger erregbar und weniger aggressiv gegenüber Tieren eingestuft und neigten weniger dazu, Tiere oder Menschen zu jagen als Bali-Dogs, die als menschliche Begleiter leben (Corrieri et al. 2018).

ERNÄHRUNG

Streunerhunde sind klassische Müllfresser, die ihre Hauptnahrungsquelle aus menschlichen Abfällen wie Haushaltsmüll, Ernteresten, Fäkalien oder verendetem Vieh beziehen (Bhadra et al. 2015, Butler et al. 2018). Beim Durchwühlen menschlicher Abfälle suchen

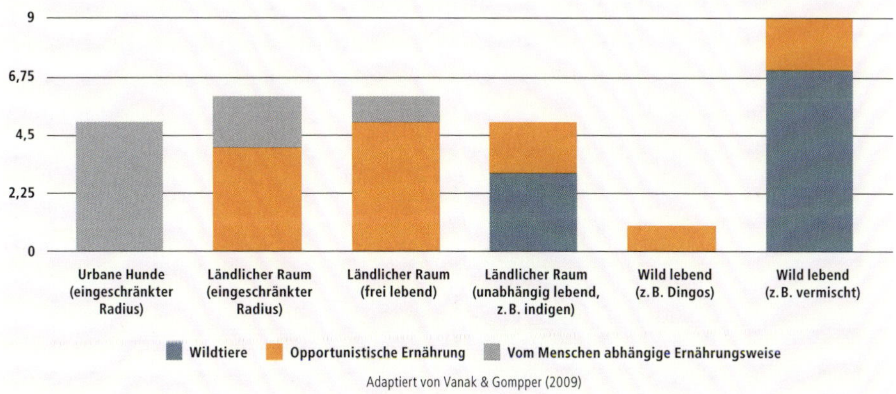

Vergleich Wildtier, opportunistische oder von Menschen abhängige Ernährung

sie mitunter zuerst nach Fleischähnlichem, die sie bevorzugt verspeisen (Sarkar et al. 2019). Erjagte Tiere stellen ebenso ein Spektrum innerhalb der Ernährungsweise frei lebender Hunde dar (Campos et al. 2006, Vanak & Gomper 2009), wie selten erbeutete Farmtiere (Montecino-Latorre & San Martín 2018).

GRUPPENSTRUKTUR

Domestizierte Hunde können in sozialen Gruppen, z. B. im Fall frei lebender Populationen, und in Einzelhaltung als Haustiere leben. Laut Pal (2001) ist die Populationsdichte von Gruppen frei lebender indigener Hunde stabil. Frei lebende Hunde leben in flexibel organisierten sozialen Gruppen von unterschiedlicher Größe (Bonanni & Cafazzo 2014, Sen Majumder et al. 2014). Solche Gruppen bestehen oft aus eng verwandten Individuen, die Familiengruppen bilden, welche sich wiederum in eine Gesamtgruppe oder verschiedene Untereinheiten innerhalb einer Gruppe aufteilen kann. Unter den entsprechenden ökologischen Bedingungen können sie stabile Gruppen bilden, deren Organisation in mehreren Aspekten der von Wolfsrudeln ähnelt (Bonnani & Cafazzo 2014). Futtersuchverbände sind bei diesen Hunden dynamisch – so gehen etwa 40 – 60 % der frei lebenden Hunde während der Nicht-Paarungszeit (60 %) bzw. Paarungszeit (40 %) allein auf Nahrungssuche (Sen Majumder et al. 2014).

Organisationsformen frei lebender Hunde

PAARUNGSVERHALTEN UND WELPENAUFZUCHT

Freilebende Streunerhunde bevorzugen bei der Wahl ihres Unterschlupfes zur Welpenaufzucht häufig die Nähe des Menschen. Bei indischen Streunerhunden beobachteten Sen Majumder et al. (2016), dass die Weibchen Höhlen in Gebieten mit hoher menschlicher Aktivität vermehrt nutzten, und dass die trächtigen Weibchen das Anbetteln von Menschen für Nahrung gegenüber dem Stehlen von Müll oder dem Verzehr von Aas bevorzugten. Zudem vermutet das Team, dass die offensichtliche Vorliebe von Hunden für Höhlen in der Nähe von Menschen eine Verhaltensanpassung ist, die ihnen hilft, zu überleben. Frei lebende indigene Hunde kommen, anders als frei lebende Hunde moderner Rassen oder vermischte Village Dogs, meist nur einmal jährlich in den Zyklus und pflanzen sich zu einem festgelegten Zeitpunkt fort. Dies wurde sowohl bei indischen Village Dogs (Pal 2011) als auch bei Kongo Basin Dogs (Thompson 2019, pers. Mitt.) und Canaan Hunden (Nierhoff 2015, unpub.) beobachtet. Anders als bei INDogs – den indigenen Village Dogs Indiens – kommen im Kongo lebende, native Basenjis nur einmal jährlich in die Läufigkeitsphase, solche in einem westlich geprägten Umfeld mitunter auch zweimalig. Frei lebende Hunde in Indien haben ein dynamisches Sozialsystem und, anders als Grauwölfe, haben alle adulten Tiere in einer Hundegruppe die gleichen Paarungschancen, wodurch es, im Gegensatz zu Wolfsrudeln, mitunter zu mehreren Würfen innerhalb einer bestehenden Hundegruppe kommt. Paul, Majumder und Bhadra (2014) beobachteten erstmals Babysitterverhalten bei einer Gruppe indischer indigener Village Dogs, in der eine Hündin ihre Enkelkinder mitversorgte. Die von Paul et al. (2014) beobachtete allomütterliche Fürsorge wirkte als Ergänzung zur Fürsorge durch die Mutter und war somit vorteilhaft für die Welpen (Paul et al. 2014). Bei einheimischen Basenjis wurde eine übergreifende Welpenaufzucht beobachtet, ein sogenanntes „Aunting" (Tantenverhalten), bei der fremde Weibchen bei der Aufzucht des Wurfes einer anderen Hündin helfen (Thompson 2019, pers. Mitt.). Dass auch Vaterrüden eine wichtige Rolle bei der Aufzucht von Jungtieren frei lebender indischer Hunde spielen, zeigte eine Untersuchung von Pal (2005), bei der die Rüden in den ersten 6 – 8 Lebenswochen der Würfe als „Wachhunde" fungierten und die Welpen in Abwesenheit der Mutterhündinnen bewachten, um die Annäherung von Fremden durch Lautäußerungen oder sogar durch körperliche Angriffe zu verhindern. Auch das Füttern eines Wurfes durch einen Rüden über das Erbrechen von Nahrung wurde seitens Pal beobachtet und spricht für die Existenz väterlicher Fürsorge bei frei lebenden Hunden. Die Ziehmütter, die sich alloparental um die Welpen kümmerten, zeigten deutlich weniger Pflegeverhalten als die Mutterhündinnen (Paul & Bhadra 2018). Die Vaterrüden zeigten ein vergleichbares Fürsorgeverhalten, allerdings spielten und beschützten sie mehr, wohingegen die Mutterhündinnen eher säuberten, säugten und Allogrooming (soziale Körperpflege) zeigten.

LEBENSQUALITÄT

Kein Tag vergeht, an dem man als Tierschützer in Ost- und Südeuropa nicht mit Fundhunden zu tun hat. Nicht selten befinden diese sich in einem sehr schlechten Zustand, wurden misshandelt, sind halb verhungert oder schwer erkrankt. Hat man als Tierschützer tagtäglich mit dieser Situation zu tun, kommt man unweigerlich zu der Meinung, dass das Leben als Straßenhund keinerlei Lebensqualität beinhalten kann. Wirklich objektiv ist diese Meinung allerdings nicht, denn um die tatsächliche Lebensqualität der Straßenhunde beurteilen zu können, muss man sich auch mit dem Leben auf der Straße auseinandersetzen.

Lebensqualität heißt, dass möglichst viele Bedürfnisse abgedeckt werden. Die ersten Bedürfnisse, die uns einfallen, sind regelmäßige Futterversorgung, soziale Kontakte und Schutz, also auch die körperliche Unversehrtheit. Zweifellos sehr wichtige Punkte, mit denen wir bei unseren in Deutschland groß gewordenen Hunden eine hohe Lebensqualität erreichen können. Haben wir es mit einem ehemaligen Straßenhund zu tun, wird die Abdeckung dieser Bedürfnisse nicht wirklich reichen. Er ist unter Umständen groß geworden, die einiges von ihm abverlangt haben. So gibt es im Leben eines Streuners ständig Situationen, in denen er eigene Entscheidungen treffen und durch Versuch und Irrtum eigenständig Lösungen finden musste. Er kennt es gar nicht, einen Menschen an seiner Seite zu haben, der für ihn der Fels in der Brandung ist, an dem er sich in Konfliktsituationen orientieren kann. Letztlich bleibt ein Verhalten, das sich stark von unseren „normalen", im Haus gehaltenen Hunden unterscheidet. Ein Verhalten, das geprägt ist vom Leben in der Freiheit. **Freiheit bezeichnet nichts anderes als die Fähigkeit, aus eigenem Willen Entscheidungen zu treffen.** Sie können oder müssen selbst entscheiden, wie sie auf den gruppenfremden Hund reagieren, wie sie mit einer bedrohlichen Situation umgehen, wann sie ruhen oder aktiv sind, ob sie sich einer Gruppe anschließen oder nicht, mit wem sie wie viel und wann spielen usw.

Ein in Deutschland groß gewordener Hund wäre mit all diesen Entscheidungen restlos überfordert. Aber der Straßenhund als solcher kennt es nicht anders, er hat vom bittersüßen Geschmack der Freiheit gekostet und den Geschmack vergisst er niemals. Straßenhunde bzw. ehemalige Straßenhunde werden immer ein gewisses Maß an Selbstständigkeit ausleben wollen. Auch wenn sie sehr anpassungsfähig sind, tun sie sich äußerst schwer damit, eingegrenzt zu werden. Sie fühlen sich im Haus nicht sicher, sondern eingesperrt. Sie haben kein Verständnis dafür, Hundebegegnungen an der Leine dem Menschen zu überlassen und es ist ihnen egal, ob der „Besitzer" sich nach einem misslungenen Rückruf hinter einem Baum versteckt.

Auch wenn es ehemalige Streuner gibt, die sich beim Menschen wohl fühlen, ihre Selbstständigkeit müssen sie weitestgehend hinter sich lassen. In einem Tierheim können sie diese so ziemlich gar nicht ausleben. Der einzige Ort, an dem sie ihre Bedürfnisse ausleben können, ist und bleibt die Straße. Aber Freiheit nützt einem nichts, wenn man nichts zu essen hat oder schwer verletzt ist. So gibt es natürlich viele Situation, wo es angebracht ist, einen Hund von der Straße zu holen. Aber man kann nicht pauschal sagen, dass das Leben auf der Straße überhaupt keine Lebensqualität enthält. Ich (Stefan Kichhoff) habe auf meinen Reisen sehr viele glückliche, gesunde und wohlgenährte Straßenhunde kennengelernt und beobachten dürfen. Genauso wie ich jede Menge tierliebe Einheimische getroffen habe, die sich für die Hunde einsetzen und ihnen somit eine Lebensqualität sichern. In Anbetracht der Tatsache, dass die meisten Hunde auf dieser Welt auf der Straße leben, ist es eigentlich sinnlos darüber nachzudenken, alle einzufangen und somit vor den Gefahren, die die Freiheit mit sich bringt, retten zu wollen. Leider haben wir es im Auslandstierschutz mit viel zu vielen Pauschalisierungen zu tun. So ist auch nicht jeder Hund aus dem Ausland ein ehemaliger Straßenhund. Neben diesen gibt es sehr viele Besitzerhunde wie z. B. die Kettenhunde, Hofhunde oder Verschlagshunde, deren Bedürfnisse sich stark von den Bedürfnissen der herrenlosen Straßenhunde unterscheiden. So wie jeder Hund in der Persönlichkeit individuell behandelt werden muss, genauso individuell und wohlüberlegt muss die Entscheidung getroffen werden, ob dieser eine Hund hier und jetzt Hilfe braucht oder ob man besser einem Hund hilft, der es nötiger hat.

FALLBEISPIELE: HUNDE AUS DEM TIERSCHUTZ

Tristus, 6 Jahre, Mischling (Patientenbericht von Tierärztin Sandra Klimm)

Rüde Tristus wurde aus Rumänien in ein Tierheim vermittelt. Er kam mit einer Lieferung von vielen Hunden und wurde mit diesen in einem Außengehege mit mehreren Hundehütten als Witterungsschutz untergebracht. Tristus war leider von Anfang an sehr scheu gegenüber Menschen und flüchtete sofort in die hintersten Winkel, sobald sich ein Mensch ins Gehege begab. So war er nach einigen Monaten allein in seinem Gehege. Die Verantwortlichen des Tierheims hatten ihn aufgegeben, er wurde notdürftig mit Futter versorgt, hin und wieder wurde der Kot aus dem Gehege entfernt. Menschliche Ansprache oder Versuche, ihn zu sozialisieren oder mit anderen Hunden zu vergesellschaften, gab es nicht. Als die Behörden das „Tierheim" schlossen, wurden die verbliebenen Tiere an umliegende Tierheime verteilt, so auch Tristus. Im neuen Tierheim wurde er liebevoll von den Pflegern versorgt und hatte Sichtkontakt zu anderen Hunden, sodass er sehr langsam Vertrauen entwickelte.

Eine Besucherin, Frau Maier, hat ihn regelmäßig wochenlang im Tierheim besucht und sich lange mit ihm beschäftigt, sodass sie sich ihm nach und nach nähern durfte. Es dauerte sehr lange, bis sie ihn zum ersten Mal anfassen konnte. Endlich durfte Tristus aus dem Tierheim bei Frau Maier einziehen. Ein normaler Transport war undenkbar. Es kam zum Einsatz des Blasrohrs wie schon beim ersten Umzug in das Tierheim. In Narkose bekam er ein Geschirr und Halsband angezogen, um so die Grundvoraussetzung zu schaffen, ihn irgendwann an der Leine führen zu können. Er wurde medizinisch durchgecheckt, in die Transportbox gelegt und auf ging es ins neue Zuhause.

Das klingt nun nach einem sehr schönen Happy End, doch die nachfolgende Zeit gestaltete sich wiederum schwierig: Tristus hatte nach wie vor große Furcht und lebte fortan in einem Zimmer der neuen Halterin. Er traute sich nicht, die anderen Räume zu betreten, nahm kein Spielzeug an, fraß und schlief nervös und unter ständiger Beobachtung seiner Umgebung auf eventuelle Gefahren. Sobald Besuch kam, versteckte er sich im hintersten Winkel seines Zimmers. Obwohl Frau Maier Tristus im Tierheim bereits anfassen konnte, durfte sie das nun nicht mehr, er wich ihrer Hand panisch aus. Ein Versuch, ihn am Geschirr nach draußen zu bringen, endete damit, dass der panische Hund seine Halterin biss. Seither lebt er in seinem Zimmer, das er gleichzeitig als Toilette nutzt. Die neuen Halter behelfen sich mit Windelauslagen, auf denen Tristus seither sein Geschäft verrichtet.

Tierarztbesuche sind nicht möglich, sodass mich Frau Maier verzweifelt um Hilfe bat und wir Hausbesuche vereinbarten. Normale Dinge wie Krallenschneiden, Impfen, etc. können nur unter einer leichten Narkose durchgeführt werden. Das alles zeigt, welch enorme Hingabe, Zeit und auch finanzieller Aufwand in einem so unglücklichen Fall nach der „Rettung" hineingesteckt werden muss. Ich stelle an diesem Punkt die Frage: Wäre Tristus Leben in Rumänien nicht wesentlich stressfreier und glücklicher verlaufen? Waren die Qualen und Leiden des Tieres das Happy End wert?

Kenai, 2,5 Jahre, Mischling (Adoptiert aus dem Tierschutz von Tierärztin Sandra Klimm)

Kenai und seine Geschwister wurden kurz nach der Geburt in einer Mülltonne des spanischen Tierheims entsorgt. Die Mitarbeiter konnten sie erfolgreich mutterlos

aufziehen. Kenais Geschwister waren bereits vermittelt, er war der letzte, der mit 1,5 Jahren noch auf der Suche nach einem neuen Zuhause war. Er wurde als friedlicher, junger, katzenverträglicher Hund angekündigt, der noch nicht stubenrein sei und der auch das Gassigehen noch lernen müsse. Als ich ihn am vereinbarten Treffpunkt in der Mitte von Deutschland, wo er nach dem Transport mit dem Auto aus Spanien übergeben werden sollte, übernahm, saß er zitternd vor Furcht am Rastplatz neben der Autobahn in der Wiese. Man erklärte mir, dass er Gras nicht kenne und seit 2 Tagen weder gefressen noch getrunken hätte. Die Aussage einer nicht vorhandenen Wasseraufnahme bei tagelangem Transport in einem heißen Auto, mit entsprechendem Stress (es war die erste Autofahrt seines Lebens), schockierte mich sehr und ich beschloss, ihm, sollte er nicht freiwillig trinken, zu Hause eine Infusion zu legen. Zu Hause angekommen, konnte ich Kenai mit viel Geduld sowie Leckerlis in der Wasserschale dazu bewegen, zu trinken. Einmal angefangen, trank er die ganze Schüssel auf einmal leer. Danach schlich er in eine Ecke des Wohnzimmers, lag dort panisch zitternd auf dem Boden und bewegte sich nicht mehr. Sein vorbereitetes Bettchen fand er erschreckend, ebenso das Spielzeug, die Fliesen, Treppen, die Katzen und alles andere in der neuen Umgebung.
Gassigehen war undenkbar. Er wurde schließlich in den Garten getragen. Hier lag er wieder zitternd auf dem Boden und bewegte sich nicht. Ich arbeitete damals in einem Tierheim und trug ihn in einen freien Zwinger – dieser enthielt eine mit Stroh ausgelegte Hundehütte. Das kannte er offensichtlich, er kroch in die Hütte und bewegte sich nicht mehr raus. Stunden später bat ich eine Nachbarin mit einer sehr sozialen Hündin, zu mir in den Zwinger zu kommen, damit die Hündin ihm zeigen konnte, dass er sich gefahrlos im Zwinger bewegen kann. Die Hündin hüpfte durch den Zwinger und verrichtete in einer Ecke ihr Geschäft. Kenai beobachtete das und traute sich wenig später aus der Hütte, um es ihr gleichzutun. Er brauchte lange, um die übervolle Blase zu entleeren. Von da an ging es bergauf – mithilfe seiner neuen Hundefreundin, verhaltensmedizinischer Therapie (Homöopathika, Phytotherapie, Pheromone und stimmungsausgleichender Nahrungsergänzungsmittel), viel Verständnis, unendlicher Geduld und sanfter, aber konsequenter Erziehung. Aus Kenai wurde ein entspannter und glücklicher Hund, der Spaß und Freude an seiner neuen Lebenssituation hat. Wir haben viel mit- und aneinander gelernt und er ist ein treuer Begleiter geworden. Dennoch möchte ich auch mit dieser Geschichte zeigen, dass ein solcher Hund viel Sachverstand, Zeit, Geduld und/oder finanzielle Mittel erfordert. Sobald Tiere aus dem Ausland gut sozialisiert und integriert sind, können sie zu sehr anhänglichen und treuen Begleitern werden. Dennoch muss man sich bewusst sein, dass es bis dahin ein langer Weg sein kann.

Fox, 2 Jahre, Schäferhundmischling (2010–2019, adoptiert auf Teneriffa von Svenja ten Thoren)

Ein völlig anderes Beispiel für einen Hund aus dem Auslandstierschutz stellt Fox dar: Von Ziegenhirten auf Teneriffa als „dumm und unbrauchbar“ in einem spanischen Tierheim abgegeben, wurde der Schäferhundmischling nach etwa einem halben Jahr dort von mir, einer deutschen Urlauberin, nach Deutschland mitgebracht und blieb sein Leben lang bei mir. Schlechte Erfahrungen schien er mit Menschen nie verbunden zu haben; eher im Gegenteil: Von Anfang an hatte Fox keinerlei Ängste vor Menschen, er genoss das Zusammensein mit Jung und Alt, vielen oder wenigen Menschen. Menschliche Nähe, insbesondere von seinen Bezugspersonen, war ihm

Fox durchdringender Blick – ein Mittel, um das fehlende Gehör auszugleichen.

enorm wichtig. Totale Entspannung konnte man erkennen, als er auf einer völlig überfüllten Urlaubsfähre seelenruhig, mitten im Durchgang liegend, tief und fest schlief. Auch Staubsauger oder Föhns störten ihn nicht. Regelmäßig ließ er sich von sich aus anfragend absaugen und mit warmer Luft föhnen. Er liebte das Bahn- und Busfahren, Besuche im Altenheim in seiner Funktion als Besuchshund, ging mit in die Vorlesungen an der Uni und war ein großartiger, stets liebevoller WG-Hund, der auf der Suche nach Essbarem bei jeder sich bietenden Gelegenheit den Mülleimer plünderte. Große Furcht hatte er allerdings vor anderen Hunden. Bei den ersten Begegnungen in Deutschland schrie er wie am Spieß, erst nach und nach gewöhnte er sich an einige wenige, rücksichtsvolle Hunde. Die Erziehung war maßgeblich schwierig. Fox zog mich durch die Gegend und ging, einmal von der Leine gelassen, jagen, sobald er etwas in Sicht hatte. Kein Signal half, auf Ansprache reagierte er nur bei Sichtkontakt. Auffallend war immer, dass er sehr viel Blickkontakt suchte und in der Wohnung stets „mitwanderte". Signale, die mit Handzeichen gegeben oder damit unterstrichen wurden, absolvierte er hingegen mit Bravour. Nach längerer Beobachtung wurde irgendwann eine Untersuchung auf Taubheit durchgeführt: mit positivem Ergebnis. Fox war vollständig taub.

Dies erklärte so einiges: seine durchdringenden Blicke, das Nichtreagieren auf gesagte oder zugerufene Signale, der Vorwurf des „dummen Hundes" der Ziegenhirten – alles ein grenzenloser Irrtum.

Von da an wurde auf seine Behinderung Rücksicht genommen.

AUS DER FORSCHUNG (VON PD DR. UDO GANSLOSSER)

ARBEITSSCHUTZVORSCHRIFTEN

Gerade bei Hunden aus Auslandsimporten, noch viel mehr bei solchen, die auch dort aus unklarer Herkunft (z. B. eingefangene Straßenhunde) stammen, sind eine ganze Reihe von Arbeitsschutzvorschriften zu beachten. Hier geht es nicht so sehr um das Risiko eines Beißvorfalls oder anderer, durch das Verhalten der Hunde verursachte Gefährdungen. Diese sind bei unsicheren, stressanfälligen oder anderweitig verhaltensauffälligen Hunden stets zu berücksichtigen. Viel weniger bekannt dagegen sind die aus der Biostoffverordnung, den dazugehörigen Ausführungsbestimmungen und den Verbindungen mit dem Arbeitsschutzgesetz entstehenden Verpflichtungen. Hierzu sollte jeder, der sich als Hundetrainer, Hundepensionsinhaber oder in anderer Tätigkeit beschäftigt, gegebenenfalls auch fachlichen Rat einholen.
Die Biostoffverordnung (neueste Version vom 15.07.2013) und die darauf aufbauenden technischen Regeln für biologische Arbeitsstoffe, hier ganz besonders die TRBA500 und TRBA100 setzen hohe Anforderungen an jeden, der mit einem Hund aus unklarer Herkunft zu tun hat. Etwas praxisbezogener, aber ebenso gut anwendbar ist die Handreichung „Arbeitssystem Tierheim" (SP9.8, BGI889), die von der Verwaltungsberufsgenossenschaft, der für Tierheime, Tierpensionen und ähnliche Arbeitsstätten zuständigen Versicherungsanstalt herausgegeben wurde. Die genannten Unterlagen können auch im Internet eingesehen werden.

Die Bedürfnisse von Hunden sind individuell, dies muss auch im Auslandstierschutz beachtet werden.

Biostoffverordnung

Ohne auf die Details im Einzelnen einzugehen, muss darauf hingewiesen werden, dass bei der Einstufung potenziell auf den Menschen übertragbarer Krankheiten die allgemeinen Risikostufen der Biostoffverordnung gelten. Biostoffe, und das sind z. B. auch Körpersäfte, Ausscheidungen oder im übertragenen Sinne auch die Tiere selbst, können insgesamt in vier Risikogruppen eingeteilt werden. Bereits die Risikogruppe 2 enthält Biostoffe, die eine Krankheit beim Menschen hervorrufen können und eine Gefahr für Beschäftigte darstellen. Risikogruppe 3 sind Biostoffe, die eine schwere Krankheit beim Menschen hervorrufen und eine ernsthafte Gefahr für Beschäftigte darstellen. Ein Blick in die Zoonosenverordnung zeigt auch, dass allein im Verbreitungsgebiet der häufigsten, im Auslandstierschutz zu uns gebrachten Hunde bereits gut 20 der Risikogruppe 2

bzw. 3 zuzuordnende Krankheiten auftreten können.
Wer also einen Hund unklarer Herkunft oder einen Hund, der über eine dubiose Auslandstierschutzorganisation ins Land gebracht und vermittelt wurde, bei sich in der Pension, in der Hundeschule oder in einem anderen beruflichen Bereich aufnimmt, muss die einschlägigen Vorschriften kennen und anwenden.

Arbeitsschutzgesetz

Zu diesem Zweck fordert das Arbeitsschutzgesetz z. B. auch für jeden Arbeitsplatz eines Beschäftigten die eigene, auf diese Tätigkeit speziell abgestimmte Gefährdungsanalyse durchzuführen. Beschäftigte sind in diesem Zusammenhang auch honorar- und stundenweise arbeitende Kräfte, Praktikanten und Auszubildende. Gerade bei Praktikanten und Auszubildenden ist noch zusätzlich der Jugendarbeitsschutz zu berücksichtigen, denn Jugendliche dürfen bei potenziell gefährlichen Tätigkeiten nur dann eingesetzt werden, wenn sie die notwendige geistige Reife haben, wenn es dem Ausbildungsziel dient und wenn sie unter der direkten Aufsicht eines sachkundigen Ausbildungsberechtigten stehen. Ebenso muss für jede Tätigkeit, bei der potenziell Gefahren für die Gesundheit der Mitarbeiter auftreten können, eine Betriebsanweisung erlassen werden und eine mindestens einmal jährlich stattfindende Schulung über die Probleme der (in unserem Falle) Krankheitsübertragung, Allergieentstehung oder ähnlicher Risiken. Die einschlägige Sicherheitsbelehrung ist selbstverständlich sofort bei Arbeitsaufnahme eines neuen Mitarbeiters durchzuführen, muss aber jährlich wiederholt werden. Die Teilnahme an der Sicherheitsbelehrung ist zu dokumentieren, d. h., die besprochenen Inhalte müssen aufgelistet und auch vom jeweiligen Arbeitnehmer gegengezeichnet werden. Selbst im Umgang mit gesundheitlich unauffälligen Hunden ist in jedem Fall darauf hinzuwirken, dass ausreichende Wasch- und Desinfektionsgelegenheiten zur Verfügung stehen. Wichtig ist, dass nach der Händedesinfektion auch Hautschutzmittel zur Verfügung stehen und aufgetragen werden.
Spätestens beim Umgang mit Hunden unklarer Herkunft (auch dann, wenn diese von Kunden in die Hundeschule mitgebracht werden) sind spezielle Regeln zum Tragen von Arbeitskleidung für die jeweils agierenden Hundetrainer bzw. Pensionsmitarbeiter zu berücksichtigen, auch hierfür gelten die Regeln in den genannten TRBAs.
Verstöße gegen die genannten Vorschriften können sowohl strafrechtliche wie auch zivilrechtliche Folgen haben und bei Vereinen ist zu berücksichtigen, dass der Vereinsvorstand gegebenenfalls auch mit seinem Privatvermögen für einschlägige Verstöße haftet.

Fachliche Beratung

Auch wenn das alles für eine Hundeschule bzw. Hundetagesstätte überdimensioniert erscheint, empfehlen wir dringend, sich einschlägige Fachberatung zu holen, um nicht nachträglich unangenehme Überraschungen zu erleben. Und die Gefahren, z. B. einer Infektion mit Fuchs- oder Hundebandwurm, sollten uns noch aus dem Biologieunterricht in der Schule bekannt sein. Andere, weniger bekannte Krankheiten sind aber nicht weniger gefährlich. Und allgemein gilt gerade beim Umgang mit Auslandshunden auch aus arbeitsmedizinischer Sicht: je dubioser die Herkunft und je emotionaler der Auftritt der einschlägigen Organisation, desto größer die Gefahr, dass den Hunden z. B. aus falsch verstandener Tierliebe die Quarantäne nicht „zugemutet" wurde oder sie sogar in Nacht- und Nebelaktionen über die Grenze gebracht und nicht einschlägig tiermedizinisch untersucht worden sind.

KRANKHEITEN (VON FRIEDERIKE WINKELSER)

(vorwiegend Auslandstiersschutzhunde betreffend)

KRANKHEIT	ERREGER	BETROFFENE TIERART	VORKOMMEN	ÜBER-TRAGUNGSWEG
Anaplasmose	Anaplasmen (Bakterien)	Hund	Nord- und Zentral-europa	Zecke
Babesiose	Babesien (Einzeller)	Hund	Asien, USA, Europa	Zecke
Ehrlichiose	Ehrlichien (Bakterien)	Hund und Katze	Mittlmeerraum	Zecke
Hepatozoonose	Hepatozoon (Kokzidien)	Hund	Europa, USA	Zecke
Leishmaniose	Leishmanien (Protozoen, Einzeller)	Hund und Katze	Spanien, Portugal, Italien, Griechenland	Sandmücke
Hautwürmer	Dirofilaria repens	Hund und Katze	Ost- und Südeuropa, Afrika, Asien	Mücke
Herzwürmer	Dirofilaria immitis	Hund und Katze	Mittelmeerraum, Nordamerika	Mücke

MÖGLICHE SYMPTOME	THERAPIE	PROGNOSE	BESONDERHEIT
Fieber, Anorexie, Lethargie, Leber- und Milzschwellung, ZNS-Symptome als Folge von Blutungen im Bereich der Hirnhaut, Lahmheiten und Gelenkentzündungen	Antibiotikum über 28 Tage	gut	oft symptomlos
Perakut: Blutgerinnung in den Blutgefäßen, Atemprobleme, Fieber, Anorexie, Erbrechen, Blut im Urin Akut: Zerstörung der Erythrozyten, Leber- und Milzschwellung, Zittern, Lähmungen, epileptische Anfälle, Bewusstlosigkeit Chronisch: akute Phasen und Ruhephasen im Wechsel, Fieber, Gewichtsverlust, Lustlosigkeit, Gelbsucht, Appetitlosigkeit	Imidocarb (Antiprotozoikum); in akuten Fällen ggf. Bluttransfusionen	perakute und akute Form enden ohne Therapie meist tödlich	Umgangssprachlich: Hunde-Malaria
Fieber, Anorexie, Dyspnoe (Atemnot), Anämie, Lymphadenopathie (angeschwollene Lymphknoten), Thrombozytopenie (Verringerung der Thrombozyten)	Antibiotikum	Erreger wird nicht eliminiert	
Akut: Fieber, hämorrhagischer (blutiger) Diarrhoe, Lethargie, Anämie, Nasen- und Augenausfluss, Lymphadenopathie Chronisch: Anämie, Muskelatrophie, Ataxie, Abmagerung, Versteifung der Rumpf- und Nackenmuskulatur, epileptische Anfälle	Antiparasitikum	keine eliminierende Therapie	die meisten Hunde sind asymptomatisch
Lymphadenopathie, Anämie, Hautveränderungen an den Ohrrändern, Nasenspiegel und Brillenbildung um die Augen	Allopurinol Miltefosin	keine Heilung, nur Linderung	infizierte Hunde können bis zu 7 Jahre asymptomatisch sein
Schwellungen und Knoten in der Unterhaut	Abtöten der Würmer (fast-kill-Methode), Unfruchtbarmachen der Weibchen (slow-kill-Methode)	gut	häufig keine Symptome, Nachweis erst nach 6 Monaten möglich, da nur die Larven (Mikrofilarien) nachweisbar sind
Husten, Atemnot, abnehmende Belastbarkeit	Abtöten der Würmer (fast-kill-Methode), Unfruchtbarmachen der Weibchen (slow-kill-Methode)	vorsichtig (schwer vorhersagbar), bei länger bestehendem Befall	starker Herzwurmbefall -> schnelles Absterben der Würmer kann zu Gefäßverschluss und allergischer Reaktion führen

EPIGENETIK: NATURE VERSUS NURTURE

VON HANNAH EGNER UND HANA TEBELMANN

Die vierte Frage Tinbergens, die ontogenetische Frage nach der Entstehung des Verhaltens in der Individualentwicklung, wurde in der Geschichte der Verhaltensbiologie lange Zeit sehr kontrovers diskutiert. Während klassische Ethologen wie Konrad Lorenz die genetische Komponente der Verhaltensentwicklung in den Vordergrund stellten, postulierten Behavioristen wie John B. Watson und Burrhus F. Skinner, dass es praktisch kein angeborenes Verhalten gäbe und das Verhalten eines Lebewesens beliebig durch Umwelteinflüsse formbar sei. **Heute weiß man, dass Verhaltensweisen und andere Merkmalsausprägungen sowohl von den Erbanlagen als auch den vorherrschenden Umwelteinflüssen und deren Interaktionen abhängig sind.** Andre Fischer erklärt diesen Zusammenhang, indem er das Erbgut mit einer Bibliothek vergleicht. Ein Organismus verfügt in jeder Zelle über eine gewisse Anzahl an Büchern, den Genen. Aber nicht alle Bücher werden aus den Regalen genommen und der Informationsgehalt genutzt. Welche Bücher gelesen werden, also welche Gene aktiv sind, wird von den Wechselwirkungen der Gene mit den Umwelteinflüssen bestimmt. Dabei wirken nicht nur die Umwelteinflüsse auf die Gene. Die Gene bestimmen nämlich die Empfänglichkeit für die Umwelteinflüsse. Es muss sozusagen das entsprechende Buch zur Problemlösung vorhanden sein, um überhaupt reagieren zu können. Mit diesen Anlage-Umwelt-Interaktionen, den funktionellen Anpassungen im Genom, ihren Mechanismen und Auswirkungen auf die Merkmale eines Organismus beschäftigt sich die Epigenetik. **Epigenetische Modifikationen kommen wesentlich häufiger vor als genetische Mutationen, sind schneller wirksam und meist reversibel.** Dadurch wird eine lebenslange Anpassung an neue Umweltbedingungen ermöglicht, wobei besonders Verhaltensänderungen eine einfache und schnelle Reaktion auf sich ändernde Umweltbedingungen erlauben. Diese Verhaltensanpassungen infolge epigenetischer Modifikationen können außerdem Bestandteil evolutiver Prozesse sein und spielten vermutlich auch bei der Domestikation des Hundes und anderer Haustiere eine wichtige Rolle. Daniela Pörtl und Christoph Jung vertreten in ihrem Artikel von 2017 die Annahme, dass durch den zunehmenden sozialen Kontakt von Mensch und Wolf zu Beginn des Domestikationsprozesses die Aktivität der Hypothalamus-Nebennieren-Achse epigenetisch modifiziert wurde (vgl. S. 49, Neuralleistenhypothese). Die Folge war eine verminderte Cortisolproduktion und dementsprechend eine Stressreduktion, die bei den Wölfen zu verbesserten kognitiven Leistungen und sozialem Lernvermögen führte und die soziale Interaktion mit dem Menschen erleichterte. Eine Veränderung der Aktivität der Stressachsen konnte aber auch z. B. bei Meerschweinchen nachgewiesen werden und scheint bei der Domestikation von Säugetieren allgemein eine große Rolle zu spielen. Erst später gewann wahrscheinlich die genetische Selektion durch den Menschen an Bedeutung. Diese Theorie wird von den Ergebnissen einer Domestikationstudie an Silberfüchsen unter der Leitung von Dmitry Belyaev unterstützt, bei der in jeder Generation ausschließlich mit den Füchsen weitergezüchtet wurde, die das geringste Aggressionsverhalten gegenüber dem Menschen zeigten. Die ersten Verhaltensänderungen stellten sich bereits nach wenigen Generationen ein und waren mit einer epigenetisch bedingten Downregulation der Hypothalamus-Nebennieren-Achse assoziiert, die zu einem verringerten Cortisolspiegel und erhöhten Serotonin- und Tryptophanwerten führte. Die Füchse zeigten Verhaltensweisen wie Schwanzwedeln und Bellen und waren zudem schon im Welpenalter zu einer besseren Kommunikation mit dem Menschen in der Lage. Auffällig war dabei, dass die Erblichkeit der Verhaltensmerkmale bei 35 % lag und somit eine rein genetische Ursache sehr unwahrscheinlich scheint. Der Phänotyp ist also nicht einfach nur ein Abspulen des Genotyps, wie es der Entwicklungsbiologe Scott Gilbert ausdrückt. Es kommt in der individuellen Entwicklung sowie im Verlauf der Evolution vielmehr darauf an, „das richtige Buch zur richtigen Zeit aufzuschlagen".

EPIGENETISCHE MECHANISMEN

Die Auswirkungen eines Gens sind also nicht nur von dessen Informationsgehalt abhängig, sondern auch entscheidend von seiner Aktivität. Die An- und Abschaltung eines Gens kann dabei durch verschiedene epigenetische Mechanismen erfolgen. Es handelt sich um eine rein funktionelle Modifikation der Genexpression, ohne Veränderung der Basensequenz. Diese regulieren nicht nur die Antwort auf verschiedene Umwelteinflüsse, sondern sind auch bei der Zelldifferenzierung von großer Bedeutung. Denn in einer Leberzelle werden natürlich andere genetische Informationen genutzt als in einer Muskelzelle. Der erste Mechanismus reguliert die Genaktivität mittels Veränderung der Chromatinstruktur, quasi der „Verpackung" der DNA. Damit die beim Menschen ca. 2 Meter lange DNA im Zellkern überhaupt Platz findet, muss sie stark verdichtet werden. Dafür wird sie perlschnurartig um spezielle Proteine, sogenannte Histone, gewickelt. Während die DNA eine negative Ladung besitzt, weisen Histone eine positive Ladung auf, wodurch sich die beiden Strukturen aneinanderlagern. Damit die entsprechenden Enzyme für das Ablesen der DNA andocken können, muss sich diese Verbindung der Histone zur DNA auflockern. Dieser Vorgang kann durch Anlagerung verschiedener Molekülreste an die Histone modifiziert werden. Durch eine Methylierung der Histonproteine wird die Verbindung verstärkt und die DNA kann nicht abgelesen werden. Bei einer Acetylierung der Histone hingegen entfällt deren positive Ladung, die Verbindung zur DNA wird gelockert und die Gene können leichter abgelesen werden. Die Gesamtheit dieser Modifikationen wird als Histoncode bezeichnet. **Durch entsprechende Enzyme können die Modifikationen zum großen Teil auch wieder entfernt und neue Gruppen angelagert werden, sodass lebenslang eine Anpassung an veränderte Umweltbedingungen möglich ist** (Powledge 2009, Purves 2011, Fischer 2013, Kegel 2013).
Ein prinzipiell zugängliches Gen kann aber durch einen weiteren Mechanismus inaktiviert werden, indem die DNA selbst durch Methylgruppenanlagerung modifiziert wird. **DNA-Methylierungen** finden sich besonders an Cytosin-Guanin-Basenpaaren, die häufig in Genkontrollregionen vorkommen, und bewirken eine Anlagerung verschiedener Proteine an die Kontrollregion. Je stärker die Methylierung ist, desto mehr Proteine werden angelagert und desto inaktiver ist das Gen. Der Histoncode fungiert dabei als ein Signal für die Methyltransferasen, sodass verstärkt an Histone gebundene DNA meist auch stärker methyliert wird. Genau wie die Modifikationen an den Histonen, ist auch die DNA-Methylierung ein reversibler Vorgang und kann in einem gewissen Umfang lebenslang verändert werden. Eine wichtige Funktion der DNA- Methylierung ist die Inaktivierung eines der beiden X-Chromosomen bei

Epigenetische Muster werden durch Umweltfaktoren beeinflusst und wirken während der Trächtigkeit auf Mutter und Nachkommen.

weiblichen Säugetieren. Weibliche Säugetiere haben im Gegensatz zu männlichen zwei X-Chromosomen und somit theoretisch auch die doppelte Anzahl an Genprodukten. Um diesem Ungleichgewicht entgegenzuwirken, wird in jeder Zelle eines der X-Chromosomen lebenslang inaktiviert. Diesen Vorgang bezeichnet man auch als **Dosiskompensation** (Powledge 2009, Purves 2011, Fischer 2013, Kegel 2013).

Aber auch nachdem ein Gen bereits abgelesen und in mRNA übersetzt wurde, kann die Umsetzung zum Protein durch epigenetische Mechanismen verhindert werden. Das geschieht durch sogenannte mikroRNAs. Denn nur ein kleiner Prozentsatz der abgelesenen Gene wird zu mRNA und wird in Proteine umgeschrieben. Die meisten RNA-Moleküle haben regulative Funktionen. So können sich kurze mikroRNAs an entsprechende mRNAs mit komplementären Sequenzen heften und diese blockieren. Außerdem wird die gebundene mRNA sozusagen markiert und schneller abgebaut (Powledge 2009, Purves 2011, Fischer 2013).

EPIGENETISCHE MODIFIKATIONEN

Sie sind mitotisch stabil, das heißt, durch entsprechende Enzyme wie der Erhaltungsmethyltransferase werden z. B. DNA-Methylierungen kopiert und bei der Zellteilung an beide Tochterzellen weitergegeben. Außerdem können epigenetische Markierungen auch vererbt werden. Denn erworbene epigenetische Muster der Eltern lassen sich auch in den Keimzellen nachweisen und werden dementsprechend an die Nachkommen weitergegeben. Diese epigenetischen Anpassungen schwächen sich allerdings über Generationen hinweg ab. Dabei ist sowohl der Mechanismus der Vererbung als auch deren Umfang noch unklar. Denn die meisten DNA-Methylierungen werden während der Meiose durch eine Demethylase gelöscht. Anschließend erhält die DNA der Keimzellen ein neues Methylierungsmuster, wobei sich das Muster der Spermien von dem der Eizellen im Säugergenom an etwa 200 Genen unterscheidet. Dadurch können Allele eines Elternteils inaktiviert sein, während die des anderen abgelesen werden können. Man bezeichnet dies auch als **Genomische Prägung** bzw. **Genomisches Imprinting**. Außerdem ermöglicht dieses „Reset" die Etablierung eigener epigenetischer Muster im Uterus und eine Einstellung auf die postnatalen Umweltbedingungen. Eine weitere Möglichkeit der epigenetischen Vererbung besteht in der Übertragung von RNA-Molekülen, die in Spermien enthalten sein können und die Genaktivität der Nachkommen beeinflussen (Rassoulzadegan et al. 2006, Purves 2011, Fischer 2013, Kegel 2013, Nestler 2018).

GENAKTIVITÄT IM VERLAUF DES LEBENS

Wie alle Lebewesen sind auch Hunde schon zu Beginn ihrer embryonalen Entwicklung bis hin zu ihrem Tod den vorherrschenden Umweltbedingungen ausgesetzt, die Einfluss auf ihre Genaktivität nehmen. Durch entsprechende Kenntnisse können Züchter wie auch Hundehalter das Verhalten und die Persönlichkeitsentwicklung, aber auch die gesundheitliche Konstitution ihres Tieres in den unterschiedlichen Lebensabschnitten positiv beeinflussen. Da die physiologischen Grundmechanismen ähnlich sind, können besonders Ergebnisse von Studien an Nagetieren richtungsweisend sein. In einigen Fällen konnte eine Übertragbarkeit der Ergebnisse u. a. auf Hunde bereits nachgewiesen werden. **Die meisten epigenetischen Muster manifestieren sich in der Embryonalentwicklung.** Sie werden durch die verschiedensten Umweltfaktoren beeinflusst, die während der Trächtigkeit auf die Mutter und ihre Nachkommen einwirken. Daneben können epigenetische Modifikationen auch vererbt werden und positive sowie negative Erfahrungen der Eltern können sich direkt auf den Phänotyp des Nachwuchses auswirken. **Durch diese pränatale „Programmierung" wird gewährleistet, dass der Organismus bei der Geburt auf die vorherrschenden Umweltbedingungen eingestellt ist.** Eine große Bedeutung für die Entwicklung des Epigenoms eines Lebewesens haben zudem frühe postnatale Umwelteinflüsse. Diese vervollständigen im Prinzip die pränatale Programmierung und bereiten den Nachwuchs auf die Unabhängigkeit von den Eltern vor. Allerdings müssen diese Anpassungen in späteren Lebensabschnitten nicht immer vorteilhaft sein und können sogar zu Erkrankungen führen. Denn besonders die pränatalen und frühen postnatalen epigenetischen Veränderungen sind relativ stabil und nur zum Teil reversibel. Dennoch lassen sich epigenetische Muster auch noch in späteren Lebensjahren häufig erfolgreich beeinflussen.

STRESS UND SEINE FOLGEN

Ein entscheidender Faktor ist die Stressbelastung, z. B. durch Einschränkung der Bewegungsfreiheit, fremde Artgenossen oder Beutegreifer. Stress hat Auswirkungen auf die epigenetische Regulation des limbischen Systems, das die Steuerung von Emotionen sowie Lern- und Gedächtnisleistungen beeinflusst, und der Hypothalamus-Hypophysen-Nebennierenrinden-Achse (HPA), die u. a. an der Steuerung der Stressreaktion beteiligt ist. Häufig von epigenetischen Modifikationen infolge einer Stressexposition betroffen sind die Glucocorticoidrezeptorexpression, die Corticosteroidsekretion, die Expression des Corticotropin-releasing-factors (CRF) und des CRF-Rezeptors (siehe Stress). Vor allem pränataler Stress beeinflusst nicht nur die Glucocorticoidrezeptorexpression im Gehirn, sondern auch in anderen Organen, wie z. B. der Leber, und hat Einfluss auf metabolische und kardiovaskuläre Prozesse. Sowohl eine exogene als auch eine endogene Glucocorticoidexposition im Uterus können dementsprechend zu einem verringerten Geburtsgewicht, Bluthochdruck, Hyperinsulinämie und Hyperglycämie führen (Seckl 2001). Vor allem haben die epigenetischen Modifikationen der HPA und des limbischen Systems jedoch Einfluss auf die spätere Stressreaktion, wobei besonders die pränatale und frühe postnatale Stressexposition von Bedeutung sind (S. 271).

AUSWIRKUNG VON PRÄNATALEM STRESS

Pränataler Stress führt bei der Mutter zu Veränderungen des Hormonhaushaltes, die sich auf das Epigenom der Nachkommen auswirken. Die Folgen permanenter und extremer pränataler Stressexposition können vermehrtes Angstverhalten, eine Beeinträchtigung der kognitiven Leistungen sowie ein erhöhtes Risiko für die Entwicklung von Angststörungen und Depressionen sein (Alonso et al. 2000).

Was auf den ersten Blick negativ erscheint, kann aber durchaus evolutiv von Vorteil sein, wie Sophie St-Cyr et al. (2017) in ihrer Studie zeigen konnten. Sie konfrontierten Rattenweibchen in der zweiten Hälfte der Trächtigkeit mit dem Geruch eines Fressfeindes. Die Nachkommen dieser Weibchen reagierten bei Geruchsexposition mit gesteigertem Angst- und Vermeidungsverhalten. Männchen zeigten außerdem vermehrt Verteidigungsverhalten. Diese Angstreaktionen und angepassten Verhaltensweisen gegenüber Beutegreifern oder anderen Gefahrenquellen können über mehrere Generationen hinweg vererbt werden (Dias & Ressler 2014) und den Tieren einen selektiven Vorteil verschaffen. Bei Hunden und anderen domestizierten Tieren ist ein solches Angstverhalten, und sei es auch nur gegenüber spezifischen Reizen, allerdings meist nachteilig und kann zu Problemen führen. Bei Hündinnen sollte größerer pränataler Stress deshalb vermieden werden, auch um das erwähnte Risiko für Stoffwechselerkrankungen beim Nachwuchs zu reduzieren. Aber es gibt noch einen weiteren Grund, warum trächtige und laktierende Hündinnen möglichst wenigen großen Stressoren ausgesetzt werden sollten. Denn Stress hat auch Einfluss auf das Verhalten der Mutter selbst. Rebecca Heiming und ihre Forschungsgruppe konfrontierten in ihrer Studie von 2011 weibliche Mäuse während der Schwangerschaft und Laktation mit Einstreu aus den Käfigen fremder Männchen, die ein Risiko für Infantizid darstellen. Dieser Stressor bewirkte bei den Weibchen ein verringertes Brutpflegeverhalten. Doch gerade mütterliche Fürsorge beeinflusst entscheidend die Persönlichkeitsentwicklung und die spätere Reaktion auf unbekannte Situationen und Stress (siehe S. 271). Bei den adulten Nachkommen ließ sich dementsprechend ein vermehrtes Angstverhalten und verringertes Explorationsverhalten beobachten. Den Einfluss der mütterlichen Fürsorge konnten auch Tania Roth und ihr Team bestätigen. Weibliche Ratten, die in der ersten Woche nach der Geburt einer gestressten und sich missbräuchlich verhaltenden Mutter ausgesetzt waren, zeigten ihrerseits ein mangelhaftes Brutpflegeverhalten und missbräuchliches Verhalten gegenüber ihrem Nachwuchs (Roth et al. 2009).

AUSWIRKUNG VON POSTNATALEM STRESS

Postnataler Stress kann direkt auf die Jungtiere Einfluss nehmen. Eine wiederholte, längere Separation von der Mutter in der frühen postnatalen Phase, führte bei Ratten z. B. zu einer erhöhten CRF-Expression und einer Hypersekretion von ACTH und Cortisol (S. 271 ff.) bei Stressexposition im adulten Alter, die die Entwicklung von Angststörungen begünstigen kann (Plotsky et al. 2005). Pränataler und früher postnataler Stress kann sich aber auch positiv auswirken und zu einer höheren Belastbarkeit und einem besseren Umgang mit stressigen und unbekannten Situationen führen (Gapp et al. 2016, Sachser & Lesch 2013). Warum eine frühe Stressexposition so unterschiedliche Folgen haben kann, ist bisher nicht sicher geklärt und konkrete Aussagen zu positiven oder negativen Auswirkungen auf spätere Verhaltensweisen deshalb nicht möglich. Einen Erklärungsansatz bietet die sogenannte **Mismatch-Theorie**. Diese geht davon aus, dass die Entwicklung von Verhaltensstörungen besonders begünstigt wird, wenn die Umwelteinflüsse der pränatalen und frühen postnatalen Phase sich stark von denen in späteren Lebensabschnitten unterscheiden und die Verhaltensanpassungen nicht mehr zielführend sind. Ein weiterer Faktor könnte der Genotyp des Individuums sein, der die Gen-Umwelt-Interaktionen maßgeblich beeinflusst. Dabei spielt wahrscheinlich das Serotonintransportergen (SERT) eine wichtige Rolle. Eines seiner zwei Allele verursacht eine verminderte SERT-Produktion, die per se zu einer erhöhten Ängstlichkeit führt. In Versuchen mit Mäusen konnte gezeigt werden, dass die reduzierte

SERT-Expression gepaart mit Stressexposition das Risiko einer Angststörung erheblich erhöht (Sachser & Lesch 2013). Des Weiteren können andere Umwelteinflüsse, vor allem in der frühen postnatalen Phase, die Auswirkungen der Stressexposition modifizieren. So konnten Stefania Maccari und Team in ihrer Studie von 1995 nachweisen, dass die Folgen von pränatalem Stress bei Ratten durch eine Adoption, die ein verbessertes Brutpflegeverhalten bei den Adoptivmüttern auslöste, rückgängig gemacht werden können. Aber auch Erfahrungen in späteren Lebensabschnitten können die epigenetischen Regulationen beeinflussen. Katharina Gapp und ihr Team bestätigten 2016 die **Reversibilität der Auswirkungen früher postnataler Stressexposition.** Sie trennten männliche Mäuse postnatal wiederholt von ihrer Mutter. Die Folge war eine vermehrte Glucocorticoidrezeptor-Expression im Hippocampus, die auch an die Nachkommen weitergegeben wurde. Wurden die adulten Männchen aber nach der frühen postnatalen Stressexposition in einer angereicherten Umwelt gehalten, kam es sowohl im Hippocampus der Väter als auch in den Keimzellen zu einer erneuten Anpassung des Epigenoms, sodass die Glucocorticoidrezeptordichte der Nachkommen unverändert war.

Die epigenetische Regulierung der HPA und des limbischen Systems und damit der Stressreaktion kann also lebenslang modifiziert werden und ist von verschiedenen Umwelteinflüssen abhängig. Der Fokus sollte dementsprechend nicht nur auf der pränatalen und frühen postnatalen Stressreduktion liegen, sondern auch darauf, die emotionale Stabilität des Hundes durch positive Umwelteinflüsse zu fördern. Dies gilt besonders für die frühe postnatale Phase. Aber auch bei bestehenden Angststörungen sollte man sich die Reversibilität der epigenetischen Regulationen zunutze machen und diese schrittweise durch verschiedene Umwelteinflüsse modifizieren. Denn eine dauerhafte Vermeidung von Stressoren ist weder möglich noch zielführend und der Hund wird früher oder später unbekannte und teils stressige Situationen bewältigen müssen.

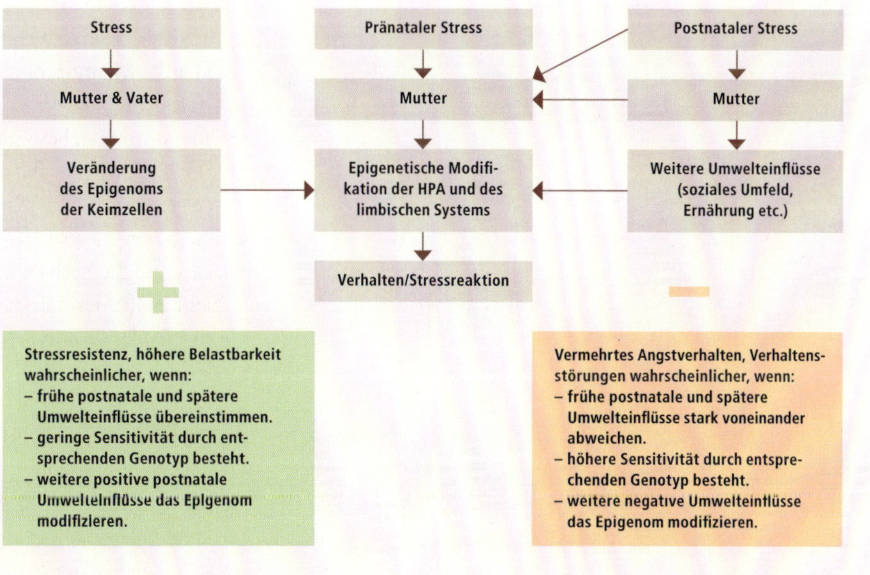

Auswirkungen von prä- und postnatalem Stress

BEDEUTUNG DES SOZIALEN UMFELDS

Ein Faktor, der die Stressreaktion maßgeblich beeinflusst, ist das soziale Umfeld. Zum einen kann es selbst ein Stressor sein, zum anderen aber auch positive Auswirkungen auf die Stressreaktion haben. Soziale Interaktionen modifizieren die epigenetischen Muster der HPA und des limbischen Systems, aber auch die Genexpression anderer Hirnregionen wie dem präfrontalen Cortex und beeinflussen dementsprechend neben der Stressreaktion auch das Sozialverhalten sowie Lern- und Gedächtnisprozesse.

MÜTTERLICHE FÜRSORGE

Genau wie bei der Stressexposition sind besonders die Einflüsse der frühen postnatalen Phase von Bedeutung, wobei hier vor allem die mütterliche Fürsorge eine Rolle spielt. Wie die Studien von Michael Meaney und seinem Team (2004) und viele andere Studien an Nagern belegen, führt eine gute mütterliche Brutpflege durch eine veränderte Histonacetylierung und DNA-Methylierung unter anderem zu einer verringerten Glucocorticoid- und CRF-Rezeptorexpression, einer veränderten Zusammensetzung des GABAa-Rezeptors und einer vermehrten Expression des Brain-derived-neurotrophic-factors (BDNF), des Benzodiazepinrezeptors und des Oxytocinrezeptors. Die Folgen sind ein verringertes Angstverhalten in unbekannten Situationen, ein geringeres Risiko für Angststörungen (Caldji et al. 2003, Pan et al. 2014, Weaver et al. 2004) und eine verbesserte Lern- und Gedächtnisleistung, die mit einer erhöhten Synapsendichte im Hippocampus einhergeht (Liu et al. 2000). Obwohl die zugrundeliegenden epigenetischen Mechanismen bei Hunden noch nicht geklärt sind, können die Auswirkungen der mütterlichen Fürsorge auch hier beobachtet werden. **Welpen, die von ihrer Mutter gut umsorgt und zu einem späteren Zeitpunkt (ab 8 Wochen) von ihr getrennt werden, zeigen in unbekannten Situationen ein vermehrtes Explorationsverhalten und verringertes Angstverhalten, sind vermehrt an der sozialen Interaktion mit Menschen interessiert und bei der Ausbildung zum Arbeitshund erfolgreicher** (Foyer et al. 2016, Guardini et al. 2016). Dagegen kann eine schlechte Brutpflege und eine frühe Trennung von der Mutter die Entwicklung von Angst- und Verhaltensstörungen wie der Canine Compulsive Disorder (CCD, Zwangsstörungen, siehe S. 313 ff.) begünstigen (Pierantoni et al. 2011, Tiira et al. 2012).
Außerdem spielt bei Hunden die Oxytocinrezeptorexpression bei der Steuerung des

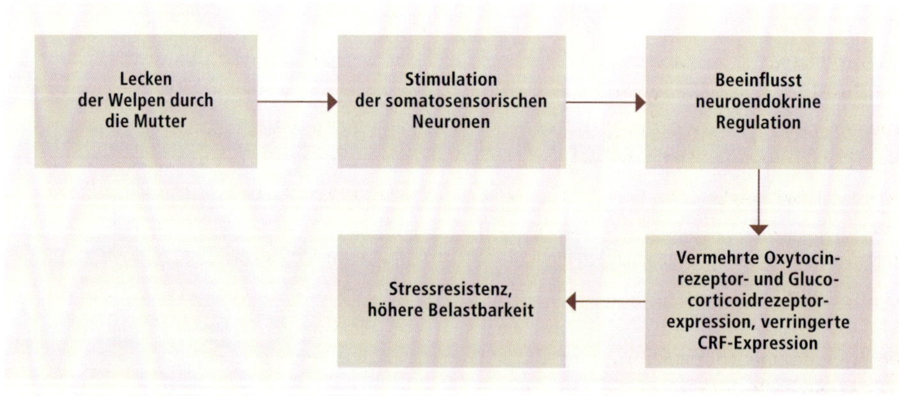

Mütterliche Brutpflege

Sozialverhaltens eine entscheidende Rolle. Zwar sind auch hier die einflussnehmenden Umweltfaktoren noch nicht sicher geklärt, aber ein Zusammenhang mit der mütterlichen Fürsorge könnte wie bei Nagern bestehen (Cimarelli et al. 2017). In der Zucht sollte deshalb bei der Auswahl der Hündin auf ein adäquates Brutpflegeverhalten geachtet werden.

BEDEUTUNG SOZIALER INTERAKTIONEN

Neben dem sozialen Umfeld der frühen postnatalen Phase, haben die sozialen Interaktionen während der Adoleszenz einen großen Einfluss auf die spätere Stressreaktion und das Sozial- und Sexualverhalten, wie Norbert Sachser und sein Team in mehreren Studien (2013 & 2018) mit Meerschweinchen zeigen konnten. Je mehr soziale Interaktionen männliche Meerschweinchen in dieser Phase hatten, desto weniger gestresst und aggressiv reagierten sie bei sozialen Interaktionen im adulten Alter. Grund für die Stressresistenz war ein erhöhter Testosteronspiegel, der besonders bei in Kolonien lebenden Tieren beobachtet wurde und inhibitorische Auswirkungen auf die HPA hat. Aber nicht nur die Quantität, sondern auch die Qualität der Interaktionen ist relevant. Sozialer Stress und soziale Instabilität während der Adoleszenz führt bei Nagern infolge einer veränderten epigenetischen Regulation der HPA zu vermehrtem Angstverhalten und einer verringerten sozialen Aktivität im adulten Alter (Schmidt et al. 2010, Vidal et al. 2007). Darüber hinaus beeinflusst das soziale Umfeld auch bei älteren Tieren die epigenetischen Modifikationen der HPA, die an den Nachwuchs weitergegeben werden. So zeigen Nachkommen männlicher Mäuse, die chronischem sozialem Stress ausgesetzt wurden, vermehrt depressives und ängstliches Verhalten (Dietz et al. 2011).

Positive soziale Interaktionen mit Artgenossen sollten in jeder Lebensphase gefördert werden.

BEDEUTUNG DER ERNÄHRUNG

Ein weiterer Umweltaspekt, mit entscheidender Auswirkung auf das Epigenom, ist die Ernährung. Diese kann sowohl direkt als auch über einen ernährungsbedingt veränderten Hormonhaushalt auf das Epigenom Einfluss nehmen. Während der Trächtigkeit und in der frühen postnatalen Phase kommt es durch diese epigenetischen Modifikationen zu einer metabolischen Programmierung, die den Nachwuchs auf das verfügbare Nahrungsangebot vorbereiten soll und die Funktion des Stoffwechsels lebenslang beeinflusst. Außerdem können die durch die Ernährung modifizierten epigenetischen Muster der Eltern vererbt werden. Imbalancen im Bereich der Makronährstoffe, also der Kohlenhydrat-, Fett- und Proteinzufuhr, können dabei das Risiko für verschiedene chronische Erkrankungen wie Adipositas, Diabetes und Herz-Kreislauf-Erkrankungen erhöhen. Gewisse Ernährungsweisen bergen dabei besondere Risiken für eine Über- oder Unterversorgung (siehe ab S. 125). Während bei einer veganen Ernährungsweise z. B. das Risiko für einen Proteinmangel erhöht ist, kann es beim Barfen schnell zu einem Proteinüberschuss kommen. Einige weitere Beispiele für Über- oder Unterversorgungen und deren Folgen finden sich in der Tabelle auf S. 41. Neben dem Stoffwechsel beeinflusst die Ernährung aber auch das Verhalten wie z. B. das Lern- und Angstverhalten. Eine mögliche Erklärung für dieses Phänomen ist der ernährungsbedingt beeinträchtigte Leptinsignalweg, der die Dopaminhomöostase modifiziert (Wu et al. 2013). Eine Anpassung der Nährstoffzufuhr während der Schwangerschaft und Laktation kann diese Verhaltensänderungen teilweise wieder normalisieren (Rodriguz et al. 2012). Besonders bei den heutigen „New Age-Fütterungsstrategien (vegane oder fleischlastige Ernährung) ist das zu beachten.

EINFLUSS VON MIKRONÄHRSTOFFEN UND VITAMINEN

Des Weiteren haben auch Mikronährstoffe und Vitamine Einfluss auf das Epigenom. Das gilt besonders für B-Vitamine und andere Methyldonatoren wie Cholin oder Betain, die wichtig für die Erhaltung des Methylierungsmusters der DNA sind und damit die verschiedensten Körperfunktionen beeinflussen können. Ein Mangel an Methyldonatoren führt zu einer veränderten Methylierung der DNA, die unter anderem das Risiko für verschiedene Tumorerkrankungen erhöhen kann (Gaudet et al. 2003). Eine Supplementierung von Methyldonatoren während der Trächtigkeit kann dagegen positive Auswirkungen auf den Nachwuchs haben, indem sie die Etablierung des DNA-Methylierungsmusters unterstützt. So können z. B. die Folgen einer verminderten Proteinzufuhr, die eine Restriktion der Aminosäure und des Methyldonors Methionin bedeutet, verhindert werden (Cooney et al. 2002, Lillycrop et al. 2005). Bei Hunden konnte daneben durch eine Supplementierung von Folsäure während der Trächtigkeit das Auftreten von Gaumen- und Lippenspalten bei prädisponierten Rassen wie Mops und Chihuahua reduziert werden. Ein epigenetischer Mechanismus kann hier aber bisher nur vermutet werden (Domoslawska et al. 2013). Gerade in der pränatalen und frühen postnatalen Phase sollte bei Hunden deshalb auf eine ausgewogene Ernährung und ausreichende Versorgung mit Vitaminen und Mikronährstoffen geachtet werden, um das Risiko für Stoffwechselerkrankungen und Verhaltensstörungen zu reduzieren.

WEITERE UMWELTEINFLÜSSE

Neben Stress, sozialem Umfeld und Ernährung haben auch abiotische Faktoren Einfluss auf das Epigenom. Eine **angereicherte Umwelt**, in der die verschiedensten Umweltreize die Tiere fordern, hat positive Auswirkungen auf kognitive Funktionen, Gedächtnisprozesse und das Sozialverhalten. So zeigen männliche Mäuse, die in strukturierten und angereicherten Käfigen gehalten werden, vermehrt Spielverhalten sowie soziopositives Verhalten, aber auch vermehrt Aggressionsverhalten (Marashi et al. 2003). Besonders gut erforscht sind die Auswirkungen der unbelebten Umwelt bei genveränderten Mäusen, die zur Alzheimer-Forschung eingesetzt werden und nach wenigen Monaten eine alzheimerähnliche Pathologie entwickeln. Bei Haltung in einer angereicherten Umwelt zeigen diese Mäuse eine erhöhte Zellproliferation im Hippocampus und verbesserte kognitive Leistungen. Die Ursachen dafür sind eine veränderte DNA-Methylierung und Histonacetylierung, die die Genexpression im Hippocampus beeinflussen (Grinan-Ferre et al. 2018, Herring et al. 2008, Zhang et al. 2018). Eine angereicherte Umwelt hat dabei nicht nur in frühen Entwicklungsphasen positive Auswirkungen auf das Verhalten, sondern verbessert die kognitiven Leistungen auch in späteren Lebensabschnitten.
→ Bei Hunden sollte in jedem Alter darauf geachtet werden, sie durch verschiedene Umweltreize zu fordern und zu fördern.

Daneben nehmen auch Umweltfaktoren Einfluss auf das Epigenom, die wenig oder so gut wie gar nicht beeinflussbar sind, wie z. B. die **Position im Uterus**. Denn die epigenetischen Muster können von den Hormonen der benachbarten Geschwister im Uterus modifiziert werden. So sind weibliche Mäuse, die im Uterus zwischen zwei männlichen Tieren lagen, durch die Testosteronexposition aggressiver, zeigen vermehrt Markierungsverhalten und haben häufiger einen irregulären Zyklus (Ryan & Vandenbergh 2002, vom Saal & Bronson 1980). Die Auswirkungen der Position im Uterus auf das Verhalten wurden aber nicht nur bei Mäusen, sondern auch bei Schafen, Meerschweinchen, Hunden und auch menschlichen Zwillingen nachgewiesen.

EINLFUSS DER ERNÄHRUNG

TIERART	ERNÄHRUNGS-WEISE	ZEITPUNKT	EPIGENETISCHE AUSWIRKUNGEN BEI DEN NACHKOMMEN	METABOLISCHE AUSWIRKUNGEN/ VERHALTEN	STUDIE
Ratte	Fettreiche Ernährung der Väter	Vor der Kopulation	Veränderte Genexpression von 642 Genen im Pankreas, u. a. durch Hypomethylierung	Beta-Zell-Dysfunktion mit beeinträchtigter Insulinsekretion und Glucosetoleranz	Ng et al. 2010
Ratte	Fettreiche Ernährung und Adipositas der Mutter	Vor und während der Trächtigkeit und Laktation	Verringerte Dopamintransporterexpression im Striatum	Verringertes Angstverhalten, beeinträchtigtes Lernverhalten	Rodriguz et al. 2009 Shankar et al. 2007
Ratte	Überschuss an gesättigten Fettsäuren und Adipositas bei der Mutter	Trächtigkeit und Laktation und Nachkommen nach dem Absetzen	Gesteigerte Expression des Leptinrezeptors, Neuropeptid Y und Proopiomelanocortin; verringerte Expression des Neuropeptide-Y-Rezeptors (NPY)	Beeinträchtigtes Sättigungsgefühl und hypothalamische Regulation des Energiehaushaltes –> höhere Energieaufnahme und höheres Körpergewicht, vermehrt viscerales Fett, ehöhter Leptin- und Insulinspiegel	Page et al. 2009 Shankar et al. 2007
Ratte	Proteinrestriktion	Trächtigkeit	Hypomethylierung und vermehrte Expression des PPAR- und Glucocorticoidrezeptorgens; auch bei den Nachkommen nachweisbar	Unter anderem veränderter Kohlenhydrat- und Fettstoffwechsel in der Leber	Lillycrop et al. 2006 Burdge et al. 2006
Ratte	Kohlenhydratreiche Diät (HC) oder fettreiche Diät (HF)	Trächtigkeit und Laktation		Verstärkte NPY-Sekretion nach Glucopenieinduktion (nur HC), fettreiche Nahrung wird in der Wachstumsphase bevorzugt –> Adipositasrisiko steigt (HC und HF)	Kozak et al. 2005
Ratte	Restriktion von Methionin, Cholin, Folsäure	Nach der Aufzucht für 9 bis 36 Wochen	Allgemeine Hypermethylierung der DNA, Veränderung des Histonmethylierungsmusters im Gehirn	Erhöhters Risiko für Tumorerkrankungen und psychische Erkrankungen	Pogribny et al. 2008
			Allgemeine Hypomethylierung in der Leber, nach länger bestehendem Mangel nicht mehr durch Anpassung der Zufur reversibel	Erhöhtes Risiko für Lebertumore	Pogribny et al. 2006
Hund	Fettreiche Diät	Adultes Alter, 9 bis 24 Wochen lang	Veränderte Genexpression von 63 Genen im linken Ventrikel des Herzens	Bluthochdruck, Adipositas	Philip-Couderc et al. 2004
Schaf	Restriktion der B-Vitamine und Methionin	Konzeption	Veränderte DNA-Methylierung verschiedener Gene	Adipositas, veränderte Immunantwort gegenüber Allergenen, Insulinresistenz, erhöhter Blutdruck	Sinclair et al. 2007

Auch die Einwirkung von **Umweltgiftbelastungen** kann kaum verhindert werden. Dazu gehören z. B. **endokrine Disruptoren**. Man versteht darunter Substanzen, die die Funktion des endokrinen Systems verändern und unerwünschte Effekte auf den Organismus und deren Nachkommen haben können (WHO 2002). Oftmals handelt es sich um industriell und landwirtschaftlich genutzte Substanzen, die in die Umwelt gebracht werden und sich z. B. in der Nahrung und im Trinkwasser anreichern. Endokrine Disruptoren beeinflussen durch die Veränderung der epigenetischen Muster die neurokognitive Entwicklung, den Stoffwechsel sowie die Sexualfunktionen. Der Weichmacher DEHP z. B. führt nach langfristiger oraler Verabreichung in umweltrelevanten Konzentrationen bei weiblichen Mäusen und ihren Nachkommen zu adipogenen Effekten wie einer erhöhten Futteraufnahme und einem höheren Körpergewicht. Grund dafür ist unter anderem eine veränderte Genexpression von Adipokin, Leptin und dem Leptinrezeptor (Schmidt 2014). Ein weiteres Beispiel für endokrine Disruptoren ist das in der Kunststoffherstellung verwendete Bisphenol A, das bei pränataler und früher postnataler Exposition zu einem erhöhten Körpergewicht und veränderter Sexualfunktion führt und das Risiko für Gesäuge- und Prostatatumoren sowie Diabetes Typ 2 erhöht. Bei Agouti-Mäusen (Mäuse mit der Fellfarbe des Wildtyps, vglb. Pfeffer-Salz-Färbung bei z. B. Schnauzern) konnte allerdings nachgewiesen werden, dass eine Supplementierung von Methylgruppendonatoren wie Folsäure während der Trächtigkeit und Laktation, der durch Bisphenol A ausgelösten Hypomethylierung des Agoutigens entgegenwirkt (Dollnoy et al. 2007). Der Einfluss endokriner Disruptoren kann also nicht immer verhindert, aber durch weitere Faktoren modifiziert werden und damit negative Auswirkungen zumindest abgeschwächt

Umweltkontaminationen können in Form von Weichmachern im Hundespielzeug auftreten und Einfluss auf das Epigenom nehmen.

werden. Bei Hunden lässt sich außerdem durch die Auswahl von Plastikspielzeug die Exposition beeinflussen. Um endokrine Disruptoren wie Weichmacher zu vermeiden, sollten gerade für Welpen Spielzeuge mit CE-Kennzeichnung bevorzugt werden.

EPIGENETISCHE VERÄNDERUNGEN IM ALTERUNGSPROZESS

Der Grundsatz „Hundealter x 7 = Menschenalter" hält sich hartnäckig, obwohl längst bekannt ist, dass er nicht der Realität entspricht. Michael Thompson und sein Team konnten 2017 anhand der altersabhängigen Methylierung der DNA eine Formel entwickeln (ln = linearer Logarithmus):

Menschenalter = 16 x ln(Hundealter) + 31

Dabei altern größere und schwerere Hunde schneller als kleine und leichtere, wie Gary J. Patronek und sein Team bereits 1997 nachweisen konnten. Die Ursache für die Veränderung der DNA-Methylierung im Alter ist u. a. eine sich stetig verringernde Aktivität der Methyltransferase, möglicherweise ausgelöst durch den altersbedingt veränderten Stoffwechsel und die dadurch erhöhte Bildung von S-Adenosylhomocystein, einem Inhibitor der Methyltransferase. Die Folge ist eine genomweite Hypomethylierung der DNA, die zu einer verringerten Stabilität der Chromosomen führt. Teilweise kommt es aber auch zu einer genspezifischen Hypermethylierung, wobei davon besonders Tumorsuppressorgene betroffen sind. Dadurch wird die Karzinogenese begünstigt und das Risiko für altersbedingte Tumorerkrankungen erhöht (Kim et al. 2009). Dieser Vorgang kann durch verschiedene Umwelteinflüsse entweder begünstigt oder auch verzögert werden. Besonders die Ernährung scheint dabei eine große Rolle zu spielen. Eine geringe Aufnahme von Methylgruppendonatoren wie Folsäure begünstigt z. B. die Hypomethylierung der DNA. **Dagegen zeigt sich in mehreren Studien, dass eine kalorienrestriktive Ernährung in späteren Lebensjahren das epigenetische Altern verzögert und die Lebensdauer verlängert.** Eine Kalorienrestriktion senkt z. B. das Risiko für altersbedingte Krebserkrankungen (Cadoni et al. 2017) und hat positive Auswirkungen auf die alternde Herzmuskulatur (Niemann et al. 2010). Bei Rhesusaffen konnte so das epigenetische Alter um 7 Jahre gegenüber ihrem chronologischen Alter verringert werden (Maegawa et al. 2017).
Aber auch im Alterungsprozess gibt es epigenetische Vorgänge, die sich schwer beeinflussen lassen. So hat der Verlust von sensorischen Informationen durch eine altersbedingt beeinträchtigte Funktion der Sinnesorgane Auswirkungen auf epigenetische Muster und besonders die Funktion des Hippocampus. Durch einen altersbedingten, graduellen Gehörverlust z. B. kommt es bei Mäusen zu einer veränderten Expression verschiedener Neurotransmitter im Hippocampus und im Cortex, die eine verminderte synaptische Plastizität und ein beeinträchtigtes räumliches Gedächtnis zur Folge haben (Daniela Beckmann et al. 2020). Gerade bei älteren Tieren sollte deshalb darauf geachtet werden, diesen Prozess durch weitere Einflüsse wie soziale Interaktionen und abiotische Faktoren zu verzögern.

EPIGENETIK UND THERAPIEANSÄTZE

Epigenetische Muster manifestieren sich also vor allem in der pränatalen und frühen postnatalen Phase, können aber in einem gewissen Umfang lebenslang modifiziert werden. Diese Plastizität lässt sich im therapeutischen Bereich bei Verhaltensstörungen und Stoffwechselerkrankungen nutzen. Dabei spielen vor allem die Verhaltenstherapie und die Änderung der Haltungsbedingungen eine große Rolle. In Zukunft könnten diese Ansätze auch durch epigenetisch wirksame Medikamente unterstützt werden, die die DNA-Methylierung und die Histonacetylierung direkt beeinflussen. Ian Weaver, Michael Meaney und ihr Team konnten z. B. in ihrer Studie von 2005 durch die zentrale Infusion des Methylgruppendonators Methionin in den linken Hirnventrikel die durch die mütterliche Pflege modifizierte GR-Expression im Hippocampus bei Mäusen rückgängig machen. Eine weitere Möglichkeit, das Epigenom medikamentös zu beeinflussen, ist der Einsatz von Histondeacetylase-Inhibitoren, die die Histonacetylierung fördern. Bei Mäusen führt der Histondeacetylase-Inhibitor Valproinsäure zu einer vermehrten Histonacetylierung im Bereich des BDNF-Genpromotors und zu einer erhöhten BDNF-Expression und kann so die Therapie von Angststörungen unterstützen (Bredy et al. 2007). Allerdings ist eine zentrale Infusion von Methionin in der Praxis natürlich nicht möglich und auch die Gabe von Histondeacetylase-Inhibitoren hat ihre Nachteile. Denn die Inhibitoren wirken nicht selektiv in den relevanten Hirnregionen, sondern systemisch im ganzen Körper und können so durch unerwünschte Veränderungen der Histonmodifikationen schwere Nebenwirkungen hervorrufen. Obwohl manche Inhibitoren zur Behandlung anderer Erkrankungen bereits zugelassen sind, wie z. B. Valproinsäure als Natrium- und Calciumkanalblocker für die Therapie von Epilepsie, sind sie bei der Behandlung von Verhaltensstörungen aufgrund der Nebenwirkungen noch nicht anwendbar. Zur unterstützenden Behandlung eingesetzt werden momentan Psychopharmaka, die z. B. die Freisetzung, Wiederaufnahme oder auch den Abbau von Neurotransmittern wie Serotonin oder Dopamin beeinflussen. Wie Ian Maze und sein Team erst 2019 herausgefunden haben, steuern die Neurotransmitter das Verhalten auch durch Modifikation der epigenetischen Muster. Denn Serotonin und Dopamin können mithilfe spezieller Enzyme an Histone gebunden werden und so die Genaktivität beeinflussen. Dieser Vorgang wird Serotonylierung bzw. Dopaminylierung genannt (siehe auch „Aus der Forschung", S. 45). Während Serotonin die Differenzierung von Stammzellen zu serotoninausschüttenden Neuronen bewirkt, führt eine Dopaminylierung zu einer veränderten Regulation des Belohnungssystems und kann das Risiko einer Suchtentwicklung erhöhen. Der Einfluss der Neurotransmitter auf das Epigenom könnte u. a. erklären, warum Psychopharmaka ihre Wirkung oft erst nach mehreren Wochen vollständig entfalten (Fields 2021).

Trotz der Möglichkeit der begleitenden medikamentösen Behandlung sind die Verhaltenstherapie und die Anpassung der Umweltbedingungen die wichtigsten Bestandteile der Therapie von Verhaltensstörungen, können aber auch bei Stoffwechselerkrankungen und bei altersbedingten Erkrankungen therapeutischen Nutzen haben. Michael Meaney, der sich vor allem mit dem Umweltfaktor des sozialen Umfelds beschäftigt, erkannte dies bereits 2005: *„Das soziale Umfeld scheint ein außerordentlich wirksamer Regulator biologischer Systeme zu sein. Dies zeigt sich bis hin zur Ebene der DNA, die in ihrer Funktion sozialer Regulation unterliegt. Wenn also die Aktivität der DNA über den gesamten Entwicklungszeitraum sozial bestimmt wird, sollte das auch bedeuten, dass sie durch soziale und psychologische Interventionen modifiziert werden kann. Und es gibt keinen Grund anzunehmen, dass diese Effekte nur auf Vorgänge im Gehirn beschränkt sein sollten. Veränderungen im Gehirn können auch Änderungen der Immunfunktion und Veränderungen des endokrinen Systems bewirken sowie bei Signalveränderungen relevant werden, die bei kardiovaskulären Erkrankungen, Diabetes usw. bekannt sind. Wir werden letztlich vielleicht erkennen, dass soziale Interventionen therapeutische Effekte hervorrufen können, vermittelt über ein weites Spektrum an Veränderungen bis hin zu strukturellen Veränderungen auf Ebene der DNA. Und dies kann in der Tat bei einer großen Anzahl von Erkrankungen von Bedeutung sein"* (Verhaltenstherapie 15 (2)).

☞ AUS DER FORSCHUNG (VON HANNAH EGNER)

Dopaminylierung

Neue Erkenntnisse deuten darauf hin, dass auch Neurotransmitter eine Rolle bei der epigenetischen Modifikation spielen, z. B. durch Serotonin- und Dopaminylierung. Die Begriffe beziehen sich auf die Fähigkeit der Hirnchemikalien Serotonin und Dopamin, zusätzlich zur Übertragung von Signalen, über Synapsen in den Zellkern einzudringen und bestimmte Gene zu kontrollieren. Das intensive Verlangen nach Suchtmitteln oder Suchthandlungen kann durch Dopamin-kontrollierende Gene verursacht werden, die die der Sucht zugrunde liegenden Gehirnschaltungen verändern. Alle genetischen Informationen werden in der DNA-Sequenz der Gene kodiert und Merkmale werden beim zufälligen Austausch von Genen zwischen Eizelle und Sperma weitergegeben. Genetische Informationen und Anweisungen werden in einer Sequenz von vier verschiedenen Molekülen (Nukleotide) auf dem langen Doppelhelix-DNA-Strang codiert. Vererbte Gene werden aktiviert oder inaktiviert, um aus einem befruchteten Ei ein einzigartiges Individuum zu bilden. Zellen schalten jedoch auch bestimmte Gene während des gesamten Lebens ständig ein und aus, damit der Zellstoffwechsel funktioniert. Wenn ein Gen aktiviert ist, klammern sich spezielle Proteine an die DNA, lesen dort die Buchstabenfolge und erstellen eine Einwegkopie dieser Sequenz in Form von Messenger-RNA. Diese transportiert die genetischen Anweisungen zu den Ribosomen der Zelle, die den Code entschlüsseln und das durch das Gen spezifizierte Protein herstellen. Doch sie können die Informationen auf einer Kassette nicht lesen, wenn das Magnetband fest gewickelt bleibt. Die Epigenetik löst das Band ab oder nicht, um zu steuern, welche genetischen Anweisungen ausgeführt werden.

Epigenetische Vererbung

Bei der epigenetischen Vererbung wird der DNA-Code nicht verändert, jedoch der Zugriff darauf. Die Histonspule, um die sich die DNA eines bestimmten Gens windet, ist mit einer bestimmten chemischen Markierung gekennzeichnet wie z. B. einer molekularen Haftnotiz. Dieser Marker weist andere Proteine an, das Band zu „rollen" und die relevante DNA von diesem Histon abzuwickeln. Auch Serotonin und Dopamin können als eine dieser molekularen Haftnotizen fungieren: Es kann sich an ein Histon, das als H3 bekannt ist, binden. Serotonin ist allgemein als Neurotransmitter im Gehirn bekannt. Störungen in seiner Signalübertragung werden mit zahlreichen neuropsychiatrischen Störungen in Verbindung gebracht, einschließlich Autismus, Depression und angstbezogenen Krankheitsbildern. Durch die Bindung an das H3-Histon können Serotonin und Dopamin die Transkription von DNA in RNA und folglich die Synthese spezifischer Proteine aus diesen regulieren (Farrelly et al. 2019). Das macht jene Neurotransmitter zu Doppelagenten, die auch als versteckte Meister der Epigenetik fungieren. Dopamin ist ein Monoamin-Neurotransmitter, der vor allem mit Belohnungsreaktionen in Verbindung gebracht wird. Dopamin-Neuronen kodieren Belohnungsreaktionen und Dopamin vermittelt die motivationale Handlung – z. B. das Streben nach einer Suchthandlung (Drogenkonsum, ausgeprägtes Jagdverhalten, „Ballsucht" bei Hunden) und die Ausführung jener. Ratten, deren Dopaminylierung verhindert wurde, setzten weniger Dopamin frei, was darauf hindeutet, dass die durch Dopaminylierung entstehenden genetischen Veränderungen tatsächlich den Belohnungskreislauf des Gehirns beeinflussten und somit zur Förderung bzw. Vermeidung von Sucht beitragen (Lepack et al. 2020).

GENETIK: ERBLICHKEIT VON AUSSEHEN UND VERHALTEN

VON KRISTIN STRAUSS

Aussehen und Verhalten eines Tieres werden durch ein Zusammenspiel aus den genetischen Informationen, die es von seinen Vorfahren erhält, und der physikalischen, ökologischen und sozialen Umwelt bestimmt.
Die Gesamtheit der genetischen Informationen wird als Genotyp bezeichnet, wohingegen alle erkennbaren Merkmale des Erscheinungsbildes unter dem Begriff Phänotyp zusammengefasst werden. Streng genommen wird auch das Verhalten dem Phänotyp zugeordnet, was allgemein kaum Beachtung findet, z. B. bei der Phänotypisierung von (potenziellen) Listenhunden. Ein Teil des Phänotyps wird also durch den Genotyp bestimmt. Wie groß der Teil der phänotypischen Varianz ist, der durch die genotypische Varianz beeinflusst wird, kann mit der Erblichkeit angegeben werden. Hohe Erblichkeitswerte bedeuten, dass der Unterschied in der Ausprägung eines Merkmals zwischen zwei Individuen innerhalb einer Population vor allem genetisch erklärbar ist. Folglich stehen geringe Erblichkeitswerte für umweltbedingte Unterschiede in der Ausprägung des Phänotyps. Dies bedeutet nicht, dass die Gene an der Ausprägung des Merkmals unbeteiligt sind, sondern dass bestehende genetische Unterschiede keinen messbaren Einfluss auf das Merkmal haben (Miklósi 2015).
Der Erblichkeitswert gibt also Aufschluss über die Varianz eines Merkmals: Geringe Erblichkeitswerte können auch bedeuten, dass in der Ausprägung eines Merkmals kaum Unterschiede in dieser Population bestehen (Sommerfeld-Stur 2016).

ERBLICHKEITS-MERKMALE

Nach Sommerfeld-Stur (2016) finden sich hohe Erblichkeitswerte oftmals für Merkmale des Körperbaus wie Größe, Fellfarbe- oder qualität, Körperproportionen oder die Kopfform. So ergaben sich beim Deutschen Schäferhund Erblichkeitswerte von 41 % für die Schulterhöhe, 27 % für das Gewicht und 20 % für die Brusttiefe bzw. den Brustumfang (Dammann 2009). Der Erblichkeitswert für die Schulterhöhe lag beim Whippet bei 35 % (Meissen 1996). Geringe Erblichkeitswerte hingegen finden sich für Vitalität, Krankheitsresistenz, Fruchtbarkeit und Wesens- und Verhaltensmerkmale.

EINFLUSS AUF DAS VERHALTEN

Sommerfeld-Stur (2016) betont aber, dass die Genetik dennoch Einfluss auf das Verhalten hat, da ansonsten bestimmte Verhaltensweisen bei bestimmten Rassen nicht vermehrt auftreten würden wie das Hüten oder Vorstehen bei speziell hierzu gezüchteten Rassen. Ein Großteil der Varianz des Verhaltens zwischen unterschiedlichen Rassen ist also genetisch bedingt, während die Varianz innerhalb einer Rasse kaum genetische Einflüsse aufweist, die Erblichkeitswerte also deutlich geringer sind (MacLean et al. 2019). Die Autoren führen dies darauf zurück, dass innerhalb einer Rasse die genetische und die phänotypische Varianz limitiert sind. Die Erblichkeitswerte lagen zwischen 0,27 und 0,77 mit einem Durchschnitt von 0,51. Die höchsten Werte wurden für

Trainierbarkeit (0,73), Aggression gegen Fremde (0,68), Verfolgen (0,62) und Aufmerksamkeitssuchen (0,56) aufgeführt. Diese Werte sind im Schnitt 5-mal höher als die Erblichkeitswerte, die für einzelne Rassen berechnet wurden. Beispielhaft sei hier die Studie von Joana Ilska et al. (2017) genannt, in der für Labrador Retriever relativ hohe Werte für Aggression gegen Fremde (0,26) oder Verfolgen (0,26) angegeben wurden, für andere Verhaltensweisen wie Aggression gegen den Besitzer (0,06) oder Trennungsprobleme (0) jedoch deutlich geringere Werte gefunden wurden. Die Eigenschaften, für die Evan MacLean et al. hohe Erblichkeitswerte fanden, sind die, die in der Vergangenheit wichtige Selektionsziele waren. Dies erklärt auch, warum Rasseunterschiede in Bezug auf das Verhalten je nach Verwandtschaft der Rassen untereinander variieren und Erblichkeitswerte von durchschnittlich 50 % gefunden wurden. Bestimmte Rassen wurden eben für bestimmte Aufgaben mit ganz unterschiedlichen, wichtigen Verhaltensweisen gezüchtet, sodass die phänotypische Varianz vor allem genetisch erklärbar sein sollte. Innerhalb einer Rasse spielt dann bei der Varianz der Ausprägung der Merkmale die Umwelt eine deutlich größere Rolle. Dies erklärt auch die Funde, dass die Persönlichkeit von Haustieren generell geringere Erblichkeitswerte aufweisen als die von Wildtieren (Gansloßer 2020). Während Wildtiere eine größere genetische Varianz aufweisen, ist diese bei Haustieren durch die künstliche Selektion deutlich verringert. Hierdurch sollte die Entwicklung der Persönlichkeit bei Haustieren eher von der Umwelt abhängen als von den Genen, während bei den Wildtieren eher genetische Effekte entscheidend sind.

GRÖSSE, GEWICHT UND SCHÄDELFORM

Das Verhalten wird nicht nur direkt durch die Gene beeinflusst, sondern auch indirekt über den Körperbau. So eignen sich die windschnittig gebauten, schlanken Körper der Windhunde für schnelle Verfolgungsjagden, was sie zu guten Jägern macht, während Spitze durch ihre eher quadratische Körperform kaum mit einem wegrennenden Hasen mithalten könnten (Sommerfeld-Stur 2016). Die gute Eignung zur Jagd kann zusätzlich durch den Aufbau des Auges erklärt werden. Beim Menschen gibt es auf der Netzhaut einen Fleck des schärfsten Sehens (Makula), bei dem jeder einzelne Zapfen mit einer Ganglienzelle verbunden ist, was eine hohe Sehschärfe bedingt. Dieser Bereich ähnelt bei langschnauzigen Hunden keinem Fleck, sondern einem Streifen über die gesamte Netzhaut (McGreevy et al. 2004). Dies ermöglicht eine gute Sicht auf Distanz. Bei kurzschnauzigen Hunden gleicht dieser Bereich wie beim Menschen eher einem Fleck, weshalb diese auf kurze Distanz schärfer sehen können. Dies könnte erklären, warum viele kurzschnauzige Hunde empfänglicher für menschliche Gesten sind als langschnauzige Hunde. McGreevy et al. (2013) zeigten, dass 33 Verhaltensweisen, die in einem Fragebogen abgefragt wurden, signifikant durch die Größe, das Gewicht, das Verhältnis von

STRIDE AND STRENGHT

Die Eignung für bestimmte Tätigkeiten kann genauer durch zwei sich gegenüberstehende Funktionsprinzipien erklärt werden: Stride (Schrittlänge) und Strength (Stärke). Ähnlich wie ein Reh schnell laufen kann und ein Elefant sehr kraftvoll ist, finden sich auch unter den Hunden solche, die speziell für das schnelle Rennen gezüchtet wurden (Greyhounds) und solche, die sehr kräftig gebaut sind (Pit Bull Terrier). Daher unterscheiden sich diese Rassen auch hinsichtlich ihres Körperbaus enorm (siehe Tabelle S. 48, Näheres in Gansloßer und Kitchenham 2019), wie David Carrier und sein Team zeigten.

Schädellänge zu Schädelbreite (CI = cephalic index) oder eine Kombination aus Größe und Schädelform oder Größe und Gewicht beeinflusst wurden. Alle unerwünschten Verhaltensweisen wie Probleme in der Trennungssituation, Unsauberkeit im Haus, Futterbetteln, Aggression gegen den eigenen Halter, Furcht vor anderen Hunden oder nicht sozialen Reizen nahmen mit sinkender Größe zu. Je höher der CI, desto weniger Jagdverhalten zeigten die Hunde, aber desto mehr zeigten sie auch unaufhörliches Bellen, Futterstehlen oder Furcht vor Fremden.
Die Selektion auf Brachycephalie (Kurzschnauzigkeit, S. 86) führte dazu, dass die Hunde eher welpenhaftes Verhalten zeigen und zusätzlich auch eine geringere Bereitschaft zum Jagdverhalten.
Die Autoren führen mögliche Erklärungsansätze an wie z. B., dass Halter kleinerer Hunde unerwünschte Verhaltensweisen eher tolerieren und diese bei größeren Hunden als gefährlicher angesehen werden, oder dass die Haltung einiger kleinerer Hunde zu deren Verhalten führt (verwöhnt und überfürsorglich). Ein weiterer Erklärungsansatz ist: Kleine Hunde sind reaktiver als größere Hunde und neigen daher eher zu nervösem bis hin zu hyperaktivem Verhalten. Dies kann sogar biochemisch belegt werden.

IGF1-KONZENTRATION UND KÜHNHEIT

Ein entscheidender Genort, der das Wachstum der Hunde steuert, ist der des IGF1 (Insulin-like Growth Factor oder insulinähnlicher Wachstumsfaktor). Kleinhunde bzw. kleinerer Hunde einer Rasse haben ein bestimmtes Allell des IGF1 (Sutter et al. 2007). Untersucht wurde dies an Portugiesischen

ERBLICHKEIT: VERGLEICH GREYHOUND UND PIT BULL TERRIER

	GREYHOUND	PIT BULL TERRIER
Anpassung an	Schnelligkeit	Kraftausübung
Beinform	lang, dünn	kurz, stämmig
Lage der Muskulatur	nah am Körper	viele Muskeln, auch in den unteren Teilen der Extremitäten
Kraftausübung der Vorder- und Hinterhand	Muskulatur an Vorderbeinen wesentlich schwächer als an Hinterbeinen	relativ ausgeglichen
Bänder	enorm elastisch	weniger elastisch
Durchmesser der Röhrenknochen	gering	groß
Bruchfestigkeit der Röhrenknochen	geringer durch 1,5- bis 2-mal größere Steifheit des Gewebes als beim Pit Bull Terrier	höher durch runderen Querschnitt der Knochen
Selektion auf	steifere, bruchgefährdetere Knochen bei großer Schnelligkeit	bruchfestere, elastischere Knochen für Widerstandsfähigkeit im Kampf oder beim Treiben von wehrhaftem Vieh

Wasserhunden, denn bei dieser Rasse lässt der American Kennel Club (AKC) im Rassestandard eine höhere Größenvarianz zu (Rüden 50,8 bis 58,4 cm und Hündinnen 43,2 bis 53,3 cm). Beim Vergleich des Genmaterials großer und kleiner Vertreter der Rasse sollten also Größenunterschiede auf bestimmte Genorte zurückzuführen sein. Genau dies zeigte sich auch in der Studie: Kleinere Hunde hatten eine andere Form des IGF1-Gens als größere. Zusätzlich war die Konzentration an IGF1 im Blut bei kleineren Vertretern geringer als bei größeren. Das Team um Amaury Vaysse (2011) stellte einen Zusammenhang zwischen der Kühnheit und der Größe her. Alle Kleinhunde wurden als kühner beschrieben als größere Rassen. Auch in einer Studie an Pointern konnte dies belegt werden: Nervöse oder sogar ängstliche Pointer waren größer und hatten eine höhere IGF1-Konzentration im Blut, während die kleineren Pointer sich kühner zeigten und eine geringere Konzentration an IGF1 hatten (Uhde et al. 1994).
In einer Studie von Deborah Goodwin et al. (1997) wurden Rassen bezüglich ihrer Wolfsähnlichkeit beurteilt und diese in Relation zu der Anzahl an Verhaltensweisen gestellt, die diese Rassen in agonistischem Kontext zeigen. Das Ergebnis war eindeutig: Je wolfsähnlicher die Rasse beurteilt wurde, desto mehr Verhaltensweisen des agonistischen Kommunikationsverhaltens waren zu beobachten. Der Sibirische Husky, der als sehr wolfsähnlich eingestuft wurde, zeigte 15 Verhaltensweisen, während es beim Norfolk Terrier noch drei und beim Cavalier King Charles Spaniel nur zwei waren. Interessanterweise sind die Verhaltensweisen, die beim Cavalier King Charles Spaniel vorhanden sind, diejenigen, die in den ersten 20 Lebenstagen auftreten. Die sechs beim Cocker Spaniel beobachteten Verhaltensweisen sind die, die in den ersten 20 bis 30 Lebenstagen auftreten und der Sibirische Husky zeigt auch diejenigen Verhaltensweisen, die nach dem 30. Lebenstag entstehen. Die Autoren schlussfolgern daher, dass die **„Wachstumsbremse"** nicht nur für das Kleinbleiben der Rassen ursächlich ist, sondern auch für ein geringeres Verhaltensrepertoire.

EINFLUSS DER OHRENFORM

Auch die Ohrenform und die Kühnheit scheinen in Beziehung zu stehen: Hunde mit Stehohren wurden durchweg als kühner beschrieben als Hunde mit Hängeohren (Vaysse et al. 2011). Auch konnte ein Zusammenhang zwischen Aggression und Stehohren gefunden werden. In der Fuchsfarmstudie von Belyaev in den 1950er-Jahren schienen Füchse mit hängenden oder gekippten Ohren weniger aggressiv zu sein. Eine Erklärung hierzu liefert die **Neuralleistenhypothese** (Wilkins et al. 2014). Hiernach beginnt die Domestikation mit der Zucht auf weniger ängstliche und gestresste Tiere. Diese zeichnen sich physiologisch durch eine geringe Aktivität der Nebenniere und somit durch geringere Stresshormonlevel aus. Diese Merkmale, bei denen im Laufe der Domestikation Veränderungen zu beobachten sind (u. a. Scheckung des Fells, Ringelruten oder auch die Veränderung der Ohrenform oder der Gehirngröße), entwickeln sich aus einem gemeinsamen Zellhaufen, der Neuralleiste. Diese sitzt am oberen Ende des Neuralrohrs und übernimmt im Verlauf der Ontogenese vielfältige Aufgaben, vor allem im Bereich des Kopfes und Rumpfes: Sie sind die Vorläufer einiger Pigmentzellen, der Zähne, knöcherner und knorpeliger Komponenten im Bereich des Kopfes (z. B. Kiefer, Kehlkopf sowie Außen- und Mittelohr), sind direkt an der Entwicklung des Nebennierenmarks beteiligt und spielen indirekt eine entscheidende Rolle bei der Entwicklung des zentralen Nervensystems und der Nebennierenrinde. Alle Veränderungen im Zuge der Domestikation sind also nach dieser Hypothese auf eine gemeinsame Ursache zurückzuführen: eine verringerte Tätigkeit der Neuralleiste zu einem sehr frühen Zeitpunkt in der Ontogenese.

SCHEU-WAGEMUTIG-SYSTEM

In der Studie von Saetre et al. (2003) zeigte sich, dass fast alle dort getesteten Verhaltensweisen auf ein gemeinsames Prinzip zurückgeführt werden konnten: Das Scheu-Wagemutig-System, auch bekannt als die beiden Grundpersönlichkeitstypen A und B (siehe S. 272). Für diese beiden, auch als Supereigenschaften bezeichneten Eigenschaften lag die Erblichkeit bei 25 % bei Deutschen Schäferhunden und bei 27 % bei Rottweilern. Für einzelne Verhaltensweisen wurden deutlich geringere Erblichkeitswerte gefunden, die zwischen 5 und 19 % beim Deutschen Schäferhund bzw. 4 und 16 % beim Rottweiler lagen. Insgesamt schienen die genetischen Einflüsse beim Deutschen Schäferhund größer als beim Rottweiler zu sein. Die Grundlage der Analyse waren Daten, die in einem standardisierten Test in Schweden gewonnen wurden. Der dort durchgeführte Dog Mentality Assessment (DMA) Test besteht aus 10 Testsituationen, in denen 33 Verhaltensreaktionen bewertet werden, die letztlich zu den **fünf Persönlichkeitsmerkmalen Verspieltheit**, **Neugier/Furcht**, **Verfolgungsbereitschaft**, **Geselligkeit** und **Aggressivität** zugeordnet werden konnten (Svartberg & Forkman 2002). Für die einzelnen Persönlichkeitsmerkmale fanden sich Erblichkeitswerte von 0,09 bis 0,23 (Strandberg et al. 2005). Neben Rottweilern und Deutschen Schäferhunden konnte der Test auch bei anderen Rassen angewendet und mittels der Daten Erblichkeitswerte errechnet werden, die z. B. bei Langhaar-Collies zwischen 0,13 und 0,25 lagen (Arvelius et al. 2014).

GENAUE INTERPRETATION DER WERTE

Dies verdeutlicht noch einmal, wie entscheidend eine treffende Begriffsklärung ist: **Erblichkeitswerte gelten nur innerhalb einer bestimmten Population. Werte, die für eine Rasse berechnet wurden, können also nicht für andere Rassen herangezogen werden. Und auch nur zu dem Zeitpunkt, zu dem sie errechnet wurden** (Willis 1995). In Untersuchungen mit einzelnen Rassen oder speziellen Verhaltensmerkmalen konnten teils relativ hohe Erblichkeitswerte für Verhaltensweisen festgestellt werden; wurden diese Ergebnisse dann kombiniert und somit auf alle Hunde anwendbar, war die generelle Erblichkeit von Verhaltensweisen sehr gering (Hradecká et al. 2015).

STUDIE AN DEUTSCHEN SCHÄFERHUNDEN

Silvia Ruefenacht et al. (2002) untersuchten die Erblichkeit von sieben Verhaltensmerkmalen beim Deutschen Schäferhund. Hierzu wurden die Ergebnisse von knapp 3 500 Hunden, die zwischen 1978 und 2000 am Verhaltenstest des Schweizer Schäferhundevereins teilnahmen, untersucht. Die Werte schwankten hier zwischen 0,09 für Schärfe und 0,23 für Schussfestigkeit. Ádám Miklósi (2015) betont die richtige Interpretation dieser Ergebnisse: Es bedeutet, dass die Varianz in der Merkmalsausbildung für Schärfe überwiegend durch Umweltfaktoren beeinflusst wird und durch gezielte Selektion hierauf kaum Einfluss genommen werden kann. Ursächlich hierfür könne aber auch sein, dass in der Vergangenheit auf Schärfe selektiert wurde und daher keine weitere Veränderung dieses Merkmals möglich ist. Eine Folgestudie von Franziska Meyer et al. (2012) bezog noch weitere Testergebnisse der folgenden 10 Jahre mit ein und wertete somit die Daten von knapp 5 000 Deutschen Schäferhunden aus. Die Erblichkeiten glichen denen der Studie von Ruefenacht mit Werten zwischen 0,05 und 0,21. Die Autoren führen an, dass die Ursache der geringen Veränderung der Werte über die Jahre wohl darin begründet ist, dass das Selektionsziel nicht das Verhalten, sondern eher das Aussehen der Hunde ist und war.

Aggressives Verhalten kann für Hund und Halter eine große Herausforderung darstellen.

AGGRESSION UND ANGST

Betrachtet werden sollten auch zwei große Verhaltenskomplexe: Aggression und Angst. Gerade problematische Ausprägungen des Verhaltens im Bereich der Aggression sind es, die dazu führen, dass Hunde einerseits ins Tierheim abgegeben werden (u. a. Salman et al. 2000) und andererseits sogar aufgrund dessen eingeschläfert werden (Mikkelsen & Lund 2000, nach Serpell 2017). Die beiden Verhaltensweisen, die sich in der zuvor erwähnten Studie von Saetre et al. (2003) nicht im Scheu-Wagemutig-Schema einordnen ließen, waren verbunden mit Aggression. Aggressionsverhalten korrelierte also in dieser Studie mit keinem Persönlichkeitsmerkmal. Eine weitere Studie aus der gleichen Arbeitsgruppe von Kenth Svartberg et al. (2005), mit einer größeren Anzahl an Hunden und Rassen, belegte dies erneut: In einem Verhaltenstest wurden die Reaktionen der Hunde in verschiedenen standardisierten Testsituationen aufgenommen; auch hier wurde der Dog Mentality Assessment Test herangezogen. Hierbei zeigte sich, dass viele Verhaltensweisen zu Kategorien zusammengefasst werden konnten – die Persönlichkeitseigenschaften. Nur die beiden Kategorien Neugier/Furcht und Aggression ließen sich weder zuordnen, noch waren sie vorhersagbar. Während Verhaltensweisen, die den Kategorien Aggression oder Furcht zugeordnet werden können, bei einer weiteren Testdurchführung sanken, stieg das Explorationsverhalten an. Auch in einer Folgestudie zeigte sich, dass das Alltagsverhalten der Hunde mit den Testergebnissen korrelierte; nur die Ergebnisse des Aggressionsverhaltens im Test ließen keine Rückschlüsse auf das gleiche Verhalten im Alltag zu. James Serpell (2017) fasst verschiedenste Ergebnisse zur Erblichkeit von Aggressionsverhalten zusammen, wobei die Werte für verschiedenste Rassen 0,16 nicht überschreiten. Nur in der Studie von Joaquín Pérez-Guisado et al. (2006) konnten mit 0,2 etwas höhere Erblichkeitswerte für die sog. Dominanzaggression (heute Affektkontrollaggression) beim English Cocker Spaniel gefunden werden. Ursächlich für diese Form der Aggression ist ein Serotoninmangel in Gehirn und Rückenmark. In einer Studie an Golden Retrievern wurden Erblichkeiten von 0,77 für Aggression gegen Menschen und

0,81 für Aggression gegen andere Hunde berechnet (Liinamo et al. 2007). Die beiden Verhaltensweisen wiesen zudem eine geringe genetische Korrelation auf, sodass beide Formen der Aggression nicht die gleiche genetische Ursache haben können, sondern separat betrachtet werden müssen. Die Autoren geben aber an, dass die Ergebnisse mit Vorsicht zu interpretieren sind, da die Stichprobengröße relativ gering ist.

James Serpell (2017) stellt speziell den Verhaltenskomplex der Angst noch einmal in den Vordergrund. Er führt zum einen hohe berechnete Erblichkeitswerte für Angst an (0,46 in der Studie von Goddard & Beilharz 1982), aber auch die Tatsache, dass in den 1960ern zwei verschiedene Linien von Pointern von Dykman untersucht wurden. Für eine hohe genetische Komponente der Angst spricht hier, dass die Pointer der einen Linie durchweg mit extremer Angst und der Vermeidung neuer Stimuli reagierten, während die Hunde der anderen Linie dies nicht taten. Zuletzt scheinen sich auch heute verschiedene Zuchtlinien hinsichtlich dieses Verhaltens zu unterscheiden. Oft wird die Showlinie vieler Rassen anekdotisch als ängstlicher und nervöser beschrieben als die Arbeitslinie.

Verhalten wird auch vom Untersuchungsort beeinflusst.

STUDIE AN MÄUSEN

Untersucht wurden sechs verschiedene Verhaltensweisen von unterschiedlichen Mäusestämmen in drei Testlaboren (Crabbe et al. 1999). In allen Laboren konnten genetisch bedingte Verhaltensunterschiede zwischen den Mäusestämmen gefunden und Erblichkeitswerte von 30 bis 80 % errechnet werden. Obwohl also genetisch bedingte Verhaltensunterschiede auch als solche in den Testlaboren erkannt wurden, ist das Ergebnis ernüchternd. Trotz weitestgehend einheitlicher Vorgehensweisen, Versuchsapparaturen und anderer Umweltparameter hätten gerade die getesteten Verhaltensweisen einheitliche und höhere Erblichkeitswerte aufweisen müssen, da sie durch einzelne Mutationen im Erbgut der Mäuse hervorgerufen werden. Unterschiede hinsichtlich des Verhaltens konnten teilweise einzig und allein durch den Untersuchungsort erklärt werden, ohne dass die Gene oder die Umwelt der Mäuse in die Analyse miteinbezogen werden mussten. Erblichkeitswerte scheinen also nicht nur populationsabhängig zu sein, sondern unterscheiden sich auch je nach Testumgebung und -ablauf. Auch die Erblichkeit von biotischen Faktoren wie Alter und Geschlecht des Hundes, aber auch Erfahrung, Training und Lernen wird beeinflusst, ebenso abiotische Faktoren wie Zeitpunkt des Testens, Wetter und Ort des Tests, Richter u.v.m. (Hradecká et al. 2015). Weitere Untersuchungen (u. a. von Meyer et al. 2012, Diedrich & Griffoy 2006 oder Kreiner 1989) kamen zu ähnlichen Ergebnissen. Kreiner konnte sogar zeigen, dass sich die Erblichkeitswerte vor und nach der Ausbildung zum Jagdhund unterschieden, sodass für die Erblichkeitswerte nach der Ausbildung viel mehr der Ausbilder verantwortlich ist als das Erbgut (Sommerfeld-Stur 2016).

SELEKTION AUF MERKMALE

Wie bereits erwähnt, handelt es sich bei der Erblichkeit um ein Phänomen auf Populationsebene. Zusätzlich sollten die Erblichkeitswerte nur für Populationen angewandt werden, aus denen sie auch entstammen. So geben die Erblichkeitswerte an ausgebildeten Deutschen Schäferhunden wenig Aufschluss über die Erblichkeitswerte der gleichen Rasse, wenn sie als Familienhunde gehalten werden – die Effekte der Umwelt spielen hier also auch mit hinein (Ruefenacht 2002). Die Erblichkeitswerte ändern sich von Generation zu Generation, denn wird auf ein Merkmal hin selektiert, nimmt der Erblichkeitswert und auch der weitere Zuchterfolg für genau dieses Merkmal in der nächsten Generation zwangsläufig ab. Grund hierfür ist, dass die Varianz des Merkmals geringer wird und ab einem bestimmten Zeitpunkt keine „Verbesserung" des Merkmals mehr möglich ist (Miklósi 2015). Beispielhaft sei hier der Mops genannt.

Erblichkeit verändert sich innerhalb Generationen.

Die Varianz im Merkmal „Schnauzenlänge" war so gering, dass es nicht mehr möglich war, Möpse mit einer längeren Schnauze zu züchten; die Erblichkeit für dieses Merkmal sollte also innerhalb der Rasse Mops sehr gering gewesen sein. Nur durch Einkreuzen anderer Rassen, mit neuen Merkmalen (lange Schnauze), stieg die Varianz wieder an und die Schnauzenlänge der Retromöpse nahm wieder zu. Dies führt zu einem weiteren Punkt, den Miklósi ebenfalls erwähnte: Zuchtziele im Hinblick auf bestimmte Merkmale können – auch bei hoher Erblichkeit – nur erreicht werden, wenn rigoros hiernach aussortiert wird. Zwei Studien belegen dies. Zum einen sei auch hier wieder die Silberfuchsstudie von Beljajew erwähnt: Hier wurde ausschließlich auf Zahmheit selektiert (Dulden der Berührung durch den Menschen und Futter aus der Hand nehmen). Zeigten die Füchse Anzeichen von Scheu, wurden sie aus der Zucht herausgenommen. So konnten innerhalb von wenigen Generationen zahmere und verspieltere Füchse gezüchtet werden. Ähnliche Ergebnisse erzielten auch Van der Borg und Graat (2009) in ihrer Studie an Rottweilern in den Niederlanden. Sie verglichen zwei Gruppen von Rottweilern miteinander: Die erste Gruppe bestand aus Rottweilern, die einen bestimmten Verhaltenstest bestehen müssen, um zur Zucht zugelassen zu werden. Dieser Test zielt auf die Alltagssicherheit ab, sodass übermäßig ängstliche oder nervöse Rottweiler aus der Zucht ausgeschlossen wurden. Die Rottweiler, die den Verhaltenstest bestanden, wurden mit sogenannten „Lookalikes" verglichen, also mit Rottweilern, die den Test nicht bestanden oder deren Vorfahren kein bestandenes Testergebnis aufweisen konnten Es zeigte sich tatsächlich, dass die Prävalenzen für Aggression und Angst gegenüber Fremden und Hunden sowie nicht-soziale Angst bei reinrassigen Rottweiler mit bestandenem Test deutlich geringer sind, als für die stammbaumlosen Rottweiler.

EFFEKTE DER PLEIOTROPIE

Zuletzt führt Miklósi (2015) noch das Problem der pleiotropen Effekte an. **Pleiotropie bedeutet, dass ein Gen mehrere Merkmale des Phänotyps beeinflussen kann.** Beispielsweise kann ein Gen die Fellfarbe und auch das Verhalten beeinflussen. Die Selektion auf ein bestimmtes Merkmal hin kann also die Ausprägung eines anderen beeinflussen. Van der Waaji et al. (2008) fanden heraus, dass die Kooperation, also das Fokussieren auf den Halter, mit den anderen Merkmalen negativ korrelierte, so z. B. mit der Schärfe oder dem Mut (im Original als „courage" bezeichnet).

PENETRANZ UND EXPRESSIVITÄT

Wie eingangs erwähnt, ist die Frage, ob ein Verhalten angeboren oder erworben ist, im Nachhinein nicht mehr eindeutig zu klären. Waddingtons Epigenetische Landschaft (siehe S. 14) kann auch auf die Verhaltensentwicklung angewandt werden: Ein Hang ist der Einfluss der Gene, des Erbguts, der andere der der Umwelt – welche Wechselwirkungen wann stattfinden, lässt sich nicht verallgemeinern oder im Nachhinein feststellen. **Das Fazit aus vielen Jahren Forschung lautet also, dass eine Trennung von umweltbedingt und genetisch sinnlos ist, denn selbst in Standardtests wirken sich die Bedingungen des Testens auf den Ausgang aus.**
Auch wenn es nachgewiesenermaßen genetische Einflüsse auf das Verhalten gibt, kann nicht eindeutig vorhergesehen werden, wie und in welcher Form sich das Verhalten bei den Nachkommen ausbilden wird. Meist sind es keine einfachen Erbgänge, die als dominant oder rezessiv eingestuft werden können, sondern komplizierte genetische Prinzipien (Sommerfeld-Stur 2016). So gilt es, Penetranz und Expressivität zu unterscheiden. Während die **Penetranz** den Anteil an Individuen beschreibt, die bei gleichem genetischem Hintergrund auch das Merkmal im Phänotyp zeigen, wird mit der **Expressivität** bezeichnet, wie stark ein Phänotyp bei einem bestimmten Individuum ausgeprägt ist. Kurz- oder Langhaarigkeit werden in einem einfachen Erbgang weitergegeben. Wäre das allerdings das einzige genetische Prinzip, dürfte es nur langhaarige oder kurzhaarige Hunde geben. Jedoch unterscheidet sich bei den Hunden die Expressivität, daher gibt es auch längere Kurzhaarige oder kürzere Langhaarige. Noch komplizierter wird das Ganze durch Genkopplungen. Wenn ein Gen die Ausprägung eines anderen beeinflusst, wird dies **Epistase** genannt. Hier sei auf die Fellfarben verwiesen: Zunächst entscheidet ein Gen, ob Pigmente eingelagert werden und ein weiteres, ob es schwarze oder braune sind (Phaeomelanin oder Melanin). Pleiotropie bedeutet, dass ein Gen mehrere Merkmale eines Phänotyps beeinflusst. Umgekehrt ist dies auch zu finden, wenn eben mehrere Gene für die Ausbildung eines Merkmals verantwortlich sind. Dies ist oft zu finden, wenn Abstufungen im Phänotyp sichtbar sind, also z. B. bei der Fellfärbung einiger Rassen oder der Ausprägung der Gelenkgruben der Hüfte.

FELLFARBEN, PIGMENTE UND VERHALTEN

Auf dem langen Weg vom Wolf zum Hund hat sich nicht nur dessen Verhalten verändert, sondern auch das Aussehen. Unsere Haushunde unterscheiden sich in vielerlei Hinsicht von ihren Urahnen. Besonders hervorzuheben ist aber das Interesse an der Zusammenarbeit mit dem Menschen und deren Zahmheit. Dass die Förderung dieser Verhaltensweisen auch mit vielfältigen optischen Veränderungen einherging, zeigen die Studien von Dmitri Beljajew und seinem Team (siehe S. 53). Mit den Veränderungen im Verhalten – Selektion auf Zahmheit – gingen auch Veränderungen des Aussehens einher. Die Silberfüchse entsprachen optisch nicht mehr dem Wildtyp,

»So einfach ist es also nicht mit der Genetik – auch nicht bei sogenannten Listenhunden.«

sondern Ringelruten, gescheccktes Fell und Hängeohren traten auf. Heute findet sich eine enorme Bandbreite an Fellfarben beim Hund, die tatsächlich durch das Zusammenwirken nur weniger Gene ermöglicht wird. Diese Gene nehmen aber nicht nur Einfluss auf die Fellfarbe, sondern oftmals auch auf das Verhalten. Anekdotisch werden bestimmt gefärbten Hunden einer Rasse andere Verhaltenseigenschaften zugeschrieben als andergefärbten, z. B. „Graue Deutsche Schäferhunde oder apricot-farbene Pudel können am besten arbeiten". Doch wie viel Wahrheit steckt hinter solchen Aussagen? Können die Farbgene wirklich halten, was ihnen zugesprochen wird?

SIND HELLE HUNDE GESTRESSTER?

Zunächst einmal sollte betrachtet werden, in welchem Bereich sich die Farbgene auf das Verhalten auswirken können. Hierzu wurden verschiedene Studien zusammengefasst und eigene Studien an verschiedenen Säugern, Fischen, Amphibien und Vögeln hinzugezogen (Ducrest et al. 2008). Ein Gen, das sogenannte POMC-Gen (Proopiomelanocortin), sticht hier besonders heraus. Es ist u. a. der Ausgangspunkt für Melanocortine und ACTH (Adrenocorticotropes Hormon). Letzteres wird in der Hypothyse gebildet und regt die Produktion von Cortisol an (siehe S. 271 ff.). Die Melanocortine hingegen können an fünf verschiedenen Melanocortin-Rezeptoren (MCR) binden. Es lässt sich also vermuten, dass unterschiedliche Färbungen des Fells, die in Veränderungen im POMC-Gen begründet sind, auch mit allen Bereichen des Verhaltens zusammenhängen, auf die dieses Gen eine pleiotrope Wirkung hat.

Am MC1R beeinflussen die Melanocortine die Grundfärbung des Hundes. Ein Gen, das für die Ausbildung der Grundfärbung des Hundes verantwortlich ist, der sogenannte E-Lokus, gibt vor, ob der Hund dunkelbraun bis schwarz gefärbt ist oder hellgelb bis rötlich. Bei ersteren wird schwarzes Pigment, das Eumelanin, produziert, sodass die Haare dunkel erscheinen, während bei zweiteren das Phaeomelanin gebildet wird, das hell ist. Das Stressgeschehen wird überwiegend von der Hypothalamus-Hypophysen-Nebennierenrinden-Achse gesteuert, die u. a. über den MC2R geschaltet ist. **Melanocortine modulieren nun die generelle Stressantwort, sodass dunkel gefärbte Individuen weniger stressanfällig sind.** In den Studien von Anthony L. Podberscek und James A. Serpell sowie des Teams rund um Joaquín Pérez-Guisado zeigten sich rote oder helle English Cocker Spaniel aggressiver als schwarze oder gescheckte. Auch bei anderen Rassen konnte dieser Zusammenhang entdeckt werden: So zeigten sich helle Labradore aggressiver gegenüber bekannten Hunden als dunkel gefärbte (van Rooy & Wade 2019). Ebenso wurde festgestellt, dass gelbe Labrador Retriever in der Gruppe der als aggressiv eingestuften Hunde überrepräsentiert waren (Houpt & Willis 2001), und dass sie im Garten eher zu Problemverhalten wie Bellen oder Graben neigten (Kobelt et al. 2007). Die Ursache für die Auffälligkeit für Aggressionsverhalten oder anderes Problemverhalten hell gefärbter Hunde ist nicht restlos geklärt. Ursächlich könnte allerdings die erhöhte Stressanfälligkeit hell gefärbter Tiere gegenüber dunkel gefärbten sein, denn Stress kann zu Aggressionsverhalten führen – und umgekehrt.

Im Gegensatz hierzu zeigten sich schwarz gefärbte Mäuse aggressiver als hellere; vermutet wird hier, dass ein weiterer Rezeptor, der MC5R, die Produktion eines Pheromons anregt, das bei männlichen Mäusen zu einer erhöhten Aggressionsbereitschaft führt (Morgan et al. 2004). Das Autorenteam Reissmann und Ludwig (2013) hypothetisierte einen gemeinsamen Syntheseweg der Melanine mit Dopamin und den beiden Stresshormonen Noradrenalin und Adrenalin als Grundlage von Assoziation zwischen Farbe und Verhalten. Somit sollten heller gefärbte Tiere mit einer geringeren Aggressionsbereitschaft ausgestattet sein, wie Studien an Pferden, Schweinen und Schafen belegen. Unter anderem konnte man feststellen, dass sich Pferde mit brauner Mähne eher unbekannten Gegenständen und Tieren annähern als Pferde mit schwarzer Mähne (Finch et al. 1984). Dieser augenscheinliche Widerspruch scheint wieder einmal in der fehlenden Unterscheidung von Aggressionsformen zu liegen: **Aggressionsverhalten, das über Noradrenalin und Adrenalin gesteuert wird, kann eben nicht mit solchem verglichen werden, das über Cortisol gesteuert wird.** Eine differenziertere Betrachtung des Aggressionsverhaltens ist hier unausweichlich.

Die oft bei roten Cocker Spaniels auftretende Cockerwut ist aber nicht etwa auf einen gemeinsamen Wirkmechanismus des Farbgens auf Färbung und Verhalten zurückzuführen, sondern vielmehr auf eine Kopplung des Farbgens mit dem Gen eines anderen Enzyms, der Monoaminooxidase (Sommerfeld-Stur 2016). Das Enzym ist für den Abbau von Serotonin, Dopamin, Adrenalin und Noradrenalin zuständig und bei Hunden mit Cockerwut nicht funktionsfähig. Dass es vermehrt bei roten Cocker Spaniels zu mit der Cockerwut in Verbindung stehenden, nicht kontrollier- und vorhersagbaren Wutanfällen kommt, ist daher eher der Tatsache geschuldet, dass ein mit dem Gendefekt ausgestatteter, auf Ausstellungen sehr erfolgreicher roter Cocker-Rüde sehr viele Nachkommen zeugen durfte. Ähnliches vermuten auch Emma

Die Zahmheit eines Tieres geht über Generationen auch mit dem Aussehen einher.

Brunbert et al. (2013): In ihrer Studie zeigten sich silberfarbene Islandpferde vorsichtiger in neuen und unbekannten Situationen als braun oder schwarz gefärbte Tiere. Auch sie vermuten keinen direkten Zusammenhang des Verhaltens mit der Fellfarbe, sondern eher einen Gendefekt, der eben mit der silbernen Fellfarbe vererbt wird. Die Abhängigkeit von Aggressionsbereitschaft und Fellfarbe scheint aber auch rassebedingt zu sein: Während bei Labrador Retrievern und Cocker Spaniels ein Zusammenhang hergestellt werden konnte, war das Aggressionsverhalten bei Jingohunden (Mittelgroßer Spitz) in einer Studie von Kim et al. (2010) nicht durch die Fellfarbe beeinflusst. Jedoch zeigten weiße Hunde im Vergleich zu braunen mehr submissives Verhalten und schienen ängstlicher zu sein.

EINFLUSS AUF DAS IMMUNSYSTEM

Melanocortine und andere Botenstoffe beeinflussen durch das Binden an MC1R, MC3R und MC5R auch die Immunantwort. Der MC3R ist vor allem für Stoffwechselvorgänge, also Energieumsatz und Nahrungsaufnahme, und kardiovaskuläre und entzündungshemmende Aktivitäten zuständig. Es besteht also ebenfalls ein Zusammenhang der Färbung mit dem Immunsystem. Vom gleichen Genort, von dem auch die Grundfärbung gesteuert wird, wird auch die Produktion von Eiweißen beeinflusst, der sogenannten Beta-Defensine. Deren Aufgabe liegt unter anderem in der Bekämpfung von Viren, Bakterien und anderen Krankheitserregern. Beim Menschen schützen die dunklen Pigmente, das Melanin bzw. die Melanocyten, besonders vor Bakterien und Pilzen. Zusätzlich sind sie beim Abbau freier Radikaler beteiligt, reduzieren die Schäden an der DNS durch die UV-Strahlung, besonders durch das Binden an den MC4R, und werden als Teil der Immunantwort des Körpers gesehen, sodass ihre Aufgabe auch in der Verdauung körperfremder Proteine besteht (Sommerfeld-Stur 2016). Wissenschaftlich belegt werden konnte diese Vermutung aber bisher nur in einer Studie, durchgeführt an Schleiereulen (Roulin et al. 2000). Eine andere Studie, durchgeführt an Retrievern und Doggen, belegte ebenfalls, dass eine Mutation im ß-Defensin-Gen eine schwarze Fellfärbung verursacht und somit auch die Immunantwort beeinflusst (Candille et al. 2010). Auch bei Katzen konnte man feststellen, dass eine schwarze Fellfärbung, wie sie z. B. beim Jaguar oder dem Leoparden vorkommen kann, nicht zufällig entsteht, sondern eine Anpassung an die ökologische Umwelt sein könnte (Eizirik et al. 2003). **Dunkle Tiere könnten also einen Vorteil gegenüber hellen Tieren haben, wenn es um die Krankheitsresistenz in bestimmten Gebieten geht.** So bildet der tropische Regenwald mit seinem warmen und feuchten Klima eine keimfreundliche Umgebung, in der vermehrt dunkle Tiere zu finden sind. Eine dunkle Färbung geht ebenfalls mit einer erhöhten Sexualität bzw. mit erhöhten Testosteronkonzentrationen einher. Die Produktion von Sexualhormonen wird u. a. von MC2R und MC4R mitbestimmt. Dieser Zusammenhang konnte bei verschiedensten Tieren festgestellt werden – von Amphibien über Fische und Vögel bis hin zu Säugetieren. Dies wiederum unterstützt die Ergebnisse von Morgan et al. (2004): Hier zeigten sich schwarz gefärbte Mäuse aggressiver als hellere. Neben der erhöhten Produktion eines Pheromons, das bei männlichen Mäusen zu einer erhöhten Aggressionsbereitschaft führt, gibt es auch einen weiteren Erklärungsansatz. Im Gegensatz zu den Sozialsystemen der Hunde, beruht das der Nager auf sexueller Konkurrenz. Steigt also der Sexualhormonspiegel, besonders das Testosteron bei den Männchen, kommt es vermehrt zu aggressiven Verhaltensweisen.

Für Färbung und Verhalten ist aber nicht nur ausschlaggebend, welches Melanin eingelagert wird (Eumelanin oder Phaeomelanin), sondern ob es überhaupt gebildet wird. Hierfür verantwortlich ist der sogenannte S-Lokus. Dieser regelt die Verteilung der Melanocyten – sind keine Melanocyten vorhanden, kann auch kein Melanin gebildet werden.

FELLFÄRBUNG UND TAUBHEIT

Melanin sorgt aber nicht nur dafür, dass der Hund eine bestimmte Färbung erhält, sondern es übernimmt im Bereich der Augen und Ohren, also der Netzhaut und des Innenohrs, wichtige Funktionen für die Seh- und Hörfähigkeit. Fehlende Melanocyten in diesen Bereichen haben Blind- und Taubheit zur Folge (gestörten Reizweiterleitung im Innenohr oder im Bereich der Augen). Probleme mit auftretender Blind- und Taubheit konnten bei 90 Rassen festgestellt werden, besonders bekannte Vertreter sind Dalmatiner oder Dogo Argentinos.
Die Taubheit wird bei diesen Rassen zwar nicht angestrebt, aber zugunsten der rassetypischen weißen Farbe in Kauf genommen (Sommerfeld-Stur 2016). Taubheit tritt aber nicht nur im Zusammenhang mit dem S-Lokus auf, sondern auch mit dem Merle-Lokus. Dieser ist für die Marmorierung im Fell zuständig, also aufgehellte, gräuliche Partien in eigentlich schwarz gefärbten Fellbereichen. Tritt die Merle-Färbung in einer bestimmten Form auf (homozygot), so ist das Tragen des Merle-Gens mit gesundheitlichen Problemen wie Taub- und Blindheit oder Schäden des Skeletts, des Herzens und des Reproduktionstrakts verbunden. Taub- und Blindheit werden auch hier durch das Fehlen von Melanocyten im Innenohr bzw. der Netzhaut hervorgerufen. Angeborene Taub- und Blindheit wirken sich enorm auf die Entwicklung des Verhaltens aus. Dorit U. Feddersen-Petersen (2014) stellte heraus, dass Hunde, die in ihren ersten Lebenswochen keinen oder kaum Kontakt zu anderen Hunden hatten, Symptome von Deprivation aufweisen – ebenso wie taube oder blinde Hunde. Durch die fehlende Fähigkeit, auf ihre Umwelt reagieren zu können, neigen sie in Stresssituationen zu unvorhergesehener Angst oder Aggression. Weiterhin gestaltet sich der Umgang und die Kommunikation mit ihren Artgenossen oder dem Menschen schwierig. Hunde, die in ihren Sinneseindrücken beeinträchtigt sind, sind oftmals ängstlicher und schreckhafter und neigen eher zu Verhaltensstörungen, die sich in exzessivem Lecken, Kauen von Gegenständen, übermäßigem oder unkontrolliertem Bellen oder Rückzug bzw. übermäßig engem Kontakt zum Besitzer äußern können (Farmer-Dougan et al. 2014). Ähnliches lässt sich auch bei Hunden feststellen, die mit steigendem Alter in ihren Sinnesleistungen immer mehr beeinträchtigt sind (siehe ab S. 366).

ERBKRANKHEITEN UND VERHALTEN

Die Zucht von Hunderassen mit speziellen Eigenschaften wie Brachycephalie (Kurzschnauzigkeit), Riesen- oder Zwergwuchs, Chondrodystrophie (kurzbeinige Hunde), fehlerhaften Extremitätenstellungen oder Gebissanomalien geht nicht nur mit erhöhten gesundheitlichen Problemen einher, sondern hat auch Auswirkungen auf die Kommunikationsfähigkeit und das Verhalten der betroffenen Hunde (Sommerfeld-Stur 2016). Angemerkt werden sollte, dass diese Züchtungen in Deutschland per Gesetz mittels des §11b verboten sind:
(1) Es ist verboten, Wirbeltiere zu züchten [...], soweit im Falle der Züchtung züchterische Erkenntnisse [...] erwarten lassen, dass als Folge der Zucht oder Veränderung

1. bei der Nachzucht, [...] erblich bedingt Körperteile oder Organe für den artgemäßen Gebrauch fehlen oder untauglich oder umgestaltet sind und hierdurch Schmerzen, Leiden oder Schäden auftreten oder
2. bei den Nachkommen

a) mit Leiden verbundene erblich bedingte Verhaltensstörungen auftreten,

b) jeder artgemäße Kontakt mit Artgenossen bei ihnen selbst oder einem Artgenossen zu Schmerzen oder vermeidbaren Leiden oder Schäden führt oder
c) die Haltung nur unter Schmerzen oder vermeidbaren Leiden möglich ist oder zu Schäden führt.

Trotz dieses Verbots werden tierschutzrelevante Züchtungen praktisch weder verboten oder bestraft, noch wird auf Ausstellungen der gesundheitliche Zustand bewertet. Daher müssen Halter betroffener Rassen nicht nur mit gesundheitlichen Einschränkungen und damit verbundenen Kosten rechnen, sondern sich auch immer bewusst sein, dass sich solche Missbildungen auf das Verhalten des Hundes und dessen soziales Umfeld auswirken.
Auch die Fellfärbung wirkt sich auf das Verhalten aus (siehe S. 54). Hier sind zwei Genloki zu nennen, die die Verteilung der Melanocyten beeinflussen: Der S-Lokus (Scheckungslokus) und der M-Lokus (Merle-Lokus). Überwiegend weiße Hunde oder merlefarbene Hunde können taub und blind geboren werden.
Weiterhin führt Sommerfeld-Stur die Brachycephalie an (siehe S. 86). Der Begriff Brachycephalie bedeutet kurzer Schädel; brachycephale Rassen weisen also im Vergleich zu dolichocephalen (langköpfigen) einen verkürzten Gesichtsschädel auf. Genetische Ursachen für diese Schädelform sind komplex und beinhalten mehrere genregulatorische Netzwerke, reziproke Signalübertragung und hierarchisch geschaltete Kontrollebenen.
Das extreme Herauszüchten des „Kindchenschemas“ beinhaltet viele Veränderungen des Schädels. Eines der größten Probleme im Zusammenhang mit verkürzten Schädeln ist das brachyzephale **Atemwegsobstruktionssyndrom** (Geiger et al. 2021). Symptome hierfür sind Atemnot, Intoleranz gegenüber Hitze und höherer Belastung und das Röcheln beim Atmen. Letzteres kann im Sozialkontakt mit anderen Hunden zu problematischen Begegnungen führen. Gut sozialisierte Hunde, die röchelnde Hunde bereits im Welpen- und Junghundealter kennengelernt haben, werden angemessen auf diese reagieren können. Doch wenn auch empirisch noch nicht erforscht, aber aus Erfahrung bekannt, kann das Röcheln auch als Knurren missverstanden werden. Kombiniert mit weit aufgerissenen Augen, Falten, steifen Gelenken und einer aufgrund des kurzen Schwanzes sichtbaren Analregion, kann eine solche Merkmalskombination auf Artgenossen imponierend bis aggressiv drohend wirken. Nicht jeder Hund wird darauf freundlich reagieren und Missverständnisse mit Eskalation können die Folge sein.

MDR1 UND DIE FOLGEN

Neben diesen indirekten Ursachen für Verhaltensauffälligkeiten gibt es auch direkte, auf Genen beruhende Mutationen, die eine Verhaltensveränderung bewirken. Das MDR1-Gen codiert ein Protein, das P-Glykoprotein, das vielfältige Aufgaben übernimmt (siehe S. 60). Doch auch das Verhalten wird durch den Gendefekt beeinflusst. So hatten Mäuse mit dem MDR1-Gendefekt signifikant weniger Plasmacortisol im Blut als Mäuse ohne diesen Gendefekt (Müller et al. 2003). Auch beim Hund fanden sich ähnliche Ergebnisse: Auch hier zeigte sich, dass die Cortisolwerte der Gendefekt-Träger geringer waren als die der Kontrollgruppe (Mealey et al. 2007). Das MDR1-Protein übernimmt eben auch Aufgaben bei endokrinen Regelkreisen.
Das intakte MDR1-Protein bewirkt an der Bluthirnschranke nicht nur den Rücktransport von körperfremden Stoffen wie Arzneimitteln, sondern auch den Eintritt der Hormone Cortisol und Corticosteron ins Gehirn. Durch den übermäßigen Eintritt – quasi einem Überangebot – der Hormone kommt es zu einer Downregulation der Hypothalamus-Hypophysen-Nebennierenrinden-Achse. Die verhaltensbiologische Folge dessen ist eine gestörte Stressantwort.

☞ AUS DER FORSCHUNG (VON DANIELA RETTICH)

MDR1-GENDEFEKT

Beitrag von Daniela Rettich

Die Liste der vom MDR1-Gendefekt betroffenen Hunderassen reicht von diversen Collieformen über den Australian Shepherd (Standard und Mini), den Weißen Schweizer Schäferhund, den Deutschen Schäferhund, den Wäller bis hin zum Silken Windhound. Durch das Wort 'Drug' (Droge) in der Abkürzung MDR wird der Gendefekt von vielen Menschen mit Arzneimitteln, Wurmkuren und Narkoserisiken in Verbindung gebracht. Der Zusammenhang mit einer Überempfindlichkeit gegenüber bestimmten Arzneiwirkstoffen ist wissenschaftlich hinreichend dokumentiert und auch weitläufig bekannt. Die Ursache dieser Risiken liegt beim fehlenden P-Glykoprotein, einem Transporteiweiß. Es reguliert bei nicht betroffenen Hunden an der Blut-Hirn-Schranke den Übertritt von Giftstoffen aus dem Blutkreislauf des Körpers ins zentrale Nervensystem. So wird verhindert, dass eine ungesunde Menge dieser Stoffe das Nervengewebe des Gehirns erreicht. Der Gendefekt führt dazu, dass das MDR1-Gen kein funktionierendes oder sogar gar kein P-Glykoprotein mehr herstellen kann. Somit fehlt bei betroffenen Hunden (Status MDR1 -/-) dieser extrem wichtige Kontrollmechanismus an der Blut-Hirn-Schranke, der das zentrale Nervensystem vor der Anhäufung giftiger Substrate schützt. Mit etwas Weitsicht können vom MDR1-Gendefekt betroffene Hunde vor diesen Risiken geschützt werden.

Auswirkung auf das Verhalten

Viel gravierender – und wenig bekannt – sind die Auswirkungen dieser Genveränderung auf das Verhalten betroffener Hunde. Immer wieder hört man, der MDR1-Gendefekt hätte keine Auswirkung auf die Gesundheit der Tiere. Dies ist schlicht und einfach falsch. Bereits 2007 haben K.L. Maeley et al. herausgefunden, dass sich neben den Giftstoffen auch die körpereigenen Hormone Cortisol und Aldosteron des P-Glykoproteins als Transportmedium bedienen. Beide Hormone werden in den Nebennierenrinden produziert. **Cortisol** hat sich einen Namen gemacht als das Stresshormon schlechthin. **Aldosteron** ist auch bekannt als Salzhormon, das den Mineralstoff- und Wasserhaushalt ausgleicht. Die Nebennierenrinden wiederum steuern zusammen mit dem Hypothalamus ('Vorzimmer' des Großhirns) und der Hypophyse (Hirnanhangdrüse) die Aktivität der passiven Kontrollverlust-Stressachse. Bei der Reaktion auf einen Stressreiz werden im Organismus komplexe Abläufe angekurbelt, die den Hund psychisch und physisch auf einen erhöhten Energiebedarf vorbereiten. Abhängig von Charakter und Typ reagiert ein Hund mit dem aktiven (Adrenalin und Noradrenalin aus dem Nebennierenmark) oder dem passiven Stress-System. Bei einer gesteigerten Aktivität der passiven Stressachse fängt der Hormonregelkreis der Nebennierenrinden eifrig an zu arbeiten. Cortisol und Aldosteron werden vermehrt ausgeschüttet. **Beide Botenstoffe sorgen dafür, dass mehr Energie bereitgestellt wird.** Cortisol regt die Glukoseproduktion an, die Konzentration des Blutzuckers steigt, der Blutdruck wird erhöht. Verschiedene Stoffwechselvorgänge werden beeinflusst und das Immunsystem wird heruntergefahren. Um Energie zu sparen, werden Funktionen, die nicht unmittelbar dem Überleben dienen, abgeschaltet. Durch den Anstieg von Aldosteron wird mehr Natrium in den Nieren zurückge-

halten und vermehrt Kalium ausgeschieden. Dies führt zu einer Verbesserung der Muskelaktivität. Alle diese Vorgänge führen dazu, dass der Hund dieser Stresssituation in aller Regel gewachsen ist und eine angemessene Reaktion finden kann.
Um das Gleichgewicht in diesem Hormonregelkreis sicher zu stellen, kommunizieren die drei erwähnten Drüsen der passiven Stressachse über ein raffiniertes Rückkoppelungssystem miteinander. Sensoren an den Blutgefäßinnenwänden messen die Hormonkonzentrationen und melden diese an den Hypothalamus. Je nach Sachlage der Stresssituation werden dann diese Botenstoffe angefordert oder eben abbestellt.
Ein wichtiger Spieler bei diesem Vorgang ist das Transporteiweiß **P-Glykoprotein**. Es trägt dazu bei, dass die Konzentration von Cortisol und Aldosteron durch die Hypophyse-Hypothalamus-Nebennierenrinden-Achse reguliert werden kann. Bei den vom MDR1-Gendefekt betroffenen Hunden fehlt dieses Protein, die Hormone können die Blut-Hirn-Schranke ungehindert überwinden und gelangen in hoher Konzentration ins zentrale Nervensystem. Bei jeder Aufregung wird nun das Nervengewebe des Hirns mit Cortisol und Aldosteron überschwemmt. Die Aktivität der passiven Kontrollverlust-Stressachse gerät aus dem Takt, das Rückkoppelungssystem kann den Hormonbedarf nicht mehr sinnvoll regulieren. Es kommt zu einer Endlosschlaufe von Produktion und Drosselung, was vor allem die Nebennierenrinden extrem belastet.

MDR1-GENDEFEKT

RASSE	ANTEIL MDR1 -/- (IN %)
Australian Shepherd	17–46
Australian Shepherd (Mini)	20–50
Weißer Schweizer Schäferhund	14
Border Collie	1–2
Deutscher Schäferhund	6–10
English Shepherd	7–15 (meist heterozygot = mischerbig)
Collie (Kurzhaar)	68
Collie (Langhaar)	55–57
Whippet (Langhaar)	42–65
McNab	17–30
Mischlinge (unspezifiziert)	2–7
Hütehund-Mischlinge	6–7
Bobtail	1–11 (meist heterozygot)
Sheltie	7–35
Silken Windhund	18–30
Wäller	17–19 (meist heterozygot)

Quelle: Justus-Liebig-Universität, Gießen

Durch das fehlende P-Glykoprotein steigt die Cortisolkonzentration und somit die Stressanfälligkeit betroffener Tiere stark an, schon kleine Aufgaben können zu großen Herausforderungen werden. Dies kann cortisolbedingt sogar zu einem zeitweiligen totalen Kontrollverlust führen.

Umgang mit betroffenen Hunden

Hormonanstiege werden vom Organismus in einer definierten Zeitspanne wieder ausgeglichen, sobald die Ursache eliminiert werden konnte. Die Dauer, bis sich ein massiv erhöhter Cortisolspiegel wieder auf seinen Ruhewert abgesenkt hat, schwankt von einigen Stunden bis zu mehreren Tagen (!). Das bedeutet, auch wenn sich die Situation gelöst hat, zirkuliert das Cortisol noch stundenlang durch den Blutkreislauf und das zentrale Nervensystem. Entsprechend wird der betroffene Hund eine ganze Weile brauchen, um einen massiven Cortisolschub zu verdauen. Fehlt nun das Verständnis für ein erhöhtes Ruhebedürfnis dieser Tiere, so stolpern sie von einem Stresszustand in den nächsten, ohne sich dazwischen erholen zu können. Dies gefährdet langfristig die körperliche und psychische Gesundheit betroffener Tiere enorm und schränkt die Lebensqualität von Hund und Halter massiv ein. Es ist daher unumgänglich, dass der Hundehalter versteht, dass sein Hund eine spezielle Betreuung benötigt. Es gilt, seinen Vierbeiner sicher und so stressfrei wie möglich durch sein Leben zu begleiten.

→ Bei vom MDR1-Gendefekt betroffenen Hunden ist es enorm wichtig, sie von unnötigen Stresssituationen fernzuhalten, sprich ein sinnvolles und vorausschauendes Stressmanagement zu finden. Sie brauchen viel mehr Ruhe und Erholungsphasen als mutationsfreie Hunde.

Auch Collie-Formen sind vom MDR1-Defekt betroffen.

Dazu ist es auch nötig zu wissen, wie stressanfällig der eigene Hund ist, wie er mit Stress umgeht und wie viel Stress man seinem Vierbeiner zumuten kann. Stabile und überzeugende Führungsqualitäten sind zwingend notwendig. Überzeugend darum, damit der Hund nicht durch Stimmungsübertragung verunsichert wird. Der Mensch muss in der Lage sein, Situationen korrekt einzuordnen, Gefahren für den Hund zu erkennen, die Verantwortung zu übernehmen und vor allem seinen Vierbeiner zu überzeugen, dass der Mensch diese Verantwortung trägt. Der Hund muss sich immer und überall auf seinen Halter verlassen können. Er braucht die Gewissheit, dass er bei seinem Menschen sicher ist und in Stresssituationen angemessen betreut, geschützt und unterstützt wird. Auch Aufgaben, Sport und Training müssen den speziellen Anforderungen betroffener Hunde gerecht und individuell angepasst werden. Wenn man mit einem verhaltensauffälligen und stressanfälligen Hund aus einer betroffenen Rassegruppe oder einer möglichen Mischung aus dieser konfrontiert wird, muss umgehend ein MDR1-Gentest veranlasst werden. Es braucht im Fall einer Mutation mehr Geduld, mehr Einfühlungsvermögen und viel mehr Verständnis für den betroffenen Hund.

SEROTONIN

Neben dem Cortisol sind auch die Hormone Serotonin und Dopamin zu nennen. Beginnen wir mit den Ergebnissen zum Serotonin. **Serotonin wirkt als Stimmungsaufheller und ist als Botenstoff im Gehirn an der Verhaltenssteuerung beteiligt** (Gansloßer & Kitchenham 2012). Serotonin bzw. eine gestörte Verstoffwechselung dessen führt bei der sogenannten Cocker- oder Retrieverwut zu anfallsartigen Wutausbrüchen oder Aggressionsattacken. Ursächlich ist ein Gendefekt, bei dem die Monoaminooxidase außer Funktion ist – ein Enzym, das für den Abbau des Serotonins an den Bindungsstellen im Gehirn zuständig ist (Cases et al. 1995). Durch die steigenden Serotoninwerte bzw. die Anreicherung des Serotonins kommt es zu den genannten Wutausbrüchen. Obwohl teilweise vermutet, liegt die Ursache der Cocker- oder Retrieverwut nicht in der Färbung, obwohl überwiegend rote Cocker Spaniel davon betroffen sind (Gansloßer & Kitchenham 2012). Hierfür ist ein anderes Phänomen ursächlich: Das **Popular-Sire-Syndrom**. Hierbei kommt ein Deckrüde übermäßig häufig zum Einsatz und führt somit zum Anstieg des Inzuchtniveaus und der Gefahr der Verbreitung rezessiver Gendefekte. Das „plötzliche" Auftreten von Erkrankungen bei einer Rasse ist oftmals auf den Einsatz eines „Popular Sires" zurückzuführen. Die phänotypischen Anzeichen der Erkrankung treten erst auf, wenn die Population schon von den fehlerhaften Genen des „Popular Sires" durchkreuzt sind. Der Einsatz weniger, ausgezeichneter und prämierter Rüden ist allerdings noch immer in einigen Zuchtverbänden gängige Praxis (Sommerfeld-Stur 2016).

Untersuchungen am English Cocker Spaniel

Jørn Våge et al. (2010) untersuchten das Aggressionsverhalten beim English Cocker Spaniel. Sie fanden heraus, dass eine bestimmte Genvariante eines Serotoninrezeptors mit einer erhöhten Aggression gegen Menschen verknüpft war. Allerdings fanden sie viele weitere Genorte, die das Aggressionsverhalten des Hundes beeinflussen. Es konnte keine bestimmte Gen-Kombination gefunden werden, die „den" aggressiven Hund auszeichnet. Das Forscherteam rund um Simon Vermeire (2011) hingegen fand einen eindeutigeren Zusammenhang zwischen einem Serotoninrezeptor und der Aggressivität. Eine bestimmte Variante des Serotonin 2A Rezeptors in bestimmten Regionen des Gehirns wurde signifikant häufiger bei Hunden mit auffälligem Aggressions- oder Angstverhalten gefunden. Ebenso scheint auch der Serotoninrezeptor 1B eine Rolle beim Aggressionsverhalten zu spielen. Christel Jacobs et al. (2007) konnten zeigen, dass die Anzahl des Serotoninrezeptors 1B in der Amygdala bei aggressiven Hunden signifikant höher war als bei nicht aggressiven Hunden.

Untersuchungen am Golden Retriever

Der Zusammenhang dieses Serotonin 2A Rezeptors, aber auch der Serotoninrezeptoren 1A und 1B sowie ein Serotonintransporter wurden rund um das Team von Linda van den Berg (2008) untersucht. Ihre Untersuchungsgruppe war eine spezielle Linie der Rasse Golden Retriever. Das besondere dieser Linie war, dass die Heritabilität, also die Erblichkeit der Aggression bei 80 % lag. Die Ergebnisse der Studie waren allerdings eindeutig: Die Aggressivität gegen Menschen war bei dieser Linie nicht mit einer bestimmten Variante der Serotoninrezeptoren assoziiert. Die Forscher betonen aber, dass dies nicht bedeutet, dass Serotonin daran in keiner Weise beteiligt ist – nur die vier Loki, die untersucht wurden, eben nicht.

KONZENTRATION VON SEROTONIN UND DOPAMIN

Auch das Team rund um Ilana Reisner (1996) untersuchte die Auswirkungen von Serotonin auf die Aggressivität von Hunden. In ihrer Studie verglichen sie 21 aggressive Hunde und

19 nicht auffällig gewordene. Die erste Gruppe wurde aufgrund ihres Aggressionsverhaltens eingeschläfert, bei der zweiten Gruppe lagen keinerlei Verhaltensauffälligkeiten vor. Post mortem wurden bei beiden Gruppen die Werte von verschiedenen Stoffen im Gehirn und in der Rückenmarksflüssigkeit bestimmt. Die erste Verbindung, die 5-Hydroxyindolylessigsäure (engl. 5-HIAA), ist ein Metabolit des Serotonins. Anhand der Konzentration dessen konnten die Forscher auf den Serotoninspiegel schließen. Hunde mit geringeren Konzentrationen der 5-HIAA, also auch des Serotonins, wiesen eine reduzierte Impulskontrolle und eine erhöhte Aggressivität, besonders im Bereich der Affektkontrollaggression, früher als Dominanzaggression bezeichnet, auf. Die zweite untersuchte Verbindung gab Aufschluss über den Dopaminspiegel der Hunde – Homovanilinsäure (engl. HVA), ein Metabolit des Dopamins. Bei Hunden, die aufgrund ihres Aggressionsverhaltens eingeschläfert wurden, waren die Konzentrationen an 5-HIAA und HVA geringer als bei der Kontrollgruppe. Zusätzlich fand das Team heraus, dass die Konzentrationen von beiden untersuchten Verbindungen bei Hunden, die vor dem Beißen nicht warnten, geringer waren als bei denen, die dies taten. Zusätzlich zur Konzentration an Serotonin oder Dopamin scheint auch die Rezeptordichte Auswirkungen auf die Verhaltensregulation zu haben.

REZEPTORDICHTE

Dass die Dichte für Serotonin- und Adrenalinrezeptoren in verschiedenen Regionen des Gehirns an der Steuerung des Aggressionsverhaltens bei Hunden beteiligt ist, konnten unter anderem Paola Badino et al. (2004) zeigen. Ist eine erhöhte Aggressivität eines Hundes auf zu geringe Serotoninwerte zurückzuführen, so kann hierbei durch Zufütterung der Aminosäure Tryptophan entgegengewirkt werden. Tryptophan ist die Ausgangssubstanz für Serotonin, sodass der Serotoninspiegel erhöht und die Aggressivität verringert werden kann. Serotonin kann die Stressanfälligkeit des Hundes senken, denn es ist ein Gegenspieler zum passiven Stresshormon Cortisol (Gansloßer & Kitchenham 2012).

DOPAMIN

Dopamin gehört wie Adrenalin und Noradrenalin zu den Katecholaminen und wird auch als **Selbstbelohnungs- oder Lerndroge** des Gehirns bezeichnet. Es wird immer dann ausgeschüttet, wenn das Tier sich selbst ein Erfolgserlebnis beschafft (Strodtbeck & Gansloßer 2014). Wie bereits erwähnt, war der Dopaminspiegel bei Hunden, die aufgrund ihres Aggressionsverhaltens auffällig geworden waren, erniedrigt (Reisner et al. 1996). Doch der Dopaminmangel, z. B. durch ungünstige Aufzuchtbedingungen, kann nicht nur zu Beeinträchtigungen des Aggressionsverhaltens führen, sondern auch zu Stereotypien. Hierbei entsteht ein Teufelskreis: Das Tier hat einen geringen Dopaminspiegel und kann diesen aktiv durch rhythmische, sich wiederholende Tätigkeiten erhöhen – Stereotypien wie Kreiseln, Bellen oder auch Aufreiten verschaffen dem Tier ein gutes Gefühl und erhöhen den Dopaminspiegel. Die Stereotypie ist also quasi die Sucht, den Dopaminspiegel zu erhöhen und sich selbst ein gutes Gefühl zu verschaffen (Strodtbeck & Gansloßer 2014).

Dopamin-Rezeptor-Varianten

Doch nicht nur der Dopaminspiegel spielt eine Rolle bei der Verhaltensregulation, sondern auch bestimmte Rezeptorvarianten. Untersucht wurden Varianten des Dopaminrezeptors D4 (Ito et al. 2004). Je nach Variante wiesen die Tiere eine erhöhte oder verringerte Aggressivität auf. Der gleiche Dopaminrezeptor wurde auch vom Forscherteam aus Budapest untersucht (Hejjas et al. 2007). Die Untersuchungsgruppe bestand aus Deutschen Schäferhunden, die entweder als Diensthunde

Stereotypien können zur Sucht nach Selbstbelohnung durch Dopaminausschüttung werden.

oder als Familienhunde gehalten wurden. Deutsche Schäferhunde, die das 3A-Allel des Dopaminrezeptors D4 trugen, fielen durch erhöhte Hyperaktivitäts- und Aufmerksamkeitsdefizitwerte auf. Diesen Unterschied konnten die Forscher jedoch nur bei den Diensthunden ausmachen, nicht bei den Familienhunden. Dies führen sie darauf zurück, dass die Umweltbedingungen, unter denen die Diensthunde geboren werden und aufwachsen, deutlich ähnlicher sind als bei den Familienhunden. Genetische Ursachen werden somit bei den Familienhunden wohl durch die Umweltbedingungen überlagert (siehe S. 47). Die Auswirkungen der unterschiedlichen Varianten des Dopamin D4 Rezeptors auf das Aktivitäts-, Impulsivitäts- und Aufmerksamkeitsdefizitslevels konnten die Forscher auch bei Huskys feststellen (Wan et al. 2013). Kürzere Allele des Dopamin D4 Rezeptors erhöhten die Werte für alle drei Level. Auch das Allel für das Enzym Thyrosinhydroxylase wurde untersucht. Hier ergab sich der gleiche Zusammenhang: Ein kürzeres Allel führt zu höheren Aktivitäts-, Impulsivitäts- und Aufmerksamkeitsdefizitleveln. Auch an Deutschen Schäferhunden konnte dies gezeigt werden: Hatten die Hunde wenigstens ein kurzes Gen für das Enzym Tyrosinhydroxylase, waren sie hinsichtlich ihres Aktivitäts- und Impulsivitätslevels auffällig, verglichen mit Hunden, die zwei lange Genvarianten trugen (Kubinyi et al. 2012). Die Tyrosinhydroxylase spielt eine wichtige Rolle beim Syntheseweg des Dopamins. Diese Zusammenhänge wurden in der Budapester Arbeitsgruppe über mehrere Jahre übergreifend an Tervueren, Sibirian Huskys, Wölfen und Deutschen Schäferhunden gezeigt.

Lisa Lit et al. (2013) untersuchten ein Dopamintransportergen. In ihrer Studie an 280 Hunden aus 26 Rassen fiel auf, dass die kürzere Variante des Gens bei den Belgischen Malinois überrepräsentiert war, sowohl in homozygoter als auch heterozygoter Form. Die Träger dieses Gens fielen durch ihr Verhalten auf: Die Malinois wurden von ihren Haltern als aufmerksamer bis hin zu überwachsam beschrieben, neigten zu erhöhter episodischer Aggression (kurzzeitig und ohne speziellen Auslöser) und zum Nicht-mehr-ansprechbar-Sein bei bestimmten Umweltreizen bis hin zu Anfällen. Verhaltensbeobachtungen an Militärdiensthunden zeigten ebenfalls, dass das kurze Gen mit geringerer Ablenkung und vermehrt stressbedingten Verhaltensweisen einherging.

Ein weiteres Enzym, das in diese Reihe passt, ist die Catechol-o-methyltransferase. Diese baut Dopamin ab und das Aktivitätslevel der Hunde war einerseits abhängig vom Geschlecht, andererseits aber auch von der Beschaffenheit des Allels für einen Glutamatrezeptor und für die Catechol-o-methyltransferase (Takeuchi et al. 2009). Bei Akita Inus fand man einen weiteren Rezeptor, der mit dem Aggressionsverhalten in Verbindung steht (Konno et al. 2011). Eine bestimmte Variante eines Androgenrezeptors bedingte eine höhere Empfindlichkeit dessen, sodass männliche Tiere mit dieser Variante aggressiver waren. Bei weiblichen Tieren konnte dieser Zusammenhang nicht gefunden werden.

OBSESSIVE-COMPULSIVE DISORDER (OCD)

Ein letzter großer Bereich, der hier behandelt werden soll, ist Obsessive-compulsive disorder (OCD, siehe S. 313 ff.). Normale Verhaltensweisen wie Fellpflege, Beutefangverhalten oder Fortbewegung werden bei betroffenen Hunden in abnormaler Weise gezeigt. Hunde mit OCD zeigen obsessives Beutefangverhalten (Fliegenschnappen, Schwanzjagen), obsessives orales Verhalten (Flankenlecken, Deckenuckeln) oder obsessive Bewegungen (Hecheln oder Kreiseln). Häufig treten die ersten Anzeichen rund um die Pubertät auf und können in engem Zusammenhang mit Stress oder Angst stehen. In einer Untersuchung wurden genetische Ursachen für OCD bei Dobermännern untersucht (Dodman et al. 2010). Bei Hunden mit schweren Verhaltensbeeinträchtigungen durch OCD konnte das Gen Cadherin 2 häufiger nachgewiesen (60 %) werden als bei Hunden mit milderen Verläufen (43 %). Unter den Hunden ohne Anzeichen von OCD wurde das Gen noch seltener nachgewiesen (22 %). Auch wurden bei Hunden mit OCD gestörte Abläufe der Serotonin- und Dopaminsynthese nachgewiesen (Vermeire et al. 2012). Hier scheinen die Hormone Serotonin und Dopamin entscheidend an der Entstehung von Verhaltensbeeinträchtigungen beteiligt zu sein.

Abschließend seien noch Anmerkungen zur Interpretation der hier genannten Ergebnisse erwähnt, die Miklósi (2015) und van den Berg (2016) machten:

- Die Ergebnisse können nicht rasseübergreifend angewendet werden. Gerade das Aggressionsverhalten stand in der Vergangenheit oft im Mittelpunkt züchterischer Selektion, sodass Mechanismen und Zusammenhänge, die für eine Rasse gefunden wurden, nicht unreflektiert auf andere Rassen angewendet werden können (siehe auch S. 50).
- Der Phänotyp wird immer durch die Gene und die Umwelt bestimmt. Umwelteinflüsse können genetische Ursachen überlagern (Hejjas et al. 2007). Genetische Prädispositionen sind also nicht die alleinige Ursache für Verhaltensauffälligkeiten. Die Umwelt hat eben auch ihren Anteil daran. Selbst in der Linie der Golden Retriever, mit einer hohen Erblichkeit der Aggression gegen Menschen, betrug diese 80 %.
- In klinischen Studien im Bereich der Humanmedizin liegt die Stichprobenzahl oftmals im vier- bis fünfstelligen Bereich, um ein umfassendes Bild über genetische Ursachen zu erhalten. In allen hier genannten Studien liegt die Stichprobenzahl meist nicht einmal annähernd im dreistelligen Bereich. Weitere Untersuchungen mit einer größeren Stichprobenzahl und unter Einbezug unterschiedlicher Rassen sollte also das Ziel kommender Untersuchungen sein.

CHARAKTER UND AGGRESSION

Moderne Rassen wurden intensiv auf sogenannte „desirable traits", also erwünschte Eigenschaften, selektiert und unterscheiden sich deshalb – je nach Selektionsziel, Verwendungszweck und Zuchtlinie – in ihrem Verhalten und ihren Traits (= Eigenschaften) voneinander. „Border Collies sind sehr gut trainierbar, Windhunde lieben es, zu jagen und Deutsche Schäferhunde sind gute Wachhunde", so fassen es Serpell & Duffy in „Domestic Dog Cognition and Behavior" (2014) zusammen. Doch was ist wirklich dran an diesen allgemeinen Klischees? Und wovon werden die Charaktereigenschaften eines Hundes beeinflusst? Ist es die Genetik oder ist es die Erziehung, also der Mensch selbst? Ein finnisches Forscherteam hat sich mit genau dieser Frage beschäftigt, indem über 9 000 reinrassige Zuchthunde beobachtet wurden und die Halter anschließend einen Fragebogen über ihren Vierbeiner ausfüllten. Dabei stellte sich u. a. heraus, dass ca. 19,3 % der befragten Personen angaben, dass ihr Hund aggressiv sei und die Forscher gehen sogar von einer noch höheren Zahl aus, da es manchen Hundehaltern eher unangenehm ist, ihrem eigenen Hund negative Eigenschaften wie Aggression o. Ä. zuzuschreiben (Mikkola et al. 2021).

Zudem stellte sich heraus, dass die Aggression wohl mit dem Alter der Hunde zunehmen kann, was sich ggf. auf steigende, altersbedingte Erkrankungen (wie z. B. Demenz, Hüftbeschwerden) oder Beeinträchtigung der Sinneswahrnehmung zurückführen lässt. So kann ein Hund mitunter situationsbedingt (angst-)aggressiv reagieren, wenn er sich durch ein plötzlich näherndes Individuum, das er vorher nicht wahrgenommen hat, bedroht fühlt (siehe hierzu S. 288).

Ein ebenso weit verbreitetes Klischee ist, dass kleine Hunde oder speziell Listenhunde oft aggressiver sind als andere Hunde. Dieser womögliche Napoleon-Komplex der kleinen Wadenbeißer lässt sich jedoch nicht pauschal rasseabhängig bestätigen und hat vermutlich viel mehr mit der Erziehung sowie der Sozialisierung des Hundes zu tun. Von einem aggressiven Chihuahua oder Yorkshire Terrier

Jede Hunderasse ist anders. Pauschalaussagen zum Aussehen und Verhalten sind daher nicht denkbar.

scheint auf den ersten Blick für den Menschen keine so große Bedrohung auszugehen, sodass sich dieses Verhalten leichter über die Jahre etablieren könnte. Darüber hinaus sind einige Rassen z. B. anfälliger für Skeletterkrankungen, die schmerzbedingte Aggressionen verursachen können und diese beobachteten Rassenunterschiede beeinflussen. Was hinter den rassebedingten Verhaltenseigenschaften steckt, ist wohl viel komplexer als die bloße Vorstellung:
klein = aggressiv, aber mit weniger Schaden;
groß und flauschig = lieb und gesellig;
Listenhunde = aggressiv per sé.
Beißstatistiken werden z. B. oft dadurch verzerrt, dass Bisse von großen Hunderassen eher zu Verletzungen und evtl. sogar Todesfällen führen als Bisse von kleineren Rassen. Die Aggression stellt eines der häufigsten Verhaltensprobleme dar, über das von Hundehaltern berichtet wird (Borchelt 1983, Fatjó et al. 2007).

Ist Aggressivität eine Frage der Rasse?

Diese Frage wurde bereits durch zahlreiche experimentelle und auf Umfragen basierende Studien untersucht (Duffy et al. 2008, Hsu & Sun 2010, Scott & Fuller 1965, Svartberg & Forkman 2002). Viele Rassen wurden für Aggression gegenüber Hunden, gegenüber dem Halter und gegenüber Fremden ganz unterschiedlich eingestuft, sodass sich keine Pauschalisierung treffen lässt und es naheliegend ist, dass Umweltreize und nicht nur die Rasse eine Hauptrolle bei der Neigung zur Aggression spielen.
Mehrkam und Wynne (2014) haben verschiedene Studien verglichen, bei denen es um Rasseunterschiede im Verhalten ging. Obwohl es überzeugende, wissenschaftliche Hinweise für zuverlässige Unterschiede zwischen Rassen und Rassengruppen in Bezug auf einige Verhaltensweisen (z. B. Aggression und Reaktivität) gibt, haben die meisten Studien, die Rassenunterschiede im Verhalten untersucht haben, über aussagekräftige Unterschiede innerhalb der Rasse berichtet. Vieles lässt sich offenbar nicht nur durch die Rasse, sondern durch eine Vielzahl anderer Faktoren erklären.

EINTEILUNG DER HUNDERASSEN

Bereits viele Wissenschaftler begaben sich auf die Suche nach möglichen Zusammenhängen zwischen Domestikation, genetischen Merkmalen und dem Verhalten der heutigen Hunderassen. Während einige Institutionen wie z. B. der FCI oder American Kennel Club (AKC) die Rassen klassischerweise nach ihrer Funktionsweise bzw. nach ihrem Gebrauch und ihrem Aussehen einteilen, gibt es mittlerweile modernere neuere Ansätze, die aufgrund von geographischen, genetischen und historischen Einflüssen die Welt der Hunderassen revolutioniert haben.
So hat ein Forscherteam vom Natural Human Genome Research Institute (NHGRI) herausgefunden, dass den meisten Hunderassen eine unerwartet einfache Genarchitektur zugrunde liegt (Parker et al. 2017).
Dafür analysierten sie mehr als 80 Hunderassen und verglichen die jeweilige genetische Ähnlichkeit untereinander. Dabei berücksichtigten sie auch die historischen Spuren des *Homo sapiens*, der durch sein Wanderverhalten und durch den Domestikationsprozess natürlich maßgeblich zur Entstehung der heutigen Hunderassen beigetragen hat.
So entstanden 23 Rassekategorien, die in der Parker-Studie auch als Kladen bezeichnet werden. Jeder Klade wird eine bestimmte Auswahl an Hunderassen zugeordnet.
Überraschend fiel in dieser Untersuchung auf, dass der Schäferhund nicht – wie sonst vermutet und nach dem FCI typischerweise eingeteilt – zu den klassischen Hütehunden gehört, sondern vielmehr den Mastiffs, Molossern und Boxern ähnelt. Ein weiteres überraschendes Ergebnis brachte der Shar Pei hervor, der nämlich zu den wohl ältesten Hunderassen zählt (Gansloßer et al. 2021).

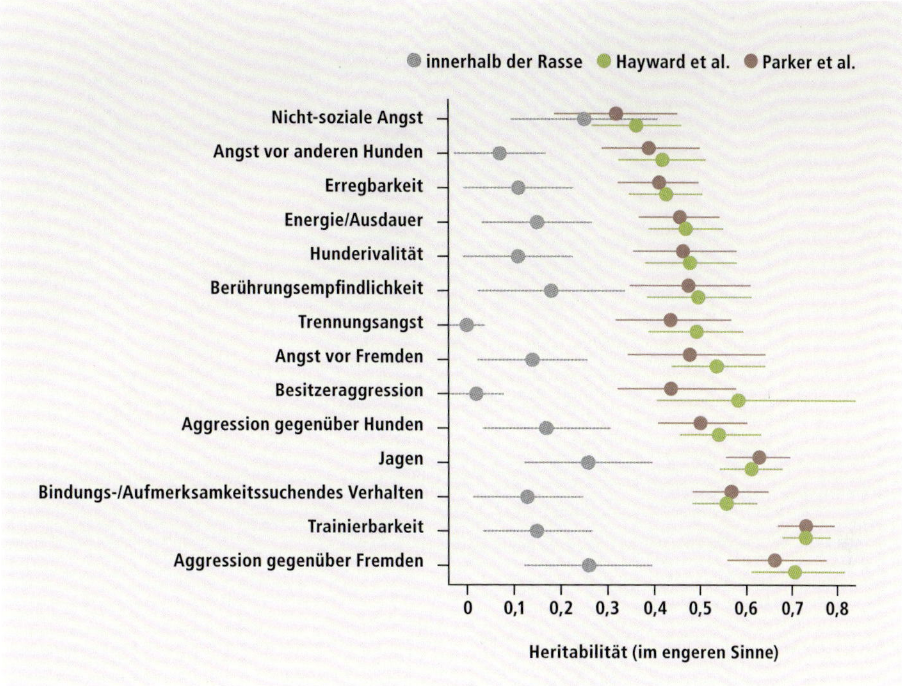

Erblichkeit von 14 Verhaltensmerkmalen, basierend auf den zwei genetischen Studien: Hayward et al. (2016) und Parker et al. (2017). Die Fehlerbalken stellen die 95 %-Konfidenzintervalle dar.

BESCHREIBUNG DER CHARAKTERE

In erster Linie spielt wohl der genetische Baukasten eine große Rolle, wenn es darum geht, die Charaktere von Hunden zu beschreiben. Dazu sollen kurz zwei Ansätze aus der Hundeforschung vorgestellt werden.

Zum einen stellen wir die genomweite Assoziationsstudie (GWAS) vor, bei der es um den Vergleich von zwei Hundegruppen der gleichen Hunderasse geht. Weisen die zwei untersuchten Hundegruppen unterschiedliches Verhalten auf, obwohl sie der gleichen Rasse angehören, werden nochmals die Gene der beiden Hundegruppen betrachtet. Finden sich auch hier im genetischen Grundbauplan erhebliche Unterschiede, dann ist das schon einmal ein Indiz dafür, dass die Gene das Verhalten beeinflussen (MacLean et al. 2019). Einige Ergebnisse der MacLean-Studie sind in der Abbildung dargestellt. Interessanterweise waren die Merkmale mit der höchsten Erblichkeitsrate unter den Rassen die Trainierbarkeit ($h^2 = 0{,}73$), die Aggression gegenüber Fremden ($h^2 = 0{,}68$), das Jagdverhalten ($h^2 = 0{,}62$) und das aufmerksamkeitssuchende Verhalten ($h^2 = 0{,}56$), was mit der Vermutung übereinstimmt, dass diese Verhaltensweisen wichtige Selektionsziele moderner Rassen waren. In der Tat stimmen die allgemeinen Muster der Rassenunterschiede eng mit den genetischen Parker-Kladen überein. Und auch mit dem Menschen scheint es gewisse Ähnlichkeiten zu geben. So stecken z. B. hinter den Unterschieden im aggressiven Verhalten mehrere Gene, die auch mit Aggressionen beim Menschen in Verbindung gebracht wurden.

Der zweite Ansatz konzentriert sich etwas mehr auf die spezifische Suche nach bestimmten Genen, die bestimmte Faktoren darstellen, wenn es um die Produktion von Hormonen, Botenstoffen oder Ähnlichem geht, die wiederum für spezifische Verhaltensweisen verantwortlich sind (siehe auch Gansloßer et al. 2021).

Vererbung hängt von vielen Faktoren ab.

VERERBARKEIT VON MERKMALEN

Sprechen wir von der Vererbbarkeit von Merkmalen, dann fällt in diesem Bereich oft der Begriff **Heritabilität**. Diese bezeichnet das Ausmaß bzw. den Anteil an Variationen, in der ein Individuum oder eine Population ein genetisches Merkmal an die eigenen Nachkommen weitergibt. Bei den genetischen Merkmalen handelt es sich vor allem um die phänotypischen Merkmale, die auf die Variation innerhalb des Genotyps zurückzuführen sind. Beim **Phänotyp** geht es um die Ausprägung eines Merkmals (Aussehen, Anatomie, Verhalten etc.). Der **Genotyp** hingegen umfasst das gesamte Erbgut eines Individuums, d. h. hier sind sowohl „äußerliche" als auch „nicht-äußerliche" Merkmale mit eingeschlossen (siehe ab S. 32).

Jedoch gibt es auch immer wieder phänotypische Merkmale, also Merkmale im Verhalten beispielsweise, die auftauchen und sich nicht auf eine Variation im Genotyp zurückführen lassen. Dieser moderne wissenschaftliche Ansatz wird als **Epigenetik** bezeichnet. Hierbei geht es in erster Linie darum, inwiefern sich tierisches Erbgut durch äußere Umweltfaktoren beeinflussen lässt. Ob es eine hohe oder niedrige Heritabilität gibt, hängt von verschiedenen Faktoren ab.

Eine geringe Erblichkeitsrate bzw. Heritabilität kommt z. B. durch eine sehr strenge Zuchtauswahl (Selektion) oder auch durch Inzucht zustande. Hier ist das genetische Erbgut eines Merkmals in der gesamten Population dann schon so ähnlich, dass es keine hohe Varianz mehr gibt.

Dazu sei wieder die interessante Genetikstudie von MacLean et al. (2019) genannt, in der bestimmte Erblichkeitswerte analysiert worden sind, einerseits innerhalb und andererseits zwischen den verschiedenen Hunderassen. Dabei kam heraus, dass sich die Erblichkeitswerte zwischen den Hunderassen stärker voneinander unterscheiden als innerhalb einer Hunderasse.

Dies wiederum deutet auf eine sehr strenge Zuchtselektion hinsichtlich bestimmter, gewollter Merkmale und Eigenschaften hin, sodass es keinen Spielraum mehr gab für eine große Variabilität innerhalb einer Rasse.

Offenbar sind hier vor allem äußerliche Einflüsse wie Umweltfaktoren und auch die Sozialisation an sich sehr ausschlaggebend. Während einige Studienergebnisse eindeutig dafür sprechen, dass bestimmte Verhaltensmerkmale (allgemein) vererbt werden, ergaben andere Studien wiederum, dass gewisse Verhaltensweisen nur unter bestimmten Hunderassen erblich weitergegeben werden. Das Forscherteam Hradecka et al. (2015) brachte ebenfalls etwas Klarheit in diese Fragestellung, was nun vererbt wird und was eher nicht. In einer großen Metaanalyse führten sie die Ergebnisse von 48 veröffentlichten Rassestudien zusammen.

Für jede eingeschlossene Studie wurden die Daten für einzelne Verhaltensmerkmale analysiert. Die in jeder Studie gemessenen Merkmale wurden in fünf Funktionskreise eingeteilt (Umwelt, Hüteverhalten, Jagdverhalten, Spielverhalten und psychische Eigenschaften wie Intelligenz, Temperament, Angst, Aufregung, Nervosität, Aggression, Trainierbar u. v. m.). Der Gesamtvergleich zeigte hier insgesamt eine recht geringe Erblichkeitsrate der analysierten Verhaltensmerkmale:

— Verspieltheit ca. 9 %
— Hüteverhalten ca. 10 %
— Einflussfaktoren Umwelt, Jagdverhalten und psychische Eigenschaften: siehe Tabelle

Die Gründe für ihre Ergebnisse könnten sich laut der Forscher auf die vielfältigen Ursprünge solcher Merkmale zurückführen lassen. So kann das Verhalten von Hunden im Erwachsenenalter durch eine Reihe von Faktoren wie die Qualität der Muttermilch oder der festen Nahrung für die Welpen erheblich verändert werden (Malm & Jensen 1996), der Zeitpunkt der Entwöhnung (Mogi et al. 2011) und der Bedingungen während der Sozialisation etc. Daher können auch die häufig angewendeten Verhaltenstests für viele Rassen, die traditionell von einigen Vereinen gefordert werden, durch die vorliegenden Ergebnisse der Studie von Mehrkam & Wynne (2014) nicht gestützt werden. Spannend dazu ist vor allem die Aussage von King et al. (2011), dass die meisten Rassen heute reine Gesellschaftshunde sind und kaum noch für ihren ursprünglichen Zweck verwendet werden sowie das Wissen, dass Verhaltensmerkmale meist polygen sind und zusätzlich eine starke Umweltkomponente aufweisen (Willis-Owen & Flint 2006). Weitere Informationen zur Vererbung von Persönlichkeitsmerkmalen siehe „Stress beim Hund“, S. 271.

ERBLICHKEIT UND EINFLUSSFAKTOREN

HUNDERASSE	UMWELT	JAGDVERHALTEN	PSYCHISCHE EIGENSCHAFTEN
Alpenländische Dachsbracke	91 %	11 %	16 %
Labrador Retriever	43 %	24 %	7 %
Flat Coated Retriever	37 %	25 %	49 %
Deutscher Schäferhund	21 %	16 %	12 %
Hovawart	8 %	11 %	7 %
Unbekannt (Mischling)	23 %	16 %	15 %
Insgesamt	14 %	12 %	15 %

☞ AUS DER FORSCHUNG (VON CARINA KOLKMEYER)

PERSÖNLICHKEITSSTUDIEN

Kolkmeyer et al. (2021) verglichen in ihrer Fragebogenstudie kastrierte und intakte Rüden aus vier Rassekategorien (nach Parker et al. 2017: Retriever, Shepherds, Terrier und Jagdhunde) bzgl. Unterschiede in der Persönlichkeit. Dabei fiel u. a. auf, dass der Australian Shepherd von seinem Halter als sehr offen und extravertiert beschrieben wurde. Diese hohe Extraversion der Australian Shepherds ist auch hier als Zuchtergebnis einer hochmotivierten Arbeitsrasse zu sehen.

Die Studie ergab weiterhin, dass Retriever die höheren Werte für Geselligkeit hatten und Jagdhunde als sehr extravertiert hervorstachen. Letztere erwiesen sich jedoch nicht als sehr gesellig. Ähnliches findet sich auch bei der Rassenstudie von Turcsán et al. (2011). Auch hier sind einige Vertreter der Kategorie Jagdhunde (z. B. Deutscher Wirehaired Pointer oder Magyar Vizsla) im Cluster 2 (als niedrig gesellig) zu finden. Das Forscherteam fand zudem heraus, dass Terrier hohe Werte für Extraversion (Offenheit) erhielten und sich signifikant von anderen Rassen unterschieden. Während Hütehunde (wie Australian Shepherd oder Border Collie) als wenig ruhig, stark trainierbar, wenig gesellig und wenig offen (d.h. introvertiert in der Fünf-Faktoren-Terminologie) klassifiziert werden können, erwiesen sich Jagdhunderassen (wie Irish Setter oder Pointer) und Retriever (wie Golden oder Labrador) als wenig ruhig, mittel trainierbar, hoch gesellig und sehr offen. Die bei Kolkmeyer et al. (2021) insgesamt niedrigen Panik- und Aggressionswerte für Retriever und Jagdhunde sind nicht zuletzt einer der Gründe dafür, dass sowohl Golden als auch Labrador Retriever zu den beliebtesten Assistenzhunderassen gehören. Jagdhunde werden ausgewählt, um ihrer Umgebung mehr Aufmerksamkeit zu schenken und dennoch ruhig oder gehorsam zu bleiben. In dieser Studie bestanden die Jagdhunde hauptsächlich aus Weimaranern, die als temperamentvolle und manchmal ungestüme Jagdhunde mit einem zuverlässigen Anzeigen gelten. Sie sind sehr wachsam und daher nicht für Anfänger geeignet.

So unterschiedlich unsere vierbeinigen Freunde aussehen, so unterschiedlich scheint auch ihre Neigung zu bestimmten Charakteren und Krankheiten zu sein.

Bei der Auswahl der Hunderasse sollte demnach beachtet werden, dass die Rasse zwar eine Rolle dabei spielt, welche verhaltensbedingten und gesundheitlichen Eigenschaften beim Hund vorrangig auftreten können (!), jedoch darf und sollte die spätere Haltung und Sozialisation niemals außer Acht gelassen werden.

Sowohl bezüglich der Ausprägung vom Charakter als auch der Inzidenz bestimmter Krankheiten ist es die Aufgabe des Hundehalters, sich sorgsam um seinen Hund zu kümmern, bestimmten Verhaltensweisen und Krankheiten ggf. sogar vorzubeugen und dem Hund ein artgerechtes häusliches Umfeld zu schaffen, das dem jeweiligen (Rasse-)hund gerecht wird.

ERKRANKUNGEN: EINFLUSS AUF DAS VERHALTEN

VON CARINA KOLKMEYER UND FRIEDERIKE WINKELSER

KÖRPERLICHE ERKRANKUNGEN

Untersuchungen, die Zusammenhänge zwischen Organerkrankungen oder anderen, allgemeinmedizinischen Problemen und besonderem Verhalten von Hunden aufzeigen, wurden in den letzten Jahren wiederholt erstellt. Beachtet werden muss, dass mittlerweile auch bei Hunden bzw. deren Haltern eine Reihe von Placeboeffekten beschrieben wurden (Sümegi et al. 2014, Conzemius & Evans 2012, McMillan 1999, Muñana et al. 2010). Offenkundig sind Menschen, die gut auf ihre Hunde achten, auch eher bereit, bei ihnen Verhaltensveränderungen zu erkennen. Im Folgenden besprechen wir solche Zusammenhänge, die zumindest hormonphysiologisch oder aus anderen Sinnes-, Neuro- oder ähnlichen biologischen Zusammenhängen verständlich und erklärbar sind.
Gerade bei chronischen Erkrankungen, z. B. im Zusammenhang mit Stoffwechselstörungen, Herz-Kreislauf-Problemen oder chronischen Schmerzen und Entzündungen, sind die Verhaltensveränderungen oft eher im allgemeinen Aktivitätsprofil, in einer geringeren Stress- und Frustrationsbewältigung, im Auftreten von repetitiven Verhaltensmustern, allgemeiner Unsicherheit, Schreckhaftigkeit o. Ä. zu finden. Aggressionsverhalten, hier überwiegend in Form der Selbstschutzaggression (siehe ab S. 271), ist zu erwarten und wird auch beschrieben. Auch „Ungehorsam", also mangelnde Reaktion auf Kommandos, wird im Zusammenhang mit Organschäden immer wieder berichtet (Schöning & Turner 2018). Lush und Ijichi (2018) veröffentlichten einen bemerkenswerten Artikel über Zusammenhänge zwischen Persönlichkeit, Schmerz und Begleitsymptomen. Eine Reihe von Hunden nach einer Routinekastrationsoperation wurde durch die Bearbeitung einer standardisierten Schmerzskala, die Untersuchung der Gewebsschädigung und Verletzungsstärke, sowie die Messung der Temperatur im rechten Augapfel begleitet. Die Persönlichkeitseigenschaften wurden mithilfe des Monash Fragebogens erstellt. Während die Persönlichkeitseigenschaft des Neurotizismus keine physiologischen oder Verhaltenskorrelation zur Schmerzreaktion aufwies, ließ sich ein deutlicher Zusammenhang zwischen der Persönlichkeitsachse Extraversion und der Schmerzempfindlichkeit, aber auch der gemessenen Temperatur im rechten Augapfel erkennen. Extravertierte Hunde hatten höhere Punkte auf der Schmerzskala und eine erhöhte Temperatur im rechten Augapfel gegenüber eher intravertierten, auf dieser Persönlichkeitsachse schwächer bepunkteten Artgenossen. Die Einschätzung der Schmerzintensität durch die Hundehalter lieferte keine zuverlässigen Korrelationen.
In der Zusammenstellung von Kathrin Köhler (2005) waren Tiere mit chronischen Herz-Kreislauf-Erkrankungen im Anteil der verhaltensveränderten Hunde am stärksten vertreten, danach kamen Erkrankungen der Sinnesorgane. Einen sehr hohen Anteil an Verhaltensveränderungen gab es auch in der Gruppe, die Probleme am Bewegungsapparat und/oder Hautveränderungen aufwiesen. Am häufigsten wurden Aggressionsprobleme, Probleme mit Trennungssituationen, Angst und Unsicherheit thematisiert. Auch Hunde mit Analdrüsenerkrankungen waren sehr stark in der Gruppe der Verhaltensveränderten vertreten.

HERZ-KREISLAUF-ERKRANKUNGEN

Viele Studien zeigen eine Reihe von Verhaltensveränderungen, überwiegend Aggressionsprobleme, im Zusammenhang mit Herz-Kreislauf-Erkrankungen (Köhler 2005, Schrey 2000, Overall 2013, Serres et al. 2008). In der Übersicht von Schrey waren die Hunde mit chronischen Herz- oder Kreislauf-Erkrankungen bei den verhaltensveränderten Tieren sogar am häufigsten, er vermutet hier eine „möglicherweise auftretende Leistungsinsuffizienz“ oder auch Schlafstörungen als Ursache. Meier & Henry (1978) beschreiben einen Aggressionsanfall eines Hundes kurz vor einem Herzversagen, das durch Degeneration des His'schen Bündels ausgelöst wurde. Serres et al. (2008) gehen insbesondere auf Veränderungen der Aortenklappen und die daraus entstehenden Verhaltenskonsequenzen ein, wobei die Veränderungen der vierzipfeligen Aortenklappe auch mit anderen Herzerkrankungen gemeinsam aufgetreten waren. Unter anderem war eine milde Erhöhung der Ermüdbarkeit bzw. Bewegungsintoleranz auffällig. In Verbindung mit Gefäßproblemen stehen auch Lebererkrankungen, die ebenfalls häufig mit einer Aggressions- oder ähnlichen Verhaltensauffälligkeit verknüpft scheinen.
Ohne über die Mechanismen im Hintergrund dieser Veränderung allzu viel spekulieren zu wollen, sollte darauf hingewiesen werden, dass gerade Probleme im Bereich der Sauerstoffversorgung, wie sie durch Herzerkrankungen häufig auftreten, zu latenten oder auch verstärkten Stressempfindungen und daraus entstehender Reaktion der Stresshormonsysteme führen können. Dies könnte sehr wohl der Hintergrund für die genannten Zusammenhänge sein. Die statistischen Auswertungen der Umfragestudie von Kathrin Köhler (2005) zeigte z. B. eine leichte Häufung von Verhaltensänderungen bei Atemwegsproblemen (2,8 % der vorgestellten Hunde hatten Atemwegsprobleme, 1,4 % dabei auch Verhaltensänderungen) sowie in ähnlicher Weise bei Herz-Kreislauf-Problemen (1,0 % wurden mit Herz-Kreislauf-Problemen vorgestellt, 0,7 % davon hatten auch Verhaltensänderungen). Einige der Verhaltensveränderungen im Zusammenhang mit Herz-Kreislauf-Erkrankungen können auch durch Veränderungen von entzündungsfördernden Zytokinen und anderen Akutphaseproteinen im Zusammenhang mit den zugrundeliegenden Erkrankungen stehen (Grobio et al. 2020).

ERKRANKUNGEN DER STOFFWECHSELORGANE

Gerade der Zusammenhang zwischen dem Stoffwechsel der Nebennierenrindenhormone und eventuell auftretenden Aggressions- und/oder Angstproblemen wurde bereits in der Humanmedizin seit längerer Zeit diskutiert (Plechner 2003, Finkelstein et al. 1997).
Mushtaq et al. (2017) berichten über eine Reihe von Verhaltensänderungen, z. B. Depression, aber auch spezielle, der Schmerzentlastung dienende Körperhaltungen bei akuter Bauchspeicheldrüsenentzündung.
Patel et al. (2015) berichten insbesondere über Abgestumpftheit, Depression und vergleichbare Verhaltensänderungen bei Gastritis sowie bei Darmgeschwüren von Hunden.
Lohse et al. (1976) beschreiben Hepatoencephalopathien kombiniert mit Gefäßveränderungen und einem *Situs inversus* der Bauchorgane bei einem einjährigen Dobermann, die ebenfalls mit Aggression, Temperamentausbrüchen und ähnlichen unvorhersagbaren Verhaltensauffälligkeiten gekoppelt waren.
Overall (2003) erwähnt in diesem Zusammenhang auch den angeborenen Portosystemischen Shunt oder angeborene Harnstoffzyklusenzymdefekte als mögliche Ursachen. Köhler (2005) diskutiert Verhaltensveränderungen durch Harnsteinbildungen oder eine z. B. allergisch bedingte chronische Darmentzündung. In den statistischen Zusammenfassungen der Umfragestudie von Köhler dagegen spielen Stoffwechselerkrankungen (mit Ausnahme der Schilddrüsenproblematik) offenbar keine auffällige Rolle.

NEURO- UND IMMUNOLOGIE

Verstärkte Untersuchungen im Bereich der Labortierforschung und der Humanpsychiatrie lassen enge Zusammenhänge zwischen verschiedenen Verhaltensveränderungen und dem Spiegel an Entzündungsfaktoren im Blut erkennen. Deshalb werden diese Phänomene hier gemeinsam besprochen.

Als deutliche Korrelate mit massiven Depressionserkrankungen beim Menschen gelten eine Reihe von Entzündungsmediatoren, z. B. veränderte Glutamat- und Monoaminneuroübertragung, Glucocorticoidrezeptorresistenz und die veränderte Neuronennachbildung im Hippocampus (Krishnadas & Cavanagh 2012). Dadurch können veränderte Muster der Signalübertragung, kognitive Veränderungen und auch die allgemeine Aktivitätsdämpfung des sogenannten Krankheitsverhaltens erklärbar werden. Offensichtlich gibt es zumindest beim Menschen vulnerable Gruppen, die auf diese Veränderungen im Hirnstoffwechsel auch mit längerfristigen psychischen Erkrankungen antworten. Auch hier liegt also wahrscheinlich wieder eine Disposition vor, das heißt, eine Veranlagung, die bei verschiedenen Individuen unterschiedlich stark zum Tragen kommen könnte.

Eine besondere, wegen ihres vergleichsweise häufigen Auftretens immer wieder besprochene neurologische Verhaltensproblematik ist der sogenannte **Idiopathische Kopftremor** (ein Kopffschütteln unbekannter Ursache). In einer Vergleichsstudie an nahezu 300 Hunden wurden bei insgesamt 24 Rassen und einer Reihe von Mischlingen diese Symptome festgestellt (Schell et al. 2015). Bulldoggen, Labradore, Boxer und Dobermänner bzw. Doberhunde waren am häufigsten vertreten. Der Beginn der Symptome lag meist bei über 2 Jahren und vor dem Alter von 48 Monaten. Die meisten Hunde waren in dieser Zeit ansprechbar, wirkten aufmerksam und umweltorientiert und konnten auch abgelenkt werden. In den allermeisten Fällen gab es keine Möglichkeit der Behandlung mit Epilepsiemedikamenten. Korrelationen mit Verhaltensproblemen betrafen z. B. Furcht, Aggression, Trennungs- oder Gewitterprobleme. Nur ganz wenige Hunde waren durch die Krankheit in ihrer sonstigen Lebensqualität stark eingeschränkt.

Doberhunde sind besonders häufig von Idiopathischem Kopftremor betroffen.

Es bestehen Zusammenhänge zwischen Stresssoren (z. B. durch Trennung) und dem Immunsystem.

Immunsystem und Stress

Dodds (2020) diskutiert die Zusammenhänge zwischen Veränderungen des Immunsystems und Stressoren, seien sie sozialer oder ökologischer Art bei Hunden und Katzen allgemein. Trennungsangst, allgemeines Erschöpfungssyndrom oder auch der Tod von Familienmitgliedern werden hier ausdrücklich genannt. Ebenso sind die Reaktionen auf Impfungen, Medikamentenanwendung, Vergiftungen etc. im Zusammenhang mit Immunveränderungen erwähnt. Nicht zuletzt zitiert sie humanpsychologische Befunde, die eine Bedeutung des Darmmikrobioms z. B. bei der Entstehung verschiedener psychischer Veränderungen wie Autismus, autoimmunen und neurologischen Erkrankungen aufzeigen. Auch die Wirkung von probiotischen Bestandteilen in der Ernährung, die über eine Stabilisierung des Darmmikrobioms zu Verhaltensverbesserungen führen können, wird diskutiert. In der jüngsten Vergangenheit konnten Zusammenhänge zwischen proinflammatorischen Zytokinen, dem Nervenwachstumsfaktor BDNF und anderen Entzündungsmarkern hergestellt werden (Horita et al. 2020, Chu et al. 2018, Osimo et al. 2020, Ehsanifar et al. 2018). In Zusammenhang mit den bereits erwähnten Herz-Kreislauf-Problemen gibt es einen deutlich erkennbaren Zusammenhang zwischen erhöhtem CRP-Wert, Haptoglobinwerten, verringerten antioxidativen Werten im Serum mit der Verhaltensauffälligkeit (Rubio et al. 2020). Bei Humanpatienten mit Depressionserscheinungen zeigte sich eine verringerte Variabilität der proinflammatorischen Immunmarker und eine Reduktion der Aktivität der antiinflammatorischen IL-4 Komponente (Osimo et al. 2020) . Auch sie lassen CRP und IL-12 bei Depressionspatienten erhöht erscheinen. Von besonderer Bedeutung ist der Zusammenhang zwischen dem Spiegel an BDNF und der Spielerfahrung von Jungtieren (siehe S. 332 ff., Gansloßer & Käufer 2022).

Auch im Zusammenhang mit Anästhesie und Operationsstress bei Hunden und Katzen wird insbesondere auf die geänderten Konzentrationen verschiedener endokriner Komponenten, z. B. des ACTH, des Wachstumshormons, der sogenannten Stresshormone rund um Cortisol und Katecholamine, aber auch Interleukine und Prostaglandine hingewiesen (Hernandez-Avalos et al. 2021). Die Verhaltensveränderungen, neben speziellen Körperpositionen und geändertem Gesichtsausdruck, können sich in Schlafstörungen, Bewegungsveränderungen und allgemeiner Abgeschlagenheit äußern. Im Allgemeinen sind diese Veränderungen als Schonhaltungen oder sonstige heilungsfördernde Verhaltensanpassungen zu sehen. Sie können jedoch bei verlängerter Produktion der genannten Botenstoffe auch zu selbstständigen problematischen medizinischen und verhaltensbiologischen Konsequenzen führen.

Echte neurologische Störungen

Dem gegenüber ist, entgegen den häufig geäußerten Befürchtungen und Vermutungen, die Auswirkung von echten neurologischen Störungen, z. B. Tumore und andere Zubildungen, auf das Verhalten von Hunden vergleichsweise selten dokumentiert. Die meisten Fälle, in denen neurologische Befunde mit der Entstehung z. B. von Aggressionsverhalten im Einklang stehen, betreffen wiederum das Serotonin- und Serotoninrezeptorsystem (siehe S. 63 ff.). Köhler (2005) erwähnt z. B. Fälle von Hydrozephalus als Ursache für Aggressionsverhalten, Hypothalamustumore werden ebenfalls mit Verhaltensveränderungen in Verbindung gebracht. Auch lissencephal-degenerative Gehirnerkrankungen, z. B. eine Zeroidlipofuszinose und andere neuronale Degenerationen, werden erwähnt. Auch lysosomale Speichererkrankungen, chronische Polioerkrankungen und Läsionen in verschiedenen Bereichen des Gehirns können Ursache für Aggressionsverhalten sein (Overal 2003).

Schwermetallvergiftungen oder Organophosphatvergiftungen sowie Vergiftungen mit psychotropen Medikamenten, inklusive denen des Serotoninstoffwechsels, können ebenfalls mit Aggressionsverhalten verbunden sein. Häufig treten Verhaltensveränderungen, sei es in Richtung Aggression, Angst oder andere Auffälligkeiten im Zusammenhang mit gestörten Sinneswahrnehmungen auf. Neben dem im Kapitel Alterserscheinungen spezieller behandelten Komplex des Orientierungsverlusts bei Hundesenioren (siehe S. 372), sind hier auch angeborene Defekte, sei es im Zusammenhang mit der unerlaubten Kreuzung von Merle-Genträgern und ähnlichen angeborenen Defekten, zu nennen. Angstverhalten kann auch durch Läsionen im Bereich des Frontallappens, der Basalkerne und verschiedenen Formen von diffusem Zellverlust, Axondegeneration und Demyelenation verbunden sein (Overall 2003, Steffen & Jaggy 1998).

INFEKTIÖSE UND SONSTIGE URSACHEN

Gerade als Reaktion auf Infektionen, Parasitenbefall und ähnliche von außen herangeführte krankmachende Faktoren, tritt häufig ein gemeinsames, als **Sickness Syndrom** (siehe S. 79) beschriebenes, verändertes Verhalten auf. Lopes et al. (2021) haben diese Verhaltensänderungen über die gesamte Wirbeltierreihe besprochen und auch einige evolutionsbiologisch-ökologische Anmerkungen dazu gemacht. Die meisten Tierarten ziehen sich z. B. in dieser Situation gegenüber ihren Artgenossen und Sozialpartnern zurück, lediglich bei einigen Primatenarten tritt auch ein verstärktes soziopositives Verhalten auf. Die Zusammenstellungen von Köhler (2005) und Overall (2003) lassen neben der bekannten und sprichwörtlichen Tollwut auch Staupe, Toxoplasmose, verschiedene durch Zecken übertragbare Erkrankungen (Borreliose, Ehrlichiose, Rocky Mountain Fleckfieber sowie verschiedene Bakterien und Pilzinfektionen)

als Ursache von Aggressionsverhalten erkennen. Ähnliche Ursachen werden auch für Angstverhalten genannt. Hirschfeld (2005) erwähnt zudem noch Aujeszkysche Krankheit als Ursache für Aggressionsverhalten. In den Zusammenstellungen von Köhler (2005) war der Verdacht auf Infektionskrankheiten nur für etwa 2,4 % der in der Praxis vorgestellten Hunde relevant, nur 0,3 % der vorgestellten Hunde zeigten dabei auch Verhaltensauffälligkeiten.
Trotzdem ist, gerade im Zusammenhang mit den häufig vorgestellten Streunerhunden (siehe S. 18 ff.), daran zu denken, dass viele der genannten Infektionskrankheiten auch nach dem Abheilen der körperlich-medizinischen Symptome noch weiterhin die Verhaltensveränderungen beeinflussen können.

Haut- und Fellprobleme

Eine stärkere Präsenz in den vorgestellten Hundegruppen zeigen Patienten mit Haut- und Haarkleidproblemen. Etwa ein Drittel der von Köhler betrachteten Hunde mit diesen Krankheitsbildern zeigten auch Verhaltensänderungen. Diese können in diesem Zusammenhang einerseits durch Juckreiz oder sogar schmerzhafte Infektionen verursacht werden. Andererseits ist gerade beim Auftreten von Hautentzündungen auch mit der Auswirkung von Entzündungsfaktoren auf die Psyche direkt im Sinne des allgemeinen Krankheitssyndroms oder spezieller, depressionsauslösender Wirkungen, zu rechnen. Ilana Reisner (1991) wies bereits auf die Zusammenhänge zwischen Hautinfektionen und Hauterkrankungen mit Persönlichkeitsveränderungen, Aggressionsanfälligkeit oder auch Selbstverstümmelung oder -stimulation und Stereotypien hin. Snitcofsky (2013) zeigte bei Hunden und Katzen, dass gerade furcht- und angstbezogene Reaktionen, Phobien etc. oft mit immunvermittelten chronischen Erkrankungen, etwa Hautveränderungen oder Darmentzündungen einhergehen. Beim Menschen konnten Zusammenhänge zwischen Schuppenflechte (*Psoriasis*) und Depression festgestellt werden, z. B. durch Gemeinsamkeiten in einem verringerten Vitamin D3-Spiegel, veränderten Melatoninspiegel, aber auch möglichen genetischen Zusammenhängen (Sahi et al. 2020). Auch neurologische und infektionsbiologische Zusammenhänge zwischen dem Staupevirus und den Verhaltensveränderungen wurden beschrieben (Kandini et al. 2017).

Die genannten Zusammenstellungen sollen nicht eine medizinische Abklärung ersetzen, sondern im Gegenteil dafür sensibilisieren, dass vor dem Beginn jeglicher verhaltensverändernden oder gar verhaltenstherapeutischen Maßnahme eine gründliche medizinische Abklärung aller möglichen Organsysteme erfolgen muss. Umgekehrt erleben wir immer wieder, dass Hundehalter mit einem offenkundig bereits medizinisch behandelten, also relativ gut versorgten Hund einer der genannten Erkrankungstypen die Hundeschule oder die Verhaltensberatung aufsuchen, ohne auf die möglichen Verhaltenskonsequenzen dieser Erkrankung hingewiesen worden zu sein. Gerade die relativ häufig auftretenden allergischen Erkrankungen, deren Zusammenhänge mit der Entstehung von Verhaltensänderungen, Depressionen etc. in der Human- und Labortierforschung seit einigen Jahren verstärkt aufgeklärt werden, sind hier ein gutes Beispiel. Letztlich, als Empfehlung für Hundetrainer und als stützendes Argument für die medizinische Abklärung, sollte dem Kunden im Zweifelsfall vorgerechnet werden, nach wie wenigen vergeblich durchgeführten Trainings- und Beratungsstunden in der Hundeschule sie bereits die Kosten z. B. für eine Blutuntersuchung wieder hereingeholt hätten, wenn diese Trainingsstunden aufgrund einer verbesserten medizinischen Vordiagnostik nicht oder zielgerichteter eingesetzt werden könnten.

AUS DER FORSCHUNG (VON PD DR. UDO GANSLOSSER)

KRANKHEITSSYNDROM („SICKNESS SYNDROM")

Die Zusammenstellung von Patricia Lopes und ihrem Team (2021) zeigt die vielfältigen Wechselwirkungen, die die Organsysteme und insbesondere das biochemische Steuerungssystem im Hormon- und Botenstoffhaushalt mit allen möglichen auftretenden Erkrankungen, Infektionen, Verletzungen etc. erkennen lassen. Viele der Auswirkungen auf die Akutphasereaktion sind vergleichbar mit der Akutstressreaktion (Gansloßer 2020). Neben den Katecholaminen, also der Gruppe rund um das Kampf- und Fluchtsystem, und den Hormonen der Nebennierenrinde sind jedoch auch noch andere Faktoren, z. B. eine Herunterregelung der Hypothalamus-Gonaden-Hormonachse, eine Steigerung der Akutphaseproteine aus der Leber und eine direkt durch die Pathogene erfolgte Aktivierung der Schmerzrezeptoren, mit einer gesteigerten Wärme- und Schmerzsensibilität zu vermerken. Die Auswirkungen treten in Form von veränderten Schlaf-Wach-Rhythmen, Lethargie, reduziertem Erkundungs-, Nahrungsaufnahme- und bei vielen Tierarten auch Sozialverhalten auf, sowie dem sogenannten Verhaltensfieber (eine Steigerung der Körpertemperatur ohne die zugehörigen physiologischen Mechanismen, z. B. durch das Aufsuchen wärmerer Umgebungen).

Während die Sozialkontakte der meisten, auch Gruppen- oder soziallebenden getesteten Säugetierarten im Zusammenhang mit dem Krankheitssyndrom zurückgehen, wurde bei einigen Primatenarten (z. B. Rhesusaffen) eine erhöhte Tendenz zu Sozialkontakten festgestellt. Bedeutsam ist auch die Tatsache, dass die Aktivierung der Stresshormonsysteme, z. B. der Hypophysen-Nebennierenrinden-Achse, bereits durch die Wahrnehmung von Krankheitssymptomen bei Artgenossen oder ähnliche Umweltfaktoren beginnen kann. Die wichtigsten Faktoren in der Auslösung der genannten Verhaltensreaktionen und hormonellen Anpassungen sind die Zytokine und die Prostaglandine. Auch Furcht und Ekel können bereits vorauseilend die genannten physiologischen Anpassungsreaktionen und deren Verhaltenskonsequenzen bewirken.

Lethargie oder normale Schlafphase? Eine gründliche medizinische Abklärung ist immer anzuraten.

STOFFWECHSEL-ERKRANKUNGEN

Betrachten wir die vielen unterschiedlichen Hunderassen in der heutigen modernen Hundewelt, fallen nicht nur viele verschiedene Farben, Formen und Größen auf, sondern neben diesen äußerlichen Merkmalen auch die großen Unterschiede in den Charaktereigenschaften. Schäferhunde sollen sehr wachsam sein und auf das Haus aufpassen, während der Labrador ein spaßiger und liebevoller Geselle ist, der jedem Fremden gleich den Weg zum Kühlschrank sowie zu seinem Spielzeug zeigt, und der kleine Terrier gilt als rauflustiger Draufgänger. Bekannt ist zudem, dass es verschiedene Stoffwechselerkrankungen gibt, die bei bestimmten Rassen vermehrt auftreten können. Im Folgenden werden die häufigsten Erkrankungen kurz beschrieben und welche Rassen vermehrt mit diesen Krankheiten in Kontakt kommen. Wenn diese Zusammenhänge bekannt sind, kann man ein gewisses Augenmerk darauf richten und etwaige Veränderungen im Haarkleid oder bestimmte Symptome einordnen und genauer untersuchen. Auch das kann eine individuelle Diagnostik jedoch nicht ersetzen.

STOFFWECHSELERKRANKUNGEN UND RASSEN

DIABETES MELLITUS	HYPOTHYREOSE	HYPERADRENO-KORTIZISMUS (MORBUS CUSHING)	HYPOADRENO-KORTIZISMUS (MORBUS ADISSON)
Norwegischer Elchhund	Basenji	Dackel	Ratten Terrier
Wolfsspitz	Dogge	Bichon Frisé	Pudel
Fox Terrier	Rhodesian Ridgeback	Pudel	Portugisiescher Wasserhund
Australian Terrier	Hovawart	Boxer	Flat Coated Retriever
Cairn Terrier	Riesenschnauzer	Terrier	Labrador Retriever
Chihuahua	Golden Retriever	Cocker Spaniel	Rottweiler
Labrador Retriever	Chinook	Beagle	Bearded Collie
Golden Retriever	Zwergpinscher	Schnauzer	
Beagle	Ratten Terrier		
Pudel	Toy Fox Terrier		
Dackel	Chinesischer Schopfhund		
Zwergpinscher			

DIABETES MELLITUS

(Zuckerkrankheit)

Bei einer Diabeteserkrankung ist der Blutzuckerspiegel des Hundes zu hoch. Körpereigenes Insulin, das den Blutzuckerspiegel senken würde, wird nicht oder nur unvollständig gebildet oder die Körperzellen sprechen nicht auf Insulin an. Als Folge kann die Glukose aus dem Blut nicht in die Zellen gelangen und der Blutzuckerspiegel steigt.

Es gibt zwei Formen bei Diabetes mellitus:

- Typ 1: Hier liegt ein Insulinmangel vor. Die insulinbildenden Zellen in der Bauchspeicheldrüse verlieren ihre Funktion. Dieser Typ ist beim Hund die häufigste Form.
- Typ 2: Hier produzieren die Zellen zum einen zu wenig Insulin und zum anderen sprechen die Zellen des Körpers nicht auf Insulin an (Insulinresistenz). Typ 2 des Diabetes mellitus kommt bei Hunden nur sehr selten vor.

Vorkommen

- Hunde mittleren Alters
- Hündinnen
- kastrierte Rüden

STRUVITSTEINE	CYSTINURIE	URATSTEINE	CALCIUMOXALAT
Pekinese	Mastiff	Dalmatiner	Toypudel
Cocker Spaniel	Neufundländer	Englische Bulldogge	Chihuahua
Berner Sennenhund	Irish Terrier	Shih Tzu	Yorkshire Terrier
Deutscher Schäferhund	Kromfohrländer	Yorkshire Terrier	Fox Terrier
Labrador Retriever	Yorkshire Terrier	Zwergschnauzer	Lhasa Apso
Golden Retriever	Westhighland White Terrier		Dobermann
Bullterrier	Australian Cattle Dog		Welsh Terrier
Kromfohrländer	Bulldogge		Cairn Terrier
	Landseer		Zwergschnauzer
	Labrador Retriever		
	Zwergpinscher		

Symptome
- vermehrtes Trinken (Polydipsie)
- vermehrter Urinabsatz (Polyurie)
- Inkontinenz
- Gewichtsverlust
- Lethargie

Diagnostik
- Glukosemessung im Blut
- Messung des Fruktosamingehalts (Langzeitzuckerwert von 1 bis 3 Wochen)
- Glukosemessung im Urin

Therapie
Der Blutzuckerspiegel muss mittels zugeführten Insulins gesenkt werden. Dies wird durch tägliche Injektionen erreicht, die der Hundehalter mit etwas Übung, auch nach Kontrolle des Blutzuckerspiegels, selbst durchführt. Kontrollen in der Tierarztpraxis mittels Tagesprofil des Blutzuckerwertes sollten regelmäßig durchgeführt werden.

HYPOTHYREOSE
(Schilddrüsenunterfunktion)
Informationen zu dieser Thematik finden sich im Kapitel „Schilddrüse“, ab S. 113.

MORBUS CUSHING
(Hyperadrenokortizismus)
Bei dieser Erkrankung kommt es zu einer Überproduktion von körpereigenem Cortisol. Cortisol ist ein Stresshormon und wird in Stresssituationen ausgeschüttet, normalisiert sich dann aber wieder. Bei Hunden mit einer Überproduktion dieses Hormons normalisiert sich der Wert nicht, sondern bleibt konstant erhöht. Auslöser sind in 80 % der Fälle Tumore in der Hypophyse, die als Steuerorgan des Cortisol-Stoffwechsels agiert. Weniger häufig sind Tumore in der Nebennierenrinde, wo das Cortisol gebildet wird, Auslöser für solch eine Überproduktion.
Auch kann eine zu hohe Medikamentendosis **Cortison** zu einem Überschuss an Cortisol im Körper führen. Der Überschuss an Cortisol kann sich auch im Verhalten widerspiegeln. Diese Hunde sind stressanfälliger. Es kann zu Angstreaktionen, Panikverhalten und Leinen-, Territorial- und Futteraggression kommen.

Vorkommen
- kleine Hunde
- ältere Hunde

Symptome
- vermehrter Durst (Polydipsie)
- Harndrang (Polyurie)
- Rumpffettsucht mit Hängebauch
- Haarverlust (dünnes, stumpfes Fell)
- Hautveränderung (trocken und faltig)

Diagnostik
Mittels zweimaliger Blutentnahme innerhalb weniger Stunden wird der Cortisolspiegel gemessen. Dafür muss dem Hund Blut entnommen werden und danach das Hormon ACTH gespritzt werden. Nach einer erneuten Blutentnahme werden dann die Werte verglichen und so ein Cortisol-Überschuss diagnostiziert. Alternativ zum ACTH-Stimulationstest kann auch ein niedrig dosierter Dexamethason-Suppresssionstest angewendet werden. Dabei wird erst ein Basalwert gemessen und nach einer Dexamethasongabe werden im Abstand von je 4 Stunden zwei weitere Blutentnahmen durchgeführt. Des Weiteren kann ein Ultraschall des Bauchs Aufschluss über einen möglichen Tumor geben. Auch ist eine Urinuntersuchung möglich.

Therapie
Die Therapie unterscheidet sich je nach Ursache. Liegt ein Tumor in der Hypophyse vor (zu 80 % der Fälle), wird durch ein bestimmtes Medikament die Produktion des Cortisols in der Nebenniere gehemmt. Regelmäßige Blutuntersuchungen sind unerlässlich, um die geeignete Dosis zu bestimmen. Der Hund ist lebenslang auf dieses Medikament angewiesen.

Bei einem Tumor der Nebenniere (bei ca. 20 % der Fälle) kann dieser entweder entfernt oder auch mit dem gleichen Medikament behandelt werden. Bei einer zu hohen Medikamentengabe Cortison muss diese angepasst bzw. verringert werden.

MORBUS ADDISON

(Hypoadrenokortizismus)
Bei Morbus Addison handelt es sich um eine eher seltene Erkrankung. Dabei werden die Nebennieren zerstört, die für die Produktion von Glucocorticoiden (vor allem Cortisol und Aldosteron) und Mineralokortikoiden zuständig sind. Cortisol reguliert Stoffwechselprozesse in Stresssituationen und Aldosteron als „Dursthormon" reguliert den Wasser- und Mineralstoffhaushalt im Körper.
Ursache ist meist eine Autoimmunerkrankung, sprich das Immunsystem des Körpers erkennt körpereigene Zellen als fremd an und zerstört diese. Deutlich seltener können Tumore Ursache dieser Erkrankung sein.

Vorkommen

- jung bis mittelalt
- große Rassen
- meist Hündinnen

Symptome

- Erbrechen
- Durchfall
- Bauchschmerzen
- Gewichtsverlust
- Schlappheit
- Polyurie
- Polydipsie

Diagnostik

Da die Symptome sehr vielfältig sind, wird die Diagnose meist mittels einem ACTH-Stimulationstest gestellt. Wie bei Morbus Cushing wird durch eine zweimalige Blutentnahme und einer Hormongabe ACTH die Cortisolkonzentration (vielfältige Wirkungen auf das Verhalten) gemessen.

Therapie

Es wird zwischen einem stabilen Addison und einer Addisonkrise unterschieden.
Bei einer Addisonkrise handelt es sich um einen lebensbedrohlichen Notfall und das Tier muss stationär aufgenommen werden. Wichtig sind Infusionen zur Stabilisierung des Kreislaufs und Gabe von Glucocorticoiden und Mineralokortikoiden. Mit einem stabilen Addison werden ein Leben lang Glucocorticoide und Mineralokortikoide mittels Tablettengabe zugeführt.

HARNSTEINE UND KRISTALLE

Unter Harnsteinen versteht man eine Ansammlung von Kristallen, die in den Nieren gebildet werden und sich in verschiedenen Abschnitten des Harntraktes festsetzen.
Da diese Kristalle und Steine sich meist in der Blase festsetzen, werden sie auch häufig Blasensteine genannt. Die Kristalle bestehen aus unterschiedlichen, über den Harn ausgeschiedenen Stoffen. Es wird unter folgenden Harnsteinen bzw. Kristallen unterschieden:

- Struvit
- Calziumoxalat
- Cystin
- Urat
- Silikat

Ursachen

- Erkrankungen, z. B. Blasenentzündung (auch häufig wiederkehrend)
- Ernährung: hoher Mineralstoffgehalt
- zu wenig Flüssigkeitsaufnahme
- Übergewicht
- Veränderung im pH-Wert
- genetische Disposition (Veranlagung)

Symptome

- häufiger Harndrang
- Probleme beim Urinieren durch Verstopfung der Harnröhre
- Schmerzen beim Urinieren und Abtasten des Bauchs
- geringere Mengen an Harn

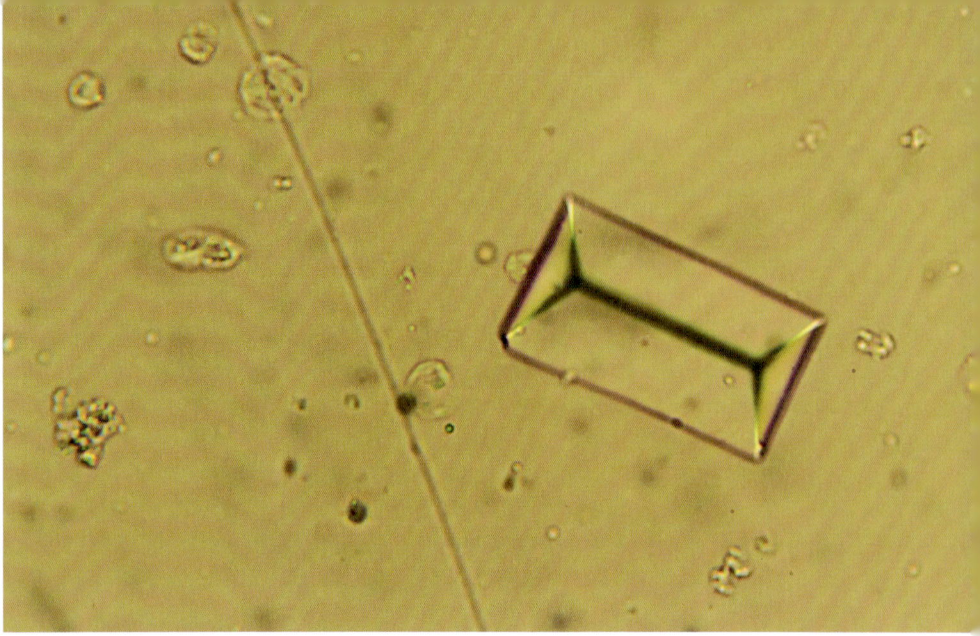

Struvitsteine beim Hund sind an einer typischen Sargdeckelform zu erkennen.

- Blut im Urin (Hämaturie)
- Harnträufeln
- Inkontinenz

Diagnose

- Urinuntersuchung mittels Stick (Combur- Test)
- Sedimentuntersuchung (Aufbereitung des Urins und Untersuchung unter dem Mikroskop mit Bestimmung der Kristalle)
- Röntgendiagnostik
- Ultraschall

Therapie

Über die Therapie entscheidet häufig die Art des Steins, die Größe und ob es sich um Steine oder Kristalle handelt. Kleinere Steine oder Kristalle können mittels eines Blasenkatheters ausgespült werden oder medikamentös bzw. durch Ernährungsanpassung beseitigt werden. Haben sich aber schon größere Steine gebildet, müssen diese meist chirurgisch entfernt werden, da es sonst zu einem kompletten Verschluss der Harnröhre kommen kann.

Prophylaxe

Wichtig ist bei Harnsteinen oder Kristallen eine Vorbeugung. Dies wird durch eine bestimmte Ernährung oder Nahrungsergänzungsmittel erreicht. Hat das Tier immer wieder Probleme mit dem Harnabsatz, Blasenentzündungen etc. oder rassetypische Veranlagungen, dann empfiehlt es sich, die Nahrung grundlegend anzupassen.
Ausschlaggebend der Art des Steins muss die Prophylaxe unterschiedlich sein. Im Folgenden wird genauer auf die unterschiedlichen Steine eingegangen.

STRUVITSTEINE

Struvitsteine sind die häufigsten Harnsteine beim Hund. Sie bestehen aus Ammonium, Magnesium und Phosphor und tragen daher auch die Bezeichnung Ammoniummagnesiumphosphatsteine. Sie kommen häufig vor, wenn der Urin zu basisch ist (pH-Wert über 6,5 bis 7). Darüber hinaus begünstigt oft eine Blasenentzündung die Bildung dieser Kristalle bzw. Steine, da Bakterien den pH-Wert des Urins ins basische verschieben. Auch eine genetische Veranlagung und die Ernährung können Struvitkristalle und -steine hervorrufen.

Prophylaxe

- Magnesium- und phosphorarmes Futter
- Verringerung der Eiweißversorgung, da Ammonium ein Stoffwechselprodukt aus dem Eiweißstoffwechsel ist

- niedriger Getreideanteil, da Getreide den pH-Wert beeinflusst
- nur 1x täglich füttern, da der pH-Wert nach der Fütterung steigt
- vermehrte Wasseraufnahme
- Ansäuerung des Harns durch Diätfutter oder Nahrungsergänzungsmittel
- regelmäßige Kontrolluntersuchungen

CALZIUMOXALAT

Calziumoxalatsteine kommen am zweithäufigsten bei Hunden vor. Ihre Entstehung ist kaum pH-Wert-abhängig, sie entstehen, wenn ein Überschuss an Calzium und Oxalat vorliegt.

Prophylaxe

- regelmäßige Kontrolluntersuchungen, u. a. Urinuntersuchung und ggf. Röntgen bzw. Ultraschall
- vermehrte Wasseraufnahme fördern
- mehrmals täglich Gassi gehen, damit der Harn nicht lange in der Blase verweilt
- Gewichtsreduktion
- Harnansäuerndes und urinverdünnendes Diätfutter
- Medikamente für die Ausscheidung von Calzium und Oxalat

CYSTINURIE

Unter Cystinurie versteht man eine Erkrankung, bei der eine Transportstörung bestimmter Aminosäuren im Darm und Niere vorliegt. Durch diese Transportstörung wird die Aminosäure Cystin vermehrt im Harn ausgeschieden und nicht wie normal in den Nierentubuli zurückresorbiert. Durch die hohen Konzentrationen und schlechte Wasserlöslichkeit kristallisiert Cystin aus und es bilden sich Steine in Blase oder Niere.

Vorkommen

- Hunde im Alter ab 4 bis 6 Monate
- vermehrt Rüden
- verschiedene Typen möglich (I bis III)

Symptome

- Bauchschmerzen
- Ausscheiden von Harnsteinen
- blutiger Urin
- Probleme beim Urin- und Kotabsatz

Diagnose

Anhand von Urinuntersuchungen und Gentests wird die Diagnose gestellt. Im Urin können Cystinsteine unter dem Mikroskop erkannt werden und der pH-Wert wird bestimmt. In einem schwach sauren Milieu bilden sich Cystinsteine besonders gut. Für den Gentest wird Blut benötigt und ein Abstrich der Backenschleimhaut.

Therapie

- Futterumstellung
- Kastration der Rüden

URATSTEINE

Uratsteine entstehen, wenn zu viel Harnsäure im Harn ist. Dieses Überangebot an Harnsäure kann zum einen entstehen, wenn eine Störung im Purinstoffwechsel (Purin gehört zu den Eiweißen) vorliegt oder die Ernährung sehr purin- bzw. eiweißhaltig ist. Zu dieser eiweißhaltigen Ernährung gehören z. B. Schlachtabfälle, Innereien und verschiedene Fische. Dalmatiner erkranken am häufigsten, da durch einen genetischen Defekt die Harnsäure nicht richtig abgebaut wird.

Vorkommen

- vermehrt Rüden

Therapie/ Prophylaxe

- purinarmes Futter
- vermehrte Wasseraufnahme
- pH-Wert 6,5 bis 7,2

SILIKATE

Silikate sind sehr selten. Sie sind Salze der Kieselsäure und kommen in Gemüse, Sojaschalen und Reisfuttermehl vor.

BRACHYCEPHALIE BEI HUNDEN

VON PROF. DR. MARTIN S. FISCHER

In einem Brief vom 16. März 2019 schrieb der „Minister van Landbouw, Natuur en Voedselkwaliteit", C.L. Schouten, an den Vorsitzenden der zweiten Kammer der Generalstaaten, dass unter Bezugnahme auf die Empfehlung einer Expertenkommission unter Dr. Marjan AE van Hagen von der Universität Utrecht das „Züchten mit kurzschnäuzigen Hunden" nur noch nach Erfüllung wissenschaftlich entwickelter Kriterien möglich sei (Tweede Kamer der Staten-Generaal, Vergaderjaar 2018 – 2019, 28 286, Dierenwelzijn, Nr. 1039, van Hagen, 2019). Der lesenswerte Bericht ist unter https://www.uu.nl/sites/default/files/de_zuchten_mit_kurzschnauzigen_hunden_-_kriterien_zur_durchsetzing_-_ubersetzung_aus_dem_niederlandischen.pdf auf deutsch verfügbar. Darin werden die Gesundheitsprobleme von kurzschnäuzigen Hunden genannt, mit besonderem Augenmerk auf das Brachycephalic Ocular Syndrome (BOS) und Brachycephalic Obstructive Airway Syndrome (BOAS). Ersteres umfasst die bei diesen Hunden in Kombination auftretenden Augenanomalien, letzteres die mit der Brachycephalie zusammenhängenden Atemwegserkrankungen. Das Besondere an dem Bericht ist, dass erstmals metrische, anatomische Merkmale sowie Belastungsparameter zu einem AMPEL-Prinzip zusammengeführt werden, „bei dem in einem ersten (praktikablen) Schritt die Hunde mit den am meisten ausgeprägten Erscheinungsmerkmalen ausgeschlossen werden, und die Hunde mit weniger extrem ausgeprägten Erscheinungsmerkmalen noch geduldet werden, und dann (z. B. nach zwei Generationen) die Grenzen verschärft werden, sodass letztendlich in der Zukunft alle Zuchttiere die Idealnorm erfüllen (müssen)". Nachfolgend wird das Tierwohl konsequent über züchterische Interessen gestellt: „Im Fall von Populationen, bei denen nahezu alle Hunde die Norm überschreiten, sodass nur wenige bis gar keine Hunde für die Zucht übrigbleiben, könnte ein verpflichtendes Zuchtprogramm mit z. B. Auskreuzungen eine Lösung darstellen. Im Rahmen dieses Zuchtprogramms müssen dann nicht nur auf die Risiken für BOS und BOAS, sondern auch auf andere gewünschte Gesundheits- und Verhaltensmerkmale geachtet werden." Der niederländische Dachverband für Hundezucht und Hundesport „Raad van Beheer" unterstützt den Minister und will noch weitergehen und zusätzliche Maßnahmen für „Fairbreeding" und das Tierwohl ergreifen, besonders bei folgenden Rassen: Affenpinscher, Boston Terrier, Englische Bulldogge, Französische Bulldogge, Griffon Belge, Griffon Bruxellois, Petit Brabançon, Japanischer Spaniel, Cavalier King Charles, Mops, Pekinese und Shih Tzu (https://www.houdenvanhonden.nl/contentassets/177368bb35b647b49f48d234cdf37eaa/breeding-strategy-brachycephalic-dogs-in-the-netherlands.pdf). Ich stelle all dies an den Anfang meines Textes, weil es zeigt, dass ein breiter Konsens möglich ist, wenn das Tierwohl an erste Stelle gesetzt wird. Ich (Martin Fischer) werde im Folgenden nur auf einige Aspekte der Brachycephalie eingehen.

ENTWICKLUNGS-STÖRUNG

Madeleine Geiger und Ko-Autoren haben im August 2021 einen Übersichtsartikel veröffentlicht, in dem die Brachycephalie bei verschiedenen Haustieren und deren Ursachen dargestellt werden (Geiger et al. 2021). Brachycephalie ist zwar bei Hunden und Katzen am bekanntesten, aber es sollte nicht vergessen werden, dass dieses Phänomen auch bei Schweinen, Rindern, Ziegen, Kaninchen aber auch Tauben und Hühnern gezüchtet wurde. Es mag nicht überraschen, dass es bei der Breite des Phänomens und dem fließenden Übergang von dysfunktional zu pathologisch keine einheitliche Definition von „Brachycephalie" gibt. Auch darin liegt u. a. das Verdienst des hier erwähnten Berichts (Van Hagen 2019). Im Folgenden wird unter Brachycephalie die Verkürzung der Schnauze und genauer des Gesichtsschädels im Vergleich zu anderen Hundeschädeln verstanden.

Eine Verkürzung kann als Ursache überwiegend die Folge sehr geringer Körpergröße und allometrischen Wachstums sein wie beim Chihuahua oder Malteser, weshalb die Verkürzung im Verhältnis zur Körpergröße gesehen werden sollte. Bei diesen toy breeds ist eigentlich nicht der Gesichtsschädel kürzer, sondern der Hirnschädel relativ größer.

EMBRYONALE FEHLENTWICKLUNGEN

Brachycephalie ist das Ergebnis von Entwicklungsstörungen, die zu Missbildungen beim erwachsenen Tier führen (z. B. Oechtering et al. 2007). Während der Embryonal- und Fetalenwicklung werden der Schädel aber auch die Wirbelsäule und die Knochen der Gliedmaßen angelegt. Die Anlage des Schädels erfolgt in sogenannten Primordia. Die Anlage des oberen Gesichtsschädels erfolgt in frontonasalen und paarigen maxillaren Primordia, während dem Unterkiefer davon unabhängige Anlagen vorausgehen. Das Material für die Bildung der

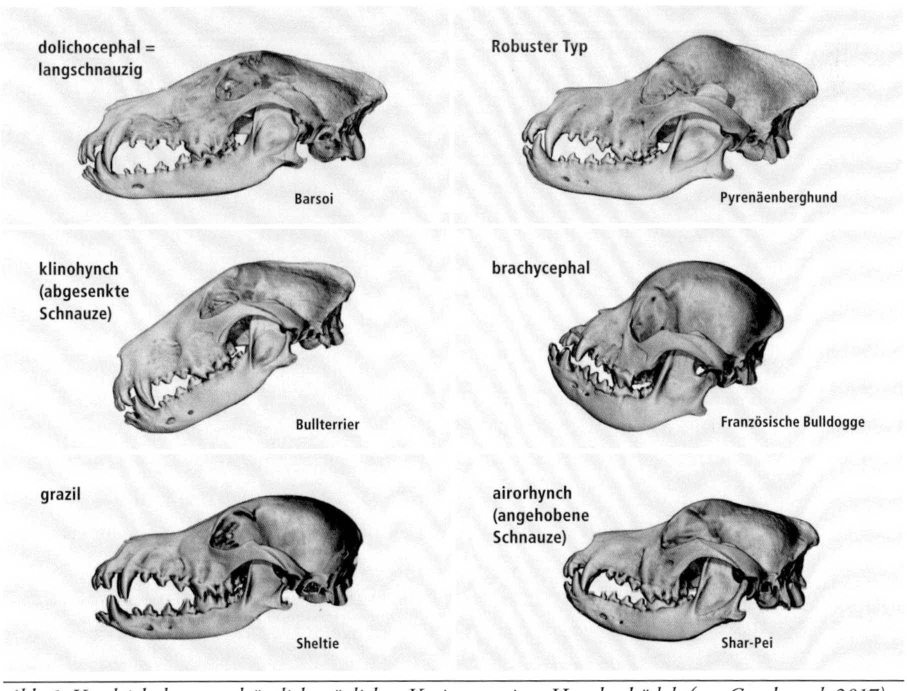

Abb. 1. Vergleich der grundsätzlich möglichen Varianten eines Hundeschädels (aus Curth et al. 2017).

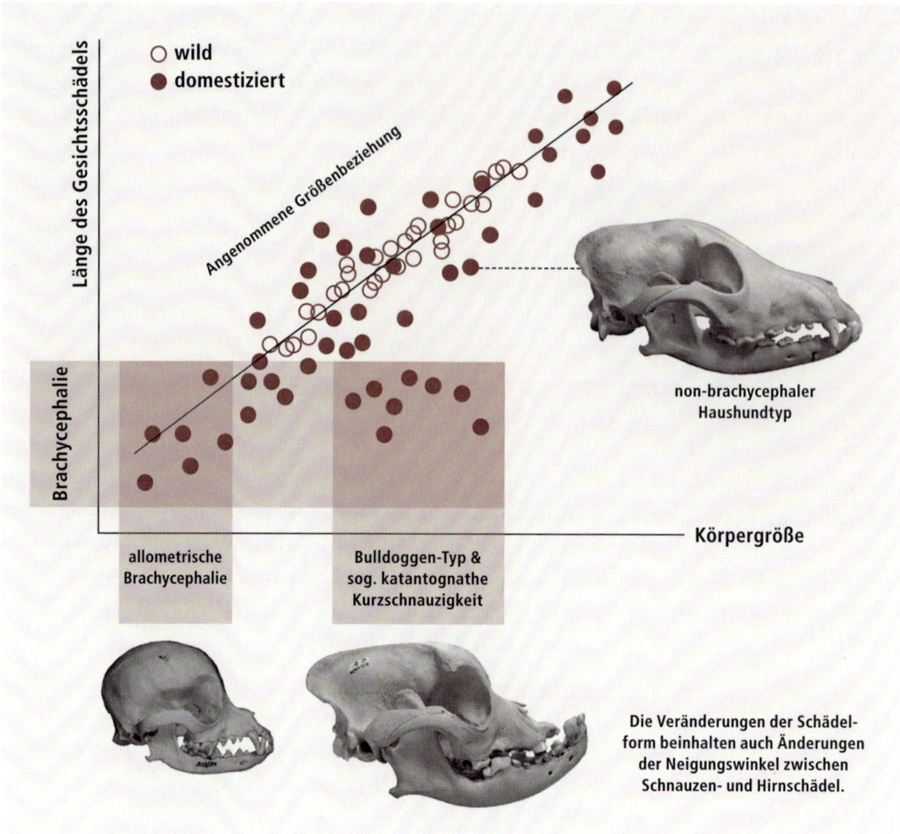

Abb. 2 Die Punkte, die mehr oder weniger auf der durchgezogenen Linie liegen, zeigen, dass sich hier der Schädel, insbesondere der Gesichtsschädel (Facial length), entsprechend der Zu- oder Abnahme der Körpergröße (body size) verändert. Kurzschnauzigkeit ist hier also eine Folge der geringen Körpergröße (‚allometric brachycephaly'). Beim „bulldog type" erfolgt die Verkürzung aber unabhängig von der Körpergröße oder besser disproportional (aus Geiger et al. 2021).

faszialen Primordia stammt ausschließlich von einer definierten Zellpopulation (Neuralleistenmesenchym der Rhombomeren 1 und 2). Experimentelle Eingriffe auf diese Zellpopulation haben bei Mäusen zu brachycephalen Schädeln geführt (Geiger et al. 2021). In einem zweiten Schritt wird der Schädel aber auch die Wirbel und Langknochen in Knorpel vorgebildet. Da im griechischen Knorpel „chondros" heißt, spricht man von Chondrocranium also Knorpelschädel. Erst in einem zweiten Schritt wird dann das Chondrocranium durch knöcherne Strukturen ersetzt, durch sogenannte enchondrale Ossifikation. Man könnte den Knorpelschädel als Patrize und den knöchernen Schädel als Matrize sehen. Das Phänomen, dass bei brachycephalen Rassen der Unterkiefer ein weitgehend normales Wachstum aufweist, damit aber den Oberkiefer weit überragen würde und deshalb einen auffällig gebogenen Verlauf nimmt, erklärt sich aus der unterschiedlichen Art der Verknöcherung. Der obere Gesichtsschädel verknöchert enchondral (d. h. mit knorpeliger Vorstufe), während der Unterkiefer direkt aus dem Bindegewebe (desmal) ossifiziert = verknöchert. Man spricht deshalb auch von verschiedenen Modulen (Curth et al. 2017). Grundsätzlich gilt, dass bei Entwicklungsdefekten der enchondralen Ossifikation nicht nur der Gesichtsschädel (Brachycephalie), sondern auch andere enchondral verknöchernde Strukturen wie Wirbel, Schulterblatt und Becken sowie die Langknochen der Gliedmaßen betroffen sind und damit auch die Fortbewegung. Bei der Französischen Bulldogge wurde vor kurzem eine stark von anderen Hunden abweichende Bewegung der Hintergliedmaße, mit ungewöhnlicher Längsachsenrotation beschrieben (Fischer et al. 2018).

Formen der Kurzbeinigkeit

Nun fällt einem aber sofort ein, dass es ja kurzbeinige Rassen wie Dackel, Welsh Corgi, Basset, West Highland White Terrier und Scottish Terrier gibt, die einen „normalen" Schädel aufweisen. Bei diesen tritt eine andere Fehlfunktion auf und zwar in der Wachstumsfuge der Langknochen, wobei der typische Säulenknorpel nicht gebildet wird (Martinez et al. 2007). Erwähnt sei, dass bei der Kurzbeinigkeit oder disproportioniertem Zwergwuchs zwei Formen unterschieden werden, nämlich Chondrodysplasie und Chondrodystrophie. Beide unterscheiden sich genetisch im Ort der Insertion (Chromosom 18 bzw. Chromosom 12) desselben Wachstumsfaktors, der für den Fibroblasten-Wachstumsfaktor-4 (FGF4) kodiert. Dackel, Bassets, Welsh Corgi und Scottish Terrier weisen beide Mutationen auf. Bei Hunden mit der Mutation auf Chromosom 12 kommt es neben einer Verkürzung der Gliedmaßen sehr häufig auch zu Erkrankungen der Wirbelsäule (Bandscheibenvorfällen) und zu Missbildungen der Wirbel.

NACHGEBURTLICHE FEHLENTWICKLUNGEN

Aber auch während der nachgeburtlichen Entwicklung kann es noch zu Fehlentwicklungen kommen. So zeigen brachycephale Hunde eine verfrühte Ossifikation der Wachstumsfuge, z. B. der Schädelbasis (*Synchondrosis sphenooccipitalis*). Deren Verknöcherung erfolgt bei mesocephalen Hunden mit 13 – 14 Monaten, bei brachycephalen Hunden aber bereits mit 9 – 10 Monaten und beim Cavalier King Charles Spaniel sogar schon mit 5 Monaten (Schmidt et al. 2013). Auch andere Schädelnähte werden bei brachycephalen Hunden früher geschlossen (Geiger & Haussmann 2016). Eine weitere Struktur, auf die ich gleich zurückkommen werde, ist von einer Wachstumsveränderung betroffen. Das Wachstum der im Inneren der Schnauze befindlichen Nasenmuscheln (Turbinalia) endet bei brachycephalen Rassen früher, was erklärt, weshalb diese so relativ klein sind und ihre Oberfläche reduziert ist (ausführlich beschrieben in der Doktorarbeit von Franziska Wagner 2019; Wagner & Ruf 2020). Wagner belegt, dass bei Brachycephalen keine Verringerung der Turbinalia stattfindet, sondern umgekehrt sich bei Windhunden und Grönlandhunden deren Anzahl erhöht hat.
Gelegentlich findet sich die Aussage Brachycephalie sei als Paedomorphie zu deuten, was die Beibehaltung eines „kindlichen" Zustands bedeutete und was irgendwie verharmlosend klingt. Dies trifft, wenn überhaupt, nur auf die allometrische Brachycephalie zu (siehe Abb. 2) und keinesfalls auf diejenige des Bulldoggentyps.

»Entwicklungsdefekte können auch andere knöcherne Strukturen betreffen und damit die Fortbewegung beeinflussen.«

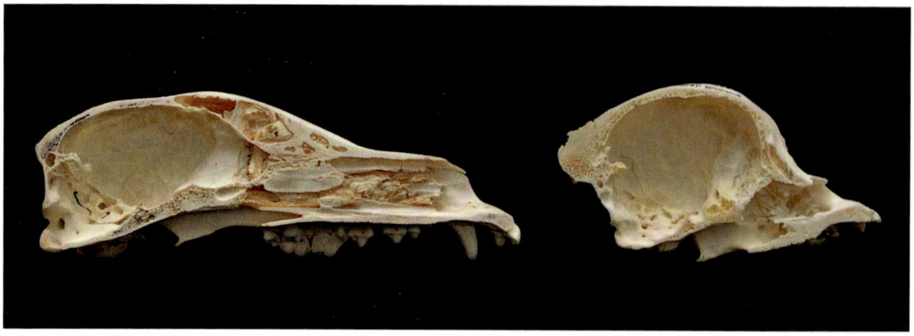

Abb. 3 Innenansicht des Schädels eines Greyhound und einer Englischen Bulldogge (Foto: Matthias Krüger, Phyletisches Museum Jena).

VERRINGERTE THERMO-REGULATION

Sägt man die Schnauze eines Säugetiers der Länge nach oder quer auf, findet man im Inneren ein scheinbares Gewirr von dünnem Knochen (Abb. 3 und 4). Diese Turbinalia wachsen von verschiedenen Knochen nach innen, rollen sich auf und verzweigen sich immer wieder. Sie sind beim lebenden Tier von einer Schleimhaut bedeckt, die man respiratorische Schleimhaut nennt. Nur im hinteren Bereich findet sich olfaktorische Schleimhaut. Die Größe der knöchernen Turbinalia scheint keinen Einfluss auf das Riechvermögen zu haben. Dagegen ist die Fläche der respiratorischen Schleimhaut abhängig von der Fläche der knöchernen Struktur. Die Anzahl an Lamellen und ihre Verzweigung entscheidet über die Größe der Oberfläche und damit über die thermoregulatorische Effizienz. Denn was beim Menschen die über den ganzen Körper verteilten Schweißdrüsen sind, ist bei Hunden die respiratorische Schleimhaut. Der ständige Luftstrom der Atemluft sorgt für Verdunstungskälte oder für die Erwärmung der Atemluft. Diese erreicht beim Einatmen im vorderen Schnauzenabschnitt über 100 km/h (Craven et al. 2010), ist also kein Lüftchen, sondern ein Atemsturm. Bei brachycephalen Hunden ist der intranasale Atmungswiderstand „signifikant größer und

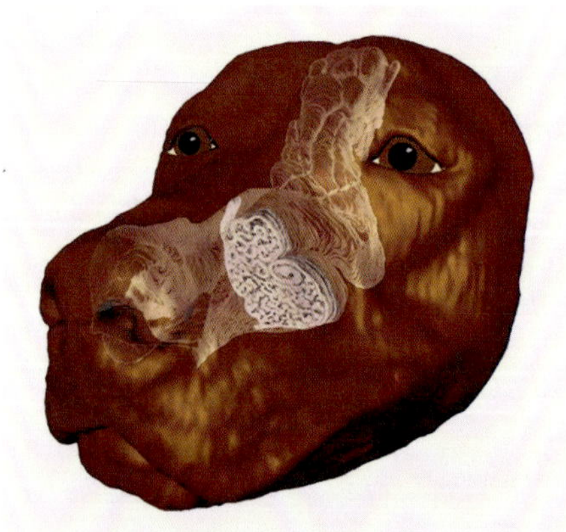

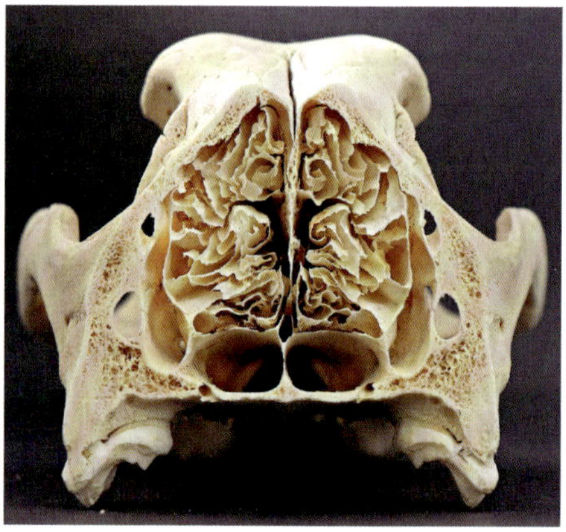

Abb. 4 Links: Dreidimensionales Oberflächenmodell des linken Naseninnenraumes (aus Craven et al. 2007). Rechts: Querschnitt durch die Schnauze einer Dogge auf Höhe des vorderen Jochbogens (Foto: Matthias Krüger, Phyletisches Museum Jena).

damit pathologisch erhöht" (Hueber 2009). Da bei brachyzephalen Hunden die Fläche der thermoregulatorischen Schleimhaut vielfach geringer ist, haben sie nur eine geringere Fähigkeit zur Thermoregulation. Dies wird noch verschärft durch den Umstand, dass je schwerer ein Hund wird (auch durch Übergewicht, S. 125), das Verhältnis von Körperoberfläche (2), dem anderen Organ zur Wärmeabgabe und -aufnahme, zu Volumen (3) immer ungünstiger wird. Dies ist der Grund, weshalb brachycephale Hunde bei Temperaturen über 20° – 25° C extern gekühlt werden müssen.

Die Bedeutung des „Kühlsystems Schnauze" wird noch deutlicher, wenn man weiß, dass die Venen, welche gekühltes Blut von der respiratorischen Schleimhaut zurückführen, an den Arterien, die ins Gehirn führen, ein sogenanntes Wundernetz (*Rete mirabile*) bilden, das die Temperatur in den Arterien um etwa 2° C senkt. Unterbleibt die Kühlung, besteht die Gefahr eines Hitzschlages.

ZÜCHTERISCHE FEHLLEISTUNG

Was die Brachycephalie in besonderer Weise verdeutlicht ist, dass man in einem Gesamtsystem wie dem Hund so gut wie nie auf ein einzelnes Merkmal züchten kann, ohne Veränderungen an anderen Orten zu bewirken. Der Körperbau wirkt sich auf die Kopfform aus und umgekehrt. Vielleicht wurde lange Zeit gar nicht auf Brachycephalie gezüchtet, sondern auf einen gedrungenen, breiten und wendigen Körper und mit diesem verkürzte sich zwangsläufig auch der Schädel. Aber wer hat erwartet, dass sich im Zuge der Brachycephalie auch die Augengröße und die Anzahl und Verteilung der retinalen Ganglienzellen verändert, bis hin zur Ausbildung einer *Area centralis* bei kurzschnauzigen Hunden ähnlich wie beim Menschen (McGreevy et al. 2004). Oder dass sich die Längsachse des Gehirns dahingehend verändert, dass sie bei Brachycephalen im vorderen Bereich abknickt, was auch zu einer ventralen Verschiebung des Riechkolbens (*Bulbus olfactorius*) führt (Roberts et al. 2010).

Zuletzt haben O'Neill et al. (2020) auf den Umstand hingewiesen, dass brachycephale Hunde generell weniger gesund sind als andere. Sie leiden schlicht darunter, brachycephal zu sein.

Brachycephalie ist eine entwicklungsbedingte Missbildung, die das Tierwohl grundsätzlich beeinträchtigt, wobei es hier rassentypische und individuelle Unterschiede gibt. Brachycephalie ist eine züchterische Fehlleistung.

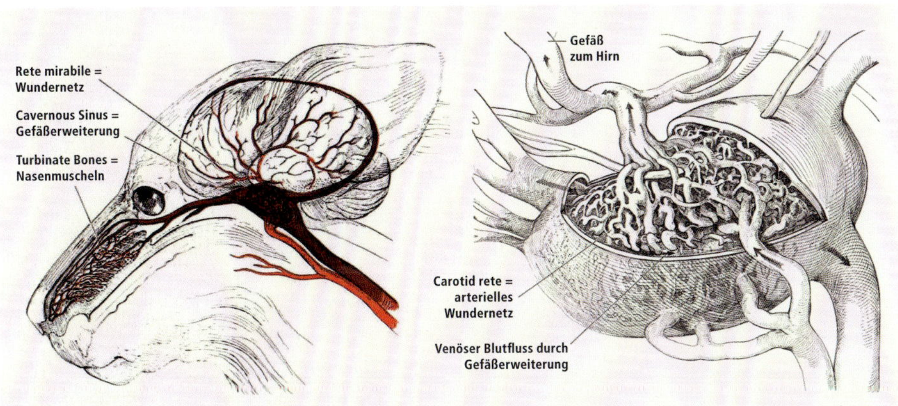

Abb. 5 Links: Lage des Rete mirabile an der Schädelbasis vor Eintritt der Hirnarterien. Rechts: Schematische Darstellung des Rete mirabile (aus Baker 1979).

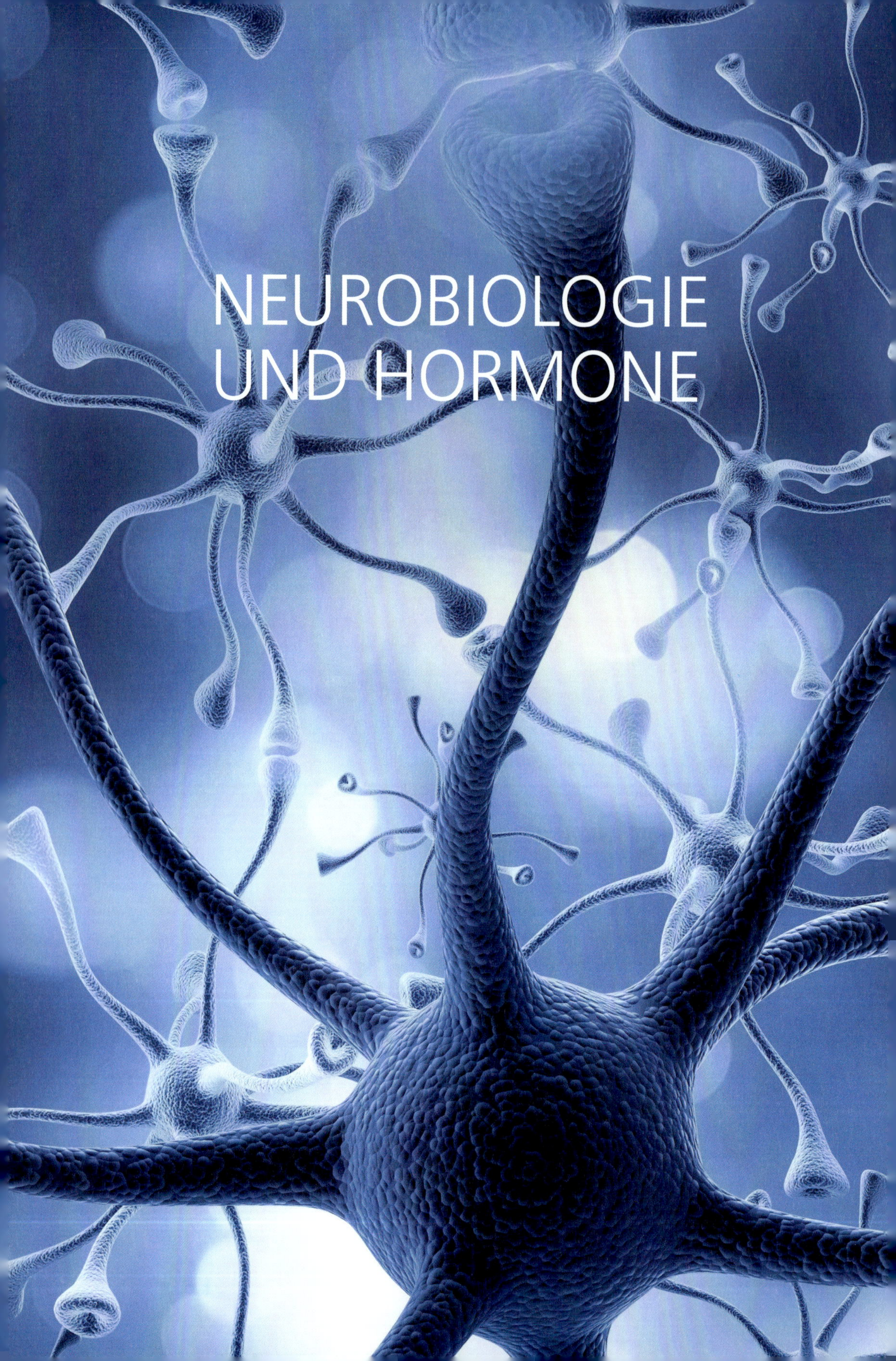
NEUROBIOLOGIE
UND HORMONE

HORMONE UND NEUROTRANSMITTER

VON HANNAH EGNER UND HANA TEBELMANN

Um Verhalten vollständig verstehen zu können, müssen wir die zugrunde liegenden physiologischen Mechanismen kennen. Hormonelle Einflüsse wirken auf den gesamten Organismus und stehen in einer Wechselwirkung zu neurobiologischen Veränderungen, physiologischen Reaktionen und Verhaltensänderungen. Neurobiologischen Unterschieden liegen oft hormonelle Veränderungen des Verhaltens zugrunde (und umgekehrt). **Veränderungen des Hormonhaushaltes können das Verhalten und die Bewertungen der gemachten Erfahrungen beeinflussen, wodurch es selbst bei Tieren einer Spezies, einer Gruppe oder eines Wurfes zu Entwicklungsunterschieden kommen kann.** Das wiederum kann zu unterschiedlichen hormonellen Reaktionen auf einen Stressor in der Umwelt führen sowie verschiedene Eigenschaften von Neuronen beeinflussen, die mit Verhaltensreaktionen verbunden sind. Alle hormonellen und neurobiologischen Unterschiede, die mit dem Verhalten verbunden sind, können auf molekulargenetischer Ebene verstanden werden (Dugatin 2019). Obgleich Hormone und Neurotransmitter sowohl einzeln als auch in gegenseitiger Wechselwirkung auf körperliche und verhaltensbasierte Reaktionen einwirken, liegen ihnen unterschiedliche Mechanismen zugrunde.

SIGNALMOLEKÜLE

→ Hormone und Neurotransmitter sind zwei Arten von chemischen Signalmolekülen, die von Tieren produziert werden. Sie sind verantwortlich für das Verhalten und das Befinden des Organismus.

Hormone können entweder Proteine/Peptide, Lipide (fettbasiert) oder cholesterinbasierte Moleküle sein. Neurotransmitter dagegen sind Proteine. Der Hauptunterschied zwischen Hormonen und Neurotransmittern besteht darin, dass Hormone in endokrinen Drüsen oder in Geweben, z. B. in Fettzellen, produziert und in den Blutkreislauf freigesetzt werden, wo sie ihre Wirkungsziele in einiger Entfernung von ihrem Ursprung finden, während Neurotransmitter von einer Endstelle einer stimulierten präsynaptischen Nervenzelle in den synaptischen Spalt freigesetzt werden und ein Nervensignal an die benachbarte postsynaptische Nervenzelle weiterleiten.

BOTENSTOFFE UND VERHALTENSWEISEN

Chemische Botenstoff-Regulationssysteme interagieren auf mehreren Ebenen miteinander, z. B. indem Neurotransmitter und Neuromodulatoren in einigen Hirnregionen durch Steroide reguliert werden. Diese modulierenden Chemikalien sorgen für die Flexibilität und die zeitliche und räumliche Koordination, die für adaptive Verhaltensabläufe notwendig sind. Das heißt, jeder Neurotransmitter, Neuromodulator und jedes Hormon wirkt auf mehr als eine Art von Verhalten ein, und eine einzige Verhaltensweise basiert meist auf mehreren chemischen Botenstoffen, nicht auf einem einzigen chemischen Regulator. Jeder chemische Regulator ist zudem funktionell vielseitig – Hormone und Neurotransmitter wirken auf physiologischer und neurobiologischer Ebene nicht nur in einem bestimmten Bereich, sondern kontrollieren mehrere Funktionen gleichzeitig, voneinander unabhängig oder in Wechselwirkung mit anderen Regulatoren.

FUNKTIONSART, ENTSTEHUNGSORT UND AUSWIRKUNGEN

NEUROTRANSMITTER/HORMON	FUNKTIONSART	ENTSTEHUNGSORT
Noradrenalin (Neurotransmitter)	Exzitatorisch (stimulierend, siehe S. 104)	Nebennierenmark Noradrenerge Neuronen des vegetativen Nervensystems (Sympathikus) Locus coeruleus (blauer Kern) Wird über die Vorstufe Dopamin gebildet und kann in Adrenalin umgewandelt werden
Adrenalin (Hormon, auch als Neurotransmitter nachweisbar)	Exzitatorisch	Nebennierenmark Umwandlung der Aminosäure Tyrosin oder Phenylalanin über Dopamin zu Noradrenalin Durch Vorstufe des Hormons Cortisol erfolgt eine Umwandlung von Noradrenalin zu Adrenalin
Cortisol (Hormon)	Exzitatorisch	Nebennierenrinde
Glutamat (Aminosäure)	Exzitatorisch	Kommt als L-Glutaminsäure in eiweißhaltigen Nahrungsmitteln vor Präsynaptische Freisetzung im zentralen Nervensystem
Serotonin (Gewebshormon und Neurotransmitter)	Inhibitorisch (hemmend, siehe S. 104)	Bildung durch Hydroxylierung und anschl. Decarboxylierung von 5-OH-Tryptophan in der Dünndarmschleimhaut, Thrombocyten, Granulocyten sowie im Gehirn (Raphe-Kerne des Hirnstamms) Freisetzung nach einer Depolarisation der präsynaptischen Membran
GABA (Aminosäure)	Inhibitorisch	Höchste Konzentration im zentralen Nervensystem Wird in Nervenzellen wie Glutamat aus dem Axoplasma in Speicherversikel aufgenommen Weiterleitung über präsynaptische Membran
Dopamin (Neurotransmitter)	Kombiniert	Postanglionäre sympathische Nervenendigungen Nebennierenmark
Acetylcholin (Neurotransmitter und Hormon)	Kombiniert	Ausschüttung in motorischer Endplatte Wirkung im autonomen und zentralen Nervensystem

AUSWIRKUNGEN/VERHALTEN
Interaktive Steuerung der Stresskette Kontraktion (Engstellung) von Blutgefäßen, Steigerung des Blutdrucks sowie Senkung der Pulsfrequenz Steigerung von Aufmerksamkeit, Wachheit und Konzentration Wirkt zusammen mit Serotonin stimmungsaufhellend
Beteiligung an Stressreaktion Beschleunigung der Herzfrequenz, Erhöhung der Atmung, Anstieg des Blutflusses zu wichtigen Muskelgruppen
Regulation des Wachstums Stoffwechselvorgänge Reaktion auf Stressreize (Wechselwirkung mit CRH und Adrenalin sowie Noradrenalin, Dopamin, Serotonin, GABA und Glutamat)
Wichtigster unmittelbarer Gegenspieler von GABA Vermittlung von Sinneswahrnehmungen Ausführung von Bewegungen und Gehirnfunktionen wie Lernen und Gedächtnis. Appetitregulation – wirkt appetitsteigernd und supprimiert das Sättignungsempfinden
Steigerung der Konzentration und Herzschlagfrequenz Regulation von Darm-, Bronchial- und Uterusmotorik Regulation des Schlaf-Wach-Rhythmus, der Nahrungsaufnahme und Körpertemperatur Steuerung der Stimmungslage und Beteiligung an Abhängigkeits- und Belohnungsreaktionen
Hemmung der Ausschüttung von anregenden Neurotransmittern und Geschlechtshormonen Verhindert Überstimulation von Neuronen Serotonin stimuliert GABA-Synthese und erhöht GABA-Rezeptoraffinität
Weiterleitung der Befehle des Nervensystems an die Muskulatur Steigerung der Wahrnehmungsfähigkeit Hemmung der Ausschüttung des Hormons Prolaktin Regulierung der Durchblutung von Bauchorganen Förderung von Stimmung und Glücksgefühlen und Feinkoordination der akuten Stressantwort (mit Serotonin, Noradrenalin und Adrenalin)
Beeinflussung von Lernen und Gedächtnis Erleichterung der Informationsspeicherung im Hippocampus und Verbesserung der Aufmerksamkeit Sensibilisierung von Schmerzrezeptoren Modulation des Schlafrythmus; als Hormon blutdrucksenkende Wirkung und Verlangsamung des Herzschlags

Die Neurochemie variiert von Individuum zu Individuum, was auf Unterschiede der Neurotransmitterkonzentration- und ausschüttung zurückzuführen ist. **Verschiedene Umwelteinflüsse können die Konzentration von Neurotransmittern und ihre Rezeptoren im Gehirn aktiv beeinflussen, ebenso Faktoren wie Ernährung und Medikamente.**

Für die Verhaltensausübung und Verhaltensadaption sind hemmende Mechanismen ebenso wichtig wie erregende. Jede Handlung resultiert aus einer Mischung von erregenden und hemmenden Einwirkungen, von denen jeder durch mehrere Chemikalien moduliert wird; das Gleichgewicht zwischen ihnen bestimmt den Output und erlaubt eine präzisere Regulierung als ein einfacher Ein-/Ausschalter. Entscheidungen zwischen konkurrierenden Verhaltensweisen sind das Ergebnis von wechselnden Gleichgewichten zwischen erregenden und hemmenden Mechanismen. Ein Verhalten kann nicht nur durch Erhöhung des erregenden, sondern auch durch Senkung des hemmenden Tonus entstehen.

HORMONELLE MECHANISMEN

→ Ein Hormon ist ein Produkt lebender Zellen, das in Flüssigkeiten wie Blut zirkuliert und eine spezifische, meist stimulierende Wirkung auf die Aktivität von Zellen hat.

Hormone sind also chemische Botenstoffe, die die Kommunikation zwischen verschiedenen Teilen des Körpers unterstützen, indem sie chemische Signale von einem zum anderen senden. **Neben dem Nervensystem, das die neurobiologischen Reaktionen des Organismus moduliert, ist das endokrine System das wichtigste Kommunikationssystem des Körpers. Das Nervensystem nutzt Neurotransmitter als chemische Signale, das endokrine System Hormone.** Die Kommunikation im Nervensystem ist analog zum Reisen mit einem Zug. Eine Reise mit dem Zug ist ohne Probleme möglich, solange Gleise zwischen dem vorgeschlagenen Start- und Zielort existieren. Genauso können neuronale Nachrichten nur zu Zielen entlang bestehender Nervenbahnen reisen. Hormonelle Kommunikation hingegen ist wie das Reisen mit einem Auto. Bei Reisen mit einem Auto lassen sich viel mehr Ziele erreichen, als es mit dem Zug möglich ist, weil es viel mehr Straßen als Bahngleise gibt. In ähnlicher Weise können hormonelle Botschaften über das Kreislaufsystem überall in den Körper reisen. Zu den Quellen, in denen Hormone produziert werden, gehören die Hypophyse (eine endokrine Drüsenstruktur am Hypothalamus), die Bauchspeicheldrüse, die Nieren, das Herz, die Nebennieren, die Geschlechtsorgane, die Schilddrüse, die Nebenschilddrüse, der Thymus und sogar das Fett. Das endokrine System funktioniert zu einem großen Teil, indem es auf Neuronen im Gehirn einwirkt, die die Hypophyse (Hirnanhangdrüse) steuern. Die Hypophyse sondert Faktoren ins Blut ab, die auf die endokrinen Drüsen wirken, um die Hormonproduktion entweder zu erhöhen oder zu verringern. Dies wird als Rückkopplungsschleife bezeichnet und beinhaltet eine Kommunikation vom Gehirn zur Hypophyse zu einer endokrinen Drüse und zurück zum Gehirn. Diesem Kreislauf verdanken Tiere die Aktivierung und Kontrolle grundlegender Verhaltensaktivitäten wie Fortpflanzung, Emotionen, Reaktionen auf Stress, Essen, Trinken und die Regulierung von Körperfunktionen wie Wachstum, Reproduktion, Energieverbrauch und Stoffwechsel. Hormone können Polypeptide, Amine, Terpenoide (z. B. K-Vitamine), Steroide oder phenolische Verbindungen sein.

AUS DER FORSCHUNG (VON HANNAH EGNER)

CANNABIDIOL

Etwa 120 Cannabinoide sind bisher bekannt, die auf unterschiedlichsten Signalwegen auf das endogene (= körpereigene) Cannabinoidsystem Einfluss nehmen können. Die endogenen Cannabinoide, wie z. B. Arachidonylethanolamid, wirken dabei vorrangig über zwei Rezeptoren. Der Cannabinoidrezeptor 1 wird vorwiegend im zentralen Nervensystem, besonders im Hippocampus und der Amygdala, exprimiert, während der Cannabinoidrezeptor 2 vor allem auf Zellen des Immunsystems vorkommt. Von Bedeutung ist das endogene Cannabinoidsystem u.a. für Emotionen, Gedächtnis, Schmerzverarbeitung sowie immunologische Vorgänge.

Cannabidiol (CBD) ist nach Tetrahydrocannabinol (THC) das häufigste Cannabinoid der Cannabispflanze *Cannabis sativa*, aber im Gegensatz zu THC und anderen Phytocannabinoiden nicht psychoaktiv. Das macht es zu einer medizinisch besonders interessanten Substanz. Die Liste der angeblichen Wirkungen von CBD ist lang: schmerzlindernd, schlaffördernd, angstlösend, antibakteriell, antiemetisch, entzündungshemmend und antikonvulsiv soll es sein. Die Anzahl der Studien ist aufgrund der lange Zeit bestehenden Illegalität von Cannabis allerdings gering und die Ergebnisse teils ziemlich kontrovers.

Anwendung bei Hunden

Auch zur Anwendung von CBD bei Hunden gibt es nur wenige Veröffentlichungen. Wie Studien von Stephanie McGrath und ihrem Team sowie Dana Vaughn und ihrem Team zeigen, ist CBD prinzipiell gut verträglich. Bei Hunden kommt es meist nur zu leichten gastrointestinalen Nebenwirkungen. Außerdem konnte in der Blutchemie eine Erhöhung der Alkalischen Phosphatase (Leberenzym) beobachtet werden. Eine Hepatotoxizität kann bei langfristiger Anwendung oder Überdosierung somit nicht ausgeschlossen werden. Über mögliche Wechselwirkungen mit anderen Medikamenten ist bisher wenig bekannt. Da CBD auch ein kompetitiver Inhibitor einiger Cytochrom P450 Isoformen ist, ist ein Einfluss auf die Verstoffwechselung anderer Substanzen möglich. Bruckner (2021) erwähnt u. a. positive Auswirkungen auf GABA-A Rezeptoren, Hemmung der Fettsäureamid-Hydrolase, was u. a. Lust, Belohnung, Appetit, Gedächtnis, Schlaf und Schmerz reguliert, sowie Unterdrückung und Abschwächung chronischer neuro-entzündlicher Vorgänge und Aktivierung der Neurogens, was u. a. altersbedingte kognitive Störungen schwächen kann.

In mehreren Studien konnte ein positiver Effekt von CBD bei **Osteoarthritis** festgestellt werden. Es führt in Kombination mit anderen, standardmäßig eingesetzten Medikamenten zu einer verminderten Schmerzhaftigkeit, einer verbesserten Mobilität und ermöglicht die Reduzierung der Dosis von Gabapentin (Gamble et al. 2018, Kogan et al. 2020). Die Lebensqualität der Hunde wurde von den Haltern als signifikant höher eingeschätzt (Brioschi et al. 2020).

Auch bei der Behandlung der **idiopathischen Epilepsie** bei Hunden kann sich die zusätzliche Gabe von CBD anscheinend vorteilhaft auswirken, indem es die Anfallshäufigkeit herabsetzt (McGrath et al. 2019). Eine Studie von Luca Campora et al. (2012)

WIRKUNG VON CBD AUF EINIGE REZEPTOREN

REZEPTOR	WIRKUNG
CB1 und CB2	generell geringe Affinität
CB1	Kontroverse Studienlage: Nicht-kompetitiver, negativer, allosterischer Modulator (Lapraire et al. 2015) Indirekte Aktivierung durch Hemmung des Reuptakes und der Metabolisierung von Arachidonylethanolamin, einem endogenen Cannabinoid (mehrere Studien)
CB2	Inverser Agonist (in hohen Konzentrationen)
Cannabinoid-related-Rezeptoren	Antagonist
M- und Delta-Opioidrezeptoren	Allosterischer Modulator
D2-Rezeptor	Partieller Agonist (könnte antipsychotische Wirkung erklären)
5-HAT-1A	Agonist
Dopamin und Glutamat	Hemmung Reuptake (in vitro)

zeigt außerdem, dass das endogene Cannabinoidsystem zukünftig auch bei der Behandlung der **Atopischen Dermatitis** und anderen allergisch bedingten Hauterkrankungen ein Ziel darstellen könnte. Vorteilhafte Auswirkungen von CBD auf das Verhalten konnten bei Hunden bisher nicht sicher nachgewiesen werden, obwohl diese, wie aus Fragebogenstudien hervorgeht, von Hundehaltern durchaus beobachtet werden (Kogan et al. 2019). CBD hatte bei Hunden in verschiedenen Studien aber keine signifikanten Auswirkungen auf Aktivitätslevel, Aggressionsverhalten und andere stressinduzierte Verhaltensweisen (Corsetti et al. 2021, Morris et al. 2021). Auch eine angstlösende und beruhigende Wirkung konnte bei Hunden bisher nicht festgestellt werden (Morris et al. 2020). Bei anderen Tierarten wurde allerdings beobachtet, dass die Wirkung von CBD stark dosisabhängig ist, sodass die fehlende Wirksamkeit möglicherweise auf die verwendete Dosierung zurückzuführen ist. Denn während CBD in geringen und hohen Dosen kaum angstlösend ist, zeigt sich bei mittlerer Dosierung durchaus ein positiver Effekt (Garcia-Gutierrez et al. 2020). Da die Wirkung von CBD aber neben Alter, Geschlecht und Applikationsart auch von der Spezies abhängig zu sein scheint, lassen sich Ergebnisse von Studien an anderen Tierarten nicht ohne Weiteres auf Hunde übertragen (Garcia-Gutierrez et al. 2020). Zudem ist die Anzahl der Tiere in den Studien meist gering, sodass sich bei der derzeitigen Studienlage keine eindeutigen Aussagen zu den genauen Wirkungen, Wirkmechanismen und Nebenwirkungen von CBD treffen lassen.

WIRKUNGSWEISE VON HORMONEN

Hormone wirken in einem Signalsystem, bei dem ein Stimulus (Signal) an einen Zielort (Empfänger) weitergeleitet wird. Wie bei anderen Signalsystemen können wir nach der Quelle des Signals fragen (dort, wo das Hormon produziert wird), der Art des Signals (welches Hormon) und dem Empfänger des Signals (Zielorgan, -gewebe oder -zelle), was im Fall von verhaltensorientierten Signalübertragungen oftmals das Nervensystem und die Neuronen einschließt. **Das Gehirn ist sowohl eine Quelle als auch ein Ziel** – hormonelle Signalketten entstehen nicht nur dort, sie wirken ebenfalls dort – das Signal nimmt seinen Lauf durch den Organismus, stößt bestimmte Reaktionen an verschiedenen Orten an und gibt dann eine finale Botschaft an den Empfänger, das Gehirn, weiter. Durch den Kontakt mit einem Hormon kann das Wachstum und die Entwicklung von Zellen und Geweben, die Einleitung und Aufrechterhaltung der sexuellen Entwicklung, der Nahrungsstoffwechsel, die Körpertemperatur und die Stimmung beeinflusst werden. Bereits wenige Hormonmoleküle können eine große Wirkung auf den Körper haben. Hormone werden über den Blutkreislauf zu den Zielorganen transportiert, wo sie selbst in niedrigen Konzentrationen eine physiologische Kontrolle ausüben, eine Vielzahl von organischen Funktionen koordinieren und die Allostase (Anpassung an Belastung) aufrechterhalten.

Bekannteste Hormone

„Bindungshormon“	Oxytocin
„Stresshormon“	Cortisol
Schilddrüsenhormone	Triiodthyronin, Thyroxin
Sexualhormone	Testosteron, Östrogen
„Elternhormon“	Prolaktin

Wichtige endokrine Drüsen im Tierkörper

Schilddrüse, Nebenschilddrüse, Nebenniere, Geschlechtsorgane (Eierstöcke und Hoden)

HYPOTHALAMUS-HYPOPHYSEN-ACHSE

In der Hypothalamus-Hypophysen-Achse werden u. a. Oxytocin, Prolaktin und Vasopressin produziert, aber auch das thyreoidea-stimulierende Hormon, das die Schilddrüse zur Produktion von Schilddrüsenhormonen anregt, sowie das adrenocortikotrope Hormon (ACTH), auch als Kortikotropin bezeichnet, das die Cortisonbildung in der Nebenniere beeinflusst. Oxytocin wird im Hypothalamus gebildet und über Axon-Bahnen in den Hypophysenhinterlappen geschleust, von wo es auf Anforderung in die Blutbahn abgesondert wird. Oxytocin wirkt im Gehirn als Neurotransmitter und im Körper über die Blutbahn als Hormon. Vasopressin wird als Vorläufersubstanz im Hypothalamus gebildet, in der hinteren Hypophyse gespeichert und von dort in die Blutbahn freigesetzt.

Der Hypothalamus koordiniert die gesamte Aktivität der Hypophyse durch die Freisetzung einer Reihe von Peptiden und Aminen, die die Sekretion von Hormonen in der Hypophyse steuern. Ihre Terminologie endet auf RH, was Releasing-Hormon bedeutet:

- GnRH (Gonadotropin-Releasing-Hormon)
- CRH (Corticotrophin-Releasing-Hormon)
- TRH (Tirotrophin-Releasing-Hormon)
- PRH (Prolactin-Releasing-Hormon)
- GHRH (Growth hormone releasing hormone)

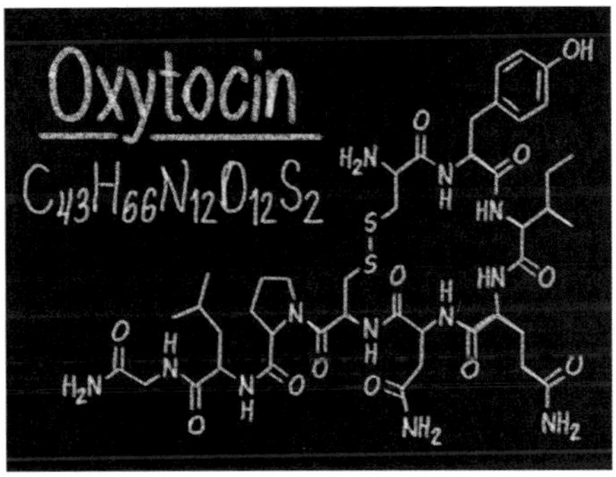

Oxytocin wirkt als Neurotransmitter

AUS DER FORSCHUNG (VON HANA TEBELMANN)

HYPOPHYSE

Die Hypophyse als endokrine Drüse ist in zwei Bereiche unterteilt, die Adenohypophyse oder Hypophysenvorderlappen und die Neurohypophyse, auch Hypophysenhinterlappen oder Pars nervosa genannt. Die Adenohypophyse wiederum ist in drei Abschnitte unterteilt: *Pars distalis, Pars tuberalis* und *Pars intermedia*. Die *Pars distalis* besteht aus chromophilen, acidophilen oder basophilen Zellen (Unterscheidung nach Färbetechnik, die in Strängen, Nestern oder Follikeln angeordnet sind, und aus kleinen, runden endokrinen Zellen, ohne erkennbare Granula. Chromophile Zellen sondern Somatropin, Prolaktin, ACTH, das follikelstimulierende Hormon (FSH), das luteinisierende Hormon (LH), Thyreotropin oder Thyreoidea-stimulierende Hormone (TSH), Melanozyten-stimulierende Hormone (MSH) und Lipotropine ab. Somatotropin fördert das Zirbeldrüsenwachstum und die Proteinproduktion, während Prolaktin die Entwicklung der Brustdrüse und die Milchsekretion bewirkt. ACTH wirkt auf die Nebennierenrinde, was zu einer vermehrten Ausschüttung von Nebennierenrindenhormonen führt. FSH und LH sind auf die Geschlechtsorgane wirkende Hormone, mit unterschiedlichen Wirkungen bei Männern und Frauen. TSH wirkt auf die Schilddrüse und regt deren Sekretion an. Lipotropine haben das gleiche Vorläufermolekül wie ACTH (Propiomelanocortin – POMC, siehe S. 55) und können nach Abspaltung β-MSH und β-Endorphin, einen Schmerzblocker, hervorbringen.Die Neurohypophyse ist frei von endokrinen Zellen und besteht aus demyelinisierten (ohne Markscheiden) Neuronen, deren Körper sich in den supraoptischen und paraventrikulären Kernen des Hypothalamus befinden und den Speicher der hypothalamischen Hormone bilden: Vasopressin, Oxytocin und Neurophysin, ein Trägerprotein für Vasopressin und Oxytocin. Diese Hormone werden im Hypothalamus produziert, durch die Hypothalamus-Hypophysen-Achse transportiert und in der Neurohypophyse gespeichert, bis ein Stimulus ihre Freisetzung induziert. Vasopressin hat mehrere Wirkungen auf den Körper, insbesondere im Hinblick auf die Wassereinsparung und die Erhöhung des Blutdrucks. Oxytocin stimuliert die Kontraktion der Myoepithelzellen der Brustdrüse und bewirkt so den Milchausstoß. Es bindet auch an die glatten Muskelzellen der Gebärmutter und fördert die Gebärmutterkontraktionen während der Geburt.

Auch bei der Welpenaufzucht spielt die Hypophyse eine Rolle.

NEBENNIERE

Die Nebenniere besteht aus funktionell zwei weitgehend voneinander unabhängigen Teilen: der Nebennierenrinde und dem Nebennierenmark. Das Nebennierenmark enthält eine große Anzahl modifizierter Ganglienzellen, in denen die beiden Katecholamine Adrenalin und Noradrenalin gebildet werden. In der Nebennierenrinde werden insbesondere die Hormone Aldosteron, Cortisol und DHEA, ein Steroidhormon, gebildet. Die Nebennierenrinde lässt sich histologisch und funktionell in drei Schichten einteilen, in denen unterschiedliche Hormone synthetisiert werden: *Zona glomerulosa*: Mineralcorticoide (Aldosteron), *Zona fasciculata*: Glucocorticoide (v. a. Cortisol), *Zona reticularis*: Androgene (v. a. Dehydroepiandrosteron und Androstendion). Alle Hormone der Nebennierenrinde sind Steroidhormone. Aldosteron ist lebenswichtig für den Wasser- und Elektrolythaushalt. Es beeinflusst und reguliert den Blut druck und das Gefäßvolumen. Cortisol ist zuständig für die Regulation des Kohlenhydrat-, Fett- und Eiweißstoffwechsels. Adrenocortikotrope Hormone (ACTH) fördern die Bereitstellung von Glukose aus Aminosäuren (Eiweißbausteinen) in der Leber, können den Transport und die Verwertung von Glukose hemmen und so den Blutzuckerspiegel über die Bildung von Cortisol und Beeinflussung der Insulinproduktion erhöhen. Gerät der Organismus durch körperliche Anstrengung oder größere psychische Erregung unter Stress, schüttet die Hypophyse vermehrt ACTH aus. Dadurch wird das Nebennierenmark zu einer erhöhten Ausschüttung des Stresshormons Adrenalin veranlasst. Die Nebennierenrinde reagiert ihrerseits mit einer gesteigerten Hormonproduktion und schüttet z. B. vermehrt Cortisol aus. Androgene werden im innersten Bereich der Nebennierenrinde produziert (und außerdem auch noch in den Hoden). Sie beeinflussen hauptsächlich die Entwicklung der männlichen Geschlechtsmerkmale.

STEROIDSYNTHESE UND METABOLISMUS

Das Gehirn ist ein wichtiges Steroidziel für das Verständnis des Sozialverhaltens, weil es viele Steroidzielzellen enthält und dafür verantwortlich ist, dass die Verhaltensreaktion auf die Umwelt angemessen und fitnesssteigernd, d. h. überlebenssichernd, fortpflanzungsorientiert und habitaterobernd ist. Die molekularen Mechanismen der Regulation der Gene für diese Enzyme sind ein entscheidendes Bindeglied zwischen Steroiden und Verhalten. Eine Folge der lokalen Steroidumwandlung ist, dass im Blut zirkulierende Steroide nicht unbedingt die aktiv für das Verhalten verantwortlichen Steroide sind – das bedeutet, dass selbst Steroide, von denen man annimmt, dass sie für das Verhalten irrelevant sind, weil sie nur schwach androgen oder östrogen sind, nicht ignoriert werden sollten, da jene im Gehirn zu verhaltensaktiven Steroiden umgewandelt werden können – ein Beispiel ist DHEA (S. 103).

STEROIDE „KITZELN DAS GENOM"

In Kombination mit Co-Aktivatoren und Co-Repressoren verändern sie die Genablesung und Informationsumsetzung und regulieren die Menge des mRNA-Transkripts, das von den Zielgenen ausgeht. Diese Transkripte werden wiederum in Peptide und Proteine übersetzt. Welche Gene genau betroffen sind und wie das Zielgewebe reagiert, hängt nach Balthazart et al. (2010) von den Steroidrezeptor-Begleitfaktoren und nachgeschalteten Mechanismen ab. Durch ihre intrazellulären Rezeptoren verändern Steroide während ihrer Ausschüttung und zukünftig die neurale Aktivität, verändern ihre eigene Produktion und Rezeption sowie die anderer Steroide und regulieren einige der anderen neuronalen Signalsysteme, die für das Sozialverhalten wichtig sind. Die Tatsache, dass Steroide die Genaktivität verändern, zeigt, dass die Verbindung zwischen Genen und hormonellen Mechanismen bidirektional (in beide Richtungen) ist, nicht unidirektional.

HORMONE UND VERHALTENSSTÖRUNG

TESTOSTERON

Der Zusammenhang zwischen Testosteron und Aggression bei Nagetieren wurde erstmals 1938 von Uhrich gezogen, der nachwies, dass die Kastration von postpubertären männlichen Ratten die Aggressivität verringerte und dass die Testosteronsubstitution diesen Effekt wesentlich umkehrte. Seit diesem ersten Befund sind buchstäblich Tausende von Arbeiten veröffentlicht worden, die die Beziehung zwischen Androgenen und Aggression untersuchen. Seit den ersten Erkenntnissen von Young et al. (1958), die die Auswirkungen von Steroiden auf das Fortpflanzungsverhalten bei Meerschweinchen untersuchten, ist es ein etablierter Grundsatz der Verhaltensendokrinologie, dass Steroidhormone je nach dem zeitlichen Verlauf der Exposition während der Entwicklung unterschiedliche Wirkungen auf Physiologie und Verhalten ausüben können. Obwohl Testosteron bei vielen Spezies positiv mit Aggression assoziiert ist, zeigen Studien zu Androgenen und Aggression bei Hunden gegensätzliche, unklare Ergebnisse: In einigen Studien, die sich mit der Gonadektomie beschäftigten (die zu einer verringerten Androgenproduktion führt), wurde jene mit einer leichten Verringerung der Aggression von Rüden sowohl gegenüber anderen Hunden als auch gegenüber Menschen in Verbindung gebracht, während in einer Studie von Guy et al. (2001) kastrierte Hunde aggressiver waren (siehe S. 229). Für einige Verhaltensreaktionen (z. B. Fortpflanzung) sind Androgene während einer kritischen oder „sensiblen" Periode der perinatalen Entwicklung erforderlich, um die neuroendokrinen Substrate dauerhaft zu organisieren, die für die adäquate Darstellung der entsprechenden Reaktionen im Erwachsenenalter erforderlich sind. In vielen Fällen ist die Anwesenheit von Androgenen im Erwachsenenalter auch erforderlich, um angemessene Reaktionen zu gewährleisten.

OXYTOCIN UND VASOPRESSIN

Forschungsarbeiten über andere Säugetierarten deuten darauf hin, dass Oxytocin und Vasopressin ebenfalls eine wichtige, möglicherweise eindeutigere Rolle bei der Hemmung und Ausübung aggressiver Verhaltensweisen spielen, z. B. bei der Regulierung der Aggression gegenüber unbekannten Individuen. So zeigten frühe Studien zu Vasopressin und Aggression, dass die Mikroinjektion von Vasopressin in den Hypothalamus von Goldhamstern zu erhöhter Aggression gegenüber fremden Artgenossen führte, während Hamster, die einen Vasopressin-Antagonisten erhielten, eine dosisabhängige Abnahme des Beißens und der Latenzzeit zum Angriff auf fremde Individuen zeigten. MacLean et al. (2017) untersuchten bei Haushunden speziell Oxytocin- und Vasopressin-Konzentrationen und fanden heraus, dass sie möglicherweise eine wichtige Rolle bei der Gestaltung des Sozialverhaltens von Hunden spielen. Oxytocin, das bei der Geburt und beim Stillen von Bedeutung ist, wird manchmal als „Liebes- oder Sozialhormon" bezeichnet, da sein Spiegel beim Menschen nachweislich ansteigt, wenn wir einen geliebten Menschen umarmen oder küssen (siehe auch S. 257). Vasopressin ist ein eng verwandtes Hormon, das an der Wassereinlagerung im Körper beteiligt ist. Im Gegensatz zu Oxytocin wurde es beim Menschen mit Aggression in Verbindung gebracht, da frühere Forschungen darauf hindeuten, dass Menschen mit chronischen Aggressionsproblemen hohe Vasopressinspiegel aufweisen. Die Ergebnisse von MacLean und seinem Team deuten darauf hin, dass Oxytocin eine größere Rolle beim affiliativen (kontaktsuchenden, sozio-positiven) Sozialverhalten, bei der Anxiolyse (Angstlösung) und bei der Aggressionshemmung spielen könnte, während Vasopressin – obwohl es auch für die Bindungsbildung und das elterliche Verhalten entscheidend ist – eine größere Rolle bei der Aggression spielt. Daher rührt der Name „Eifersuchtshormon".

ÖSTROGENE UND WEITERE ANDROGENE

Neben Testosteron und Vasopressin können Östrogene und weitere Androgene laut Soma et al. (2008) ebenfalls für das Auftreten von aggressivem Verhalten zuständig sein, insbesondere bei Säugetieren. Auch sogenannte „schwache“ Androgene wie Dehydroepiandrosteron (DHEA) können in extragonadalem Gewebe (z. B. Nebennieren) oder im Gehirn produziert werden – es wird angenommen, dass jene Adrogene, sowohl adrenale als auch neural abgeleitete, letztere als Neurosteroide bezeichnet, eine wichtige Rolle bei der Regulierung aggressiver Reaktionen spielen können. Studien an verschiedenen Vogel- und Säugetierarten deuten darauf hin, dass Dehydroepiandrosteron aus der Nebennierenrinde, ein Androgenvorläufer und Prohormon, wichtig für die Ausprägung von Aggression ist, wenn die gonadale Testosteronsynthese niedrig ist, also vorrangig außerhalb der Paarungszeit.

NEUROTRANSMITTER

Neurotransmitter oder chemische Botenstoffe sind körpereigene Chemikalien, die die Neurotransmission ermöglichen (Ayano 2016). Sie übertragen Signale im ganzen Körper über eine chemische Synapse, z. B. eine neuromuskuläre Verbindung, von einer Nervenzelle auf die nächsten Zielneurone, Muskel- oder Drüsenzellen (Lodish et al. 2000). Die Rezeptoren der Zielzellen empfangen überwiegend die Neurotransmitter, die in den Synapsen aus den synaptischen Vesikeln in den synaptischen Spalt freigesetzt werden. Neurotransmitter werden in den Nervenzellen gebildet und durch den Blutkreislauf innerhalb des Gehirns transportiert. Zur Aufrechterhaltung verschiedener Vorgänge im Nervensystem benötigen diese spezifischen enzymatischen Aktionen Stoffwechsel, neuronale Kommunikation und andere Mechanismen. Jede Veränderung der elektrophysiologischen Aktivität von Neurochemikalien kann für Veränderungen im Gehirn und im Verhalten verantwortlich sein (Shulera & Hickman 2014). Neuronen werden von den Neurotransmittern für den Austausch von elektrochemischen Signalen innerhalb des Gehirns benutzt und helfen so bei der Kommunikation mit anderen Organen des Körpers (Upadhyay 2014). Neurotransmitter sind für die Ausführung verschiedener

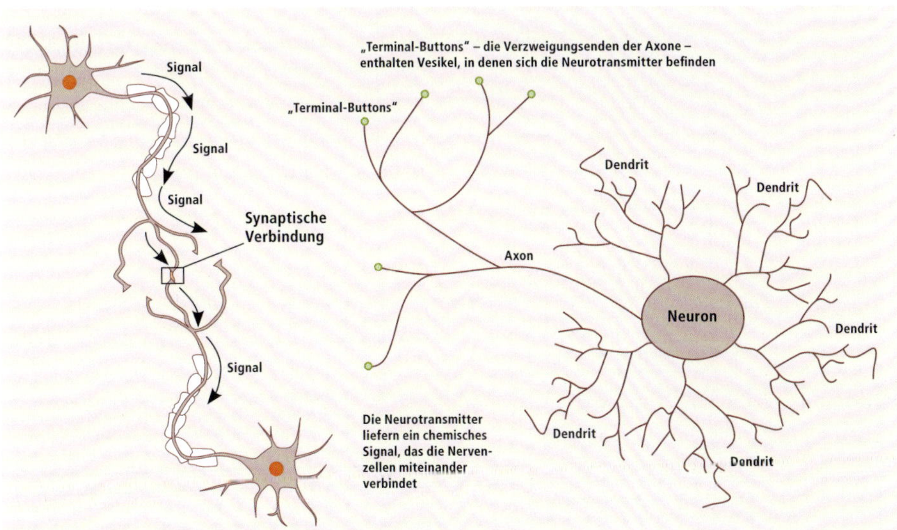

Links: Neurotransmitter, rechts: Neuronensignale

kognitiver, körperlicher und geistiger Leistungen verantwortlich, wie z. B. Schlafzyklus, Schmerzreaktion und unsere geistigen Aktivitäten (Lindquist et al. 2012). Neurotransmitter spielen eine wichtige Rolle bei der Steuerung der Übertragung von Nachrichten über die Synapsen zu den Rezeptoren (Steinle & Smith 2000).

Milliarden von Neurotransmitter-Molekülen tragen zur Steuerung von allen Bereichen des Körpers bei, von der Atmung über den Herzschlag bis hin zu Lern- und Konzentrationsfähigkeit und bei der Aufrechterhaltung der Allostase (Uddin et al. 2016). Sie können auch eine Reihe von psychologischen Funktionen wie Angst, Stimmung, Vergnügen und Freude beeinflussen. Einige Neuronen produzieren nur einen Typ eines Neurotransmitters. Das gleichzeitige Vorhandensein von mehreren Neurotransmittern in der Synapse ermöglicht es den Neuronen, mehrere Einflüsse gleichzeitig auszuüben. Neurotransmitter werden in synaptischen Vesikeln gespeichert, die sich an der Endstelle der präsynaptischen Neuronenzellen befinden. Sobald das präsynaptische Neuron durch einen Nervenimpuls stimuliert wird, werden Neurotransmitter aus dem Axonende in den synaptischen Spalt freigesetzt. Die freigesetzten Neurotransmitter diffundieren über die Synapse und binden an die spezifischen Rezeptoren des postsynaptischen Neurons.

Exzitatorische und inhibitorische Neurotransmitter

Neurotransmitter werden basierend auf ihrer Funktion als exzitatorische (erregende) und inhibitorische (hemmende) Neurotransmitter klassifiziert (Hori & Moshimo 2012). Exzitatorische Neurotransmitter haben eine erregende Wirkung auf das Neuron, d. h. sie erhöhen die Wahrscheinlichkeit, dass das Neuron ein Aktionspotential auslöst (Depolarisation). Sie erhöhen den transmembranen

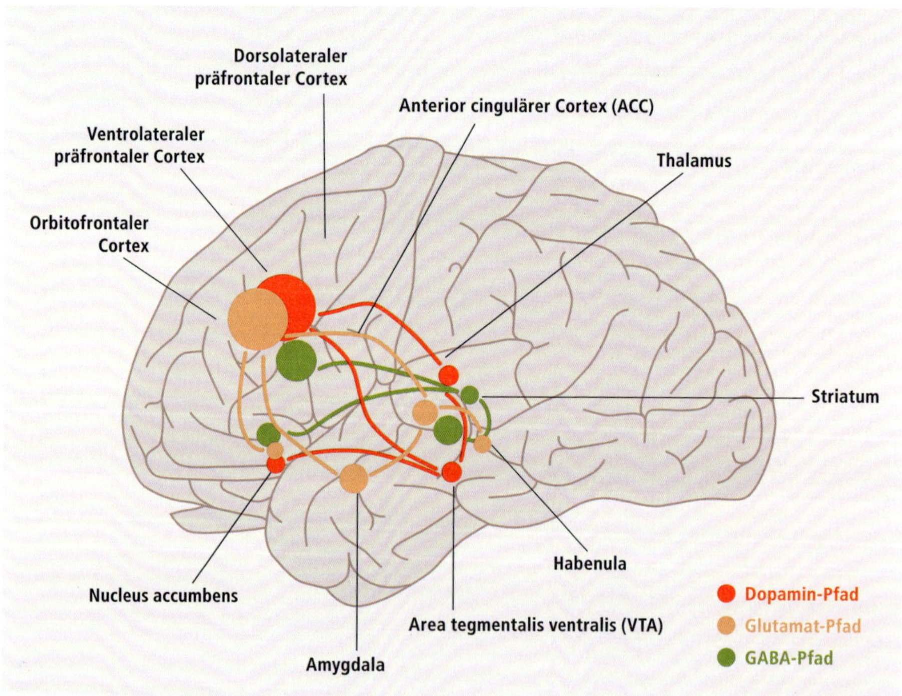

Gehirn mit wichtigen Schaltwegen (siehe dazu S. 105 f.)

Ionenfluss, wodurch postsynaptische Neuronen ein Aktionspotential erzeugen können. Im Gegensatz dazu erschweren inhibitorische Neurotransmitter durch Hyperpolarisation die Auslösung eines Aktionspotentials. Die Gesamtwirkung von erregenden und hemmenden Funktionen bestimmt jedoch, ob das postsynaptische Neuron „feuert" oder nicht (Boettigera et al. 2009).

Exzitatorische Neurotransmitter sind Noradrenalin, Glutamat, Adrenalin und Cortisol, wobei L-Glutamat der wichtigste ist. Es wird präsynaptisch freigesetzt und bindet postsynaptisch an spezifische Glutamat-Rezeptoren. Im Zentralnervensystem kann L-Glutaminsäure durch das Enzym L-Glutaminsäuredecarboxylase zur Aminosäure GABA decarboxyliert werden, die als Neurotransmitter an inhibitorischen Synapsen wirkt.

Inhibitorische Neurotransmitter sind z. B. Serotonin und GABA.
Sowohl exzitatorisch wie inhibitorisch wirken, abhängig von den Rezeptoren, Acetylcholin und Dopamin.

Neuropeptide

Neuropeptide sind auch als Botenmoleküle bekannt, die Botschaften zwischen Neuronen im Gehirn übermitteln (van Golen et al. 1995, Adamson et al. 2015). Im Gehirn von Säugetieren gibt es verschiedene Neuropeptide. Der Hypothalamus ist einer der Hauptbereiche im Körper, der Neuropeptide ausschüttet, einige werden als endokrine Hormone ins Blut abgegeben (Ludwig 2017). Oxytocin-Neuronen sind ein gutes Modellsystem, um wichtige Aspekte vieler neuronaler Funktionen, einschließlich der Freisetzung von Neuropeptiden, zu untersuchen. Die im Nervengewebe vorkommenden Peptidhormone wirken als Neurotransmitter und steuern zahlreiche Funktionen: z. B. Gastrin, das die Salzsäure und die Darmmotilität stimuliert (Gabriel 2015) oder Oxytocin und Vasopressin, die im Hypothalamus produziert werden, wobei sich die Rezeptoren hauptsächlich im Gehirn befinden; sie werden mit dem Gedächtnis und mit der Entwicklung sozialer Bindungen in Verbindung gebracht (Baribeau & Anagnostou 2015).
Derzeit sind im Gehirn von Säugetieren 100 verschiedene freisetzbare Peptide aus verschiedenen Neuronenpopulationen bekannt (Uddin et al. 2018). Im Gegensatz zu verschiedenen konventionellen Neurotransmittern werden Peptide nach ihrer Freisetzung nicht wieder in die Zelle zurückgeführt und unterscheiden sich von diesen Zell-zu-Zell-Signalmolekülen in mehrfacher Hinsicht (Jain & Zelena 2013). Ein weiterer Unterschied besteht darin, dass die Peptide nach ihrer Freisetzung durch extrazelluläre Peptidasen verändert werden – manchmal deaktivieren diese extrazellulären Spaltungen die biologische Aktivität, in einigen Fällen erhöhen sie die Affinität eines Peptids für einen bestimmten Rezeptor, während sie seine Affinität für einen anderen Rezeptor verringern.

BAHNEN DURCHS GEHIRN

Das Gehirn sammelt sensorische, hormonelle und kognitive Informationen, um Schaltkreise zu steuern, die letztendlich das Verhalten kontrollieren. Für jene Verhaltensweisen, die unter hormoneller Kontrolle stehen, ist es denkbar, dass Hormone an einer oder allen neuromuskulären Stellen wirken, um das Verhalten zu fördern. So könnten Neuronen in Motivationszentren, sensorischen Systemen, kognitiven Verarbeitungsregionen und prämotorischen Schaltkreisen hormonelle Rezeptoren exprimieren. Diesen nachgeschaltet, könnten motorische und sensorische Neuronen im oder in der Nähe des Rückenmarks hormonelle Rezeptoren exprimieren.

Bestimmte Arten von Neurotransmittern, die von den Neuronen exprimiert werden, bilden gelegentlich unterschiedliche Systeme. Die Aktivierung dieser Systeme wirkt sich auf große Teile des Gehirns aus, was als Volumenübertragung bezeichnet wird (Syková & Nicholson 2008). Zu den wichtigsten Neurotransmittersystemen gehören das Dopamin-System, das cholinerge System, das Noradrenalin-System und das 5-HT-System (= Serotoninsystem). Im gesamten Gehirn haben Spurenamine, vor allem durch die Aktivierung des TAAR1-Rezeptors (trace amine-associated receptor 1) einen erheblichen Einfluss auf die Neurotransmission in den Monoaminwegen (Miller 2011, Eiden & Weihe 2011).

NEURALE FUNKTIONSWEGE DER BOTENSTOFFE

Wenn sensorische Reize im Gehirn registriert werden, gelangen sie laut Ettinger et al. (2007) zunächst in den sensorischen Thalamus, der als zentrale Relaisstation fungiert, bevor die

☞ AUS DER FORSCHUNG (VON HANA TEBELMANN)

NEUROTRANSMITTER

Neurotransmitter gelangen von verschiedenen Ausgangsorten über bestimmte Bahnen an ihren Zielort. Zu den wichtigsten Bahnen gehören **cholinerge Bahnen**, die über das Septum zum Cortex und Hippocampus, aber auch durch den Thalamus laufen. Über die cholinergen Bahnen zum Cortex, zum Hippocampus und zum Thalamus ist Acetylcholin im Gehirn entscheidend an Aufmerksamkeitsprozessen beteiligt. Ferner steuert Acetylcholin im Hippocampus den sogenannten Theta-Rhythmus, der eine Grundvoraussetzung für die Gedächtnisbildung ist.

Wichtigster Kern noradrenerger Bahnen ist der *Locus coeruleus* im Mittelhirn. Durch die noradrenergen Bahnen des Hirnstamms ist Noradrenalin an der Regulation des Schlaf-Wach-Rhythmus beteiligt; über die Projektionen zu Thalamus und Cortex an der Steuerung von Aufmerksamkeit, Erregung und der Informationsverarbeitung; über seinen Weg zum Hippocampus wirkt es an Lern- und Gedächtnisprozessen sowie der Verarbeitung von Angst und Emotionen mit.

Dopaminerge Bahnen laufen vom Mittelhirn zum dorsalen Striatum sowie über das mesolimbocorticale System, das seinen Ursprung hauptsächlich im ventralen tegmentalen Areal hat. Von dort ziehen die Bahnen zu Strukturen des limbischen Systems wie dem Nucleus accumbens, der Amygdala und dem Hippocampus bis zum frontalen Cortex. Über diese Bahnen nimmt Dopamin maßgeblichen Einfluss auf Emotionen.

Serotonerge Ursprungskerne liegen vor allem im Mittelhirn, der Pons und der Medulla oblongata. Von dort ziehen sie in fast alle Bereiche des Gehirns. Serotonin wirkt auf verschiedenste Prozesse modulierend ein und interagiert mit anderen Neurotransmittern (Acetylcholin, Dopamin, GABA, Glutamat, Opioide). Es reguliert neben vegetativen Prozessen wie der Nahrungsaufnahme, der Körpertemperatur und hormonellen Aktivitäten auch psychische Funktionen wie einfache Formen des Lernens, Impulssteuerung, Stimmungskontrolle, und spielt eine besondere Rolle bei dem Empfinden von Angst.

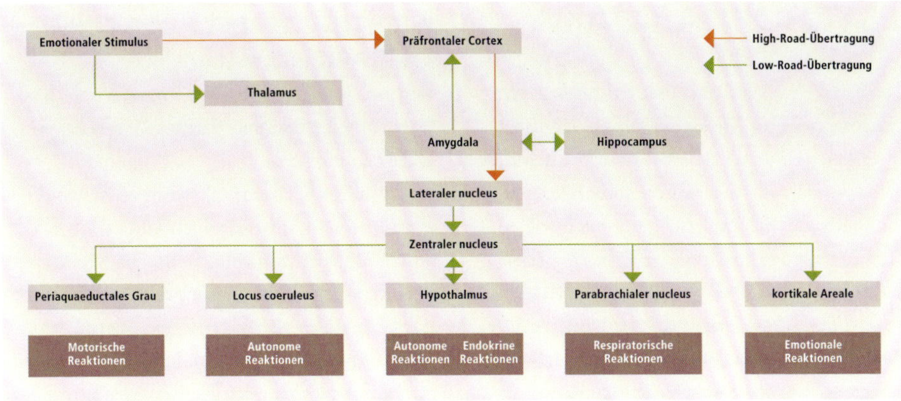

Neurale Funktionswege der Botenstoffe

peripheren Reize an die Amygdala und den präfrontalen Cortex weitergeleitet werden. Vom Thalamus gehen zwei Bahnen ab, die Low Road und High Road – eine für niedrigschwellige und eine für komplexere Ausführungen zuständige Signalstraße des Gehirns (LeDoux 2004). Die Low Road führt direkt zum lateralen Nukleus der Amygdala, ohne den präfrontalen Cortex zu passieren, während die High Road durch den präfrontalen Cortex führt, bevor sie den lateralen Nukleus der Amygdala erreicht. Die Projektionen gehen gemäß Walker et al. (2003, 2008) weiter zum zentralen Kern der Amygdala, von wo aus verschiedene Zielregionen erreicht werden, wie z. B. das periaqueduktale Grau, der Locus coeruleus, der Hypothalamus, der parabrachiale Nukleus und mehrere kortikale Bereiche.

Die Unterschiede zwischen der Low Road und der High Road sind auf mehreren Ebenen zu finden (LeDoux & Dbiec 2009, LeDoux et al. 2011, Silverstein & Ingvar 2015, Carr 2015, Yu & Chou 2018). Der „niedrige Weg“ reagiert schneller und erreicht die Amygdala zuerst, was zu einer primitiven und unreflektierten Angstreaktion führt. Im Gegensatz dazu durchläuft der „höhere Weg“ den präfrontalen Cortex, der der am weitesten entwickelte und jüngste Bereich des Gehirns ist. Der präfrontale Cortex ist in der Lage, eine detaillierte Analyse der Reize vorzunehmen, was es dem einzelnen Tier ermöglicht, die Amygdala zu zügeln und zu einer den Reizen angemessenen Reaktion auf die sensorischen Reize zu gelangen. Passiert die Signalkette also die Low Road, kommt es zu einer hemmenden Wirkung auf den präfrontalen Cortex, womit eine anfängliche Denkreaktion verhindert wird, während die High Road-Signalkette, die den präfrontalen Cortex passiert, anschließend die Amygdala hemmt und somit erlaubt, die limbische Reaktion zu vermitteln. **Beide Reaktionen sind entscheidend für das Überleben im Kontext einer Bedrohung!** Die direkte Reaktion greift unvermittelt und bereitet den Organismus augenblicklich darauf vor, zu handeln. Mit anderen Worten: Sie hemmt das Denken zugunsten einer sofortigen Reaktion. Die abwartende und bewertende Reaktion hingegen kann eine Situation und ihre Variablen analysieren, sie mit früheren Situationen vergleichen und dann geeignete Maßnahmen ergreifen. Diese „denkende Reaktion“ ist langsamer als die sofortige Handlung; ihr Vorteil ist jedoch, dass sie Lernprozessen unterliegt, durch die sie nicht zuvor durchdachte Reaktionen, die von der Amygdala ausgehen, hemmen kann, was der Ansicht von Armony und LeDoux (1997) zufolge zu einer angemessenen Umwelt-Reiz-Reaktion im Rahmen der Sozialisierung führen und das spätere Verhalten beeinflussen kann.

PSYCHOPHARMAKA

Die Entstehung psychischer Erkrankungen hat sowohl beim Menschen als auch beim Hund vielfältige Ursachen. Diese können z. B. genetische Prädispositionen, fehlende bzw. mangelhafte Sozialisierung im juvenilen Alter, Stress oder psychische Traumata sein. **Beim Hund ist eine Verhaltenstherapie sowie die Anpassung der Haltungsbedingungen das A und O einer erfolgreichen Therapie von Verhaltensstörungen.** Zusätzlich kann die Therapie medikamentös durch Psychopharmaka unterstützt werden. Dabei macht man sich die sogenannte synaptische Plastizität (siehe Kasten) zunutze, die eine entscheidende Rolle bei Lern- und Gedächtnisprozessen spielt und eine lebenslange Anpassung der neuronalen Prozesse und somit auch des Verhaltens ermöglicht. Eine medikamentöse Behandlung führt aber ausschließlich in Kombination mit einer Verhaltenstherapie zu einer langfristigen Änderung des Verhaltens und ist als alleinige Therapie nicht sinnvoll. Bei der Verwendung von Psychopharmaka müssen außerdem einige Aspekte beachtet werden, um die Therapie bestmöglich auf den Patienten abzustimmen und Risiken zu minimieren. Einfach ein Medikament zu verordnen, ist leider noch viel zu verbreitet.

SYNAPTISCHE PLASTIZITÄT

Dies bezeichnet den Umbau und die Neubildung von Synapsen. Man unterscheidet dabei die Funktionelle Plastizität, die z. B. die Anpassung der Menge freigesetzter Neurotransmitter oder Änderung der Rezeptordichte beinhaltet, und die Strukturelle Plastizität, die eine Vergrößerung bzw. Verkleinerung der synaptischen Kontaktfläche sowie den Auf- und Abbau von Synapsen bezeichnet.

WICHTIGE ASPEKTE VOR EINER THERAPIE

Besonders wichtig ist die Einschätzung des Gesundheitsstatus vor Beginn der Therapie. Dafür sollten eine klinische Allgemeinuntersuchung, eine Blutchemie sowie eine Harnuntersuchung erfolgen, um eventuelle Stoffwechselerkrankungen, die die Metabolisierung der Medikamente beeinflussen oder selbst Auslöser von Verhaltensänderungen sein können, festzustellen. Bei Psychopharmaka, die zu kardiovaskulären Symptomen führen können, kann außerdem ein EKG zur Abklärung möglicher Arrhythmien sinnvoll sein. Daneben sollte auch der Ernährungszustand berücksichtigt werden. Bei adipösen Hunden können sich z. B. lipophile (= fettlösliche) Medikamente im Fettgewebe einlagern, wodurch nicht die volle Dosis des Medikamentes an den Zielort gelangt. Durch eine langsame Freisetzung aus dem Fettgewebe können die Medikamente außerdem über einen längeren Zeitraum nachwirken. Bei Erkrankungen wie Epilepsie, Diabetes mellitus und Hypothyreose sollten Psychopharmaka mit Bedacht eingesetzt werden, da es zu Interaktionen mit den bei diesen Erkrankungen verwendeten Medikamenten kommen kann und einige Psychopharmaka den Blutzuckerspiegel sowie die Schilddrüsenfunktion beeinflussen können. Es ist außerdem zu beachten, dass Psychopharmaka, wie z. B. Tricyclische Antidepressiva, zu einem verringerten Level an Schilddrüsenhormonen führen können, das fälschlicherweise als Hypothyreoidismus interpretiert werden kann. Da Psychopharmaka in Kombination mit einigen anderen Medikamenten schwere Nebenwirkungen hervorrufen können, müssen auch weitere laufende medikamentöse Behandlungen bekannt sein.
Neben den gesundheitlichen Aspekten ist auch die Persönlichkeit des Hundes bei der Wahl eines geeigneten Präparates von Bedeutung. So sollten Psychopharmaka, die häufig zu Hyperaktivität oder Aggressivität führen,

WIRKUNG VON PSYCHOPHARMAKA

DÄMPFEND	ERREGEND	ABNORM
Antipsychotika: Neuroleptika (Phenothiazine, Butyrophenone)	Antidepressiva: Tricyclische Antidepressiva, Monoaminooxidase-Hemmer, Serotonin-Re-uptake-Inhibitoren	Psychodysleptika: Hallozinogene
Anxiolytika: Benzodiazepine	Psychoanaleptika: Weckamine, Methylxanthine (Theobromin in Schokolade!)	
Antikonvulsiva: Phenobarbital, Benzodiazepine, Imepitoin (Antiepileptikum)		

bei A-Typen (siehe S. 281) und bei generell eher aufgedrehten oder zur Vorwärts- = Präventivaggression (siehe S. 186) neigenden Hunden nicht angewendet werden.

BEGINN DER THERAPIE

Wurde ein geeignetes Präparat gewählt, wird mit einer niedrigen Dosierung die Therapie begonnen. Gerade in den ersten Tagen sollte dabei besonders sorgfältig auf Nebenwirkungen geachtet werden. Häufig treten Müdigkeit, Sedation, Durchfall, Erbrechen, Appetitlosigkeit und eine erhöhte Wasseraufnahme auf. Über eine vorzeitige Beendigung der Therapie sollte bei diesen Symptomen erst nachgedacht werden, wenn sie einige Tage nach Beginn der Therapie noch immer bestehen. Anders sieht das bei neurologischen Nebenwirkungen wie Geräuschempfindlichkeit, Ataxie (Störungen der Bewegungsabläufe), Schlaflosigkeit oder Krampfanfällen aus. In diesem Fall sollte sofort der Tierarzt informiert und die Therapie beendet werden, wenn die Symptome länger als ein Tag andauern. Besonders bei der Anwendung von Psychopharmaka, die zu kardiovaskulären Symptomen führen können, sollte die Herzfrequenz des Hundes gut überwacht werden. Dafür empfiehlt es sich, die Herzfrequenz während der Ruhephasen des Hundes vor Beginn der Therapie zu ermitteln, um mögliche Veränderungen sicher erkennen zu können. Im Hinblick auf die mögliche Entstehung eines potenziell lebensbedrohlichen Serotoninsyndroms sollte bei Psychopharmaka, die in den Serotoninhaushalt eingreifen, außerdem auf Symptome wie erhöhten Blutdruck, eine erhöhte Körpertemperatur, erhöhte Herz- und Atemfrequenz, gastrointestinale Symptome und unwillkürliche Muskelkontraktionen geachtet werden. Wird das Präparat gut vertragen, kann die Dosierung langsam gesteigert werden.

SEROTONINSYNDROM

Es entsteht durch eine Überaktivierung der Serotoninrezeptoren infolge eines übermäßig erhöhten Serotoninspiegels. Meist treten die Symptome innerhalb der ersten 24h nach Einnahme der serotonergen Substanzen auf. Aus diesem Grund sollten serotonerge Psychopharmaka nicht mit Nahrungsergänzungsmitteln kombiniert werden, die den Serotoninhaushalt beeinflussen.

WIRKSTOFFE VON PSYCHOPHARMAKA

WIRKSTOFF	INDIKATION UND WIRKUNG	WIRKMECHANISMUS
Benzodiazepine		
Alprazolam, Diazepam	schnelle Wirkung, akut und präventiv anwendbar, angstlösend bei Lärmphobien, Trennungsangst, antikonvulsiv bei Epilepsie, in höheren Dosen sedativ wirksam	Anxiolyse: GABA-potenzierend an Alpha2-GABA-A-Rezeptoren im limbischen System
Pyrimidinderivat		
Buspiron	angstlösend, begleitende medikamentöse Behandlung bei milden Verhaltensstörungen wie Trennungsangst, Phobien, Stereotypien und Aggressivität	Partieller 5-HT-Rezeptor-Agonist, D2-Rezeptor-Agonist
Alpha2-Agonisten		
Dexmedetomidin	akut angstlösend bei Lärmphobien, sedativ-hypnotisch	Alpha2-Rezeptor-Agonist, Hemmung der Noradrenalin-Freisetzung im Locus coeruleus
Phenothiazine		
Acepromazin	Sedation bei Angstzuständen, Stress und Aggression, Antiemesis bei Reisekrankheit	Unselektiver Dopamin-Antagonist
Trizyklische Antidepressiva		
Clomipramin, Imipramin, Amitryptilin	begleitende medikamentöse Behandlung bei Verhaltensstörungen wie Trennungsangst, Phobien, Stereotypien und Aggressivität Narkolepsie: Imipramin Milde, nicht spezifische Angsstörungen: Amitryptilin Zwangsstörungen gepaart mit Angststörungen (z. B. OCD): Clomipramin	Hemmung der Wiederaufnahme von Serotonin und Noradrenalin
Monoaminooxidase-(MAO)-Hemmer		
Selegilin	begleitende medikamentöse Behandlung bei Verhaltensstörungen wie Trennungsangst, Phobien, Stereotypien, Aggressivität und geriatrischen Verhaltensstörungen, kognitiven Dysfunktionen	irreversible MAO-Hemmung –> Beeinträchtigung, Re-uptake und Recycling von Dopamin
Serotonin-Re-uptake-Inhibitoren		
Sertralin, Fluoxetin, Paroxetin, Citalopram, Fluvoxamin	begleitende medikamentöse Behandlung bei Verhaltensstörungen wie Trennungsangst, Phobien, Stereotypien und Aggressivität Soziale Phobien/Angststörungen: Paroxetin Aggressionsausbrüche (mit Angststörung): Fluoxetin Generalisierte Angststörungen/Panik: Sertralin	selektive Hemmung der Wiederaufnahme von Serotonin

NEBENWIRKUNGEN	KONTRAINDIKATIONEN
bei hoher Dosierung Blutdruckabfall, Atemdepression, Ataxie, kann bei aufgeregten Tieren zu Exzitation und Aggression führen, beeinflusst das Lernvermögen	Vorsicht: Suchtgefahr beim Menschen! Vorsicht bei Leber- und Nierenerkrankungen
Erbrechen, paradoxe Reaktionen, kardiovaskuläre Symptome	nicht zur Therapie akuter Angstzustände geeignet, nicht bei gehemmter Aggresssion anwenden –> führt zur Enthemmung Vorsicht bei Leber- und Nierenerkrankungen, nicht in Kombination mit MAO-Hemmern, Serotonin-Re-uptake-Inhibitoren oder Tricyclischen Antidepressiva anwenden (Gefahr eines Serotoninsyndroms)
blass-bläuliche Schleimhäute, Sedation, Erbrechen, Harninkontinenz	Herz-Kreislauf-Erkrankungen, schwere systemische Erkrankungen
paradoxe Erregungen, prokonvulsiv (Krampfanfälle begünstigend), Hypothermie (Abfall der Körpertemperatur), Blutdruckabfall, Photosensibilisierung (Lichtempfindlichkeit)	Epilepsie, Kreislaufschwäche Brachycephale Hunde: Synkopen (Kollaps) Boxer und Hunde mit MDR1-Gendefekt: hohe Empfindlichkeit –> niedrige Dosierung! Eignet sich nicht zur Therapie von Angstzuständen
Inappetenz (Appetitlosigkeit), Erbrechen, Lethargie, Tachykardie (Herzrasen), kardiale Arrhythmien (Herzrythmusstörungen)	nicht in Kombination mit MAO-Hemmstoffen einsetzen (Gefahr eines Serotoninsyndroms), Vorsicht bei Hunden mit Epilepsie, Hyperthyreose (Schilddrüsenüberfunktion), Arrhythmien und Engwinkelglaukom
selten Salivation (Speichelproduktion, hier Überproduktion mit Speichelfluss), Erbrechen, Durchfall, z.T. Aggressivitätssteigerung	trächtige und säugende Hündinnen, nicht in Kombination mit tricyclischen Antidepressiva anwenden (Gefahr eines Serotoninsyndroms)
Anorexie (Magersucht), Übelkeit, Durchfall, Lethargie, Hyperaktivität, zentralnervöse Störungen, paradoxe Reaktionen Bei Überdosierung: Krampfanfälle und Aggressivität	nicht mit MAO-Hemmern und tricyclischen Antidepressiva kombinieren (Gefahr eines Serotoninsyndroms) Vorsicht bei Diabetes mellitus, Epilepsie und Lebererkrankungen

In Kombination mit einer Verhaltenstherapie können Psychopharmaka einen positiven Effekt erzielen.

Während der Therapie ist außerdem zu beachten, dass ein futtergefüllter Magendarmtrakt die Absorption vieler Psychopharmaka beeinträchtigt. **Die Verabreichung von Psychopharmaka sollte, wenn nicht anders angegeben, möglichst auf nüchternen Magen erfolgen.**

DAUER UND BEENDEN DER THERAPPIE

Die Dauer ist vom Schweregrad der Verhaltensstörung und dem Erfolg der Verhaltenstherapie abhängig. Bei einigen Verhaltensstörungen, wie z. B. Lärmphobien an Silvester, reicht oft eine Behandlung an den entsprechenden Tagen. Bei einer Langzeittherapie ist die Gabe der Medikamente meistens über mindestens 6 Monate notwendig. Da eine Anpassung der neuronalen Prozesse einige Zeit benötigt, tritt bei einer Langzeittherapie die volle Wirkung der Psychopharmaka häufig erst nach einigen Tagen bis Wochen ein. Aktuelle Studien deuten darauf hin, dass der Grund hierfür die Veränderung epigenetischer Muster sein könnte (siehe S. 32). Nach erfolgreicher Verhaltenstherapie sollten die Psychopharmaka anschließend über nochmals den gleichen Zeitraum weiter verabreicht werden. **Die Beendigung der Therapie erfolgt durch eine schrittweise Dosisreduktion, also ein Ausschleichen der Medikamente.** Psychopharmaka sollten nicht abrupt abgesetzt werden, da durch die Gewöhnung des Körpers an die Medikamente Entzugserscheinungen auftreten können. Kommt es beim Ausschleichen zu einer Verschlechterung des Zustandes, sollte die Dosis wieder erhöht und die Verhaltenstherapie weitergeführt werden.

Bei einer längerfristigen Therapie sollte mindestens einmal im Jahr eine Kontrolle der Blutwerte erfolgen, um Stoffwechselveränderungen und Organschäden frühzeitig zu erkennen und die Therapie gegebenenfalls anpassen zu können. Überblick über einige Psychopharmaka, ihre Wirkung, Indikationen und Nebenwirkungen, siehe S. 110/111.

DIE SCHILDDRÜSE: EIN UNTERSCHÄTZTES ORGAN?

VON JOHANNA BERGEEST, JENNIFER KNOCHE, SOPHIE SCHMIEDEL UND JENNIFER SILBERMANN

Die Schilddrüse (*Glandula thyreoidea*) ist an sich ein eher kleines und unscheinbares Organ. Sie gehört zu den endokrinen Organen der Säugetiere, das bedeutet, sie produziert Hormone, die über die Blutbahn im gesamten Organismus verteilt werden. Sie besitzt daher einen Einfluss auf verschiedene Körperfunktionen, denn die freigesetzten Hormone docken an spezifische Rezeptoren überall im Körper an und führen über ein Schlüssel-Schloss-Prinzip zu Reaktionen und einem Eingriff in den Stoffwechsel.

AUFBAU DER SCHILDDRÜSE

Die Schilddrüse liegt beim Hund und anderen Säugetieren im Halsbereich und umgreift mit einem rechten und linken Lappen die Luftröhre. Die Größe und das Gewicht können aufgrund von zahlreichen Faktoren variieren. Dazu gehören individuelle Einflüsse wie z. B. Alter, Geschlecht, Rasse und Sexualzyklus, aber auch Umwelteinflüsse wie Fütterung, Haltung, Jahreszeit und Jodgehalt des Futters (König & Liebich 2002, Nickel et al. 2004, Lebodziski 1994). Die Schilddrüsenlappen enthalten verschieden große Follikel (Bläschen), die von Zellen ausgekleidet werden, die Hormone produzieren und dann in die Mitte des Bläschens abgeben. In diesem Kolloid befinden sich die Hormone, gebunden an Thyreoglobulin, und können gespeichert werden, bis sie aus diesem heraus sezerniert, also abgegeben werden (Nickel et al. 2004).

Die Schilddrüsenhormone, auf die wir uns hier konzentrieren, sind Tetraiodthyronin (T4) und Triiodthyronin (T3).

REGULATION DER HORMONE

Die Regulation der Hormone ist dem Regelkreis der Hypothalamus-Hypophysen-Schilddrüsen-Achse untergeordnet.
Der Hypothalamus setzt das sogenannte Thyreotropin-releasing-Hormon (TRH) stoßweise frei. Dieses führt zur Freisetzung des Thyreoidea-stimulierenden-Hormons (TSH) aus dem Hypophysenvorderlappen. Beide Hormone unterliegen einem täglichen Rhythmus, der ihre Freisetzung steuert. Daher ist es normal, dass es über den Tag verteilt zu schwankenden Konzentrationen an Schilddrüsenhormonen kommt. Das Maximum der TRH-Freisetzung erfolgt in den Abendstunden.
Die Produktion der Schilddrüsenhormone kontrolliert sich im Normalfall selbst über eine negative Rückkopplung. Ist viel T3, T4 oder TSH (dies sind die wichtigsten Rückkopplungsschleifen) vorhanden, wird die TRH-Sekretion im Hypothalamus gesenkt (siehe Abbildung, S. 114).
Auch Stresshormone, Medikamente, Erkrankungen, Ernährung und Temperaturschwankungen beeinflussen die Produktion der Hormone.
Tetraiodthyronin unterscheidet sich zu Trijodidthyronin, wie der Name vermuten lässt, durch die Anzahl der Jod-Atome, die an das jeweilige Hormon gebunden sind. Daher bezeichnet man sie auch als T4 oder

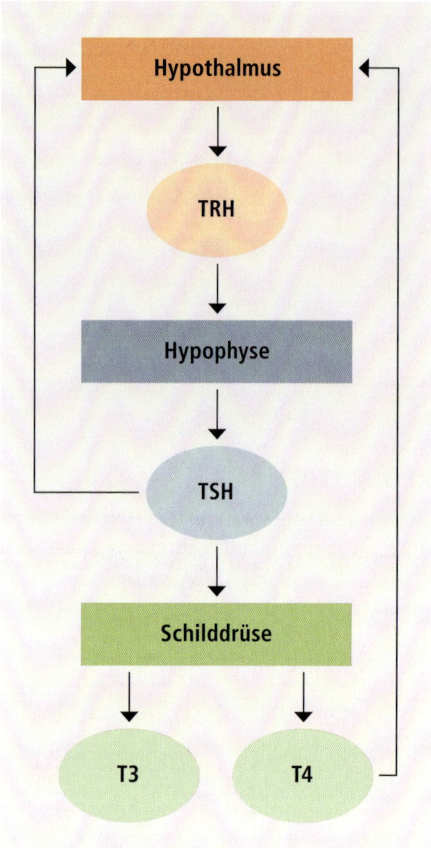

Regulation der Hormone im Schilddrüsenregelkreis

Thyroxin mit 4 Jodbindungen und T3 mit drei. Diese Namen werden auch im Folgenden weiter benutzt. T4 ist die am meisten sezernierte (Flüssigkeit absondernde) Form in der Schilddrüse. Allerdings wird in den Zielzellen im Körper T3 deutlich besser von den Rezeptoren erkannt und daher meist vor Ort von T4 durch Abspaltung von Jod zu T3 umgebaut. Thyroxin kann daher auch als Prohormon von T3 bezeichnet werden (Köhrle & Petrides 2008, Reimers et al. 1990, Voigt 2003).

EINFLUSS DER HORMONE IM KÖRPER

Die Hormone der Schilddrüse haben einen Einfluss auf fast alle Organe. So steigern sie den Grundumsatz und die Wärmeregulation, beeinflussen das Körperwachstum, denn die Wachstumshormone benötigen die Schilddrüsenhormone, um wirksam zu werden, und stimulieren Kohlenhydrat-Stoffwechsel, Fettmobilisation und Diurese (Harnausscheidung). Für das Immunsystem und dessen Reaktion sind die Schilddrüsenhormone von Bedeutung, da sie sowohl die zelluläre als auch die humorale Immunität steigern (Köhrle & Petrides 2008, Knepel 2005, Zimmermann 2018). Bereits beim Embryo sind die Schilddrüsenhormone von Bedeutung, denn sie haben auch einen großen Einfluss auf die Entwicklung des Nervensystems. Es sind die Schilddrüsenhormone, die aus der Kaulquappe einen Frosch werden lassen und die geistige Entwicklung beim Menschen beeinflussen (Knepel 2005, Nickel et al. 2004, Sinowatz 2000).

Neben den Schilddrüsenhormonen ist die Aminosäure Tyrosin auch für die Bildung anderer Hormone und Neurotransmitter von Bedeutung, so hat sie z. B. einen Einfluss auf die Bildung von Dopamin, Norardrenalin und Adrenalin (Zimmermann 2018).

Es wird auch angenommen, dass die Schilddrüsenhormone in Wechselwirkungen mit einigen Neurotransmittern, sozusagen den Botenstoffen des Gehirns, stehen. Hierbei wird davon ausgegangen, dass der „Serotonin-Dopamin-Stoffwechselweg" durch die Hormone beeinflusst wird, sodass die spezifischen Rezeptoren bei einem Mangel an Schilddrüsenhormonen schneller abgebaut werden (vgl. Gansloßer & Strodtbeck 2012). Serotonin und Dopamin sind Neurotransmitter, die einen immensen Einfluss auf die Emotionen, Motivation und Bewegung haben. Wenn ein Mangel an diesen Neurotransmittern besteht, kann dies zu Antriebslosigkeit, Ängstlichkeit und Aggressionen führen. Im Bezug auf Serotonin wird eine wirkungsverstärkende bzw. produktionssteigernde Wirkung durch Schilddrüsenhormone (Thyroxin) angenommen. Auch konnte belegt werden, dass die Aktivität der Dopaminrezeptoren durch Thyroxin erhöht wird.

Im Versuch konnte gezeigt werden, dass die Noradrenalinrezeptoren bei hypothyreoten Tieren dagegen zunehmen. Diese Wechselwirkung führt auch zu einer Veränderung im Verhalten, denn eine erhöhte Ansprechbarkeit auf Noradrenalin führt gleichzeitig zu einer gesteigerten Reizbarkeit. Bei erhöhten Noradrenalinwerten können ein impulsives Verhalten und Aggressionen, aber auch Angst und Panikattacken beobachtet werden.
Auch soll es Wechselwirkungen zwischen GABA, Glutamat und TRH geben. GABA ist der wichtigste hemmende Neurotransmitter, sodass er eine beruhigende Wirkung besitzt. Glutamat stellt seinen Gegenspieler dar und hat somit eine erregende Wirkung. Bei einem Mangel an Schilddrüsenhormonen kommt es zu einem Ungleichgewicht zwischen diesen beiden Neurotransmittern und einem absinkenden GABA-Spiegel. Sowohl T3 als auch T4 hemmen die GABA-Aufnahme in die sogenannten Synaptosomen, verlängern also die Anwesenheit von GABA im synaptischen Spalt (Zimmermann 2018, Gansloßer & Strodtbeck 2012).
TRH ist ein Neurotransmitter, der z. B. an der Schmerzunterdrückung und an der Kälte-, sowie Schlaf-Wach-Regulation beteiligt ist. Es wird für T3 eine Funktion als Neurotransmitter diskutiert (Zimmermann 2018). Näheres zum Thema Neurotransmitter findet sich ab S. 93.

ERKRANKUNGEN DER SCHILDDRÜSE

Je nach Art und Lokalisation der Erkrankung werden entweder zu viele oder zu wenige Hormone produziert. Aus diesem Grund werden die Erkrankungen der Schilddrüse in eine Schilddrüsenüberfunktion und eine Schilddrüsenunterfunktion unterteilt. Die Schilddrüsenüberfunktion ist beim Hund eher selten, weshalb auf diese im Folgenden nur kurz eingegangen wird. Eine Schilddrüsenunterfunktion dagegen ist eine der häufigsten Hormonerkrankungen beim Hund.

SCHILDDRÜSENÜBERFUNKTION

Die Hyperthyreose wird beim Hund meist durch Tumorerkrankungen wie Adenome und Karzinome, also gutartige und bösartige Tumore, ausgelöst. Im Gegensatz zu Schilddrüsentumoren bei der Katze, sind beim Hund nur ca. 10 % der auftretenden Schilddrüsentumore auch hormonell aktiv und führen zu erhöhten Schilddrüsenwerten und damit einer Hyperthyreose. Im Gegenteil – sie führen häufig sogar zu Unterfunktionen. Wird bei einem Hund ein Tumor an der Schilddrüse diagnostiziert, ist dies meist ein Karzinom und führt in einem Viertel der Fälle zu einer sogenannten Thyreotoxikose, also Vergiftungserscheinungen durch Schilddrüsenhormone.
Bei vermutlich 5 % der Hunde liegt ein sogenanntes ektopisches Schilddrüsengewebe vor. Das heißt, es lässt sich Schilddrüsengewebe finden, das außerhalb der Schilddrüse liegt. Meist ist dieses Gewebe hormonell inaktiv. Produziert es jedoch Hormone, kann auch dies zu einer Schilddrüsenüberfunktion führen (Zimmermann 2018).
Nicht nur der Körper selbst, auch äußere Umstände können zu einer zu hohen Menge an Schilddrüsenhormonen führen. So kann eine Hyperthyreose durch eine Überdosierung von L-Thyroxin, also dem meist genutzten Medikament zur Behandlung von Unterfunktionen, über eine längere Zeit entstehen. Diese Form tritt aufgrund der kurzen Halbwertszeit von T4 beim Hund jedoch selten auf (Zimmermann 2018). Das mittlerweile immer häufigere „BARFEN" beinhaltet gelegentlich die Fütterung von Schlund. Da die Hunde dabei eine vermehrte Menge von Schilddrüsengewebe aufnehmen, kann auch dies zu einer alimentär bedingten Hyperthyreose führen (Zimmermann 2018) – siehe „Aus der Praxis", S. 116.

AUS DER PRAXIS (VON JOHANNA BERGEEST)

FALLBEISPIEL SIMBA: „DU BIST, WAS DU FRISST"

Nicht immer ist eine Diagnose einfach, besonders dann nicht, wenn es um ein so komplexes Thema wie die Schilddrüse geht. Ein Beispiel dafür, dass die Dinge manchmal anders sind als sie scheinen ist Dackel Simba.

Als der vierjährige Simba bei mir in der Sprechstunde steht, macht sich seine Halterin Sorgen. Sonst immer fröhlich und eher quirlig, fällt er in den letzten Wochen eher durch ruhiges und zurückhaltendes Verhalten auf. Seine Krankenakte zeigt bis zu diesem Punkt außer regelmäßigen Kontrolluntersuchungen keine Auffälligkeiten. In einer ausführlicheren Anamnese stellt sich heraus, dass sich in den letzten Wochen, in denen sich das Verhalten zeigte, auf den ersten Blick nichts verändert hat. Die anderen Hunde im Haushalt sind fit, es gibt keine Veränderungen im Alltag. Die Halterin berichtet, dass die Hunde allesamt gut fressen. Auch der abendliche Kausnack wird weiterhin gut angenommen.
Die allgemeine Untersuchung von Simba ist unauffällig, doch wenn Halter von solch deutlichen Verhaltensveränderungen berichten, gilt es diese abzuklären. Eine Blutuntersuchung soll deshalb weitere Hinweise bringen, ob mit Simba etwas medizinisch nicht in Ordnung ist. Das Ergebnis der Blutprobe überrascht so sehr, dass mein erster Anruf nicht der Halterin gilt, sondern dem Labor, mit der Frage, ob der Wert auf dem Bericht stimmen kann? Wie wir bereits erfahren haben, neigen Hunde fast ausschließlich zu Schilddrüsenunterfunktionen, während Katzen sich eher mit Schilddrüsenüberfunktionen herumschlagen müssen. Simbas Blutwerte zeigen jedoch eine deutliche Erhöhung der Schilddrüsenwerte. Genauer gesagt einen T4-Wert, der mehr als das doppelte des oberen Referenzwertes zeigt. Alle anderen Werte des kleinen Dackels sind einwandfrei.

Futterbedingte Schilddrüsenüberfunktion

Der häufigste Grund für krankhaft erhöhte Schilddrüsenwerte ist eine Überproduktion aufgrund von Tumoren. Da Simba nicht der typische Hyperthyreose-Kandidat ist, beschäftigt mich sehr. Deshalb fragte ich die Halterin erneut nach der Fütterung der Hunde. Im Gespräch kommt heraus: der neue Lieblingssnack der Hunde sind Hähnchenhälse. Schilddrüsenhormone sind sehr haltbar. Insbesondere frisch gefütterter Schlund kann daher zu einer alimentären, also futterbedingten Erhöhung der Schilddrüsenhormone führen. Es ist nicht die eigene Schilddrüse der Hunde, die zu viele Hormone produziert, sondern es sind die Hormone des Tieres, dessen Schlund sich unsere Hunde mit Freude einverleibt haben, die im Körper des Hundes wirken. In der Literatur finden sich wenige Angaben zum Gehalt von Schilddrüsenhormonen in getrockneten Hähnchenhälsen, sodass die Freude und Überraschung bei allen Beteiligten groß ist, als eine Kontrollblutprobe vier Wochen nach der ersten zeigt, dass sich die Werte komplett normalisiert haben. Auch das Verhalten von Simba ändert sich, er kehrt zu dem fröhlichen Hund zurück, der er vorher war.

SCHILDDRÜSENUNTERFUNKTION

Eine Schilddrüsenunterfunktion lässt sich aufgrund der unterschiedlichen Lokalisationen der Störung in der Hypophysen-Hypothalamus-Schilddrüsen-Achse, die zu einer mangelnden Hormonproduktion führt, in verschiedene Formen unterteilen.

Primäre Hypothyreose

Eine primäre Schilddrüsenunterfunktion beschreibt eine Funktionsstörung innerhalb der Schilddrüse, die zu einer Unterversorgung des Körpers mit den beschriebenen Hormonen führt. Diese Form ist mit ca. 95 % die häufigste beim Hund. Klinische Symptome zeigen sich dabei jedoch erst, wenn ca. 75 % des Schilddrüsengewebes zerstört sind. Daher kann es Monate bis Jahre dauern, bis eine primäre Unterfunktion erkannt wird (Ferguson 2007, Feldman & Nelson 1987).

Die primäre Hypothyreose kann ihrerseits noch in verschiedene Formen unterteilt werden, am wichtigsten dabei sind die lymphozytäre Thyreoiditis und die idiopathische Atrophie.

Die **lymphozytäre Thyreoiditis** stellt eine immunvermittelte Entzündung dar, bei der das Follikelgewebe nach und nach durch Bindegewebe ersetzt wird. Diese Form ist vergleichbar mit der Autoimmunerkrankung Hashimoto beim Menschen und wird daher auch als autoimmune Thyreoiditis bezeichnet. Aufgrund einer Fehlsteuerung des Immunsystems werden irrtümlicherweise körpereigene Stoffe von diesem bekämpft. In diesem Fall sind es Proteine in der Schilddrüse, die das Immunsystem nicht von körperfremden Stoffen unterscheiden kann. Auslöser einer autoimmunen Thyreoiditis sind meist ungeklärt, grundsätzlich kommen aber genetische Disposition, Medikamente, Infektionen, Stress und Sexualhormone infrage. Der Verlauf der Autoimmunthyreoiditis ist sehr langsam, sodass es zum Teil bis zu drei Jahre dauern kann, bis sich klinische Symptome bemerkbar machen (Zimmermann 2018).

Bei der **idiopathischen Atrophie** kommt es zu einer Zersetzung der Follikelzellen, das Schilddrüsenparenchym wird durch Binde- und Fettgewebe ersetzt. Die Ursache dieses Zelluntergangs ist unklar. Es scheinen jedoch eher ältere Hunde von dieser Form betroffen zu sein. Ab dem 10. Lebensjahr können Altersatrophien zu einer Verkleinerung der Schilddrüse führen. Sinkt im Alter die Ansprechbarkeit der TRH-Rezeptoren in der Hypophyse, wird weniger TSH produziert und das Schilddrüsengewebe infolgedessen reduziert. Eine Mangelversorgung mit Jod, Selen oder Zink, aber auch eine Infektion (z. B. Borreliose oder Leishmaniose) oder eine mechanische Verletzung können zu einem Untergang von Schilddrüsengewebe und damit einhergehend zu einer Schilddrüsenunterfunktion führen (Zimmermann 2018).

Sekundäre Hypothyreose

Wenn die Störung in der Hormonausschüttung ihre Ursache im Bereich der Hypophyse findet, dann spricht man von einer sekundären Hypothyreose (Neson 2006).

Ein Mangel an TSH führt zu einer nicht ausreichenden Stimulation der Schilddrüse. Es kommt zu einer zu geringen Bildung von Schilddrüsenhormonen und einem Verlust an Schilddrüsengewebe. Ursachen dieser Form können angeborene Missbildungen, Tumore und Zerstörungen der Hypophyse sein (Hämmerling et al. 2009, Nelson 2008).

Euthyreot-Sick-Syndrome

Sind die Schilddrüse und ihr Regelkreis in ihrer Funktion grundsätzlich nicht beeinträchtigt, also euthyreot in Abgrenzung zu hypo-/hyperthyreot, aber das Blutbild zeigt einen Mangel an Schilddrüsenhormonen, wird dies als Euthyreot-Sick-Syndrom oder NTI bezeichnet. Aufgrund der niedrigen Werte wird oft fälschlicherweise eine primäre Schilddrüsenunterfunktion als Ursache in Betracht gezogen. Es ist aber eine schilddrüsenunabhängige Erkrankung, die zu niedrigen T3-Werten führt (Zimmermann 2018).

Subklinische Hypothyreose

Die subklinische Schilddrüsenunterfunktion stellt einen Sonderfall dar. Bei ihr sind kaum bis keine klinischen Symptome feststellbar. Diese Form der Schilddrüsenunterfunktion wird sowohl im Humanbereich als auch in der Veterinärmedizin stark diskutiert. Ein Grund dafür ist, dass die Abgrenzung zu anderen Erkrankungen bzw. auch Einflüssen durch die fehlenden eindeutigen klinischen Symptome erschwert ist. Nach heutigem Erkenntnisstand zeigt sich die subklinische Schilddrüsenunterfunktion häufig zu Beginn einer gerade entstehenden Hypothyreose.
Da es wie bereits erwähnt einige Zeit in Anspruch nehmen kann, bis sich z. B. bei einer Entzündung der Schilddrüse klinische Symptome manifestieren, kann das subklinische Stadium bei Hunden eine ebenso lange Zeit vorliegen. Meist zeigen sich in dieser Zeit jedoch nicht gar keine, sondern eher unspezifische Symptome, die eine Diagnosestellung zunächst erschweren. So wird auch über die Bezeichnung „Subklinische Hypothyreose" diskutiert, denn strenggenommen treten Symptome auf, sodass für dieses Stadium auch Begriffe wie beginnende oder latente Schilddrüsenunterfunktion verwendet werden.
Aufgrund der schwierigen Diagnose und Unterscheidung einer subklinischen Schilddrüsenunterfunktion zu beispielsweise NTI's oder Dauerstress, kommt es häufig zu Unter- oder Überdiagnosen (Zimmermann 2018).

Auswirkungen auf das Verhalten

Unser Hauptaugenmerk soll hier auf der subklinischen Hypothyreose liegen. Also auf Tieren, bei denen nicht die klinische Erkrankung und deren Symptome im Vordergrund steht, sondern die meist von den Haltern oder Trainern bemerkte und nicht verhältnismäßige Wesensveränderung.
Dennoch können auch bei allen anderen Schilddrüsenerkrankungen, die hier thematisiert werden, Verhaltensänderungen festgestellt werden. Die sehr selten auftretende und meist durch Schilddrüsenkarzinome ausgelöste Schilddrüsenüberfunktion (Gliesche et al. 2013, aus Slebodzinski 1994) tritt vorwiegend bei mittelalten bis alten Hunden auf (Gliesche et al. 2013, aus Wucherer & Wilke 2010). Erkrankte Hunde zeigen sich altersuntypisch unruhig. Außerdem können eine generelle Nervosität und ein hoher Bewegungsdrang beobachtet werden.
Die meisten Schilddrüsenunterfunktionen entwickeln sich schleichend, teilweise über Jahre hinweg, was nicht selten dazu führt, dass sich Hundehalter an die Veränderungen im Verhalten des Hundes gewöhnen. Das eigentliche Ausmaß der Hypothyreose wird dadurch häufig erst nach erfolgreicher Behandlung sichtbar. Hier äußern sich Verhaltensänderungen häufig durch Trägheit, Leistungsschwäche, ein gesteigertes Schlafbedürfnis und Kälteintoleranz sowie mangelnde Konzentration und selten auch Krampfanfälle und Ataxien. Dennoch gibt es in Bezug auf die Hypothyreose kein einheitliches Krankheitsbild. Die Symptomatik ist je nach Hund verschieden. Auch Verhaltensänderungen sind verschieden stark ausgeprägt. So kann ein Hund auch vermehrt Aggressionsverhalten, Angst oder gar Depressionen zeigen (Reusch & Boretti 2006, Mahnke 2007).

VERHALTENSSTÖRUNGEN BEI SUBKLINISCHER HYPOTHYREOSE

Besonders vielfältig sind die Verhaltensstörungen bei der subklinischen Hypothyreose. Die komplexen Wechselwirkungen zwischen Hormonen und Neurotransmittern sind die Ursache für die teils sehr widersprüchlichen Auffälligkeiten im Verhalten des Hundes (Gansloßer & Strodtbeck 2013).

Zu nennen wären hier zum Beispiel:
— allgemeine Ängstlichkeit
— Geräuschempfindlichkeit
— gesteigerte Aggressivität
— Zwangshandlungen
— Stimmungsschwankungen

Ängstlichkeit und Panikanfälle können u. a. Symptome für eine Hypothyreose sein.

- Hyperaktivität
- Aufmerksamkeits- und Konzentrationsverlust
- Depressionen
- leichte Reizbarkeit
- Passivität
- Panikanfälle, Wutanfälle oder epileptische Anfälle

Oft lässt sich beobachten, dass rassetypische Verhaltensweisen durch eine Hypothyreose nochmals verstärkt und zu Verhaltensstörungen werden. Je nach Veranlagung des Hundes entwickelt sich eher eine Hyperaktivität oder depressive Verstimmung. Klimm et al. (2022) zeigen auch deutliche Unterschiede in den Persönlichkeitsachsen Emotionale Stabilität und Extraversion.
Typisch für die subklinische Unterfunktion ist, dass viele der Symptome bereits mit Beginn der Pubertät (siehe S. 222 & „Aus der Praxis") entstehen. Das unterscheidet die subklinische Schilddrüsenunterfunktion maßgeblich von den anderen Schilddrüsenerkrankungen (Gansloßer & Strodtbeck 2013). Außerdem interessant ist, dass Verhaltensauffälligkeiten ohne einen direkt zuzuordnenden Auslöser gezeigt werden können (Mahnke 2007). Man spricht hier von spontan auftretenden, temporären Ängsten vor Gegenständen, Untergründen oder Geräuschen sowie Aggressionen. So gibt es z. B. schilddrüsenkranke Hunde, die ihre Halter im einen Moment freudig empfangen und im anderen Moment verbellen, als würden sie nicht wissen, wer vor ihnen steht. Es konnte auch beobachtet werden, dass Hunde mit einer nicht optimal funktionierenden Schilddrüse an manchen Tagen gerne Zeit im Garten verbringen, dort gut zur Ruhe finden und an anderen Tagen auf jeden Reiz reagieren, gegen den Zaun springen, bellen oder sich gar nicht in den Garten trauen, gestresst und rastlos umherlaufen, zurück ins Haus flüchten. Raschelnde Plastiktüten versetzen den Hund in Panik, über den Parkettboden oder Treppenlaufen funktioniert plötzlich nicht mehr wie gewohnt und die eigentlich alltägliche Fellpflege wird zum Kampf, weil der Hund wild um sich schnappt – um einige Beispiele zu nennen.
Sowohl bei der Diagnostik als auch der daraus resultierenden Therapieform sollte bedacht werden, dass die Entwicklung von Verhaltensweisen stets ein multifaktorielles und sich entwickelndes Geschehen ist. Eine medikamentöse Therapie kann daher nur ein Teil der Lösung sein und sollte immer von Fachleuten und nach Abwägungen aller Ursachen durchgeführt werden (siehe auch Schilddrüsendiagnostik/Anamnese, S. 121).

☞ **AUS DER PRAXIS (VON JOHANNA BERGEEST)**

FALLBEISPIEL MILA: PROBLEME MIT HUNDEN

Bei Mila handelt es sich um eine 5 Jahre alte Französische Bulldogge. Mila war ein aufgeweckter, offener und neugieriger Welpe. Ihre zwei Brüder sind ebenfalls aufgeschlossen, freundlich und eher ruhiger veranlagt. Da Mila sowohl in der ersten, als auch der zweiten Läufigkeit Probleme mit Scheinträchtigkeit/-laktation mit starkem Ausfluss hatte und große Unsicherheiten zeigte, wurden im Zuge einer Kastrationsberatung die Schilddrüsenwerte bestimmt, die sich unauffällig zeigten. Nach Ende der zweiten Läufigkeit und der Kastration zeigte sich Mila im Verhalten konstanter.
Doch vorallem Hundebegegnungen blieben weiterhin eine Herausforderung. Mila reagierte impulsiv und unverhältnismäßig aggressiv. Auch die Unsicherheiten und Schwankungen im Verhalten schlichen sich erneut ein. Es herrschte eine Grundnervosität. Mila fing an, sich oft zu erschrecken, auch vor bekannten Dingen. Alltägliche Pflegemaßnahmen wie Krallenkürzen waren ohne Fixierung nicht möglich. Auf Spaziergängen kam es zu Schuppenbildung im Nacken und starker Speichelproduktion. Ihr Fell war stumpf und dünn und wuchs nach der Kastration am Bauch kaum nach. Mila wurde empfindlich und reagierte auch auf Kälte sehr deutlich.

Hündin Mila litt unter Hypothyreose (Beispielfoto).

Diagnose Hypothyreose

Mit all diesen Problemen suchte Milas Halterin Hilfe bei einem neuen Trainer. Dieser veranlasste gemeinsam mit einer spezialisierten Tierärztin eine umfangreiche Schilddrüsendiagnostik, dieses Mal mit einem Befund und der Diagnose Hypothyreose.
Es wurde begonnen, Mila mit dem Schilddrüsenhormon Thyroxin (T4) zu behandeln. Innerhalb weniger Tage konnte Milas Halterin Veränderungen feststellen. Sie wurde draußen ruhiger, die ständige Nervosität war wie weggeblasen. Auch die Schuppenbildung und die Speichelproduktion hatten sich reguliert und ihr Fell am Bauch wuchs nach, wurde generell wieder glänzend und weich. Sie fror auch weniger schnell. Nach Anpassung der Dosis konnten auch Veränderungen im Kontakt mit anderen Hunden beobachtet werden und auch das Krallenkürzen funktionierte plötzlich wieder ohne Probleme. Seit Mila substituiert wird, ist sie wieder trainierbar. Sie ist auf Spaziergängen ansprechbar, verliert sich nicht in ihrer Umwelt und behält einen klaren Kopf. Milas Dosierung mit Thyroxin wird weiterhin regelmäßig kontrolliert und an die aktuellen Bedürfnisse angepasst. Auch über eine Substitution von T3 wird momentan nachgedacht.

DIAGNOSTIK

Wie bei jeder Erkrankung steht zu Beginn eine ausführliche Anamnese. Ein Großteil aller Hypothyreosen wird erst nach einigen Jahren erkannt. Die Gründe hierfür liegen wohl vor allem in den bereits geschilderten Symptomen, die breit gefächert und häufig erst spät sichtbar sind. Gerade im Bereich Verhalten ist die ausführliche Beobachtung unerlässlich, die Vielzahl der möglichen Ausprägungsformen erschwert eine einfache Diagnose zusätzlich. Exemplarisch werden im Folgenden einige Faktoren genannt, die bei Verdacht auf eine Unterfunktion berücksichtigt werden sollten.

Signalement: Alter, Geschlecht, Rasse, Gewicht

All diese Faktoren haben einen Einfluss auf die basalen T4-Werte oder der Interpretation dieser Werte, müssen also bei der Diagnostik unbedingt bedacht werden. Die T4-Werte sinken physiologischer Weise mit zunehmendem Alter, ohne eine Erkrankung darzustellen (Book 1977). Einige Rassen wie z. B. der Greyhound (Rosychiuk et al. 1988) weisen ebenfalls physiologischerweise niedrigere T4-Werte auf. Stark übergewichtige Hunde können bei an sich gesunder Schilddrüse erhöhte Thyroxin-Werte zeigen und bei Toy-Fox-Terriern und Riesenschnauzern sind autosomal-rezessive Formen congenitaler (angeborener) Hypothyreosen bekannt. Doch nicht nur auf die Interpretation der Blutwerte wirken sich die hier genannten Faktoren aus, auch bei der Einschätzung von Verhalten allgemein und damit dem Grund der Vorstellung beim Tierarzt/Trainer ist das Signalement immer zu berücksichtigen. Fälle, in denen Tiere aufgrund einer Verhaltensauffälligkeit beim Tierarzt vorgestellt werden, nehmen zu. Ein nicht geringer Anteil dieser Tiere hat bereits eine Hundeschule oder einen Hundetrainer gesehen und dieser hat die Halter zur Schilddrüsendiagnostik geschickt. Nicht nur für den Tierarzt, auch für einen Hundetrainer ist das Signalement entscheidend. Aufgrund des variablen Verhaltens, insbesondere bei einer subklinischen Hypothyreose, muss das Verhalten immer in Relation zu Alter, Rasse und Geschlecht gesehen werden. Was für die 10 Jahre alte, kastrierte Labradorhündin auffällig ist, kann für den 8 Monate alten Terrierrüden normales Verhalten in der Entwicklung sein und andersherum.

Medizinische Vorgeschichte: Chronische Erkrankungen, dauerhafte Medikamentengabe, familiäre Vorbelastung

Nicht nur das bereits erklärte Euthyreoth-Sick-Syndrome (siehe S. 117) kann zu falschen Diagnosen führen. Auch Medikamente können zu erhöhten Schilddrüsenwerten führen, bei eigentlich unbeeinträchtigter Schilddrüse. Glucocorticoide haben z. B. Einfluss auf die TSH-Sekretion. Da nicht nur die Laborparameter beeinflusst werden können, sondern Medikamente auch direkten Einfluss auf das Verhalten des Hundes haben, ist die Berücksichtigung bei der Einschätzung eines Tieres immer von Bedeutung. So zeigen Hunde nach längerer Cortison-Gabe, um beim Beispiel des Glucocorticoids zu bleiben, häufig gesteigerten Appetit, Durst und wirken träge. Ein Verhalten, das auch bei Hypothyreosen gezeigt werden kann!
Da es genetische Dispositionen gibt, ist die Frage nach bereits bekannten Schilddrüsenerkrankungen von Wurfgeschwistern oder den Eltern berechtigt.

Grund der Vorstellung/Blutentnahme

Viele Hundehalter kennen die folgende Situation: Man macht sich Sorgen um den eigenen Liebling. Bei Tierarzt/Hundetrainer angekommen, möchte man seine Sorgen möglichst genau erklären, doch der Hund ist aufgeregt, das Wartezimmer voll, Tierarzt, Helferin und der Praktikant schauen einen erwartungsvoll an und Angst vor Nadeln hatte man sowieso schon immer. Es ist keine Schande sich auf einen solchen Termin vorzubereiten. Folgende Fragen sollte sich der Besitzer immer vor einem Termin stellen, um so viel Informationen weitergeben zu können wie möglich. Denn nur ein Tierarzt mit den richtigen Informationen kann die richtigen Untersuchungen und damit die richtige Behandlung für das Tier wählen.

- Was zeigt das Tier, das mich beunruhigt/besorgt/eine Erkrankung vermuten lässt? Manchmal lässt es sich anhand von Beispielen am besten erklären, vielleicht kann es sogar gefilmt werden?
- Seit wann zeigt das Tier das Verhalten? Relevant ist hier vor allem die Frage nach Stunden, Tagen, Wochen oder Jahre. Eine Veränderung über Jahre erfordert andere Untersuchungen als ein Verhalten, das vor wenigen Stunden aufgetreten ist und sich vielleicht akut verändert. Außerdem lässt sich für Sie selbst die folgende Frage leichter beantworten:
- Hat sich in der Zeit etwas im Lebensumfeld verändert? Häufig sind es kleine Dinge, die für den Besitzer nicht relevant erscheinen, siehe „Aus der Praxis – Simba“, S. 116. Auch häufig von Relevanz sind folgende Beispiele: Umzug, neue Familienmitglieder, Halter beginnt neuen Job, ein anderer Hund zieht ein.
  Alles dies sind Dinge, die die Schilddrüse nicht primär beeinflussen, aber für Tierarzt/Trainer relevant sein können.
- Weitere Fragen sollten bedacht werden, werden aber nicht näher behandelt: Aufzucht, erfolgtes Training, Fütterung u.v.m.

Es ist daher von großer Bedeutung, die Blutparameter niemals unabhängig vom Tier zu betrachten.

LABORDIAGNOSTIK SCHILDDRÜSE

Woher weiß ich, ob es die Schilddrüse ist? Um der Schilddrüse auf die Spur zu kommen, gibt es eine Vielzahl an diagnostischen Methoden. Der Standard ist und steht immer an erster Stelle: die Blutuntersuchung. Daher gehen wir im Folgenden auf diese näher ein. Je nachdem, welche Befunde der Tierarzt erhebt, kann es sein, dass weitere Untersuchungen wie z. B. bildgebende Verfahren notwendig sind. Doch da dies insbesondere bei Hunden nur einen kleinen Teil der Tiere betrifft, verweisen wir an dieser Stelle auf die ausführliche Beratung des Tierarztes.
Bei älteren Hunden wird die Schilddrüse häufig in Routinescreenings mit untersucht, bei jüngeren Hunden meist nur bei einem Verdacht. Daher ist es wichtig, dem Tierarzt vor dem Einschicken der Blutproben möglichst genau zu berichten, welche Veränderungen oder Verhaltensweisen einen zur Untersuchung führen. Nur wenn der Tierarzt alle relevanten Informationen hat, kann er die richtigen Entscheidungen treffen. Damit man als Halter weiß, was wichtig ist, haben wir die wichtigsten Fragen im Bereich „Anamnese“ zusammengefasst (siehe S. 121 f.).
Ist die Entscheidung für eine Blutuntersuchung gefallen, entscheidet der Tierarzt, welche Werte im Labor untersucht werden. Die folgenden sind die häufigsten Parameter, die im Zusammenhang mit Schilddrüsendiagnostik gemessen werden:
T4, T3, fT4, fT3, TSH, tgAK, Jod
Einige der Abkürzungen wurden bereits im Abschnitt über die Physiologie der Schilddrüse behandelt. Doch was sagen diese aus? Da es von Labor zu Labor sehr unterschiedlich ist, werden wir keine Referenzwerte nennen. Zur Auswertung der Ergebnisse in einzelnen Fällen sprechen Sie bitte mit dem untersuchenden Tierarzt.

Schilddrüsenwerte

T4 oder auch TT4 ist das „Gesamt-Thyroxin“, also wie viel von dem Schilddrüsenhormon in dieser Form (also der proteingebundenen Form) in der Blutprobe vorhanden war. Nicht insgesamt in der Probe, sondern meist umgerechnet auf mmol/l und damit im ganzen Tier. Das Gesamt-Thyroxin wird häufig für

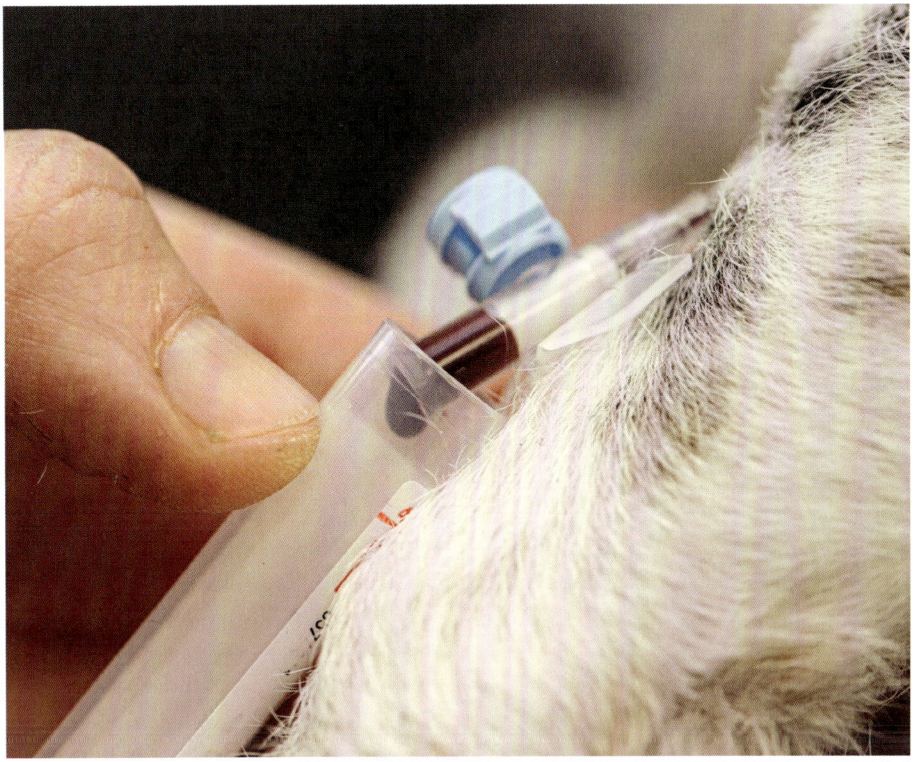

Die meisten Hunde lassen eine Blutentnahme problemlos über sich ergehen.

die erste Einschätzung der Lage der Schilddrüse genutzt. Es gibt nicht nur Auskunft über die aktuellen Werte, sondern zeigt die langfristige Leistung der Schilddrüse an. Der Nachteil ist, dass andere Erkrankungen, z. B. welche, die die Proteinsynthese beeinflussen, den T4-Wert verfälschen können.

Auch TSH haben wir bereits kennengelernt. Sollte der T4-Wert den Verdacht auf eine Fehlfunktion der Schilddrüse verstärken, wird häufig der TSH-Wert zu Hilfe genommen. Aufgrund des bereits erklärten Regelkreises (siehe S. 114) kann der TSH einen Hinweis geben, ob der Körper, genauer gesagt die Hypophyse, versucht, gegen aus dem Lot geratene Thyroxinwerte anzusteuern. Produziert die Schilddrüse zu wenig Hormone, versucht die Hypophyse durch gesteigerte TSH-Freisetzung die Produktion zu erhöhen. Doch auch eine Hypophyse kann erschöpft sein, sodass sich bei längeren Erkrankungen manchmal die Werte scheinbar wieder einpendeln. Auch einige Medikamente können die Produktion von TSH drosseln. Deshalb gilt auch hier wieder: Nur ein Tierarzt, der alle Informationen hat, kann eine Diagnose stellen.

Die Bedeutung von freiem Thyroxin haben wir bereits erklärt (S. 113 ff.). Für die Labordiagnostik spielt es eine eher untergeordnete Rolle, da der Körper den Spiegel an fT4 solange wie möglich aufrechterhält. Doch um das bereits erwähnte Euthyreot-Sick-Syndrome auszuschließen, funktioniert der Wert gut.

TgAK = Thyreoglobulin-Antikörper sind immer dann zu finden, wenn eine Autoimmunerkrankung die Schilddrüse angreift. Er gibt also keine Auskunft über den Grad der Erkrankung, sondern kann den Grund der fehlenden Hormonproduktion liefern. Um genetische Dispositionen auszuschließen, z. B. für die Zucht, ist dieser Wert von Bedeutung.

THERAPIE

Je nach Diagnose sind unterschiedliche Therapien notwendig. Im Folgenden gehen wir auf die häufigste und in Bezug auf das Verhalten wichtigste Therapieform ein.

THYROXIN-SUBSTITUTION

Unabhängig von der Grunderkrankung, die eine Schilddrüsenunterfunktion auslöst, ist es der Output der Schilddrüse, der den größten Einfluss auf den Körper hat. Deshalb ist dies auch der häufigste Ansatz: Substitution von Thyroxin bzw. einem Thyroxin-Derivat. Levothyroxin-Natrium ist ein synthetisch hergestelltes Natriumsalz des natürlichen Hormons, das im Körper von T4 zum eigentlich nutzbaren T3 umgeformt wird. Daher

Die Therapie erfolgt über eine ergänzende Zugabe von Thyroxin.

wird es auch als Prodrug bezeichnet. Es wirkt also nicht oder nur bedingt an der Schilddrüse, sondern liefert den Grundstoff T4, aus dem das eigentlich benötigte T3 vom Körper selbst bedarfsgerecht gebildet werden kann. Es ersetzt bzw. erhöht das von der Schilddrüse gebildete T4. Bei sehr hohen Dosen führt es allerdings auch dazu, dass über das bereits beschriebene Feedback-System die Leistung der Schilddrüse heruntergefahren wird. Levothyroxin hat eine eher lange Halbwertszeit von ca. einer Woche im Körper und bedarf einer relativ langen Zeit, bis die volle Wirkung eintritt. Im Labor lässt sich die Einstellung der Dosierung nach etwa zwei Wochen kontrollieren. Bis eine klinische Verbesserung eintritt, bedarf es mehrerer Wochen. Daher ist die Einstellung, also das Finden der richtigen Dosierung entsprechend komplex.
Die einfachste Art der Substitution erfolgt über Tabletten. Um Verwirrung zu vermeiden, werden wir auf Angabe von exakten Dosierungsvorschlägen verzichten.
Grundsätzlich sind zur Dosierungsfindung der aktuelle Blutwert, die klinischen Symptome, Grunderkrankungen, andere Medikamente, Gewicht und Alter zu beachten. Da dies alles Werte sind, mit denen sich schlecht rechnen lässt, wird meist mit einer Grunddosierung, bezogen auf das Gewicht, begonnen. Bei sehr kleinen Hunden, oder Hunden mit bestimmten Erkrankungen, wie z. B. Herzerkrankungen, kann eine noch vorsichtigere Startdosierung gewählt werden. Von dieser Grunddosierung wird sich dann nach und nach an die passende Erhaltungsdosis herangetastet. Dieses Prozedere kann einige Zeit in Anspruch nehmen.
Da Futter Einfluss auf die Resorption hat, ist es wichtig, die Tabletten immer zur gleichen Zeit und im gleichen zeitlichen Abstand zum Futter zu geben, um Schwankungen in der Dosierung zu verhindern. Meist wird eine zweimal tägliche Gabe im Abstand von 12 Stunden empfohlen.

ÜBERGEWICHT UND ADIPOSITAS

VON KATHRIN WÖRNER, DR. BENEDIKT HIELSCHER UND HANA TEBELMANN

Übergewicht und Fettleibigkeit sind nicht nur menschliche Probleme, sondern seit Jahren auch bei Hunden auf dem Vormarsch (Osto & Lutz 2015). Mittlerweile wird davon ausgegangen, dass zwischen 20 und 60 % aller Haushunde von Übergewicht und Adipositas betroffen sind (Chandler et al. 2017). Von Übergewicht wird gesprochen, wenn Hunde das Idealgewicht um 5 bis 20 % überschreiten. Sollte das Gewicht des Hundes diese Werte überschreiten, spricht man von Adipositas (Kölle & Ziese 2021).

FOLGEN VON ÜBERGEWICHT

Übergewicht und Fettleibigkeit haben bei Hunden eine große Bandbreite negativer gesundheitlicher Folgen, bis hin zu einem erhöhten Risiko eines frühzeitigen Todes (Kölle & Ziese 2021, Osto & Lutz 2015). Dabei sind kleine Hunde von der erhöhten Sterblichkeit stärker betroffen als große Hunde (Salt et al. 2019).

EINFLUSS DES HORMONS LEPTIN

Hormonelle Dysbalancen können sowohl teilweise ursächlich für eine Adipositas sein, jedoch auch in Folge einer Adipositas auftreten und diese weiter verstärken. Dabei gibt es zwei Hormone, die in diesem Zusammenhang besonders oft genannt werden: **Leptin** und **Adiponektin**.

Leptin wird überwiegend im weißen Fettgewebe produziert und hat im Gehirn die Aufgabe, den Appetit zu unterdrücken und somit die Nahrungsaufnahme zu stoppen (Radin et al. 2009, Ricci & Bevilacqua 2012). Gleichzeitig erhöht es den Energieverbrauch im Körper (Ricci & Bevilacqua 2012).

Der Anteil von Leptin im Blut ist direkt mit der Fettmasse eines Tieres verknüpft (Ricci & Bevilacqua 2012). Innerhalb eines Tages kommt es in Abhängigkeit von der Nahrungsaufnahme zu Schwankungen im Leptinspiegel im Blut (Radin et al. 2009). Ein Abfall sorgt für eine Verringerung der Wärmebildung des Körpers und für eine Aufnahme von Nahrung, während ein Anstieg von Leptin die Wärmebildung des Körpers anregt und die Aufnahme von Nahrung stoppt (Radin et al. 2009, Ricci & Bevilacqua 2012).

Problematisch kann sein, dass der Körper im Laufe seines Lebens die Sensitivität für Leptin verlieren kann. Wenn der Körper nicht mehr in der Lage ist, eine erhöhte Leptinkonzentration zu erkennen, folgt keine Unterdrückung des Appetits mehr. Die fehlende Möglichkeit auf Leptin anzusprechen kann einerseits altersbedingt sein, andererseits jedoch auch in Folge einer erhöhten Fettmasse im Körper vorliegen (Radin et al. 2009). Infolgedessen kann es zu einem sich selbst verstärkenden Kreislauf aus vermehrter Futteraufnahme, zunehmender Fettgewebsmasse, erhöhtem Leptinspiegel und fehlender Ansprache der Zelle auf erhöhte Leptinwerte kommen (Ricci & Bevilacqua 2012). Diese Ergebnisse basieren bislang hauptsächlich auf Forschung an Nagetieren (Ricci & Bevilacqua 2012). Allerdings wird in der wissenschaftlichen Literatur darauf hingewiesen, dass das Fettgewebe von anderen Tieren vergleichbar ist. Deshalb ist es plausibel, dass der Effekt bei Hunden ebenso verläuft wie bei anderen Tieren (Ricci & Bevilacqua 2012). Also: Wehret den Anfängen.

Wert zur Feststellung von Adipositas

Leptin ist unabhängig vom Körpergewicht, hängt aber mit dem Body Condition Score (BCS) von Hunden zusammen (Radin et al. 2009, Ricci & Bevilacqua 2012). Somit lässt es sich als guter Wert für die Feststellung von Adipositas beim Hund heranziehen. Der BCS ist ein neunstufiges Kriterium, welches zur Beurteilung des Grades von Übergewicht und Adipositas herangezogen wird (Kölle & Ziese 2021). In den meisten Fällen liegt das Idealgewicht bei einem BCS von 5. Bei einigen sehr schlanken Rassen (z. B. Windhunde) kann das Idealgewicht auch bei einem BCS von 4 liegen (Kölle & Ziese 2021).

Verhaltensänderungen durch Leptin

Bei männlichen Braunmäusen (*Scotinomys teguina*) – einer mittelamerikanischen Art – wurden Einflüsse von Leptin auf das Verhalten nachgewiesen. In der Studie wurde das Singverhalten der Tiere untersucht. Es zeigte sich, dass Mäuse, denen Leptin injiziert wurde, insgesamt mehr Motivation zeigten, zu singen und ihre Lieder aufwändiger gestalteten (Giglio & Phelps 2020). Jedoch war die individuelle Variabilität zwischen den einzelnen Versuchstieren hoch. Gleichzeitig war die Dauer der Gesänge kürzer und die Anzahl der Noten bei mit Leptin behandelten Tieren geringer, wenn sie vorher eine Aufnahme eines anderen Gesanges gehört hatten, als bei Tieren, die mit einer Kochsalzlösung behandelt wurden (Giglio & Phelps 2020). Da man von einer Ähnlichkeit der Wirkweise von Leptin bei Hunden und Mäusen ausgeht, ist zu erwarten, dass sich auch das Verhalten von Hunden im Zusammenhang mit unterschiedlichen Leptinkonzentrationen ändern könnte.

EINFLUSS DES HORMONS ADIPONECTIN

Das zweite wichtige Hormon in Bezug auf Adipositas ist Adiponectin. Es wird ausschließlich im Fettgewebe gebildet (Radin et al. 2009, Ricci & Bevilacqua 2012). Anders als Leptin ist Adiponectin bei einer Gewichtserhöhung verringert und erhöht sich bei einer Gewichtsreduktion (Radin et al. 2009). Adiponectin hat antientzündliche Eigenschaften, weshalb es für die Prävention von z. B. Krebserkrankungen eine Rolle spielt (Radin et al. 2009). Adiponectin korreliert negativ mit dem Leptinspiegel, ist aber unabhängig von der Nahrungsaufnahme (Ricci & Bevilacqua 2012). Aus diesem Grund wird eine Kombination beider Werte für die Labordiagnostik von Adipositas bei Hunden vorgeschlagen (Ricci & Bevilacqua 2012).

REAKTION AUF TESTFUTTER

Die Zusammensetzung eines Futters oder einer Ration beeinflusst den postprandialen Anstieg von Glucose und dem Hormon Insulin. Im Vergleich zu schlanken Hunden, reagieren übergewichtige Hunde auf ein standardisiertes Testfutter postprandial (nach der Mahlzeit) mit höheren Serumkonzentrationen an Glucose, Insulin und Triglyceriden (Söder et al. 2016). In der Studie von Söder und seinem Team wurden im Urin der Testhunde außerdem das Stresshormon Cortisol sowie Kreatininwerte bestimmt. Die Werte waren im Morgenurin der übergewichtigen Hunde höher als bei den schlanken Hunden. Bei übergewichtigen Hunden waren die Urincortisolwerte vor und nach dem Fressen auf gleichem Level, während sie bei schlanken Hunden erst nach der Nahrungsaufnahme anstiegen. Anzumerken ist hier allerdings, dass nur ein Teil der getesteten Hunde in gewohnter Umgebung gefressen hatte, was das Stresslevel, also den Anstieg von Cortisol im Test beeinflusst haben könnte. Ein chronisch höheres Cortisollevel könnte potenziell zu einer Insulinresistenz führen und eine Überproduktion an Glucocorticoiden führt zu Fettablagerungen. Die Insulinresistenz vermindert wiederum die Produktion des Fettgewebshormons Adiponectin. Die möglichen Folgen eines verringerten Adiponectinspiegels wurden bereits beschrieben (Leupelt 2018).

WEITERE NEGATIVE FOLGEN VON ÜBERGEWICHT

Neben problematischen, hormonellen Aspekten sind in der wissenschaftlichen Literatur weitere negative Auswirkungen von Übergewicht und Adipositas bei Hunden bekannt. So wird von veränderten **Blutfettwerten** berichtet (Osto & Lutz 2015). Diese werden beim Menschen regelmäßig mit einem erhöhtem Sterberisiko und unterschiedlichen koronaren Erkrankungen (z. B. Bluthochdruck, Herzinfarkte oder Schlaganfälle) in Verbindung gebracht (z. B. Assmann et al. 2002). Weitere Erkrankungen und Beschwerden, die mit Adipositas bei Hunden in Verbindung gebracht werden, sind: **akute und chronische orthopädische Erkrankungen** (z. B. Arthrose, Kreuzbandrisse, Bandscheibenvorfälle), **Probleme mit der Thermoregulation** (insbesondere Hitzschlag), **Atemprobleme** (z. B. Kehlkopflähmung) und **Herzprobleme** (z. B. Herzrhythmusstörungen) (German 2006, 2016).

Psychische Folgen

Auch psychische Unterschiede wurden zwischen normal- und übergewichtigen Hunden gefunden. Hierfür wurden über- und normalgewichtige Hunde der Rassen Beagle, Golden und Labrador Retriever, Border Collie und Mudi, die mindestens ein Jahr alt waren, untersucht. In einem Verhaltenstest sollten die Tiere zwischen zwei Näpfen wählen. Dabei zeigte ein Versuchsleiter immer auf einen Napf, in dem ein Futtermittel niedriger Qualität lag. In dem anderen Napf lag in einer Gruppe keine und in der anderen Gruppe eine hochqualitative Futterbelohnung (Pogány et al. 2018). Die Hunde hatten maximal 20 Mal die Möglichkeit, den Test durchzuführen. Als Ergebnis zeigte sich, dass sich insbesondere adipöse Hunde häufiger gegen die von der Versuchsperson gezeigte Schüssel entschieden, wenn im anderen Napf eine hochwertigere Futterbelohnung lag (Pogány et al. 2018). Daraus schließen die Autoren, dass übergewichtige Hunde sich eher gegen den Hinweis eines (unbekannten) Menschen entscheiden, wenn sie eine Futterbelohnung von höherer Qualität erwarten. Dass sich von den untersuchten Hunderassen vor allem Beagle gegen die menschliche Geste und für eine höhere Futterbelohnung entscheiden, führen die Autoren darauf zurück, dass diese Hunderasse traditionell in Aufgabengebieten genutzt wurde, die eine autonomere Handlungsweise erforderte, während die anderen Hunderassen für eine engere Zusammenarbeit mit dem Menschen gezüchtet wurden (Pogány et al. 2018).

Der zweite Test bei Pogány et al. (2018) erfolgte mindestens eine Woche später mit den gleichen Hunden. Die Hunde wurden in dieser Testung mit einem Napf konfrontiert, der entweder auf der linken oder der rechten Seite eines Raums stand. Dabei enthielt der Napf auf einer Seite immer eine hochwertige Futterbelohnung, während er, wenn er auf der anderen Seite stand, immer leer war. Gemessen wurde die Dauer, die der Hund vom Halter bis zum Napf benötigte. Der eigentliche Test startete, nachdem die Hunde das Prinzip verstanden hatten und schneller zur Seite mit dem Futter liefen als zu der Seite, wo kein Futter lag. Zunächst stand der Napf auf der Seite, die eine Belohnung versprach, dann auf der Seite, wo die Hunde keine Belohnung erwarteten. Danach wurde der Napf in die Mitte beider Positionen gestellt (Pogány et al. 2018). Im Ergebnis erreichten adipöse Hunde seltener den Napf, wenn er in die Mitte gestellt wurde, als normalgewichtige Tiere. Daraus schließen die Autoren, dass adipöse Hunde eine pessimistischere Sicht (negative kognitive Verzerrung) auf den Napf in der mittleren Position haben, von dem sie nicht wissen, was sie in ihm erwarten können (Pogány et al. 2018). Mit Blick auf die Hunderassen erreichten Beagle und Mudis die Schüssel in der Mitte wahrscheinlicher als Border Collies und Retriever. Daraus schließen die Autoren, dass Beagle in ihrem Verhalten

Übergewicht kann bei kurzbeinigen Hunden massiv die Beweglichkeit einschränken.

insgesamt unabhängiger vom Menschen sind und in einer solchen Situation optimistischer als andere Hunderassen, die sich stärker auf die Unterstützung des Menschen verlassen (Pogány et al. 2018).

URSACHEN VON ÜBERGEWICHT

Wie auch beim Menschen ist bei Hunden der Grund für Übergewicht und Adipositas eine positive Energiebilanz (German 2006, Kölle & Ziese 2021, Osto & Lutz 2015, Radin et al. 2009). Vereinfacht gesagt bedeutet das, dass der Hund mehr Energie aufnimmt, als er benötigt. Dabei wird überschüssige Energie vom Körper im Fettgewebe gespeichert. Die meisten Tierärzte einer australischen Studie schätzten, dass eine **Überfütterung** der Tiere die Hauptursache für Adipositas ist (McGreevy et al. 2005). Gleichzeitig hängt eine **erhöhte Futtermotivation** der Hunde mit einem erhöhten BCS zusammen (Raffan et al. 2015). Das heißt in dieser Untersuchung, dass Halter z. B. angeben, dass Hunde „sehr gierig" sind, sie ihr „Futter direkt fressen" und nicht wählerisch bzgl. ihrer Nahrung sind (Raffan et al. 2015). Insgesamt wurden in Bezug auf vorhandenes Übergewicht Unterschiede zwischen den Rassegruppen festgestellt. **So sind z. B. besonders Gundogs (hierzu gehören z. B. Labrador Retriever oder Cocker Spaniel) wahrscheinlicher von Übergewicht und Adipositas betroffen als andere Rassen** (McGreevy et al. 2005). Diese Rassen zeigen gleichzeitig eine überdurchschnittlich hohe Futtermotivation (Raffan et al. 2015). Auch individuell unterscheidet sich der Appetit von Hunden stark. In ihrer Untersuchung zur Futtermotivation von Hunden konnten Raffan et al. (2015) eine breite Verteilung der Hunde auf ihrer neu entwickelten Skala beobachten. Sie konnten jedoch keinen Unterschied zwischen männlichen und weiblichen Hunden feststellen.

FÜTTERUNGSVERHALTEN

Das Fütterungsverhalten und die allgemeine Haltung der Tiere unterscheiden sich bei übergewichtigen und nicht-übergewichtigen Hunden. So konnte in einer Studie gezeigt werden, dass übergewichtige Hunde häufiger Snacks und Mahlzeiten erhielten und zusätzlich zu den normalen Mahlzeiten häufiger mit Küchenabfällen gefüttert wurden (Courcier et al. 2010, Kienzle et al. 1998). Ähnliches zeigt eine britische Untersuchung, in der geringe Restriktionen bei menschlichem Essen mit einem erhöhten (Über)gewicht von Hunden verknüpft ist (Raffan et al. 2015). Problematisch ist hierbei, dass Halter häufig Fütterungen, die „zwischendurch" in Form von

Snacks oder Leckerlis stattfinden, nicht als Kalorienaufnahme durch den Hund wahrnehmen (Kölle & Ziese 2021). Weiterhin neigen Halter übergewichtiger Hunde eher zu einem vermenschlichenden Haltungsstil (Kienzle et al. 1998). Gleichzeitig erhielten übergewichtige Hunde häufiger preisgünstiges Futter als normalgewichtige (Kienzle et al. 1998). Übergewichtige Hunde werden darüber hinaus seltener für Arbeiten (z. B. auch Agility) genutzt als normalgewichtige Tiere (Kienzle et al. 1998). Halter übergewichtiger Hunde sind zudem häufiger selbst übergewichtig und interessieren sich insgesamt weniger für die präventive Gesundheit ihrer Tiere (z. B. Ernährungsverhalten und Impfungen) und auch ihrer eigenen (z. B. Bewegungs- und Rauchverhalten) (Kienzle et al. 1998).

ÜBERGEWICHT IM ALTER

Weiterhin wurde gezeigt, dass die Wahrscheinlichkeit einer Adipositasdiagnose mit dem Alter der Hunde zusammenhängt. Dabei sind Hunde in einem Alter von etwa zehn Jahren am häufigsten von Übergewicht oder Adipositas betroffen, während jüngere und auch ältere Hunde seltener betroffen sind (McGreevy et al. 2005). Dafür, dass es nach dem zehnten Lebensjahr einen Rückgang der Übergewichts-/Adipositasdiagnosen gibt, haben die Autoren zwei Erklärungen:

1. Krankheitsverläufe könnten bei älteren Tieren das Körpergewicht reduzieren (McGreevy et al. 2005).
2. Übergewichtige und adipöse Hunde könnten eventuell früher versterben und deshalb sind ältere Hunde zumeist normalgewichtig (McGreevy et al. 2005).

Erklärung 2 wurde 2019 in einer neueren Studie von Salt et al. nachgewiesen. Sie zeigen deutliche Reduktionen der Lebenszeit bei allen untersuchten Hunderassen, in allen Größenkategorien und bei beiden Geschlechtern (Salt et al. 2019).

KÖRPERLICHE INAKTIVITÄT

Neben einer Ernährungstherapie, wird in der Forschungsliteratur darauf hingewiesen, dass Hunde ausreichend körperliche Aktivität erhalten sollten (German 2006, 2016).

Es gibt zwei britische Publikationen die belegen, dass Hunde häufig zu wenig Bewegung erhalten. Beide Veröffentlichungen basieren auf derselben Studie. Die erste Studie zeigt, dass Adipositas bei Hunden negativ mit der Häufigkeit und Dauer körperlicher Aktivität der Hunde zusammenhängt (German et al. 2017). Das bedeutet, dass die Wahrscheinlichkeit, dass Hunde übergewichtig oder adipös sind, steigt, je seltener und je kürzer sie Bewegung erhalten.

Die zweite Untersuchung stellt heraus, dass mehr als die Hälfte der Hunde in der Untersuchung nicht ausreichend körperliche Aktivität erhält (Pickup et al. 2017). Dabei kommen die Autoren zu dem Ergebnis, dass manche Hunderassen häufiger als andere Bewegung erhalten und bestimmte Hunderassen die Bewegungsempfehlungen wahrscheinlicher erreichen (Pickup et al. 2017).

Während für Menschen von der Weltgesundheitsorganisation mindestens 150 Minuten moderate körperliche Aktivität pro Woche empfohlen werden (Al-Ansari et al. 2020), gibt es solche globalen, auf internationaler Forschung basierende Empfehlungen für Hunde nicht. Trotzdem sagen Pickup et al. (2017), dass weniger als 50 % der Hunde die vom Britischen Kennel Club angegebenen Bewegungsempfehlungen erreichen. Es ist jedoch fraglich, ob die vom Britischen Kennel Club angegebenen Richtwerte den tatsächlichen Bedürfnissen der Hunde gerecht werden, da nicht deutlich wird, ob die Bewegungsempfehlungen auf einer evidenzbasierten Grundlage beruhen, oder ob es sich um Schätzwerte der Zuchtverbände handelt (The Kennel Club 2020). So wird dort z. B. für Deutsche Doggen das höchste Maß (mehr als zwei Stunden) körperliche Aktivität pro Tag gefordert, während eine amerikanische Untersuchung zu dem Ergebnis kommt, dass Deutsche Doggen nur geringe Energiewerte aufweisen (Serpell & Duffy 2014). Die Einschätzungen von Serpell und Duffy (2014) basieren auf einem validierten Fragebogen und fast 140 Hundehaltern, die eine Deutsche Dogge hielten. Im Vergleich zu anderen Hunderassen hatten Deutsche Doggen in der Verhaltenskategorie „Energie" jedoch eher geringe Werte. Insofern sind die Erfahrungswerte ohne Quellenangabe des Britischen Kennel Clubs kritisch zu bewerten.

EPIGENETISCHE URSACHEN

Die Epigenetik beschäftigt sich mit Veränderungen bzw. veränderter Regulation an bestimmten Abschnitten der DNA. Zellen steuern so die Produktion und Menge an Proteinen. Die hinterlegte Information auf der DNA selbst bleibt von diesen meist enzymatischen Veränderungen unberührt (mehr dazu ab S. 32).

Unter epigenetischen Modifikationen versteht man jene, die durch Umwelteinflüsse ausgelöst werden, nicht mit Veränderungen in der DNA-Sequenz verbunden sind und zum Erwerb von vererbbaren Merkmalen führen (Aragones et al. 2016). Die Epigenetik umfasst Veränderungen der DNA-Zugänglichkeit (De-/Methylierung), der Struktur und Dynamik (posttranslationale Histonmodifikationen) des Chromatins, miRNA-Interferenz und Modifikationen von RNAs wie Methylierung (Loscalzo et al. 2014, Catalanotto et al. 2016).

Adipogenese und Genexpression

Bei Adipositas sind endokrine und metabolische Störungen, einschließlich derer, die durch eine chronische Aktivierung der Hypothalamus-Hypophysen-Nebennierenrinden-Achse hervorgerufen werden, mit der Ansammlung von Fettgewebe und Entzündungen verbunden. Solche Veränderungen sind auf eine Kombination von genetischen und epigenetischen Faktoren zurückzuführen, die von der Umwelt beeinflusst und durch chronische Aktivierung der Hypothalamus-Hypophysen-Nebennierenrinden-Achse verstärkt werden. Epigenetische Veränderungen sind Modifikationen wie Methylierung, Acetylierung, Phosphorylierung, Ubiquitinierung (posttranslationale Proteinmodifikation) und SUMOylierung (posttranslationale Modifikation), die entweder an die DNA oder an Histonproteine gebunden sind (Weinhold 2009). Diese Veränderungen sind wichtige Regulationsmechanismen der Genexpression und können vererbbar sein.

Es gibt zwei Arten von genetischer Adipositas – monogen, die aus einer einzelnen Genmutation mit resultiert, und polygen, die durch das Zusammenspiel mehrerer Gene mit moderater Interaktion mit der Umwelt verursacht wird (Rohde et al. 2019). Die monogene Adipositas ist selten. Die polygene Adipositas ist die häufigste Form der Adipositas und hängt mit Genen, die an der Appetit- und Energieregulation sowie der Insulinsekretion und -wirkung beteiligt sind, zusammen (Rohde et al. 2019). Auch die Gesamtkörperfettmasse sowie die regionale Fettmasse (z. B. Rumpf- und Unterkörperfett) sind vererbbar (Schleinitz et al. 2014).

Das im Fettgewebe produzierte Hormon Leptin, das an der Steuerung von Hunger- und Sättigungsgefühl beteiligt ist, reguliert mehrere microRNAs epigenetisch und nimmt Einfluss auf die Aktivität der Histon-Deacetylasen (Wróblewski et al. 2019).

MicroRNAs sind hoch konservierte, nicht kodierende RNAs, die eine wichtige Rolle bei der Genregulation, insbesondere beim „Gen-Silensing" – ein Vorgang, bei dem die Genexpression gebremst wird – spielen. Diese epigenetischen Modifikationen wurden bei Adipositas, Gestationsdiabetes und metabolischem Syndrom beobachtet und betrafen verschiedene molekulare Prozesse wie z. B. Glukosestoffwechsel, Insulinsensitivität, Leberfibrose und Adipogenese (Wróblewski et al. 2019). Es gibt Hinweise darauf, dass Leptin sowohl ein Ziel als auch ein Vermittler von epigenetischen Veränderungen ist, die sich bei Stoffwechselstörungen in zahlreichen Geweben entwickeln. Das Expressionsniveau und die Wirkungen von Leptin scheinen stark mit der Epigenetik verbunden zu sein.

Stress- und Umweltbelastungen

Es gibt starke Assoziationen zwischen dem Auftreten von Fettleibigkeit mit Stress und erhöhten Cortisolspiegeln (Scott et al. 2012). Wenn ein Individuum Stress erfährt, werden Fettsäuren aus den Adipozyten freigesetzt und in den Kreislauf abgegeben. Die Glukoneogenese wird stimuliert, um Glukose für Gewebe bereitzustellen, die große Mengen an Energie benötigen (vor allem das Gehirn und die Skelett- und Herzmuskulatur) (Scott et al. 2012). Stress triggert auch die HPA-Achse, was zur Freisetzung des Corticotropin-Releasing-Hormons (CRH) und von Vasopressin in den hypothalamo-hypophysären Kreislauf führt und so induziert, dass Glucocorticoide (hauptsächlich Cortisol beim Menschen und Corticosteron bei Ratten und Mäusen) freigesetzt werden (de Kloet et al. 2005). Die Glucocorticoide wirken im Zellkern als Transkriptionsfaktoren und binden an positive oder negative Glucocorticoid-Response-Elemente, um die Genexpression zu aktivieren oder zu unterdrücken (Scott et al. 2012). **Obwohl Cortisol viele weitere Aufgaben im Körper erfüllt, ist es für die Diskussion über Stress und Adipositas von entscheidender Bedeutung, da es Prozesse auslöst, die zu einer Gewichtszunahme führen.** Cortisol fördert direkt die Fettablagerung, insbesondere im Bauchbereich (Tomiyama 2019). Zudem verstärkt ein

Übergewicht und Fettleibigkeit schränken die Lebensqualität massiv ein und können schwere gesundheitliche Folgen haben.

erhöhter Cortisolspiegel die Nahrungsaufnahme, indem es die Empfindlichkeit des Gehirns für Leptin reduziert (J'equier 2002), die Stimulation von Neuropeptid Y reguliert (Sinha & Jastreboff 2013) und das Belohnungsempfinden beim Essen verstärkt (Tomiyama 2019). Neuropeptid Y ist ein Peptid, das das Hungergefühl stimuliert (Tatemoto et al. 1982). Es stimuliert auch die Lipogenese (Park et al. 2014), also die Umwandlung von Zuckern wie Glukose in Fett.
Stressbelastung in verschiedenen Lebensstadien kann den Stoffwechsel des Fettgewebes direkt durch epigenetische Modifikation oder indirekt durch die Manipulation der hypothalamischen Appetitregulation verändern und dadurch zu endokrinen Veränderungen beitragen, die die Energiebilanz des gesamten Körpers weiter stören (Xiao et al. 2020). Stressbelastung ist mit Veränderungen im Fettgewebsstoffwechsel und der Pathogenese der Adipositas verbunden (Xiao et al. 2020). Sozialer Stress hat signifikante Auswirkungen auf das Körpergewicht und die Körperzusammensetzung – in einer Studie an Ratten entwickelten jene mit erhöhtem sozialem Stress nach und nach Merkmale der Fettleibigkeit, die durch neuroendokrine Veränderungen und Veränderungen in der Nahrungsaufnahmemenge auftraten (Tamashiro et al. 2007). Auch bei Mäusen haben der soziale Status unter chronischem Stress und die individuelle Unterbringung einen großen Einfluss auf ihre Stoffwechselfunktionen (Bartolomucci et al. 2009). Bei männlichen Makaken führt soziale Instabilität (hervorgerufen durch häufig wechselnde Zusammensetzung der sozialen Gruppen) zu erhöhter Ablagerung von abdominalem Fettgewebe (Manuck et al. 1988). **Umweltfaktoren, wie psychische oder ernährungsbedingte Stressoren oder Schadstoffe, können durch epigenetische Modifikationen zur Entstehung von Adipositas beitragen.** Mütterliche Unterernährung während der Schwangerschaft verursacht ein erhöhtes Risiko für Fettstoffwechselstörungen bei den Nachkommen (Tobi et al. 2009). In ähnlicher Weise induziert mütterliche Überernährung epigenetische Veränderungen bei den Nachkommen. Nachkommen von Ratten, die während der gesamten Trächtigkeit und Laktation mit einer fettreichen Diät gefüttert wurden, hatten zum Zeitpunkt der Entwöhnung ein höheres Körpergewicht und eine Hyperleptinämie (erhöhte Leptinwerte) im Vergleich zu Nachkommen von mit fettarmer Diät gefütterten Müttern (Ramamoorthy et al. 2018).

POMC und Übergewicht

Epigenetische Effekte sind nicht im Genotyp, wohl aber im Phänotyp erkennbar. Eine Studie von Raffan et al. (2016) beschreibt den Zusammenhang epigenetischer Veränderung von POMC (Pro-Opiomelanocortin), einem Prohormon bzw. Protein, und Übergewicht bei Labrador und Flat Coated Retrievern. POMC wird in der Adenohypophyse, dem Hypothalamus sowie in der Plazenta und Epithelien gebildet. Posttranslational wird das Prohormon durch Protein-Convertasen in über zehn aktive Peptidhormone prozessiert. Genauer gesagt handelt es sich bei der POMC-Mutation um eine 14 Basenpaare umfassende Deletion, die verhindert, dass aus POMC das Melanozyten stimulierende Hormon Beta-MSH und das an der Regelung von Hungergefühl beteiligte Beta-Endorphin entstehen. Dieser Defekt zeigt sich phänotypisch in Zusammenhang mit Übergewicht, einem erhöhten BCS (siehe S. 126) und verhaltensmäßig in gesteigertem Appetit.
Ebenso konnte gezeigt werden, dass die beschriebene Mutation an POMC deutlich gehäuft bei Labrador Retrievern vorkommt (76 %), die als Assistenzhunde eingesetzt werden. Die Hauptkriterien für die Auswahl als Assistenzhund sind Temperament und Trainierbarkeit. Letzteres wird erleichtert, wenn der Hund, vor allem im Welpenalter, eine große Motivation und Bereitschaft zur Aufnahme von belohnenden Leckereien zeigt.

AUSWIRKUNG EINER KASTRATION

Neben epigenetischen Ursachen kann auch eine Kastration ein Faktor für die Gewichtszunahme des Hundes sein (Kölle & Ziese 2021). So sind kastrierte Hunde deutlich häufiger von Übergewicht und Adipositas betroffen als unkastrierte Tiere (McGreevy et al. 2005). Sie werden auch als futtermotivierter beschrieben. Die Wahrscheinlichkeit, ob ein kastriertes Tier von Übergewicht betroffen ist oder nicht, scheint stark von der Hunderasse abzuhängen (McGreevy et al. 2005). Neben hormonellen Änderungen und teils verlangsamten Stoffwechselprozessen, spielt es auch eine Rolle, ob der Halter des Hundes nach erfolgter Kastration die Futtermenge reduziert hat. Preising Aptekmann et al. (2014) befragten in ihrer Studie 254 Hundehalter, welche alle Hunde mit einem BCS zwischen 6 und 9 besaßen. Die am häufigsten und stärksten betroffenen Hunde waren nach dieser Studie kastrierte adulte weibliche Mischlingshunde und Pudel. Neben genannten Faktoren spielt die appetithemmende Wirkung der durch die Kastration weggefallenen Sexualhormone eine Rolle. Dies ist häufig vor allem bei kastrierten Hündinnen ein Grund für gesteigerten Appetit und fortschreitende Gewichtszunahme. Bei kastrierten Rüden nimmt man eher an, dass sie nach der Kastration durch die teils verringerte Bewegungsintensität weniger Kalorien bei gleichbleibender Futtermenge verbrauchen und demnach an Gewicht zunehmen (Strodtbeck & Gansloßer 2018).

WEITERE URSACHEN

Selbst bei restriktiver Fütterung nehmen Hunde mit einer Schilddrüsenunterfunktion (siehe S. 117) oftmals an Gewicht zu. Neben der genannten Hypothyreose können auch andere hormonelle Störungen die Ursache für Übergewicht sein. Hierzu zählt z. B. eine Überfunktion der Nebennierenrinden, das sogenannte Morbus Cushing Syndrom. Patienten mit diesem Syndrom zeigen häufig gesteigerten Appetit, vermehrten Durst, häufiges Hecheln und Haarverlust. Typischerweise lagern sich bei dieser progressiven Gewichtszunahme die Fettpolster besonders am Bauch und Brustkorb ab und es kann im Laufe eines chronischen Verlaufes zu einem erheblichen Muskelschwund kommen.
Eine Gewichtszunahme kann außerdem klinisch betrachtet bei Hundepatienten mit einem Insulinom, also einem endokrinen Tumor der Bauchspeicheldrüse oder einer Akromegalie, also einer Überproduktion an Wachstumshormonen, auftreten. Auch die über einen längeren Zeitraum durchgeführte Medikation mit Cortisonpräparaten oder Antikonvulsiva, also Medikamenten gegen Epilepsie, kann zu einer Gewichtszunahme führen.

BEHANDLUNG VON ÜBERGEWICHT

Die beste Behandlung von Adipositas ist die Prävention (Kölle & Ziese 2021). Sollte ein Hund jedoch bereits zu dick sein, sollte die Behandlung von Adipositas schon allein aus den hier genannten medizinischen Gründen erfolgen. Neben den medizinischen Gründen verbessert sich jedoch auch die Lebensqualität von Hunden bei einer Gewichtsreduktion (German 2016). Für einen langfristigen Erfolg müssen auch die Behandlungen langfristig durchgeführt werden. Im Idealfall erfolgt eine Umstellung des Lebensstils des Tiers (German 2016). Das erfordert jedoch ein hohes Maß an Bereitschaft zur Mitarbeit der menschlichen Seite, da eine Behandlung durchaus sieben bis acht Monate dauern kann, bis das Idealgewicht des Hundes erreicht ist (Kölle & Ziese 2021). Wenn Aspekte der menschlichen Adipositastherapie auf die Therapie von Hunden übertragen werden, sind zwei Varianten möglich.

ERNÄHRUNGSTHERAPIE

Beim gesamte Therapieansatz sollte Wert auf ein individuell zugeschnittenes Programm gelegt werden (German 2016). Grundsätzlich

Durch Schwimmen können Hunde gelenkschonend abnehmen.

sollte vor jeder länger andauernden Intervention tierärztlicher Rat eingeholt werden, um negative Nebeneffekte auszuschließen.
Insgesamt sollte ein Hund in einem Abnehmprogramm pro Woche zwischen 0,5 und 2 % des Körpergewichts verlieren (Kölle & Ziese 2021). Die Ernährung des Hundes sollte entsprechend umgestellt werden. Dabei kann eine einfache Futterreduktion jedoch zu einer Nährstoffunterversorgung führen (Kölle & Ziese 2021). Wichtig ist, dass das neue Futter einen hohen Eiweiß- und Rohfaseranteil (z. B. Zellulose) hat, damit es einen guten Sättigungswert (das soll unerwünschtes Verhalten beim Hund vermeiden) bei einem gleichzeitig geringen Kaloriengehalt hat (Kölle & Ziese 2021). Eine vollständige Reduktion von Fetten darf nicht erfolgen, da einige Fettsäuren nicht vom Körper selbst hergestellt werden können und somit mit dem Futter aufgenommen werden müssen (Kölle & Ziese 2021).
Sollten die Halter ein marktgängiges Diätfutter füttern wollen, sollte die Menge des Futters exakt abgewogen werden (Kölle & Ziese 2021). Besser als Trockenfutter ist zumeist Nassfutter, da es ein insgesamt höheres Volumen hat (Kölle & Ziese 2021). Natürlich ist es auch möglich, für den Hund zu kochen oder ihn zu barfen. Beides hat den Vorteil, dass man die Nährstoffzusammensetzung gut selbst bestimmen kann (Kölle & Ziese 2021). Beides setzt jedoch einen höheren Zeitaufwand und einen hohen Wissensstand bzgl. der Nährstoffbedarfe voraus (Kölle & Ziese 2021).

BEWEGUNGSTHERAPIE

Es ist plausibel, dass sich grundlegende Prinzipien der Bewegungstherapie des Menschen auch auf Hunde übertragen lassen. So wird beim Menschen darauf Wert gelegt, dass ein Ernährungsprogramm und die körperliche Aktivität Hand in Hand gehen. Eine alleinige Steigerung der körperlichen Aktivität ist nicht ausreichend, sondern muss immer von diätetischen Maßnahmen begleitet werden (Fock & Khoo 2013). Gleichzeitig zeigen Untersuchungen am Menschen, dass eine Kombination aus körperlicher Aktivität und der Umstellung der Ernährung die größten Erfolge in der Behandlung von Adipositas aufweist (Foster-Schubert et al. 2012).
Da es sich im Bewegungsbereich um ein langfristiges Programm handelt, sollten sowohl der Hund als auch der Halter Spaß an der Bewegung haben, damit die Aktivitäten auch auf Dauer aufrechterhalten werden. Laut German (2016) können unterschiedliche Maßnahmen durchgeführt werden: Spaziergänge an der Leine, Spiele, Schwimmen und Hydrotherapie.

Dabei muss gerade bei stark adipösen Tieren darauf geachtet werden, dass sie sich nicht überlasten. Insbesondere Sprünge sollten vermieden werden, da bei der Landung ein Vielfaches des Körpergewichts auf die Extremitäten wirkt. Deshalb sind Spaziergänge an der Leine besonders sinnvoll, damit der Hund nicht im Übermut zu große Belastungsintensitäten durchführt, die unter Umständen in Verletzungen enden könnten. Um Verletzungen nach Möglichkeit zu vermeiden, sind Hydrotherapie und Schwimmen hervorragend für den Beginn der Gewichtsreduktion geeignet. Im Wasser wiegen die Tiere nur noch einen Bruchteil dessen, was sie an Land wiegen. Das verringert die Belastung des passiven Bewegungsapparats (z. B. Gelenke, Bänder und Knochen) massiv. Gleichzeitig erschwert der Wasserwiderstand die Bewegung und stärkt damit die Muskulatur.

Sobald der Hund einen Trainingszustand erreicht hat, der auch höhere Belastungen zulässt, sind auch intensivere Aktivitäten möglich. Um Verletzungen und Nebeneffekte auszuschließen, ist es wichtig, dass die Steigerung der Belastung nach veterinärmedizinischer Konsultation erfolgt.

Studie zu Bewegung

Nach Wissen der Autoren sind die meisten Studien zur Gewichtsreduktion bei Hunden ausschließlich auf die Ernährung ausgerichtet. Eine Ausnahme bildet die Untersuchung von Vitger et al. (2016). In ihr wurde eine Gruppe übergewichtiger Hunde nur mit einem Diätfutter ernährt, die zweite Gruppe erhielt mit einem individuellen Fitnessprogramm mehr Bewegung. Gleichzeitig erhielt auch die Fitnessgruppe ein Diätfutter. Die Bewegungsintervention umfasste ursprünglich jeweils 30 Minuten Bewegung auf einem Unterwasserlaufband und 30 Minuten Bewegung auf einem Laufband an Land. Die Intensitäten wurden individuell angepasst. Die Autoren berichten jedoch, dass die übergewichtigen Hunde grundsätzlich einen Widerwillen gegen die Aktivitäten zeigten und deshalb die Belastungsintensität nur selten einen intensiven Bereich erreichte (Vitger et al. 2016). Deshalb wurden die Aktivitäten für einzelne Hunde angepasst. Als Ergebnis zeigte sich, dass sich die Herzfrequenz unter Belastung in beiden Gruppen verringerte. Dieser Effekt war in der Bewegungsgruppe stärker ausgeprägt. Weiterhin wurde festgestellt, dass sich das Gesamtgewicht in beiden Gruppen etwa gleich stark reduzierte. In der Bewegungsgruppe blieb ein größerer Teil der Magermasse erhalten (Vitger et al. 2016). Daraus lässt sich schlussfolgern, dass Hunde in der Bewegungsgruppe einen größeren Teil ihrer Muskelmasse erhalten konnten. Dies ist für die Adipositastherapie besonders interessant, weil sich durch eine höhere Muskelmasse auch der Grundenergieverbrauch erhöht (Kölle & Ziese 2021).

Insgesamt ist wichtig, dass Bewegungsprogramme immer individuell auf den einzelnen Hund abgestimmt werden, da bislang nur wenige wissenschaftliche Grundlagen als Empfehlungen für die körperliche Aktivität bei Hunden vorliegen. Möglich wären – abhängig vom Interesse und Fitnesszustand des einzelnen Hundes – jedoch Aktivitäten wie Joggen, Fangspiele, Agility (hier ist die Intensität abhängig von der Leistungsfähigkeit des Hundes), Mantrailing und ähnliche Aktivitäten.

Gleichzeitig sollte immer eine diätetische Maßnahme erfolgen, um Erfolge aufrechtzuerhalten. Um Hyperaktivität beim Hund vorzubeugen (siehe S. 318), muss gleichzeitig darauf geachtet werden, dass die einzelnen Hunde nicht überfordert werden und ausreichend Ruhe und Erholung erhalten.

Zusammenfassend muss die Adipositastherapie sowohl aus einer Ernährungs- als auch aus einer Bewegungsintervention bestehen. Hierbei ist es wichtig, dass der Halter langfristig motiviert ist, diese Lebensstiländerung mit dem Hund durchzuführen. Außerdem ist es laut Kölle und Ziese (2021) wichtig, den Erfolg regelmäßig zu kontrollieren, um einem möglichen Jo-Jo-Effekt vorzubeugen.

EPILEPSIE DES HUNDES

VON PROF. DR. MED. VET. ANDREA FISCHER

Epilepsie ist bei weitem die häufigste chronische neurologische Erkrankung des Gehirns beim Hund. Dabei wird Epilepsie definiert als eine Krankheit, die durch das wiederholte Auftreten von epileptischen Anfällen charakterisiert ist. Eine international beim Menschen und bei anderen Tieren empfohlene praktische Definition von Epilepsie ist, dass epileptische Anfälle wiederholt ohne direkten Auslöser auftreten. Für die Diagnose müssen dabei mindestens zwei epileptische Anfälle im Abstand von mindestens 24 Stunden aufgetreten sein, ohne dass ein unmittelbarer Auslöser (z. B. Schädel-Hirn-Trauma) vorliegt.

SPEKTRUM EPILEPTISCHER ANFÄLLE

Es gibt zwei große Klassen von Anfallstypen, die **generalisierten epileptischen Anfälle** und die **fokalen epileptischen Anfälle**. Zudem kann innerhalb der generalisierten und der fokalen Anfälle weiter zwischen motorischen (konvulsiven) und nicht-motorischen (nicht-konvulsiven) Anfällen differenziert werden.

Typisch für epileptische Anfälle sind Bewusstseinsverlust, das Auftreten von generalisierter oder fokaler motorischer Aktivität in Form von tonisch-klonischen Krämpfen, die kurze Dauer der Krampfaktivität zwischen 30 Sekunden und 2 Minuten, das gleichzeitige Auftreten von autonomen Symptomen wie Speichelfluss, Harnabsatz und Erweiterung der Pupillen (*Mydriasis*), ggf. auch Erbrechen und Kotabsatz. Typisch für epileptische Anfälle ist auch, dass im Anschluss eine kurze Erholungsphase folgt, die sogenannte **postiktale Phase**, in der der Hund sich von der Anfallsaktivität erholt, oft aber noch für kurze Zeit blind oder desorientiert erscheint. Im Einzelfall kündigt sich der Anfall für die Tierbesitzer durch typische Verhaltensänderungen wie Angst oder Aufsuchen von Nähe an. Als prodromale Phase werden Veränderungen im Verhalten in den Stunden und Tagen vor dem Anfall bezeichnet, während Veränderungen in den Minuten und Sekunden vor dem Anfall oft schon den Beginn des eigentlichen Anfalls darstellen. Eine eindeutige Diagnose von epileptischen Anfällen würde die Durchführung eines Elektroenzephalogramms (EEG) erfordern. In sehr vielen

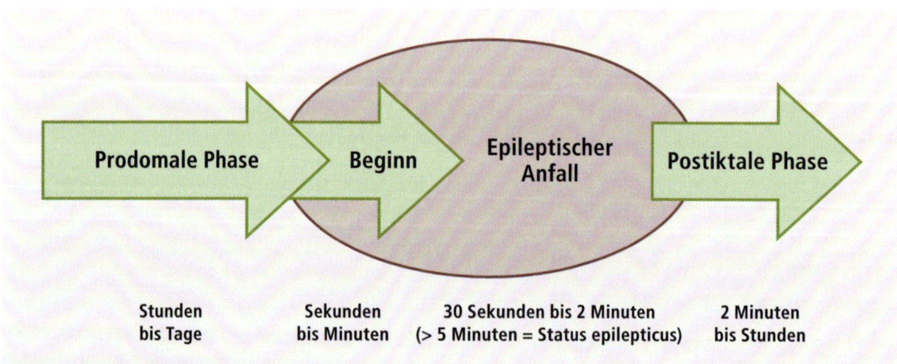

Phasen eines epileptischen Anfalls

Fällen und vor allem, wenn generalisierte tonisch-klonische Anfälle vorliegen, ist das klinische Bild schon sehr typisch und hinweisend. Aktuell ist das EEG noch ein Werkzeug, das zur Diagnose unklarer Episoden, die nicht eindeutig als epileptischer Anfall eingestuft werden können, eingesetzt wird. Die IVETF (**International Veterinary Epilepsy Task Force**) klassifiziert als Epilepsiediagnostik Stufe 3 (Tier 3), wenn zusätzlich zur Untersuchung im MRT auch das Vorkommen epileptiformer Aktivität in Form von Spikes, Polyspikes oder Spike-Wave-Komplexen im EEG nachgewiesen wird. Meist wird statt eines EEG jedoch meist ein Therapieversuch mit Anfallsmedikamenten durchgeführt, wenn Verdacht auf einen epileptischen Anfall besteht.

GENERALISIERTE EPILEPTISCHE ANFÄLLE

Sie sind dadurch charakterisiert, dass sie gleichzeitig in neuronalen Netzwerken in beiden Großhirnhemisphären von Beginn des Anfalls an entstehen. Generalisierte epileptische Anfälle sind der häufigste Anfallstyp beim Hund und treten als generalisierte tonisch-klonische Anfälle auf. Neuroanatomisch spielt die Ausbreitung der Anfallsaktivität auf beide Großhirnhemisphären über tiefe Hirnstrukturen im Thalamus eine große Rolle. Diese Anfälle sind auch dadurch charakterisiert, dass schon zu Beginn der gesamte Körper und der Kopf insgesamt gleichmäßig und ohne Seitenbetonung von der tonisch-klonischen Krampfaktivität betroffen ist. Häufig fällt das Tier dabei um und liegt dann auf der Seite. Die Krämpfe beginnen häufig mit einer tonischen Krampfphase, bei der sich die Gliedmaßen in Streckstellung befinden, auch der Kopf ist betroffen. Darauf folgt eine klonische Krampfphase, die durch eher rhythmische Bewegungen und Muskelzuckungen charakterisiert ist. Auch heftige Laufbewegungen und Kieferschlagen oder Kaubewegungen zusammen mit ausgeprägtem Speichelfluss treten auf. Weitere Charakteristika sind der Bewusstseinsverlust und das gleichzeitige Auftreten von Symptomen einer Aktivierung des autonomen Nervensystems wie Speicheln, Urinabsatz/Kotabsatz und weite Pupillen, im Einzelfall auch Erbrechen.

FOKALE EPILEPTISCHE ANFÄLLE

Sie grenzen sich von den generalisierten epileptischen Anfällen dadurch ab, dass ihr Ursprung in einem fokalen Epilepsieherd liegt, einer Gruppe von Neuronen oder Netzwerken in einer Großhirnhemisphäre. Das klinische Korrelat von fokalen Anfällen sind typischerweise motorische Symptome, die nur einen Teil des Körpers betreffen, wie z. B. Zuckungen der Gesichtsmuskulatur einer Seite, bei gleichzeitig eingeschränktem Bewusstsein. Hervorzuheben ist hier auch wieder Speichelfluss, unwillkürlicher Urinabsatz und erweiterte Pupillen als Symptom einer begleitenden Aktivierung des autonomen Nervensystems. Die genaue Klassifikation des fokalen Anfalls als motorisch, autonom oder psychisch/sensorisch orientiert sich an den hauptsächlich vorherrschenden Symptomen. Dabei werden besonders die Symptome zu Beginn des Anfalls bewertet bzw. in den Minuten oder Sekunden vor dem Anfall, da diese Hinweise auf den Anfallsherd geben. Fokale epileptische Anfälle können sich über den Epilepsieherd hin, über das gesamte Gehirn und beide Großhirnhemisphären ausbreiten und in einen generalisierten epileptischen Anfall übergehen. Der fokale Beginn kann dann auch nur in den Sekunden oder Minuten kurz vor dem Anfall sichtbar sein. Diese Anfälle werden aktuell als Anfälle mit fokalem Onset/Beginn, die sich zu generalisierten Anfällen entwickeln, bezeichnet und früher als sekundär generalisierte Anfälle. Rein fokale Anfälle werden vom Tierhalter oft als weniger beängstigend oder als generalisierte tonisch-klonische Krampfanfälle schwer wahrgenommen, sind aber dennoch als epileptisch einzustufen und können im Einzelfall sogar schwerer zu behandeln sein. Beim

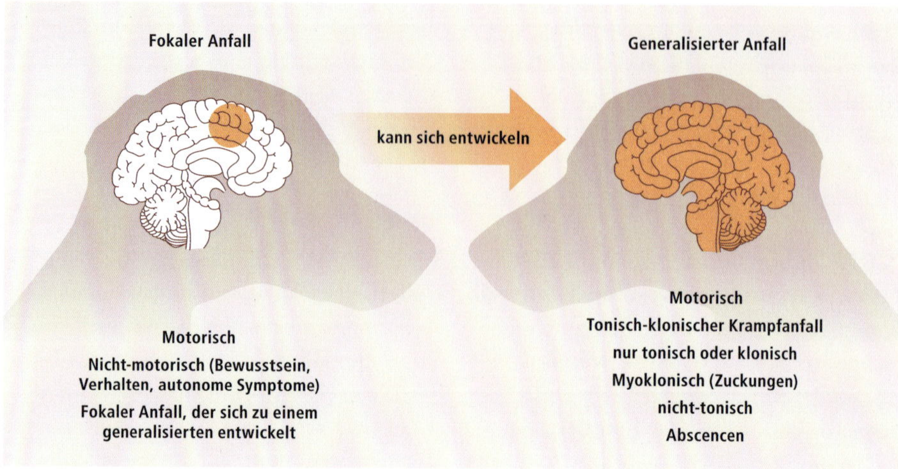

Verschiedene Anfallstypen

Hund gibt es Hinweise wie beim Menschen, dass der mesiale Hippocampus an der Entstehung fokaler Anfälle und der Entstehung von Epilepsien mit beteiligt ist, aber die Hinweise sind deutlich schwächer als bei der Katze und beim Menschen und beschränken sich auf morphometrische Untersuchungen und Gruppenvergleiche im MRT, die eine seitenbetonte Asymmetrie in der Größe des Hippocampus zeigten (Czerwik et al. 2018, Estey et al. 2017, Kuwabara et al. 2010).
Die beim Menschen übliche Untersuchung im EEG zur Bestätigung eines fokalen Epilepsieherdes ist beim Hund schwierig und bisher nur in begrenztem Umfang durchgeführt worden.

WEITERE ANFALLSTYPEN

Wenig berücksichtigt wurden bisher beim Hund andere Anfallstypen, die sich nicht mit motorischen Symptomen oder Krämpfen zeigen, sondern nur mit kurzen Episoden von verändertem Bewusstsein, fehlender Reaktion auf äußere Reize und Ansprechen sowie Erstarren.
In dieser Hinsicht konnten wir bei einem Hund das Vorkommen von **Abscenceanfällen** zeigen (Wielaender et al. 2018). Der betroffene Hund zeigte täglich bis zu 50 kurze Episoden, in denen er abwesend wirkte, nicht ansprechbar war und nicht zu hören schien. In der Video-Elektroenzephalographie (EEG), die im wachen Zustand ohne zusätzlichen Einsatz von Sedativa und unter gleichzeitiger Videoaufzeichnung als sogenanntes ambulatorisches Video-EEG durchgeführt wurde, zeigte sich eine generalisierte epileptiforme Aktivität, mit gleichzeitigem Auftreten in allen Ableitungen, also über beide Großhirnhemisphären. Damit wurde nachgewiesen, dass die kurzen Episoden von Erstarren Abscenceanfälle darstellten. Ein ähnlicher Fall von Abscenceanfällen war früher schon bei einem Chihuahua in der Literatur berichtet worden (Poma et al. 2010). Abscenceanfälle werden zu den generalisierten Anfällen eingeteilt.
Ein weiterer spezieller epileptischer Anfall ist der **myoklonische Anfall**. Myoklonus oder Myoklonien sind kurze heftige Zuckungen, ähnlich einem Elektroschock, die oft in kurzen Serien auftreten und einen Teil des Körpers oder den ganzen Körper betreffen. Myoklonien können ihren Ursprung im Großhirn haben und werden dann als epileptischer Myoklonus bezeichnet. Ganz offensichtlich ist die epileptische Ursache des Myoklonus, wenn aus dem Myoklonus heraus ein generalisierter Krampfanfall entsteht. Myoklonus kann aber auch als ein nicht-epileptischer Myoklonus auftreten,

insbesondere wenn sein Ursprung in tieferen Gehirnregionen wie dem Hirnstamm liegt. Myoklonisch epileptische Anfälle sind auch generalisierte Anfälle. Das Auftreten von myoklonisch epileptischen Anfällen waren z. B. das erste Symptom bei der juvenilen myoklonischen Epilepsie (JME) bei 3 – 6 Monate alten Rhodesian Ridgebacks, während generalisierte tonisch-klonische Anfälle bei der JME erst später im Verlauf auftraten, wenn die Hunde schon etwas älter waren (Wielaender et al. 2018).

Weitere besondere Anfallstypen können das Auftreten von kurzen Episoden von psychischen Symptomen oder Verhaltensänderungen wie Fliegenschnappen, Angst oder Aggressivität, Hypersalivation oder Erbrechen sein, die zunächst nicht eindeutig als fokale epileptische Anfälle eingeordnet werden können und von anderen Ursachen und Episoden abgegrenzt werden müssen. In diesem Zusammenhang kann als ein Beispiel für das Auftreten von fokalen epileptischen Anfällen als Hauptsymptom einer Epilepsie die **Angst-assoziierte Epilepsie** bei der niederländischen Hunderasse Boerboel genannt werden (Stassen et al. 2019). Bei zehn eng verwandten Hunden, aus drei verschiedenen Würfen, traten im Alter von drei Monaten erstmals mehrmals wöchentlich kurze Episoden von Angstverhalten, Schreien, Heulen, zusammen mit Zittern und Koordinationsstörungen sowie autonomen Symptomen wie Speicheln und Urinabsatz auf. Es wurden fokale epileptische Anfälle vermutet und eine Therapie mit Phenobarbital begonnen, die die Anfälle um > 50 % reduzierte, aber lebenslang fortgeführt werden und bei einigen Hunden später mit Kaliumbromid verstärkt werden musste.

Alle Untersuchungen, einschließlich MRT (Magnetresonanztomographie), ergaben unauffällige Befunde, allerdings wurden bei der pathologischen Untersuchung des Gehirns einzelne Vakuolen in Neuronen nachgewiesen, die als Indiz für eine mögliche Gehirnstoffwechselstörung interpretiert wurden.

EPILEPSIEFORMEN

Es gibt zwei Arten von Epilepsie: **idiopathische** und **strukturelle Epilepsie**. Für die Hundezucht relevant ist vor allem die idiopathische Epilepsie und deren Abgrenzung von der strukturellen Epilepsie, weil bei der idiopathischen Epilepsie häufig ein genetischer Hintergrund und eine gewisse genetische Veranlagung als Ursache angenommen wird. Wie schon erwähnt, ist die allgemeine Diagnose Epilepsie eine klinische Diagnose und kann gestellt werden, wenn zwei epileptische Anfälle im Abstand von 24 Stunden ohne direkte Ursache auftreten. Der häufigste Anfall beim Hund ist dabei der ca. ein bis zwei Minuten andauernde generalisierte tonisch-klonische Krampfanfall.

Die International Veterinary Epilepsy Task Force (IVETF) definiert, dass die idiopathische Epilepsie ein Oberbegriff für Epilepsien ohne nachweisbare Erkrankung des Gehirns oder Stoffwechsels ist. Sie teilt die idiopathische Epilepsie weiter ein, je nachdem wie stark der Hinweis auf eine genetische Ursache ist (Berendt et al. 2015):

1. Genetische idiopathische Epilepsie, wenn ein Epilepsiegen eindeutig nachgewiesen wurde.
2. Vermutlich genetisch bedingte idiopathische Epilepsie, wenn in der jeweiligen Rasse oder Linien innerhalb der Rasse oder auch in der Familie häufiger idiopathische Epilepsie aufgetreten ist.
3. Idiopathische Epilepsie unbekannter Ursache, wenn es keine Hinweise auf eine genetische Veranlagung gibt.

Strukturelle Epilepsie wird durch eine strukturelle Erkrankung des Gehirns verursacht. Dies kann ein Tumor, eine Entzündung, eine Gehirnblutung, ein Infarkt oder eine Gehirnmissbildung sein. Die Unterscheidung zwischen idiopathischer Epilepsie und struktureller Epilepsie ist vor allem für die Hundezucht von großer Bedeutung, da idiopathische Epilepsie häufig auf der Basis einer gewissen genetischen Veranlagung entsteht. Die Unterscheidung ist aber auch für den einzelnen Tierhalter wichtig, da der Erwartungshorizont und das langfristige Leben mit der Erkrankung natürlich völlig anders sind, wenn ein Gehirntumor oder eine andere strukturelle Erkrankung des Gehirns vorliegt, die zu zusätzlichen Beeinträchtigungen führt oder die Behandlung erschwert, als wenn eine idiopathische Epilepsie vorliegt, die in vielen Fällen gut behandelbar ist, wenn frühzeitig und konsequent behandelt wird. Wenn keine eindeutige Unterscheidung zwischen den beiden Epilepsieformen durchgeführt werden kann oder wenn eine Epilepsie erst in höherem Alter beginnt und keine Ursache nachweisbar ist, dann wird es vorgezogen von **Epilepsie unbekannter Ursache** zu sprechen.

BEDEUTUNG DES ALTERS BEIM ERSTEN ANFALL

Ein wichtiges Kriterium zur Unterscheidung verschiedener Epilepsieformen beim Hund wie beim Menschen ist das Alter beim ersten Anfall („age of onset"). **Idiopathische und strukturelle Epilepsie unterscheiden sich durch das Alter beim ersten Anfall.** Bei idiopathischer Epilepsie tritt der erste Anfall häufig bei Hunden im Alter von 6 Monaten und unter 6 Jahren auf, also bei Hunden, die jünger als 6 Jahre sind. Demzufolge definiert die IVETF das typische Alter beim Beginn der idiopathischen Epilepsie mit > 6 Monaten und < 6 Jahren (age of onset) (Berendt et al. 2015, De Risio et al. 2015). Hunde, die an einer strukturellen Epilepsie erkranken, sind beim ersten Anfall oft älter als sechs Jahre, und unterscheiden sich dadurch von der idiopathischen Epilepsie beim ersten Anfall. Das ist durch das häufige Auftreten von struktureller Epilepsie bei Neoplasien (Gehirntumoren, Gehirnmetastasen) bedingt. Es spielen aber durchaus auch viele andere Ursachen wie Entzündungen (*Meningoenzephalitis*), Gehirnblutung (cerebrovaskuläre Erkrankungen, Schlaganfälle) oder kleinere oder größere Malformationen (Missbildung) eine Rolle bei der Entstehung struktureller Epilepsie. In diesen Fällen beschränkt sich das Vorkommen struktureller Epilepsie nicht nur auf die Hunde höheren Alters. So können epileptische Anfälle als Folge von Meningoenzephalitis, Malformationen oder Gehirnblutungen

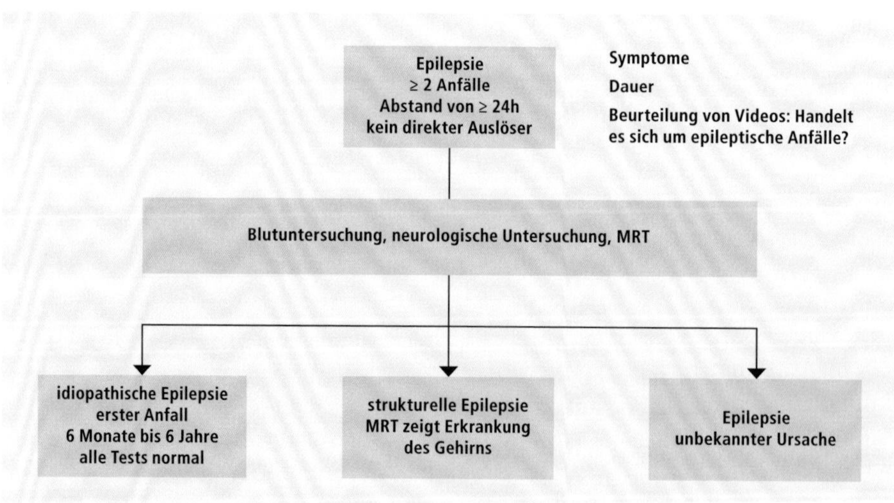

Untersuchung und drei mögliche Szenarien

durchaus auch bereits bei Hunden vorkommen, die jünger als sechs Jahre sind.
Wenn epileptische Anfälle erstmalig bei Hunden auftreten, die jünger als sechs Jahre sind und die anderweitig unauffällig sind, ist eine idiopathische Epilepsie die häufigste Ursache. Es sollte sich allerdings auch eindeutig um epileptische Anfälle und keine andere ähnliche Symptomatik wie Dyskinesie handeln. Auch sollten keine Auslöser bekannt sein, wie ein früheres Schädel-Hirn-Trauma oder eine andere frühere Schädigung. Es sollten zudem bei der Blutuntersuchung (inklusive Gallensäurenstimulationstest, Urin, gegebenenfalls auch Screening für Infektionskrankheiten) keine Hinweise auf eine relevante Stoffwechselstörung vorliegen. Und wenn auch bei der neurologischen Untersuchung, das heißt, der Untersuchung der Reaktionen und Reflexe durch einen erfahrenen Spezialisten für Neurologie beim Tier keine Hinweise auf einen größeren Krankheitsprozess im Großhirn vorliegen, kann eine idiopathische Epilepsie mit einer gewissen diagnostischen Sicherheit nachgewiesen werden. Die IVETF definiert dies als Diagnostikstufe I (Tier 1). Das bedeutet, dass eine gewisse Sicherheit in der Diagnosestellung, aber keine eindeutige Sicherheit besteht. Eine eindeutige Unterscheidung zwischen idiopathischer und struktureller Epilepsie erfordert die Untersuchung mit Magnetresonanztomographie (MRT, Kernspintomographie). Eine Computertomographie ist wegen der geringeren Detailgenauigkeit weniger gut geeignet, kleine Missbildungen zu identifizieren und wird deswegen nicht empfohlen. Allerdings gibt es auch bei der MRT Unterschiede und die Verwendung stärkerer und schwächerer Magneten (1,5T bis 3T high field vs. low field). Diese ausgedehnte Diagnostik, mit Bildgebung des Gehirns im MRT, wird von der IVETF als Stufe II (Tier 2) Diagnostik bezeichnet und gilt allgemein als der Goldstandard der Epilepsiediagnostik (De Risio et al. 2015, Rusbridge et al. 2015).

EPILEPSIEPRÄVALENZ

Die Angaben zur Häufigkeit des Vorkommens von Epilepsie in der allgemeinen Hundepopulation, auch als Prävalenz bezeichnet, unterscheiden sich geringfügig. Dies hängt von der Bezugsgröße der untersuchten Population und des Weiteren auch davon ab, ob alle Epilepsieformen oder nur die idiopathische Epilepsie beschrieben wird und ob auch Hunde, die nur einen epileptischen Anfall hatten und noch nicht sicher eine Epilepsie entwickelt haben, betrachtet werden. Erhebungen in großen computerisierten Datenbasen aus Tierarztpraxen im Vereinigten Königreich und Versicherungsdaten aus Schweden zeigen eine Prävalenz von 0,62 – 0,75 % in der Population (Kearsley-Fleet et al. 2013, Heske et al. 2014). Diese Daten konnten wir in einer eigenen Untersuchung in Deutschland bestätigen (Tauber 2017). Wenn diese Prävalenzen auf den ersten Blick zwar niedrig erscheinen, so bedeutet dies doch, dass jeder hundertste bis zweihundertste Hund, der zur Untersuchung beim Tierarzt vorgestellt wird, epileptische Anfälle hat. In Tierkliniken sind die Zahlen deutlich höher und können von 1,8 % bis 5,6 % betragen, z. B. bei uns an der Klinik 2,6 % (Zimmermann et al. 2009).

BEDEUTUNG FÜR HUNDEZUCHTVERBÄNDE

Was bedeuten diese Zahlen für Hundezuchtverbände? Zum einen, dass epileptische Anfälle und Epilepsie keine seltene Erkrankungen sind. Zum anderen bieten sie eine Basis, um das Auftreten von Epilepsie in einer Population oder einer Linie zu beurteilen. Nach den Richtlinien der Internationalen Veterinary Epilepsy Taskforce (IVETF) spricht eine Prävalenz von Epilepsie, die mehr als 2 % innerhalb einer Hunderasse beträgt, für ein gehäuftes Auftreten und eine genetische Veranlagung für Epilepsie innerhalb dieser Rasse, also eine Rasseprädisposition für Epilepsie.

GENETISCHE PRÄDISPOSITIONEN

VERDACHT AUF GENETISCHE EPILEPSIE

Bei Hunderassen, bei denen die Prävalenz von idiopathischer Epilepsie > 2 % beträgt, kann eine erhöhte genetische Neigung für das Auftreten von Epilepsie angenommen werden (nach den Richtlinien der IVETF).

Über die Jahre sind Prävalenzstudien bei einer Reihe verschiedener Hunderassen durchgeführt worden, die das Vorkommen von idiopathischer Epilepsie mit einem genetischen Hintergrund bei vielen Hunderassen hinweisen. Die Angaben sind aus der wissenschaftlichen Publikation Hülsmeyer et al. (2015) und weiteren seitdem entstandenen Publikationen. Bei weiteren Hunderassen liegen keine Daten zur Prävalenz vor, sondern die Vermutung einer genetischen idiopathischen Epilepsie beruht auf Kohortenstudien und Familienstudien, die ein erhöhtes Auftreten von Epilepsie innerhalb von Linien und Verwandten zeigen. Einschränkend muss man sagen, dass diese Studien, auch wenn wissenschaftlich publiziert, leider immer nur die Situation zum jeweiligen Zeitraum in einem bestimmten Land wiedergeben und keine aktuellen Zahlen sind.

EPILEPSIEGENE

Oft fragen die Tierhalter nach einem Bluttest, bevorzugt einem Gentest für die Diagnose der Epilepsie. Voraussetzung für die Verwendung eines Gentests zur Diagnose von Epilepsie oder für die Verwendung bei der Auswahl von Zuchtpartnern ist aber das Vorliegen eines kausalen Epilepsiegens und eine monogene Vererbung. Demzufolge stehen Gentests aktuell nur für einige Sonderformen von idiopathischer Epilepsie, DIRAS1 beim Rhodesian Ridgeback und LGI2 beim Lagotto Romagnolo zur Verfügung. Diese werden monogen vererbt und folgen einem rezessiven Erbgang. Interessanterweise handelt es sich dabei immer um spezielle Epilepsien, die bereits im Welpen- und Junghundalter manifestieren. Im Einzelnen ist das die JME (juvenile myoklonische Epilepsie) beim Rhodesian Ridgeback, die im Median im Alter von 3 Monaten, seltener auch später (Mittelwert 6 Monate) mit charakteristischen myoklonischen Zuckungen beginnt und bei der erst später im Verlauf die generalisierten tonisch-klonischen Anfälle auftreten (Wielaender et al. 2017). Bei dieser Hunderasse wird außer der Epilepsie vom Typ JME auch vom Vorkommen der typischen idiopathischen Epilepsie unbekannter Ursache berichtet. Eine andere monogen vererbte idiopathische Epilepsie ist die gutartige fokale Welpenepilepsie beim Lagotto Romagnolo, die selbstlimitierend verläuft und bei der die Hunde nur vorübergehend fokale Anfälle in Form von Tremor und Ataxieepisoden zeigen (Seppälä et al. 2011). Gentests zur Diagnose von Epilepsie existieren in zunehmendem Maße auch für eine Reihe von monogen vererbten (strukturellen) Gehirnerkrankungen, die sich in erster Linie mit einer Epilepsie zeigen. Diese verursachen begleitend oft auch Verhaltensänderungen und eine progressive Demenz infolge von schweren Gehirnstoffwechselstörungen oder Neurodegeneration. Dabei sind die degenerativen Prozesse im Gehirn oft erst in einer Spätphase in der Bildgebung mit MRT darstellbar. Weit verbreitet in Deutschland ist die Laforaerkrankung durch eine EPM2B Genvariante beim Beagle, aber auch bei anderen Hunderassen. Diese zeigt sich mit einer Spätmanifestation von Epilepsie und Myoklonus im Sinne von elektroschockartigen Zuckungen, die häufig durch Lichtreize induziert werden können (Flegel et al. 2021). Seltener sind die verschiedenen Formen von NCL (neuronaler Ceroidlipofuszinose), einer eher seltenen Speicherkrankheit, die durch Genmutationen in den verschiedenen NCL Genen bedingt ist und zu Epilepsie, Sehstörungen und progressiven Verhaltensstörungen führen kann. Die neonatale Enzephalopathie beim Pudel und der kürzlich entdeckte Mitochondriendefekt beim Parson Russell Terrier sind Beispiele für schwere Defekte im Gehirnstoffwechsel, die zum sehr frühen Auftreten von schwersten epileptischen Anfällen und anderen neurologischen Symptomen bei Welpen und einer lethalen Epilepsie führen, bei der die Hunde im *Status epilepticus* versterben (Hytönen et al. 2021).

ALLGEMEINER GENETISCHER HINTERGRUND

Bei der idiopathischen Epilepsie des Hundes scheinen vor allem Variationen im Genotyp eine Rolle zu spielen, deren Zusammenwirken entweder mit anderen Risikovarianten oder Umweltfaktoren ein erhöhtes Risiko für das Auftreten von idiopathischer Epilepsie bedingt. Hier wurde insbesondere beim Belgischen Schäferhund ein Risikolocus sowohl auf Chromosom 37 (ADAM23) wie auch auf Chromosom 14 nachgewiesen und beim Irischen Wolfshund auf Chromosom 4 (Belanger et al. 2021, Koskinen et al. 2015). Der Risikolocus auf Chromosom 37 deutete sich auch bei einer Reihe von anderen Hunderassen als relevant an. Die hier dargestellten Assoziationen sind Risikohaplotypen, die vermehrt bei Hunden mit idiopathischer Epilepsie aufgetreten sind, aber in geringerer Zahl auch bei gesunden Hunden vorkommen. Sie sind daher aktuell für die Verwendung als diagnostische Tests nicht geeignet, können aber den genetischen Hintergrund von Epilepsie verstehen helfen. Zum allgemeinen genetischen Risiko für Epilepsie beim Hund gibt es aktuell eine Vielzahl von Hypothesen. Es ist möglich, dass jede Hunderasse ein individuelles genetisch determiniertes Epilepsierisikoprofil besitzt. Es ist aber auch möglich, dass innerhalb einer Hunderasse unterschiedliche Epilepsieformen mit sich überlappenden klinischen Symptomen und Verlauf auftreten, die sich nur in Details unterscheiden. Darüber hinaus richtet sich das Augenmerk auch auf genetische Veränderungen durch perinatale und postnatale Einflüsse auf das Gehirn.

LEBEN MIT EINEM HUND MIT EPILEPSIE

Die Diagnose „idiopathische Epilepsie" bedeutet, dass der Tierhalter mit einer lebenslangen Erkrankung seines Hundes konfrontiert wird, die mit hoher Wahrscheinlichkeit auch lebenslang therapiert werden muss. Diese Diagnose trifft den Tierhalter in einer Situation und zu einem Zeitpunkt, wenn er bereits viel Zeit und Arbeit in die Ausbildung des Hundes investiert hat und eine enge persönliche Beziehung zu seinem Tier aufgebaut hat. Umso wichtiger ist eine enge Betreuung und Beratung, die am besten in Kombination mit einer Epilepsiesprechstunde geschieht. Ein kritischer Punkt ist die schnelle Kontrolle der epileptischen Anfälle. **Die Empfehlungen sind nach dem zweiten Anfall in sechs Monaten mit einer Behandlung zu beginnen bzw. sofort mit der Behandlung zu beginnen, wenn 3 oder mehr Anfälle an einem Tag auftreten, wenn ungewöhnlich lange Anfälle > 5 Minuten auftreten, wenn eine ungewöhnlich lange postiktale Phase vorliegt, oder wenn eine strukturelle Gehirnerkrankung vorliegt.**

Mit einer medikamentösen Therapie konnen bei bis zu 70 % der Hunde mit idiopathischer Epilepsie die Anfälle gut kontrolliert werden. Außerdem hilft die Therapie, Notfallsituationen, die einen Klinikaufenthalt erfordern, zu vermeiden wie auch den *Status epilepticus*, das ist ein langandauernder epileptischer Anfall, der von allein nicht mehr stoppt. Insgesamt erreichen aber nur 15 – 24 % der Hunde eine Remission und werden langfristig anfallsfrei (ref.).

MEDIKAMENTÖSE THERAPIE

Für die Therapie von epileptischen Anfällen und Epilepsie beim Hund (idiopathische Epilepsie) stehen in Deutschland und auch in Europa allgemein drei verschiedene zugelassene Wirkstoffe als Medikamente zur Verfügung.

Im Einzelnen sind das die Wirkstoffe Imepitoin, Phenobarbital und Kaliumbromid. Leider adressieren alle diese Wirkstoffe die GABAerge Neurotransmission und verstärken den Einfluss des hemmenden Neurotransmitters GABA. **Die Wirkstoffe/Medikamente werden zunächst als Monotherapie eingesetzt, können aber auch kombiniert werden.** Die Anwendung erfolgt in der genannten Reihenfolge, sodass Imepitoin bei milderen Verlaufsformen, Phenobarbital bei häufigen epileptischen Anfällen und Kaliumbromid als zusätzliches Medikament bei Clusteranfällen (mehrere Anfälle an einem Tag) angezeigt ist. **Bei allen Medikamenten ist eine zweimal regelmäßige Tablettengabe erforderlich, wobei besonders bei Phenobarbital möglichst ein 12-Stunden-Rhythmus eingehalten werden sollte, um Schwankungen im Medikamentenspiegel zu verhindern. Auch darf das Medikament niemals plötzlich abgesetzt werden.**

Die Erstdosierung mit Phenobarbital beträgt bei einem Hund mit 20 kg 2 x täglich 50 mg, die Erstdosierung mit Kaliumbromid beträgt bei einem 20 kg Hund zweimal täglich 325 mg. Die Dosierung wird im Fall von Phenobarbital und Kaliumbromid dann jeweils über den Medikamentenspiegel im Blut überprüft. Die Konzentration des Wirkstoffes im Blut soll sich auf jeden Fall im therapeutischen Bereich befinden. Der therapeutische Bereich von Phenobarbital beträgt entsprechend den Empfehlungen zwischen 15 und 35 µg/ml, der therapeutische Bereich von Kaliumbromid zwischen 1 000 und 2 500 µg/ml. **Es empfiehlt sich, die Blutentnahmen zur Therapiekontrolle mit Phenobarbital immer zum gleichen Zeitpunkt, möglichst unmittelbar vor der Medikamentengabe zu machen, um den niedrigsten Spiegel des Tages zu messen.**

Bei fehlender Wirksamkeit der Medikamente können die Dosierungen sukzessive in kleinen Schritten gesteigert werden, bis eine Wirkstoffkonzentration im oberen therapeutischen Bereich erreicht ist, denn erst dann ist das Medikament voll in allen seinen Möglichkeiten ausgereizt. **Bei der Überprüfung der Wirkstoffkonzentrationen ist zu berücksichtigen, dass es bei Phenobarbital zwei Wochen und bei Kaliumbromid drei Monate dauert, bis sich ein konstanter Wirkstoffspiegel aufgebaut hat.** Das ist bei Kontrollen und bei jeder Änderung der Medikation zu beachten. Mit kleinen Ladedosen, die nach Anleitung und in enger Absprache mit dem Tierarzt eingesetzt werden, kann diese Anflutungsphase jedoch verkürzt werden, um einen schnelleren Wirkungseintritt zu erreichen. Bei der Behandlung mit Imepitoin ist keine Überprüfung des Medikamentenspiegels erforderlich. Die Wirkung wird auch recht schnell innerhalb von Tagen erreicht und das Medikament kann bedenkenlos wieder abgesetzt werden, scheint aber etwas schwächer in seiner Wirksamkeit zu sein und ist nicht zur Anwendung bei Clusteranfällen zugelassen.

MEDIKAMENTE AUS DER HUMANMEDIZIN

Bei fehlender Wirksamkeit der Medikamente, die für den Hund zugelassen sind, können Medikamente aus der Humanmedizin für den Hund umgewidmet werden. Weit verbreitet ist der Einsatz von **Levetiracetam**, vor allem als Pulstherapie für einen kurzen Zeitraum, um Notfallsituationen wie das Auftreten von Clusteranfällen zu modulieren. Aber auch eine Reihe anderer Medikamente werden umgewidmet.

SPEZIELLE FUTTERMITTEL

Eine kürzlich eingeführte innovative Therapiestrategie ist die Fütterung eines Alleinfutters, das speziell zur Therapie von Hunden mit Epilepsie entwickelt wurde und auf der Anreicherung mit mittelkettigen Fettsäuren (MCT, medium chain triglycerides) beruht. Es handelt sich dabei um eine Modifikation der ketogenen Diät des Menschen in einer für den Hund

Ein epileptischer Anfall ist für den Hund körperlich sehr erschöpfend.

verträglichen Art, das über verschiedene Mechanismen, u.a. verbesserte Mitochondrienfunktion, Reduktion exzitatorischer Neurotransmitter, Hemmung exzitatorischer glutaminerger AMPA Rezeptoren, die Epilepsie günstig beeinflusst und die Häufigkeit von Anfällen reduziert. Das Futter selbst basiert auf einer Anreicherung des Fettanteils im Futter mit mittelkettigen Fettsäuren und einer Reduktion des Kohlenhydratanteils. Deutliche positive Effekte und eine Verringerung der Zahl der Anfälle wurden inzwischen wiederholt in insgesamt drei wissenschaftlichen Studien bei Hunden mit schwierig zu behandelnder Epilepsie gezeigt, bei denen die üblichen Anfallsmedikamente keine ausreichende Wirkung gezeigt hatten. Erwähnenswert ist auch eine begleitende positive Veränderung des Verhaltens durch MCT-angereicherte Fütterung. So gaben die Tierhalter eine bessere Trainierbarkeit an und in Verhaltenstests, in denen Problemlösung, räumliches Denken und Aufmerksamkeit untersucht wurde, ergaben sich bessere Ergebnisse (Pan et al. 2010, Law et al. 2015, Packer et al. 2016, Berk et al. 2020, 2021).
In Zukunft ist davon auszugehen, dass weitere nicht-pharmakologische Therapieansätze wie die Neurostimulation auch beim Hund eine Rolle spielen (Charalambous et al. in Druck).

FÜR DEN NOTFALL GERÜSTET

Das Leben mit einem Hund mit Epilepsie bedeutet für den Tierhalter auch eine große Unsicherheit, da das Auftreten epileptischer Anfälle im Allgemeinen nicht vorhersehbar ist, auch wenn die Einstellung auf Medikamente eine gewisse Regelmäßigkeit und Struktur im Tagesablauf vorgibt.

— Stress als provozierender Faktor für Anfälle ist ein gut erkanntes Phänomen und es ist sicherlich anzuraten, Stress in jeglicher Form zu reduzieren, um diesen als Anfallsauslöser so weit wie möglich zu vermeiden.
— Auch eine unregelmäßige Medikamentengabe sollte unbedingt vermieden werden.

- Halter eines Hundes mit Epilepsie sollten darüber hinaus für Notfälle ausgerüstet sein. Hier empfehlen sich die Mitfuhr von **Diazepam Rektaltuben**, die als Notfallmedikament gegeben werden können. Neigt ein Hund zu Clusteranfällen, also zum Auftreten von mehreren Anfällen in Serie, sollten diese sofort beim ersten Anfall verabreicht werden.
- Alternativ gibt es auch die Möglichkeit, **Midazolam als Nasenspray** zu verabreichen, wobei dies den Vorteil hat, sofort das Gehirn zu erreichen.
- Weitere Strategien für Notfallsituationen sind die Anpassung der Basiserhaltungstherapie um 25 % und die zusätzliche Behandlung mit Levetiracetam für einige Tage in Form einer Pulstherapie.

LEBENSERWARTUNG

Die Lebenserwartung von Hunden mit unkomplizierter gut eingestellter idiopathischer Epilepsie unterscheidet sich zunächst nicht von der anderer, nicht an Epilepsie erkrankter Hunde. Hunde mit struktureller Epilepsie haben hingegen eine deutlich geringere Lebenserwartung, weil die Epilepsie oft schwieriger zu behandeln ist und eine Grundkrankheit des Gehirns vorliegt, auf der sich die Epilepsie entwickelt. Demzufolge ist eine eindeutige Diagnosestellung für die Beratung und die Erwartungshaltung des Tierhalters von großer Bedeutung.

Wenn eine Gruppe von Hunden mit idiopathischer Epilepsie insgesamt betrachtet wird, treten dennoch bei einzelnen Hunden Todesfälle im Zusammenhang mit der Epilepsie auf, was sich dann auf die durchschnittliche Überlebenszeit der ganzen Kohorte auswirkt. Dafür sind verschiedene Risikofaktoren verantwortlich, die im Folgenden erläutert werden: Es gibt einzelne Fälle, bei denen Hunde in einem langdauernden Anfall, einem sogenannten *Status epilepticus,* versterben. Demzufolge ist es wichtig, dass die Tierhalter Notfallmedikamente und eine Strategie an

Manche Hunderassen, wie z. B. Australian Shepherds, können besonders schwere Verläufe mit Clusteranfällen aufweisen.

der Hand haben, langdauernde Anfälle, die länger als die üblichen 1 – 2 Minuten dauern, zu unterbrechen. Es gibt auch Einzelfälle, wo Hunde sterben, wenn ein Anfall in ungünstigen Situationen wie bei der Futteraufnahme oder beim Schwimmen, auftritt. Insgesamt sollten die Tierhalter daher gefährliche Situationen für ihren Hund, insbesondere Schwimmen, vermeiden und an Epilepsie erkrankte Hunde ausreichend beaufsichtigt werden. Bei häufigen Anfällen steigt das Risiko für unerwartete Todesfälle im Zusammenhang mit der Epilepsie sowie auch das Risiko, dass sich die Tierhalter entscheiden, ihren Hund abzugeben oder einzuschläfern. Insgesamt sind 20 bis 30 % aller Hunde mit idiopathischer Epilepsie schwer zu behandeln und diesem erhöhten Risiko ausgesetzt. Bezüglich der sogenannten Epilepsie-assoziierten Todesfälle haben Hunde mit Epilepsie ein erhöhtes Risiko für den sogenannten plötzlichen Epilepsietod (sudden unexpected death of epilepsy). Es handelt sich dabei um Einzelfälle, bei denen Hunde plötzlich verstorben sind, ohne dass ein Anfall aufgetreten ist. Dieses Risiko ist vor allem für die brachyzephalen Hunderassen (siehe S. 86) erhöht (Hünerfauth et al. 2021). Insgesamt ist zu sagen, dass die idiopathische Epilepsie beim einzelnen Hund sehr unterschiedliche Verläufe nehmen kann, eine Therapieresistenz von Anfang an bestehen kann oder sich auch erst im Verlauf, wenn die Epilepsie unzureichend therapiert wird, entwickeln kann. Beim Border Collie, Australian Shepherd und auch beim Irischen Wolfshund wurde das Vorkommen einer schweren Verlaufsform von idiopathischer Epilepsie mit häufigem Auftreten von Pharmakoresistenz, häufigem Auftreten von schweren Verläufen mit Clusteranfällen beschrieben, die dann bei diesen Hunden auch mit einer deutlich kürzeren Lebenserwartung einherging (Hülsmeyer et al. 2010, Weissl et al. 2012). Auch von anderen Autoren und bei anderen Rassen bestätigte sich die Assoziation von Clusteranfällen und einer kürzeren Lebenserwartung.

PHARMAKORESISTENTE EPILEPSIE

In der Folge gibt es auch unterschiedliche Hypothesen, um die unterschiedlichen Verläufe der Epilepsie zu erklären. Das Vorhandensein einer schwer therapierbaren Epilepsie und Pharmakoresistenz von Anfang an wird mit einer intrinsichen Schwere der Epilepsie (intrinsic disease severity hypothesis) erklärt. Dies wurde z. B. beim Australian Shepherd vermutet, bei dem Hunde, die 10 oder mehr Anfälle in den ersten sechs Monaten der Epilepsie zeigten, einen schwereren Verlauf aufwiesen (Weissl et al. 2010). Weitere Faktoren, die als Ursache für das Auftreten von schweren Verlaufsformen und Pharmakoresistenz diskutiert wurden, sind Genvarianten und das Auftreten von Medikamententransportern an der Blut-Hirn-Schranke. Die Entstehung von Pharmakoresistenz und schwierig zu behandelnder Epilepsie im Verlauf wird oft mit einer Toleranzentwicklung auf die Wirkung der Medikamente erklärt. Hier liegt dann oft anfangs ein Ansprechen auf die Therapie vor, aber später im Verlauf lässt die Medikamentenwirkung nach und die Anfälle treten wieder häufiger auf, ein Effekt der auch als „honeymoon effect“ beschrieben wurde. Der Toleranzentwicklung kann zum einen ein schnellerer Abbau der Epilepsiemedikamente zugrunde liegen (metabolische Toleranz). Dies wurde z. B. für Phenobarbital und Levetiracetam nachgewiesen. Hier kann sich eine höhere Dosis oder häufigere Gabe günstig auswirken.

Der Toleranzentwicklung und der Entstehung pharmakoresistenter Epilepsie kann aber auch eine Veränderung von Zielstrukturen und Netzwerkveränderungen im Gehirn zugrunde liegen, die durch die andauernde Anfallsaktivität und unzureichend therapierte Anfälle gefördert wird (funktionelle Toleranz) (Potschka et al. im Druck).

Bevor eine Pharmakoresistenz diagnostiziert wird, ist es aus klinischer Sicht wichtig, eine Pseudoresistenz auszuschließen, durch eine entsprechende Optimierung der Medikamente und Fütterung. So kann eine Einstellung der

Medikamente im oberen therapeutischen Bereich und eine gleichmäßig über den Tag verteilte Medikamentengabe ohne Schwankungen im Wirkspiegel bereits große Verbesserungseffekte erzielen.

EINFLÜSSE VON GESCHLECHTSHORMONEN

Männliche Hunde zeigten in mehreren Studien ein erhöhtes Risiko für das Auftreten von idiopathischer Epilepsie: Bei der Auswertung elektronischer Patientenakten 2011 in UK wiesen Rüden ein 1,5-faches Risiko auf, an idiopathischer Epilepsie zu erkranken, als Hündinnen (Kearsley-Fleet et al. 2013). Bei einer großen Kohortenstudie im Vereinigten Königreich wurde idiopathische Epilepsie bei 174 Labrador Retrievern und Border Collies untersucht. Rüden waren dabei mit 69 % im Vergleich zu Hündinnen mit 31 % deutlich überrepräsentiert (Van Meervenne et al. 2019). Männliche Tiere waren auch bei anderen Hunderassen häufiger an idiopathischer Epilepsie erkrankt, u. a. beim Beagle, Berner Sennenhund, Collie, Deutscher Schäferhund, English Springer Spaniel, Irischer Wolfshund, Italienischer Spinone, Labrador Retriever, Petit Basset Griffon Vendeen, Rhodesian Ridgeback und Schipperke. Rüden zeigten auch bei der Auswertung von Versicherungsdaten aus Schweden ein erhöhtes Epilepsierisiko im Vergleich zu Hündinnen (Heske et al. 2014). Bei Hündinnen können Östrogene und Progesteron die Anfallsneigung beeinflussen. Eine erhöhte Anfallsneigung während der Läufigkeit wird als **katameniale Epilepsie** bezeichnet und erklärt sich aus den prokonvulsiven Effekten von Östrogenen, während Progesteron ein eher anfallshemmender Effekt zugeschrieben wird. Insgesamt hatten Hündinnen einen eher milderen Verlauf der Epilepsie und gingen häufiger in eine Remission, das heißt, die Anfälle stoppten, als Rüden. Die Kastration von Hündinnen und Rüden hat jedoch keinen wesentlichen Einfluss auf den Verlauf einer idiopathischen Epilepsie gezeigt und kann daher höchstens im Sinne einer Stressreduktion, wenn Anfälle stressassoziiert auftreten, diskutiert werden, nicht aber als Ersatz für Anfallsmedikamente.

VERHALTEN UND LEBENSQUALITÄT

Für die Lebensqualität von Hunden und Tierhaltern ist neben der Häufigkeit des Auftretens von epileptischen Anfällen auch das Verhalten der Hunde ein wichtiger Faktor. **Allgemein ist hervorzuheben, dass epileptische Anfälle nicht mit Schmerzen einhergehen und der Hund, wie man von Menschen weiß, die an Epilepsie erkrankt sind, keine Erinnerung an die Anfälle hat, diese also nicht wahrnimmt.** Wenn man einen Vergleich zwischen idiopathischer und struktureller Epilepsie zieht, so führen strukturelle Erkrankungen des Gehirns wie z. B. Gehirntumore, Malformationen oder Entzündungen wesentlich häufiger zu ausgeprägten Veränderungen des Verhaltens führen als die idiopathische Epilepsie. Allgemein gilt aber auch, dass das Verhalten des Hundes und Epilepsie zum Teil auf gemeinsamen Signalwegen und Netzwerken im Gehirn basieren. Die ersten Beobachtungen zu Verhaltensänderungen zum Beginn der Epilepsie stammen aus UK (2011), die darauf hinwiesen, dass zeitgleich zum Beginn einer idiopathischen Epilepsie auch ein verändertes Verhalten des Hundes von den Tierhaltern beschrieben wurde und zwar unabhängig von der Medikamentengabe (Shihab et al. 2011). **Auffällig waren vor allem das neue Auftreten von Angst- und Furchtverhalten sowie eine Reihe von Verhaltensänderungen, die als Wahrnehmungsstörungen zusammengefasst wurden.** Im Einzelnen waren dies Bellen ohne offensichtliche Ursache, Jagen von Schatten oder Lichtflecken, zielloses Herumwandern und „staring into space", was wohl am besten mit „Erstarren", „wie abwesend wirken", „teilnahmslos in den Raum starren" übersetzt werden kann. Einschrän-

Verändertes Verhalten, beispielsweise Bellen ohne erkennbaren Grund, kann ein Indiz sein.

kend ist zu sagen, dass diese Datenerhebung retrospektiv und ohne den Einschluss einer Kontrollgruppe durchgeführt wurde, und dass die Tierhalter das Verhalten der Hunde über einen langen Zeitraum rekapitulieren mussten. Diese Beobachtungen haben sich jedoch in Folgestudien mit Fragebogenerhebungen und Einschluss von Kontrollgruppen bestätigt: Im Einzelnen wurden in einer Datenerhebung zum Vorkommen von idiopathischer Epilepsie beim Spinone Italiano ebenfalls Veränderungen im Angstverhalten und Wahrnehmungsstörungen zu Beginn der Epilepsie berichtet (De Risio et al. 2015). Verhaltensänderungen zu Beginn der Epilepsie wurden auch in einer weiteren Untersuchung berichtet, bei der das Verhalten von 92 Hunden verschiedenster Rassen mit idiopathischer Epilepsie mit dem von 200 Kontrollhunden mit international validierten Fragebögen wie dem Canine Behavioral and Assessment Research Questionnaire (CBARQ) und Attention Deficit Hyperactivity Disorder (ADHD) Rating Scales beurteilt wurde (Watson et al. 2020). Die aktuelle Studienlage zu kognitiven Einschränkungen, Angstverhalten und der Trainierbarkeit, als mögliche Begleitsymptome von Hunden mit idiopathischer Epilepsie, wird im Folgenden für den interessierten Leser im Detail erläutert. Ich (Andrea Fischer) möchte in diesem Zusammenhang aber auch deutlich darauf hinweisen, dass dies nur erste Einblicke in das Verhalten von Hunden mit idiopathischer Epilepsie gibt und auch nur einen Teil der Hunde mit idiopathischer Epilepsie betrifft. Ich persönlich habe bei einer Reihe von Hunden eine deutliche Besserung von Verhaltensaspekten durch die Tierhalter berichtet bekommen, nachdem eine Therapie mit Medikamenten begonnen wurde.

Kognition

Kognitive Beeinträchtigungen wurden bei 286 Hunden mit idiopathischer Epilepsie mit dem Canine Cognitive Dysfunction Rating Scale (CCDR) abgefragt. Vergleichsgruppe waren 3765 Hunde, die nicht an idiopathischer Epilepsie erkrankt waren. Der Vergleich innerhalb von Altersgruppen zeigte, dass bei jüngeren Hunden mit idiopathischer Epilepsie häufiger Beeinträchtigungen der Gedächtnisfunktion vorlagen als bei Hunden

Ein ängstliches Verhalten kann einen epileptischen Anfall weit im Voraus ankündigen.

gleichen Alters. Die anderen kognitiven Funktionen, wie auch die soziale Interaktion mit dem Tierhalter, waren nicht betroffen. Damit unterscheidet sich die kognitive Einschränkung bei idiopathischer Epilepsie ganz wesentlich von dem kaninen kognitiven Dysfunktionssyndrom (Packer et al. 2018; siehe S. 71, 370). Bei Verhaltenstests vor Ort zeigte sich dann auch, dass Hunde mit idiopathischer Epilepsie bei Aufgaben, die Erinnerungsvermögen und räumliche Orientierung verlangten, etwas schlechter abschnitten als Kontrollhunde (Winter et al. 2018).

Angstverhalten oder Furcht kann auf vielerlei Art und Weise bei idiopathischer Epilepsie auftreten. Zum einen als Verhaltens-Komorbidität, zum anderen wird aber oft auch die Änderung des normalen Verhaltens in den Stunden oder Tagen vor einem epileptischen Anfall, d. h. in der Prodromalphase, beobachtet (Finnegan et al. 2020, Fischer 2020). Darüber hinaus kann Angstverhalten in den Sekunden oder Minuten vor einem epileptischen Anfall bereits der Beginn eines Anfalls sein. Vor allem beim Boerboel aber auch beim Malinois wurden Episoden von Angstverhalten als epileptische Anfälle interpretiert, insbesondere weil gleichzeitig andere Symptome wie Speichelfluss, Zittern oder geweitete Pupillen auftraten. Insgesamt beschreiben viele Tierhalter, dass ihre Hunde Zeichen von Angst oder Furcht oder vermehrte Anhänglichkeit vor einem epileptischen Anfall zeigen und die Nähe des Tierhalters aufsuchen.

Aufmerksamkeit und Trainierbarkeit

Einige Hunde mit idiopathischer Epilepsie scheinen einen hyperaktiven Verhaltensphänotyp aufzuweisen, mit vermehrter Impulsivität und verminderter Konzentrationsspanne. In einer prospektiven Untersuchung aus dem Vereinigten Königreich, mit validierten CBARQ Fragebögen, ergaben sich hohe Werte für Erregbarkeit, Jagdverhalten und niedrige Werte für die Trainierbarkeit. Letztere machte sich vor allem bei Fragen bemerkbar, die darauf abzielten, wie leicht der Hund abgelenkt werden konnte. In einer weiteren Online-Umfrage mit CBARQ bei 286 Hunden mit Verdacht auf idiopathische Epilepsie und 4051 Kontrollhunden hat sich diese Einschätzung bestätigt. Der relevante Abschnitt des Fragebogens enthielt acht Fragen, u. a. ob der Hund sofort zurückkehrt, wenn er gerufen wird, den Signalen Sitz oder Bleib sofort gehorcht, apportiert, dem Halter zuhört, oder langsam auf Signale reagiert, langsam neue Tricks lernt oder leicht abgelenkt wird. Insgesamt wurden schlechtere Ergebnisse bei Hunden mit idiopathischer Epilepsie erzielt (Packer et al. 2018, Watson et al. 2020).

Aggressives Verhalten

Üblicherweise ist die postiktale Phase eine kurze unkomplizierte Erholungsphase. In Einzelfällen dauert diese übermäßig lang und der Hund ist noch nicht vollständig bei Bewusstsein. In seltenen Fällen kann aggressives Verhalten in der postiktalen Phase auftreten. So zeigte eine Sichtung der Literatur Berichte von postiktalem aggressivem Verhalten in Einzelfällen von idiopathischer Epilepsie beim Border Collie, Australian Shepherd, Rottweiler und Großen Schweizer Sennenhund.

Einfluss von Anfallsmedikamenten auf das Verhalten des Hundes

Anfallsmedikamente können das Verhalten sowohl positiv als auch negativ beeinflussen. Deswegen sollten Verhaltensänderungen unter der Therapie genau beobachtet und bei Kontrollbesuchen gemeinsam mit dem Tierhalter erfasst werden. Unkomplizierte vorübergehende Effekte sind Sedation und Zehenschleifen in den ersten zwei bis drei Wochen einer Therapie mit Phenobarbital, was sich aber häufig wieder legt und kein Grund sein sollte, die Medikamente abzusetzen. Langfristig sollten aber die Wirkstoffkonzentrationen der Medikamente im Blut überwacht werden. So können Ataxie und übermäßige Sedierung bei hohen Wirkstoffkonzentrationen auftreten, oder wenn mehrere Medikamente in Kombination eingesetzt werden. Der Einsatz von Anfallsmedikamenten beeinflusst das Verhalten und die Lebenssituation oft aber auch sehr positiv, insbesondere wenn epileptische Anfälle nicht mehr auftreten oder ausreichend kontrolliert werden, oder wenn Angstverhalten reduziert wird. Ein positiver Effekt ist auch die Besserung von Verhaltensänderungen in der postiktalen Phase, d. h. der Erholungsphase nach einem Anfall. Diese dauert üblicherweise nur wenige Minuten, kann im Einzelfall und bei schweren Anfällen aber auch sehr viel länger dauern. Daneben wurden auch positive Effekte einer für Epilepsie optimierten Fütterung auf das Verhalten beschrieben.

EPILEPSIESPRECHSTUNDE

Die Epilepsiesprechstunde dient vor allem der Beratung von betroffenen Tierhaltern und Hundezüchtern hinsichtlich Therapie und Diagnostik. Darüber hinaus leitet sie die Tierhalter und den Haustierarzt bei den Kontrollen und der optimalen medikamentösen Einstellung der Epilepsie an. Und sie ist auch in Notfallsituationen Ansprechpartner. Vor allem zu Beginn der Epilepsie sollten monatliche Beratungen geplant werden, um eine schnelle und optimale Einstellung der Epilepsiemedikamente zu erreichen. Das Ziel ist dabei Anfallsfreiheit. Epilepsieberatungen, bei denen die Wirkungen und Nebenwirkungen der Medikamente besprochen werden und die Dosierung jeweils angepasst wird, werden dabei alle drei Monate angeboten, solange noch Anfälle auftreten, und alle sechs Monate mit Blutuntersuchungen und Messungen der Medikamentenspiegel ergänzt. Epilepsie ist eine lebenslange Erkrankung und erfordert im Interesse der Hunde und der Tierbesitzer eine lebenslange Begleitung.

Es gilt, das Verhalten des Hundes gut zu beobachten.

SINNESLEISTUNGEN, JAGDVERHALTEN UND AGGRESSION

SINNESORGANE DES HUNDES

VON VIOLA DAUB UND CELINA WOLFF

Die hervorragenden Leistungen der Riechorgane des Hundes sind allgemein bekannt und der Mensch macht sie sich vielfältig zu Nutze. Sowohl im medizinischen Bereich, im Bereich der Personensuche, im Diensthundebereich und auch im alltäglichen Gebrauch ist die Hundenase inzwischen ein unentbehrliches Hilfsmittel.

Auch die Präzision der Gehörleistung ist den meisten Menschen hinlänglich bekannt. Hunde können ein viel größeres Frequenzspektrum von Schallwellen wahrnehmen. Außerdem ist durch die Beweglichkeit der Ohrmuschel das dreidimensionale Orten einer Geräuschquelle möglich.

Die Sehschärfe des Hundes ist im Vergleich zu der des Menschen schlechter und auch Farben können Hunde weniger gut sehen. Bewegungen können sie hingegen deutlich schneller wahrnehmen. Bei Dämmerung sind Hunde uns ebenfalls überlegen.

GERUCHSSINN

Bereits im Uterus können Hundewelpen Gerüche wahrnehmen. Dies geschieht über das sogenannte Vomeronasalorgan (VNO), das sich im Nasenboden befindet (Adams 1984) und bei der Geburt bereits sehr gut ausgeprägt ist. Es besteht aus jeweils einer Röhre auf beiden Seiten des Gaumens, die im vorderen Bereich offen ist. Über die Mundhöhle wird der Geruch (geschlechtsabhängige und andere Stoffe) aufgenommen und es dient der innerartlichen Kommunikation über Pheromone (Seiferle 1992). Die Wahrnehmung von Gerüchen über die Nase beginnt bereits wenige Stunden nach der Geburt und die Leistungsfähigkeit des Geruchsinns steigert sich kontinuierlich. Mit Vollendung des 4. bis 5. Lebensmonats ist die maximale Ausreifung des Riechepithels erreicht. Die Fähigkeit, Gerüche zu differenzieren, kann jedoch lebenslang durch Training verbessert werden.

Die Riechleistung kann durch Training verändert werden.

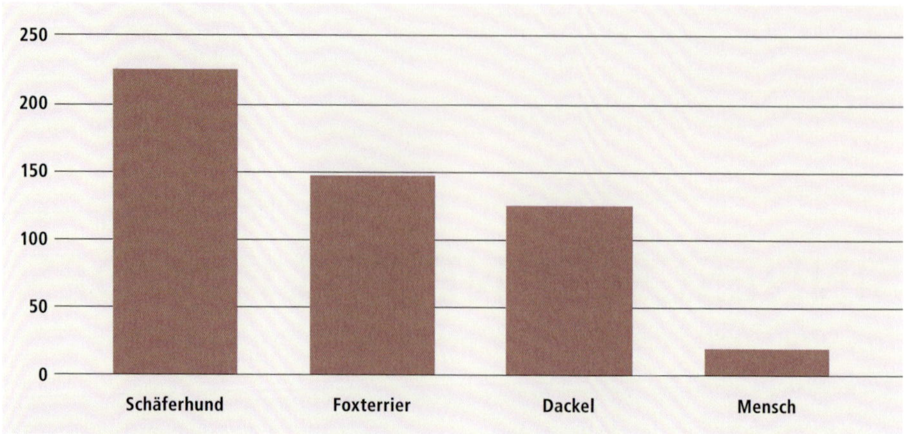

Anzahl der Riechzellen

PHYSIOLOGIE DES RIECHENS

Geruchswahrnehmung und Verarbeitung funktionieren an unterschiedlichen Stellen im Körper. Das Riechsystem besteht aus drei Teilen:

— Riechorgan (Nase mit Riechepithel)
— Nervenbahnen (*N. olfactorius* und *N. trigeminus*)
— Empfangsorgan (Riechhirn)

Fällt ein Teil dieses Systems aus, ist Riechen nicht mehr möglich.
Die Nase ist mit dem Riechepithel ausgekleidet, das die Riechzellen beinhaltet. Der Aufbau der Hundenase sorgt dafür, dass Geruchsmoleküle das Riechepithel sehr schnell und praktisch ungehindert erreichen. So geht nur wenig Geruch verloren. Ein sehr fein verzweigtes Gefäßsystem erwärmt die eingeatmete Luft und Nasendrüsen sorgen dafür, dass genügend Feuchtigkeit produziert wird, eine wichtige Voraussetzung fürs Riechen. Mit einer trockenen Nase können Gerüche viel schlechter wahrgenommen werden.
Auf dem Riechepithel eines Hundes befinden sich über 200 Mio. Riechsinneszellen (Mensch: ca. 20 Mio.). Neben den Riechsinneszellen beinhaltet das Epithel auch Basalzellen, Bowmannsche Drüsen und Stützzellen (Seiferle 1992). Die Basalzellen dienen vermutlich als Vorläuferzellen der Riechsinneszellen und Stützzellen. Riechsinneszellen verfügen auf der einen Seite über einen langen Nervenfortsatz, der zur Weiterleitung von aufgenommenen Informationen an höhere Verarbeitungsareale dient. Auf der anderen Seite befindet sich ein kurzer Fortsatz, der durch die Stützzellen ins Riechepithel zieht. Am Ende dieses Fortsatzes befinden sich feine Riechzilien. Über diese Riechzilien wird die olfaktorische Information aufgenommen (Trepel 1995). **In der Hundenase befinden sich über 20 Milliarden Riechzilien (Mensch: ca. 25–200 Mio.).** Die Riechzilien verfügen über Rezeptoren, an die bestimmte Duftmoleküle anhaften. Durch eine chemische Reaktion innerhalb der Riechzilie werden Botenstoffe ausgeschüttet und öffnen Ionenkanäle. Die Ausschüttung dieser Botenstoffe kann sehr schnell unterbrochen werden, wodurch die Riechzilie in ihren ursprünglichen Zustand zurück versetzt wird. Dieser Mechanismus verhindert ein langfristiges Blockieren der Rezeptoren.Durch in ihrem Schleim enthaltene Enzyme verändern die Bowmannschen Zellen außerdem die Duftmoleküle, sodass diese zum einen besser durch die Riechsinneszellen wahrgenommen werden können, andererseits jedoch nicht langfristig an den Rezeptor anhaften können. Dadurch ist der Rezeptor wieder frei für neue Duftmoleküle (Lieblich 1993).

In diesem Schleim befinden sich spezifische Antikörper, die das Einwandern von Keimen verhindern. An den Riechzilien gibt es ebenfalls Proteine, die eingeatmete Schadstoffe unschädlich machen. Beide Mechanismen schützen das Gehirn vor Krankheitserregern. Die Rezeptoren in den Riechzilien sind unterschiedlich empfänglich für verschiedene Duftstoffe, wobei sie allerdings nicht komplett selektiv auf einen einzigen Geruch reagieren, sondern auf Duftmoleküle mit ähnlicher chemischer Struktur. Duftmoleküle einer bestimmten Struktur können sich nur selektiv an bestimmte Rezeptoren binden. Diese Selektivität hilft enorm bei der Differenzierung verschiedener Gerüche.

RIECHLEISTUNG

Wie gut Hunde Gerüche wahrnehmen und differenzieren können, hängt von verschiedenen Faktoren ab. Ein wichtiger Faktor ist die **Anatomie des Schädels**. Die Hundenase ist mit dem Riechepithel ausgekleidet. Zur Oberflächenvergrößerung wird dieses Epithel in Falten gelegt. Bei der Größe dieser Riechepithelfläche gibt es große rassetypische Unterschiede. Brachyzephale Rassen haben ein deutlich kleineres Riechepithel und daher auch weniger Riechzellen als Rassen mit längerer Nase (siehe S. 86). Außerdem spielt die Größe des Hundes eine Rolle. Das Riechepithel ist bei großen Rassen größer. Ein Vergleich von Dackel, Foxterrier und Deutschem Schäferhund zeigt, dass die Anzahl der Riechzellen im Verhältnis zur Größe des Riechepithels bei größeren Hunden kleiner ist. Die Größe des Riechepithels bei diesen Rassen beträgt 75 cm², 84 cm² bzw. 150 cm², die Anzahl der Riechzellen beträgt 125 Millionen, 147 Millionen bzw. 225 Millionen (Wieland 1938, Müller 1955).

Neben der Anzahl der Riechzellen spielen allerdings auch Faktoren wie Motivation und Trainingsstand eine wichtige Rolle. Die Nasenleistung kann durch regelmäßiges Training verbessert werden.

Beurteilung der Riechleistung

Zur Beurteilung der Riechleistung wird oft ein Schwellenwert herangezogen, die sogenannte **Riechschwelle**. Diese ist für verschiedene Substanzen sehr unterschiedlich (Seiferle 1992). **Hierbei unterscheidet man die Schwelle, ab der ein Geruch wahrgenommen wird und ab wann ein Geruch erkannt wird.** Die Erkennungsschwelle liegt meist deutlich über der Wahrnehmungsschwelle.

Viele Gerüche können von Hunden in viel geringeren Konzentrationen noch gerochen werden als von Menschen. Dazu gehören bestimmte Fettsäuren (z. B. Buttersäure). Die Riechschwelle für Buttersäure liegt bei 1,3 × 10 – 18 g pro ml Luft, für Essigsäure bei 5 × 10 – 17 g pro ml Luft. Der Hund nimmt Buttersäure in einer millionenfach und Essigsäure in einer 100-millionenfach geringeren Konzentration wahr als der Mensch (Seiferle 1992). Andere Gerüche wiederum werden von Hunden schlechter wahrgenommen, dazu gehören verschiedene Fruchtaromen. Auf diese Gerüche reagieren Hunde oft anfangs nicht gut. Durch gezieltes Training kann man erreichen, dass auch für den Hund eigentlich uninteressante Gerüche schneller und gezielter wahrgenommen werden.

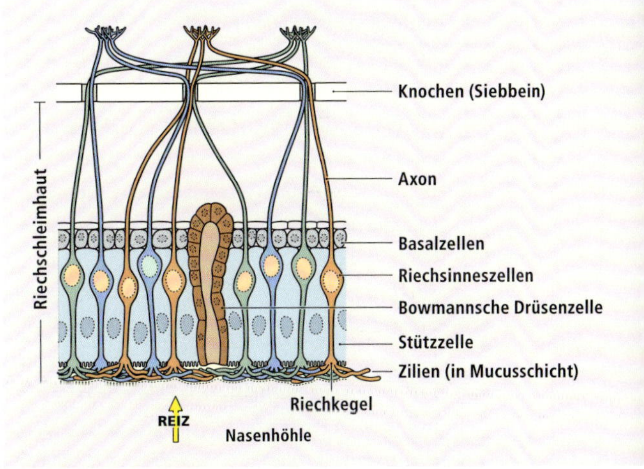

Riechsystem des Hundes

Zu diesem Zweck werden Gerüche im Training gezielt dargeboten und mit einer angenehmen Erfahrung verbunden (Belohnung). Dies macht man sich bei der Ausbildung von Spürhunden zu nutze.
Wird das Riechepithel durch äußere Faktoren wie Abgase, Schadstoffe, Chemikalien beeinträchtigt, kann die Riechleistung abnehmen. Sie bleibt bei Hunden aber länger erhalten, als die Leistung der anderen Sinnesorgane. Allerdings nimmt im Alter die Anzahl der Riechzellen ab. Es werden auch weniger Riechzellen neu gebildet. Dies führt dazu, dass sich das Geruchsvermögen im Alter verschlechtert.

OLFAKTORISCHE KOMMUNIKATION

Die Wahrnehmung verschiedenster Gerüche ermöglicht es Hunden, den Menschen in vielen Bereichen zu unterstützen, indem er an Flughäfen Drogen oder Waffen erschnüffelt, bei der Suche nach Vermissten hilft oder sogar Krankheiten erschnüffeln kann.
Gleichzeitig sind olfaktorische Signale für Hunde aber auch eine ihrer größten Informationsquellen, wenn es um ihre Umwelt geht. Zunächst bietet sie viele Vorteile. Anders als bei visuellen Reizen, bei denen der Sender der Information anwesend sein muss, halten sich Duftstoffe auch noch über Tage an Orten, die der Sender schon länger nicht mehr aufgesucht hat. Zudem riskiert er durch seine Abwesenheit keine Konflikte und kann dennoch wichtige Informationen weitergeben (Doty 1986). Diese Informationen können sich auf sein Geschlecht, seinen Rang, sein körperliches Befinden oder auch auf die Geschlechtsreife und die damit einhergehende Fortpflanzungsbereitschaft beziehen (Conover & Gittlem 1989, in Decker et al. 1992). Diese chemischen Signale beeinflussen das Verhalten des Empfängers, z. B. in Bezug auf die Reaktion einer Hündin gegenüber ihren Welpen oder gegenüber einem Rüden. Zudem können sie die Beziehungen zwischen zwei Tieren stärken oder auch abschwächen (Leon & Moltz 1971).

Verarbeitung olfaktorischer Signale

Hunde haben zwei verschiedene Wege, auf denen sie olfaktorische Signale verarbeiten können. Jeder dieser Wege ist spezifisch für eine bestimmte Art von Geruchsmolekülen. So kann der Hund eher flüchtige Moleküle über die Nase aufnehmen, während er das Vomeronasalorgan an seinem Gaumen nutzt, um Duftstoffe wahrzunehmen, die sich länger an einem Ort halten.
Der Hund kann hierbei den direkten Kontakt nutzen und über das zu erschnüffelnde Objekt lecken oder er nimmt die Duftstoffe über den indirekten Kontakt auf, indem er flehmt (Lledo et al. 2005, Brennan & Kendrick 2006).
Sowohl der direkte Weg der Geruchswahrnehmung über die Nase, der auch am häufigsten genutzt wird, als auch das Vomeronasalorgan sind zusammen mit weiteren Organen an der Aufnahme und Verarbeitung von Pheromonen beteiligt (Liberles 2014, Tirindelli et al. 2009).

Pheromone

Als Pheromone werden Botenstoffe bezeichnet, die innerhalb einer Art zur Informationsweiterleitung genutzt werden und bei dem Empfänger eine spezifische Reaktion auslösen (Karlson & Lüscher 1959). Diese vom Hund aufgenommenen Botenstoffe werden von der Amygdala verarbeitet und weiter analysiert (Lledo et al. 2005, Brennan & Kendrick 2006). Firestein (2001) fand heraus, dass besonders dieser Bereich des Gehirns in die Partnersuche involviert ist und daher vor allem Informationen bezüglich des Geschlechts und des derzeitigen Reproduktionszyklus verarbeitet. Wie bereits in der Definition von Karlson und Lüscher (1959) erwähnt, beeinflussen Pheromone auch das Verhalten des Empfängers. Zum Beispiel kann ein Hund, der entsprechende Botenstoffe aufnimmt, mit Verhaltensweisen im Bereich der Brutpflege oder der Fortpflanzung reagieren oder aber auch aggressives Verhalten zeigen (Wyatt 2017,

☞ **AUS DER FORSCHUNG (VON CELINA WOLFF)**

VOMERONASALORGAN (VNO)

Das VNO kann als eine knorpelartige Kapsel beschrieben werden, die vom Hauptteil des olfaktorischen Systems abgeschnitten ist. Innerhalb dieses Organs finden sich zwei verschiedene Neuronentypen (sogenannte 7-Transmembranrezeptoren), die sich nicht nur voneinander unterscheiden, sondern auch große Unterschiede zu anderen Rezeptoren, die bei der Wahrnehmung von Gerüchen helfen, aufweisen. Sie besitzen auf der Zelle aufsitzende Mikrovilli (also Ausstülpungen wie Handschuhfinger) – im Gegensatz zu den olfaktorischen Rezeptoren in der Nase, die Cilien („Sinneshärchen") ausbilden – und die Axone der Rezeptoren des Vomeronasalorgans finden sich zu sogenannten Vomeronasalnerven zusammen, die den Riechkolben mit den Rezeptoren verbinden. Beide Rezeptorvarianten sind G-Protein-gekoppelt und kommen in unterschiedlichen Regionen des VNO vor (Dulac & Axel 1995, Herrada & Dulac 1997, Ryba & Tirindelli 1997, Matsunami & Buck 1997). Sie können voneinander differenziert werden, da sie an verschiedene Arten von G-Proteinen gekoppelt sind und sich zudem die Länge der NH2-Terminals (N-Terminal bezeichnet das Ende eines Proteins, das eine Aminosäure mit einer freien Aminogruppe besitzt) unterscheidet (Tirindelli et al. 1998). Jede Sinneszelle bildet nur einen Rezeptortypen aus. Neben diesen beiden Rezeptortypen finden sich noch Basalzellen (Stammzellen) und Stützzellen (Horowitz et al. 1999). Die Signalweiterleitung der Rezeptoren des VNO arbeitet mit Inositol (1,4,5-Trisphosphate als Botenstoff). Dies steht im Gegensatz zu den Rezeptoren in der Riechschleimhaut der Nase, bei welchen die Signaltransduktion über zyklisches AMP erfolgt und an ein G-Protein gekoppelt ist. Das Binden eines Liganden führt hier zur Aktivierung der cAMP-Kaskade und damit zur Öffnung weiterer Ionenkanäle (Kroner et al. 1996).

Langanhaltende Übertragung

Ein weiterer Unterschied zu den Rezeptoren in der Riechschleimhaut ist die Tatsache, dass die Sinneszellen des VNO bei Wahrnehmung eines Geruchs langanhaltende Signale über die Nervenendigungen abgeben und mit einer erhöhten Anzahl von Aktionspotentialen reagieren, um darüber die Stärke eines Geruchs zu übertragen, während die Sinneszellen in der Nase nur mit einem einzigen oder einer kurzen Reihe an Impulsen antworten. Auch muss der Geruchsstoff weiterhin vorhanden sein, damit sie das Signal auch über längere Zeit übertragen (Liman 1996). Das sensorische Epithel des Vomeronasalorgans vergrößert außerdem sein Volumen von der Geburt an bis hin zur Pubertät. Es wächst jedoch etwa zwei Monate nach der Geburt nicht mehr in Bezug auf seine Größe (Horowitz et al. 1999). Im Gegensatz zur allgemeinen Ausdrucksweise empfängt das VNO nicht nur Informationen von Pheromonen.

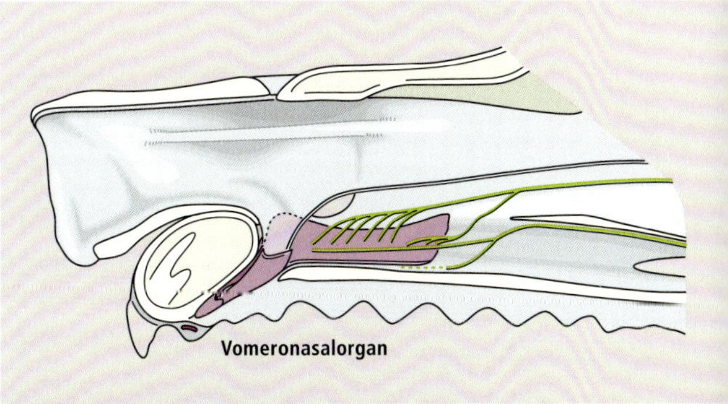

Liberles 2014). Auch diese Verhaltensänderungen werden maßgeblich von der Amygdala beeinflusst, da sie die Informationen, die über die Geruchsorgane aufgenommen werden, zum Hypothalamus weiterleitet. Dieser wiederum bestimmt über die Ausschüttung von spezifischen Hormonen im Körper des Tieres und kann damit einen Zustand von Erregung oder Aggression auslösen, indem die ausgeschütteten Hormone unterschiedliche Wege der Erregungsweiterleitung einschlagen (Fleischer et al. 2007 (Maus), Tirindelli 2009, von Engelhard et al. 2000 (Katta), Dloniak et al. 2006 (Tüpfelhyäne), Plant & Zeleznik 2014). Er kann aber genauso auch dafür sorgen, dass sich ein Tier beruhigt und mit weniger aggressivem Verhalten reagiert (Tirindelli 2009, Fleischer et al. 2007 (Maus)).
Ein Beispiel hierfür ist das Nutzen von „Dog appeasing pheromones" (DAP's). Diese sind den Pheromonen von laktierenden Hündinnen nachempfunden und können Hunde in stressigen Situationen beruhigen. So zeigen die Hunde weniger Stressreaktionen beim Tierarzt oder aber auch im Zwinger, wenn DAP's angewendet werden (Mills et al. 2006, Grigg & Piehler 2015).

Wahrnehmung über das Trigeminussystem

Abgesehen von der Wahrnehmung olfaktorischer Signale über die beiden genannten Wege, gibt es noch das sogenannte ‚Trigeminussystem'. Dieses ist für die Wahrnehmung flüchtiger und löslicher Stoffe zuständig und dient der Nahrungsaufnahme, dem Erkennen von Gefahren und auch der innerartlichen Kommunikation (Viana 2010).
Die Sinneszellen, die dem Trigeminussystem angehören, unterscheiden sich deutlich von den Zellen des Riechepithels und auch denen des Vomeronasalorgans. So besitzen sie weder Cilien noch Mikrovilli. Stattdessen ähneln sie den Neuronen der Spinalnerven und sind wie diese auch pseudounipolar (hierbei sind das Axon und die Dendriten in der Nähe des Zellkörpers der Nervenzellen miteinander verschmolzen und spalten sich erst später voneinander ab). Sie besitzen sehr lange dendritische Fortsätze und ein Teil des Axons ist von Schwannschen Scheiden umhüllt. Lediglich die Spitzen der dendritischen Fasern sind nicht umgeben von diesen Scheiden (Müller et al. 2009). Die Sinneszellen des Trigeminussystems besitzen zudem eigene Nervenstränge, die zum Gehirn führen, und ihre Struktur ähnelt den Sensoren, die zur Wahrnehmung von Hitze, Kälte oder auch Schmerzen genutzt werden (Wood & Docherty 1997, Lee et al. 2005). Sie reagieren auf chemische Signale, insbesondere auf Reizstoffe, und arbeiten zusätzlich zum Geruchs- und Geschmackssinn. Der bekannteste Stoff, der das Trigeminussystem anspricht, ist Capsaicin, das in Chilischoten vorkommt. Bei einem Kontakt mit Capsaicin werden Rezeptoren der Transient-Receptor-Potential-Klasse (Ionenkanäle, die für den Einstrom von Ca^{2+}-Ionen zuständig sind) sowie Kalium- und durch Säure aktivierte Kanäle und G-Protein-gekoppelte-Rezeptoren angeregt (Chen et al. 1995, Caterina et al. 1997, Fain 2003, Bautista et al. 2008). Letztere finden sich auch bei der Wahrnehmung von Geschmack und Geruch und aktivieren eine cAMP/PKA (Proteinkinase A) -Signalkaskade (Fain 2003). Die dort entstandene Potentialänderung der Zelle wird an den Riechkolben weitergeleitet und dort analysiert (Schaefer et al. 2002, Isaacson 2010, Doucette et al. 2011, Katz & Maier 2011).
Neben der Möglichkeit, über Geruchsstoffe das Verhalten eines anderen Tieres zu beeinflussen, nutzen Hunde olfaktorische Signale auch für die Individualerkennung. Wenn sich zwei Hunde begegnen, zeigen sie das typische Begrüßungsritual (Handelman 2012).
Dabei untersuchen die Hunde unterschiedliche Teile des Körpers ihres Gegenübers mit der Nase: z. B. das Gesicht, den Nacken, die Leistengegend und den Bereich um den Anus herum, da sich hier spezifische Drüsen befinden, die Aufschluss über das neue Individuum

Olfaktorisceche Signale zählen zu den größten Informationsquellen des Hundes, beispielsweise zur Individualerkennung.

geben (Handelman 2012, Bradshaw & Rooney 2016). Anhand dieses spezifischen Geruchsstoffcocktails können Hunde sowohl ihre Artgenossen als auch Menschen erkennen (Bradshaw & Rooney 2016). So neigen Hunde auch dazu, bestimmte Bereiche des menschlichen Körpers abzuschnüffeln, besonders das Gesicht und die oberen Gliedmaßen, um ebenfalls Informationen spezifisch für den jeweiligen Bereich zu erhalten (Siniscalchi et al. 2016). Eine weitere Möglichkeit zur olfaktorischen Kommunikation bieten Urin und Kot. Für Hunde ist besonders der Urin fremder Artgenossen interessant. So untersuchen sowohl Hündinnen als auch Rüden diesen, um denjenigen, der den Urin hinterlassen hat, als potenziellen Partner oder Feind einzuordnen (Lisberg & Snowdon 2009).

Einfluss auf innere Zustände

Doch Duftstoffe können bei Hunden noch sehr viel mehr auslösen als Verhaltensweisen wie Markieren oder das Beschnüffeln bestimmter Körperregionen.

Sie können sogar dafür sorgen, dass sich im Körper des Hundes physiologische Änderungen abspielen und sich das Verhalten eines Tieres maßgeblich davon beeinflussen lässt. Dies kann sowohl dann auftreten, wenn der Hund die Botenstoffe eines anderen Hundes aufnimmt, als auch bei Wahrnehmung der Geruchsstoffe eines Menschen. Beispielsweise reagieren Hunde auf das Aufnehmen von Botenstoffen eines Artgenossen, der zuvor ein Gefühl von Isolation und Unruhe erfahren hat, mit einer erhöhten Herzfrequenz und Verhaltensweisen, die eindeutig auf Stress hinweisen. Um solche Informationen zu erhalten, nutzen sie zudem das rechte Nasenloch und damit die rechte Gehirnhälfte, um diese Stressoren zu analysieren. Dieses Ergebnis lässt darauf schließen, dass die rechte Gehirnhälfte der Hunde eng mit der Verarbeitung von Signalen in Bezug auf Nervosität und Unruhe verknüpft ist (Siniscalchi et al. 2016, D'Aniello et al. 2018). Ähnliche Stressreaktionen können aber auch bei der Aufnahme vom Schweiß des Tierarztes und somit bei der Verarbeitung menschlicher Botenstoffe beobachtet werden, da Hunde diesen Geruch für gewöhnlich mit einer für sie stressigen und unangenehmen Situation verbinden (Siniscalchi et al. 2011). Im Gegensatz dazu steht die Aufnahme bekannter Gerüche, z. B. dem des Besitzers. Diese stehen in engem Zusammenhang mit positiven Ereignissen und aktivieren im Gehirn den *Nucleus caudatus*, der mit positiven Erwartungen und Belohnungen verbunden ist (Berns et al. 2015). Zudem fällt auch auf, dass ein Geruch, der zuvor durch das Schnüffeln mit dem rechten Nasenloch wahrgenommen wurde und als gefährlich oder stressinduzierend von der rechten Gehirnhälfte eingeordnet wurde, nach mehrfachen Wiederholungen vom linken Nasenloch und damit der linken Gehirnhälfte verarbeitet wird, sobald der Geruchsstoff als nicht unangenehm oder stressinduzierend erkannt wurde. Dies wurde z. B. an Vögeln (Vallortigara et al. 1999) und Fischen (Sovrano 2004) beobachtet. **Das unterstützt die Annahme, dass die rechte Gehirnhälfte zunächst einen neuen Geruch wahrnimmt und dann die linke Gehirnhälfte das Verhalten kontrolliert, sobald der neue Stimulus zu etwas Bekanntem wird** (Vallortigara et al. 2011, Rogers et al. 2013). Insgesamt zeigt sich bei Tieren die starke Tendenz, dass die rechte Gehirnhälfte immer dann involviert ist, wenn es um die Kontrolle und den Ausdruck extremer Gefühle geht, wie z. B. Aggression, Angst oder Fluchtverhalten (Rogers & Andrew 2002, Rogers et al. 2013). Als weitere Schlussfolgerung kann gesagt werden, dass hauptsächlich die rechte Gehirnhälfte die Kontrolle über die Hypothalamus-Hypophysen-Nebennierenrinden-Achse (HPA-Achse) hat, da nachgewiesen ist, dass eben diese Signalkaskade für eine höhere Herzschlagfrequenz im Zuge von Nervosität oder Unruhe verantwortlich ist (Sinischalchi et al. 2015).

Geruch von Artfremden (Menschen)

Wie bereits erwähnt, können Hunde auch Informationen bezüglich des emotionalen Zustandes eines Artgenossen aus dessen Geruch herausfiltern und dann entsprechend reagieren. Dies können Hunde jedoch auch in Bezug auf Menschen (Siniscalchi et al. 2016, D'Aniello et al. 2016). Nehmen Hunde den

Riechen Hunde Anzeichen von Angst oder Unruhe, reagieren sie mit einer erhöhten Herzfrequenz.

Geruch von Menschen auf, die sich in einer angsterfüllenden Situation befunden haben, so reagieren sie ebenfalls mit einer erhöhten Herzfrequenz und klaren Anzeichen im Verhalten von Nervosität und Unruhe. Allerdings nutzen sie in diesem Fall das linke Nasenloch, um die Informationen aufzunehmen, und damit die linke Gehirnhälfte, um diese zu verarbeiten, was darauf hindeutet, dass unterschiedliche Wege für die Verarbeitung von solchen Informationen genutzt werden. Je nachdem, ob es sich dabei um die Botenstoffe eines Artgenossen oder eines artfremden Individuums handelt (Siniscalchi et al. 2016). Eine Erklärung hierfür ist, dass die linke Hälfte der Amygdala besser darin ist, das tatsächliche Level an Nervosität oder Angst einzuordnen (Morris et al. 1996, Hardee et al. 2008). Untersuchungen an Menschen haben gezeigt, dass die rechte Hälfte der Amygdala sehr schnell und nicht selektiv auf eine mögliche Gefahr reagiert. Dagegen analysiert die linke Hälfte die mögliche Gefahr genauer und erfasst die Details so, dass sie festlegt, ob die Gefahr auch wirklich echt und relevant ist (Morris et al. 1999, Glascher & Adolphs 2003). Dass Hunde während der Wahrnehmung von menschlichen Geruchsstoffen, die unter Stress oder Angst abgegeben wurden, vorrangig ihr linkes Nasenloch nutzen, mag damit zusammenhängen, dass eine mögliche Gefahr für einen Menschen nicht zwingend auch eine Bedrohung für den Hund darstellen muss (Siniscalchi 2016). Zudem ist die linke Gehirnhälfte eng mit dem Jagdverhalten eines Hundes verknüpft (Rogers & Andrew 2002, Sinischalchi et al. 2013). Gerüche im Bereich der Angst, die nicht von Artgenossen, sondern von einem artfremden Individuum stammen, könnten damit das typische Jagdverhalten eines Beutegreifers auslösen. Dies würde erklären, warum Hunde dazu neigen, aufdringlichere Verhaltensweisen an den Tag zu legen, wenn Menschen Angst oder Furcht vor ihnen haben (Siniscalchi 2016).

Extragenetische Vererbung

Eine weitere wichtige Entdeckung, die bei Mäusen gemacht wurde, ist, dass die olfaktorische Kommunikation auch eine epigenetische Ebene besitzt. So können Mäuse darauf konditioniert werden, einen bestimmten Geruch zu fürchten, sie reagieren bei diesem Duft mit klaren Anzeichen von Angst. Doch nicht nur die konditionierten Mäuse verbinden den Geruch mit einer Angstreaktion, auch ihre Jungen und sogar deren Nachkommen reagieren auf den Duft mit Angst und Unruhe. Dies geht einher mit der Demethylation des Duftrezeptors, der auf den Duftstoff reagiert, und der Verstärkung der Schaltkreise, die für die Wahrnehmung dieses Geruchs verantwortlich sind. Die extragenetische Vererbung von Reaktionen auf bestimmte Duftstoffe ist essentiell für das Überleben einer Spezies. So können Gerüche von Prädatoren weitergegeben werden, aber auch das Erkennen von anderen Gefahren oder von nährstoffreichem Futter (Szyf 2014). Möglich ist diese extragenetische Vererbung, da jede Geruchsrezeptorzelle nur einen einzigen Rezeptor aus der gesamten Masse an olfaktorischen Rezeptoren ausprägt. Neurone, die auf einen spezifischen Geruch reagieren, können daher genau zugeordnet und identifiziert werden (Buck & Axel 1991). Vererbt werden diese epigenetischen Faktoren vermutlich über die DNA, die im Spermium enthalten ist und sind somit angeboren und nicht anerzogen. Dies konnte dadurch bewiesen werden, dass eine in vitro Fertilisation durch Spermien einer konditionierten Maus eine Vergrößerung der Glomeruli im Riechkolben hervorrief, die auf den konditionierten Geruch reagierten. Damit wurde über die Spermien der Maus ein anatomischer Marker übertragen (Szyf 2014). **Diese Erkenntnisse implizieren, dass auch die Geruchsrezeptoren anderer Säugetiere über epigenetische Faktoren vererbt werden können.** Hunde könnten infolgedessen stärker auf Gerüche reagieren, die ihr Überleben sichern, z. B. auf den Geruch des Menschen.

SEHFÄHIGKEIT

Während die meisten anderen Sinne bereits vor oder ab dem Zeitpunkt der Geburt zumindest unvollständig funktionieren, sind Hunde zu diesem Zeitpunkt noch völlig blind. Erst um den 13. Lebenstag herum kann der junge Hund Helligkeit wahrnehmen und die Fähigkeit zu Sehen, entwickelt sich langsam. Die Farberkennung ist zu diesem Zeitpunkt noch wenig ausgeprägt und auch unbewegte Gegenstände werden kaum wahrgenommen. Entfernungen können nicht gut eingeschätzt werden, weil die räumliche Wahrnehmung noch nicht richtig funktioniert. Anfangs beinhaltet die Iris (Regenbogenhaut) nur sehr wenig Pigment, daher haben Welpen blaue Augen. Mit der Zeit färben sich die Augen immer dunkler, weil der Melaningehalt zunimmt. Je höher der Melaningehalt ist, desto brauner wird die Iris. Die endgültige Augenfarbe ist genetisch bedingt. Eine starke Pigmentierung macht das Auge unempfindlicher gegenüber Licht. **Ungefähr im Alter von drei Monaten erreicht das Auge seine volle Funktionsfähigkeit.**

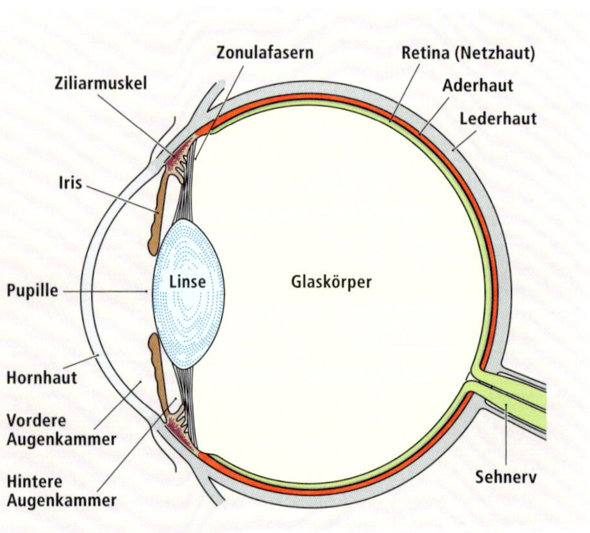

Aufbau des Auges

WIE FUNKTIONIERT SEHEN?

Das Hundeauge besteht einerseits aus transparenten Geweben, die Lichtstrahlen ungehindert passieren lassen, wie Hornhaut, Linse, Kammerwasser und Glaskörper, und andererseits aus einer mit Fotorezeptoren besetzten, lichtempfindlichen Netzhaut. Diese Fotorezeptoren wandeln bei Lichteinfall chemische Signale in elektrische Signale um und leiten diese über den Sehnerv ins Gehirn weiter.
Die Iris reguliert durch eine kreisrunde Öffnung (Pupille) die Lichtmenge, die ins Auge eindringt. Die Größe der Pupille wird reflektorisch durch die Lichtmenge in der Umgebung gesteuert (Pfeiffer 1991). Bei Helligkeit ist sie kleiner, um die Netzhaut vor zu starker Strahlung zu schützen, bei Dämmerung ist sie größer, um möglichst viele Lichtstrahlen einzufangen. Die Größe der Pupille kann auch durch andere Faktoren verändert werden (Emotionen).
Nachdem das Licht durch die Pupille ins Auge gelangt, trifft es auf die gewölbte Linse. Der Wölbungsgrad der Linse wird durch kleine Muskeln (*M. ciliaris*) und Fasern bestimmt. Hierdurch verändert sich auch die Dicke der Linse. Die Linsenwölbung ist entscheidend für die Schärfe des Bildes, das projiziert wird (Seiferle 1992). Durch Akkomodation kann das Auge entweder auf nah (dicke Linse) oder fern (dünne Linse) eingestellt werden. Das Hundeauge weist eine relativ starke Wölbung auf und die Akkomodationsfähigkeit ist aufgrund des schwach ausgebildeten Ziliarmuskels deutlich geringer als die des Menschen (Pfeiffer 1991).

DARSTELLUNG VON OBJEKTEN

Um Objekte aus der Umgebung optisch darzustellen, müssen elektromagnetische Wellen auf lichtempfindliche Sinneszellen treffen. Die Netzhaut befasst zwei Typen dieser Fotorezeptoren (Stäbchen und Zapfen). Diese Fotorezeptoren nehmen Lichtstrahlen auf und wandeln sie in elektromagnetische Impulse um. In der Zellmembran von Stäbchen und

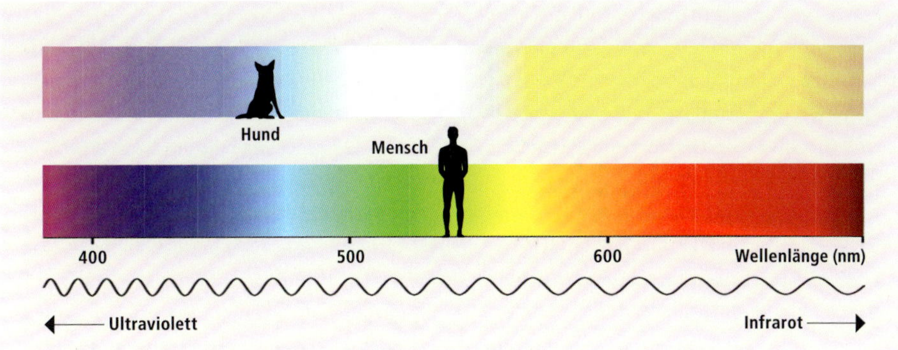

Die Farbwahrnehmung von Hunden ist anders als beim Menschen.

Zapfen befinden sich Fotopigmente, die Licht einer bestimmten Wellenlänge absorbieren können. Die Anpassung an verschiedene Lichtverhältnisse wird durch Regulierung der Konzentration an Sehfarbstoff in den Fotorezeptoren gesteuert. Dies geschieht durch Pigmentzellen in der Netzhaut. Stäbchen sind langgestreckte Zellen, während Zapfen keulenförmig sind. Das Hundeauge besitzt eine große Anzahl an Stäbchen, wodurch das Sehvermögen bei Dämmerung sehr gut ist (Kemp & Jacobson 1992). Stäbchen sind durch einen hohen Gehalt an Sehfarbstoff sehr lichtempfindlich. Außerdem projizieren bei Hunden mehr Stäbchen das Licht auf eine Gliazelle, wodurch die Lichtmenge noch vergrößert wird. Aus diesem Grund können Hunde bei schlechten Lichtverhältnissen viel besser sehen. Allerdings ist die Sehschärfe stark vermindert (Miller & Murphy 1995). Bei Zapfen ist der Gehalt an Sehfarbstoff deutlich geringer, wodurch sie weniger lichtempfindlich sind. Daher sind sie eher für das Sehen bei Tageslicht verantwortlich. Sie erreichen eine viel höhere Sehschärfe, da sie Information meist nur an eine Ganglienzelle weitergeben. Damit sich die Vorteile beider Sinneszellen nicht gegeneinander aufheben, wird die Signalweiterleitung der Stäbchen bei Helligkeit schwächer und bei Dämmerung stärker. Sie sind vor allem für Schwarz-Weiß-Sehen und unterschiedliche Grauschattierungen verantwortlich. Zapfen treten hingegen bei Helligkeit besonders stark in Aktion. Sie sind außerdem für das Sehen von Farben verantwortlich. **Hunde haben zwei Typen von Zapfen, sie sind also Dichromaten, im Gegensatz zu Menschen mit drei unterschiedlichen Zapfentypen (Trichromaten).** Hunde haben einen Zapfentyp (Blaurezeptor) für den kurzwelligen Bereich (430 nm) und einen Zapfentyp (Rotrezeptor) für den langwelligen Bereich (570 nm) (Jacobs et al. 1993, Neitz et al. 1989). Ihnen fehlt jedoch der Zapfentyp (Grünrezeptor) für den mittelwelligen Bereich des Lichtspektrums. In diesem Bereich ist Farbwahrnehmung daher für Hunde nicht

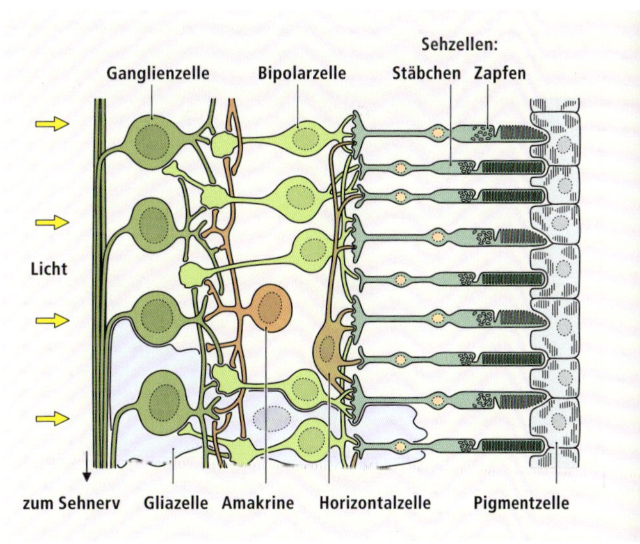

Aufbau der Netzhaut

möglich. Besonders gut unterscheiden können Hunde Farben im Bereich von 420 – 480 nm (Blau, Violet, Indigo). Bei höheren Wellenlängen wird die Fähigkeit, Farben zu unterscheiden, schwächer. Im Rotbereich des Farbspektrums sehen sie daher Gelbtöne.

SEHFÄHIGKEIT BEI DÄMMERUNG

Bei den meisten Säugetieren befindet sich hinter der Netzhaut eine Art Spiegelfläche, das sogenannte *Tapetum lucidum*. Es besteht beim Hund aus mehreren Zelllagen, die wie Dachziegel übereinander geschichtet sind und bedeckt die obere Hälfte des Augenhintergrunds. Zudem besteht es aus einer Anordnung von Kristallen, u. a aus Zink und Riboflavin, die zu einer Spiegelwirkung führen (Pfeiffer 1991). Die Aufgabe des *Tapetum lucidum* besteht darin, das einfallende Licht zu reflektieren, wodurch es erneut die Sinneszellen der Netzhaut stimuliert (Salomon et al. 2008). Dies verbessert die optische Wahrnehmung bei Dämmerung um ca. 50 %. Menschen und anderen höheren Primaten sowie Schweinen fehlt das *Tapetum lucidum*, ihre Sehleistung ist bei Dämmerung schlechter (Ollivier et al. 2004, Seiferle 1992).

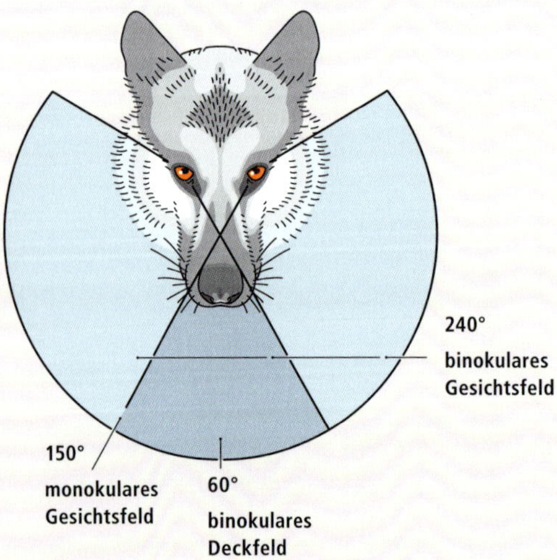

Je nach Schädelform verändert sich die Größe des Gesichtsfelds.

BEWEGUNGSSEHEN

Unbewegte Gegenstände werden von Hunden nur sehr schlecht wahrgenommen. Bewegungen können hingegen selbst auf große Distanz und bei Dämmerung sehr gut wahrgenommen werden. Menschen nehmen Bewegungen zwar auch gut wahr, allerdings sind Hunde in dieser Hinsicht deutlich überlegen. Durch eine große Anzahl bewegungs- und richtungsempfindlicher Zellen auf ihrer Sehrinde sind Hunde in der Lage, schnell aufeinanderfolgende Hell-Dunkel-Ereignisse zu differenzieren. Dies hängt mit ihrer sehr hohen Flimmerverschmelzungsfrequenz zusammen. Das heißt, sie können einzelne Lichtreize auch in hoher Frequenz (ca. 80 pro Sekunde) noch voneinander unterscheiden (Healy et al. 2013). Die Flimmerverschmelzungsfrequenz ist u. a. abhängig von der Lichtintensität. Daher können Hunde gerade bei Dämmerung Bewegungen deutlich besser wahrnehmen als Menschen.

BINOKULARES GESICHTSFELD

Das binokulare Gesichtsfeld des Hundes ist größer als das des Menschen. Die genaue Größe richtet sich dabei u. a. nach der Kopfform des Hundes. Bei Hunden mit sehr langer Nase kann das binokulare Gesichtsfeld 270° betragen. Hunde mit kurzem Schädel haben ein deutlich kleineres Gesichtsfeld (bis ca. 220°). Die Größe hängt von der Schädelform und der damit verbundenen Augenform und deren Position ab. Je weiter lateral die Augen am Schädel sind, umso größer ist das Gesichtsfeld des Auges und somit auch das binokulare Gesichtsfeld. Ein großes Gesichtsfeld bietet einen sehr guten Rundumblick. Dies ist sicherlich ein Vorteil, um Bewegungen in der Ferne zu erkennen. Allerdings verkleinert sich durch die seitliche Position der Augen das binokulare Deckfeld, also der Bereich, in dem sich die Gesichtsfelder beider Augen überlappen. Dieser Bereich ist verantwortlich für die räumliche Wahrnehmung. Hier sind daher Rassen mit kurzem Schädel im Vorteil (Byosiere et al. 2018).

NACHLASSEN DER SEHKRAFT

Mit zunehmendem Alter lässt die Sehkraft bei Hunden nach. Dies beginnt bereits im mittleren Alter. Die Tränenproduktion nimmt ab, die Hornhaut wird trockener und ihre Oberfläche rauer. Dadurch können sich Kristalle einlagern. Die zunehmende Trübung der Augen ist eine Folge der sogenannten Kernsklerose, einer Verdichtung und damit einhergehenden Verhärtung der Linse. Diese Trübung führt zu einer geringeren Sehschärfe, da Lichtstrahlen schlechter auf die Netzhaut projiziert werden. Besonders bei Dämmerung und Dunkelheit ist dadurch die Sehkraft eingeschränkt. Neben Veränderungen an der Linse, treten auch auf Netzhaut und optischen Nervenbahnen altersbedingte Veränderungen auf, welche die Sehkraft beeinträchtigen.

HÖRFÄHIGKEIT

Bei der Geburt sind die Gehörgänge bei Hunden noch nicht geöffnet. Die Welpen sind daher zu diesem Zeitpunkt noch taub, können jedoch Schallwellen trotzdem wahrnehmen. Dies geschieht durch Vibrationen. Mit ungefähr 17 Tagen beginnt sich das Gehör zu entwickeln und erreicht mit ungefähr drei Monaten seine volle Leistungsfähigkeit.

AUFBAU DES OHRS

Das Hundeohr besteht genau wie das Menschenohr aus drei Teilen, dem Außenohr (*Auris externa*), dem Mittelohr (*Auris media*) und dem Innenohr (*Auris interna*).

Das **Außenohr** setzt sich aus den drei Grundeinheiten Ohrmuschel, äußerer Gehörgang und Trommelfell (*Membrana tympani*) zusammen. Die Ohrmuschel ist bei Hunden sehr unterschiedlich in Form und Größe, sie reicht vom Steh- bis zum Schlappohr (König 1994, Getty et al. 1956). Der Gehörgang ist lang und verläuft L-förmig, wodurch er aus einem vertikalen und einem horizontalen Kanal besteht. Der vertikale Kanal, der unmittelbar an die Ohrmuschel anschließt, ist teilweise mit Haaren bewachsen (Liebich 1993). Der horizontale Kanal wird durch das Trommelfell begrenzt. Das Trommelfell ist eine dünnhäutige Membran, die den Gehörgang nach innen abschließt und damit Außen- und Mittelohr trennt (Nickel et al. 2003).

Das **Mittelohr** besteht aus einem luftgefüllten Hohlraum, der sogenannten Paukenhöhle (*Cavum tympani*) und der Ohrtrompete (*Tuba auditiva eustachii*, Eustachische Röhre). In der Paukenhöhle befinden sich die mit Schleimhaut überzogenen Gehörknöchelchen Hammer (*Malleus*), Amboss (*Incus*) und Steigbügel (*Stapes*), die über eine gelenkige Verbindung untereinander die sogenannte Gehörknöchelchenkette bilden. Außerdem hat der Hammer eine Verbindung mit dem Trommelfell und der Steigbügel ist mit dem ovalen Fenster verbunden. Das ovale Fenster ist eine feine Membran, die zwischen dem luftgefüllten Raum des Mittelohrs und dem flüssigkeitsgefüllten Raum des Innenohrs liegt. Über Hammer, Amboss und Steigbügel werden die durch die Schallwellen hervorgerufenen Schwingungen des Trommelfells auf das Innenohr übertragen (Liebich 1993). Die Ohrtrompete oder Eustachische Röhre verbindet das Mittelohr mit dem Rachenraum. Sie belüftet die Paukenhöhle und dient dem Druckausgleich (Trepel 1995).

Das **Innenohr** befindet sich im Felsenbein und beinhaltet das Gleichgewichts- und das Hörorgan. Es bildet ein kompliziertes Kanalsystem und heißt deswegen auch Labyrinth. Dieses Labyrinth besteht zum einen aus einer knöchernen Außenschicht (knöchernes Labyrinth) und einem häutigen Labyrinth, das sich in die knöcherne Form einschmiegt (Liebich 1993). Es lässt sich funktional in zwei Abschnitte unterteilen, das Schneckenlabyrinth mit dem Hororgan und das Vorhoflabyrinth mit dem Gleichgewichtsorgan. Im knöchernen Labyrinth befindet sich natriumreiche Perilymphe, während das häutige

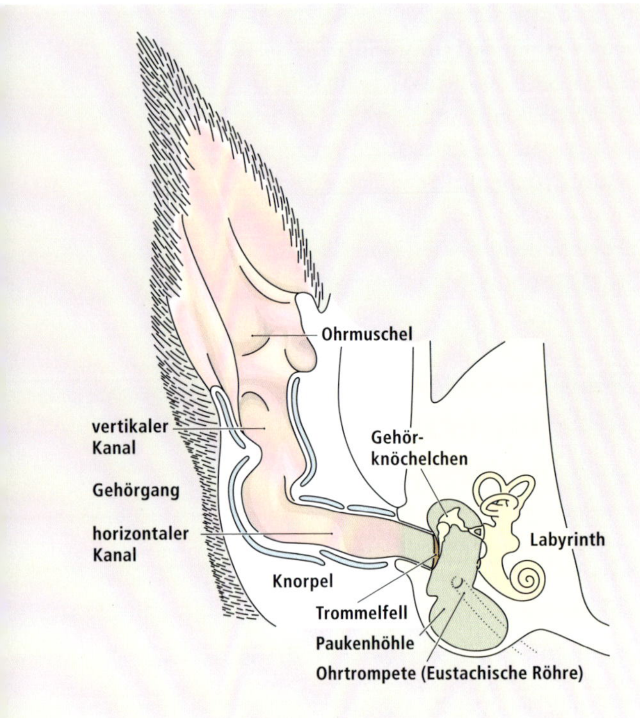

Aufbau des Ohrs

Reissnersche Membran getrennt, während die sogenannte Basilarmembran den Schneckengang vom Paukengang trennt (Liebich 1993). Auf der Basilarmembran befindet sich das Hörorgan (Corti-Organ). Das Corti-Organ besteht aus in Stützzellen eingebettete Hörsinneszellen (beim Hund ca. 20 000 pro Ohr). Die Hörsinneszellen sind mit Stereovilli ausgestattete Haarzellen. Es gibt innere und äußere Haarzellen. An ihren äußeren Spitzen werden die Haarzellen von der Tektorialmembran bedeckt, einer gallertartigen Membran, die an der Umwandlung mechanischer Schwingungen in Nervenimpulse beteiligt ist.

REGULIERUNG DES GLEICHGEWICHTS

Ebenfalls im Innenohr befindet sich das Gleichgewichtsorgan (Vestibularorgan). Es besteht aus drei mit Flüssigkeit (Endolymphe) gefüllten, häutigen Bogengängen, die fast rechtwinklig zueinander stehen. Dabei steht

Labyrinth mit kaliumreicher Endolymphe gefüllt ist. Dieser Unterschied in der elektrochemischen Zusammensetzung beider Flüssigkeiten spielt eine wichtige Rolle bei der Weiterleitung von Schallwellen. Die Gehörschnecke (*Cochlea*) befindet sich direkt hinter dem Mittelohr, ist jedoch durch zwei Membranen (ovales und rundes Fenster) vom Mittelohr getrennt. Sie besteht aus drei mit Flüssigkeit gefüllten Kanälen, dem Vorhofgang (Vorhoftreppe), dem Schneckengang und dem Paukengang (Paukentreppe). Tierspezifisch verläuft sie in 1,25 – 4 Windungen, beim Hund windet sie sich dreimal (Nickel et al. 2003). Der obere Vorhofgang beginnt am ovalen Fenster und geht in der Schneckenspitze in den unteren Paukengang über. Der Paukengang endet am runden Fenster. Beide Gänge sind mit Perilymphe gefüllt. Zwischen Vorhof- und Paukengang ist der Schneckengang eingebettet. Dieser enthält Endolymphe. Der Schneckengang ist vom Vorhofgang durch die

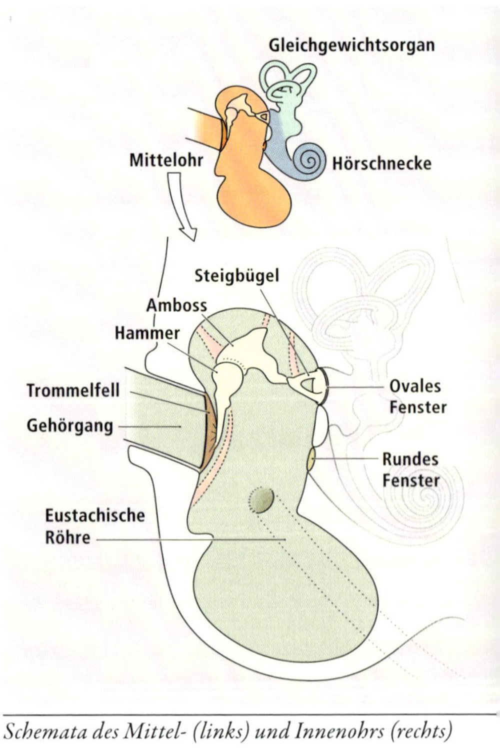

Schemata des Mittel- (links) und Innenohrs (rechts)

ein Bogengang horizontal, während die anderen beiden vertikal ausgerichtet sind (Nickel et al. 2003). Dadurch können die drei Dimensionen im Raum, sowie Bewegungen in jeder Ebene erfasst werden (de Lahunta & Glass 2009). Die drei Bogengänge (*Ducti semicurculares*) sind jeweils über eine Ampulle mit dem *Utriculus* verbunden, der wiederum in den *Sacculus* übergeht (König & Liebich 2009). Dieses gesamte häutige Gebilde ist ins knöcherne Labyrinth eingebettet. Im Inneren jedes Bogengangs befindet sich im Bereich der Ampulle eine Bindegewebsleiste (*Crista ampullaris*), die das Sinnesfeld des jeweiligen Bogengangs trägt, das aus Haar- und Stützzellen besteht. Über diesem Sinnesepithel sitzt eine gallertartige Masse (*Cupula*), in die die Zilien der Haarzellen hineinragen (Nickel et al. 2003). Die *Cupula* ist am Dach der Bogengangsampulle befestigt und hat die gleiche Dichte wie die sie umgebende Endolymphe. Bei Drehbewegungen des Kopfes in der Ebene des jeweiligen Bogenganges bewegt sich dieser automatisch mit. Aufgrund der Trägheit der Masse verzögert sich die Bewegung der Endolymphe. Da die *Cupula* fest in der Wand des Bogengangs verankert ist, wird sie in die entgegengesetzte Richtung ausgelenkt. Dies wiederum führt zum Abknicken der Stereozilien (Nickel et al. 2003). Die Haarzellen wandeln den mechanischen Reiz in ein elektrisches Signal um und geben ihn ans ZNS weiter. Je nach Richtung der Auslenkung der Zilien, werden Kompensationsbewegungen in Gang gesetzt, die der Stabilisierung der Körperposition dienen. In *Utriculus* und *Sacculus* befindet sich jeweils eines der beiden Maculaorgane (*Macula utriculi* und *Macula sacculi*) (Nickel et al. 2003). In den *Maculae* gibt es ähnliche Sinnesfelder wie in den Bogengängen, die ebenfalls aus Sinnes- und Stützzellen bestehen. Die Sinneszellen sind mit je einer langen Kinozilie und zahlreichen kürzeren Stereozilien ausgestattet. Diese Zilien ragen

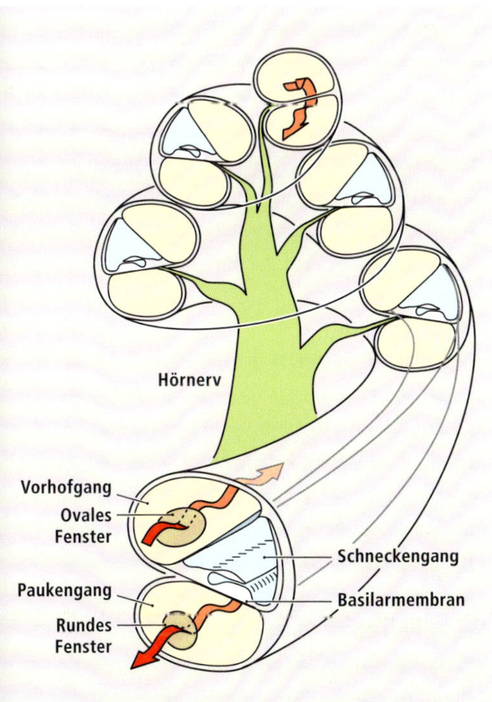

Dreidimensionaler Schnitt durch das Labyrinth

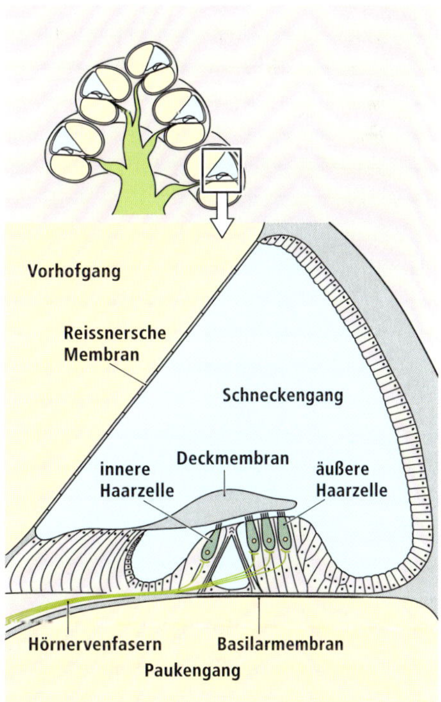

Querschnitt durch das eigentliche Hörorgan

in eine gallertartige Masse (Otholitenmembran), an deren Oberfläche sich Otolithen (Kalziumkarbonat-Kristalle) befinden (Cook 2004). Diese gallertige Membran hat eine größere Dichte als die Endolymphe. Bewegungen des Kopfs werden an die Endolymphe in den Bogengängen weitergegeben und von dieser auf die gallertige Masse der Maculaorgane übertragen. Diese Bewegung verursacht ein Abbiegen der Zilien und führen dadurch zur Erregung der Haarzellen. Die *Macula utriculi* verläuft horizontal auf dem Boden des *Utriculus* und registriert horizontale Beschleunigungen, während die *Macula sacculi* vertikal an der Vorderwand des *Sacculus* verläuft und vertikal wirkende Beschleunigungen registriert.

WIE FUNKTIONIERT HÖREN?

Über die Ohrmuschel werden Schallwellen aufgenommen und in den äußeren Gehörgang geleitet, bis sie auf das Trommelfell treffen (Trepel 1995). Hierdurch wird das Trommelfell in Schwingung versetzt. Diese Schwingungen werden auf die Gehörknöchelchen übertragen. Die Gehörknöchelchen nehmen die Bewegung des Trommelfells auf und erhöhen durch ihre Hebelwirkung die Kraft des Schalls, wodurch der Ton bzw. das Geräusch verstärkt werden. Außerdem wird der Schall von einer größeren Fläche (Trommelfell) auf eine kleinere Fläche (ovales Fenster) übertragen, was ebenfalls zu einer Verstärkung führt. Dies ist nötig, da der Schall am ovalen Fenster von einem luftgefüllten auf ein mit Flüssigkeit gefülltes Medium trifft. Flüssigkeit hat einen höheren Schallwiderstand, und ohne diese Verstärkung im Mittelohr würde ein Teil des Schalls verlorengehen (Trepel 1995). Wie groß diese Verstärkerwirkung ist, hängt von der Tonhöhe ab. Sie ist am größten im Bereich der Eigenfrequenz des Trommelfells. Durch die Bewegung der Gehörknöchelchen werden die Schwingungen am ovalen Fenster auf das Innenohr übertragen. Dadurch setzt sich die Perilymphe im Vorhofgang in Bewegung. In der Schneckenspitze treffen Vorhofgang und Paukengang aufeinander. Dadurch wird die Bewegung der Flüssigkeit im Vorhofgang an die Flüssigkeit im Paukengang weitergegeben, bis sie schließlich am runden Fenster ankommt und dieses ausbeult. Dadurch entsteht am runden Fenster ein Ausgleich des durch die Bewegung der Perilymphe entstandenen Drucks. Über die Reissner- und die Basilarmembran wird die wellenförmige Bewegung der Perilymphe auf die Endolymphe im Schneckengang übertragen. Die Geschwindigkeit der Welle nimmt im Verlauf des Schneckengangs ab, während die Amplitude steigt. An welcher Stelle im Schneckengang die Amplitude einer Welle am höchsten ist, hängt von der Tonhöhe ab. Jede Schallfrequenz ist einer bestimmten Stelle im Schneckengang zugeordnet. An dieser Stelle erreicht die Amplitude dieser Schallwelle ihren Maximalwert. Je höher die Frequenz, umso näher am ovalen Fenster liegt dieser Bereich. Durch die Bewegung der Flüssigkeiten durch die Schallwelle verschieben sich auch die Basilar- und Tektorialmembran gegeneinander. Dadurch werden die Zilien der Haarzellen abgebogen. Durch diesen Reiz kann die mechanische Energie der Schallwelle in elektrische Energie umgewandelt und über den Hörnerv ans Gehirn weitergeleitet werden (Trepel 1995). Eine Erregung der Haarzellen kann sehr schnell und durch sehr geringe Reize ausgelöst werden.

WIE GUT KÖNNEN HUNDE HÖREN?

Das Gehör von Hunden ist unserem in vielen Bereichen deutlich überlegen. Hunde können Geräusche einerseits sehr selektiv herausfiltern und sind andererseits in der Lage, laute Geräusche auszublenden. Dies ermöglicht es ihnen, auch bei lauten Nebengeräuschen entspannt zu schlafen, aber dennoch auf Geräusche (oder Worte), die eine Bedeutung für sie haben, sofort zu reagieren. Hunde können höhere Töne besser hören und ihr Hörbereich erstreckt sich bis in den Ultraschallbereich,

Hunde können selektiv hören.

der von Menschen nicht gehört werden kann. Daher können sie im Gegensatz zu uns auch Pfeifen im Ultraschallfrequenzbereich hören (Nickel et al. 2003).

Das Hundeohr ist im Vergleich zum menschlichen Ohr sehr beweglich. Mit mindestens 17 verschiedenen Muskeln kann der Hund seine Ohrmuschel in verschiedene Richtungen drehen, um die Umgebung nach Geräuschen abzusuchen. Beide Ohren sind unabhängig voneinander in verschiedene Richtungen beweglich (Nickel et al. 2003). Hierbei kann Schall aus einer Richtung verstärkt werden, während andere Geräusche ausgeblendet werden. Dies ermöglicht die sehr präzise Ortung einer Geräuschquelle. Der Mensch muss für die Ortung einer Schallquelle den Kopf drehen, während Hunde das allein durch Bewegung ihrer Ohren erreichen. Hierfur sind trichterförmige Stehohren natürlich optimal. Allerdings ist das Gehör von Hunden mit Schlappohren nicht merklich schlechter. Der Hörbereich des Menschen liegt im Frequenzbereich von 16 und 20 000 Hertz (Seiferle 1992). Für Hunde ist dieser Bereich nicht eindeutig definiert, da er in verschiedenen Studien zum Teil stark variiert. Als gesichert gilt, dass Hunde Frequenzen zwischen 20 und 50 000 Hertz wahrnehmen können. In anderen Studien findet man Angaben von 67 bis 45 000 Hertz (Condon 2003). Der Hörbereich unterscheidet sich kaum im Zusammenhang mit Kopf- oder Körpergröße des Hundes, wie man vielleicht anhand von Studien mit unterschiedlich großen Säugetieren vermuten könnte. Außerdem zeigten Studien, dass die Hörfähigkeit bei Hunden unterschiedlicher Größe besonders im Hochfrequenzbereich ziemlich einheitlich zu sein scheint. Zwischen unterschiedlichen Säugetieren besteht ein Zusammenhang zwischen Körpergröße und Abstand der Ohren zueinander und der Hörfähigkeit im Hochfrequenzbereich, der innerhalb der Spezies Hund scheinbar nicht besteht (Heffner 1983). Das menschliche Ohr kann

Frequenzen zwischen 2,5 und 5 kHz am besten wahrnehmen (Gelfand 2011). Der Bereich der höchsten Empfindlichkeit liegt bei 3,5 kHz. Für Hunde gibt es zu diesem Bereich keine eindeutigen Angaben. Er soll aber im Bereich von 1–16 kHz mit einem Optimalwert von 8 kHz liegen, ist also viel größer als der des Menschen. In diesem besonders empfindlichen Teil des Hörspektrums können noch viel leisere Töne wahrgenommen werden. Außerdem können Töne mit eng beieinanderliegender Frequenz besser in ihrer Tonhöhe unterschieden werden. Dicht aufeinanderfolgende Schallereignisse in diesem Bereich können gut als Einzeltöne erkannt und Lautstärkeunterschiede viel besser wahrgenommen werden. Dadurch können Hunde Geräusche auch auf größere Distanz noch hören, die für uns nicht mehr wahrnehmbar sind. Die Tatsache, dass Hunde höhere Töne sehr gut wahrnehmen, macht man sich z. B. bei Hundepfeifen zunutze. Hierbei ist auch die Tatsache sehr nützlich, dass sie Tonfolgen so gut unterscheiden können. Ein anschauliches Beispiel dafür sind z. B. Hütehunde, die präzise auf unterschiedliche Pfiffe reagieren. Mit kurzen, sich schnell wiederholenden und in der Frequenz ansteigenden Tönen kann man ihre Aktion stimulieren, wohingegen langgezogene Einzeltöne, mit abnehmender Frequenz ihre Aktion verlangsamt (McDonnell & Baylis 1985).

Speziell auf das gute Hörvermögen abgestimmt: die Hundepfeife.

NACHLASSEN DER HÖRFÄHIGKEIT

Mit zunehmendem Alter lässt die Hörfähigkeit langsam nach. Dies beginnt zunächst mit den sehr hohen Frequenzen, die nicht mehr gehört werden, später auch die mittleren und niedrigen Frequenzen. Da das Gehör meistens über einen längeren Zeitraum schlechter wird, kann der Hund sich daran meistens gut anpassen, indem er seine anderen Sinnesorgane (vor allem die Nase) und Erfahrungen noch besser nutzt. Diese altersbedingte Schwerhörigkeit kann bis zur Taubheit führen. Neben dieser Alterstaubheit gibt es auch noch verschiedene andere Ursachen für Taubheit, wie Krankheit, Infektionen, Trauma, Nervendegeneration, ototoxische Stoffe oder Vererbung. Nachweislich gibt es bestimmte Hunderassen, bei denen eine erblich angeborene Form der sensorineuralen Taubheit gehäuft vorkommt. Betroffen sind vor allem weiße Hunde mit dem Merle- und dem Scheckungsgen (Reetz 1977). Hier spielen die Melanozyten (Pigmentzellen) eine wichtige Rolle. Sie sind an der Entwicklung und Funktion der Haarzellen in der Schnecke beteiligt. Fehlen diese Pigmentzellen ganz oder zum Teil, kann es zu einer Degeneration der Haarzellen kommen, mit Taubheit als Folge (Hedan et al. 2006). Häufig sind weiße Hunde mit blauen Augen in Kombination mit den oben genannten Genen betroffen. Bei allen Rassen ist besonders der Doppel-Merle-Genotyp mit multiplen Abnormalitäten an Skelett, Herz-Kreislauf-System sowie des Geschlechtsapparats verknüpft (Clark et al. 2006, S. 54 ff.).

MAGNETFELDWAHRNEHMUNG

Von Hynek Burda

Magnetorezeption, also die Fähigkeit, Magnetfelder wahrzunehmen und aus seinen Veränderungen die Informationen über die Richtung und Position im Raum oder auch über die Zeitänderungen zu bekommen, ist der am wenigsten verstandene Sinn der Tiere. Die Wissenschaftler streiten heute nicht mehr darüber, ob Tiere über diesen Sinn verfügen, aber über dessen Sitz und Mechanismus. Während der Magnetsinn bei Zugvögeln, Brieftauben und Meeresschildkröten relativ weit erforscht ist, sammeln wir bei Säugetieren erst Beweise über dessen Existenz.

Die Forschung zur Magnetorezeption wurde auf Haushunde erstmals 2013 ausgedehnt. Während der Markierung ihrer Streifgebiete zeigten die Hunde eine statistisch signifikante Präferenz für die Ausrichtung des Körpers entlang der magnetischen Nord-Süd-Achse, jedoch nur im Fall eines ruhigen Magnetfelds. Bei unruhigem Weltraumwetter (magnetische Stürme) war die Ausrichtung zufällig. Die Richtungspräferenz wurde nicht durch Tageszeit, Jahreszeit oder Sonnenstand beeinflusst. Darüber hinaus zeigten die Ergebnisse, dass Hunde nicht nur die Ausrichtung entlang der Nord-Süd-Achse bevorzugten, sondern auch die Ausrichtung entlang der Ost-West-Achse vermieden. Die Erklärung dieses Verhaltens ist gar nicht esoterisch. Der Hund markiert eine Stelle und will diese beim nächsten Besuch, am nächsten Tag, überprüfen und die Markierung erneuern. Dazu muss er allerdings diese Stelle wiederfinden. Also muss er sie in seine kognitive (mentale) Landkarte speichern. Wenn wir mit einer Papierlandkarte arbeiten, drehen wir sie so, dass der Norden nach vorne (nach oben) vor uns zeigt und dann drehen wir uns selbst so, dass auch die sichtbaren Landmarken mit denen auf der Karte übereinstimmen. Physische Rotation ist für uns einfacher als die mentale Rotation der Karte. Und so ist es offensichtlich auch bei anderen Tieren. Die sogenannten „place cells" im Gehirn sind in der Nordrichtung „verankert" und das Arbeiten mit der Karte, die entsprechend orientiert ist, ist einfacher.

Warum finden Hunde den Weg nach Hause?

Hunde sind für ihr Homing (Fähigkeit, heimzufinden) berüchtigt. Allerdings beruhen unsere Kenntnisse meistens nur auf Einzelberichten. Vor mehr als hundert Jahren

Die Magnetfeldwahrnehmung als kognitive Landkarte.

Scouting oder Training?

wurden Hunde als Militärkuriere im Krieg eingesetzt. Es wird auch von zwei systematisch durchgeführten Studien berichtet, wenn Hunde in ihnen unbekanntes Gelände verlegt wurden und trotzdem (auch in Dunkelheit, bei Nebel und Regen) nach Hause zurückkamen. Diese Fähigkeit konnte mit den klassischen Orientierungssinnen (Sehen, Riechen, Hören) nicht erklärt werden. In einer neueren, breit angelegten Studie wurden Jagdhunde mit GPS-Halsbändern und Actionkameras ausgestattet und in Waldgebieten freigelassen. Die Analyse ihrer Bewegungsmuster hat gezeigt, dass bei der Rückkehr zum Besitzer (nach Hause) die Hunde entweder ihrer ausgehenden Spur („Tracking") folgten oder eine neue Route verwendeten („Scouting"). Die Rückkehr beim Scouting begann meist mit einem kurzen (ca. 20 m) Lauf entlang der geomagnetischen Nord-Süd-Achse, unabhängig von der aktuellen Richtung heimwärts. Die Durchführung eines solchen „Kompasslaufs" erhöhte die Effizienz der Rückkehr erheblich. Dieser Lauf trägt möglicherweise auch dazu bei, die mentale Landkarte mit dem Magnetkompass in Einklang zu bringen.

Für einen überzeugenden Beweis der Magnetorezeption und ihrer Beteiligung beim Heimfinden müssen wir allerdings zeigen, dass die Navigationsleistung durch die Störung des Magnetfeldsinnes in der Umgebung des Hundes, z. B. durch bestimmte Radiofrequenzen oder Stabmagnete, auch nachlässt.
Auch sollte es gelingen, die Hunde zu trainieren, Magnetkompassrichtungen anzuzeigen. Es wurde auch über eine Pilotuntersuchung berichtet, indem die Hunde mit operanter Konditionierung trainiert wurden, unter kontrollierten Bedingungen nach einem versteckten Magneten zu suchen. Die Erfolgsraten lagen im Durchschnitt bei 60 %, deutlich über der Wahrscheinlichkeitsgrenze von 33 %. Hier bleibt allerdings noch zu zeigen, dass Hunde auch auf wesentlich schwächere Erdmagnetfeldänderungen reagieren. Jedenfalls stellen die Haushunde, dank ihrer globalen Verbreitung, Verfügbarkeit und Lernfähigkeit, ein vielversprechendes Tiermodell für die Erforschung der Magnetorezeption dar – und eine große Gelegenheit für „citizen science".

GESCHMACKSSINN

Man geht davon aus, dass bereits ungeborene Hunde erste Geschmacksstoffe über die Zunge wahrnehmen können und der Geschmackssinn bereits wenige Tage nach der Geburt fast vollständig ausgebildet ist. Er ist an Chemorezeptoren gebunden, die sich in Geschmacksknospen befinden. Diese sind hauptsächlich auf der Zunge und im Rachenraum lokalisiert, der Großteil in den Zungenpapillen (Liebich 1993). Geschmacksknospen setzen sich aus Sinnes-, Stütz- und Basalzellen zusammen. Die Sinneszellen sind Chemorezeptoren, an deren Oberfläche zahlreiche Mikrovilli zu finden sind. Die Stützzellen sind Zellen mit zahlreichen enzymbildenden Organellen. Wahrscheinlich können sich Stütz- zu Sinneszellen differenzieren. Basalzellen sind undifferenzierte Zellen, die der ständigen Erneuerung der Stütz- und Sinneszellen dienen (Liebich 1993). In den Geschmacksknospen sind die Zellen zwiebelartig zusammengelagert und umschließen eine kleine Grube, den Geschmacksporus. In diesen Geschmacksporus ragen die Mikrovilli der Sinneszellen. Sie können Moleküle binden und so die verschiedenen Geschmacksrichtungen wahrnehmen (Trepel 1995). In direkter Umgebung befinden sich tubuloazinöse Drüsen, die mit ihrem wässrigen Sekret die Geschmacksknospen von Geschmacksstoffen freispülen und dadurch eine erneute Reizaufnahme ermöglichen.

Hunde haben ungefähr 1700 Geschmacksknospen, Menschen ungefähr 9000, Rinder ungefähr 25000 und Katzen nur ungefähr 500. Die Anzahl der Geschmacksknospen steht im Zusammenhang mit der Kauzeit. Der Geschmack entfaltet sich bei längerem Kauen besser.

GESCHMACKSQUALITÄTEN

Man unterscheidet die Geschmacksqualitäten **süß**, **sauer**, **bitter**, **salzig** und **umami** (herzhaft, würzig), wobei nicht alle Tiere alle Geschmacksqualitäten wahrnehmen können. Hunde können diese zwar unterscheiden, jedoch werden sie unterschiedlich gut wahrgenommen. Im Gegensatz zu Katzen können Hunde süß gut schmecken und mögen es auch gerne. Der Geschmackssinn von Hunden unterscheidet sich in Bezug auf süß und sauer von dem der Katzen (Gansloßer & Rodewald 2016). Bei Katzen dienen Geschmacksrezeptoren für Bitterstoffe als Schutz vor der Aufnahme von giftigen Nahrungsmitteln (Shang et al. 2017). Die Reizschwelle für Bitterstoffe ist bei Menschen daher am niedrigsten von allen Geschmacksrichtungen (Hatt 2010). Die versehentliche Aufnahme von Bitterstoffen oder anderen, als unangenehm empfundenen Nahrungsmitteln führt zu reflexartigem Würgen oder Erbrechen. Studien ergaben, dass bei Ratten und Katzen die Geschmackszellen auf Umami-Substanzen keine andere Reaktion zeigten als auf Salz. Im Gegensatz dazu reagieren Hunde sehr gut auf Umami-Substanzen und können diese auch von Salz unterscheiden (Kurihara & Kashiwayanagi 2000). Hunde können Salz zwar schmecken, aber dabei die Menge wohl nicht besonders gut quantifizieren. Man vermutet allerdings, dass sie sehr hohe Salzkonzentrationen dennoch sicher bemerken können.

Im Gegensatz zu Menschen haben Hunde Geschmacksrezeptoren, die ausschließlich auf Wasser ansprechen. Diese befinden sich vorwiegend im vorderen Zungenbereich. Man vermutet, dass diese Geschmacksknospen von Bedeutung für Tiere sind, deren Nahrung hauptsächlich aus salzhaltigem Fleisch und Knochen besteht.

Die Wahrnehmung der genannten Geschmacksqualitäten geschieht zwar über das Geschmacksorgan, dennoch ist Geschmack zumindest beim Menschen direkt an den Geruchssinn gekoppelt. Alles, was man neben den fünf Geschmacksqualitäten an Aromen wahrnimmt, geschieht über das Riechepithel der Nase. Scharf ist keine Geschmacksqualität, sondern die reine Wahrnehmung über Schmerzrezeptoren der Zunge (Trepel 1995).

☞ AUS DER FORSCHUNG (VON VIOLA DAUB)

KATZEN SCHMECKEN ANDERS …

Katzen verfügen über einen gut funktionierenden Geschmackssinn. Sie können die Geschmacksqualitäten salzig, sauer, bitter und umami wahrnehmen. Sie vermeiden bitter und haben für bestimmte Aminosäuren sogar eine erkennbare Präferenz (White & Boudreau 1975). Im Gegensatz zu den meisten anderen Säugetieren reagieren Katzen überhaupt nicht auf die Geschmacksqualität süß in Zuckern. Die Erklärung hierfür liegt in den Genen.

Wahrnehmung von süß

Zur Wahrnehmung von süß sind bei Säugetieren die beiden Rezeptoren T1R2 und T1R3 (gebildet aus den Genen Tas1R2 und Tas1R3) verantwortlich. Diese beiden G-protein gekoppelten Rezeptoren können als heterodimere Einheit Zucker, Zuckeraustauschstoffe und Süßstoffe als Signalmolekül binden. Nur in Form eines Heterodimers aus T1R2 und T1R3 ist der Rezeptor funktionell (Nelson et al. 2001).

Katzen können vier Geschmacksqualitäten wahrnehmen, süß ist nicht dabei.

Die Vermutung, dass Katzen süß nicht wahrnehmen können, wurde in einer Studie belegt (Li et al. 2005). Anhand von Untersuchungen in der Sequenzierung der kodierenden Gene für diese beiden Rezeptoren konnte gezeigt werden, dass Katzen sowie auch andere Vertreter der Familie *Felidae* (Tiger und Leopard) eine Mutation im kodierenden Gen (Tas1R2) für den T1R2 Rezeptor aufweisen. Genauer gesagt liegen eine Mikrodeletion in 247 Basenpaaren und diverse Stopcodons vor. Es konnte bei diesen Tieren weder durch PCR noch durch In-situ-Hybridisierung mRNA von Tas1R2 nachgewiesen werden. Man geht davon aus, dass Tas1R2 bei Katzen (und evtl. anderen obligat carnivor lebenden *Felidae*) ein Pseudogen ist (Li et al. 2005). Das Stopcodon verhindert die korrekte Expression des T1R2 Rezeptors. Entweder wird das fehlerhafte Bruchstück dieses Rezeptors in der Zelle sehr schnell abgebaut oder es wird erst gar nicht gebildet. Aus diesem Grund kann das Heterodimer aus T1R2 und T1R3 bei Katzen nicht zustande kommen. Die Wahrnehmung süßer Reize ist daher nicht möglich. Im Gegensatz zum Tas1R2 Gen ist das Tas1R3 Gen bei Katzen normal ausgebildet. Es zeigt sehr starke Ähnlichkeit mit dem funktionellen Tas1R3 Gen anderer Säugetiere und konnte sowohl durch PCR, als auch durch In-situ-Hybridisierung bei Katzen nachgewiesen werden (Li et al. 2006). Der T1R3 Rezeptor kann daher ausgebildet werden. Dieser Rezeptor ist bei Säugetieren nicht nur Teil des heterodimeren Rezeptors zur Wahrnehmung von süß (T1R2-T1R3), sondern auch Teil des heterodimeren Rezeptors zur Wahrnehmung von umami. Da diese beiden Einheiten normal ausgebildet werden, können Katzen umami schmecken.

FUNKTIONSKREIS JAGDVERHALTEN

VON KRISTIN STRAUSS

Beutetrieb, Aggressionstrieb und Spieltrieb – obwohl das Triebkonzept als veraltet gilt und gerade speziell für das Aggressionsverhalten widerlegt werden konnte, wird der Begriff „Trieb“ in Hundevereinen und -schulen, unter Hundehaltern und Trainern noch immer häufig verwendet. Der Begriff des „Beutetriebs“ lässt vermuten, dass es sich hierbei um ein Verhaltenselement handelt, das aus einer einzigen Motivation heraus entsteht. Das **Beutefangverhalten** besteht allerdings aus einer Reihe von aufeinanderfolgenden Verhaltensweisen:

Suchen – Fixieren – Anschleichen – Zupacken – Festhalten – Töten – Fressen

Wird also vom „Jagdtrieb“ gesprochen, ist eine Klassifikation von Verhaltensweisen nicht möglich, denn die einzelnen Verhaltenselemente werden nicht, wie es sein sollte, jede für sich betrachtet, sondern viel zu vereinfachend unter dem Begriff „Trieb“ zusammengefasst. Zudem beeinflussen innere und äußere Faktoren den Organismus zu jeder Zeit. Auch das Beutefangverhalten wird von inneren und äußeren Faktoren mitbestimmt. Hierzu zählen z. B. Empfindungen wie Hunger oder Durst, hormonelle Zustände, innere Uhren, das Alter oder der Entwicklungsstand des Tieres. Bei den äußeren Faktoren seien beispielhaft Tageslänge, Tageszeit, Verfügbarkeit von Nahrung, Anwesenheit von Feinden oder die Jahreszeit genannt. Hinzu kommt, dass Reize nicht nur summiert werden, sondern sich auch gegenseitig hemmen, vorbereiten oder lenken können – dies wird beim psychohydraulischen Instinktmodell von Konrad Lorenz nicht mit einbezogen (Näheres in Gansloßer 2020).

BEUTEFANGKETTE

Die Verhaltenskette beginnt zunächst mit der Suche nach einem unspezifischen Reiz und einer ungerichteten Appetenz (Appetenz I). Wird dann ein Reiz ausgemacht, so beginnt das gezielte Ausrichten des Körpers auf das Zielobjekt (Taxis). Eine Reaktion des Hundes auf störende Umweltreize, zu denen auch der Rückruf des Halters gehört, ist nur während der ungerichteten Appetenz noch möglich. Während der Taxis bzw. auf der Zielgeraden zur Endhandlung ist das Tier nicht mehr durch ablenkende Reize beeinflussbar, auch nicht durch solche, die zum Stadium einer vorhergehenden Verhaltensweise gehören. Dies liegt in dem „Lawinen“-Charakter des Beutefangverhaltens begründet: **Wird das Beutefangverhalten ausgelöst, so erleichtert das Ausführen einer Verhaltensweise die nächste (Orten erleichtert Fixieren, Fixieren erleichtert Anschleichen etc.).** Eine Rückorientierung auf vorherige Verhaltensweisen wird dabei gehemmt. Diese ist erst nach Endhandlung möglich (Fressen). Ähnlich wie bei einer Lawine, die einmal ausgelöst nur sehr schwer wieder gestoppt werden kann, kann ein Eingreifen des Menschen in die Beutefangkette nur am Anfang wirkungsvoll sein. Lawinenschutzzäune sind nur am Berggipfel sinnvoll; ist die Lawine schon den halben Berg heruntergekommen, kann sie kaum noch aufgehalten werden. Ebenso verhält es sich mit dem Beutefangverhalten, das – einmal ausgelöst – nur am Anfang der Kette gestoppt werden kann (Gansloßer & Krivy 2019).

Auf die Taxis folgt eine in ihrer Form mehr oder weniger starre motorische Antwort, die als **Erbkoordination** bezeichnet wird. Dieses gerichtete Annähern kann je nach Rassezugehörigkeit unterschiedlich aussehen: Beispielsweise zeigen Hütehunde wie Border Collies hier das Anschleichen. Diese Erbkoordination wird von tiefergelegenen Regionen des Hirns gesteuert, während die Ortsbestimmung und die Identifikation eines Reizes noch unter Einbezug der Großhirnrinde erfolgt. Durch Lernprozesse, zu denen auch die Gewöhnung gehört, ob nun die Habituation oder eine Ermüdungserscheinung, können überwiegend nur solche Verhaltensweisen beeinflusst werden, bei denen die Großhirnrinde beteiligt ist. Dies zeigt erneut, warum ein Eingreifen des Halters nur während der ersten Phasen der Beutefangkette möglich ist. Anschließend folgt eine zweite Phase der Appetenz, um die beste Stelle für das Zupacken zu finden. Hierauf folgt eine erneute Taxis (Ausrichten auf diese Stelle) und zuletzt wieder eine Erbkoordination, das Zupacken, Töten und zuletzt das Fressen.

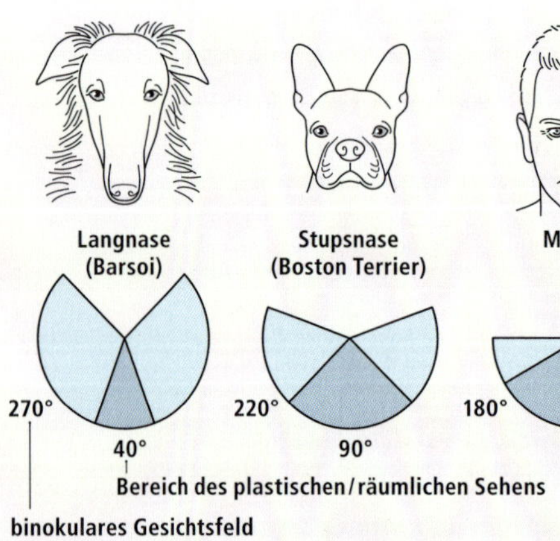

Verschieden ausgeprägte Sehleistungen

JAGEN MIT ALLEN SINNEN

Bei der Jagd sind verschiedenste Sinnesleistungen beteiligt (siehe S. 153). Hunde sind insbesondere für ihre olfaktorischen, also geruchlichen Leistungen bekannt. Ermöglicht wird dies durch ihr deutlich größeres Riechepithel als das des Menschen. Speziell während der Junghundphase werden vermehrt Rezeptoren für solche Geruchsreize gebildet, die dem Hund in dieser Zeit im Alltag begegnen (Gansloßer 2014). Auch andere Gerüche, die dem Hund in dieser Zeit nicht begegnen, sind für Hunde noch wahrnehmbar, jedoch ist die Empfindlichkeit für diese reduziert. Gerade für Gerüche von Wild können Halter die Empfindlichkeit durch konsequentes Unterbinden des Verfolgens der Spur verringern.

Im Bereich der Sehleistung wird Hunden immer wieder nachgesagt, sie würden schlechter sehen als Menschen. Doch Hunde sehen nicht schlechter, sondern anders (siehe S. 162).

Im Zusammenhang mit dem Beutefangverhalten ist hier der Unterschied der optischen Wahrnehmung zwischen lang- und kurzschnauzigen Hunden hervorzuheben. Wie Paul McGreevy und Team (2004) herausfanden, haben Hunde mit einem geringeren Verhältnis der Schädelbreite zur Schädellänge (kurzköpfig) eher einen Fleck mit der höchsten Dichte an Ganglienzellen, was bei Primaten dem Fleck des schärfsten Sehens entspricht. Bei langschnauzigen Hunden ähnelt dieser Bereich eher einem horizontalen Streifen über die gesamte Netzhaut (siehe S. 164). Dies und das überlappende Sichtfeld bei kurzköpfigen Hunden ermöglichen es diesen, besser im Nahbereich kommunizieren zu können, während langschnauzige Hunde auf Distanz besser sehen können und daher effektivere Jäger zu sein scheinen.

Auch das Gehör wird bei der Jagd aktiviert, weist aber einige Unterschiede zu menschlichen akustischen Leistungen aus. Der Hörbereich des Menschen umfasst 16 Hz bis

20 kHz (Augustin et al. 2000), während der des Hundes von 15 Hz bis 50 kHz reicht (Rose 1977). Vergleichende Studien von Henry E. Heffner (1983) zeigten, dass sich dieser Bereich zwischen großen und kleinen Rassen kaum unterscheidet. Interessant ist es, da in Studien an anderen Tieren ein Zusammenhang zwischen dem Hörbereich und dem Abstand der Ohren hergestellt werden konnte: Je geringer der Abstand zwischen den Ohren, sprich je kleiner der Kopf, desto eher können die Tiere höher frequente Töne wahrnehmen. Haushunde – egal ob klein oder groß – nehmen also alle Geräusche in ähnlichen Frequenzbereichen wahr. Besonders einige Kleinsäuger kommunizieren aufgrund ihrer besseren Hörleistung im hochfrequenten Bereich. Hunde sind also in der Lage, potenzielle Beutetiere, die der Mensch wegen seines eingeschränkteren Hörbereichs nicht wahrnehmen kann, zu hören. Dies bestätigen auch Lipman und Grassi (1942). Im niederfrequenten Bereich hörten Mensch und Hund ähnlich gut, während die Geräuschquelle für Hunde im hochfrequenten Bereich deutlich leiser sein konnte.

WIE DIE SELEKTION DAS BEUTEFANGVERHALTEN VERÄNDERTE

Aber nicht nur die Schädelform wirkt sich auf die Jagdfähigkeiten von Hunden aus. Im Verlauf der Domestikation wurden Hunde für spezielle Aufgaben gezüchtet. Besonders im Vordergrund stand dabei die Hilfe bei der Jagd oder beim Hüten von Nutzvieh. Bei bestimmten Rassen wurden Elemente der Beutefangkette – verglichen mit dem Wolf – unterdrückt oder abgeschwächt, andere wiederum abgewandelt oder verstärkt. Paul Jones und sein Team entdeckten 2008 Kandidatengene für die Trainierbarkeit, das Hüten und das Vorstehen. Jene müssen also in der Vergangenheit wichtige Selektionsziele gewesen sein. Gerd Leder führt 2014 aus, auf welche Tätigkeiten bestimmte Rassegruppen selektiert wurden und wie sich dadurch ihr Beutefangverhalten änderte (siehe Tabelle S. 178 f.). Baumann oder auch Leder (2014) geben an, dass Schlittenhunde ein sehr ursprüngliches Beutefangverhalten zeigen. Dieses wurde vom Menschen in der Vergangenheit züchterisch nicht bearbeitet, da sie ausschließlich für ihre Fähigkeiten zum Transport schwerer Lasten selektiert wurden. Auch wenn einige Halter von Hütehunden noch immer der Auffassung sind, ihr Hund würde nicht jagen, sondern nur hüten, ist dies keinesfalls richtig. Bei Hütehunden ist besonders das Fixieren, Anschleichen und Zupacken mit einer niedrigen Reizschwelle versehen und wird besonders leicht auch bei geringer Reizstärke ausgelöst – das Hüten ist also eindeutig eine Abwandlung der Beutefangkette (Gansloßer & Krivy 2019). Auch Herdenschutzhunde sollten hier erwähnt werden: Denn nach Gansloßer (2014) zeigen sie kaum Beutefangverhalten im Sinne der Beutefangkette. Hervorzuheben ist aber, dass sie sehr wohl den Mäuselsprung ausführen. Dies ist schon ein erster Hinweis auf einen fehlenden Zusammenhang zwischen dem Mäuselsprung und der Neigung, bewegte Reize zu verfolgen, egal ob nun Wild oder ein Fahrrad, einen Jogger oder Ähnliches. Auch beim Vergleich der Motorik und der auslösenden Reize fällt auf, dass es sich um eine völlig andere Bewegungskoordination als das echte Beutefangverhalten handelt. Interessanterweise ist bei Herdenschutzhunden die Phase der Artgenossenprägung und die sensible Phase für Entstehung von Beutefangverhalten gegeneinander verschoben, sodass die Prägung auf die später zu beschützenden Nutztiere zwischen der 5. und der 12. Lebenswoche in einer Zeit liegt, in der noch keinerlei Beutefangverhalten vorhanden ist. Somit ist sichergestellt, dass die Nutztiere nicht als Beute wahrgenommen werden, ehe sie als Sozialpartner abgespeichert wurden.

Baumann (2014) merkt an, dass zwar heute in der Zucht mehr Wert auf das Aussehen als auf das Verhalten gelegt wird, jedoch erhalten die unterschiedlichen Rassen noch immer ihr Verhaltenserbe aus der Vergangenheit.

BEUTEFANGVERHALTEN EINZELNER RASSEN UND RASSEGRUPPEN

(nach Leder 2014)

Wolf	Appetenz	Orten	Fixieren
Schlittenhunde	Appetenz	Orten	Fixieren
Nordische Jagdhunde	Appetenz	Orten	Fixieren
Hunde vom Urtyp	Appetenz	Orten	
Typ Podenco	Appetenz	Orten	Fixieren
Herdenschutzhunde	Appetenz	Orten	Fixieren
Hütehunde	Appetenz	Orten	Fixieren
Typ Border Collie	Appetenz	Orten	Fixieren
Sport-/Dienstschutzhunde	Appetenz		
Terrier	Appetenz	Orten	
Dackel	Appetenz	Orten	
Laufhunde	Appetenz	Orten	
Schweißhunde	Appetenz	Orten	
Britische Vorstehhunde	Appetenz	Orten	Fixieren
Deutsche Vorstehhunde	Appetenz	Orten	Fixieren
Spaniels	Appetenz	Stöbern	Orten
Apportierhunde		Orten	Fixieren
Windhunde		Orten	
Europäische Bauern- und Hofhunde	Appetenz	Orten	Fixieren

Kleiner geschriebene Verhaltensweisen wurden im Vergleich zum Wolf im Laufe der Zucht abgeschwächt und größer geschriebene wurden verstärkt (Referenz ist der Wolf).

Anschleichen	Hetzen		Packen	Töten
Anschleichen	Hetzen		Packen	Töten
Anschleichen	Hetzen	Verbellen	Packen	Töten
	Hetzen		Packen	Töten
Anschleichen	Hetzen		Packen	Töten
	Hetzen		Packen	Töten
Anschleichen	Hetzen		Packen	Töten
Anschleichen	Hetzen		Packen	Töten
	Hetzen		Packen	Töten
	Hetzen			Totschütteln
Spur Laut gebend verfolgen		Verbellen	Packen	Töten
	Hetzen	Verbellen	Packen	Töten
	Hetzen	Verbellen	Packen	Töten
Anschleichen	Fixieren		Packen	Töten
Anschleichen	Hetzen		Packen	Töten
Stöbern	Orten		Packen	Apportieren
Anschleichen	Hetzen		Packen	Töten
	Hetzen		Packen	Töten
Anschleichen	Hetzen		Packen	Töten

Lücken im Beutefangverhalten einzelner Rassen und Rassegruppen bedeuten, dass diese Verhaltensweisen kaum noch oder gar nicht mehr auftreten.

JAGD, SPIEL UND AGGRESSION

Genau dieses Verhaltenserbe ist es, was oftmals zu Problemen im Zusammenleben mit dem Menschen führt. Da häufig fehlgeleitetes Beutefangverhalten die Ursache von gefährlichen Situationen ist (Gansloßer 2014), sollte in solchen Fällen genauestens zwischen Jagen, Spielen und Aggression oder auch Mobbing unterschieden werden. Bertrand Deputte (2007) führt in seinem Übersichtsartikel einige Unterschiede zwischen dem Beutefangverhalten und der Aggression auf. Auch Mobbing und Gruppenjagd sollten unterschieden werden (Gansloßer 2014):
Beim **Mobbing** wird sozial gemeinsam gegen jemanden agiert, um sich einen Vorteil zu verschaffen. Hierbei spielen aggressive Signale eine wichtige Rolle. Bei der **Gruppenjagd** hingegen handelt es sich um echtes Beutefangverhalten, bei dem oftmals ein bereits in der Bewegungsweise eingeschränkter, unsicherer Hund zum Beutetier erklärt wird, der dann gejagt wird. Die Gruppenjagd sollte aber auch von einem **Rennspiel** unterschieden werden. Beim Rennspiel findet Rollenwechsel statt und die Beteiligten zeigen das Spielgesicht oder andere Spielsignale, während bei der Gruppenjagd Rollenwechsel und Spielsignale fehlen – beim Gejagten wird eher Todesangst im Blick zu erkennen sein, während der Jäger einen für die Jagd typischen, entspannten Gesichtsausdruck zeigen wird (Gansloßer & Käufer 2017, 2022).
Dass Spielverhalten und Beutefangverhalten nicht immer unterschieden werden, lässt sich anhand des Ballwerfens leicht erkennen. Ballwerfen wird noch immer als Spiel missverstanden, wobei das Hinterherhetzen hinter Beuteersatz in stereotyper Form (Ballspielen, Hetzangel, Ferkelball) keinesfalls Spielverhalten ist: Es finden sich keine Freiwilligkeit, kein Rollenwechsel, der Ball steht im Mittelpunkt der Interaktion und auch nicht die Bindung wird gefördert, sondern die Einsamkeit durch Sucht (Gansloßer & Krivy 2019, Gansloßer & Käufer 2017, Käufer 2014). Mechthild Käufer (2014) beschreibt ziemlich treffend, woran zu erkennen ist, ob es sich um ein Spiel handelt: Wenn eine Ballmaschine oder ein anderes Gerät den Menschen vielleicht sogar effektiver, da nie müde werdend, ersetzen kann, ohne dass der Hund sein Verhalten dabei ändern muss, sollte die Tätigkeit nicht als Spiel betrachtet werden. Ballwerfen ist also kein Spiel, sondern Training für echtes Beutefangverhalten. Wird die Beutefangkette betrachtet, so wird deutlich, dass das Ballwerfen den Elementen der Beutefangkette entspricht, einzig das Festhalten und Töten wird meist durch das Apportieren ersetzt (Elemente des Ballspielens in Braun):

Orten – Fixieren – Anschleichen – Zupacken – Festhalten – Töten – Fressen

Problematisch wird dieses Verhalten durch die Tatsache, dass das Beutefangverhalten eine lebensnotwendige Handlung ist. Ein nicht jagender Wolf wird verhungern. Daher werden die Elemente der Beutefangkette intrinsisch belohnt, damit das Beutefangverhalten auch bei Misserfolg weiterhin gezeigt wird. Hierfür ist das Dopamin-System verantwortlich. Wie Gansloßer und Krivy (2019) ausführen, wird es immer dann aktiviert, wenn das Tier rhythmischen, lustbetonten Tätigkeiten (Jagen!) nachgeht oder sich selbst ein Erfolgserlebnis verschafft. Solche Situationen werden als besonders wiederholenswert, mit positiver Stimmung im Gehirn, abgespeichert und anschließend auch immer wieder gesucht. Hinzu kommt, dass Dopamin die chemische Vorstufe von Noradrenalin ist, das auch die Vorfreude auf diese Tätigkeit steigert und die Reizschwelle für zukünftige Handlungen senkt. Dopamin ist also bei der Jagd überlebensnotwenig, damit auch ein nicht erfolgreicher Jäger weiterhin versucht, Nahrung zu erbeuten. Angewendet auf das Bällchenjagen hat dieser Mechanismus allerdings hohes

Suchtpotenzial. Dieses wird durch Endorphine, welche gemeinhin als Glückshormone bezeichnet werden, auch wenn es keine Hormone sind, verstärkt. Endorphine werden bei regelmäßiger, körperlicher Aktivität ausgeschüttet und führen zum bekannten „Läuferhoch". Die Kombination von Noradrenalin, Dopamin und Endorphinen ist dann eine auf Wiederholungen ausgerichtete, reischwellensenkende Mischung, die eben nicht nur bei einer erfolgreichen Jagd ausgeschüttet wird, sondern auch durch Ersatzhandlungen wie Bällchen- oder Frisbeewerfen hervorgerufen wird (Käufer 2014).

WENN SPASS ZUR SUCHT WIRD ...

Jaak Panksepp erforschte die Basisemotionen von Tieren und die dazugehörigen neuronalen Schaltkreise. Zwei dieser Emotionen sind das Seeking- (= Such) und das Play-System. Käufer (2014) fasst zusammen: Das Seeking-System motiviert Tiere zu überlebensnotwendigen Aktivitäten, zu denen Beutefang und Nahrungssuche gehören. Der wichtigste Botenstoff dieses Systems haben wir bereits kennengelernt, das Dopamin. Dieses System spielte auch bei den Ratten von James Old und Peter Milner in den 1950ern eine entscheidende Rolle.

Die Ratten stimulierten sich während des Versuchs über einen Hebel selbst, denn bei der Hebelbetätigung wurde im Gehirn Dopamin ausgeschüttet. Das Seeking-System der Ratten lief aber aus dem Ruder, denn über die Betätigung des Hebels hinweg vergaßen die Ratten zu essen und zu trinken und nahmen enorm ab. Auch Jaak Panksepp und Yoram Yovell (2014) erläutern dies in ihrem Artikel. Demnach führt eine Störung dieses Systems zu Verhaltensveränderungen, bei denen die Tiere ihre Umwelt nicht mehr erkunden und auch die Körperpflege vernachlässigen – ebenso wie das Essen und Trinken – bis hin zum Tod, wenn nicht eingeschritten wird. Ähnlich verhält es sich bei den oftmals scherzhaft als Bällchenjunkies beschriebenen Hunden, die schon beim Anblick eines Balls fiepen, kreischen, kreiseln, zittern oder ähnliche Verhaltensweisen zeigen. Diese sind typisch für den Kontrollverlust bei Suchtkranken. Bei diesen Tieren steigt der Dopaminspiegel schon beim Anblick des Balls – bleibt das Ballspielen aus, kommt es zum Absinken des Dopaminspiegels und zu echten Entzugssymptomen. Ähnlich wie bei Old's und Milner's Ratten können Bällchenjunkies nicht aus Freude mit dem Zwangsverhalten aufhören, sondern weil das Verhalten von innen mit Dopamin belohnt wird. Der Hund ist also süchtig nach dem Ball wie ein Mensch nach Glücksspiel (Näheres s. Gansloßer & Käufer 2017). Weiterhin bringt Käufer (2014) die Basisemotionen von Panksepp und die Ergebnisse von Kent C. Berridge in Zusammenhang: Der Selbstbelohnungseffekt besteht aus zwei Komponenten: auf die freudige Erwartung des positiven Reizes (Wanting), folgt die Erfüllung, wenn die Belohnung eintritt (Liking). Ersteres wird durch Dopamin gesteuert, letzteres durch Endorphine und Oxytocin. Sie beschreibt das Verhalten von Old's und Milners Ratten als ein sich endlos wiederholendes Einschalten des Seeking-Systems, es wird also immer nur die Wanting-Komponente erfüllt, ohne dass es durch das Genießen, das Liking, wieder abgeschaltet wird. Ebenso schalten die Hundehalter immer wieder das System durch das Ballwerfen ein, ohne dass es ausgeschaltet wird. Besonders gefährdet sind hierfür Hunde, bei denen der Dopaminspiegel im Ruhezustand ohnehin höher ist als bei anderen Rassen, die von Simon Gadbois als „dopamin dogs" beschriebenen Rassen wie Malinois, Border Collie, Parson und Jack Russell Terrier, aber auch A-Typen (S. 271) oder junge Hunde, besonders im 4. bis 6. Lebensmonat, wenn eben das Beuteschema festgelegt wird. Ebenso führen Gansloßer und Krivy (2019) oder Gansloßer und Kitchenham (2015) an, dass Hunde, die durch die Zucht mit einer verringerten Reizschwelle für bestimmte Elemente der Beutefangkette ausgestattet sind, anfällig sind, gerade wenn es wie bei Hütehunden diejenigen Verhaltensweisen sind, die sich mit denen des Ballwerfens decken. Abschließend erwähnen Gansloßer und Krivy (2019) treffend, dass Sucht nicht heilbar ist – ein Suchtkranker muss ein Leben lang mit der Sucht leben, nur ein Entzug kann die Symptome lindern.

FEHLPRÄGUNG UND KRANKHEITEN

Nach Gansloßer und Krivy (2019) oder auch Gansloßer (2014) können solche Aktivitäten, die auch in einer Sucht enden können, fehlgeleitetes Beutefangverhalten begünstigen. Bei fehlgeleitetem Beutefangverhalten verliert der echte Beutereiz mehr und mehr an Bedeutung und auch Ersatzobjekte werden zu Reizen, die die Verhaltenselemente der Beutefangkette auslösen. Der Zeitraum vom vierten bis zum sechsten Lebensmonat ist hier ein entscheidendes Fenster. Wird in dieser Zeit ein Ersatzreiz, zum Beispiel ein Ball, ein Stock oder Frisbee, als Auslöser für Beutefangverhalten intensiv konditioniert, so wird der Hund später blitzschnell auf diesen Ersatzreiz mit echtem Beutefangverhalten reagieren – Übung macht nun mal den Meister. Gleiches gilt auch für Trainingsansätze, die ausschließlich auf Beutereize ausgelegt sind, z. B. beim Agility oder dem Schutzhundesport. Durch „Bällchenspiele“, womöglich ohne, dass der Hund auf ein Signal zum Losrennen warten muss, wird also ausschließlich das Beutefangverhalten auf einen Ersatzreiz hin trainiert. Riskant ist dieses Unterfangen daher, dass der Ersatzreiz zukünftig nicht nur der Ball oder ein anderes Wurfgeschoss sein kann, sondern dass sich das Beuteschema auch auf Radfahrer, Jogger oder gar rennende Kinder ausdehnen kann. Gerade rennende Kinde,r mit ihren unbeholfenen, zappelnden und womöglich noch von hohen, quiekenden Schreien begleiteten Bewegungen, können bei solchen Hunden echtes Beutefangverhalten auslösen. Zusätzlich werden in der Junghundezeit viel genutzte Bereiche besonders geformt und ausgebildet oder umgekehrt, bei geringer Nutzung reduziert. Wer also keinen jagdlich motivierten erwachsenen Hund haben möchte, der sollte schon vor und während der Pubertät darauf achten, das Verfolgen von Ersatzreizen konsequent zu unterbinden. Wie Gansloßer (2014) zusammenfasst, wird Beutefangverhalten weniger ins Verhaltensrepertoire aufgenommen und schwieriger auslösbar, je weniger auslösende Situationen es im Leben des Hundes gibt (siehe unten). Der Einsatz einer Schleppleine kann in dieser Zeit durchaus sinnvoll sein. Zum einen kann der Mensch auch in einem größeren Umkreis noch auf seinen Hund einwirken. Zum anderen wird dem Hund durch eine Schleppleine – im Gegensatz zu einer kurzen Leine – ermöglicht, seine Umwelt weiterhin selbstständig mit allen Sinnen zu erkunden und „einfach einmal Hund sein zu dürfen“.

KONTAKT MIT ARTGENOSSEN UND MENSCHEN

Nach Gansloßer (2014) sind Hunde, die wenig oder keine Erfahrung mit Artgenossen im Welpen- und Junghundalter hatten, besonders anfällig für fehlgeleitetes Beutefangverhalten. Während der Phase der Artgenossenprägung verankert ein Tier das Bild desjenigen, mit dem es sich im späteren Leben gruppieren möchte (Gansloßer 2020). Lernt der Hund in dieser Zeit keine anderen Hunde oder gar Menschen oder Kinder kennen, so kann er diese auch nicht als Artgenossen abspeichern. Schlimmstenfalls kann er jene als potenzielle Beute ansehen. Im Sozialkontakt lernen Hunde ebenfalls, ihr Verhalten an das der anderen anzupassen. Hierbei werden Elemente der Beutefangkette, die einem Artgenossen gegenüber gezeigt werden, von diesem mit negativem Feedback (Abbruchsignale) beantwortet, sodass der Hund lernt, dass ein solches Verhalten im Sozialkontakt mit anderen Hunden nichts verloren hat. Von vielen Haltern wird das Ablegen und Lauern bei Hundebegegnungen fehlinterpretiert. Einige Hunde legen

sich, wenn sie in der Ferne einen anderen Hund sehen, flach auf den Boden, in angespannter Haltung und nicht zur Seite gekippt, zusätzlich wird der Kopf flach auf den Boden gelegt, während der andere Hund mit den Blicken fixiert wird. Diese Haltung ist keine Spielaufforderung, kein Selbsthandicap und auch keine Unterwerfung, sondern entstammt dem Beutefangverhalten (Krivy 2014).
Ein weiterer Grund für das Zeigen von Leerlaufhandlungen des Beutefangverhaltens ist, dass bei der Taxis verschiedene Gehirnzentren über Lage und Bewegungsrichtung des Reizes informiert werden. Wie an Affen gezeigt werden konnte, erfolgt die Erkennung der Form, der Bewegungsrichtung und der Lage im Raum in drei verschiedenen Zentren im Gehirn, die erst am Ende verrechnet werden (Ganslоßer 2014, 2020). Bei Hunden mit Schädigungen oder Erkrankungen des Hirns, unter anderem auch Epilepsie, kann daher ein Leerlauf des Beutefangverhaltens gezeigt oder nur einzelne Bestandteile der Beutefangkette ausgeführt werden. Auch Beeinträchtigungen des Acetylcholin-Systems, das beim Jagen aktiviert wird, können für auffälliges Verhalten verantwortlich sein. Neben der Epilepsie, deren Vorstufe das Fangen imaginärer Fliegen sein kann (siehe S. 136 ff.), ist hier auch der Kontakt mit Schädlingsbekämpfungsmitteln als mögliche Ursache zu nennen. Einige dieser Mittel wirken über Neonicotinoide, die an die Acetylcholin-Rezeptoren binden und damit eine Dauerreizung bewirken und zu fehlorientiertem Jagd- und Beutefangverhalten führen können. Ein weiterer Faktor, der das Beutefangverhalten betrifft, ist die Kastration. Gansloßer führt (2014) aus, dass kastrierte Hunde in seinen Beratungen eher zu Beutefangverhalten neigen als intakte Hunde. Auch bei Katzen konnten Barbara R. Inselman-Temkin und John P. Flynn (1973) zeigen, dass das Vorhandensein von Sexualhormonen, unabhängig vom Geschlecht, die Beutefangbereitschaft senkt – kastrierte Katzen waren in der Studie schneller zum Beutefangverhalten bereit.

GEFÄHRLICHKEIT VON JAGENDEN UND AGGRESSIVEN HUNDEN

Eine Untersuchung tödlicher Attacken von Hunden auf Kinder in einem Team rund um Sarah Heinze zeigte, dass die Gefährlichkeit nicht etwa von aggressiven Hunden ausgeht, sondern von Hunden, die Beutefangverhalten fälschlicherweise gegenüber Kindern gezeigt haben und überwiegend in Kopf- und Halsbereich bissen (Heinze et al. 2004). Ein Angriff ohne Vorwarnung auf Hunde oder andere bewegte Reize ist keinesfalls dem Aggressionsverhalten zuzuordnen, sondern eher als fehlgeleitetes Beutefangverhalten zu betrachten (Gansloßer 2014). Ulrike Gieser (2006) führte in ihrer Dissertation, in der sie Wesenstests bezüglich ihrer Aussagekräftigkeit testete, an, dass diese als sehr kritisch zu sehen sind. Zum einen merkt sie an, dass diese Tests eher als „Reaktionstest des Hundes auf aggressionsauslösende Reize“ bezeichnet werden sollten, da sie nicht das Wesen des Hundes erfassen können. Außerdem bemängelt sie, dass in den Tests zwar oft die Aggressivität von Hunden zu überprüfen versucht wird, jedoch fehlgeleitetes Jagdverhalten, was erwiesenermaßen gefährlicher und zu mehr tragischen Vorfällen führt, nicht untersucht wird.

Oft falsch interpretiert: das Lauern.

VERHALTENSBIOLOGISCHE ASPEKTE DER AGGRESSION

VON PD DR. UDO GANSLOSSER, KRISTINA KNEZEVIC, HANA TEBELMANN

Nur wenige Verhaltensbereiche bei Hunden, aber auch z. B. bei unseren eigenen Artgenossen, werden derart kontrovers diskutiert und oftmals auch falsch verstanden wie die Aggression. Eine Reihe von gängigen Missverständnissen in diesem Zusammenhang halten sich leider gerade in der Hundewelt noch sehr nachhaltig und sind bisweilen sogar noch in behördlichen Anordnungen und Stellungnahmen, verhaltenstherapeutischen Empfehlungen etc. zu finden.
Die komplexen Zusammenhänge der modernen, verhaltenswissenschaftlichen Aggressionstheorien sind in diesem verkürzten Rahmen nur grob umreißbar. Wer sich genauer dafür interessiert, muss sich mit einschlägiger Fachliteratur (z. B. Archer 1988, Wahl 2009, Nelson 2001) oder einem allgemeinen Lehrbuch der modernen Verhaltensbiologie (Kappeler 2017, Gansloßer et al. 2020) auseinandersetzen.

Die wichtigsten Zusammenhänge sind folgende:

— Aggression ist weder ein einheitlicher Funktionskreis, noch beinhaltet sie eine einheitliche Emotion. Aggression ist ein Werkzeugverhalten, das multifunktional und auch multimotivational ist.
— Woraus bereits resultiert, dass es keinen Aggressionstrieb gibt. Das Thema des sogenannten Triebbegriffs wird an anderer Stelle diskutiert (siehe S. 13, 175).
— Das Ziel aggressiven Verhaltens ist eine Regulation der Individualsphäre, insofern gehört Aggressionsverhalten zu den Verhaltensweisen, die die Allostase (früher Homöostase genannt) unterstützen oder wiederherstellen. Wem es in der Sonne zu heiß wird, der geht in den Schatten, und wem ein Artgenosse zu nah auf den Pelz rückt, der versucht ihn durch Droh- oder Imponierverhalten auf Distanz zu halten. Nur wenn das nicht funktioniert, wird auch aggressives Verhalten in eskalierenderer Form gezeigt. Das Ziel ist es letztlich, einen Stör-Reiz aus der Individualsphäre zu entfernen und dies mit möglichst geringem Aufwand.
— Gerade bei Aggressionsverhalten sind die spieltheoretischen Überlegungen, also verhaltensökologische Kosten-Nutzen-Berechnungen, von enormer Wichtigkeit. Wer unnötig eskaliert, läuft Gefahr, auch selbst schwer verletzt oder gar getötet zu werden. Und im Zusammenhang mit Innergruppenverhalten kommt noch eine zweite Kosten-Nutzen-Analyse dazu: Nicht nur die Frage ist zu berücksichtigen, ob die umstrittene Situation oder Ressource es wert ist, überhaupt bis zum Ernstkampf zu eskalieren? es stellt sich hier auch die Frage, ob die umstrittene Situation oder Ressource es wert ist, einen potenziell für die Zukunft noch wichtigen Sozialpartner zu verlieren? Gerade in den später ausgeführten Zusammenhängen mit Versöhnungsverhalten, Abbruch- und Beschwichtigungssignalen sind solche Überlegungen von grundlegender Bedeutung für in Gruppen lebende Säugetiere.
— Aggressionsverhalten darf nicht verwechselt werden mit anderen, ebenfalls mit unfreundlichem Einsatz der Zähne oder anderer körpereigener Waffen durchgeführten Verhaltensbereichen. So ist zunächst das Jagdverhalten zu nennen (siehe S. 175). Aber auch der als Infantizid

bezeichnete Vorgang, also die Tötung von Jungtieren im Zusammenhang mit der sexuellen Konkurrenz, muss hier erwähnt werden. Im Gegensatz zu dem häufig, auch aus dem Wolfsverhalten heraus abgeleiteten Vorgang im Zusammenhang mit Rangordnungsproblemen bei Hündinnen, kann Infantizid, vor allem wenn es sich gegen gruppenfremde Jungtiere richtet, von allen Mitgliedern der Gruppe, unabhängig von Alter, Geschlecht und Fortpflanzungsstatus vollzogen werden. Nicht zuletzt ist in diesem Zusammenhang auch zu berücksichtigen, dass wegen der doppelten Artgenossenidentität des Haushundes (Hunde wie auch Menschen werden als Artgenossen bzw. Pseudoartgenossen eingestuft) sich solches Verhalten durchaus auch gegen menschliche Kleinkinder richten kann.

— Ein letztes, in diesem Zusammenhang wichtiges Argument für eine differenzierte Betrachtung der Aggressionsproblematik ergibt sich aus der hormonellen Steuerung (siehe S. 93). Wie auch im Kapitel über Kastration und im Kapitel über Stress dargelegt wird, sind die hormonellen Zusammenhänge aggressiven Verhaltens bei Hundeartigen wesentlich komplexer, als die einseitige, oftmals auf Sexualkonkurrenz ausgerichtete Betrachtung vermuten lässt. Eine ganze Reihe von Ursachen aggressiven Verhaltens haben mit den Sexualhormonen gar nichts zu tun oder werden sogar durch die Anwesenheit von Sexualhormonen eher in ihrem Auftreten gedämpft.
Die Tabelle auf S. 186 zeigt, welche Verhaltensbereiche und welche hormonellen Steuerungen wirklich für die Auslösung und Modulation aggressiven Verhaltens bei Hunden bekannt geworden sind.

— Und letztlich muss noch darauf hingewiesen werden, dass entgegen weit verbreiteter Einschätzungen auch positive emotionale Zustände zu aggressivem Verhalten führen können. Die sogenannten Lustbeißer oder -raufer, deren Aggressionsverhalten durch eine Kombinationswirkung von Dopamin, Noradrenalin und bisweilen auch den Sexualsteroiden in Bereichen des emotionalen Systems (z. B. *Nucleus accumbens*) abläuft, sind dementsprechend ganz anders zu werten, als die aus dem Stress oder negativen Emotionszustand (z. B. *Locus coeruleus*) ausgelösten Aggressionsformen.

Aggression als multifunktionales Werkzeug in der Kommunikation.

KLASSIFIKATION VON AGGRESSION

Eine grobe Klassifikation des Aggressionsverhaltens, die auf Huntingford und Turner sowie Archer zurückgeht, umfasst die folgenden Verhaltensbereiche:

— Die **Selbstverteidigungsaggression**, die im Wesentlichen einen Bestandteil des allgemeinen Belastungs- und Stressreaktionssystems darstellt, gesteuert aus den entweder aktiven oder passiven Stresshormonwirkungen (siehe S. 271).

— Die **Jungtierverteidigungs- und elterliche Schutzaggression**, überwiegend durch Prolaktinwirkung ausgelöst, die sich wiederum wegen der doppelten Artgenossenidentität des Hundes nicht nur auf Bedrohungen gegnüber Hundewelpen, sondern auch z. B. der schwangeren Halterinnen oder evtl. in der Familie anwesender kleinerer Kinder richtet.

— Die **Wettbewerbsaggression**, eigentlich wiederum eine Sammelkategorie, die in der Tabelle noch weiter motivational und physiologisch unterteilt wird.

Von besonderer Wichtigkeit ist die differentialdiagnostische Betrachtung aggressiven Verhaltens dann, wenn anschließend verhaltenstherapeutische oder gar verhaltenspharmakologische Interventionen und Behandlung vorgesehen sind. Gerade in diesem Zusammenhang muss die exakte Bestimmung der auslösenden Situationen, der zugrunde liegenden emotionalen Zusammenhänge und der be-

FORMEN DER AGGRESSION

KONTEXT	UNTERKATEGORIE	BOTENSTOFFSYSTEME
Selbstschutz (inklusive z. B. Schmerz, siehe S. 354)	vorbeugend-präventiv	aktives Stresssystem, speziell Noradrenalin
	Defensiv-Befreiungsschlag	passives Stresssystem, Glucocorticoide
Jungtierverteidigung	Rüde wie Hündin, auch als Babysitter	Prolaktin, ggf. Progesteron
Wettbewerb	Futter, Revier, defensiv	Glucocorticoide
	Revier, offensiv	Dopamin, Steroide (neurogen gebildet)
	Partner- und Beziehungsschutz	Vasopressin (Oxytocin bei sozialer Ausgrenzung)
	Rangverbesserung	Serotonin – Schwankungen, Mangel, Rezeptormangel
	sexuelle Konkurrenz, weiblich rund um Läufigkeit	Östrogene
Lustbetont	„Obelix"-Lustraufer	Dopamin, Noradrenalin, Androgene (neurogen gebildet)
	Bully (übererregt) Bully (untererregt, langfristig)	Glucocorticoide erhöht Glucocorticoide erniedrigt

teiligten neurobiologischen und neurochemischen Systeme jeglicher Interventionen vorausgehen (siehe S. 93 ff.).

AGGRESSIONSFORMEN

Aggressives Verhalten ist der Ausdruck mehrerer neurochemischer Interaktionen, die jeweils die Ausprägung verschiedener Verhaltenselemente regulieren. Es gibt eine durchgängig nachgewiesene signifikante Rolle der Serotoninsynthese, -freisetzung und -interaktion mit Rezeptor- und Aufnahmestellen, insbesondere in der affektiven Dimension von impulsivem, feindseligem, reaktivem und gewalttätigem Verhalten. Die instrumentelle Dimension, die proaktives Kalkül, Planung, Vorbedacht und Gedächtnis erfordert, basiert auf einer wesentlich verteilteren neuronalen Schaltung. Das mesokortikolimbische Dopamin-System (siehe S. 344 ff.), in Interaktion mit Serotonin, anregenden und hemmenden Aminosäuren – vorrangig GABA und Glutamat –, Monoaminen und Peptiden, ist entscheidend für die belohnenden Aspekte aggressiven Verhaltens und kann die Grundlage für wiederholte Aggressionshandlungen bilden. Alle Aggressionsformen können sowohl innerartlich als auch zwischenartlich und im Mensch-Hund-Kontext auftreten. Aggression umfasst eine Reihe unterschiedlicher Verhaltensmuster, jedes mit einzigartigen Ursachen und verschiedenen Funktionen. Aggression ist keineswegs einheitlich in ihren Ursprüngen, Motivationen, Ausprägungen oder Funktionen. Die unterschiedlichen Ausprägungen und Auslöser aggressiver Verhaltensweisen implizieren verschiedene neurobiologische Mechanismen. Eine andere, im hundepraktischen Bereich benutzte Einteilung (Herrmann 2017) beruht leider auf einer Vermischung deskriptiver, physiologischer und funktionaler Kategorien und ist daher zur erfolgversprechenden Fallanalyse und anschließenden Verhaltensbehandlung nur bedingt geeignet. Zudem sind die Bereiche Spiel und Jagd hier fehl am Platz (Gansloßer & Käufer 2022).

Einteilung nach Herrmann (2017)

- Affektive Aggression (basierend auf nervlicher Stimulation)
- Angst-induzierte Aggression (begleitet von Furcht, insbesondere dann, wenn Flucht/Rückzug nicht möglich ist)
- Nahrungsbezogene Aggression (gerichtet gegen Artgenossen, andere Tiere oder Menschen, die sich der Nahrung nähern)
- Gleichgeschlechtliche Aggression (Weibchen/Weibchen – Männchen/Männchen – Dominanzaggression, Revierverhalten, sexuelle Konkurrenz)
- Elterliche Aggression (Jungtierverteidigung gegenüber Bedrohungen seitens Elterntieren, vornehmlich seitens des Muttertiers)
- Nicht-affektive Aggression (ohne nervliche Stimulation)
- Schmerz-induzierte Aggression (defensive Aggression, ausgelöst durch Schmerz)
- Spielaggression (Beißen, Schnappen oder Knurren während des Spiels)
- Besitzaggression (Dominanzaggression, z. B. dann, wenn ein Tier einem anderen eine Ressource streitig macht)
- Protektive Aggression (Verteidigung des jeweiligen Territoriums durch ein Individuum)
- Räuberische Aggression/Jagdaggression (gegenüber jagdbaren Tieren oder Objekten)
- Rückgerichtete/neugerichtete Aggression (tritt auf, wenn ein Dritter sich in einen Konflikt einmischt und die ursprünglich auf ein anderes Individuum bezogene Aggression neu-gerichtet wird)
- Territorialaggression (Verhalten zum Zweck der Revierverteidigung seitens einer Gruppe oder eines Individuums gegenüber anderen Tieren derselben Spezies)

Einige dieser Punkte fallen in ähnliche Kategorien, insbesondere Territorialaggression und protektive Aggression, affektive Aggression, Schmerz- und angstinduzierte Aggression sowie Besitz- und nahrungsbezogene Aggression.

Bullying = lustbetonte Aggression – man beachte die Mimik der beiden!

RASSE UND PERSÖNLICHKEIT

Für die Intensität aggressiven Verhaltens, die Häufigkeit des Auftretens und die generelle Bereitschaft, Konflikte offensiv zu lösen, spielen sowohl die Rasse des Hundes, seine Persönlichkeitseigenschaften als auch die Persönlichkeit des Halters eine Rolle. Aufgrund verschiedener Zuchtziele wurde z. B. bei einigen Rassen ein stärkeres Augenmerk auf die innerartliche Verträglichkeit gelegt – Meutehunde neigen aufgrund dieser Selektion z. B. seltener zu innerartlicher Aggressivität, während bei anderen Rassen die Verträglichkeit gegenüber anderen Hunden eher eine untergeordnete Rolle spielte und nicht zwingend durch die Zuchtauswahl gefördert wurde, z. B. bei Rottweilern oder Schäferhunden (Duffy et al. 2008, Bollen & Horowitz 2008). Persönlichkeitseigenschaften der Big-Five-Skala (Five-Factor-Model, S. 244), insbesondere geringe Verträglichkeit, geringe Gewissenhaftigkeit und hohe Neurotizismuswerte, wurden mit erhöhter Aggressivität assoziiert (Jones et al. 2011, Dam et al. 2018). Außerdem zeigen Hunde, deren Halter eher emotional instabil waren, deutlich häufiger ein aggressives Verhalten. Ein bedeutsamer Zusammenhang wurde insbesondere in Bezug auf den Persönlichkeitsfaktor „Neurotizismus" festgestellt. Personen mit einem hohen Grad an Neurotizismus sind emotional instabil, schnell ängstlich oder besorgt und reagieren in vielen Situationen mit Nervosität. Hunde von Haltern mit hohen Neurotizismuswerten zeigten das ausgeprägteste Aggressionsverhalten gegenüber Menschen und Artgenossen.

NEUROCHEMIE UND NEUROBIOLOGIE

Aggression wird durch verschiedene Hormone, Botenstoffe und Gehirnregionen gesteuert. Mehrere neuronale Netzwerke wurden mit aggressivem Verhalten in Verbindung gebracht (Barzmann et al. 2010). Studien zur Aggression wurden bei vielen verschiedenen Spezies durchgeführt, darunter Fische (Øverli et al. 2004), Eidechsen (Kabelik et al. 2013), Singspatzen (Maddison et al. 2012), Katzen (Bhatt et al. 2005), Ratten, Mäuse und Menschen. Die Hypothalamus-Hypophysen-Gonaden-Achse (HPG-Achse) reguliert den

Testosteronspiegel im Organismus (Mehta & Josephs 2010). Hohe Testosteronspiegel können die Aktivität der medialen Region des orbitofrontalen Cortex (OFC) innerhalb des präfrontalen Cortex (PFC) verringern und aggressives Verhalten stimulieren (Mehta & Beer 2009). Es wurde festgestellt, dass die Beziehung zwischen dem Testosteronspiegel und Cortisol mit der Art und Weise, wie Aggression ausgedrückt wird, in Verbindung steht (Montoya et al. 2012). Dieses Produkt der Hypothalamus-Hypophysen-Nebennierenrinden-Achse (HPA-Achse), ist dafür bekannt, physiologisch antagonistisch zur HPG-Achse zu sein. Die Beziehungen zwischen diesen Hormonen und die Art und Weise, wie sie aggressives Verhalten regulieren, unterstützen eine Dual-Hormon-Hypothese (Mehta & Josephs 2010), bei der hohe Testosteron-/Cortisol-Verhältnisse zu höheren Aggressionsniveaus führen und niedrige Testosteron-/Cortisol-Spiegel zu einer Umgehung der aggressiven Handlung beitragen (Montoya et al. 2012).

SCHLÜSSELROLLE VON SEROTONIN

Die Axone der serotonergen Neuronen in den Raphenkernen im Mittelhirn erreichen fast jede Struktur im Gehirn (Celada et al. 2013). Die Beziehung zwischen Serotonin und Aggression ist äußerst komplex. Verschiedene neuronale Bahnen können unterschiedliche Antworten auf dieselbe chemische Reaktion zeigen, abhängig von den Rezeptor-Subtypen, die in der Bahn vorhanden sind. Im Allgemeinen hat Serotonin eine hemmende Wirkung auf aggressives Verhalten (Carrillo et al. 2009). Allerdings steht aggressives Verhalten in seiner funktionalen Form, in der es eine kommunikative Funktion erfüllt, in einem positiven Zusammenhang mit dem Serotoninspiegel (Kulikov et al. 2012), während pathologische Formen der Aggression in der Regel durch Serotonin gehemmt werden (De Boer et al. 2009). Eine besonders interessante Erkenntnis ist, dass Serotonin nicht nur das Ausmaß von aggressivem Verhalten reguliert, sondern auch die Reaktion auf aggressives Verhalten. Bei niedrigeren Grund-Serotinspiegeln waren Menschen, die ein unfaires Angebot erhielten, signifikant eher bereit, Vergeltung zu üben (Crockett et al. 2008). Auch diese Daten unterstützen die Beteiligung von Serotonin an defensiver Aggression und könnten auf nicht-menschliche Tiere übertragbar sein. **Das serotonerge System spielt eine bedeutende Rolle bei impulsiven, feindseligen, antisozialen und gewalttätigen Verhaltensweisen.** Hunde, die bereits häufiger durch unangemessen aggressives Verhalten aufgefallen sind, weisen laut Rosado et al. (2010) niedrige Konzentrationen von Serotonin oder Serotonin-Metaboliten auf – sowohl im Blut als auch im Liquor (CSF, Gehirn-Rückenmarkflüssigkeit). Dieser Befund ist bei Linien, die zu Aggression neigen, laut León et al. (2012) und Amat et al. (2013) besonders ausgeprägt. Aufgrund der hemmenden Wirkung von Serotonin auf die Aggression besteht eine gängige Intervention laut einer Untersuchung von Haug (2008) bei aggressiven Hunden darin, die Serotoninverfügbarkeit durch selektive Serotonin-wiederaufnahmehemmer zu erhöhen. Die reziproken Wechselwirkungen von Serotonin mit anderen Aminosäuren, Peptiden und Steroiden liefern weitere Hinweise darauf, dass das Indolamin Serotonin impulsiv-aggressives Verhalten auslösen kann. Afferente (aufnehmende) und efferente (weiterleitende) Verbindungen von Dopamin- und Noradrenalin-Zellen zu Serotonin-Zellen sowie die serotoningesteuerte präsynaptische Modulation der katecholamingesteuerten Übertragung, sind die Grundlage für den Einfluss von Serotonin. Dieser betrifft sensorische, integrative, motivationale und motorische Facetten aggressiver Handlungen. In ähnlicher Weise beeinflusst Serotonin die Wirkungen von Oxytocin und Vasopressin auf aggressives Verhalten.

Zu den Bereichen, die am stärksten von Serotonin beeinflusst werden, gehören das Striatum, der Hippocampus, der Hypothalamus, der Thalamus, die Amygdala, das Septum, der Frontalcortex, die Substantia nigra, der ventrale tegmentale Bereich, der *Locus coeruleus* und die periaquäduktale graue Substanz (rund um Flüssigkeitskanal im Mittelhirn). Indem es direkt auf diese Bahnen wirkt, kann Serotonin die Aggression auf verschiedene Weise beeinflussen, von der Wahrnehmung der auslösenden Reize, die sowohl im Riechkolben, der Amygdala und dem frontalen Cortex stattfindet, bis hin zum motorischen Output, der für aggressive Handlungen und Haltungen notwendig ist, und die Substantia nigra, das Striatum, den Thalamus und die motorischen Neuronen einbezieht. Die serotonerge Aktivität in den Endstellen des präfrontalen Cortex ist von besonderer Bedeutung für die Initiierung und Beendigung aggressiver Handlungen als Teil der inhibitorischen Verhaltenskontrolle. Neuroanatomische und neuropharmakologische Befunde deuten auf serotonerge Modulation Dopamin-vermittelter motivationaler und motorischer Prozesse aggressiven Verhaltens hin. Im ventralen Striatum ist der Nucleus accumbens septi ein Bereich, der für die Motivation vieler zielgerichteter Verhaltensweisen entscheidend ist, einschließlich aggressiven Verhaltens.

Auch der präfrontale Cortex spielt eine wichtige Rolle in Bezug auf Aggression. Er hat Verbindung in motivationale und motorische Regionen wie das dorsale und ventrale Striatum, den ventralen tegmentalen Bereich und das Rückenmark, in sensorische Regionen wie den mediodorsalen Thalamus und in affektive Regionen wie die basolaterale Amygdala, den lateralen Hypothalamus, das Septum und den Nucleus tractus solitarius. Mehrere dieser Regionen beeinflussen direkt aggressives Verhalten, insbesondere der Hypothalamus. Im präfrontalen Cortex (PFC) moduliert Serotonin die Freisetzung anderer Neurotransmitter, insbesondere von GABA und Glutamat, die exzitatorisch oder inhibitorisch (siehe S. 104) wirken können. Serotonin kann über präsynaptische oder postsynaptische Rezeptoren die zelluläre Aktivität und die extrazellulären GABA- und Glutamat-Konzentrationen verändern. Die Hemmung der Aktivität im PFC und die Serotonin-Freisetzung im Nucleus raphe dorsalis oder die Aktivität der basolateralen Amygdala sind zwei Beispiele dafür, wie sich die Initial-Wirkungen von Serotonin im PFC auf die gesamte neuronale Schaltung zur Aggressionsregulation ausweiten können. Bei einer konfrontierenden Auseinandersetzung (z. B. Territorialaggression, Aggression in sozialen Situationen) kommt es zu einer Aktivierung der Amygdala, der Insula sowie des Hypothalamus (in dem Fall als Stresszentrum, denn der Hypothalamus regelt den Hormonhaushalt über die Hypophyse) und des Hirnstamms. Neben Serotonin (Celada et al. 2013, de Almeida et al. 2005), Dopamin (Arias-Carrión et al. 2007, 2010, de Almeide et al. 2005) und GABA (Bhatt et al. 2005, de Almeida et al. 2005) sind auch die Signalmoleküle Noradrenalin und Acetylcholin (Nelson & Trainor 2007) Schlüssel-

Noradrenalin kann aggressives Verhalten regulieren.

faktoren für ein sehr breites Spektrum von Verhaltensweisen. Serotonin hat sowohl hemmende als auch stimulierende Effekte auf aggressives Verhalten; Serotonin und die γ-Aminobuttersäure (GABA) wirken sich aggressionshemmend aus (Lee & Gammie 2009, Lee & Gammie 2010). Aggressives Verhalten wird durch das Gleichgewicht zwischen den erregenden Mechanismen von Glutamat und den hemmenden Mechanismen von GABA beeinflusst – je nachdem, zu welcher chemischen Reaktion es kommt, wird eine offensive oder defensive Handlung ausgeübt. Auch Noradrenalin spielt für aggressive Verhaltensweisen eine wichtige Rolle: Konfrontationen zwischen Individuen sind durch ein hohes Maß an Erregung und ebenso durch eine erhöhte zentrale und periphere Noradrenalin-Aktivität gekennzeichnet. Kämpfen ist eines von vielen Verhaltensereignissen, die mit noradrenerger Aktivierung verbunden sind – jene noradrenerge Aktivierung ist eine notwendige Voraussetzung für und Folge von aggressivem Verhalten.

Noradrenalin kann aggressives Verhalten regulieren, indem es auf aggressionsfördernde beta-Rezeptoren oder aggressionshemmende alpha-Adrenorezeptoren wirkt, d.h. je nachdem, welcher Wirkkreislauf und welche Wechselwirkungen ausgelöst werden, kann eine noradrenerge Aktivierung aggressives Verhalten auslösen oder verhindern.

Einfluss von Dopamin

Dopamin und das mesolimbische System, das mit dem Belohnungssystem assoziiert wird, stehen mit offensiv aggressivem Verhalten in Verbindung. Dopamin kann sowohl aggressionsverstärkend als auch impulsivitätshemmend wirken, wodurch abnorme aggressive Verhaltensweisen entstehen können. Das dopaminerge System wird aktiviert, wenn ein offensives Tier auf ein defensives trifft (Ferrari et al. 2003). Sowohl belohnende als auch belastende Ereignisse aktivieren das mesokortikolimbische Dopaminsystem (Miczek et al. 2004). Aggressives Verhalten entsteht, wenn ein Konflikt zwischen zwei Individuen auftritt, und die Interpretation der Konfrontation um Ressourcen macht die Beteiligung von Dopamin aufgrund seiner Rolle im Belohnungssystem recht vorhersehbar (Arriás-Carrion et al. 2010). Darüber hinaus wird der Dopaminspiegel auch mit der Risikobereitschaft in Verbindung gebracht, bei der die Risikobewertung auf der Größe der Belohnung basiert, die mit dem Risiko verbunden ist, wodurch die Rolle für Wettbewerbsaggression noch gewichtiger wird.

Beim Selbstschutzverhalten werden sowohl defensive als auch offensive aggressive Mechanismen aktiviert – während offensive Aggression eine Form des agonistischen Verhaltens ist, die sowohl durch einen defensiven als auch offensiven Aggressor in Bezug auf Ressourcenverteidigung (Wettbewerbsaggression, Jungtierverteidigung) auftritt, ist defensive Aggression eine Reaktion auf eine bedrohliche Situation und dient insbesondere dem Selbstschutz. Beim Selbstschutzverhalten werden vor allem Bereiche des medialen

Defensives oder offensives Selbstschutzverhalten?

Hypothalamus sowie des periaquäduktalen Graus (einem Hirnbereich, der Angst- und Fluchtreflexe koordiniert) aktiviert (Gregg & Siegel 2001). Bei defensiver Aggression sind im Gegensatz zur offensiven Aggression auch die Neurotransmitter Glutamat (Lück 2005, Takahashi et al. 2015, Felthous et al. 2018, Straßmaier 2018), Cholecystokinin sowie Substanz P beteiligt, die u. a. auch für Angst- und Schmerzreaktionen zuständig sind. Auch Serotonin (5-HT) als Schlüsselneurotransmitter, im Zusammenhang mit aggressivem Verhalten, spielt bei der Selbstschutzaggression eine wichtige Rolle. Im Allgemeinen hat Serotonin eine hemmende Wirkung auf aggressives Verhalten, allerdings steht das funktionale aggressive Verhalten, das eine kommunikative und distanzvergrößernde sowie deeskalierende Funktion erfüllt, im Zusammenhang mit dem Serotoninspiegel. Verantwortlich für die Verteidigung der Jungtiere ist insbesondere das Hormon Prolaktin (Angelica et al. 2009). Tritt aggressives Verhalten als Partnerschutzverhalten auf, ist das als Eifersuchtshormon bekannte Vasopressin verantwortlich, während innerartliche Konflikte, die sowohl status- als auch ressourcenbezogen sein können, maßgeblich durch Sexualhormone (wie u. a. Testosteron) und Serotonin beeinflusst werden. Gemeinsam mit dem Bindungshormon Oxytocin spielt Vasopressin besonders in der Frühphase sich neu bildender Beziehungen eine Rolle (Ferris 2005, Bosch & Neumann 2010). Vasopressin ist als Ko-Transmitter des Noradrenalins aktiv und sorgt für das Fernhalten unbeteiligter Dritter in der Phase der Beziehungsbildung. Generell ist bei vielen Wirbeltieren eine Beteiligung des Vasopressin-Oxytocin-Systems an der Regelung sozialer Beziehungen nachgewiesen (Bosch & Neumann 2010, Albers 2012).

Ressourcenverteidigung in Form von Wettbewerbsaggression liegen andere hormonelle Ursachen als der Verteidigung des Nachwuchses zugrunde: Bei Futteraggression spielen Dopamin und Cortisol eine wichtige Rolle (Montoya et al. 2012) – sowohl eine erhöhte als auch eine verminderte Cortisolkonzentration ist mit einer steigenden Aggressionsbereitschaft verbunden. Die Auswirkungen von Cortisol stehen jedoch ebenso in Verbindung mit dem Testosteronlevel – ein erhöhter Testosteronspiegel in Kombination mit einem verringerten Cortisolspiegel trägt zu einer gesteigerten Aggressivität sowie aggressiver Handlungsbereitschaft bei (Øverli et al. 2002).

Die Rolle von Dopamin in Bezug auf aggressives Verhalten ist noch nicht genau bekannt. Das dopaminerge System wird aktiviert, wenn ein offensives Lebewesen auf ein defensives trifft. Beim Zusammentreffen eines konfliktbereiten Tieres auf ein defensives Tier erhöhen sich sowohl der Dopamin- als auch der Serotoninspiegel in Erwartung einer negativen Konfrontation. Beide Neurotransmitter sind nicht nur an aggressivem Verhalten beteiligt, sondern auch an der Bewältigung von Belastung. Sowohl angenehme als auch belastende Ereignisse aktivieren das mesocorticolimbische Dopaminsystem. Die Beteiligung von Dopamin an der Regulierung des aggressiven Verhaltens wird mit wettbewerbsbezogener Motivation assoziiert. Aggressives Verhalten in Verbindung mit erhöhter Dopaminkonzentration entsteht, wenn ein Konflikt zwischen zwei Individuen auftritt. Eine Konfrontation um Ressourcen regt die Dopamin-Beteiligung aufgrund ihrer Rolle im Belohnungssystem an. Der Dopaminspiegel ist mit erhöhter Risikobereitschaft verbunden – die Risikobewertung beruht auf der Gewichtung der in Aussicht stehenden Belohnung und der zu erwartenden Selbstbelohnung während einer Konfrontation, wodurch die Dopaminregulation bei ressourcenbezogener und konfrontierender Aggression eine wichtige Rolle spielt. Das Erleben eines Sieges in Konflikten gegen andere Tiere kann einen „Gewinner-Effekt" hervorrufen, der das aggressive Verhalten auf ein pathologisches Niveau steigern kann (Kloke et al. 2011).

KONFLIKT-KOMMUNIKATION

Um zu verstehen, wie wichtig auch aggressive Kommunikation ist, muss man sich bewusst machen, dass ein soziales Miteinander nicht ohne Kommunikation stattfinden kann – sie ist ein soziales Regulativ. Das heißt, soziales Verhalten und Kommunikation, und dazu gehört auch Konfliktkommunikation, bedingen einander. Wenn wir Verhaltensweisen, die Hunde für soziale Interaktionen nutzen, unterbinden oder ganz zu verhindern versuchen, nehmen wir den Hunden die Möglichkeit, untereinander zu kommunizieren. Noch fataler sind die Auswirkungen, wenn Hunde für situativ adäquate Verhaltensweisen bestraft werden. Mit der Einschränkung ihres Konfliktverhaltens wird es ihnen unmöglich, Sozialstrukturen zu entwickeln und ihr soziales Zusammenleben mit Artgenossen zu organisieren. Hunde nutzen genau wie wir Kommunikation als Werkzeug der Verständigung. Nur mithilfe von Kommunikation sind sie in der Lage, das Verhalten des Gegenübers durch ihr eigenes zu beeinflussen. Nehmen wir ihnen diese Fähigkeit, weil wir die Verhaltensweisen missverstehen und nicht richtig deuten können, führt das zwangsläufig zu Stress und letztendlich auch zu Verhaltensproblemen. Leider neigen Menschen dazu, hundliches Verhalten zu vermenschlichen, zu emotionalisieren und mithilfe menschlicher Moralvorstellungen zu werten. Daher ist es wichtig, sich der Bedeutung von Kommunikation als Grundvoraussetzung sozialen Verhaltens bewusst zu sein und zu versuchen, Verhaltensweisen und Signale, mit denen Hunde kommunizieren, zu erkennen und einzuordnen.

AGONISTISCHES VERHALTEN

Besonders schwer fällt es, agonistisches Verhalten, im Besonderen aggressives Verhalten, richtig zu interpretieren. **Unter agonistischem Verhalten werden alle Verhaltensweisen zusammengefasst, die zu den Kategorien Aggression, Submission und Flucht zählen** (Scott & Fredricson 1951). Hier muss uns immer bewusst sein, dass agonistische Verhaltensweisen in der freien Natur lebensnotwendig sind. Vor allem für gruppenlebende Tiere gehört das Konfliktverhalten zum überlebenswichtigen Verhaltensrepertoire. Es dient der Sicherung territorialer Ansprüche oder der Gewinnung und Verteidigung von Ressourcen wie Nahrung oder Fortpflanzungspartnern. Dass bei gruppenlebenden Tieren, wie unsere Haushunde es sind, diesbezüglich Interessenskonflikte entstehen, ist unvermeidlich. Aber Interessenskonflikte zwischen Gruppenmitgliedern dürfen das Sozialgefüge nicht langfristig belasten. Das würde zu einer Schwächung der gesamten Gruppe und damit die Chancen jeden einzelnen Mitgliedes, zu überleben und sich ggf. fortzupflanzen, beeinträchtigen und zwar in Bezug auf überlebenswichtige Bereiche wie Jagd, Ressourcenverteidigung und Aufzucht der Jungtiere. **Aggressionsverhalten ermöglicht die schnelle Klärung von Konflikten, die sonst als Stressor wirken würden. Und nur durch die Klärung der Konflikte kann eine langfristige Stabilisierung der sozialen Beziehungen gewährleistet werden** (Habs 2012, Feddersen-Petersen 2004, 2008). Agonistische Verhaltensweisen, und eben auch aggressive, sind deshalb unabdingbar für die Austragung dieser Konflikte. Sie machen das Leben in Gruppen, mit allem was dazu gehört, überhaupt erst möglich. Sie ermöglichen es der Gruppe, Konkurrenzen zu entschärfen und einen Schaden von Gruppenmitgliedern und ihren Beziehungen zueinander zu vermeiden (Győri et al. 2010). In unserem Menschenverständnis hingegen verurteilen wir aggressive Verhaltensweisen in sozialen Interaktionen. Wir versuchen Aggressionsverhalten zu meiden und werten solches unter moralischen Gesichtspunkten. Dadurch fällt es uns schwer, Aggressionsverhalten bei Hunden rein biologisch zu betrachten. Jedoch muss uns genau das gelingen.

KONFLIKTVERHALTEN DES HAUSHUNDES

Der Haushund besitzt ein sehr differenziertes und ausgeprägtes Konfliktverhalten. Dies beinhaltet Maßnahmen zur Verhinderung einer Eskalation, der Ausbreitung eines bestehenden Konfliktes sowie der Auflösung oder Versöhnung eines vorangegangenen Konfliktes. Um einen Konflikt schon im Vorhinein zu umgehen oder einen bestehenden Konflikt zu entschärfen, kann die eigene Unterlegenheit und Unterwerfung durch submissive Verhaltensweisen (geduckter Rumpf, abgewandter Kopf, angelegter Schwanz) demonstriert werden. So wird die Angriffsbereitschaft des Gegenübers gehemmt, im besten Fall entsteht sie gar nicht erst (Knipf 2008, Bublak 2013). Auf ähnliche Weise kann Beschwichtigungsverhalten aggressives Verhalten im Voraus, sobald sich ein Konflikt andeutet, hemmen, reduzieren oder vermeiden (Blankenburg et al. 2015). Die Vermeidung eines Konfliktes im Vorhinein kann aber auf umgedrehte Weise auch durch Imponierverhalten erreicht werden, bei dem die eigene körperliche Stärke (großes Erscheinungsbild, Aufstellen der Nackenhaare, Verlagerung des Körperschwerpunktes nach vorne) demonstriert wird (Frank 2007, Bublak 2013). Während eines Konfliktes dient Drohverhalten durch Einsatz von Abbruchsignalen dazu, Konflikte zu beenden und dadurch offensive Auseinandersetzungen zu vermeiden, oder die Intensität einer Auseinandersetzung zumindest abzuschwächen.

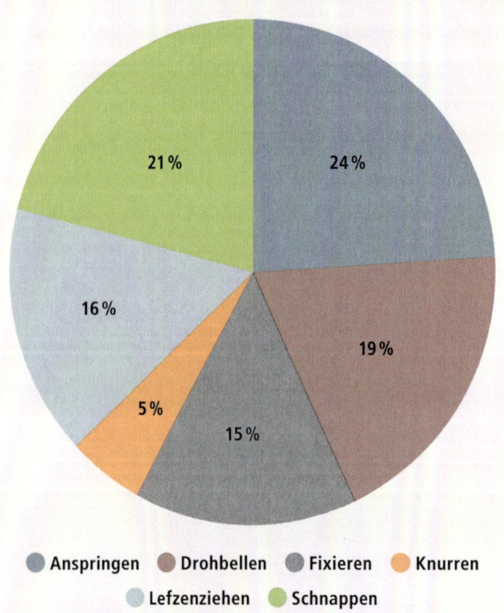

Abbruchsignale bei Hunden

Abbruchsignale

Der Einsatz von Abbruchsignalen kann situationsbedingt und individuell variieren. So kommen zum einen Abbruchsignale ohne Distanzunterschreitung vor. Zum anderen werden Abbruchsignale genutzt, welche die Individualdistanz des Interaktionspartners unterschreiten und damit zum Teil körperlichen Kontakt bedeuten. **Abbruchsignale dienen im Allgemeinen dazu, den Signalempfänger in seiner Handlung zu unterbrechen, die Individualdistanz wiederherzustellen oder unerwünschte Interaktionen aufzulösen** (Feddersen-Petersen 2004, 2008). Der gezielte Einsatz von Abbruchsignalen verhindert das Eskalieren eines eventuell beziehungsschädigenden Konfliktes. Zuletzt haben soziale Tiere durch Versöhnungsverhalten die Möglichkeit, nach einem Konflikt, in der sogenannten Postkonfliktphase, dazu beizutragen, die Situation zu beruhigen und einen erneuten Konflikt zu verhindern. Hierbei werden von mindestens einem der Interaktionspartner freundliche Verhaltensweisen gezeigt (Cordoni & Palagi 2015). All diese Verhaltensweisen sind wichtige Instrumente zur Konfliktvermeidung und -auflösung, bei gleichzeitigem Schutz bestehender Beziehungen. In bisherigen Studien konnte gezeigt werden, wie wichtig vielschichtiges Konfliktverhalten für die innerartliche Kommunikation von Hunden ist.

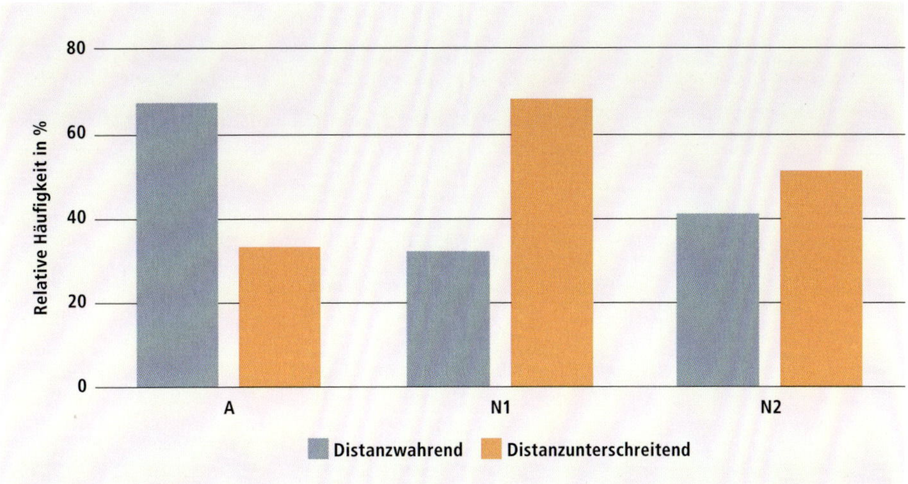

Zwei Typen von Abbruchsignalen, die in verschiedenen Konfliktsituationen von den untersuchten Hunden gezeigt wurden (aus Müller 2015): In der Anfangssituation (A), also zu Beginn eines Konfliktes, setzten die Hunde zu 67 % Abbruchsignale der Kategorie distanzwahrend ein und zeigten nur zu 33 % distanzunterschreitende Abbruchsignale. Wurden in der Anfangssituation gesetzte Abbruchsignale ignoriert, begann Nachfolgesituation 1 (N1). Und hier kehrte sich das Verhältnis fast vollständig um: Es waren zu 68 % distanzunterschreitende Abbruchsignale und nur zu 32 % distanzwahrende Signale zu beoabachten. Die Nachfolgesituation 2 (N2) begann nach Kontaktabbruch und mit erneuter Interaktion. Hier konnte ein fast ausgeglichenes Verhältnis der verschiedenen Signalttypen von Abbruchsignalen beaobachtet werden. Die Reduktion der distanzunterschreitenden Abbruchsignale in den Nachfolgephasen deutet auf eine Abstufung der Aggressionsbereitschaft innerhalb von Konflikt- und Postkonfliktphase hin.

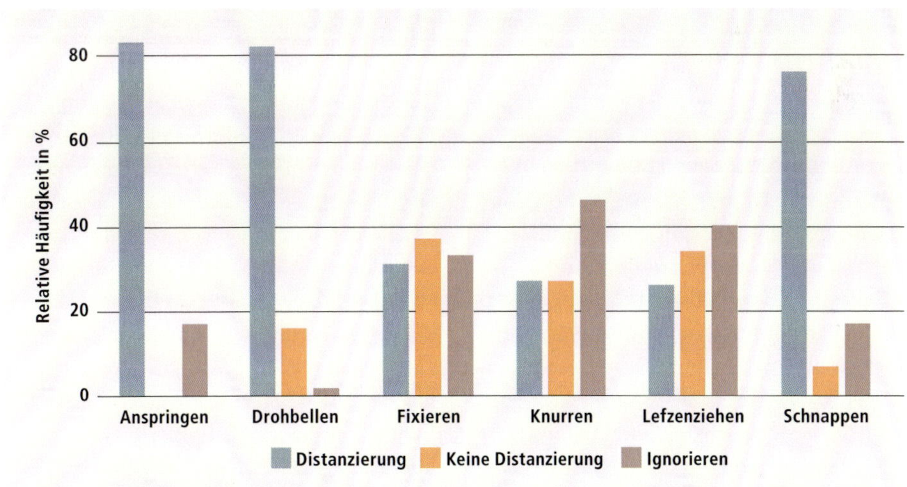

Reaktionen auf verschiedene Abbruchsignale (aus Müller 2015): Untersucht wurde, wie die Hunde auf unterschiedliche Abbruchsignale reagierten. Dazu wurden die Verhaltenselemente in die Typen Distanzierung und keine Distanzierung sowie Ignorieren kategorisiert. Die höchste Distanzierungsrate folgte auf die Abbruchsignale Anspringen, Drohbellen und Schnappen mit jeweils 83 %, 82 % bzw. 76 %. Die Signale Knurren und Lefzenziehen hatten verglichen mit den anderen Abbruchsignalen die geringste Auswirkung auf den Interaktionspartner – auf die Signale Knurren und Lefzenziehen folgte mit 45 % bzw. 40 % Wahrscheinlichkeit am häufigsten die Reaktion Ignorieren.

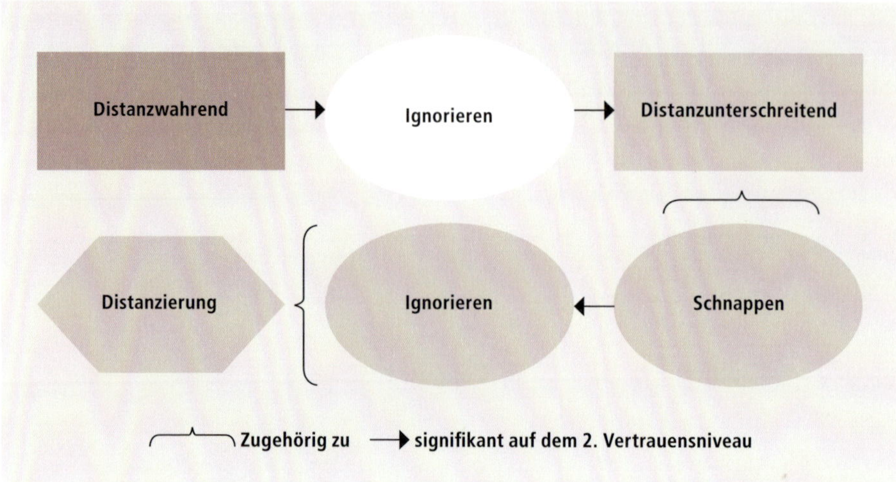

Übergänge zwischen Verhaltenselementen (aus Müller 2015): Zu sehen ist ein Beispiel der Darstellung von Elementkopplungen, die sich mithilfe von Sequenzanalysen und anschließender Markow-Analyse berechnen lassen. Ziel dieser Analysen ist es, herauszufinden, ob es bestimmte Abfolgen oder Kopplungen von Verhaltenselementen gibt, die häufiger als zufällig auftreten. In dieser Arbeit wurden nur Markowketten 1. Ordnung untersucht. Dies gewährleistet nur die Betrachtung von Übergängen, die jeweils zwischen zwei Elementen auftreten. Die Darstellung von mehreren aufeinanderfolgenden Verhaltenselementen ist daher nicht als statistisch signifikant, sondern lediglich als Veranschaulichung anzusehen. Trotzdem sei das Fließdiagramm hier gezeigt, um zu zeigen, wie die Untersuchung von Kommunikationsvorgängen bei Tieren ablaufen kann.

Interpretation von Beschwichtigungsverhalten

Doch gerade beim Thema Beschwichtigungssignale gibt es immer wieder Probleme. Eine prägnante Definition liefert Gattermann (2006): **„Unter beschwichtigendem Verhalten versteht man laut Definition das Unterwerfen vor einem dominanteren Partner, den Ausdruck gehemmter Aggressionsbereitschaft oder das Befriedungsverhalten eines rangtieferen Individuums."** Doch hier ist Vorsicht geboten, denn oft werden bestimmte Verhaltensweisen fälschlicherweise den Beschwichtigungssignalen zugeordnet und mit Übersprunghandlungen verwechselt. Dies ist nicht verwunderlich, denn nicht immer ist eine Zuordnung wirklich eindeutig möglich. **Übersprunghandlungen sind Handlungen, die scheinbar zufällig und ohne ersichtlichen Zusammenhang, also unabhängig von den vorhergehenden oder nachfolgenden Verhaltensweisen gezeigt werden** (Tinbergen 1952). Solche Übersprunghandlungen können bei vielen Tieren bis hin zum Menschen beobachtet werden. Bei Hunden typisch sind Gähnen, Kratzen, Schütteln oder Schnüffeln. Gerade Übersprunghandlungen sind oft unterschätzte wichtige Signale des Hundes, die nicht übersehen werden sollten. Genauso wichtig ist es, sie nicht mit Beschwichtigungssignalen zu verwechseln. Nehmen wir das Schnauzelecken. Was oftmals als Beschwichtigungsgeste gedeutet wird, kann genauso gut eine Übersprunghandlung darstellen. Während Beschwichtigungssignale immer von dem Hund ausgehen, der sich als unterlegen sieht, und dem Zweck dienen, zu deeskalieren, entstehen Übersprunghandlungen aus einem inneren Motivationskonflikt heraus. Um die Situation also richtig zu deuten, muss richtig unterschieden werden. Dies gelingt nur, indem das Hundeverhalten situativ betrachtet wird und Verhaltensweisen nicht pauschalisiert dem einen oder anderen Funktionskreis zuordnet werden. Durch umfassende Studien können wir aber mehr und mehr eingrenzen und diese können helfen, die Signale besser den Situationen zuzuordnen. So zeigten einige Studien unabhängig voneinander, dass die Verhaltensweisen Sich-klein-Machen, Pföteln und die sogenannten Leckintentionen sehr häufig als Beschwichtigungssignale dienen (Zimen 1972, Feddersen-Petersen 1986). Auch die Diplomarbeiten von Meyer (2006) und Blankenburg (2013) deckten sich mit diesen Ergebnissen. Durch Sequenzanalysen konnten sie zeigen, dass diesen Verhaltensweisen Individualdistanzunterschreitungen oder aggressive Verhaltensweisen vorausgingen, weshalb sie diese den Beschwichtigungssignalen zuordnen konnten. Im Vergleich dazu beobachteten sie auch Verhaltenselemente wie Gähnen, Schnüffeln oder Urinieren, die jedoch im zeitlichen Zusammenhang zu neutralen Verhaltensweisen standen oder auch in Abwesenheit des Sozialpartners gezeigt wurden. So konnten sie diese von den Beschwichtigungssignalen trennen. Die Einordnung der Signale war nur durch die Analyse der gesamten Situation möglich. Einmal mehr zeigen diese Studien, dass es auch im Alltag mit Haushunden von entscheidender Bedeutung ist, ihre Verhaltensweisen in den situativen Kontext zu setzen, um sie richtig zu deuten. Dies ist auch wichtig für die Bedeutung, die gezeigten Beschwichtigungssignalen beigemessen wird. Ein Hund, der sich im Training über die Schnauze leckt, ist nicht automatisch so gestresst, dass sofort abgebrochen werden muss. Natürlich ist es wichtig, die Hunde genau zu beobachten, aber nicht alle gezeigten Beschwichtigungssignale bedeuten, dass der Hund maximal gestresst ist. Hier ist wieder der situative Kontext entscheidend. Manche Hunde zeigen fortlaufend Beschwichtigungssignale, weil sie so unsicher sind, dass sie durch Kleinigkeiten schon irritiert werden. Hier ist es wichtig, den Hintergrund zu kennen und diesen mit in die Wertung hineinfließen zu lassen.

Abbruchsignale zur Vermeidung beziehungsschädigender Konflikte

Viel zu oft in ihrer Bedeutung falsch eingeschätzte Verhaltensweisen sind Abbruchsignale. **Abbruchsignale sind ein unbedingter, fester Bestandteil des sozialen Miteinanders unter Hunden.** Zu den Abbruchsignalen gehören Drohsignale wie Knurren, Lefzen hochziehen, aber auch distanzunterschreitende Signale wie der Schnauzgriff oder gezieltes Anspringen (Bloch 2004). Sie dienen der Warnung, führen zu einem Kontaktabbruch und verhindern damit beziehungsschädigende Konflikte und Kämpfe. Abbruchsignale schädigen also keineswegs die Beziehung, sondern vermeiden eine solche Schädigung durch Vermeidung von eskalierenden Konflikten. Untersuchungen bei Wölfen und auch bei Hunden konnten dies bereits belegen (Fengler 2009, Fischer 2007). Während Fengler (2009) das Konfliktverhalten von Hundegruppen in einem Tierheim

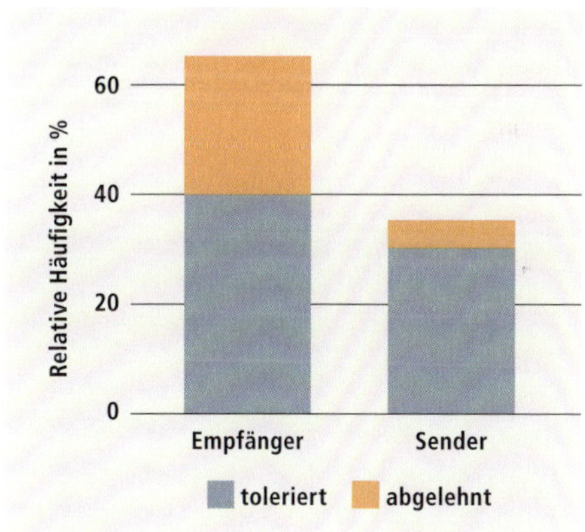

Versöhnungsinitiation (aus B. Müller 2017): In 50 % der Konfliktphasen konnten während dieser Studie affiliative Verhaltensweisen zwischen den Interaktionspartnern dokumentiert werden. Diese gingen zu 67 % und damit doppelt so häufig vom Empfänger aus als umgekehrt. Auch insgesamt zeigte der Empfänger signifikant häufiger affiliative Verhaltensweisen gegenüber dem Sender als umgekehrt. Ein Hinweis dafür, dass Abbruchsignale deeskalierend sind und nicht beziehungsschädigend sein müssen.

und einer Hundeschule studierte und dieses mit dem Verhalten von Wölfen verglich, beobachtete Fischer (2007) verwilderte Haushunde in der Toskana. Beide Studien konnten zeigen, dass die Tiere nachweislich in der Lage waren, angemessen auf Abbruchsignale zu reagieren, meistens mit Distanzvergrößerung, was in den allermeisten Fällen einen ernst zu nehmenden Beschädigungskampf verhinderte. Fengler (2009) konnte außerdem beobachten, dass die Hunde nach Abbruchsignalen und darauffolgenden Distanzvergrößerungen in den Nachfolgesituationen erneute Annäherungen und auch soziopositive Verhaltensweisen zeigten. Auch Tendenzen zur Versöhnung konnte sie erkennen. Das bedeutet: Der bloße Einsatz von Abbruchsignalen führt nicht zu einer Verschlechterung der Beziehung von Sozialpartnern, sondern kann diese schützen. Abbruchsignale verbieten zu wollen, wäre also sinnlos und mehr als fahrlässig. Leider geschieht das aber immer noch viel zu häufig. Bianca Müller (2017) untersuchte in ihrer Studie das Konfliktverhalten von Haushunden unterschiedlicher Rassen, mit Hauptaugenmerk auf Verhaltensweisen in der Konflikt- und Postkonfliktphase. Dazu beobachtete sie temporär zusammenlebende Hundegruppen, bei denen keine stabile Rangordnung vermutet wurde. Auch während dieser Studie konnte für die temporären Hundegruppen ein ausgeprägtes Versöhnungsverhalten nachgewiesen werden, das meist vom Empfänger der Abbruchsignale initiiert wurde. Ihre Ergebnisse konnten außerdem bestätigen, dass der Hund ein ausgeprägtes Konfliktmanagement aufweist, das zwar aufgrund stammesgeschichtlicher und phänotypischer Einflüsse bei verschiedenen Rassen einer gewissen Variation unterliegt, mit dem aber bei allen Rassen eine langfristige Schädigung der sozialen Beziehungen vermieden werden kann.

In all diesen Studien wird deutlich, wie elementar wichtig agonistisches Verhalten für hundliche Kommunikation ist. Um eine tier- und verhaltensgerechte Haltung zu gewährleisten, muss auch Konfliktverhalten unter Hunden stattfinden, denn es ist Teil des natürlichen Verhaltens unserer Hunde. Eine Einschränkung ebendieses Verhaltens dient dem menschlichen Interesse, nicht dem Wohlergehen unserer Hunde.

Agonistisches Verhalten ist sehr wichtig in der Kommunikation von Hunden.

LERNEN UND PHASEN DER ENTWICKLUNG

LERNEN: ÖKOLOGISCH UND NEUROBIOLOGISCH

VON PD DR. UDO GANSLOSSER

Phänotypische Plastizität ist definiert als die Antwort eines Individuums auf eine Umweltveränderung.
Ändern sich die äußeren Bedingungen, dann kann sich das Erscheinungsbild oder Verhalten eines Lebewesens an diese anpassen. Bedeutsam ist hier vor allem die Frage, wie sich die Individuen in ihrer plastischen Antwort voneinander unterscheiden und welche Gene diese äußerlichen Veränderungen antreiben. Regressionsanalysen zeigten, dass sich die Lebewesen nicht nur in ihrem grundsätzlichen Phänotyp hinterher unterscheiden, sondern auch unterschiedliche plastische Antworten auf verändernde Umweltbedingungen aufweisen. Jeder reagiert sozusagen individuell. Robert Seyfarth und Dorothy Cheney (2015 a, b) unterscheiden bei den Prozessen, die zu Verhaltensplastizität führen, schon zu Beginn zwischen einfachen Verhaltensänderungen, wie sie durch standardisierte Labor-Lernversuche oft abgeprüft werden, und dem Erwerb von Wissen („knowledge aquiring"). In diesem Zusammenhang müssen dann Begrenzungen der Lernfähigkeit („constraints"), Lerndispositionen („templates") und komplexe innere mentale Repräsentationen der Gedächtnisinhalte unterschieden werden. Die Querverbindungen zur Genaktivierung, und damit zur Epigenetik, sind hier offenkundig.

GRENZEN, VORURTEILE, VORAUSSETZUNGEN

Gerade in der Ausbildung und Bewertung von Hundetrainern wird oft auf „die Lerntheorie" als zentrales Element der Arbeit mit Hunden hingewiesen. Diese kategorische Einstufung ist jedoch aus verschiedenen Gründen durchaus kritisch zu sehen. Es darf nicht vergessen werden, dass die hierbei meist zitierten und herangezogenen Befunde zur Konditionierung und anderen, einfachen Lernmechanismen in der Regel unter Bedingungen gewonnen wurden, die denen mit Mensch-Hund-Teams in der praktischen Erziehungs- aber auch Ausbildungsarbeit total widersprechen. **Das Ziel der stark vereinfachten und auf Wiederholbarkeit abgezielten Laboruntersuchungen war es, Individualität, emotionale Aspekte, die Beziehung zwischen Versuchsleiter und Versuchstier und andere Komponenten auszuschalten, die gerade für die Arbeit mit Mensch-Hund-Teams im Alltag ausgesprochen wichtig sind.** So wurden Ergebnisse erzielt, die nichts anderes als basale Standardmechanismen sind, und die dringend der Ergänzung durch die Arbeits- und Lernerfahrungen im Alltag bedürfen. Das Ziel war damals, die Gesetze des Lernens in einer möglichst allgemeingültigen, fast naturgesetzartigen Weise zu kennen. Ob es solche Gesetze des Lernens in einer naturgesetzähnlichen Art und Weise überhaupt gibt, haben viele Folgeuntersuchungen dann auch bezweifeln lassen. Allgemeingültig sind bestenfalls die auch hier noch später zu besprechenden Zusammenhänge zwischen Lernvorgängen, Synapsenbildung und anderen, als neuronale Plastizität beschriebenen Veränderungen im Gehirn (siehe S. 203 ff.). Auf der verhaltensbiologischen Ebene sind die in den einfachen Lernversuchen erkannten Mechanismen bestenfalls eine von mehreren Möglichkeiten, wie ein Lebewesen die genannte Verhaltensplastizität erreichen kann.

Ungeachtet dessen zeigen Avarguès-Weber et al. (2013), dass auch viele Fälle sozialen Lernens durchaus Konditionierungen im Hintergrund haben können.
Auch ein wissenschaftstheoretischer Einwand muss gegen den Theoriebegriff gebracht werden: Wissenschaftstheoretisch ist eine Theorie ein umfassendes Erklärungsschema, das alle bisher bekannten Befunde möglichst widerspruchsfrei und mit möglichst wenig noch unbelegbaren Hilfshypothesen zusammenbringt. Und genau das kann die einfache behavioristische Argumentation spätestens angesichts der modernen kognitionsbiologischen Erkenntnisse bei Hunden (vgl. Gansloßer & Kitchenham 2019) eben nicht mehr. Es zeigt sich auch, dass entgegen der Ansicht der früheren Lernpsychologen keinesfalls alle Vorgänge und Merkmale gleich gut gelernt werden können. Dieses Phänomen wird als Lerndisposition, „biased learning", „template" (Gussform) oder Ähnliches bezeichnet. Beispiele aus dem Säugetierbereich sind sogar in Konditionierungsversuchen zu finden. So lernen Ratten einem Strafreiz zu entgehen, indem sie im Laufrad rennen, nicht jedoch, indem sie sich auf die Hinterbeine aufrichten. Ebenso erlernen sie zwar Geschmack, nicht aber Geräusche, als wichtige Reize für übelkeitserregendes und zu meidendes Futter zu erkennen (Alcock 1993).
Die Vorgaben solcher Lerneinschränkungen entsprechen oft ökologischen Bedingungen der betreffenden Art. Auf ultimater Ebene wäre z. B. zu erwarten, dass Allesfresser eine besondere Fähigkeit zum Verknüpfen von Geschmack und Übelkeit haben sollten, auch wenn die unerwünschte Reaktion erst einige Stunden nach dem Verzehr eintritt.

DOMÄNENSPEZIFISCHE INTELLIGENZ

Diese und ähnliche Beobachtungen haben zur Entwicklung der Vorstellung einer „domänenspezifischen Intelligenz" geführt. **Ein Tier wird also in den Bereichen besonders schlau und anpassungsfähig sein, in denen dies von seiner Umwelt auch gefordert wird.** Gerade in Bezug auf die kognitiven Leistungen unserer Haushunde führte dies zur Entwicklung der Schlagwortkombination sozialer Hund vs. kausaler Affe („social dog vs. causal ape"). Die Fähigkeit von Hunden, z. B. die bekannten Zeigegesten des Menschen intuitiv richtig zu interpretieren, wird von Menschenaffen meist nicht erreicht, in vergleichbaren Versuchen scheiterten sie regelmäßig. Umgekehrt sind Affen nicht nur sehr viel besser darin, komplizierte Apparaturen zu studieren und zu nutzen, sondern sie verstehen offensichtlich auch mehr über unsere physikalische Umwelt, z. B. die Wirkung der Schwerkraft (Gansloßer & Kitchenham 2012). Hunde sind im Verständnis von Schwerkraft und anderen physikalischen Phänomen wesentlich schlechter, was möglicherweise daraus entstand, dass sie eben selten auf Bäumen sitzen und selbst nicht herunterfallen können oder herunterfallende Früchte auffangen müssen.

ART- UND INDIVIDUAL-UNTERSCHIEDE

Shettleworth (1998) hat die verhaltensöko logischen Dimensionen des Lernens und die dabei auftretenden Art- und Individualunterschiede mit besonderem Blick auf Säugetiere zusammengefasst. Die zu beantwortenden Fragen führen wieder zu einem Optimalitätsansatz:

— Warum lernen Tiere in bestimmten Situationen, während für andere Situationen mehr oder weniger festgefahrene Lösungen existieren?
— Was muss gelernt werden und auf welche möglichst zuverlässigen Merkmale soll geachtet werden? Um z. B. einen herannahenden Feind oder ein bestimmtes Gruppenmitglied als Individuum zu erkennen, sind unterschiedlich differenzierte Lernvorgänge nötig.

Gerade junge Hunde lernen besonders gut aus sicherer Perspektive.

- Wann soll gelernt werden? Sofort beim ersten Kontakt mit einer Situation?
- Soll Wissen im Spiel sozusagen auf „Vorrat“ erworben werden?
- Welche Lernform ist optimal für welche Situation?
- Wie schnell soll gelernt und wie lange das Gelernte gespeichert werden? Hier spielen Dauer der Jugendphase und der elterlichen Fürsorge genauso eine Rolle, wie die Ernsthaftigkeit der Konsequenzen einer bestimmten Situation.

ENTWICKLUNGS- UND AKTIVIERUNGSPLASTIZITÄT

Verhaltensplastizität lässt sich in zwei Typen einteilen: die Entwicklungs- und die Aktivierungsplastizität. Erstere entspricht der traditionellen Definition der phänotypischen Plastizität, bei der ein Genotyp alle verschiedenen Phänotypen ermöglicht, die durch die unterschiedlichen Umwelteinflüsse entstanden sind. Sie umfasst demnach auch alles, was allgemein als „Lernen“ definiert wird. Die Aktivierungsplastizität bezieht sich auf alle Aktivierungsmuster, die unmittelbar (situativ) nach einem Umwelteinfluss eingeleitet werden. Die Auslösbarkeit ist durchaus nicht immer gleich.

Staddon (2016) fasst die derzeit aktuellen Befunde zu verschiedenen Lernformen zusammen. Trotz einer stark auf Reflexe konditionierten und anderen „traditionellen“ Lernkonzepten aufbauenden Betrachtung, werden Einflüsse von Motivation (z. B. Regulation der Nahrungsaufnahme), Optimalitätsansätze (z. B. Zeitaufteilung auf verschiedene Verhaltenssysteme) und Kognitionsbereiche diskutiert.
Dawkins (1990) spricht von unelastischen Bedürfnissen („inelastic demand“), wenn Tiere trotz steigender Kosten und Belastungen immer noch für Situationen und Zustände arbeiten oder streben, obwohl der Erfolg objektiv den Aufwand nicht rechtfertigt.
Andererseits zeigt eine Reihe von Untersuchungen, dass es durchaus eine intrinsische, also dem Tier innewohnende Motivation zur Problemlösung geben kann. Gerade in der Zootier- aber auch Nutztierhaltung wird derzeit häufig das Phänomen des Contra-freeloading beschrieben: Ein Tier (dies wurde nicht nur für Affen und Ratten, sondern auch für Bären, Mähnenwölfe und andere Zootiere belegt) arbeitet freiwillig an einer Apparatur, um sich die gleiche Menge und Qualität von Futter selbst zu erarbeiten, die offen und ohne jegliches Hindernis direkt nebenan in einer Schüssel bereitgestellt wäre.

GEDÄCHTNIS UND GEDÄCHTNISBILDUNG

Gedächtnis ist keine spezielle Lernform. Es bildet vielmehr die Grundlage nahezu aller Lernvorgänge. Da aber Gedächtnisleistungen häufig Gegenstand eigenständiger Versuchsreihen waren und z. T. sind, soll kurz getrennt darauf eingegangen werden. **Ohne ein funktionierendes Gedächtnis sind Intelligenz und Kognition nicht denkbar.** Es bildet die Grundlage des Lernens und unseres eigenen Handelns. Wir speichern Informationen ab, verknüpfen diese und/oder bilden neue daraus (Korte 2021, Laroche 2002).

GEDÄCHTNIS – EIN KOMPLEXES SYSTEM

Neuropsychologische Studien an Patienten mit Hirnschäden sowie moderne bildgebende Verfahren lehnen die Theorie eines Gedächtnisses an sich, als einer einzigen Instanz, ab. Vielmehr handelt es sich um ein komplexes System, an dem mehrere Hirnareale beteiligt sind.
Zunächst werden verschiedene Regionen im Stirnbereich aktiviert, die mit einem Arbeitsspeicher vergleichbar sind. Seine Informationen zieht dieses System dafür entweder aus bereits Abgespeichertem oder aus neuen, durch Sinnesinformation erfassten Inhalten. Mittels Kernspintomografie lässt sich erkennen, welches Areal aktiv wird. Räumliche Informationen regen z. B. den Cortex (Gehirnrinde) im Bereich der oberen vorderen Furche des Stirnlappens an, Gesichter führen zu einer Aktivierung in der unteren Frontalfurche (Laroche 2002).
Bei einer Schädigung des Gehirns an dieser Stelle ist zwar das Arbeitsgedächtnis mit beeinträchtigt, dennoch können Informationen langfristig gespeichert werden. Unser Gehirn scheint also hierfür auf andere Mechanismen zurückzugreifen, die aber nichtsdestotrotz ebenso unter der Kontrolle des Arbeitsgedächtnisses stehen (Laroche 2002).

Das Langzeitgedächtnis beinhaltet ein implizites und explizites Gedächtnis.
Auf das implizite Gedächtnis greifen wir ganz unbewusst zu, wenn es um motorische, verbale und kognitive Routinen geht (z. B. Treppensteigen). Hier beteiligen sich Kleinhirn, Mandelkern und der sogenannte Streifenkörper. Das explizite Gedächtnis umfasst allgemeine Kenntnisse und individuell Erlebtes, bei denen der Hippocampus und Bereiche des Schläfenlappens unerlässlich sind. Beide Einheiten arbeiten oft eng zusammen, wobei jeder Gedächtniseintrag die Kontakte zwischen den Nervenzellen verändert. Die Empfänger-Neuronen aktivieren zunächst bestimmte Proteine und Gene. Die daraufhin produzierten Eiweißstoffe gelangen zu den Synapsen und verstärken dort die Signalantwort, regen die Bildung neuer Kontakte an, bis es schließlich zur Abspeicherung in der Hirnrinde kommt (Laroche 2002).
Wird eine bestimmte Nervenbahn (Verknüpfungsstellen) mehrfach gereizt, dann werden mit zunehmend häufigeren Impulsen Signale über die Synapsen immer effizienter übertragen, sodass bald schon geringe Stromreizungen genügen, um diese zu aktivieren. Diese Art der neuronalen Plastizität wird als Langzeitpotenzierung bezeichnet (Laroche 2002).
Jeder Sinneseindruck hinterlässt somit eine Spur in unserem Gehirn, indem entsprechende Übertragungswege an Synapsen verstärkt oder abgeschwächt werden. Als hauptsächlicher Akteur fungiert hier das Glutamat, das als Überträgerstoff zusammen mit „AMPA"-Rezeptoren für eine schnelle und effiziente Signalweitergabe führt. Bei einem besonders starken Signal und folglich großer Menge an Glutamat wird ein anderer Rezeptortyp (NMDA) aktiv. Er ist mit einem zusätzlichen Ionenkanaltyp assoziiert und lässt einen Calciumeinstrom zu. Dies aktiviert daraufhin Enzyme (Kinasen), die Phosphatreste an Proteine anheften, auch die Rezeptoren werden phosphoryliert. Insbesondere dann, wenn ein Tier lernt, zwei

Reize miteinander zu verknüpfen, wird vermehrt Glutamat freigesetzt. Es kommt zu Reaktionskaskaden. Die dafür benötigten Proteine werden im Zuge dieser Kettenreaktion ganz schnell durch Ablesung von speziellen Genen gebildet (ein Beispiel ist das CREB-Gen). Kurzes Training aktiviert diese Form des CREB-Gens offensichtlich nicht, gleichzeitig wird aber auch der Repressor nicht gehemmt und dadurch entsteht auch kein Langzeitgedächtnis.

Erfahrungsabhängiges Lernen

Ein besonders wichtiger Rezeptor ist der mit NMDR bezeichnete Typ von Bindungsstellen und gerade für erfahrungsabhängiges und assoziatives Lernen wird dieser besonders benötigt. Als Botenstoff benötigt er Glutamat. In Mäusestudien zeigte sich, dass der genannte Rezeptor in zwei Varianten auftritt. Variante zwei, die die jeweilige Synapse für einen längeren Zeitraum empfindlich hält, ist bei jugendlichen Tieren offensichtlich stärker aktiv. **Jugendliche Mäuse haben durch die verstärkte Aktivität dieser für längere Erregungszeiträume ansprechbaren Rezeptortypen auch eine verbesserte Lernfähigkeit und eine verbesserte Gedächtnisbildung.**

Den Weg zu ihrem Bestimmungsort finden die Proteine durch vorher markierte Bereiche an der Synapse, die von den ersten Stufen der Potenzierung dort platziert werden, um den zukünftig gebildeten Proteinen den Weg zu weisen. Da sich die Potenzierung jedoch noch in verzweigten Netzen über andere Hirnareale erstreckt, ist hierfür ein molekularer Schalter vonnöten, der dabei hilft, das Signal stabil und zielgerichtet weiterzuführen. Damit die Vorratsbehälter einer Nervenzelle an die Zellmembran zum synaptischen Spalt anknüpfen können, wird ein spezielles Protein, das Syntaxin, gebraucht. So pflanzen sich diese Signalkaskaden von Synapse zu Synapse fort, ohne dass das Signal schwächer wird (Laroche 2002).

LANGZEITPOTENZIERUNG UND -DEPRESSION

Vorgänge der Langzeitpotenzierung (LTP) und auch der entgegengesetzten Wirkung einer Langzeitdepression (LTD) wurden auch bei vergleichbaren Prozessen im Säugetiergehirn nachgewiesen (Näheres in Zupanc 2004, Roth & Menzel 2001, sowie in anderen Lehrbüchern der Neurobiologie). Die Langzeitpotenzierung, die sich wiederum offensichtlich auch in einem mindestens zweistufigen Prozess vollzieht, wird zunächst durch eine Erleichterung der chemischen Weiterleitung über die bereits vorher gereizten synaptischen Membranen und anschließend durch das Zurverfügungstellen von weiteren, als sekundäre Verstärker bezeichneten Botenstoffen und deren Bindungsstellen bewirkt. Die nachfolgenden Prozesse sind dann durch Genaktivierung und daraus folgende zusätzliche Produktion von weiteren Botenstoffe und Bindungsstellen verständlich. Als verstärkende Botenstoffe wirken z. B. das Glutamat, vielfach aber auch das in anderen Zusammenhängen immer wieder auftauchende Serotonin oder ein als G-Protein bezeichnetes Eiweiß. Die Langzeitdepression dagegen wird durch eine Erhöhung der Reizschwelle und damit eine verringerte Empfindlichkeit bestimmter synaptischer Verbindungen hervorgerufen. **Die Kombination von LTP und LDP wiederum kann dazu führen, dass manche Zellen und ihre Verbindungen erleichtert, andere erschwert die Reizweiterleitung vollziehen.** In der Regel geschieht dies auch nicht nur mit einer einzigen Zelle und ihren Synapsen, sondern in weitverzweigten Netzwerken, was dann zu einer allgemeinen Verstärkung, Fokussierung oder eben auch Abschwächung von Reaktionen in größeren Teilen des Gehirns oder Nervensystems führen kann. Neue Untersuchungen (Fields 2020) zeigen noch eine wichtige Funktion der Myelinisierung (Markscheidenbildung um Nervenfasern herum) und einiger Hilfszellen (Oligodendrozyten, Astrozyten) bei der Plastizität und Feinabstimmung: Die Umwickelung der Axone mit den Myelinscheiden kann bei stärkerer Nutzung schnell verdickt, bei Bedarf aber auch wieder aufgetrennt und reduziert werden. Dadurch verändert sich nicht nur die Leitungsgeschwindigkeit dieser Faser. Durch koordinierte Aktivitäten können z. B. Langstreckenverbindungen zwischen Gehirnteilen synchronisiert werden, es laufen dann synchrone beobacht- bzw. meßbare Schwingungen neuronaler Aktivitäten im Gehirn ab. Dadurch kann z. B. die für kognitive Prozesse nötige Verknüpfung verschiedener Hirnareale erfolgen. Gräff (2021) berichtet über einige der für Langzeitgedächtnis, auch im Zusammenhang mit Traumatisierungen, wichtige epigenetische Prozesse: Die Histon-Deacetylase 2 hemmt bei gesunden Tieren die Gedächtnisbildung und gerade kurz nach einer Traumatisierung liegen noch recht viele Acetylierungen z. B. im Hippocampus vor. Werden diese Acetylreste abgebaut, kann das Unangenehme evtl. vergessen werden. Ist die Traumatisierung älter, geht die Zahl der Acetylierungen zurück und entsprechend weniger Behandlungschancen bestehen. Gerade ein mit Stressregulation verbundenes Gen (GR-1) weist bei traumatisierten Individuen sehr hohe Methylierungsgrade und damit geringere Aktivität auf.

REIZ MIT VARIATIONEN UND WIEDERHOLUNG

Untersuchungen mit leicht variierten Reizstärken bzw. Reizqualitäten zeigen, dass ein Reiz mit Variationen offensichtlich noch einen größeren Lernerfolg bei der Auslösung der genannten Prozesse erzielen kann, gegenüber einem sturen und immer absolut gleichartig präsentierten Reiz und dessen ebenso stur und gleichartig abgerufener Reaktion. Leicht veränderte Bewegungen bei der Signalisierung und ähnliche, auch Stimmmodulation bei der Gabe der Kommandos etc., sind also durchaus besser geeignet als ein roboterhaft, immer automatisch gleiches Präsentieren von Kommandos und Signalhandlungen.
Im Laufe der Zeit wird durch die Prozesse der LTP und LDP auch die neuronale Architektur verändert. Zusätzliche Synapsen und Verzweigungspunkte, eine stärkere Vernetzung der beteiligten Nervenzellen sind zu beobachten. Hierzu bedarf es jedoch der Präsentation der genannten Reize nochmals über einen längeren Zeitraum, z. B. jeweils im Abstand von ein bis wenigen Tagen.
Fasst man die Prozesse, die im Nervensystem zur Lernoptimierung stattfinden, zusammen, so ergibt sich ein Bild, das verblüffend den früher, in den regulären Schulunterrichten praktizierten Rhythmen entspricht:
Da die Vorgänge der Verstärkung im Zeitraum einiger Minuten ablaufen und wieder enden, ist eine nochmalige Wiederholung am Ende eines Zeitabschnitts von einigen Minuten sinnvoll. Erfolgsberichte zeigen, dass eine erneute Wiederholung nach ca. 20 – 30 Minuten nochmals lernverstärkend wirkt. Analog den in der Sportphysiologie untersuchten Prozessen der optimalen Trainingsgestaltung (vgl. sogenanntes Zirkeltraining) ist anzunehmen, dass dies der Zeitraum für die erstmalige Ablesung neu aktivierter Genabschnitte wäre.
Zwar gibt es bisher zu den Kurzzeitrhythmen der Gedächtnisbildung beim Hund keine systematischen Studien. Erfahrungsberichte von Menschen, die die allgemeinen Erkenntnisse

»Auf den Rhythmus kommt es an! Wird in Zeitabständen wiederholt, hat es die Gedächtnisbildung leichter.«

Freudige Erregung hilft bei Gedächtnisbildung.

dazu testhalber umgesetzt haben, zeigen aber durchaus erfolgversprechende Tendenzen. Wissenschaftlich untersucht wurde aber in mehreren Studien (Meyer & Ladewig 2008, Demant et al. 2011, Fjellanger 2003) der Einfluss längerer Zeiträume: **Hunde, die nur einmal pro Woche und/oder nur einmal pro Tag trainiert wurden, erzielten bessere Erfolge als solche mit täglichem und/oder mehrmals täglichem Training.**

ABFOLE DES GEDÄCHTNISSES

Gemeinhin wird das Gedächtnis in mehreren, verhaltensbiologisch wie auch biochemisch aufeinander folgenden Abschnitten charakterisiert (Roth & Menzel 2001 u. a.). Unmittelbar nach der Aufnahme einer Information wird über einen **sensorischen Speicher** für einige Sekunden die Erregung aufrechterhalten. In diesem Zeitraum können bereits Verknüpfungen mit anderen Reizen oder mit inneren Zuständen, z. B. aus dem schon vorhandenen Gedächtnis, stattfinden. Hier findet also eine erste Möglichkeit zum Lernen statt. Anschließend folgt das **Kurzzeitgedächtnis**, das nur eine sehr begrenzte Speicherkapazität hat (beim Menschen etwa weniger als 12 einzelne Objekte, Zahlen oder Stimulationen). Die Zeitspanne des Kurzzeitgedächtnisses ist stark von den Lerninhalten und Testmethoden abhängig. Offensichtlich werden die Informationen anschließend zunächst in einen Zwischenspeicher, auch als **Arbeitsgedächtnis** bezeichnet, überführt.

Erst das nach längerer Zeit angelegte **Langzeitgedächtnis** hat wirklich eine große Speicherkapazität und ist weitgehend widerstandsfähig gegen Störfaktoren. Aus zellbiologischer Sicht ist das Langzeitgedächtnis wahrscheinlich mit den Veränderungen der Proteinproduktion und der Synapsenbildung verknüpft. Auch hier sind wieder einige IEG's, vor allem die bereits erwähnte CREB-Familie, beteiligt. Einige davon wirken aktivierend, andere blockieren die Synthese neuer Transmitter oder Bindungsstellen. Das Arbeitsgedächtnis hat seinen Sitz wahrscheinlich einerseits im Hippocampus, andererseits aber auch in einem vorderen Teil des Stirnhirns, wo sogenannte Pyramidenzellen während einer noch zu bearbeitenden, nicht vollständig abgeschlossenen Aufgabe erregt bleiben, nach dem endgültigen Abschließen der gestellten Aufgabe jedoch ihre Erregung einstellen.

In einer neueren Übersicht (2021) gibt Martin Korte noch weitere Details der Neurobiologie des Gedächtnisses an: So ist der Hippocampus durchaus noch zu weiterer Arbeitsteilung befähigt: Sein vorderer Teil kümmert sich mehr um spezifische Einzelerinnerungen, der hintere Teil versucht die gemeinsame Essenz aus vielen Details zu bilden (sog. „gist memory").

Bei der Erinnerung finden sich im Hippocampus spezielle, langsame, als Thetawellen bezeichnete elektrische Schwingungen und zwar umso ausgeprägter, je detaillierter die Erinnerung kommt. Aber auch der Thalamus, die seitlichen Regionen des Zwischenhirns, spielt bei der Überführung von Kurz- in längere Gedächtnisse mit und zwar durch verstärkende neuronale Rhythmen. Gedächtnisüberführung und Erinnerungen sind durch neuronal-elektrische Schwingungsrhythmen gekennzeichnet. Für deren Koordination ist die Myelinisierung der Fasern wichtig.

DAS EINE GEDÄCHTNIS GIBT ES NICHT!

Selbst für einheitliche Wahrnehmungen, z. B. ein Erlebnis an einer bestimmten Stelle, werden verschiedene Komponenten im **Ortsgedächtnis**, im rein als Chronist wirkenden **Sachgedächtnis** und im **emotionalen Speicher**, tief unten im limbischen System, abgelegt. Werden die Inhalte dieser drei Gedächtnisbestandteile z. B. nach einer Traumatisierung nicht mehr zusammengefügt, sondern können auch unabhängig voneinander wieder im Bewusstsein auftauchen, so sind diese Vorgänge wahrscheinlich auch ein Teil der als Flashbacks bezeichneten Erscheinungen einer posttraumatischen Störung oder ähnlicher Probleme.

SCHLAF FÖRDERT DAS GEDÄCHTNIS

Neben der passiven Gedächtnisförderung, indem Schlaf das Erinnerungsvermögen davor „schützt", durch weitere äußere Reize überschrieben zu werden, vermutet man auch eine aktive Vertiefung von Gedächtnisinhalten durch ein Wiederhervorheben bereits gespeicherter Informationen während der Schlafphase. **Inhalte aus dem Kurzzeitgedächtnis können im Schlaf in das Langzeitgedächtnis überführt und dort verankert werden** (Rasch & Born, 2012, siehe auch S. 212).

Eine einfache, langweilige Standardaufgabe, sei es Sitz, Platz oder Fuß zu lernen, kann durchaus, in Übereinstimmung z. B. mit Ergebnissen an menschlichen Schulkindern, durch eine nachfolgende Spieleinheit verstärkt werden (Dopaminausschüttungen als nachträgliche Verstärkermechanismen). Eine schwierige Aufgabe, etwa eine selbst erarbeitete Trickdog- oder Dogdance-Figur, oder ein schwieriger ausgearbeiteter Trail in der Rettungshundearbeit kann dagegen besser abgespeichert und für die Zukunft zugreifbar gemacht werden, wenn die Hunde tatsächlich hinterher als erstes eine Runde schlafen.

LERNKAPAZITÄT UND GEDÄCHTNIS

Ausführliche Versuche zum Thema Lernkapazität und Gedächtnis stammen von Rensch (1973 zusammengefasst) und Mitarbeitern. Beide Begriffe müssen auseinandergehalten werden.

- **Lernkapazität** ist die Fähigkeit, eine bestimmte Anzahl nacheinander adressierter oder anders gelernter Aufgaben zu behalten.
- **Gedächtnis** im eigentlichen Sinne, oder besser Gedächtnisdauer, bezieht sich auf die Frage, wie lange ein bestimmtes Verhalten verankert bleibt.

Zu guter Letzt soll noch der Begriff **„mentales Gedächtnis"** erläutert werden. Kognitive Psychologen unterscheiden hier das semantische und das episodische Gedächtnis voneinander. Wissen, dass Paris die Hauptstadt von Frankreich ist, gehört zum semantischen Gedächtnis, wohingegen Erinnerungen an die Zeit, in der man z. B. in Paris war, zum episodischen Gedächtnis zählen. Versuche zum Nachahmungslernen von Hunden (Fugazza et al. 2016) bestätigen auch bei diesen die Existenz eines episodischen Gedächtnisses.

VERÄNDERUNGEN VON GEHIRN-STRUKTUREN

Auch und gerade bei Konditionierungsvorgängen sind Prozesse der Synapsenneubildung und Neuverschaltung von zentraler Bedeutung. Auch hier sind von einer ganzen Reihe von Tierarten einschlägige Befunde hinzugekommen. Kaninchen (Geinisman et al. 2001) wurden mit regelmäßigen, rhythmisch antrainierten motorischen Bewegungen konditioniert. Anschließend fand man eine verstärkte Ausbildung synaptischer Knöpfchen, aber auch eine komplexere dreidimensionale Oberflächenstruktur der bereits bestehenden Synapsen und eine Zunahme der Transmitterkanäle. **Das motorische Lernen verändert u.a. die Synapsendichte, Synapsenzahl und Verschaltung im Bereich des Cerebellums (Kleinhirn), der für dreidimensionale Bewegungskoordination, Steuerung von Bewegungsabläufen wichtig ist.**

Werden dagegen andere, etwas variablere Formen des Lernens konditioniert, dann werden auch im Bereich des Hippocampus solche Veränderungen vorgenommen.

Es ist also wichtig, dass Konditionierungsvorgänge eben keineswegs eine sanfte Methode sind. Die Veränderungen, so sagen viele kompetente Neurobiologen, sind durchaus strenger und rigoroser als bei der Anwendung der so häufig verteufelten Psychopharmaka. **Eine Konditionierung, die zu dauerhaften Veränderungen der Gehirnarchitektur führt, ist also durchaus ein massiver Eingriff in das Verhaltensprogramm eines Tieres.**

Zudem, das zeigen z. B. die Erkenntnisse von Kaminski (2011), sind Konditionierungsvorgänge im Verhalten von Hunden keineswegs immer nur positiv zu sehen. Allzu einseitig nur konditionierte und gerade auch geclickerte Hunde sind oft weniger adaptiv, weniger anpassungsfähig und geistig weniger flexibel.

Und noch zwei Ergebnisse vergleichender Studien sind bemerkenswert:

Smith & Davis (2008) zeigen, dass Training mit dem Clicker bei Hunden (übrigens im Gegensatz zu Pferden) die Lerngeschwindigkeit NICHT steigert, nur die Auslöschungsrate wird verlangsamt – evtl. wegen der erwähnten Einflüsse auf Synapsenbildung.

Und Clark & Boyer (1993) zeigen, dass zur Vermeidung von Verhaltensproblemen (z. B. Trennungsangst) oder zur verbesserten Allgemeinbeziehung durchaus auch 20 Minuten Interaktion mit dem Hund über einige Wochen halfen, anstatt eines 8-wöchigen Hundeschulkurses mit Schwerpunkt auf Gehorsam.

WACHSTUMSFAKTOR IFG1 UND GLUCOCORTICOIDE

Der Wachstumsfaktor IGF1, der z. B. für die Langlebigkeit, aber auch für Kleinheit von Kleinhunderassen verantwortlich ist, ist offensichtlich auch ein Modulator der synaptischen Plastizität. Gerade bei der Veränderung von Synapsenzahl und Synapsendichte in Folge von motorischem Bewegungslernen, scheint IGF1 eine wichtige Funktion bei der Zurverfügungstellung der notwendigen chemischen Grundlagen zu haben. Glucocorticoide, also z. B. das Stresshormon Cortisol, die im Tagesverlauf eine unterschiedliche Konzentration im Gehirn aufweisen, sind unmittelbar mit verantwortlich für die Ausbildung und Aufrechterhaltung synaptischer Kontakte (Liston et al. 2013). Die noch zu besprechenden Einflüsse der Cortisolkonzentration auf die Lernfähigkeit, siehe Stress S. 270 ff., können also auch hier ihren neurobiologischen Grund haben. Milde Belastungszustände, im Gegensatz zu einer vollkommen belastungsfreien wohligen Zufriedenheit, können die Lernfähigkeit und Lernbereitschaft steigern (vgl. Schöning 2016). Zudem wird auch durch epigenetische Mechanismen das Phänomen der „Stressimpfung", also der wiederholten kontrollierten Exposition von Stressoren, erklärbar, die zu einer längerfristig höheren Resilienz führen (Gilan et al. 2021). **Wichtig ist dabei jedoch, dass keineswegs Überforderung und dadurch Traumatisierung eintreten darf.**

KOGNITIVE BEEINTRÄCHTIGUNGEN DURCH INFEKTIONSKRANKHEITEN

Andrea Townsend und Co-Autorinnen (2022) haben die Auswirkungen von Infektionskrankheiten auf kognitive geistige Leistungen verschiedenster Wildtierarten zusammengestellt. Durch die Wechselwirkungen zwischen Parasiten und ihren Wirten, aber auch durch die Auswirkungen von Entzündungsfaktoren und anderen chemischen Zusammenhängen, wird oftmals die geistige Flexibilität von Wildtieren so stark beeinträchtigt, dass dies durchaus Anpassungsschwierigkeiten und ein nachfolgend gesteigertes Sterblichkeitsrisiko, unabhängig von den medizinischen Problemen, bewirken kann. Auch die Motivation der infizierten Tiere kann negativ beeinträchtigt werden. Gestörtes Arbeitsgedächtnis, Depressionen, Orientierungsverlust, aber auch ein verändertes Antifressfeindverhalten, veränderte räumliche Orientierung und verändertes Assoziationslernen wurden durch einschlägige Untersuchungen bei einer ganzen Reihe von Tierarten, und zwar keineswegs nur bei Säugetieren und Vögeln, belegt. Durch Entzündungen und Veränderungen der Gliazellen kann die Gedächtnisbildung beeinträchtigt werden, durch Unterernährung kann das Ortsgedächtnis und die räumliche Orientierung beeinflusst sein, und auch die Vermeidung von Gebieten mit besonders hohem Risiko (sei es durch Fressfeinde oder andere ökologische Faktoren) kann nachweislich durch gesundheitliche Einschränkungen beeinträchtigt werden. Auch wenn die Auswirkungen auf gehaltene und im Familienstand gepflegte Kumpantiere möglicherweise nicht ganz so dramatisch sind wie auf Wildtiere, die sich selbst versorgen und durchs Leben schlagen müssen, lassen die genannten Zusammenhänge durchaus wichtige Frühwarnsysteme erkennen, an denen wir z. B. bei Arbeits-, Assistenz- oder Diensthunden frühzeitig Auswirkungen einer sich entwickelnden Krankheit erkennen könnten. Bemerkenswerterweise zeigt eine brandneue Studie an den Wölfen des Yellowstone Nationalparks (Connor Meyer & Team 2022) dass Parasiteninfektion nicht immer nur nachteilig sein muß: Leitwölfe, sowie Abwanderer, in der Yellowstone-Population hatten mit viel höherer Wahrscheinlichkeit einen Befall mit dem einzelligen Parasiten Toxoplasma gandii als Gefolgsleute und Stubenhocker.

Zur Geruchsdifferenzierung ist das Arbeitsgedächtnis nötig, und das leidet bei Infektionskrankheiten des Hundes.

SCHLAF- UND RUHEBEDÜRFNIS

VON SARAH MERTES

In den letzten Jahren wurde den Themen Ruhe, Entspannung und Schlaf auf menschlicher Seite immer mehr Aufmerksamkeit geschenkt. Der Haushund rückt bei dieser Thematik aufgrund seiner langen Geschichte an der Seite des Menschen ebenfalls in den Fokus der Wissenschaft und wird für zukünftige vergleichende Forschung zum Thema Schlaf herangezogen. Bisher ist kaum etwas über die genaue Funktion des Säugetierschlafes bekannt (Siegel 2005). Definiert ist Schlaf als **„ein Zustand der Unbeweglichkeit mit stark reduzierter Reaktionsfähigkeit"** (Siegel 2005). Die meisten Säugetiere durchlaufen ihn zyklisch und ein Wechsel zwischen Non-Rapid-Eye-Movement (NREM) und Rapid-Eye-Movement (REM) ist zu beobachten. Es wird vermutet, dass der NREM-Schlaf zur Erholung und Energieerhaltung dient (Siegel 2005). Die Fixierung von Lernprozessen stellt eine wichtige Funktion der Tiefschlafphase dar. Gedächtnisinhalte und Erfahrungen, die im Laufe des Tages gesammelt werden, werden nochmals sortiert, ins Langzeitgedächtnis übertragen und emotional wichtige Ereignisse gegenüber unwichtigen aussortiert (Hennevin-Dubois 2002).

WIE SCHLAFEN HUNDE?

Hunde haben ähnlich wie wir Menschen einen zirkadianen Tagesrhythmus, d. h. sie sind tagsüber aktiv und schlafen hauptsächlich in der Nacht (Adams & Johnson 1993). Ihre Schlaf-Wach-Zyklen sind kürzer und häufiger als beim Menschen. Eine Studie, die die Schlaf- und Wach-EEG-Muster über einen Zeitraum von 24 Stunden bei 7 erwachsenen Beagle-Hunden aufzeichnete, zeigte, dass sich die Schlaf-Wach-Zyklen auf 20 – 30 Minuten belaufen. Dabei fand ein schneller Wechsel im Laufe einer 24-h-Periode statt, indem sich ein Muster aus Wachsein, Übergangsstadium, leichter Langsamschlaf, tiefer Langsamschlaf und REM-Schlaf definierte (Wauquier et al. 1979). Durch den schnellen Wechsel der Phasen, ist die Anpassung an wechselnde Routinen für die meisten Hunde gut zu bewältigen (Adams & Johnson 1994). Die Dauer der Schlaf -und Ruhephasen, über einen Tag verteilt, unterscheidet sich je nach Alter und Lebenssituation. Beobachtungen an Straßenhunden haben gezeigt, dass 50 – 70 % des Tages mit Schlafen und Ruhen verbracht wurde. Von den Wachstunden wiederum wurde die meiste Zeit ebenfalls entspannt gestaltet (Gansloßer & Kitchenham 2015). Hunde, die ihren Alltag selbst gestalten, sind eher geruhsam und verbringen einen großen Teil des Tages mit Schlafen und Ruhen (vgl. S. 18 ff.).

ALTER UND FÜTTERUNG

Mit zunehmendem Alter verändern sich die Schlafgewohnheiten von Hunden. Zhanghi et al. (2013) verglichen dazu die Tag-Wach-Rhythmen in Verbindung mit zunehmendem Alter. Hunde im Alter von 7 – 9 und 11 – 14 zeigten deutlich weniger Wachminuten am Tag und mehr Gesamtschlafminuten in der Nacht im Vergleich zu jüngeren Hunden. Am Tag wurden mehr Nickerchen beobachtet und in der Nacht eine längere Schlafintervall-

Schlafende Hunde soll man nicht wecken!

dauer. Das Altern kennzeichnet sich zudem durch eine verringerte Gesamtmenge an REM-Schlaf sowie einen erhöhten NREM-Schlaf am Tag und Wachsein in der Nacht (Takeuchi & Harada 2002). Eine Untersuchung zeigte, dass die Schlafspindel von älteren Hunden an Dichte verliert und schnelle Spindeln mit einer höheren Frequenz zu beobachten sind (Iotchev et al. 2019). Schlafspindeln spielen eine wichtige Rolle bei Lernprozessen und der Gedächtniskonsolidierung. Die spindelförmigen elektrischen Erregungsmuster im EEG treten bevorzugt im NREM-Schlaf im Sigma-Leistungsbereich (10 bis 15 Hz) auf (Aeschbach & Borbély 1993).

Die Fütterungspraxis wirkt sich ebenfalls auf den Schlaf aus. So zeigte Zanghi et al. (2013), dass bei 2x täglicher Fütterung, im Gegensatz zu 1 x täglicher Fütterung, die Hunde am Abend schneller einschliefen und am Morgen die Aktivität leichter aufnahmen. Ein Zusammenhang mit dem Alter wurde hier nicht festgestellt.

ERFAHRUNG VOR DEM SCHLAFEN

Wichtige Beobachtung darüber, wie sich positive und negative Erfahrungen vor dem Schlafen auf die Schlafstruktur auswirken, machten Kis et al. 2017. Die Versuchsgruppe aus 16 Hunden, die alle mindestens über ein Jahr alt waren und ein Mix aus verschiedenen Rassen, sollten nach positiven oder negativen Erfahrungen auf ihr Schlafverhalten mit einer nicht-invasiven Methode (Polysomnographie-Aufzeichnung) getestet werden. Zur positiven Erfahrung wurde mit dem Hund im Beisein seines Halters und einem Versuchsleiter soziale Interaktion betrieben (Streicheln und Ballspielen). Bei der negativen Erfahrung wurde der Hund zunächst von seinem Halter allein gelassen und bei seinem Zurückkommen nicht begrüßt. Zudem wurde der Hund durch andere Versuchsleiter durch Annähern mit vorgebeugtem Oberkörper und Fixieren einer negativen sozialen Interaktion ausgesetzt. Es zeigte sich, dass die Hunde, die eine negative Erfahrung vor dem Schlafen gemacht haben, mit einer kürzeren REM-Schlaf-Latenz und einer längeren REM-Schlaf-Zeit im Vergleich zum Schlaf nach positiven sozialen Interaktionen reagierten. Wird ein negativer Reiz vor dem Schlafen ausgelöst, werden Veränderungen in der Schlafphysiologie festgestellt, mit Folgen wie Müdigkeit, Konzentrationsstörungen oder ein geschwächtes Immunsystem. Ruhe und Entspannung vor dem Schlaf helfen dabei, ein langes und gesundes Hundeleben zu ermöglichen. Ein aktiver Tag zeigt ebenfalls seine Wirkung. So schliefen Hunde nach einem aktiven Tag mehr und verbrachten mehr Zeit in der REM-Phase als an einem passiven Tag. Die REM-Schlafphase setzte zudem in der Nacht früher ein als am Tag. Schliefen die Hunde nicht zu Hause, war der REM-Schlaf nach dem ersten NREM weniger wahrscheinlich (Bundfort et al. 2018).

SCHLAF UND GEDÄCHTNISLEISTUNG

Aufzeichnungen der neuronalen Ereignisse im Hippocampus und der basolateralen Amygdala (BLA, unterer seitlicher Mandelkern) von Laborratten deuten darauf hin, dass bei der Festigung emotionaler Erfahrungen die Kommunikation zwischen Hippocampus und BLA entscheidend ist. Wie genau dieser Mechanismus funktioniert, ist bisher unklar. Doch wie sieht es bei Hunden aus? Bewirkt Schlaf eine bessere Lernleistung? Ergebnisse aus neuen nicht-invasiven Untersuchungsmethoden, die die Unterschiede im Schlaf-EEG-Spektrum nach einer Befehls-Lernaufgabe (CL) bzw. einer Nicht-Lernaufgabe (NL) untersuchten, zeigten, dass Schlaf nach einer Lernerfahrung bei Hunden zu einer besseren Leistung der Lernaufgabe führte (Kis et al. 2017). **Die soziale Lernfähigkeit hängt somit mit der schlafabhängigen Gedächtnisfestigung zusammen.** Wie lange die Dauer der Schlafphase für eine optimale Gedächtnisfixierung sein sollte, ist derzeit unbekannt. Der Schlaf muss nicht unmittelbar nach einer Lernerfahrung stattfinden, sofern keine störenden Ereignisse wie z. B. das Erlernen einer weiteren Verhaltensweise dazwischen auftreten. Eine nichtverwandte Lernerfahrung in der Ruhephase behindert die Gedächtnisfixierung (Kis et al. 2017b) und der Lernprozess wird verlangsamt. Spielen hingegen hat keinen Einfluss auf die Gedächtnisfixierung bei Hunden (Affenzeller et al. 2017). In einer Folgestudie von Affenzeller et al. (2020) wurde untersucht, welchen Einfluss emotionale und erregende Ereignisse auf das Langzeitgedächtnis von Hunden haben. Eine Lernerfahrung mit nachfolgendem Mensch-Hund-Spiel musste nach einer Pause von ca. einem Jahr zwar erneut gelernt werden, der Lernprozess fand jedoch signifikant schneller statt als bei Hunden ohne Mensch-Hund-Spiel nach der Lernerfahrung. Dass Hunde in der Lage sind, Handlungen des Menschen über eine längere Zeit abzuspeichern und sogar auf Aufforderung nachzuahmen, konnten Miklósi und Fugazza (2016) beobachten. Sie zeigten, dass die Hunde selbst nach einer 12- oder 24-stündigen Pause die Aufgaben mit einer ähnlich hohen Qualität nachahmen konnten, wie Hunde, die keine Pause nach der Vorführung der Aktion einhielten.

Hunde können nicht nur schlafend ihre Lernleistung verbessern, sie verfügen sogar über ein deklaratives Langzeitgedächtnis, das im Schlaf Erinnerungen festigt, sich über einen langen Zeitraum an detaillierte Ereignisse erinnert und zuvor Erlerntes schneller wieder abrufen kann.

CO-SLEEPING

Viele Neuhundebesitzer stellen sich die Frage, ob der eigene Hund im Bett schlafen darf. Neben dem emotionalen Aspekt spielen Erziehung, Hygiene und Gesundheit eine Rolle bei der Entscheidung, ob der haarige Freund als Bettnachbar gewünscht ist. Verschiedene

Studien untersuchten die Auswirkungen auf das Co-Sleeping mit Hunden und zeigten nur eine geringe Beeinträchtigung der Schlafqualität des Menschen und viele Vorteile, wie das Gefühl von Sicherheit und weitere emotionale Aspekte (Smith et al. 2014, 2018).

Bei Menschen mit chronischen Schmerzen erleichterten Hunde das Einschlafen und Aufrechterhalten des Schlafes in vielen Fällen. Das Entfernen des Hundes war hingegen kontraproduktiv und führte sogar zu zusätzlichen schlafbezogenen Problemen (Brown et al. 2018). Hoppe et al. (2017) zeigten in einer Untersuchung zur ADHS-Anfälligkeit bei Hunden, dass Hunde, die allein schlafen, zu höheren Unaufmerksamkeitswerten neigten im Vergleich zu in Gesellschaft schlafenden Hunden (siehe S. 324). Frühere Untersuchungen von Adams & Johnson (1993) zeigten, dass Hunde, die in der Nähe des Menschen schliefen, deutlich längere Schlaf-Wach-Zyklen hatten als Hunde, die getrennt vom Menschen schliefen. Schliefen sie mit anderen Artgenossen zusammen, waren die Schlaf-Wach-Zyklen nicht synchron, solange kein äußerer Reiz sie geweckt hatte. Die Nähe zum Menschen wird von jungen Hunden bevorzugt (Kinsman et al. 2020). Ob Sie sich für oder gegen das Co-Sleeping mit Ihrem Vierbeiner entscheiden, bleibt Ihnen überlassen. Es gibt entgegen aller Mythen und Annahmen jedoch keinen Grund, Ihrem Hund die Nähe im Bett zu verwehren, sofern keine gesundheitlichen oder andere verhaltensrelevanten Gründe dagegensprechen.

SCHLAFENTZUG

Abseits von pathologischen Ursachen, kann eine erzwungene Schlafminderung negative Konsequenzen nach sich ziehen. Denn umso länger ein Hund wachgehalten wurde, desto größer war der Ausstoß des Wachstumshormons. Daraus resultierte eine weitere Reaktion: Je länger der Schlafentzug, umso größer war das Risiko einer nachfolgenden Einengung der Luftröhre während der Schlafperiode (O'Donnell et al. 1994).

In Anbetracht auf das Wohlbefinden von Hunden, das maßgeblich durch das Schlafverhalten entsteht, ist es wichtig, bei Auffälligkeiten oder Abweichungen im Schlafverhalten zu handeln und seinen schlafenden oder ruhenden Hund nicht zu stören oder zu wecken.

SCHLAFSTÖRUNGEN UND KRANKHEITEN BEI HUNDEN

VON JESSICA BRUNKEN

CANINE NARKOLEPSIE

Schlafstörung, die v.a. durch häufige Schlafattacken, auffällige Übergänge vom Wachzustand in den REM-Schlaf und emotionsbedingte Verluste des Muskeltonus (Kataplexie) z. B. beim Spielen oder Fressen gekennzeichnet ist. Bei Hunden wird diese Schlafstörung durch eine Störung des Hypcretin (Orexin)-Rezeptor 2-Gen (Hcrtr2) verursacht (Lin et al. 1999).

SCHLAFBEZOGENE ATEMPROBLEME

Besonders häufig bei brachycephalen Rassen. Gekennzeichnet ist diese schlafbezogene Atmungsstörung durch Episoden von O_2-Entsättigung und lautem Schnarchen während des Schlafs sowie mit Tagschläfrigkeit, Trägheit und verkürzter Schlaflatenz (Hinchliffe et al. 2019).

REM-SCHLAF-VERHALTENSSTÖRUNGEN

Verhaltensänderung während des REM-Schlafs, die durch Episoden mit heftigen Gliedmaßenbewegungen, Heulen, Knurren, Kauen oder Beißen gekennzeichnet sind. Die Tages- oder Nachtzeit spielt bei der Häufigkeit der Episoden keine Rolle (Schubert et al. 2011).

PRÄGUNG UND SOZIALISATION

VON KRISTIN STRAUSS

Die Entwicklung eines Welpen bis hin zum Junghund wurde von unterschiedlichen Wissenschaftlern untersucht und von einigen Autoren in ihren Werken zusammengefasst (näheres s. Althaus 1983, 1985, Charney 2012, Markwell & Thorne 1987, Miklósi 2015, Serpell et al. 2015, 2017). Die Einteilung in einzelne Entwicklungsphasen wird durch das Beobachten des Sozialverhaltens vorgenommen, das die zugrundeliegende neuronale Entwicklung und die Verbesserung der körperlichen Fähigkeiten widerspiegeln. Die Verhaltensentwicklung des Hundes ist ein Zusammenspiel aus Genetik und der physikalischen, ökologischen und sozialen Umwelt, die nicht erst ab dem Zeitpunkt der Geburt, sondern schon pränatal das Verhalten eines Hundes beeinflussen kann. Daher ist auch das Festlegen von absoluten Zeiträumen einzelner Phasen in Bezug auf das Verhalten problematisch – die zeitliche Einteilung sollte also viel mehr als Richtlinie gesehen werden, weniger als festgelegter Zeitpunkt (siehe zu Rasseunterschieden auch Feddersen-Petersen 2001). Die **Ontogenese** (Individualentwicklung des Hundes) kann in folgende Phasen eingeteilt werden:

— Pränatale Phase
— Neonatale Phase
— Übergangsphase
— Sozialisationsphase
— Juvenile Phase
— Pubertät (S. 222 ff.)
— Adoleszenz
— Alter (S. 366 ff.)

PRÄ-, NEONATALE UND ÜBERGANGSPHASE

Die **pränatale Phase** fand in der Vergangenheit oftmals wenig Beachtung; heute ist jedoch bekannt, dass Einflüsse in dieser Phase Langzeitauswirkungen auf die Verhaltensentwicklung von Säugetieren generell, aber auch speziell von Hunden haben können (eine Zusammenfassung von Studien befindet sich in Gansloßer 2020 oder Gansloßer & Kitchenham 2019). In einem Übersichtsartikel aus dem Jahr 2017 von Franklin D. McMillan wurden Informationen zu den Auswirkungen der frühen Lebensbedingungen von Welpen, die in Haustiergeschäften verkauft werden oder aus kommerziellen Zuchtstätten stammen, zusammengefasst. **Hierbei wird deutlich, dass Hunde, die unter solchen Bedingungen aufwachsen, zu problematischen Verhaltensentwicklungen und emotionaler Instabilität neigen!** Besonders betroffen sind die Verhaltensbereiche Aggression, Angst und Furcht sowie unerwünschte Verhaltensweisen im Zusammenhang mit Trennung, aufmerksamkeitsheischendes Verhalten und Berührungen. Auch Rachel A. Casey und ihr Team (2014) konnten dies bestätigen: Hunde, die aus dem Tierheim oder Tierschutz stammten, hatten ein 2,6-fach erhöhtes Risiko für das Zeigen von Aggression gegen die eigene Familie, Hunde von „Vermehrern“ oder aus Haustiergeschäften ein 1,8-faches im Vergleich zu Hunden von einem verantwortungsvollen Züchter. Hunde, die in der Züchterfamilie blieben, hatten sogar ein 4,5-fach geringeres Risiko für Aggression in der eigenen Familie. Die Autoren nehmen an, dass das Risiko für das Auftreten von Verhaltensauffälligkeiten sinkt, je ähnlicher die Bedingungen im frühen Leben der Welpen mit denen im Erwachsenenalter sind.

Die **neonatale Phase** beginnt mit der Geburt und endet mit 12 bis 14 Tagen. Sie zeichnet sich vor allem durch eine Beschränkung der Wahrnehmung auf taktile, gustatorische und olfaktorische Reize aus. Erst mit dem Öffnen der Augen um den 13. Tag (± 3 Tage) und mit dem Öffnen der Gehörgänge zwischen dem 18. und 21. Tag können die Welpen ihre Umwelt durch weitere Sinnesreize wahrnehmen und aktiv auf diese reagieren. Diese Phase wird als die **Übergangsphase** bezeichnet, denn die totale Abhängigkeit der Welpen von der Mutter nimmt ab und sie erreichen ein gewisses Maß an Unabhängigkeit. Weiterhin zeichnet sich diese Phase durch die Entwicklung der Bewegungskoordination und der Wahrnehmungsfähigkeiten wie der Reifung der Sinnesorgane und ihrer neuronalen Verbindungen aus – es kommt zu komplexeren Bewegungen, die soziale Interaktionen und Kommunikation zulassen.

SOZIALISATIONS- UND JUVENILE PHASE

In der Hundeerziehung tauchen immer wieder zwei Begriffe auf, die leider nicht immer in ihrer eigentlichen Definition ihre Anwendung finden: Prägung und Sozialisation (für Definitionen und weitere Informationen siehe Gansloßer 2020). Prägung und Sozialisation hatten in der Vergangenheit in der Sozialisationsphase, die etwa ab dem 22. Lebenstag beginnt und mit der vollständigen Entwöhnung um den 84. Tag endet, höchste Priorität, da angenommen wurde, dass in dieser sensiblen Phase minimale Erfahrungen irreversible Langzeitauswirkungen auf das Verhalten hätten. Neuere Studien zeigen allerdings, dass das Verhalten auch außerhalb dieser sensiblen Phasen noch modifiziert bzw. ausgelöscht werden kann. Daher wird heute nicht mehr in Sozialisations- und juvenile Phase unterteilt, die mit der Entwöhnung beginnt und mit dem Beginn der Pubertät endet. Ab einem Alter von 22 Tagen wird der Tagesablauf weniger von Fressen und Schlafen dominiert, sondern soziales Spiel und soziale Verhaltensmuster stehen im Mittelpunkt. Hunde haben nun die

Die Interaktion mit „Babysittern" – ein wahrhaft prägendes Geschehen!

grundlegenden Verhaltensmuster erlernt und üben die Anwendung dieser im Sozialkontakt, um das angemessene Zeigen bestimmter Verhaltensweisen zu erlernen. **Die Sozialisation ist also nicht mit dem Ende der Sozialisationsphase abgeschlossen, sondern muss im weiteren Verlauf des Hundelebens fortgeführt werden – ein weiterer Punkt, warum die Unterteilung in Sozialisationsphase und juvenile Phase nicht mehr aktuell ist.** Der Welpe, ähnlich wie auch bei vielen anderen Tierarten, muss lernen, wie er sich als Mitglied einer bestimmten Art, aber auch einer bestimmten Gruppe verhalten muss, zu denen eben auch artfremde Individuen gehören können (Gansloßer 2020).

ENTWÖHNUNG

Die Sozialisationsphase endet mit der vollständigen Entwöhnung der Welpen. Freilandbeobachtungen haben gezeigt, dass die Entwöhnung der Welpen mit etwa acht bis zehn Wochen zunächst mit einer Verlängerung der Abwesenheit der Mutter von den Welpen beginnt und später in aggressives Verhalten gegenüber den Welpen übergeht, wenn diese zu saugen versuchen.

Oftmals werden Welpen von Züchtern aber schon vor der natürlichen Entwöhnung durch die Mutter von dieser getrennt: Durch eine zu frühe Trennung der Welpen von der Mutter werden das soziale Lernen und die Erfahrungen in der Gruppe enorm eingeschränkt und zusätzlich kann die Unterbrechung der Entwöhnung bei den Welpen zu Stress führen, der für eine gestörte Verhaltensentwicklung ursächlich sein kann, wie Studien von Pierantoni und Team aus dem Jahr 2001 und auch Serpell und Jagoe (1995) zeigen konnten. Auch bei Katzen, so fanden Milla K. Ahola und Team (2017) heraus, steigert eine zu frühe Trennung der Jungtiere von der Mutter das Risiko für unangemessenes Aggressionsverhalten und stereotype Verhaltensweisen. Franklin D. McMillan fasste in einem Übersichtsartikel 2017 weitere Ergebnisse zusammen: Eine zu frühe Trennung der Welpen führe in drei Bereichen zu problematischen Entwicklungen. Zunächst einmal ist die Trennung per se stressig bzw. traumatisch für den Welpen. Studien konnten zeigen, dass Welpen, die mit sechs Wochen von ihrer Mutter und den Wurfgeschwistern getrennt wurden, im Gegensatz zu Welpen, die 12 Wochen bei der Mutter bleiben durften, eher zu Vokalisation, größerem Gewichtsverlust und Krankheit neigen; auch die Mortalität war signifikant höher bei früh getrennten Welpen. Zweitens wirken auf den Welpen nach der Trennung von der Mutter und den Wurfgeschwistern Reize ein, zu deren Bewältigung er im Familienverband eher in der Lage wäre – dem Welpen fehlen der Rückhalt und die Unterstützung der Mutter und der Wurfgeschwister. Auch hier ist eine Studie bekannt, die zeigt, dass früh von der Mutter und den Geschwistern getrennte Welpen signifikant häufiger destruktives Verhalten zeigen, eher zur Verteidigung von Spielzeug und Futter neigen, ein 15-fach erhöhtes Risiko für ängstliches Verhalten bei Spaziergängen haben, ein

»Die Verhaltensentwicklung eines Hundes endet eigentlich nie – höchstens mit beginnender Altersdemenz.«

7-fach erhöhtes Risiko für aufmerksamkeitsheischendes Verhalten und Geräuschempfindlichkeit und ein 6-fach erhöhtes Risiko für exzessives Bellen. Eine weitere Studie zeigte, dass Welpen einen Elektroschock im Alter von acht bis neun Wochen nur überwinden konnten, wenn die Mutter ihnen unterstützend zur Seite stehen konnte. Andernfalls zeigten die Welpen eine langanhaltende Angstreaktion. Zuletzt verhindert die frühe Trennung von der Mutter und den Wurfgeschwistern das Erlernen angemessener Verhaltensreaktionen. Welpen lernen die Regulation ihres Verhaltens durch das Beobachten anderer und durch die Reaktion ihrer Artgenossen auf ihr eigenes Verhalten. Der Spielkampf ermöglicht z. B. das Ausbilden der Beißhemmung, indem Mutter und Wurfgeschwister durch negatives Feedback mitteilen, wenn der Welpe zu fest zubeißt. Ádám Miklósi (2015) weist daher darauf hin, dass der Besuch einer Welpenschule und der regelmäßige Kontakt mit Artgenossen als Folge der sozialen Isolation von Mutter und den Wurfgeschwistern unumgänglich ist.

SOZIALISATION

Wie James Serpell und sein Team (2017) zusammenfassten, definieren Hunde in der Sozialisationsphase ihre eigene Artzugehörigkeit und können gleichzeitig soziale Verbindungen mit nicht zur gleichen Art gehörigen Individuen eingehen. Ermöglicht wird dies, wie Studien von Freedman und seinem Team (1961) oder von Markwell und Thorne (1987) zeigten, dadurch, dass in der frühen Phase der Sozialisation die Flucht vor fremden neuen Reizen, besonders anderen Arten von Tieren und Menschen, wenig ausgeprägt ist. Erst ab einem Alter von ca. fünf Wochen entwickeln sich ablehnende Reaktionen, die Welpen beginnen zwischen Freund und potenziellem Feind zu unterscheiden. Für eine erfolgreiche Sozialisation müssen Welpen weder oft noch lange Kontakt zu nicht zur eigenen Art gehörigen Individuen haben, schon 20 Minuten pro Woche haben ausgereicht (Fuller 1967, nach Serpell et al. 2017). Welpen sollten bis zur 7./8. Woche Kontakt zum Menschen haben, um später soziale Verbindungen mit diesem eingehen zu können; allerdings bleibt das „Sozialisationsfenster" bis zu einem Alter von ca. 12 bis 14 Wochen oder sogar noch etwas länger geöffnet (Fentress 1967, Woolpy & Ginsberg 1967, Frank & Frank 1982, Lord 2013, nach Serpell et al. 2017). Auch Miklósi (2015) hält fest, dass Hunde, die vor der 10. bis 15. Lebenswoche keinen Kontakt zum Menschen hatten, gegenüber diesem nicht sozialisiert werden können. **Welpen sollten zwischen drei und zwölf Wochen an den Menschen gewöhnt werden, wobei der Höhepunkt der Sensitivität in einem Alter von sechs bis acht Wochen zu sehen ist** (Scott und Fuller 1965, zusammengefasst bei Serpell et al. 2017). Es sei aber auch angemerkt, dass hier enorme individuelle und rassebedingte Unterschiede festzustellen sind. In diesem Zusammenhang sollten die Ergebnisse von Serpell und Duffy (2016) erwähnt werden, denn nicht nur die Auswirkungen positiver Reize, auch negative Reize haben in dieser Phase langzeitstabile Auswirkungen auf das spätere Verhalten: Hunde, die in diesem Alter von fremden Hunden attackiert wurden, zeigen sich im Alter von einem Jahr furchtsam im Umgang mit anderen Hunden und aggressiver gegenüber unbekannten Personen. Auch der negative Kontakt zum Menschen wirkt sich auf das Verhalten im Erwachsenenalter aus, da Welpen, die durch eine bekannte oder unbekannte Person erschreckt wurden, sich signifikant furchtsamer gegenüber unbekannten Personen zeigten und weniger trainierbar waren. Junge Hunde waren aber auch nach der sensiblen Phase noch anfällig für Fehlentwicklungen des Verhaltens in Folge von negativen Reizen. **Auch in dieser Phase müssen Hunde weiterhin Kontakt zum Menschen haben, denn einige Studien zeigen, dass gut sozialisierte Hunde**

bei unregelmäßiger sozialer Verstärkung bis zu einem Alter von sechs bis acht Monaten anschließend wieder furchtvolles Verhalten gegenüber dem Menschen zeigen. Denn nicht nur in der Sozialisationsphase sind Hunde sehr empfänglich für Reize jeglicher Art, sondern auch in der zweiten Hälfte des ersten Lebensjahres können bestimmte Reize langanhaltende, teils irreversible Auswirkungen auf die Verhaltensentwicklung von Hunden haben.

Gewöhnung an Reize

McMillan (2015) betont die Bedeutung der Sozialisation des Welpen gegenüber altersangemessenen biotischen und abiotischen Reizen, um im Verlauf ihres Lebens angemessen darauf reagieren zu können. Inadäquate Reize bedingen generell Ablenkung von Neuem, Hyperaktivität, ein beeinträchtigtes Sozialverhalten, ein geringeres Explorationsverhalten und eine schlechtere Lernfähigkeit, bei zusätzlich erhöhtem Risiko für das Entstehen von Verhaltensauffälligkeiten, besonders im Bereich der Furchtsamkeit, der Trennungsreaktion und der Aggression gegenüber dem Halter/der Halterin, deren Familien und fremden oder bekannten Hunden. Neben den biotischen Faktoren sollten auch die abiotischen Faktoren nicht vernachlässigt werden. Mäuse, die unter angereicherten Bedingungen gehalten wurden, zusammengefasst von Gansloßer (2020), zeigen mehr Neugier- und Spielverhalten, das Risiko für Verhaltensstereotypien sank, sie schnitten besser bei Lern- oder Geschicklichkeitstests ab und zeigten weniger Nervosität oder Angstverhalten.

AUSWIRKUNG DER LEBENSBEDINGUNGEN

Neben der Gewöhnung an biotische und abiotische Reize sollte auch die Bedeutung der Haltungsform erwähnt werden. Die Budapester Arbeitsgruppe rund um Erika Mirkó verglich in einer Studie 2012 Deutsche Schäferhunde und Ungarische Magyar Vizslas miteinander. Hierzu sammelten sie Daten aus Fragebogenerhebungen. Zunächst zeigten die Daten scheinbar, dass der Deutsche Schäferhund signifikant aggressiver und weniger trainierbar als der Magyar Vizsla war. Als die Autoren die Daten hinsichtlich der demografischen Bedingungen anpassten und die Rassen erneut miteinander verglichen, zeigten sich keine Unterschiede mehr hinsichtlich der Aggression oder Trainierbarkeit – die anfänglichen Unterschiede sind also nicht auf die ursprüngliche Rassegeschichte und Eignung für bestimmte Arbeiten zurückzuführen, sondern auf die Lebensbedingungen. Ein Folgetest zeigte, dass ein Faktor für die signifikanten Unterschiede bei Aggression und Trainierbarkeit verantwortlich war: Hunde, die nur im Garten lebten, zeigten sich signifikant aggressiver als Hunde, die im Haus lebten, wobei für die Trainierbarkeit ein umgekehrter Zusammenhang festgestellt werden konnte. Wie bedeutend eine gute Sozialisation der Hunde ist, zeigten Haverbeke et al. (2010) im Rahmen einer groß angelegten Studie an belgischen Militärdiensthunden. In der Studie wurde das Verhalten zweier Gruppen verglichen: Die erste Gruppe (Kontrollgruppe) wuchs unter den Standardbedingungen auf, wurde nicht speziell sozialisiert und ausschließlich trainiert; die zweite Gruppe durchlief ein spezielles Erziehungs- und Trainingsprogramm. Es stellte sich heraus, dass die Kontrollgruppe in Verhaltenstests, die im Erwachsenenalter durchgeführt wurden, signifikant mehr Auffälligkeiten im Bereich der Aggression und der Furchtsamkeit zeigten.

ORTS- UND PERSONENBINDUNG

Während Welpen von verwilderten Haushunden oder Wölfen sich bis zur Sozialisierungsphase am Rendezvous-Platz aufhalten, dem Areal rund um die Wurfhöhle, nimmt in der juvenilen Phase die Erkundungsbereitschaft zu und die Welpen unternehmen ihre ersten längeren Ausflüge (Althaus 1985, Markwell & Thorne 1987). Wie Gansloßer und Krivy 2014 erläuterten, verlassen die Welpen erstmals nach ca. drei Wochen die Wurfhöhle und haben bis zur 14. Lebenswoche eine intensive Ortsbindung zum Rendezvous-Platz. Hier findet dann auch der erste Kontakt zu anderen Familienmitgliedern des Rudels oder der Sozialgruppe statt – hier wird besonders die Persönlichkeitsachse Geselligkeit geformt. Marc Bekoff untersuchte das Spielverhalten von Caniden, besonders von Hunden, Kojoten und Wölfen, und besonders entscheidend für die Geselligkeit scheint auch das Spielverhalten im dritten und vierten Lebensmonat zu sein. Welpen, um die sich besonders intensiv gekümmert wurde und mit denen die Babysitter viel spielten, blieben im Alter eher beim Rudel und wurden selbst Babysitter. Gegenteiliges wurde bei wenig oder keinem Sozialspiel beobachtet: Die Tiere wanderten früh ab und gründeten ihre eigene Familie oder streiften als Einzelgänger herum. **Mit der Lockerung der Ortsbindung und den ersten Erkundungsausflügen sind die Jungtiere auch erst in einem Alter von 14 bis 16 Wochen zu einer individuellen Bindung an einen bestimmten Menschen fähig.**

AGGRESSIONSVERHALTEN

Wie unter „Verhaltensbiologische Aspekte der Aggression, siehe S. 184 ff." näher erläutert wird und von James Serpell (2017) beschrieben wurde, handelt es sich beim Aggressionsverhalten um einen Verhaltenskomplex, dessen Formen in Abhängigkeit von unterschiedlichen Kontexten gezeigt werden, weshalb es keine einheitliche Ursache für sämtliche Aggressionsformen geben kann.

Aggresssion gegen Fremde

Aggression gegenüber fremden Hunden und Menschen ist oftmals rasseabhängig, aber auch besonders individuell zu sehen, wie Serpell et al. (2017) oder auch Duffy et al. (2008) festhalten. Diese Aggressionsform tritt häufig im eigenen Zuhause oder an regelmäßig besuchten Orten auf. Fatal ist die Aggression gegenüber Fremden daher, da sich das Aggressionsverhalten oftmals im Alter von ein bis drei Jahren zeigt, das problematische Verhalten sich aber deutlich früher entwickelt, wie Serpell et al. (2017) ausführen. Die Ablehnung fremder Individuen ist einerseits ein natürliches Verhaltensmuster, denn Caniden und auch andere Tiere müssen Feinde erkennen können, um potenziellen Gefahren auszuweichen. Dies zeigen Versuche, zusammengefasst von Ádám Miklósi (2015), in denen Welpen, die bis zur ca. 14. Lebenswoche keinen Kontakt zum Menschen hatten, nicht mehr in einem ausreichenden Maß sozialisiert werden konnten. Wolfswelpen zeigten eine erste Feindseligkeit gegenüber nicht familiären Eindringlingen im Alter von ca. 16 bis 20 Wochen; ein ähnlicher Zeitpunkt konnte für den Anstieg der aggressiven Reaktionen auf Fremde für Deutsche Schäferhunde gezeigt werden (Fentress 1967, Serpell et al. 2017, Serpell & Duffy 2016). Weiterhin kann die Aggression gegenüber Fremden durch die Aufzuchtbedingungen beeinflusst werden, wie Studien von Roll und Unshelm (1997), Appleby et al. (2002) oder Serpell und Jagoe (1995) zeigten: Wenig Kontakt zu Artgenossen im Alter von fünf Wochen bis fünf Monaten, Krankheiten im Welpenalter bis zu einem Alter von 16 Wochen, Geburt und Aufzucht unter Zwingerbedingungen und mangelnde Erfahrungen in der Stadt zwischen drei und sechs Monaten. Serpell et al. (2017) fassen die Ergebnisse zusammen: **Eine mögliche Ursache für das Entstehen aggressiven Verhaltens gegenüber fremden Menschen und Hunden stellt eine unzureichende frühe Sozialisation dar.**

Die bereits erwähnte Studie von Anouck Haverbeke und ihrem Team aus dem Jahr 2010 zeigte ebenfalls, dass Militärdiensthunde, die an einem speziellen Sozialisierungs- und Erziehungsprogramm teilnahmen (Versuchsgruppe), im Gegensatz zu herkömmlich trainierten Hunden (Kontrollgruppe) weniger aggressive Verhaltensweisen gegen Fremde zeigten. Zusätzlich wurden die Hunde der Kontrollgruppe überwiegend im Zwinger gehalten, während die Hunde der Versuchsgruppe im Haus lebten. Dieser Faktor wurde allerdings nicht statistisch untersucht. Zu ähnlichen Ergebnissen kamen auch Mirkó und ihr Team, die 2012 Deutsche Schäferhunde und Magyar Vizslas miteinander verglichen (siehe „Kasten“, S. 218).

Aggression gegen die eigene Familie

Eine weitere Form der Aggression ist die gegen den eigenen Besitzer, dessen Familie oder Hunde im gleichen Haushalt. Ebenso wie die Aggression gegen Fremde, ist auch bei dieser Form der Zeitpunkt und der Zusammenhang, indem Aggressionsverhalten gezeigt wird, sehr individuell zu sehen, kann aber auch hier wieder von der Rassezugehörigkeit abhängig sein. In der Vergangenheit wurde diese Aggressionsform oftmals fälschlicherweise als Dominanzaggression bezeichnet – ein Begriff, der heute aufgrund klarer Definitionen keine Anwendung mehr finden kann. **Erste Verhaltensweisen des Durchsetzungsvermögens treten schon ab der dritten Woche im Umgang mit den Wurfgeschwistern auf.** Ursachen für die Aggression gegen den eigenen Halter, dessen Familie oder Hunde im gleichen Haushalt werden in verschiedenen Studien zusammengefasst (McMillan et al. 2013, Serpell & Jagoe 1995): Krankheit als Welpe bis zum Alter von 16 Wochen, Herkunft aus Tierhandlungen, prä- und postnataler maternaler Stress, Stress im frühen Leben, inadäquate Sozialisation und frühe Erfahrungen und Interaktionen mit der Mutter, den Wurfgeschwistern und Menschen.

ANGST UND FURCHT

Leider werden in unterschiedlichen Studien, aber auch im allgemeinen Sprachgebrauch, Begriffe wie Angst, Furcht oder Phobie (siehe S. 288) nicht konkret definiert und korrekt verwendet. Daher gestaltet sich der Vergleich von Studien teils schwierig. Wie unterschiedliche Studien zeigen, scheint furchtvolles Verhalten eine genetische Komponente zu enthalten (siehe S. 292). Auch die Umwelt in der prä- und neonatalen Phase wirkt sich auf die Entwicklung der Hypothalamus-Hypophysen-Nebennierenrinden-Achse aus und beeinflusst somit das Stressgeschehen (Näheres hierzu in Gansloßer 2020). Isolationsversuche von Clarke et al. (1951), Melzack und Thompson (1956) und Fuller (1967) zeigten, dass das Aufwachsen unter restriktiven Bedingungen (visuell isolierte oder umweltbedingt verarmte Umgebung) bei Welpen zu Neophobien unterschiedlichen Ausmaßes in unbekannten Situationen führen.
Dies wird auch als „Kennel Dog Syndrom“ bezeichnet: **Hunde zeigen abnormale Scheu gegenüber neuen Situationen und Menschen, wenn sie unter relativ eingeschränkten Bedingungen in Zwingern gehalten werden.** Wie bereits erwähnt, müssen Welpen vor einem Alter von ca. 9 bis 14 Wochen Kontakt zum Menschen haben, um diesem gegenüber kein Meideverhalten zu entwickeln. Ähnlich wie das Aggressionsverhalten, ist auch das Furchtverhalten bei Hunden relativ reizspezifisch und variiert individuell enorm. Entscheidend dafür, welche Reize Furcht auslösen und in welchem Umfang sind aber generell in den frühen Erfahrungen zu sehen (Serpell et al. 2017). Auch hierzu sollte wieder die groß angelegte Studie von Haverbeke et al. (2010) herangezogen werden: Die gut sozialisierten Hunde der Versuchsgruppe zeigten nicht nur weniger aggressives Verhalten als die Kontrollgruppe, sondern zeigten sich auch weniger furchtvoll. Wie die Arbeitsgruppe bereits 2008 herausfand, resultierte das Furchtverhalten in gestei-

gerter Aggression. Die Bedeutung dieser Ergebnisse sollte hervorgehoben werden: Furcht ist nicht nur einer der häufigsten Gründe, weshalb Hunde als potenzielle Assistenzhunde ausscheiden, wie Michael E. Goddard und Rolf G. Beilharz (1984) untersuchten, sondern kann auch im Alltag häufig zu Problemen im Zusammenleben von Mensch und Hund führen.

TRENNUNGSBEDINGTE VERHALTENSENTWICKLUNGEN

Verhaltensweisen wie Destruktivität, Vokalisation, Defäkation und Urinieren im Zusammenhang mit der Trennung vom Halter gehören zum Bereich der trennungsbedingten Verhaltensprobleme (Podberscek et al. 1999, siehe auch S. 262 ff.). Trennungsbedingte Probleme können zunächst einmal schon durch eine sich ängstlich oder ambivalent verhaltende Mutter entstehen, wodurch die Welpen auf Trennungen übermäßig abhängig und abnormal gestresst reagieren (Serpell et al. 2017). Auch der Abgabezeitpunkt der Welpen, und damit verbunden die Trennung von der Mutter und den Wurfgeschwistern, wirkt sich auf das Trennungsverhalten aus. Aus den Untersuchungen von Slabbert und Rasa (1993), Pierantoni et al. (2011) oder auch dem Übersichtsartikel von McMillan (2017) geht hervor, dass eine Trennung von der Mutter und den Wurfgeschwistern vor einem Alter von mindestens acht Wochen negative Folgen für das Verhalten und die Gesundheit der Welpen haben. Weiterhin sehen Serpell und Team eine Ursache für das Entstehen von Trennungsproblemen darin, dass die Welpen oft niemals gelernt haben, eine Trennung zu bewältigen und sollten daher in ihrem Zuhause schrittweise das Alleinbleiben erlernen. In diesem Zusammenhang sollte die **Objektpermanenz** nicht unerwähnt bleiben. Die Autoren rund um Sylvain Fiset (2014) definieren Objektpermanenz als die Kenntnis, dass ein soziales oder physikalisches Objekt weiterhin existiert, auch wenn es sich nicht mehr im Sichtfeld befindet. Für Caniden ist die Objektpermanenz überlebensnotwenig, gerade bei der Jagd, wenn die Beute hinter einem Hindernis verschwindet, oder auch im sozialen Bereich, wenn die Gruppenmitglieder kurzzeitig nicht mehr sichtbar sind. Als Voraussetzung für das Erlernen des Alleinbleibens muss aber die Objektpermanenz vollständig ausgebildet sein. Nur wenn der Welpe versteht, dass der sich aus dem Sichtfeld entfernende Mensch auch weiterhin existiert, wenn er nicht mehr sichtbar ist, kann er verstehen, dass eine kurzzeitige Trennung bedeutet, dass sein Mensch zu einem späteren Zeitpunkt wiederkommen kann. Zu welchem Zeitpunkt in der Entwicklung dies der Fall ist, ist spärlich untersucht. Bei verschiedenen Terrier-Rassen konnten die Merkmale der Objektpermanenz mit dem Ende der 8. Lebenswoche nachgewiesen werden (Gagnon & Doré 1994); bei Wölfen erst in einem Alter von zehn Wochen (Fiset et al. 2014). **Aufgrund der Entwicklungsunterschiede der verschiedenen Rassen untereinander, aber auch im Vergleich zum Wolf, sollte mit dem Erlernen des Alleinbleibens nicht vor einem Alter von neun bis zehn Wochen begonnen werden.**

Hunde ohne Trennungsprobleme ruhen oft, sobald wir das Haus verlassen. Welpen lernen das bereits in kleinen Schritten.

PUBERTÄT: VOM PRIMUS ZUM RÜPEL

VON KRISTIN STRAUSS

Wird die Hündin das erste Mal läufig und der Rüde hebt beim Markieren das Bein, beginnt die Pubertät bei Hunden. Pubertät ist keinesfalls ein Phänomen, das nur bei einzelnen „höher entwickelten" Arten zu finden ist, sondern von Menschen, über viele andere Säugetiere bis hin zu den Vögeln kommen alle in die Pubertät – so auch die Haushunde. Mit dem Ende der Pubertät ist die körperliche Reifung des Hundes abgeschlossen.

Dass die geistige Reifung allerdings noch darüber hinausgeht, ist allgemein bekannt. Der diese weitere Reifung umschreibende Begriff der **Adoleszenz** wird allerdings in den seltensten Fällen von dem der Pubertät abgegrenzt. Wie bereits erwähnt wurde, sind die einzelnen Entwicklungsphasen oftmals nicht eindeutig voneinander zu trennen (siehe S. 215 ff.). Dies betrifft u. a. auch die Entwicklung des Hippocampus, dessen Hauptfunktionen das Lernen, die Ängstlichkeit, die Stressregulierung und die Gedächtnisfunktionen betreffen. Wie von Gansloßer 2020 zusammengefasst, wurde früher davon ausgegangen, dass Veränderungen in diesem Bereich nur während der Jungtierentwicklung stattfinden – ein Trugschluss, denn die Nervenzellen des Hippocampus bleiben ein Leben lang plastisch, also veränderbar, weshalb auch die Entwicklung der Stresssysteme keinesfalls mit dem Ende der Jungtierentwicklung abgeschlossen ist. Sowohl die Pubertät als auch die Adoleszenz sind also in ihren Zeiträumen kaum zu benennen, denn hier finden sich enorme individuelle oder auch rassebedingte Unterschiede. So führte die Arbeitsgruppe rund um Catherine Trangerud (2017) an, dass weibliche Labradore ihre Reife, gemessen am Körpergewicht, im Alter von 351 Tagen erreichten, während es bei männlichen Neufundländern 413 Tage waren. Das Erreichen des Erwachsenenstadiums verschiedener Verhaltenskomplexe tritt beim Haushund nicht auf (Coppinger et al. 1987, Coppinger & Feinstein 2015). Die sogenannte Neotenie (Fortdauer von Jugendmerkmalen) kann je nach Rasse ausgeprägter sein und unterschiedliche Verhaltensbereiche betreffen. Wie bereits ausgeführt, sollten auch hier die Ergebnisse der Arbeitsgruppe rund um Deborah Goodwin (1997) nicht unerwähnt bleiben: Je wolfsähnlicher eine Rasse beurteilt wurde, desto mehr Verhaltensweisen des agonistischen Kommunikationsverhaltens zeigte diese auch (siehe auch S. 193 ff.).

Die Phase rund um die Pubertät und die Adoleszenz, so Miklósi (2015), stellt für den Haushund eine relativ stabile Phase der Umweltbedingungen dar, sofern die Hunde in einem Haushalt verbleiben und nicht abgegeben werden, während sie bei verwilderten Haushunden und Wölfen von vielfältigen Veränderungen geprägt ist – besonders von der Entscheidung des Abwanderns oder Verbleibs im Rudel oder der Sozialgruppe (Näheres in Gansloßer 2020).

VERÄNDERUNGEN IN DER PUBERTÄT

Wie bereits erwähnt, findet die körperliche Reifung mit all ihren physischen, sozialen, kognitiven und emotionalen Veränderungen bei unterschiedlichsten Säugetieren statt, sodass zum Verständnis der Abläufe der Pubertät auch humanpsychologische Studien herangezogen werden können (u. a. zusammengefasst von Gansloßer & Krivy 2014, Gansloßer & Kitchenham 2015, Strodtbeck 2013).

VERÄNDERUNGEN IM GEHIRN

Die Pubertät beginnt mit der Produktion und der Ausschüttung des Hormons GnRH (Gonadotropin Releasing Hormone) durch die Hirnanhangdrüse, veranlasst durch die beiden Gene KISS 1 und KISS 2 (siehe Abb.). Hierdurch kommt es zu einem Anstieg der Sexualhormone und verschiedenster anderer Hormone und Botenstoffe, u. a. ist die Kombination aus dem Wachstumshormon Somatotropin und dem Schilddrüsenhormon Thyroxin für das Schließen der Wachstumsfuge, eigentlich das Verknöchern der knorpeligen Fuge, ursächlich. Dieser Hormoncocktail sorgt nicht nur für Veränderungen des Verhaltens wie Stimmungsschwankungen oder emotionale Instabilität, sondern auch für die körperliche Reifung wie die Zunahme der Muskelzellen, Verstärkung der Bänder und Sehnen und auch die Veränderungen im Bereich der Nervenzellen. Hier sind besonders die Veränderungen im Bereich des Gehirns zu nennen. Grob gesagt werden wenig verwendete Nebenwege der Nervenverknüpfungen gelockert und jene, die häufig verwendet werden, ausgebaut. Wie Crone (2009) für Menschen beschreibt, nimmt die weiße Substanz im Gehirn während der Kindheit und Adoleszenz fast linear mit steigendem Alter zu. Die weiße Substanz besteht überwiegend aus den Axonen (Nervenfasern) der Nervenzellen, die der Reizweiterleitung dienen. Namensgebend für die weiße Substanz ist die Isolierschicht dieser Axone, die Myelinscheide, die durch eine bestimmte Färbung (Formalin) unter dem Mikroskop weiß erscheint. **Dies bedeutet also, dass mit steigendem Alter bis zur Adoleszenz die Reizweiterleitung verbessert wird, indem die leitenden Strukturen besser isoliert werden.** Zusätzlich dient die Isolierschicht auch der Nährstoffversorgung der Nervenzellen. Auch die graue Substanz, also die Zahl der Nervenzellen und das Volumen dieser, steigen bis zur Adoleszenz immer weiter an, ehe sie dann mit steigendem Alter durch Alterungsprozesse wieder abnimmt. Das Forscherteam um Braund (1982) bestätigte die beim Menschen gefundenen Ergebnisse. **Die Forscher zeigten, dass die Nervenfasern des peripheren Nervensystems bei Hunden mit ca. einem Jahr die Dichte der adulten Tiere erreicht.** Die Versuchstiere wurden allerdings nicht nach Rasse, Größe oder Geschlecht aufgeteilt, sondern der Wert bildet einen Mittelwert aller Versuchstiere. Somit sollten bei der Interpretation mögliche individuelle Unterschiede berücksichtigt werden – z. B. werden kleine Rassen schneller erwachsen als größere und riesige Rassen (siehe Ganslößer & Kitchenham 2019). Bei der Umstrukturierung während der Pubertät geht die Hirnrinde, besonders der Frontallappen, der u. a. für Sozialkompetenz, soziales Beziehungsverhalten oder auch die Konzentrationsfähigkeit zuständig ist, als Gewinner hervor, während der Mandelkern (Amygdala), ein Teil des limbischen Systems, der für Emotionalität zuständig ist, viele seiner Aufgaben entzogen bekommt. So nimmt die Rezeptordichte für Botenstoffe im Mandelkern

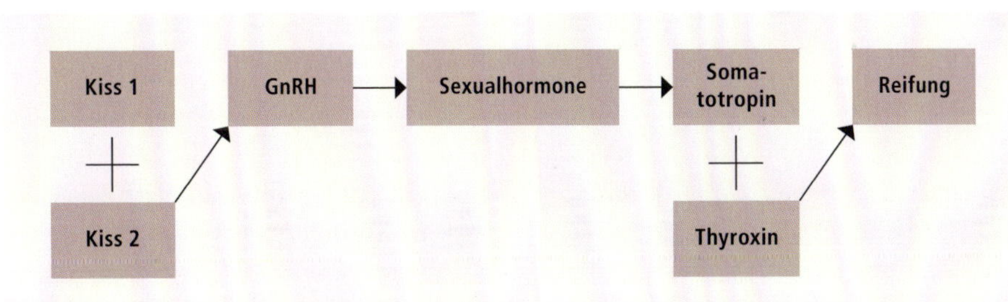

Ablauf der Pubertätsauslösung durch Genaktivierung, Hormonausschüttung und Reifungsprozesse.

ab, während die Empfindlichkeit, sprich die Rezeptordichte, für genau diese Botenstoffe in der Hirnrinde zunimmt. **Während also Kinder mehr vom Mandelkern gesteuert werden und somit intuitiv und emotional handeln, übernimmt während der Pubertät die Hirnrinde diese Aufgabe, sodass junge Erwachsene immer rationaler und vernünftiger handeln.** Zusätzlich wird diese Umstellung dadurch unterstützt, dass hemmende Nervenfasern von der Hirnrinde in den Mandelkern ausgebildet werden, sodass dieser unter Kontrolle der Hirnrinde steht. **Die gleichen Veränderungen gelten auch für Empathie und Einfühlungsvermögen: Während dieses bei Kindern noch den Sitz im Mandelkern hat, wird es später Teil der Aufgaben der Großhirnrinde.** Diese Umschaltungen laufen allerdings nicht immer parallel ab, sodass es oftmals dazu kommt, dass der Mandelkern seine Aufgaben im Bereich der Empathie bereits abgegeben, die Hirnrinde diese aber noch nicht übernommen hat. Das Individuum kann sich also nicht entscheiden, wie es sich selbst fühlen würde, kann aber auch nicht mehr intuitiv erkennen, wie es dem anderen gerade geht – dies gilt sowohl für unsere menschlichen Artgenossen als auch für Caniden. Weiterhin kommt es durch die gleichen Umbaumaßnahmen zu einer **Entkopplung von Emotionen und Belohnung**. Dies ist dadurch möglich, dass die Belohnungssysteme, deren Haupthormon das Dopamin ist, ebenfalls vom Mandelkern in die Hirnrinde verlagert werden. Somit können sich Erwachsene auch dann noch mit einer Aufgabe beschäftigen, wenn die direkte Belohnung oder der Spaß daran ausbleiben. Ein weiterer wichtiger Punkt auf dem Weg zu einem effektiv arbeitenden Gehirn ist die **Aufgabenverteilung**. Während vor der Pubertät große Hirnbereiche viele Aufgaben übernehmen, haben nach dieser viele kleine Regionen spezielle Aufgaben, was einen deutlich effektiveren Energieverbrauch des Gehirns zur Folge hat. Zuletzt nimmt auch die **Leistungsfähigkeit des Mittelhirns** zu. Dieses wird bei erfolgreicher Problembewältigung durch die Beteiligung des aktiven Stresssystems aktiviert. Dies bedeutet, dass Handlungen in belastenden Situationen, die aus einer aktiven Problemlösung heraus vollzogen werden, als besonders wiederholenswert für die Zukunft abgespeichert werden und die beteiligten Hirnregionen besonders verstärkt werden. Dass hierbei beide Seiten der Medaille betrachtet werden sollten, werden wir noch sehen.

IMPULSKONTROLLE

Wie bereits erwähnt, profitiert die Hirnrinde während der Pubertät, während der Mandelkern einen Großteil seiner ursprünglichen Aufgaben verliert. Dies ist unabdingbar für den Wandel von emotional-intuitiven Handlungen hin zu rational-vernünftigen Entscheidungen. Die Pubertät zeichnet sich also durch eine stetig ansteigende Verbesserung der Exekutivfunktionen aus (Crone 2009). Diese sind entscheidend für das Kontrollieren der eigenen Impulse und Motivationen und maßgeblich für die sogenannte Impulskontrolle.

Zur Erziehung gehört ebenfalls, dem zu Erziehenden beizubringen, dass Frustrationen bewältigt und die eigenen Motivationen kontrolliert werden müssen. Nur so ist das erfolgreiche Zusammenleben mit Sozialpartnern möglich. Wie anstrengend Impulskontrolle ist, zeigten Miller und Team (2010) im Rahmen einer Studie (siehe „Aus der Forschung“). Adaptives Lernen führt bei Kindern zu einer verbesserten Gedächtnisleistung und auch andere Exekutivfunktionen werden verbessert (Crone 2009). Dass dies nicht nur für Kinder, sondern auch für Hunde gilt, zeigte das Team um Lisa J. Wallis. Sie untersuchten die Gedächtnisleistungen von Hunden unterschiedlicher Altersklassen und stellen fest, dass gezieltes Clickertraining positive Auswirkungen auf die Konzentrationsfähigkeit hat.

☞ **AUS DER FORSCHUNG (VON KRISTIN STRAUSS)**

FUTTERVERSUCH

Im Rahmen der Studie des Teams rund um Holly Miller (2010) wurden die Testhunde in zwei Gruppen eingeteilt. Im ersten Teil des Experiments sollten die Hunde der ersten Gruppe für einen Zeitraum von zehn Minuten in einem Raum sitzen bleiben. Sobald der Hund aufstand, wurde das Signal zum Sitzenbleiben wiederholt. Die zweite Gruppe wurde für den gleichen Zeitraum in einer geschlossenen Hundebox untergebracht. Nach Ablauf der Zeit bekamen beide Gruppen einen ihnen bekannten Gegenstand, aus dem sie vor Beginn des Versuchs lernten, Futter zu erlangen. Dieser Gegenstand war nun aber so manipuliert, dass die Hunde das Futter nicht erreichen konnten. Die erste Gruppe, die „Bleib-Gruppe", verbrachte im Durchschnitt weniger als 50 Sekunden damit, an das Futter zu kommen, bevor sie aufgaben, während die zweite Gruppe, die „Box-Gruppe", im Schnitt mehr als 140 Sekunden damit verbrachte (siehe Abb.). Im zweiten Teil des Versuchs bekamen beide Gruppen eine Glukoselösung oder eine zuckerfreie Lösung. Die „Bleib-Gruppe" mit der zuckerfreien Lösung schnitt, als sie nun wieder die nicht zu lösende Intelligenzapparatur erhielt, am schlechtesten ab, während die „Box-" und die „Bleib-Gruppe" mit Glukoselösung gleichauf waren (siehe Abb.).
Dies bedeutet also, dass für Impulskontrolle limitierte Energieressourcen aufgewendet werden müssen. Dies verdeutlicht noch einmal, aus welchem Grund die Verteilung spezieller Aufgaben auf kleinere Hirnareale so entscheidend ist: Man stelle sich nur einmal vor, dass die Energieaufwendung vor der Pubertät noch höher gewesen sein müsste.

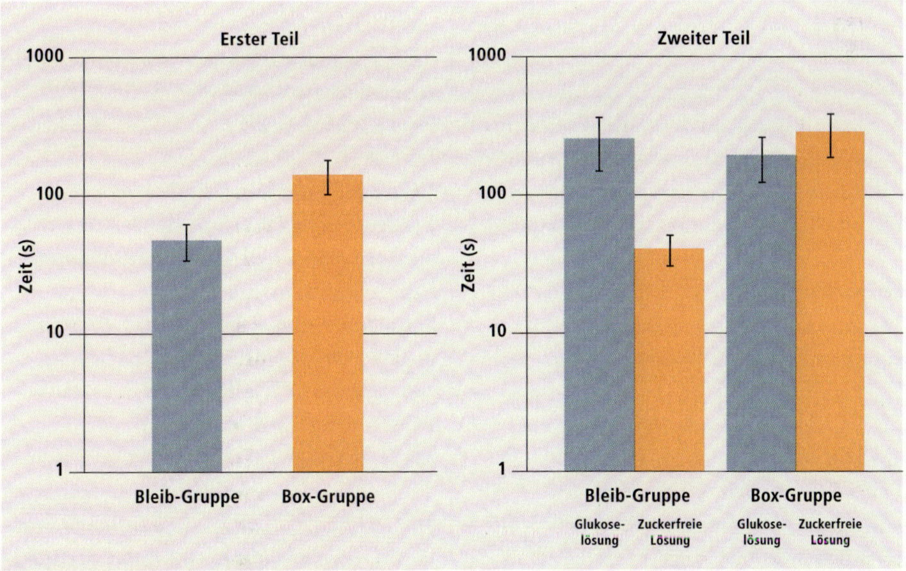

Mediane der Dauer in Sekunden, mit der sich die Hunde mit der Intelligenzapparatur beschäftigen (modifiziert nach Holly et al. 2010).

ERZOGENER VERSUS GEHORSAMER HUND

Impulskontrolle spielt aber nicht nur im Training eine große Rolle, sondern auch in der Erziehung ist sie unumgänglich. Erziehung und Training – zwei Begriffe, die im Sprachgebrauch von Hundehaltern und auch Trainern oftmals synonym verwendet werden, obwohl hier doch enorme Unterschiede bestehen (siehe „Aus der Forschung"). In diesem Zusammenhang sollte auch der von Daniel Mills et al. (2014) beschriebene Unterschied zwischen einem gehorsamen und einem erzogenen Hund genannt werden (Näheres s. Gansloßer & Kitchenham 2015). **Während der gehorsame Hund das tut, was ihm gesagt wird, kann der erzogene Hund vorausschauend handeln und sein Verhalten eigenständig – ohne ständige Anweisungen des Menschen – an eine Vielzahl von unterschiedlichen Situationen anpassen und sich auf die Verhaltensweisen des Halters einstellen und dementsprechend reagieren.** So erkennen erzogene Hunde mögliche Konflikte bereits im Vorfeld und können diese adäquat lösen, während gehorsame Hunde in solchen Situationen von ihren Menschen angewiesen werden (müssen), was zu tun ist. Gansloßer und Kitchenham (2015) weisen ebenfalls darauf hin, dass formales Training keinerlei Auswirkungen auf das Entstehen von unerwünschten Verhaltensweisen hat (Leinenzerren, Futterstehlen, Jagen von Radfahrern, Joggern etc.), einzig eine gute Erziehung kann hier Erfolg versprechen.

ERZIEHUNGSSTILE UND -METHODEN

In der Kinderpsychologie werden unterschiedliche Erziehungsstile beschrieben, die ebenso auch in der Hundeerziehung gefunden werden: Der Laisser-faire-Erziehungsstil, bei dem keine Grenzen gesetzt werden und der/die zu Erziehende sämtliche Freiheiten genießt, der autoritäre Erziehungsstil, in dem über Kontrolle und Disziplin zu erziehen versucht wird. Und zuletzt der autoritative Erziehungsstil, bei dem der Hund als Sozialpartner mit seinen eigenen Bedarfslagen und Bedürfnissen akzeptiert wird, wobei deutliche Grenzen gesetzt werden, innerhalb derer sich der zu Erziehende frei entfalten und entwickeln darf. Neben dem Erziehungsstil wirken sich auch die Erziehungsmethoden auf das Verhalten des Hundes aus. Rooney und Cowan (2011) werteten Fragebögen aus und untersuchten daraufhin die Auswirkungen unterschiedlicher Trainings- und Erziehungsmethoden. Setzten die Hundehalter überwiegend auf strafende Methoden, zeigten sich die Hunde weniger verspielt und im Umgang mit Fremden zurückhaltender. War das Gegenteil der Fall, die Halter setzen also eher auf Belohnung, waren die Hunde deutlich erfolgreicher beim Lösen neuer Aufgaben. Ebenso lösten Hunde, deren Halter mit ihnen verspielter und lockerer im Training umgingen, neue Aufgaben schnell und erfolgreich. Doch Hunden, die mit aversiven Methoden trainiert oder erzogen wurden, fiel das Lösen neuer Aufgaben nicht nur schwerer, sondern sie zeichneten sich auch durch eine erhöhte Aggressionsbereitschaft gegenüber Hunden im eigenen Haushalt aus (Casey et al. 2014). Auch LaFollette und Team (2019) stellten einen Zusammenhang zwischen der Trainingsmethode und dem Verhalten her: **Während Hunde, die aversiv trainiert wurden, ängstlicher und weniger offen für Neues waren und weniger Augenkontakt suchten, zeigten sich Hunde, die mit positiver Verstärkung trainiert wurden, verspielter.** Zusätzlich zeigten sich Auswirkungen auf das Bindungsverhalten: **Hund und Mensch lebten enger zusammen, wenn nicht auf Strafe, sondern auf bindungsfördernde und positiv verstärkende Methoden gesetzt wurde.**

Der Kleine (rechts) hat schon Manieren gelernt.

AUS DER FORSCHUNG (VON KRISTIN STRAUSS)

ERZIEHUNG UND TRAINING

Was bedeutet Erziehung?

Erziehung ist Teil der Sozialisation und in der Interaktion von jungen Hunden und ihren erziehenden Menschen unabdingbar, wird aber ebenso von älteren Hunden gegenüber jüngeren gezeigt (Gansloßer & Kitchenham 2015, Hinte-Breindl et al. 2023). Dem zu Erziehenden werden in der Welpen- und Junghundzeit Regeln und Leitlinien für das gemeinsame Miteinander mitgegeben, sowohl mit anderen Artgenossen, als auch mit der sozialen und nicht sozialen Umwelt. Unter Berücksichtigung der Bedürfnisse des zu Erziehenden, werden Verhaltensweisen, die gesellschaftlich erwünscht sind, geformt und gestärkt, während solche, die einem erfolgreichen Zusammenleben im Weg stehen, abgeschwächt oder ausgelöscht werden.

Was bedeutet Training?

Training hingegen findet nur im Umgang von Mensch und Hund statt. Hierbei werden dem Hund Fertigkeiten wie z. B. die Grundsignale beigebracht oder bereits vorhandene Fähigkeiten weiter geformt und verbessert. Interessant sind die Ergebnisse der Studie von Blackwell und Team (2008). Sie zeigten, dass die Teilnahme an Hundeschulgruppen mit dem Schwerpunkt auf formalem Training keinerlei Einflüsse auf das spätere Auftreten von unerwünschten Verhaltensweisen hatte. Einzig der Besuch eines Welpensozialisationskurses wirkte sich positiv auf die Verhaltensentwicklung der Hunde aus. Wurden die Hunde ausschließlich zu Hause trainiert, zeigten diese vermehrt problematische Entwicklungen im Bereich des Aggressionsverhaltens.

HORMONELLE VERÄNDERUNGEN

Neben den Umorganisationen im Gehirn spielen auch Hormone, Neurotransmitter und andere Botenstoffe sowie deren Auswirkungen während der Pubertät eine wichtige Rolle. Studien an unterschiedlichen Affenarten haben gezeigt, dass nicht der Anstieg der Sexualhormone selbst für die gesteigerte Aggressionsbereitschaft während der Pubertät verantwortlich ist, sondern eher Schwankungen im Bereich der Stresshormone, vorwiegend des passiven **Stresshormons Cortisol** (Gansloßer & Kitchenham 2012). Wie bereits erwähnt, werden Handlungen, bei denen das aktive Stresssystem beteiligt ist, besonders leicht und nachhaltig gelernt. Um zu verstehen, was die Ursache hierfür ist, müssen wir uns die **Katecholamine** noch einmal anschauen (siehe S. 94, sowie in Strodtbeck & Gansloßer 2014). Das aktive Stresssystem wird immer dann aktiviert, wenn ein Tier eine belastende Situation aktiv bewältigt, also auch, wenn es sich durch eine nach vorn gerichtete Attacke, einen Präventivschlag, befreit. Daher wird auch dieser schnell und effektiv als nachahmenswerte Handlung abgespeichert. Zusätzlich wirkt Noradrenalin auch als Neuromodulator: Wenn es also ausgeschüttet wird, findet das Lernen noch einmal erleichtert statt und die Reizschwelle für die Wiederholung des Verhaltens wird für die Zukunft gesenkt. Genau diese Mechanismen sind es u. a., die Raufer entstehen lassen. Hier sind die Leinenraufer zu nennen:

Sie zeigen sich im Sozialkontakt mit Artgenossen an der Leine sehr unsicher, haben aber gelernt, dass sie diese Situation durch einen Präventivschlag selbstständig lösen können – und zeigen dies zukünftig noch schneller und heftiger, bis nicht einmal mehr der direkte Kontakt das aktive Stresssystem aktivieren muss, sondern schon der Anblick eines Artgenossen hierzu ausreicht. Nicht unterschätzt werden darf hierbei die lustbetonte Komponente, sowohl beim Leinenraufer als auch bei Hunden, die im Freilauf gerne andere Hunde – im wahrsten Sinne des Wortes – umhauen. Bei ihnen wird zusätzlich **Dopamin** ausgeschüttet, und zwar immer dann, wenn das Tier ein Erfolgserlebnis zu verzeichnen hat. Hierdurch wird das Verhalten nicht nur als besonders nachahmenswert abgespeichert, sondern macht zusätzlich auch noch richtig Spaß. Gerade in der Pubertät, aber auch schon im Welpenalter, sollte daher darauf geachtet werden, dass Hunde nicht zu allzu vorantreibenden Aktivitäten verleitet werden, um die hier genannten Mechanismen in bestimmten Situationen nicht in Gang zu setzen.

Ein weiterer Botenstoff, der im Zusammenhang mit Aggressionsverhalten immer wieder auftaucht, ist das **Serotonin**. Serotonin wird auch mit mangelnder Affektkontrolle in Verbindung gebracht. So finden sich, wie verschiedene Studien gezeigt haben (u. a. Rosado et al. 2010, Çakıroglu et al. 2007), im Blut von aggressiven Hunden geringere Serotoninwerte als bei nicht-aggressiven Hunden. Bei Aktivitäten, die ausschließlich auf Schnelligkeit und Beute ausgerichtet sind, können sich problematische Verhaltensentwicklungen ergeben. Hier werden die Serotoninrezeptoren während der pubertären Umbaumaßnahmen im Gehirn nicht von der Amygdala in die Großhirnrinde verlagert, sodass die Tiere nicht zu einer angemessenen Affektkontrolle befähigt sind. Bei menschlichen Jugendlichen äußert sich dies in oftmals ungehemmter Gewalt, Hunde beißen häufig ohne Vorwarnung und sind nicht mehr in der Lage, adäquat auf Abbruch- oder Beschwichtigungssignale des Gegenübers zu reagieren (zusammengefasst bei Gansloßer & Krivy 2014).

KASTRATION

VON CARINA KOLKMEYER UND JENNIFER SCHMITZ

Eines der wohl heikelsten Themen in der Hundewelt stellt die Entscheidungsfrage nach der Kastration dar. Nahezu jeder Hundehalter wird in seinem Leben mindestens einmal damit konfrontiert, ob er seinen Vierbeiner kastrieren sollte oder nicht.
Neben verschiedenen gesundheitlichen Auswirkungen wie einem erhöhten Krebsrisiko, können viele Verhaltensänderungen wie übermäßiges Bellen und erhöhte Ängstlichkeit auftreten, wie eine Studie mit kastrierten Vizslas zeigt (Zink et al. 2014). Dabei ist das Alter zum Zeitpunkt der Kastration, die Rasse selbst und das Geschlecht des Tieres von Bedeutung. Dementsprechend sollten diese Effekte vor der Entscheidung für oder gegen eine Kastration gegeneinander abgewogen werden (Reichler 2010).
Kastration, auch als Gonadektomie bezeichnet, bedeutet die chirurgische Entfernung der Gonaden (beim Rüden die Hoden, bei der Hündin die Eierstöcke und ggf. zusätzlich die Gebärmutter), wodurch es zu einem nahezu kompletten Produktionsstopp der Sexualhormone kommt (Niepel 2007). Obwohl es häufig empfohlen und durchgeführt wird, bleibt das volle Ausmaß seiner Folgen für das Tier unklar. In den letzten Jahren wurde daher den langfristigen gesundheitlichen Auswirkungen kastrierter Hunde besondere Aufmerksamkeit geschenkt.
Weniger gut verstanden und vielleicht schwieriger zu untersuchen sind die Auswirkungen der Kastration auf das Verhalten von Hunden. Forschungen auf diesem Gebiet haben zu einem besseren Verständnis bestimmter Aspekte von Verhaltensänderungen bei kastrierten Hunden geführt. Nicht selten führen Unsicherheit, mangelnde Aufklärung und falsche Zuversicht dann zu einem unerwünschten (nicht erwarteten?) „Ergebnis".
Vor allem die leichtere Erziehbarkeit des Hundes ist ein oft genannter Kastrationsgrund. Dass eine Kastration diese Hoffnung nicht erfüllt, zeigen hingegen die folgenden Studienergebnisse. So ergab die Auswertung von Anamnesebögen von Hündinnen bei dem Vergleich der Grundsignale („Sitz", „Platz" und „Nein"), dass die Kastraten und Nicht-Kastraten nahezu deckungsgleich die beschriebenen Signale ausführten. Darüber hinaus lässt sich auch im „Leinengehorsam" kein signifikanter Unterschied zwischen kastrierten und intakten Hündinnen feststellen (Lorenz et al. 2018). Dass eine Kastration einige Nebenwirkungen in sich birgt, ist vielen nicht hinreichend bekannt.

GESETZLICHE VORSCHRIFTEN

VON DR. BARBARA FELDE

Ebenso sollte die gesetzliche Lage mit beachtet werden. Demnach ist es nach Tierschutzgesetz verboten, einem Tier Schäden zuzufügen, worunter auch die Kastration zählt: Diese Vorgabe findet sich in § 1 Satz 2 des Tierschutzgesetzes, in dem es heißt:
„Niemand darf einem Tier ohne vernünftigen Grund Schmerzen, Leiden oder Schäden zufügen."
Als Operation mit Gewebeentnahme ist die Kastration ein Eingriff in die körperliche Unversehrtheit des Tieres.
Natürlich gibt es Ausnahmen, die es rechtfertigen können, einem Tier Schmerzen, Leiden

oder Schäden zuzufügen. Dies legt schon der Wortlaut des zitierten § 1 Satz 2 Tierschutzgesetz nahe, in dem der sogenannte „vernünftige Grund" genannt ist. Liegt ein solcher vor, dürfen einem Tier – ausnahmsweise – Schmerzen, Leiden oder Schäden zugefügt werden. Das grundsätzliche Verbot, einem Tier Schmerzen, Leiden und Schäden zuzufügen, wird in vielen Einzelvorschriften im Tierschutzgesetz genauer gefasst. Die für eine Kastration einschlägige Vorschrift ist § 6 Tierschutzgesetz. Dieser lautet (auszugsweise):

§ 6 TIERSCHUTZGESETZ

(1) Verboten ist das vollständige oder teilweise Amputieren von Körperteilen oder das vollständige oder teilweise Entnehmen oder Zerstören von Organen oder Geweben eines Wirbeltieres. Das Verbot gilt nicht, wenn

1. der Eingriff im Einzelfall
   a) nach tierärztlicher Indikation geboten ist oder
   b) bei jagdlich zu führenden Hunden für die vorgesehene Nutzung des Tieres unerläßlich ist und tierärztliche Bedenken nicht entgegenstehen,
   (...)
5. zur Verhinderung der unkontrollierten Fortpflanzung oder – soweit tierärztliche Bedenken nicht entgegenstehen – zur weiteren Nutzung oder Haltung des Tieres eine Unfruchtbarmachung vorgenommen wird.

In § 6 Absatz 1 Satz 1 ist abermals der Grundsatz zu erkennen: Es ist verboten, einem Tier Schmerzen, Leiden oder Schäden (hier in Form von Amputationen von Körperteilen

Auch die sogenannte Wofkralle am Hinterbein fällt unter das Amputationsverbot.

oder von Entnahme oder Zerstören von Organen oder Geweben) zuzufügen. Damit ist grundsätzlich nicht nur eine Kastration verboten, sondern jeglicher Eingriff, mit dem das Entnehmen bzw. Zerstören von Gewebe einhergeht. Andere Beispiele, die unter das sogenannte Amputationsverbot fallen, sind das sogenannte Kupieren der Ohren und/oder des Schwanzes. Im folgenden Satz des Gesetzes werden Ausnahmen von diesem Verbot definiert. Eine Ausnahme ist die tierärztliche Indikation im Einzelfall (siehe § 6 Abs. 1 Satz 2 Nummer 1 Buchstabe a) TierSchG). So ist ein Eingriff nicht verboten, wenn ein Organ oder Gewebe zu therapeutischen Zwecken im Einzelfall entfernt wird. Beispiele sind die Amputation eines durch einen Trümmerbruch zerstörten Beins oder eines von Tumoren befallenen Hodens. In diesen Fällen kommt der „vernünftige Grund" in Form der tierärztlichen Indikation zum Tragen, der es rechtfertigt, einem Tier einen Schaden in Form der Entnahme oder Zerstörung von Gewebe zu therapeutischen Zwecken zuzufügen. Denn das Tier soll durch den Eingriff geheilt werden. Der vernünftige Grund ist hier direkt im Gesetz normiert: Wenn er vorliegt – in diesem Fall: Wenn eine tierärztliche Indikation im jeweiligen Einzelfall vorliegt (siehe § 6 Abs. 1 Satz 2 Nummer 1 Buchstabe a) TierSchG), nach der der Eingriff geboten ist – gilt das grundsätzliche Verbot also nicht. Auch bei einem tierärztlich indizierten Eingriff ist jedoch die Verhältnismäßigkeit zu beachten. Wenn eine Heilung durch eine andere Methode erreicht werden kann, die weniger invasiv als eine Kastration ist, so ist grundsätzlich diese Option vorzuziehen.

Dieser Grundsatz der Verhältnismäßigkeit ist vor jeder Kastration zur Therapie einer Erkrankung sorgfältig zu prüfen.

Ein anderer „vernünftiger Grund" findet sich in b) oder der Nummer 5 (Verhinderung der unkontrollierten Fortpflanzung). Diese Vorschrift platziert explizit einen vernünftigen Grund für die Kastration von frei lebenden und Freigängerkatzen im Gesetz, z. B. für die Kastration von Tieren frei lebender Katzenpopulationen zur Verhinderung der Zunahme der Leiden durch die Vergrößerung der Population. Für Hunde gilt diese Ausnahme vom Amputationsverbot grundsätzlich nicht, da es in Deutschland keine freilebenden Hundepopulationen gibt, die sich unkontrolliert vermehren. Die Vermehrung von Hunden in Deutschland kann durch den Halter kontrolliert werden, sodass sich eine Ausnahme für die Kastration von Hunden grundsätzlich nicht auf § 6 Abs. 1 Satz 2 Nummer 5 TierSchG stützen lässt.

Die „vernünftigen Gründe" sind Ausnahmen zu dem Grundsatz des Verbots, einem Tier durch Eingriffe Schmerzen, Leiden oder Schäden zuzufügen. **Ausnahmen sind als solche zu behandeln, mit anderen Worten: Von ihnen ist nur sehr sparsam Gebrauch zu machen.**

§18 TIERSCHUTZGESETZ

Liegt kein vernünftiger Grund für einen Eingriff an einem Tier vor, bleibt es bei dem grundsätzlichen Verbot der Durchführung des Eingriffs am Tier. Wird ein solcher Eingriff trotzdem vorgenommen, begeht der Durchführende eine Ordnungswidrigkeit. Dies ergibt sich aus § 18 Tierschutzgesetz, der auszugsweise lautet:

§ 18 Tierschutzgesetz

(1) Ordnungswidrig handelt, wer vorsätzlich oder fahrlässig

8. einem Verbot nach § 6 Abs. 1 Satz 1 zuwiderhandelt (...).

(...)

Und in § 18 Absatz 4 findet sich sodann die Sanktion, die demjenigen auferlegt werden kann, der gegen das Verbot verstoßen hat:

(4) Die Ordnungswidrigkeit kann in den Fällen des Absatzes 1 Nummer 1 und 3 Buchstabe a, Nummer 4 bis 8, (...) mit einer Geldbuße bis zu fünfundzwanzigtausend Euro (...) geahndet werden.

HÄUFIGE GRÜNDE BEI EINER HÜNDIN

Während bei Rüden vorrangig Verhaltens- und/oder Haltungsgründe genannt werden, sind es bei Hündinnen oft gesundheitliche Aspekte, die zu einer Kastration führen. Dabei werden immer wieder die Gesäugetumore, die Gebärmutterentzündung und auch die Scheinschwangerschaft bzw. die Scheinmutterschaft genannt.

HORMONELLE URSACHEN

Die Steuerung der Sexualhormone beginnt im Gehirn. Die übergeordnete Schaltzentrale ist der Hypothalamus. Er gibt das Gonadotropin-Releasing-Hormon (GnRH) frei, das direkt an die Hypophyse weitergeleitet wird. Dort bindet es an die Hormonrezeptoren und die Hypophyse gibt das follikelstimulierende Hormon (FSH) und das luteinisierende (LH) frei (Flanagan 1997). Diese beiden Hormone gelangen über das Blutkreislaufsystem zu den Eierstöcken, wo die Sexualhormone Östrogen und Progesteron produziert werden können. Das Östrogen sorgt zum einen für das äußere Erscheinungsbild der Hündin wie z. B. das Wachstum der Zitzen. Zum anderen ist es auch an der Bildung der Gebärmutterschleimhaut oder für die Öffnung des Muttermundes vor dem Eisprung verantwortlich. In den Eierstöcken können mittels FSH die Follikel produziert und mittels LH die Eizellen aus den Follikeln freigesetzt werden. Als Follikel bezeichnet man die Epithelschicht um die Eizelle herum. Beim Eisprung wird die Eizelle freigegeben und die Epithelschicht entwickelt sich weiter zum Gelbkörper. Der Gelbkörper gibt das Hormon Progesteron frei, durch das die Schwangerschaft aufrechterhalten wird. Während Östrogen u. a. dafür sorgt, dass die Muskulatur gestärkt wird, sorgt Progesteron für deren Entspannung. Damit wird es dem Embryo möglich gemacht, sich in der Gebärmutterwand einzunisten. Außerdem kann sich der Muttermund schließen und der Embryo wird vor Keimen geschützt, die von außen in die Gebärmutter eindringen können.
Unabhängig davon, ob ein Deckakt und eine darauf folgende Trächtigkeit stattfinden, produzieren die Gelbkörper das Hormon Progesteron. Wurde eine Hündin also nicht gedeckt, beginnt in dieser Phase des Zyklus die sogenannte **Scheinträchtigkeit**. Diese hält ungefähr so lange an, wie auch eine erfolgreiche Trächtigkeit der Hündin, also ca. zwei Monate. Im Anschluss würde die frisch gebackene Hundemama ihre Welpen säugen. Das heißt Hündinnen, die nicht gedeckt wurden, gehen jetzt in die Phase der **Scheinmutterschaft** über. Das Hormon, welches in dieser Phase vorherrscht, ist das Prolaktin. Prolaktin ist ebenfalls ein Hypophysenhormon und für den Erhalt des Gelbkörpers zuständig. Es löst sowohl bei der Hündin als auch beim Rüden Brutpflegeverhalten aus. Bei der Hündin wird z. B. die Milchbildung angeregt und bei Hündin und Rüde sorgt es für etwaige Verhaltensänderungen. Der Nachwuchs wird beschützt und mit den Welpen wird auch gespielt. Dieses Brutpflegeverhalten kann sowohl bei Hündinnen als auch bei Rüden zu unerwünschtem Verhalten führen.
Hunde können sich durch diesen hormonellen Einfluss fremden Artgenossen gegenüber, aber auch fremden Menschen gegenüber aggressiver verhalten, wenn in ihrer sozialen Gruppe ein Welpe eingezogen ist oder die Halterin menschlichen Nachwuchs erwartet oder bereits geboren hat. Dieses aggressive Verhalten ist abzugrenzen von ganzjährig gezeigter Aggression. Und mittels einer Kastration ist dieses Verhalten auf keinen Fall zu beheben, da bei diesem operativen Eingriff nicht die Hypophyse im Gehirn entfernt wird, sondern lediglich die Geschlechtsorgane.

SCHEINTRÄCHTIGKEIT UND -MUTTERSCHAFT (VON JENNY SCHMITZ)

Alle weiblichen Vertreter der Hundeartigen durchleben die Phasen der Scheinschwangerschaft und der Scheinmutterschaft. Aus biologischer Sicht sind diese Prozesse Meisterwerke der Evolution. Sie bringen den Hundeartigen wie Wolf, Fuchs oder eben auch dem Haushund einen Fitnessvorteil. Die Fitness beschreibt einen Parameter, wie gut ein Lebewesen seine Gene in die nächste Generation weitergeben kann. Dies erreicht der Organismus z. B. durch eine erfolgreiche Fortpflanzung, aber eben auch durch eine erfolgreiche Jungtieraufzucht. Hunde haben nicht die Möglichkeit, in den Supermarkt zu gehen und sich Milchersatzprodukte zu kaufen, um ihre Welpen ernähren zu können, wenn es die Mutterhündin nicht leisten kann. So ist die Tatsache, dass alle im sozialen Verband lebenden Hündinnen zur Not für die Welpen sorgen können. Entscheidend dafür sind die Hormone Progesteron und Prolaktin. Sie lösen sowohl bei Hündinnen als auch bei Rüden unter anderem Brutpflegeverhalten aus.

Scheinträchtigkeit

Bei einer Trächtigkeit sorgt das Progesteron dafür, dass die Schwangerschaft aufrechterhalten bleibt. Auch bei der Scheinträchtigkeit produzieren die Gelbkörper so lange Progesteron, bis eine echte Trächtigkeit vorüber wäre. In dieser Zeit kann man mit unterschiedlichen Verhaltensänderungen rechnen.
Die Hündin könnte anhänglicher sein und zeigt vermehrt soziopositive Verhaltensweisen bei ihren Gruppenmitgliedern. Aber die Hündin könnte auch stress- und angstanfälliger sein in genau dieser Zeit. Sollten sich negative Verhaltensweisen auf den Alltag auswirken und nur in dieser Zeit vorkommen, dann gehören genau diese Hündinnen zu der Gruppe, wo eine Kastration zur Verhaltensbesserung führen könnte. Aber auch hier gilt immer die Einzelfallbetrachtung.

Scheinmutterschaft der Hündin

Das vorherrschende Hormon während der Scheinmutterschaft ist das Prolaktin (Asa 1998). In dieser Zeit kann die Hündin auch Milch produzieren und das Gesäuge kann angebildet sein, vor allem der untere Bereich der Gesäugeleiste ist oftmals geschwollen. Es können Verhaltensänderungen in dieser Zeit auftreten wie Stimmungsschwankungen, eine erhöhte Abgeschlagenheit, aber auch eine gesteigerte Empfindlichkeit. Ebenso kann es sein, dass die Hündin nicht mehr gerne zum Spaziergang raus gehen möchte. Auch in der Natur würde sie nun ihre Wurfhöhle nicht verlassen. Die Hündin kann auch unter Depressionen leiden, vermehrt ihr Futter verweigern oder unangemessenes Aggressionsverhalten zeigen. All diese Dinge sind per se nicht pathologisch und kein direkter Grund für eine Kastration. Sollten die Verhaltensänderungen den Alltag zu stark einschränken oder die Hündin einen hohen Leidensdruck erfahren, dann sollte man an dieser Stelle mit seinem Tierarzt/ seiner Tierärztin Rücksprache halten. Aber auch hier gilt, es sollte immer eine Einzelfallbetrachtung sein. Und nur weil eine Hündin mal stärker von der Scheinmutterschaft betroffen war, so heißt das nicht, dass es immer schlimmer wird. Jede Läufigkeit kann anders verlaufen.

Die Scheinträchtigkeit kann das „Adoptieren“ von Spielzeug mit sich führen.

GEBÄRMUTTERENTZÜNDUNG

Die Pyometra ist eine ernstzunehmende Erkrankung und jeder Hundehalter einer intakten Hündin sollte sich gut über diese Erkrankung informieren und das Verhalten seiner Hündin im Blick haben. Das durchschnittliche Erkrankungsalter liegt im Schnitt zwischen 6 und 9,4 Jahren und tritt am häufigsten im Metöstrus auf. Aber dies sind nur Durchschnittsangaben. Eine Gebärmutterentzündung kann in jeder Zyklusphase und auch bereits im Alter von sechs Monaten auftreten. Hundehalter von intakten Hündinnen sollten demnach den Zyklus und auch das Verhalten ihres Hundes gut dokumentieren, z. B. wann die Blutung eingesetzt hat, welche Farbe das Blut hat und wann die Blutung eingestellt wird. Auch das Eintreten und die Dauer der Standhitze sollte dokumentiert werden. Was man ebenfalls tun kann ist, nach jeder Läufigkeit die Hündin beim Tierarzt vorstellen. Ebenfalls kann man prophylaktisch einen Ultraschall machen lassen, um eine Gebärmutterentzündung auszuschließen (Hahn 2019). Über das sich verändernde Verhalten der Hündin während des Zyklus sprechen wir im Verhaltensteil der Hündin (siehe S. 235).

GESÄUGETUMORE

Beim Kastrationsgrund Gesäugetumor als Risikofaktor stößt man nicht selten auf die Aussage „jede vierte intakte Hündin bekommt Brustkrebs“. Wenn diese Angabe stimmen würde, wäre jeder Hündinnenhalter nicht bei Trost, wenn er seine Hündin nicht rechtzeitig von dieser Qual befreien würde. Wie kommt es eigentlich zu dieser Aussage und auf welche Zahlen geht diese Meinung zurück? Immer wieder bezieht man sich auf eine Studie von Schneider und weiteren Autoren aus dem Jahr 1969. In dieser Studie wurden Hündinnen untersucht, die entweder vor der ersten Läufigkeit, nach der ersten Läufigkeit oder nach der zweiten Läufigkeit kastriert wurden. Die Forscher kamen zum Ergebnis, dass das Erkrankungsrisiko für Hündinnen, die „spät“ kastriert wurden, also nach der zweiten Läufigkeit, um 26 % steigen würde. Was man aber daraus oft ableitet ist, dass es ein allgemeines Erkrankungsrisiko von 26 % gibt. Und das ist ein großer Unterschied. Das Risiko, an Gesäugekrebs zu erkranken, liegt bei intakten Hündinnen bei 1,86 %, also ca. 2 von 100 nicht operierten Hündinnen erkranken an Gesäugekrebs.

Laut dieser Studie, die schon seit langer Zeit keinen Vorzeigestatus mehr hat, würde sich also lediglich das Risiko um 26 % erhöhen. Aber ausgehend von den rund 2 %. Und 26 % von 2 % sind nur noch 0,5 %. Also eine von 200 Hündinnen. Was wir sehen können ist, dass wir mittels einer Kastration das Risiko, an Gesäugekrebs zu erkranken, zwar verringern können, aber der Ausgangswert war vorher bereits gering. Wenn wir nicht kastrieren, sind es in etwa zwei von 100 Hündinnen, die erkranken. Kastrieren wir nach der zweiten Läufigkeit, sind wir bei einer von 200 Hündinnen. Aber zu welchem Preis? Nach einer Kastration steigt z. B. das Risiko an Milztumoren oder Knochentumoren zu erkranken. Nur diese sind in der Diagnostik längst nicht so eindeutig wie ein Gesäugetumor. Kosten und Nutzen sollten für jeden Hund im Einzelfall abgewogen werden.

EINFLUSS AUF DAS VERHALTEN

Bisherige Forschungen haben gezeigt, dass die Kastration einen Einfluss auf das Verhalten von Hunden hat. Die Ergebnisse waren jedoch spärlich und lange Zeit war noch wenig über etwaige Kastrationsfolgen bekannt (Jones & Gosling 2005). Kaufmann et al. (2017) kamen auf das Ergebnis, dass kastrierte Hunde eher ängstlicher und unsicherer werden (Kaufmann et al. 2017). In einer Arbeit von Lorenz et al. über Verhaltensunterschiede von intakten und kastrierten Hündinnen fanden die Autor*innen heraus, dass sich intakte von kastrierten Hündinnen im Verhalten unterscheiden. Die kastrierten Hündinnen zeigten vor allem höhere Werte in Verhaltensmustern, die mit einigen Formen von Aggression oder Angst verbunden sind (Lorenz et al. 2019). Die Autoren diskutieren aber auch, dass von den Teilnehmenden der Verhaltensstudie als Kastrationsgrund unerwünschtes Verhalten wie Jagen, Ungehorsam und einige Formen der Aggression genannt wurden. Sowohl Lorenz et al. (2019) als auch Fadel et al. (2016) diskutieren, dass man nicht weiß, warum die Hunde kastriert wurden und ob nicht die Aggression vielleicht der Kastrationsgrund war und nicht etwa die Folge der Kastration. Gerade in diesem Bereich ist es ungemein wichtig, sehr genau und differenziert mit den vorliegenden Daten umzugehen. Auf der anderen Seite gibt es aber genauso Studien, die keine signifikanten Unterschiede zwischen intakten und kastrierten Hündinnen zeigen. Auf beiden Seiten gibt es also Daten. Dies ist aber keineswegs ein Argument für die pauschale Kastration der Hündin. Vielmehr ist es ein Argument dagegen.

VERHINDERUNG DER FORTPFLANZUNG

Eine Kastration, die aus Gründen der „Umgänglichkeit des Hundes" vorgenommen wird, z. B. weil der Hundetrainer gesagt hat, „dann ist der nicht mehr so aggressiv", oder weil das Tierheim es so will, damit eine Adoption des Hundes stattfinden darf, ist im Licht des Tierschutzgesetzes grundsätzlich nicht legal. Diese Fälle kommen jedoch regelmäßig vor. Viele Tierschutzvereine schreiben in ihre Tierabgabeverträge die Verpflichtung hinein, nach der der neue Hundehalter einen Hund kastrieren lassen muss. Dies hat grundsätzlich einen gut gemeinten Hintergrund: Es soll verhindert werden, dass dieser Hund sich fortpflanzt, um nicht noch mehr Hunde zu „produzieren", die dann u. U. in Tierheimen landen. Blickt man jedoch auf die tierschutzrechtliche Vorgabe, dass eine Kastration nur dann erfolgen darf, wenn es dafür einen vernünftigen Grund gibt (z. B. eine tierärztliche Indikation im Einzelfall), dann sind solcherlei Vertragsklauseln als Verstoß gegen das Tierschutzrecht zu werten.
Die Ausnahme nach § 6 Abs. 1 Satz 2 Nummer 5 TierSchG, nach der das Verbot des Eingriffs an Tieren nicht gilt, wenn der Eingriff im Einzelfall zur Verhinderung der unkontrollierten Fortpflanzung vorgenommen wird,

kann für Hunde nicht als Ausnahmetatbestand genutzt werden. Das Merkmal der unkontrollierten Fortpflanzung kann man nicht auf Hunde anwenden, deren Fortpflanzung der Halter doch recht gut kontrollieren kann, z. B. indem er läufige Hündinnen räumlich von Rüden trennt. Zudem zeigt eine Hündin im Laufe eines Jahres nur relativ wenig „fruchtbare" Tage, z. B. im Vergleich zur Katze oder zum Kaninchen.
Das weitere Merkmal des § 6 Abs. 1 Satz 2 Nummer 5 TierSchG, unter dem eine Ausnahme von dem grundsätzlichen Eingriffsverbot gemacht wird („soweit tierärztliche Bedenken nicht entgegenstehen – zur weiteren Nutzung oder Haltung des Tieres eine Unfruchtbarmachung vorgenommen wird") ist eng auszulegen und streng im Lichte des Tierschutzes zu sehen (Hirt et al. 2016). Das Tierschutzrecht gilt zum Schutz der Tiere! Hiermit wäre es unvereinbar, wenn der Hundehalter, z. B. um sich die Haltung des Hundes zu vereinfachen, weil er Hündinnen und Rüden hält, vorträgt, er wolle einen kastrierten Hund halten, dann habe er keine Mühe, seine läufigen Hündinnen von den Rüden zu trennen. Da dem Halter vor Anschaffung eines Hundes dessen Bedürfnisse bekannt sind, muss er sich vorher darüber Gedanken machen, wie er mit dem Fortpflanzungsverhalten seines Tieres umgeht, und ob er eine tiergerechte Haltung gewährleisten kann.

HÄUFIGE GRÜNDE BEIM RÜDEN

Auch bei Rüden gibt es mitunter gesundheitliche Gründe, die zu einer Kastration veranlassen. So tauchen in Studien immer wieder Zahlen auf, wonach kastrierte Rüden allgemein eine höhere Lebenserwartung hätten als nichtkastrierte Rüden (Kustritz 2007). Durchschnittlich soll sich die Lebenserwartung sogar um etwa ein Jahr verlängern. Hierfür gibt es verschiedene Erklärungen: Einerseits können durch eine Kastration bestimmte Erkrankungen wie z. B. Hodentumoren oder endokrine Krankheiten vermindert bis verhindert werden. Andererseits spielt oft auch die Haltung des Tieres an sich eine entscheidende Rolle, da eine Kastration als tierärztlicher Eingriff ggf. auf eine regelmäßigere, medizinische Versorgung schließen lassen könnte. Beide genannten Gründe reichen jedoch nicht aus, um eine Kastration zu rechtfertigen, da die Liste der auftretenden Krankheiten bzw. Komplikationen nach einer Kastration lang ist.

HORMONELLE URSACHEN

Nach einer Kastration kann sich z. B. das Risiko für Autoimmunerkrankungen erhöhen (Sundburg et al. 2016). Das amerikanische Forscherteam Hart et al. (2016) befasst sich intensiv mit den Zusammenhängen zwischen der Kastration und den gesundheitlichen Folgen. Gerade in den USA werden Hunde beinahe routinemäßig kastriert und dies häufig noch im ersten (!) Lebensjahr. Gerade **Frühkastrationen** können verheerende Folgen nach sich ziehen. Die Pubertät des Hundes ist eine enorm wichtige Lebensphase, in der bestimmte Entwicklungsschritte geschehen, die für die gesunde anatomische und geistige Entwicklung unabdingbar sind.
Nicht selten erscheinen frühkastrierte Hunde auch als unreif oder desorientiert (Strodtbeck & Gansloßer 2011). Bei der anatomischen Entwicklung spielen die Sexualhormone eine ganz entscheidende Rolle. Sie kontrollieren unter anderem das Schließen der Wachstumsfugen bei den Knochen. Wird dieser Schließungsprozess nicht abgeschlossen, erleiden die Tiere ein verlängertes Knochenwachstum (Hart et al. 2016). Das Testosteron ist unter anderem für die gesunde Ausbildung des Penis verantwortlich. Bei einem frühkastrierten Rüden können somit der Penis und Penisknochen infantil sowie die Vorhaut klein und unterentwickelt bleiben (Reichler 2010). Eine Studie von Beach et al. (1972) unterstützt

diesen Zusammenhang und konnte auch zeigen, dass bei Rüden, die kurz nach der Geburt kastriert wurden, der Penis niemals zur Normalgröße heranwächst.
Es wird mittlerweile immer mehr davon ausgegangen, dass sich die durch die Kastration veränderte Ausschüttung der gonadotropen Hormone – luteinisierendes Hormon (LH) und Follikel-stimulierendes Hormon (FSH) – zusätzlich auf die Gesundheit auswirken (siehe auch S. 232). Bisher ist noch recht wenig bekannt, wie genau die Sexualhormone unter der Kontrolle von LH und FSH stehen, aber es wird Folgendes vermutet. Bei intakten Rüden wird der Testosteronspiegel mittels eines Rückkopplungsmechanismus gesteuert, der das Testosteron stets auf einem konstanten Niveau hält. Dabei wirkt sich die Testosteronproduktion auf eine bestimmte Hirnregion, den Hypothalamus, aus. Dieser setzt daraufhin GnRH (Gonadotropin-Releasing-Hormon) frei. Sinkt das Testosteronlevel, dann induziert das GnRH die Hirnanhangdrüse (Hypophyse) dazu, mehr LH zu produzieren, bis der Testosteronwert wieder entsprechend angestiegen ist, wodurch das LH wieder

MÖGLICHE ERKRANKUNGEN (NACH EINER KASTRATION)

BETROFFENES ORGAN, GEWEBE ETC.	BESCHREIBUNG / AUSWIRKUNG
LH-Rezeptoren und mögliche Erkrankungen im Zusammenhang mit der Kastration	
Magen-Darm-Trakt	mögliche Steigerung des Appetits
Harnwege, insbesondere bei Hündinnen	Harninkontinenz, Harnsteine
Bauchspeicheldrüse	Diabetes mellitus, Fettleibigkeit
Schilddrüse	Hypothyreose
Femurkopf	Bänder und Knorpel, Hüftdysplasie
Craniales (vorderes) Kreuzband	Bruch oder Riss des Kreuzbandes
Hippocampus und Hypothalamus	Verhaltensänderungen bei der Kastration
Zentralnervensystem	kognitiver Rückgang
Mögliche Krebserkrankungen im Zusammenhang mit der Kastration	
Prostata	Prostatakrebs
Blase und Harnröhre	Übergangszellkarzinom
Gefäßendothel und glatte Muskeln in Herz und Milz	Hämangiosarkom
Haut	Mastzellentumor
Lymphoidgewebe und Lymphozyten	Lymphom

heruntergefahren wird. Bei kastrierten Rüden fehlt das Testosteron, um das LH zu unterdrücken, somit entfällt dieser Rückkopplungsmechanismus und die LH-Werte bleiben dauerhaft erhöht.

Auch das Immunsystem scheint von einer zu früh durchgeführten Kastration betroffen zu sein, da Hunde, die bereits im Welpenalter kastriert wurden, öfter an Infektionen erkranken (Zink et al. 2014). Von einer Kastration als gesundheitliche Prävention und ganz besonders von Frühkastrationen sollte daher immer abgeraten werden.

DAS RÜDEN-EGO: VIEL LÄRM UM NICHTS?

Rüden werden häufig mit dem Ziel kastriert, unerwünschte Verhaltensweisen wie Aufreiten, Streunen, Aggressivität und Urinmarkierung zu beseitigen. Das Ausmaß, in dem sich ein Verhaltensmuster durch eine Kastration ändert, ist jedoch nicht klar definiert (Hopkins et al. 1976). Auf keinen Fall ersetzt die Kastration eine angemessene Erziehung bzw. Beziehung und Sozialisierung des Hundes. Es sollte auch nicht als Allheilmittel gegen alle unerwünschten Verhaltensweisen angesehen werden, obwohl es in bestimmten Fällen positive Auswirkungen auf das Verhalten des Hundes haben kann. **Die Auswirkungen einer Kastration hängen von der Persönlichkeit des Hundes ab und beeinflussen nicht jedes Verhaltensmuster, da nicht alle Verhaltensweisen von Sexualhormonen abhängen.**

Zum einen zeigen mehrere Studien, dass kastrierte Hunde aufgeregter und ängstlicher sind als ihre intakten Artgenossen: Eine Überprüfung von medizinischen Unterlagen und Online-Umfragen ergab, dass kastrierte Hunde häufiger Trennungsangst und Angst vor Stürmen haben als intakte Tiere (Flannigan & Dodmann 2001, Zink et al. 2014). Zusätzlich wurde in einer experimentellen Studie mit 38 Testhunden, die in drei Gruppen unterteilt waren (1. intakte Hunde, 2. mit sieben Wochen und 3. mit sieben Monaten kastriert), gezeigt, dass alle kastrierten Hunde im Allgemeinen aktiver und die nach sieben Wochen kastrierten Rüden aufgeregter waren als die nicht-kastrierten (Salmeri et al. 1991). Es wurde auch festgestellt, dass die Kastration mit einem höheren Risiko für die Entwicklung anderer Verhaltensprobleme im Zusammenhang mit Angst und Furcht sowie Hyperaktivität korreliert (Zink et al. 2014).

Einfluss auf aggressives Verhalten

Ein weiterer häufig genannter Kastrationsgrund ist das Abschaffen oder Vermeiden von Aggression. Gerade hier scheint die öffentliche Meinung über die Auswirkungen der Kastration am stärksten mit den bisherigen wissenschaftlichen Erkenntnissen in Konflikt zu geraten. Es gibt eine weit verbreitete Überzeugung unter Hundehaltern, dass eine Kastration zu weniger aggressivem Verhalten führt (Hart et al. 2014). Eine Studie zur Aggression bei englischen Cocker Spaniels ergab jedoch, dass sich kastrierte und intakte Rüden in keiner der 13 getesteten Situationen in ihrer Wahrscheinlichkeit, aggressives Verhalten zu zeigen, unterschieden (Podberscek & Serpell 1996). Ähnliche Ergebnisse einer erhöhten Aggression bei kastrierten Rüden wurden auch in neueren Studien gefunden (Kaufmann et al. 2017, Zink et al. 2014, Overall 2007, Kolkmeyer et al. 2021).

Bei der Aggression gilt vor allem zu beachten, dass es nicht die allgemeine Aggression gibt. Gerade beim Rüden wird oft argumentiert, dass Aggression generell mit Testosteron in Verbindung steht, und dass ein Rüde durch eine Kastration aufgrund des Testosteronwegfalls seine Aggression verlieren würde. Doch genau dieser Wunschgedanke kann sich als großer Trugschluss herausstellen, da wirklich rauflustige Vierbeiner eher selten bis gar nicht durch die Sexualhormone gesteuert werden. Die bisherige Datenlage zeigt sogar, dass Aggressionen, insbesondere die rüpelhaften

oder rauflustigen Formen, von deutlich mehr kastrierten als nicht-kastrierten Hunden gezeigt werden (Kaufmann et al. 2017, Kolkmeyer et al. 2021).
Es gibt viele Arten von Aggressionen, denen zum Teil ganz unterschiedliche Mechanismen zugrunde liegen (siehe S. 175 ff.). Beispielsweise wird die angstbedingte Aggression durch Stresshormone wie Cortisol gesteuert, das als Gegenspieler der Sexualhormone (Testosteron, Östrogen, Progesteron) fungiert. Durch den Produktionsstopp der Sexualhormone via Kastration fallen die wichtigen Gegenspieler des Stresshormons Cortisol weg, d. h. die stressdämpfende Wirkung entfällt ebenso. Ein ängstlicher oder angstaggressiver Hund sollte daher nicht kastriert werden.

Hypersexualität

Aus verhaltensbiologischer Sicht ist eine Kastration nur dann sinnvoll und gerechtfertigt, wenn der Hund durch seine Sexualhormone insofern „leidet", dass das Tierwohl gefährdet ist. Die echte Hypersexualität kann so ein Fall darstellen.
Jedoch ist dieses Verhalten sehr komplex und demnach ist hier definitiv der Rat eines Experten empfehlenswert, der das Verhalten des Hundes beurteilen kann. Zusätzlich kann ein Probelauf mit dem Kastrationschip durchgeführt werden. Dadurch lässt sich das Verhalten nach einer Kastration einschätzen, mit dem großen Vorteil, reversibel zu sein, d. h. die Sexualhormonproduktion würde nach Ablauf oder Entfernung des Chips wieder starten.

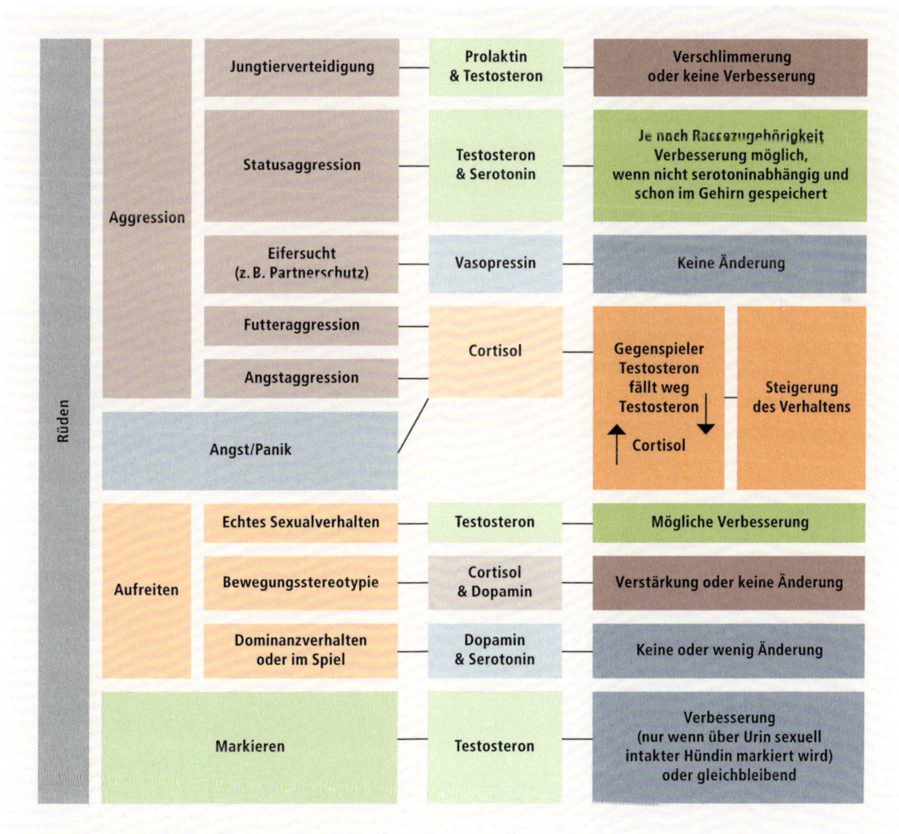

Überblick über einige Verhaltensweisen der Rüden, die jeweils beteiligten Hormone und die möglichen Veränderungen nach einer Kastration (modifiziert nach Strodtbeck & Ganslоßer 2011).

Körperhaltung und Bemuskelung werden durch die Kastration beeinflusst.

Rassezugehörigkeit

Neben Alter, Erfahrungen und Haltung des Rüden könnte auch die Hunderasse eine entscheidende Rolle für die kastrationsbedingten Verhaltensänderungen spielen. Ob dem so ist, wurde z. B. in der Studie von Kolkmeyer et al. (2021) untersucht. In Anlehnung an Parker et al. (2017) wurden vier Rassekategorien gebildet: Hütehunde, Retriever, Terrier und Jagdhunde (siehe Gansloßer et a. 2021). Es konnte gezeigt werden, dass intakte Rüden aller Rassen extrovertierter sind als kastrierte und zudem ein niedrigeres Aggressionslevel als kastrierte aufweisen. Kastrierte Rüden zeigen hingegen signifikant mehr Panikverhalten. Rassespezifisch zeigten sich folgende Unterschiede: Intakte Hütehunde sind extrovertierter als kastrierte und intakte Terrier sind ebenso extrovertierter als kastrierte Terrier.

BETRACHTUNG IM EINZELFALL

Der aktuelle Forschungsstand ist also, dass mittels einer Kastration keine gezielte Verhaltensänderung möglich ist. Was der aktuelle Forschungsstand aber über die Jahre hinweg immer wieder belegt, sind die gesundheitlichen Folgen einer Kastration. Das Fehlen der Sexualhormone während der Entwicklung des Hundes hat Auswirkungen auf die Tumorentstehung (Hart et al. 2014, 2016, Smith 2014, Zink et al. 2014, Ru et al. 1998), die Entwicklung des Bewegungsapparates (Hart et al. 2014, O'Neill et al. 2016, van Hagen et al. 2005) und auf das Immunsystem (Sundburg et al. 2016). Der Grad der Nebenwirkungen variiert dabei sowohl beim Geschlecht des Hundes als auch bei der Rasse (Hart et al.

2020). Eine Kastration gilt z. B. bei Dackeln als Risikofaktor für einen Bandscheibenvorfall (Dorn & Seath 2018). Dies sind zum aktuellen Stand belegbare Fakten, die man nicht wegdiskutieren und leugnen kann und über die man sich als Hundehalter Gedanken machen muss, wenn man einen Vierbeiner in die Familie aufnehmen möchte. **Eine Kastration ist weder gut noch böse, sondern ein operativer Eingriff, der zumindest gesundheitlich belegt, zu vielen negativen Folgen führen kann.**

Er sollte also nicht pauschal oder einfach, weil es bequemer ist, durchgeführt werden. Trotz neuer wissenschaftlicher Erkenntnisse über diverse gesundheitliche Nebenwirkungen der Kastration, ist dieser chirurgische Eingriff immer noch das Mittel der Wahl zur Fortpflanzungskontrolle, zur Bekämpfung unerwünschter Verhaltensweisen und als Präventivmaßnahme gegen einige Krankheiten (Kaufmann et al. 2017). Es findet also heutzutage immer noch als bequemes Mittel der Wahl zu erzieherischen Zwecken Anwendung, obwohl keine signifikanten Vorteile bezüglich des Verhaltens zu erkennen sind. Wenn man als Hundehalter vor der Frage steht „Soll ich meinen Hund kastrieren lassen?", sollte immer eine Kosten-Nutzen-Analyse stattfinden und eine Kastration sollte demnach immer im Einzelfall betrachtet werden und keine pauschale Lösung für Verhaltensprobleme darstellen. Mit den bisherigen Ergebnissen und dem aktuellen Stand der Forschung lässt es nur einen Schluss zu, und zwar, dass es verantwortungsvoller wäre, die Kastration als Mittel der Wahl für die Fortpflanzungskontrolle oder der gezielten Verhaltensänderungen infrage zu stellen. Es gibt ein tierschutzrechtlich begründetes – grundsätzliches – Verbot, Eingriffe an Tieren vorzunehmen. Zu diesen Eingriffen zählt auch die Kastration von Hunden. Dies ist nur rechtlich unbedenklich, wenn es einen vernünftigen Grund dafür gibt. Der häufigste gesetzlich anerkannte vernünftige Grund wird die tierärztliche Indikation im Einzelfall sein, wonach eine Kastration dann rechtlich zulässig ist, wenn ein Tierarzt eine medizinische Indikation hierfür im Einzelfall feststellt. Auf unsicheren rechtlichen Füßen steht eine Kastration dann, wenn ein Hund – ohne jede tierärztliche Indikation – kastriert wird, damit er „einfacher zu halten ist", um seine Fortpflanzungsfähigkeit grundsätzlich zu unterdrücken oder um mögliche Erkrankungen in der Zukunft zu verhindern.

WIE SIEHT ES MIT DEM KASTRATIONSMONAT AUS?

Es gibt eine unterschiedliche Attraktivität kastrierter Hunderüden für männliche Artgenossen. Hier wird ein Zusammenhang mit dem Kastrationsmonat vermutet.

- Rüden, die im Frühjahr (Februar und März) oder im Herbst (v. a. November) kastriert wurden, werden intensiver (sexuell) belästigt.
- Aufgrund wechselnder Duftzusammensetzung in Analbeuteln und Urin (die Zusammensetzung unterscheidet sich jahreszeitlich).
- Kastraten (v.a. die, die im Februar oder März kastriert wurden) bleiben möglicherweise auf dem Duftlevel ähnlich intakter Weibchen stehen und sind dann besonders attraktiv für intakte Rüden.
- Im Frühjahr ist die Testosteronkonzentration am geringsten. Beachtet man, dass Testosteron den Gegenspieler des Stresshormons Cortisol darstellt, ist im Frühjahr die Cortisolkonzentration am höchsten. Es wäre also äußerst ungünstig, in diesem Monat einen Hund zu kastrieren.

(aus Wörner et al. 2017)

PERSÖNLICHKEIT UND BINDUNG

PERSÖNLICHKEIT BEIM HAUSHUND

VON ALETTA WINKLER UND HANA TEBELMANN

Die wissenschaftliche Erforschung der Persönlichkeit von nicht-menschlichen Tieren ist in den letzten zwei Jahrzehnten stark gestiegen. Persönlichkeit wird von Gerrig und Zimbardo (2008) definiert als **„eine komplexe Menge von einzigartigen psychischen Eigenschaften, welche die für ein Individuum charakteristischen Verhaltensmuster in vielen Situationen und über einen längeren Zeitraum hinweg beeinflussen"**, eine Definition, die sowohl individuelle Ausprägungen als auch stabile, dauerhafte Verhaltensmuster impliziert. Im psychologischen Rahmen ist ein Persönlichkeitsmerkmal eine „Dimension, entlang derer konsistente individuelle Unterschiede in einem bestimmten Verhalten oder einer Gruppe von Verhaltensweisen quantitativ beschrieben werden können" (Itoh 2002). Die Persönlichkeit gleicht einem Puzzle – Persönlichkeitsmerkmale sind jene komplexen Teile, die in ihrer Kombination die individuellen Muster der Persönlichkeit bilden (Corsini & Wedding 2008). Sie sind „dauerhafte Muster der Wahrnehmung, der Beziehung zu und des Denkens über die Umwelt und sich selbst, die sich in einer Vielzahl von sozialen und persönlichen Kontexten zeigen" (DSM-5, S. 686). Für den Großteil des 20. Jahrhunderts lag die Tierpersönlichkeit im Dunkeln der vergleichenden Psychologie: deutlich wahrnehmbar, offensichtlich für jeden Beobachter, aber dennoch galt es als unmöglich, jene unter Laborbedingungen zu untersuchen. Frühe Beschreibungen nicht-menschlicher Tiere als gesellig, ängstlich oder aggressiv wurden im Laufe der Jahre nach und nach durch eine systematische Kodierung von Verhaltensmustern über mehrere Persönlichkeitsdimensionen abgelöst – mit Erkenntnissen, die der Art und Weise ähneln, in der Persönlichkeit beim Menschen auftritt (Whitham & Washburn 2017).

PERSÖNLICHKEITS-FORSCHUNG

„Wer bist du – und vor allem: wie?"

Als Vorreiter zur Forschung im Bereich der Tierpersönlichkeit der heutigen Zeit gelten insbesondere Samuel Gosling und seine Mitarbeiter (z. B. Freeman & Gosling 2010, Gosling 2001, 2008, Gosling & John 1999, Jones & Gosling 2005). Ihre Untersuchungen veranschaulichen die Gemeinsamkeiten und Unterschiede in den Erkenntnissen über die Persönlichkeit von nicht-menschlichen Tieren in verschiedenen Studien. Im Laufe der Jahre hat sich die Persönlichkeitsforschung von Primaten als Primärquelle auf nahezu alle Tierarten ausgedehnt: es gibt Studien zur Persönlichkeit von Schafen, Eidechsen, Insekten, Hunden, Katzen, Wildschweinen, Vögeln und etlichen weiteren Tierarten (Whitham & Washburn 2017). Obwohl die Persönlichkeit noch viele Forschungsfragen bereit hält und es noch viel über die Ursachen und die Auswirkungen individueller und artbedingter

Unterschiede in der Persönlichkeit zu erfahren gilt, ist das Forschungsfeld viel empirisch fundierter und theoretisch zusammenhängender geworden, vergleicht man es mit früheren Erkenntnissen, die sich auf „intelligente Ratten“ (Utsurikawa 1917), „gesellige Tauben“ (Taylor 1932), „negative Hunde“ (Pavlov & Petrova 1934), „ungesellige Katzen“ (Romanes 1912) und „unzufriedene Schimpansen“ (Yerkes 1939) beschränkten. Erkenntnisse über die Persönlichkeit von nicht-menschlichen Tieren bergen das Potenzial, wesentliche Fragen zu den genetischen, neurochemischen, physiologischen, entwicklungs- und umweltbedingten Grundlagen der Persönlichkeit – innerhalb bestimmter Spezies und über Arten hinweg – zu beantworten (Weinstein et al. 2008). Trotz des enormen Potenzials der Tierpersönlichkeitsforschung, gibt es immer noch große Debatten darüber, wie man sie am besten konzeptualisieren kann. Eine gängige Herangehensweise an dieses Problem ist die Anpassung von Modellen menschlicher Personalitätsmerkmale für die Datenerhebung bei nicht-menschlichen Tieren (z. B. Freeman et al. 2013, Freeman & Gosling 2010, Weinstein et al. 2008).
Einschätzungen der Persönlichkeit bei Tieren beruhen typischerweise auf Fragebögen, die von Pflegern, Haltern oder Forschern ausgefüllt wurden, die Zeit mit der Beobachtung ihrer tierischen Probanden verbracht haben, oder auf verhaltensbiologischen Beobachtungen bestimmter Tiergruppen. Obwohl diese Herangehensweise derzeit „State of the art“ in der Persönlichkeitsforschung – insbesondere im Haushundebereich – ist, wohnen ihr zwei Probleme inne: Die Erfassung von Persönlichkeitsmerkmalen beschränkt sich häufig auf Haus- und Zootiere, die in Menschenhand leben und lässt damit das Verhalten wild lebender Artgenossen weitgehend außer Acht. Im Haushunde-Bereich wird diese Problemstellung der Fragebögen durch die Einbeziehung von Daten ehemals frei lebender Hunde, seien es Straßenhunde oder Pariahunde, abgemildert, im zoologischen Bereich stellt sich dieses Problem weiterhin (Uher, Werner & Gosselt 2013), mit Ausnahme weniger Arten wie z. B. Kohlmeisen. Bei der Verhaltensbeobachtung durch Forscher kann eine größere Validität und Reliabilität bei verschiedenen Beurteilern gewährleistet werden (Uher & Asendorpf 2008), allerdings sind die Daten auf kleinere Gruppen oder Populationen und mitunter auf einen festgelegten Beobachtungszeitraum beschränkt. Nichtsdestotrotz haben kognitive, verhaltensbiologische und neurologische Studien in den letzten Jahrzehnten erheblich dazu beigetragen, Wissen und Verständnis für das Denken und Fühlen anderer Tiere zu schaffen (Menzel & Fischer 2011, Panksepp 2004, Terrace 1985).

PERSÖNLICHKEITS-EIGENSCHAFTEN

Beim Menschen gibt es einen allgemeinen Konsens unter Forschern, dass die Persönlichkeit in fünf Dimensionen, bekannt als die Big Five, unterteilt werden kann: **Extraversion, Geselligkeit = Verträglichkeit, Gewissenhaftigkeit, Neurotizismus und Offenheit für Erfahrungen** (McCrae & Costa 2008). Bei Hunden gibt es weniger Konsens über die Anzahl der Persönlichkeitsdimensionen; so gehen einige Studien von fünf Dimensionen aus (De Palma et al. 2005, Ledger & Baxter 1997, Ley et al. 2009, Svartberg & Forkman 2002), andere finden nur drei (Arata et al. 2010) oder vier Dimensionen (Dowling-Guyer et al. 2011, Draper 1995, Mirkó et al. 2012, Sinn et al. 2010, Wahlgren & Lester 2003). Manche Forscher geben auch bis zu 22 Dimensionen an (Hsu & Serpell 2003, Ruefenacht et al. 2002, Goodloe & Borchelt 1998, Serpell & Hsu 2001). Gängige, häufig einbezogene Persönlichkeitsdimensionen bei Hunden sind **Aktivität/Erregbarkeit, Aggression, Vertrauen/Angst, Extraversion/Freund-**

lichkeit/Geselligkeit und Gehorsam/ Erziehbarkeit. Abgesehen von der Persönlichkeitsunterteilung in Dimensionen gibt es das „Shyness-Boldness"-Kontinuum, ein Modell, bei dem der Charakter des Hundes in einen Typus, der mutig, offen, extrovertiert ist oder in einen zurückhaltenden, introvertierten Charakter eingeordnet wird – Zurückhaltung vs. Unerschrockenheit. Diese Einordnung wird mitunter auch als A-Typ und B-Typ bezeichnet, der Fachbegriff ist jedoch Shyness-Boldness.

Die fünf Persönlichkeitsdimensionen aus dem Big-Five-Modell finden jedoch – mitunter in Unterkategorien aufgeteilt – ebenfalls ihre Anwendung im Bereich der Persönlichkeitsforschung bei Hunden.

Um Persönlichkeitseigenschaften zu benennen, gibt es aus dem Humanbereich eine Reihe von Möglichkeiten, z. B. Fragebögen, die zur Erhebung von Verhaltensdimensionen dienen. Ein besonders häufiges ist das Fünf-Faktoren-Modell („Big Five"), das in abgewandelter

PERSÖNLICHKEITSRAHMEN

(nach Jones & Gosling 2005)

DIMENSION	MERKMALE DER PERSÖNLICHKEITSDIMENSION
Erregbarkeit	Erhöhte Aktivität in neuen Situationen, aufgeregtes Verhalten vor Spaziergängen, vor oder beim Spiel. Beinhaltet Verhaltensweisen wie Aufgeregtheit, Lautäußerungen (Bellen, Japsen bei Aufregung) und körperliche Reaktionen (erhöhter Herzschlag).
Ängstlichkeit	Vermeidende (Weglaufen, Erstarren, Anbellen) oder neugierig-kontaktsuchende Reaktionen auf Unbekanntes. Merkmale wie Mut, Selbstsicherheit, Besorgnis, Unsicherheit, Schüchternheit, Angst vor Hunden oder Menschen.
Aktivität	Wird oft bewertet, indem ein Welpe oder Hund in einen leeren Bereich mit Gitterlinien auf dem Boden gesetzt wird. Dann wird beobachtet, wie oft der Welpe oder Hund die Linien überquert.
Sozialisierbarkeit	Indiziert durch Verhaltensweisen wie das Initiieren freundlicher Interaktionen mit Menschen und anderen Hunden. Wird in erster Linie bei Begegnungen zwischen Hunden und einer unbekannten Person bewertet. Umfasst die Merkmale „Extraversion", „Zuneigungsbedürfnis" und „Freundlichkeit".
Trainierbarkeit = Offenheit	Wird normalerweise durch das Lösen von Aufgaben, die Bereitschaft, mit einer Person zu arbeiten und durch Apportiertests beurteilt. Beinhaltet Merkmale wie „Ablenkbarkeit", „Fokus", „Problemlösung", „Arbeitsbereitschaft" und „Kooperationsbereitschaft".
Unterwürfigkeit	Zurückhaltendes, konfliktvermeidendes Verhalten. Kann auch durch das Urinieren bei Begrüßung oder im Kontakt sowie durch häufige deeskalierende Gesten gekennzeichnet sein.
Aggression	Indiziert durch Verhaltensweisen wie Beißen, Knurren, Schnappen. Umfasst „fremdgesteuerte Angst oder Aggression", „Besitzer-gerichtete Aggression", „Hunde-gerichtete Angst und Aggression", „Schärfe" und „Bereitschaft, einen Menschen zu beißen".

Wie reagieren Hunde bei Begegnungen? Ein wichtiger Persönlichkeitsfaktor!

Form über die Shyness-Boldness-Skala und den C-BARQ im Hundebereich Einzug hält. Im Tierbereich werden Persönlichkeitseigenschaften angelehnt an das Fünf-Faktoren-Modell meist mit vier Faktoren evaluiert, die über das Ausfüllen von Fragebögen seitens der Halter oder Pfleger erhoben werden. Beispiele für „Traits" – Persönlichkeitsmerkmale – sind Begriffe wie offen, verträglich, freundlich oder aggressiv. Zur Veranschaulichung: Ein Tier, das als offen („trait openness") bezeichnet wird, ist nicht nur im Moment der Datenerfassung, sondern auch nächste Woche, in einer anderen Umgebung und in anderen Situationen, offen. Das bedeutet nicht unbedingt, dass das Tier immer offen ist, sondern dass sein Verhaltensmuster im Allgemeinen offen ist. Auf diese Weise unterscheidet sich die individuelle Variation von zeitlichen, situativen und umweltbedingten Veränderungen und ist ein Hinweis auf zugrundeliegende Eigenschaften von Individuen.

Emotionale Stabilität – Labilität (Neurotizismus)

Je unsicherer ein Lebewesen ist und desto labiler sein Temperament ist, desto höher sind die Werte für Neurotizismus. Tiere mit niedrigen Neurotizismus-Werten sind souverän, ausgeglichen und stressresistent.

Extraversion – Introversion

Extrovertierte Persönlichkeiten sind gesellig, aktiv und kommunikativ.
Introvertierte Lebewesen hingegen sind sozial zurückhaltend und neigen eher zu passivem Verhalten wie dem Beobachten, als zu aktiven Handlungen.

Verträglichkeit – Unverträglichkeit

Säugetiere mit hoher Verträglichkeit neigen dazu, Konfliktsituationen zu vermeiden oder zu schlichten und zeigen seltener dominante oder aggressive Verhaltensweisen, wohingegen Individuen mit geringer Verträglichkeit kompetitiv, misstrauisch und wenig zurückhaltend im Konflikt sind.

Offenheit – Verschlossenheit

Hunde mit hoher Offenheit reagieren gut auf Veränderungen, auf das Erleben neuer Situationen, sind erkundungsfreudig und zeigen ein starkes Explorationsverhalten.

Gewissenhaftigkeit – Nachlässigkeit

Es gibt viele dokumentierte Beispiele für gewissenhaftes Verhalten bei Tieren. Anders als beim Menschen, bei dem Gewissenhaftigkeit anhand verschiedener Merkmale als eine Eigenschaft zusammengefasst wird, deutet eine Meta-Analyse daraufhin, dass es im sonstigenTierreich zwei Hauptzweige der Gewissenhaftigkeit gibt, die jeweils mit einem evolutionären Antrieb zur Lösung verschiedener Arten von Problemen verbunden sind: So gibt es Tiere, die besonders ordnungsliebend und verantwortungsbewusst beim Nestbau und beim Schaffen und Bewahren schutzspendender Strukturen in Kolonien oder Gruppen sind, während die andere Kategorie sich auf Leistungsstreben und Kompetenz konzentriert und mit dem Streben eines Individuums einhergeht, mit den Anforderungen des Lebens in einer Gruppe fertig zu werden und diese bestmöglich zu erfüllen (Delgado & Sulloway 2017). Persönlichkeitsdimensionen der Gewissenhaftigkeit gibt es bei allen Spezies, von Insekten bis hin zu Primaten, auch wenn sich dieser Verhaltensbereich bei anderen Tieren manchmal anders ausdrückt als beim Menschen. Säugetiere, wie z. B. Hunde und Primaten, zeigen sowohl Leistungsstreben als auch Ordentlichkeit (Delgado & Sulloway 2017).

SHYNESS-BOLDNESS-KONTINUUM

Die „Shyness-Boldness-Verhaltensachse“ wird unter den empirischen Indizes der Intro- und Extraversion kategorisiert und wird als eine der teils erblichen und stabilen Quellen der Verhaltensvariation angesehen (Coleman & Wilson 1998, Kagan, Reznick, & Snidman 1988). Es wird vermutet, dass die Faktoren, die sich auf die Achse Schüchternheit/Kühnheit beziehen, mit Extraversion und Neurotizismus beim Menschen vergleichbar sind (Ley & Bennett 2007, Svartberg & Forkman 2002). Shyness und Boldness gelten dabei als „Supertraits“, weil sie nicht nur Extra- und Introversion, sondern diverse weitere, in das Verhaltenskontinuum der Schüchternheit/Kühnheit fallende Merkmale umfassen (vgl. Svartberg 2006).

Auf der Shyness-Boldness-Achse werden Verhaltensweisen eingeordnet, die mit introvertierten (shyness) und extrovertierten (boldness) Verhaltensmustern in Verbindung stehen, z. B. Reaktionen auf unbekannte Reize, Aktivitätsniveau, Selbstsicherheit, Geselligkeit (Corsetti et al. 2018) sowie Verhalten in Risikosituationen. Schüchterne Individuen sind im Allgemeinen vorsichtig, ängstlich und ausweichend in neuartigen Situationen – sowohl in sozialen als auch in nicht-sozialen Situationen –, während mutigere Individuen spontaner, sozialer und explorativer sind (Svartberg & Forkman 2002). Kühne Individuen einiger Arten sind weniger in der Lage, Probleme zu lösen, die durch eine Routineveränderung verursacht werden, während sich schüchterne Individuen schneller an Veränderungen anpassen können (Koolhaas et al. 1999, Sih et al. 2004, Groothuis & Carere 2005).

Die Variation der Shyness-Boldness wird durch die Abwägung von Kosten und Nutzen bestimmt, z. B. bei der Nahrungssuche oder in Bezug auf die Fortpflanzung (Wilson et al. 1994).

Individuelle Variationen entlang dieser Achse können wichtige Konsequenzen in vielen Kontexten über die gesamte Lebensspanne eines Individuums haben (z. B. kann Kühnheit den Erfolg bei der Paarung, im Wettbewerb, bei der Nahrungsaufnahme, bei der Anpassung an Umweltveränderungen und in Risikosituationen wie z. B. bei Kontakt zu Raubtieren bestimmen), was wiederum die individuelle Fitness beeinflusst (Krause et al. 1994, Coleman & Wilson 1998, Wilson et al. 1994).

Die Ausprägung der Kühnheit oder Zurückhaltung kann nachhaltige ökologische Konsequenzen für Individuen oder die Spezies haben, u. a. in Bezug auf ihre Verbreitung (Fraser et al. 2001, Dingemanse et al. 2003), Wachstumsrate (Ward et al. 2004), das Überleben (Réale & Festa-Bianchet 2003) und den Fortpflanzungserfolg (Réale et al. 2000, Both et al. 2005). Bei Haushunden hat die Ausprägung der Kühnheit (Boldness) Einfluss auf die Arbeitsleistung bei Leistungslinien-Schäferhunden; so zeigen kühnere Arbeitshunde bessere Leistungen (Svartberg 2002).

Einfluss auf Stressreaktionen

Die endokrine Stressachse ist ein physiologisches System, das die Variation entlang des Shyness-Boldness-Kontinuums beeinflussen kann. In stressauslösenden Situationen wird eine Kaskade von physiologischen und Verhaltensreaktionen innerhalb der Hypothalamus-Hypophysen-Nebennierenrinden-Achse (HPA) ausgelöst, die es dem Individuum ermöglicht, auf den stressauslösenden Reiz zu reagieren und die Homöostase wiederherzustellen. Die primäre Stressreaktion beinhaltet die schnelle Freisetzung von Stresshormonen, insbesondere Glucocorticoiden, die wiederum sekundäre biochemische und physiologische Effekte auslösen, wie z. B. einen Anstieg des Blutzuckerspiegels (Hosoya et al. 2007).

Es ist bekannt, dass der Stressbewältigungsstil eines Tieres (proaktiv vs. reaktiv) die Reaktion auf besondere Ereignisse beeinflusst. Physiologische Stressreaktionen respektive die HPA-Reaktivität korrelieren oft mit Persönlichkeitsmerkmalen, z. B. Kühnheit (Vaz-Serrano et al. 2011).

Individuen, die kühner, aggressiver und aktiver sind, verwenden eine proaktive Strategie bei der Bewältigung von Stress, die mit einem niedrigeren Glucocorticoidespiegel in stressverursachenden Situationen verbunden ist. Das Gegenteil von Proaktivität wird als Reaktivität bezeichnet und korreliert mit hohen Glucocorticoidespiegeln in stressauslösenden Situationen.

Bei schüchternen Lebewesen wird üblicherweise davon ausgegangen, dass sie durch eine hohe Reaktivität der Hypothalamus-Hypophysen-Nebennierenrinden-Achse (HPA-Achse) charakterisiert sind. Bei Zebrafischen deuten signifikante Unterschiede zwischen kühnen und schüchternen Tieren darauf hin, dass es möglicherweise einen Zusammenhang zwischen kühnem Verhalten und der Stressachse gibt (Oswald et al. 2012).

Bei Regenbogenforellen wiesen kühnere Fische niedrigere Glucocorticoide-Konzentrationen als scheue Forellen auf, die kühneren Individuen hatten durchweg signifikant niedrigere Post-Stress-Glucocorticoide-Konzentrationen als scheue Forellen (Raoult et al. 2012). Untersuchungen an Kohlmeisen haben gezeigt, dass mutigere Individuen einen niedrigeren Post-Stress-Glucocorticoidespiegel aufwiesen, schüchterne Individuen hingegen hatten deutlich höhere Glucocorticoidespiegel (Baugh et al. 2017). Auch bei einer Untersuchung zu Verhaltensmerkmalen bei Tierheimhunden und deren Zusammenhang mit Krankheitsanfälligkeit zeigte sich, dass neugierigere, soziale, spontane und furchtlosere Hunde, die allgemein eher kühn und mutig sind, bessere Bewältigungsmechanismen in stressigen Situationen zeigen und dadurch weniger anfällig sind als schüchterne, zurückhaltende Tierheimhunde (Corsetti et al. 2018).

NEURONALE PLASTIZITÄT

Während der ersten Lebensmonate und -jahre ist die Persönlichkeit besonders stark veränderbar. Diese Flexibilität ist in der raschen Hirnentwicklung begründet, beeinflusst durch erlebnisorientierte und erfahrungsabhängige Prozesse („experience-expectant“ und „experience-dependent“), die an der Synapsenbildung beteiligt sind.

SYNAPTOGENESE

Das Gehirn weist in der frühen Entwicklungsperiode, die kritisch für den weiteren Lebensverlauf ist, eine besonders hohe Plastizität auf. Erfahrungserwartungsprozesse in der Gehirnentwicklung bezeichnen vorbestimmte Reifungsprozesse, bei denen Synapsen nur dann gebildet und erhalten werden, wenn ein Organismus während einer bestimmten kritischen Periode erwartete arttypische Erfahrungen gemacht hat. Diese frühen universellen Erfahrungen sind visuelle Reize, Geräusche (insbesondere Stimmen), körperliche Nähe und körperliche Bewegung. Das Gehirn entwickelte sich im Laufe der Evolution so, dass es diese frühen Stimulationserfahrungen „erwartet" und jene nutzt, um bestimmte Synapsen zu aktivieren, die an der Sinnentwicklung beteiligt sind. Erfahrungsabhängigkeitsprozesse beziehen sich auf die Art und Weise, in der individuelle Erfahrungen zum Wachstum des Gehirns beitragen und bestehende Gehirnstrukturen verfeinern. Neuronale Synapsen werden in einzigartiger Weise durch Lebenserfahrungen beeinflusst. Das Gehirn ist stets darauf bedacht, Erlebnisse zu kategorisieren und zu bewerten. Das passiert bereits im Frühstadium der Entwicklung, in dem Tiere lernen, potenzielle Gefahren einzustufen oder auf Verhaltensweisen angemessen zu reagieren. Das Gehirn bildet und verknüpft neue Synapsen jedes Mal, wenn es nach Erfahrungen strebt oder Dinge erlebt (Greenough, Black & Wallace 1987). Obwohl der Großteil des Säugetiergehirns in einer erlebnisorientierten Weise vernetzt ist, sind erfahrungsbasierte Informationen gleichermaßen wichtig für die Entwicklung von Persönlichkeit und Temperament (DeYoung & Allen 2019). Neue Synapsen werden als Reaktion auf spezifisch Erlebtes gebildet und formen so ein einzigartiges Netzwerk innerhalb des Gehirns, das es ermöglicht, flexibel auf individuelle Ereignisse zu reagieren und Handlungsstrategien während des gesamten Lebenszyklus an Erlebtes anzupassen. Erfahrungserwartungsprozesse (z. B. Prägung) und erfahrungabhängige Prozesse tragen über die Synaptogenese dazu bei, wie Umweltfaktoren die Langzeitentwicklung des Gehirns beeinflussen und so zu Verhaltens- und Charakterunterschieden führen (DeYoung & Allen 2019).

MYELINISIERUNG

Ein weiterer wichtiger Mechanismus der Gehirnentwicklung ist die Myelinisierung, die für einen schnelleren Informationstransport innerhalb der neuronalen Schaltkreise sorgt. Da Neuronen im präfrontalen Cortex (vorderstes Stirnhirn) üblicherweise später als in anderen Hirnregionen myelinisiert werden, entwickeln sich Eigenschaften, die besonders stark durch den Präfrontalcortex beeinflusst werden, langsamer und tragen zu stärkerer Veränderung des Charakters bei, sobald die Myelinisierung in Gang gesetzt wird. Insbesondere die Persönlichkeitseigenschaften Extraversion und Neurotizismus, die von subcortikalen Prozessen (also ausgehend von tieferen Regionen) gesteuert werden, entwickeln sich schneller als Gewissenhaftigkeit und Offenheit, die stärker durch den Präfrontalcortex beeinflusst werden (DeYoung & Allen 2019). Neurotizismus, Verträglichkeit und Gewissenhaftigkeit verändern sich innerhalb der Persönlichkeitsstruktur eines Individuums zeitgleich wie Extraversion und Offenheit/Intellektualität; ein Phänomen, das in der Humanpsychologie als „correlated change" (zusammenhängende Veränderung) beschrieben wird (Klimstra et al. 2013). Die Stabilität und Plastizität des Gehirns, durch die Persönlichkeitseigenschaften beeinflusst werden, hängt zum Teil von Serotonin- und Dopaminkonzentrationen des Gehirns ab (Allen & DeYoung 2017). Bei Menschen hat sich gezeigt, dass Individuen, mit höheren Serotoninleveln, eine höhere neuronale Stabilität aufweisen (Wright et al. 2019). **Unter Neuroplastizität versteht man die funktionelle und strukturelle Anpassungsfähigkeit des Nervensystems an besondere Umgebungs- und Lebensbedingungen.**

»Persönlichkeitseigenschaften werden durch Erfahrungen beeinflusst.«

Das Gehirn ist ein dynamisches Organ, das sich – in einem individuell vorgegebenen genetischen Rahmen – an Erfahrungen eines Lebewesens anpassen kann und, beeinflusst durch Übungen und Wiederholungen, „wachsen“ kann. Neuronale Schaltkreise weisen in der frühen Lebensphase eine tiefgreifende Plastizität auf und werden später stabilisiert. Es ist Teil einer normalen Entwicklung, die neuronalen Netzwerke zu stabilisieren, die ursprünglich durch Erfahrung geformt wurden. Das dem Gehirn innewohnende Potenzial für Plastizität wird im späteren Verlauf des Lebens eines adulten Tieres aktiv gedämpft. Bereits nach der sogenannten „kritischen Periode“ (Prägungsphase), beginnt der Stabilisierungsprozess, der eine übermäßige Neuverdrahtung der Schaltkreise begrenzt (Bavelier et al. 2010).

PERSÖNLICHKEITS-UNTERSCHIEDE

Die meisten Haushunderassen (vgl. Gansloßer et al. 2021), die wir heute kennen, sind wahrscheinlich das Produkt menschlicher Zucht der letzten 200 bis 300 Jahre. Viele der gängigsten modernen Rassen wurden in den 1800er Jahren in Europa entwickelt. Moderne Rassen wurden intensiv auf sogenannte „desirable traits“, also erwünschte Eigenschaften, selektiert und unterscheiden sich deshalb – je nach Selektionsziel, Verwendungszweck und Zuchtlinie – in ihrem Verhalten und ihren Eigenschaften voneinander. „Border Collies sind sehr gut trainierbar, Windhunde lieben es, zu jagen und Deutsche Schäferhunde sind gute Wachhunde“, so

HUNDERASSE UND PERSÖNLICHKEIT

	Fremd-gerichtete Aggression	Besitzer-gerichtete Aggression	Hunde-gerichtete Aggression
RASSEN MIT HOHEN WERTEN	Chihuahua, Dackel, Deutscher Schäferhund, Malteser, Zwergschnauzer, Yorkshire Terrier	Chihuahua, Dackel, Deutscher Schäferhund, Zwergschnauzer, Yorkshire Terrier	Beagle, Chihuahua, Französische Bulldogge, Malteser, Zwergspitz, Shih Tzu, Yorkshire Terrier
RASSEN MIT NIEDRIGEN WERTEN	Bulldogge, Cavalier King Charles Spaniel, Golden und Labrador Retriever, Mops, Siberian Husky	Cavalier King Charles Spaniel, Golden und Labrador Retriever, Mops	Australian Shepherd, Boxer, Dobermann, Golden und Labrador Retriever, Deutsche Dogge
	Fremdgerichtete Angst	**Hunde-bezogene Angst**	**Nicht-soziale Angst**
RASSEN MIT HOHEN WERTEN	Chihuahua, Dackel, Yorkshire Terrier	Beagle, Chihuahua, Dackel, Malteser, Shih Tzu, Zwergpudel, Yorkshire Terrier	Beagle, Chihuahua, Dackel, Malteser, Shih Tzu, Zwergpudel, Yorkshire Terrier
RASSEN MIT NIEDRIGEN WERTEN	Französische Bulldogge, Golden und Labrador Retriever, Rottweiler, Siberian Husky	Dobermann, Rottweiler, Siberian Husky	Dobermann, Deutscher Schäferhund, Labrador Retriever, Rottweiler, Siberian Husky

fassen es Serpell & Duffy in Domestic Dog Cognition and Behavior (2014) zusammen. Menschen und Hunde leben schon seit mindestens 35 000 Jahren miteinander (Druzhkova et al. 2013), doch erst in den letzten 300 Jahren sind durch Zucht definierte Rassen entstanden. Bei Merkmalen wie Aggression gegenüber Fremden, Trainierbarkeit und Jagdverhalten gibt es enorme Verhaltensvariationen zwischen den Rassen. Pudel und Border Collies weisen z. B. höhere Werte für die Trainierbarkeit auf, während Chihuahuas und Dackel eine höhere Aggressivität gegenüber Fremden zeigen (MacLean et al. 2018). Insbesondere Unerschrockenheit („Boldness") und Trainierbarkeit unterscheiden sich in Persönlichkeitsuntersuchungen deutlich zwischen verschiedenen Rassetypen; so sind Hütehunde häufig besser trainierbar als Jagdhunde, Gebrauchshunde und Gesellschaftshunde, Sport- bzw. Leistungslinien zeigen sich ebenfalls besser trainierbar als Begleithundlinien. Auch sind Terrier mutiger als andere Jagdhunde, obgleich beide zum Zweck der Jagd, allerdings oftmals mit unterschiedlichen Zielen, gezüchtet wurden. Ursprüngliche Rassen asiatischen oder afrikanischen Ursprungs sind deutlich weniger trainierbar als Rassen im Cluster Hütehunde/Windhunde und Jagdhunde, was vermutlich daran liegt, dass die Selektionshistorie bezüglich solcher Eigenschaften noch jung ist. Die meisten heutigen Rassen leben als Gesellschafts- und Begleithunde, sie werden nur noch selten für ihren ursprünglichen Zuchtzweck verwendet (King et al. 2012).

Rivalität gegenüber Hunden	Aufmerksamkeit-suchendes Verhalten	Jagdverhalten	Trainierbarkeit
Beagle, Chihuahua, Französische Bulldogge, Yorkshire Terrier	Zwergpudel, Yorkshire Terrier	Deutsch Kurzhaar, Zwergschnauzer, Siberian Husky	Australian Shepherd, Dobermann, Golden und Labrador Retriever, Großpudel, Rottweiler, Sheltie
Golden und Labrador Retriever, Deutsche Dogge, Havaneser	Bulldogge, Siberian Husky	Bulldogge, Chihuahua, English Mastiff, Mops, Shih Tzu	Beagle, Dackel, Mops, Yorkshire Terrier

Trennungsangst	Berührungs-empfindlichkeit	Erregbarkeit	Aktivität
Beagle, Dackel, Malteser, Zwergpudel, Yorkshire Terrier	Beagle, Chihuahua, Malteser, Shih Tzu, Zwergpudel, Yorkshire Terrier	Boston Terrier, Malteser, Zwergschnauzer, Yorkshire Terrier	Australian Shepherd, Boxer, Dobermann, Deutsch Kurzhaar
Australian Shepherd, Bulldogge, Golden und Labrador Retriever, Rottweiler	Boxer, Cavalier King Charles Spaniel, English Mastiff, Golden Retriever, Rottweiler	Bulldogge, English Mastiff, Siberian Husky	Bulldogge, English Mastiff, Deutsche Dogge

INNERHALB EINER RASSE

Neben den Unterschieden zwischen den Rassen, gibt es auch signifikante Persönlichkeitsunterschiede innerhalb einer Rasse (Mehrkam & Wynne 2014, Serpell & Hsu 2014). Diese rasseninternen Unterschiede können aufgrund der neueren Rollen, für die bestimmte Hunderassen gezüchtet werden, entstehen, z. B. innerhalb unterschiedlicher Zuchtrichtungen. Deutsche Schäferhunde werden z. B. oft als Polizei- und Blindenhunde gezüchtet. Während erfolgreiche Polizeihunde oft aggressiv sind (Slabbert & Odendaal 1999), sind erfolgreiche Blindenhunde nicht aggressiv, sondern ausgesprochen verträglich (Duffy & Serpell 2012, Arata et al. 2010). Darüber hinaus können selbst innerhalb bestimmter Hundepopulationen (z. B. militärische Arbeitshunde) erhebliche Persönlichkeitsunterschiede bestehen (Starling et al. 2013, Foyer et al. 2014).

ERBLICHKEIT VON PERSÖNLICHKEITSEIGENSCHAFTEN

Verhalten ist ein Produkt, das im Zusammenspiel von Genetik und Erfahrung entsteht; sowohl Gene als auch die Umwelt beeinflussen das Verhalten. Ein wichtiges Stichwort in diesem Zusammenhang ist Heritabilität, die **Erblichkeit von Merkmalen**, die den Anteil der Variation im Phänotyp eines Merkmals, der auf die Variation im Genotyp zurückzuführen ist, bezeichnet.

Der Phänotyp ist die Ausprägung eines Merkmals, sei es das Verhalten, die Anatomie oder die Funktion. Der Genotyp ist die genetische Ausstattung des Tieres. Wenn wir also z. B. über die Erblichkeit von Aggression bei Hunden sprechen, geht es darum, wie viel der Variation der Aggression von Hund zu Hund auf Variationen im Genotyp zurückgeführt werden kann.

Bei der Heritabilität geht es um die Variation eines Merkmals von Tier zu Tier, nicht um die Ausprägung des Merkmals selbst. Wenn die Erblichkeit eines Merkmals 25 % beträgt, bedeutet dies, dass 25 % der Variation des Merkmals in einer Gruppe von Tieren auf die Variation in ihren Genen zurückgeführt werden können. Eine Heritabilität von Null könnte entweder daran liegen, dass ein Merkmal überhaupt nicht von den Genen beeinflusst wird (z. B. die Präferenz für das gelbe, statt das rote Spielzeug) oder daran, dass es keine Variation des Merkmals und damit auch keine der beteiligten Gene gibt (siehe S. 48 ff.).

In verschiedenen Studien geschätzte Erblichkeitskeitswerte liegen je nach untersuchtem Merkmal zwischen < 10 % und etwa 50 %. Solche Werte sind jedoch nur für die Rasse gültig, die untersucht wurde, und können sich von Rasse zu Rasse deutlich unterscheiden. Eine Meta-Analyse von Studien, die die Heritabilität der Hundepersönlichkeit untersuchte, ergab, dass Persönlichkeitseigenschaften lediglich geringfügig erblich bedingt sind; so lagen die Werte für Verspieltheit bei 9 % und für Jagdverhalten bei 15 % (Hradecká et al. 2015). Andere Untersuchungen, die die Persönlichkeit entlang verschiedener Persönlichkeitsdimensionen betrachtet haben, legen nahe, dass einige Persönlichkeitsdimensionen stärker vererbbar sind als andere, z. B. die Kooperationsbereitschaft bei Betronen mit 90 % (Brenøe et al. 2002) und die gegen Hunde gerichtete Aggressivität bei Golden Retrievern mit 88 % (Linamo et al. 2007). Bestimmte Verhaltensmerkmale wie Trainierbarkeit oder Aggressivität sind eher bei genetisch ähnlichen Rassen zu finden (MacLean et al. 2019). Unter über 100 untersuchten Hunderassen waren die Merkmale mit der höchsten Heritabilität zwischen den Rassen die Trainierbarkeit (73 %), die gegen Fremde gerichtete Aggression (68 %), das Jagen (62 %) und die Anhänglichkeit und Aufmerksamkeitssuche (56 %). Das stimmt mit der Hypothese überein, dass diese Verhaltensweisen wichtige Ziele der Selektion während der Entstehung der modernen Rassen waren (Serpell & Duffy 2014).

Dochtermann et al. (2014) kamen zu dem Schluss, dass ca. 52 % der Persönlichkeitsvariation bei Tieren auf additive genetische Variation zurückzuführen war, anders ausgedrückt, die Heritabilität der Persönlichkeit wurde auf 52 % geschätzt, die Heritabilität des Verhaltens lag jedoch lediglich bei 14 %; in anderen Untersuchungen liegt die Verhaltensheritbilität bei etwa 26 % (van Oers & Sinn 2013). Diese Differenz wird durch den Beitrag der kurzzeitigen Umwelteinflüsse zur Ausprägung eines Verhaltens bestimmt, der kurzfristige plastische Reaktionen (und Messfehler) einschließt.

Bei Menschen wird die Heritabilität der Big-Five-Merkmale bei Neurotizismus und Offenheit als signifikant beschrieben. Bei Neurotizismus liegt sie bei 15 %, bei Offenheit bei 21 % (Power & Pluess 2015). Bei Hunden stuften Hradecká et al. (2015) die Heritabilität des Jagdverhaltens, Hüteverhaltens und Spiels auf dem Populationslevel in einer Meta-Studie ein: Jagdverhalten lag dabei bei rund 15 %, Spiel- und Hüteverhalten lediglich bei 9 %.

Es gibt eine Reihe von Genen, die für Assoziationen mit bestimmten Verhaltensdispositionen bekannt sind. Dazu zählen insbesondere jene Gene aus dem Bereich der Neurotransmitter und bestimmter Hormone, für die bereits Zusammenhänge mit bestimmten Verhaltensvariationen bekannt sind. So sind z. B. Varianten im Gen für einen Serotoninrezeptor und einen Dopaminrezeptor mit aggressivem Verhalten, Varianten in dem Gen für Tyrosinhydroxilase, das für die Dopaminsynthese zuständig ist, mit einem unterschiedlichen Aktivitätslevel, Variationen im Gen für einen Glutamattransporter sind mit Aggressivität gegen Fremde verbunden. Allerdings wurden diese Zusammenhänge bei einzelnen Rassen festgestellt und lassen sich

Das Vorstehen ist ein wichtiges Verhaltensmuster bestimmter Jagdhundrassen.

Die Kommunikation mit Menschen hat für Hunde eine recht hohe Erblichkeit.

nur bedingt auf andere übertragen. Aus Tausenden von untersuchten Varianten stachen 131 als signifikant mit dem Verhalten der Rassen assoziiert hervor (MacLean et al. 2019). Rassenunterschiede in der Aggressivität sind mit mehreren Genen assoziiert, die mit aggressivem Verhalten beim Menschen in Verbindung gebracht wurden. Rassenunterschiede bei der Ängstlichkeit wurden mit Genen in Verbindung gebracht, die mit dem Temperament und der Schreckreaktion beim Menschen in Verbindung stehen, und mehrere der Gene, die mit Rassenunterschieden bei der Trainierbarkeit in Verbindung gebracht werden, wurden zuvor mit der Intelligenz und der Informationsverarbeitungsgeschwindigkeit von Menschen assoziiert (MacLean et al. 2019). Die genetische Variation zwischen Hunderassen ist viel größer als die Variation innerhalb von Rassen. Die Variation zwischen den Rassen wird auf 27,5 % geschätzt, im Vergleich dazu beträgt die genetische Variation zwischen menschlichen Populationen nur 5,4 % (MacLean et al. 2019). Kein einzelnes Gen war in überwältigender Weise mit irgendeinem Verhalten verbunden, was darauf hindeutet, dass die Verhaltensvielfalt der Rassen aus dem komplexen Zusammenspiel vieler Gene zusätzlich zu den Unterschieden in der Umwelt resultiert (MacLean et al. 2019). Basierend auf Untersuchungen bei Mäusen wird ebenfalls vermutet, dass Verhaltensmerkmale weitgehend polygen sind, d. h. auf einem Zusammenspiel diverser Genvarianten basierend, sind und zusätzlich mit einer starken Umweltkomponente in Verbindung stehen (Flint 2003, Willis-Owen & Flint 2006). Rasseunterschiede und Vererbung allein können nicht alle Persönlichkeitsunterschiede zwischen Hunden erklären. Daher ist es wichtig, andere biologische und umweltbedingte Faktoren, die mit der Hundepersönlichkeit verbunden sind, einzubeziehen, insbesondere frühe Lebenserfahrungen, Gewöhnungen, Erziehung und weitere Umweltfaktoren. Das ist übrigens auch eines der wichtigsten wissenschaftlichen Argumente gegen Rasselisten bei Behörden.

BINDUNG UND TRENNUNG

VON BRITTA SCHNAPPAT UND JENNIFER SILBERMANN

Bindung ist ein Streben nach Bewahrung der Nähe zu einem bestimmten Partner. Dieser Bindungspartner kann nicht einfach von jemand anderem der gleichen sozialen Kategorie ersetzt werden (Wickler 1976). Dabei kann eine Bindung zu einem Individuum sowie zu spezifischen Gegenständen oder Orten aufgebaut werden (Gansloßer 2020). Dass das Konstrukt der Bindung bereits früh in der Stammesgeschichte der Familie der *Canidae* vorkam, zeigten Untersuchungen an Gehirnregionen diverser früherer und heutiger Canidenarten. Radinsky (1973) sowie Finarelli (2008) konnten eine Vergrößerung des präfrontalen Cortex nachweisen. Die Hypothese des sozialen Gehirns besagt, dass ein komplexes Sozialsystem, wozu ebenso das Aufbauen und Aufrechterhalten von sozialen Bindungen zählt, eine komplexe neuronale Verarbeitung erfordert (Jolly 1969, Humphrey 1976, Dunbar 1998).

PAARBINDUNG BEI WILDCANIDEN

Am bekanntesten und häufigsten ist die innerartliche soziale Unterstützung zweier Individuen. Eine besondere Ausprägung ist die Paarbindung. Diese findet zwischen zwei Individuen meist unterschiedlichen Geschlechts statt. Eine Paarbindung wurde bereits bei diversen paarlebenden Säugetier- und Vogelarten untersucht, wie z. B. bei den Graugänsen und südostasiatischen Siamangs (Geismann & Orgeldinger 2000). Bei Siamangs wurde dargestellt, dass gegenseitiges Putzen, Verhaltenssynchronisation wie Duettgesänge sowie der Abstand zwischen den Partnern eine Paarbindung charakterisieren. Auch bei Wildcaniden wie den Wölfen oder Mähnenwölfen konnte eine Paarbindung beobachtet werden. Wissenschaftler wie Mech und Knick (1978) sowie Dietz (1984) beschäftigten sich mit der Reproduktion und sozialen Organisation von Caniden und auch wir untersuchten die Paarbindung an in menschlicher Obhut gehaltenen Wildcaniden wie Mähnenwolf (*Chryosocyon brachyurus*) und Kanadischer (Hudson Bay) Wölfe (*Canis lupus hudsonicus*) (Schnappat et al. 2018, 2019).

Um herauszufinden, ob zwischen einem Paar eine Bindung vorliegt, müssen gewisse Verhaltensweisen untersucht werden. Dazu gehören soziales Erkunden des Partners, z. B. durch gegenseitiges Beschnuppern, soziale Körperpflege oder sexuelle Aktivitäten. Auch die Annäherung und das Verlassen eines sozialen Partners können Aufschlüsse über eine mögliche Bindung geben. Hinde und Spencer-Booth (1967) untersuchten die Mutter-Kind-Bindung bei Rhesusaffen anhand von Beobachtungen zu Annäherungen und dem Verlassen des Sozialpartners. Sie gingen davon aus, dass die Annäherung an ein anderes Individuum zu einem räumlichen Zusammenhalt führen kann. Dafür entwickelten die beiden Autoren einen Koeffizienten, der die Kontaktaufnahme (Approach) und den Kontaktabbruch (Leave) in Beziehung setzt. Wir setzen diesen Beziehungskoeffizient ebenfalls ein, allerdings um die Paarbindung von adulten (erwachsenen) Wildcaniden zu ermitteln (Schnappat et al. 2018, 2019). Evolutionsbiologisch wird erwartet, dass sich das Interesse der Tiere aneinander, abhängig vom Zeitraum, unterscheidet. Demnach hat das Männchen während der heranrückenden

Phase der Paarungsbereitschaft mehr Interesse am Weibchen – zur rechten Zeit am rechten Ort. Nach einer Paarung, insbesondere einer erfolgreichen, sei das Interesse des Weibchens am Männchen wiederum höher, da das Männchen bei der Aufzucht der Jungen helfen kann. In unserem Fall lag der Fokus auf der Unterscheidung des Verhaltens innerhalb verschiedener Reproduktionsstadien (Schnappat et al. 2018, 2019). Ein Großteil der Caniden ist monoöstrisch und pflanzt sich nur einmal im Jahr fort. Der Fortpflanzungszyklus ist geprägt durch die Zeit der Vor-Läufigkeit, etwa 6 bis 8 Wochen vor dem Östrus, sowie die Phase der eigentlichen Paarung und Läufigkeit (= Östrus). Nach der Paarung folgt die Trächtigkeit oder Scheinträchtigkeit, an die die Mutterschaft oder Scheinmutterschaft anknüpft. Die restliche Zeit des Jahres dominiert der Anöstrus, eine Phase, in der keine Fortpflanzung und keine paarungsbedingten Hormonausschüttungen erfolgen (Asa & Valdespino 1998). Anhand von Berechnungen des Approach-Leave-Koeffizienten konnten wir bei in menschlicher Obhut gehaltenen Mähnenwölfen und Kanadischen (Hudson Bay) Wölfen eine Paarbindung ermitteln (Schnappat et al. 2018, 2019). Männliche Kanadische (Hudson Bay) Wölfe zeigten während des Östrus deutlich mehr Interesse an den Weibchen. Weibliche Mähnenwölfe hatten während der Vor-Läufigkeit sowie der Scheinschwangerschaft und -mutterschaft ein erhöhtes Interesse am Männchen. Während des Anöstrus konnten kaum Annäherungen zwischen den beiden Geschlechtern dokumentiert werden, da die beiden Bindungspartner kein sexuelles Interesse aneinander haben. Mähnenwölfe, als überwiegend solitär lebende Tiere (Krieg 1940 zitiert nach Biben 1983), zeigen nur während der Paarungszeit eine Paarbindung, während sich bei Wölfen auch außerhalb der Paarungszeit Annäherungen notieren lassen. Eine Paarbindung lässt sich jedoch während der paarungsrelevanten Phasen am ehesten nachweisen.

BINDUNG VERSUS BEZIEHUNG

Die Begriffe Bindung und Beziehung müssen differenziert betrachtet werden.
Beziehung bezeichnet in der Verhaltensforschung die bevorzugte räumliche oder soziale Orientierung eines Tieres. Robert Hinde (1979) hat den Begriff der sozialen Beziehung grundlegend definiert. Er versteht unter Beziehung eine Reihe von Interaktionen, die über einen längeren Zeitabschnitt andauern, sodass eine vorhersagbare Verteilung von Verhaltensweisen beschrieben werden kann. Mehrere soziale Beziehungen bilden ein soziales Netzwerk (Hinde 1979). Silk und Hodgson (2021) sehen einen Zusammenhang zwischen der Persönlichkeit eines Individuums und dessen Position im sozialen Netzwerk. So zeigen tapfere und geselligere Tiere seltener und schwächere soziale Beziehungen als schüchternere Tiere.
Bindungen sind hingegen emotional und stärker als soziale Beziehungen. Bindung wird im Rahmen des Bindungskonzeptes aus der Kinderpsychologie beschrieben, welches von John Bowlby (Kinderpsychologe) und Mary Ainsworth (Kinderpsychiaterin) in den 60er und 70er Jahren entwickelt wurde (Bret-

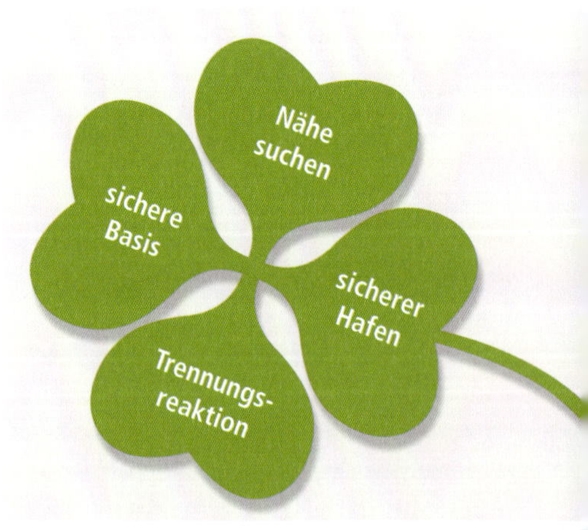

Die gesicherte stabile Bindung – nur gleichgroße Blättchen bringen Glück (Abb. A. Rodewald).

herton 1992). Gemeinsam definierten sie vier Kriterien, die eine sichere und stabile Bindung ausmachen. Diese vier Aspekte müssen in gleich großen Teilen betrachtet werden, weshalb es Gansloßer und Kitchenham (2015) auch als **vierblättriges Kleeblatt** bezeichnen. Die erste Komponente des Kleeblattes ist die **sichere Basis**. Dabei muss der Bindungspartner eine verlässliche Quelle von Beruhigung und Rückversicherung sein. In seiner Anwesenheit werden vermehrt Erkundungsverhalten sowie andere Verhaltensweisen, die für das Wohlbefinden sorgen, gezeigt. Für den zweiten Aspekt muss der Bindungspartner ein **sicherer Hafen** sein. Das bedeutet, dass es bei Belastung und in gruseligen Situationen möglich sein muss, sich dem Bindungspartner anzunähern, um Sicherheit zu erlangen und Nähe zu erreichen. Des Weiteren muss die Nähe zu dem Bindungspartner mit positiven Gefühlen assoziiert sein. Der Aspekt **Nähe suchen** beschreibt dabei die Bereitschaft, die Distanz zum Partner freiwillig zu verringern. Die vierte Komponente des Bindungskleeblattes ist die **Trennungsreaktion**. Die Trennung vom Bindungspartner wird dabei als negativ erlebt und sorgt für eine physiologische Änderung, z. B. einem Anstieg der Herzschlagfrequenz (Gácsi et al. 2013). Detailliertere Ausführungen zur Unterscheidung von Beziehung und Bindung siehe Gansloßer und Kitchenham (2015).

HORMONELLE ASPEKTE DER BINDUNG

Die emotionale Komponente bei einer sozialen Bindung entsteht durch bestimmte Hormone. Beteiligt ist ein Netzwerk verschiedener Teile des Gehirns, welche verschiedene Botenstoffe aussenden. Das wichtigste hormonelle System wird mittels der Substanzen Oxytocin und Vasopressin gebildet. Sie wirken als Hormone, die über das Blutgefäßsystem verschickt werden, sowie als Neurotransmitter, welche Gehirnzellen aktivieren. **Oxytocin** wird vom Hypothalamus synthetisiert und ist auch als „Kuschelhormon“ bekannt. Es zählt zu den Glückshormonen und steigert das Wohlbefinden. Oxytocin soll laut Tops und Kollegen (2013) für eine Umorganisation und Umverteilung der Zuständigkeiten im Gehirn sorgen. Sie vermuteten, dass über Opioid-Mechanismen eine Verschiebung des Gleichgewichts zwischen „Wollen“ und „Mögen“ stattfindet. So führen erst belohnende Systeme dazu, dass man sich zu einem noch unbekannten Individuum hingezogen fühlt (= Wollen) und anschließend Gefühle für das Individuum entwickelt (= Mögen). Sue Carter und Kollegen (1992) fanden heraus, dass eine Oxytocin-Infusion bei Präriewühlmaus-Weibchen die Bildung einer Partnerpräferenz beschleunigte und Oxycontin an der Bildung heterosexueller sozialer Bindungen bei adulten Präriewühlmäusen beteiligt ist.

Vasopressin ist der zweite Botenstoff des sozialen Netzwerks und wird ebenso im Hypophysenhinterlappen produziert. Es wird auch als Eifersuchts- oder Partnerschutzhormon bezeichnet. Vasopressin sorgt dafür, dass sich individuelle Informationen über den Beziehungspartner, wie z. B. der individuelle Geruch (Tobin et al. 2010) oder das individuelle Aussehen, gemerkt werden. Zudem aktiviert es den Botenstoff Noradrenalin, das auch als Kampfhormon bekannt ist. Dies kann zu einer hohen Aufmerksamkeit führen. Außerdem können Ereignisse, die während einer Ausschüttung dieses Botenstoffs geschehen, leichter im Gedächtnis fixiert werden (Gansloßer & Kitchenham 2015). Auch die Botenstoffe **Adrenalin**, **Noradrenalin** (Kampf- und Fluchtsystem) und **Cortisol** (Kontrollverlustsystem) spielen eine Rolle bei der Regulation des Bindungsverhaltens. Unsicher oder desorganisiert gebundene Kinder reagierten auf eine Trennungssituation mit einem höheren Cortisolspiegel als sicher gebundene Kinder (Schöberl et al. 2013). Bei der Wiederzusammenführung mit der Bindungsperson aktivierte sich das parasympathische System (= Verlangsamung der

Herzfrequenz, Wiederherstellung des „Normalzustandes") wieder und hat eine beruhigende und erregungsdämpfende Wirkung (Gansloßer & Kitchenham 2015). Dass **Opioide** wie Endorphine im Bindungssystem ebenfalls eine gewisse Rolle spielen, ist bei der Erklärung des Oxytocin-Wirkungsmechanismus bereits deutlich geworden. Der soziale Kontakt zu einem Partner führt zur Freisetzung endogener Opioide, zur Belohnung und einem damit verbundenen Gefühl der Euphorie und Zufriedenheit (Nelson & Panksepp 1998). Die Gehirn-Opioid-Theorie der sozialen Bindung („Brain Opioid Theory of Social Attachment") postuliert einen Zusammenhang zwischen Bindung und Abhängigkeit (Machin & Dunbar 2011). So sollen Menschen, die eine Bindung zu einem Partner eingehen, ein ähnliches Verhalten wie drogenabhängige Menschen zeigen (Panksepp 1998, Machin & Dunbar 2011).

Die drei Phasen der Bindungsentwicklung

Bei beiden Bindungen werden die drei Phasen der Entwicklung einer Bindung durchlaufen. Anfänglich zeigen die Personen eine **Euphorie**, ausgelöst durch Endorphine, die mit der Belohnung bei Konsum ausgeschüttet werden. Durch das Auslösen von Gefühlen wie Freude und Befriedigung sucht die Person das belohnende Verhalten und es entwickelt sich eine Abhängigkeit. In der zweiten Phase folgt ein **Übergang von Toleranz zu einer Gewöhnung**, in Partnersituationen resultiert also aus der anfänglichen Anziehung eine Bindung. Die letzte Phase wird von der **Trennungsreaktion** charakterisiert. Die soziale Isolation führt zu einem geringeren Anteil an endogenen Opioiden, sodass eine Person dazu motiviert wird, den sozialen Kontakt zu einer Person oder den Kontakt zu einer Droge zu suchen. Um Entzugserscheinungen zu vermeiden, muss das Individuum mit dem Objekt der Belohnung interagieren. Opioide könnten also dafür sorgen, dass eine langfristige Beziehung aufrechterhalten wird und zu einer Bindung werden kann (Machin & Dunbar 2011). Romero und Kollegen (2014) testeten die Wirkung von Oxytocin bei Hunden durch eine äußerliche Verabreichung von Nasensprays. Die behandelten Hunde zeigten ihrem Halter und den Artgenossen gegenüber stärkeres Zugehörigkeits- und Annäherungsverhalten. Nagasawa und Kollegen (2009) haben die Oxytocinausschüttung des Menschen im Kontakt mit ihren Hunden gemessen. Hundehalter, die während eines 30-minütigen Versuches häufiger von ihrem Hund angesehen wurden, zeigten eine erhebliche Erhöhung des Oxytocinspiegels. Augenkontakt spielt in der zwischenmenschlichen Interaktion eine wichtige Rolle. Die Autoren vermuten somit, dass die Entwicklung des Blickkontaktes, also einer positiven Rückkopplung gesteuert durch Oxytocin, eine tiefe Bindung zwischen Hund und Mensch möglich macht.
Neben der bereits erwähnten innerartlichen Bindung, gibt es die soziale Unterstützung zwischen Arten, wie es bereits hormonell bei der Hund-Mensch-Interaktion gezeigt wurde.

BINDUNG SEITENS DES MENSCHEN

Für den Menschen fungiert der Hund als Bindungspartner. Kurdek (2009) untersuchte mittels der zehnteiligen Skala des emotionalen Vertrauens nach Ryan und Kollegen (2005), inwieweit und unter welchen Bedingungen sich der Halter eines Hundes in Zeiten der emotionalen Not an sein Haustier wandte. Dabei betrachtete er alle vier Kriterien für Bindung (sichere Basis, sicherer Hafen, Nähe suchen und Trennungsreaktion) und ließ die Hundehalter einen speziell für diesen Zweck entwickelten Selbstbericht verfassen. Darin gaben die Halter an, dass sie ihren Hund als einen sicheren Hafen (z. B. „Wenn ich mich schlecht fühle und eine Aufmunterung brauche, wende ich mich an meinen Hund, damit es mir besser geht") sowie eine sichere Basis wahrnehmen (z. B., „Ich kann mich darauf verlassen, dass mein Hund für mich da ist").

Außerdem äußerten sie den Wunsch nach Nähe (z. B. „Ich mag es, meinen Hund in meiner Nähe zu haben") und beschrieben Trennungsreaktionen (z. B. „Ich vermisse meinen Hund, wenn ich von ihm getrennt bin"). Die Ergebnisse legen nahe, dass Hunde die vier Bindungsfunktionen durchaus zu erfüllen scheinen. Am wenigsten ausgeprägt war die Suche nach einem sicheren Hafen. Eine andere Methode der Beurteilung einer Bindung stellt die **Lexington Attachment to Pets Scale** (LAPS) nach Johnson und Kollegen (1992) dar, die oft zur Bewertung der emotionalen Bindung der Halter an ihre Haustiere in Studien verwendet wird. Rockett und Carr (2014) kritisieren jedoch, dass in der Forschung zu Mensch-Tier-Bindungen häufig Selbstauskünfte verwendet werden, um zu überprüfen, ob eine bestimmte Beziehung die Bindungsfunktionen erfüllt. Diskussionswürdig ist, ob Selbstberichte von Personen eine valide Grundlage sind, um die Bindungsfunktionen von Hunden für Menschen zu untersuchen. So kritisieren Hielscher und Kollegen (2019), dass Bindungsverhalten ein wechselseitiges Konstrukt ist, das von einem Fragebogen nicht ohne Weiteres erhoben werden kann, da lediglich ein Bindungspartner, der Mensch, befragt werden könne (Hielscher et al. 2019). Zilcha-Mano und Kollegen (2012) nutzen eine andere Methodik, um die Bindungsreaktionen zwischen einem Menschen und seinem Haustier zu studieren. Sie brachten die teilnehmenden Haustierbesitzer dazu, stressauslösende Aufgaben durchzuführen und ermittelten den Grad der Belastung durch Blutdruckmessungen. Die Haustiere (Hund, Katze, etc.) konnten anwesend oder abwesend sein. Ihre Ergebnisse zeigten, dass die physische und kognitive Anwesenheit ihres Haustieres ausreichte, um das Selbstvertrauen zu erhöhen, die Belastung zu senken und die Aufgabenleistung zu steigern. Somit sprechen auch physiologische Tests dafür, dass Haustiere für manche Menschen als sichere Basis sowie sicherer Hafen fungieren.

BINDUNG SEITENS DES HUNDES

Aus der Perspektive des Hundes konnten Horn und Kollegen (2013) ebenso Bindungsverhalten gegenüber dem Halter beobachten. Dafür wurden den Hunden Aufgaben vorgesetzt und deren Beschäftigungsdauer während der An- und Abwesenheit des Halters beobachtet. Bei der Anwesenheit des Halters, unabhängig davon, wie sich der Halter verhielt, versuchte der Hund länger die Aufgabe zu lösen. War der Halter jedoch abwesend, verloren die Hunde schnell die Motivation. Diese Ergebnisse zeigen, dass ein Besitzer-spezifischer Effekt der sicheren Basis bei Hunden vorliegt. Auch Mariti und Kollegen (2013) untersuchten mittels des „Strange Situation Tests" die Bindung vom Hund zu seinem Menschen. In Anwesenheit ihres Menschen spielten und erkundeten die Hunde vermehrt. Daraus leiteten die Autoren ab, dass der Besitzer eine sichere Basis für den Hund darstellt. Der Hundehalter kann zudem auch als sicherer Hafen für den Hund fungieren, indem seine passive Anwesenheit die verhaltensmäßigen und physiologischen Stressreaktionen eines Hundes auf ein Ereignis abmildern. Gácsi und Co-Autoren (2013) untersuchten, ob der Hundehalter eine Quelle von Sicherheit für den Hund sein kann, wenn dieser von einer bedrohlichen fremden Person angesprochen wird. Dafür wurde die Herzfrequenz der Hunde vor und nach der Begegnung gemessen. Die Ergebnisse zeigten, dass Hunde eine geringere Tachykardie (schneller anhaltender Herzrhythmus) aufwiesen, wenn ihr Mensch bei der Ansprache eines Fremden anwesend war. Wurde ein Hund zuerst in Anwesenheit und danach in Abwesenheit seines Menschen von einer fremden Person angesprochen, wurde lediglich ein abgeschwächter Anstieg der Herzfrequenz verzeichnet. Diese Messungen lieferten den Beleg dafür, dass der Hundehalter als ein sicherer Hafen in einer potenziell gefährlichen Situation fungieren kann. Das Nähesuchen ist als Bindungskriterium schwierig zu beurteilen, da laut Payne und

Kollegen (2016) ein hohes Maß an Nähe suchendem Verhalten in Hund-Mensch-Dyaden ein Hinweis auf eine unsichere Beziehung sein kann. Die Suche nach Nähe allein ist kein Indikator für die Bindung zwischen Hund und Mensch. Gácsi und Kollegen (2001) beobachteten bei Tierheimhunden, dass diese bereits nach einer kurzen Interaktionsphase verstärkt die Nähe zu unbekannten Menschen suchen. Allerdings beobachteten Iris Schöberl und Kollegen (2012), dass Hunde mehr Nähe suchendes Verhalten zu zeigen schienen, wenn ihr Besitzer in vorher ausgefüllten Fragebögen eine stärkere Bindung zu seinem Tier („sozialer Partner", „sinnvoller Begleiter") angab.
Der letzte Aspekt des Kleeblatts ist das Zeigen einer Trennungsreaktion, die bei Vorliegen einer Bindung obligatorisch ist. Erst wenn das Verhalten während der Trennung von dem Bindungspartner bestimmte Formen und Häufigkeiten annimmt, findet der Übergang zu einer Trennungsangst statt, die als pathologisch gilt und auch bei Hunden bekannt ist (Prato-Previde et al. 1998, Topal et al. 2003).

BINDUNGSTYPEN

Je nach der Umgangsart mit der Bezugsperson, sowie dessen An- und Abwesenheit sowohl in den ersten Monaten (Pflegebindung, Care Giver Bond) als auch im späteren Alter, können sich unterschiedliche Bindungstypen entwickeln (Gansloßer & Kitchenham 2015). Die Art der Pflege beeinflusst die Bildung der primären sozialen Repräsentation, welche sich im Gehirn von Kindern bzw. Hunden entwickelt. John Bowlby bezeichnete dies auch als internes Arbeitsmodell (Internal working model). Seine Theorie legt nahe, dass Elemente des Selbstkonzeptes und der Selbstwahrnehmung mit den internen Arbeitsmodellen verknüpft sind, die sich als Folge der Reaktion der Bezugsperson auf die Äußerungen von Bindungsbedürfnissen zu entfalten beginnen. Frühere Beziehungserfahrungen liefern ein Modell dafür, wie spätere Beziehungen ablaufen (Bowlby 1973).
Für eine gesicherte Bindung müssen alle vier Teile des Bindungskleeblattes einen gleich großen Anteil haben (Abb. S. 256).
Eine Synchronisation von Verlässlichkeit und Sensibilität ist wichtig. Denn auf die Bedürfnisse und Gemütslage des Bindungspartners muss einfühlsam und empathisch eingegangen werden (Gansloßer & Kitchenham 2015). Zudem muss jederzeit die Gewissheit bestehen, dass in Krisensituationen eine Unterstützung vorhanden ist, und dass sich der Beziehungspartner an dem anderen erfreut und gern gemeinsame Zeit verbringt.

STRANGE SITUATION TEST

Mary Ainsworth und Silvia Bell (1970) testeten die Bindung zwischen Mutter und Kind mithilfe des „Strange Situation Tests". Dafür wurden Mutter und Kleinkind in ein Spielzimmer geführt, in das im späteren Verlauf des Tests eine fremde, weibliche Person eintrat. Während die Unbekannte mit dem Baby spielte (= strange situation), verließ die Mutter kurz den Raum und kehrte dann zurück. Es folgte im Laufe des Tests eine zweite Trennung, bei der das Baby völlig allein war. Mary Ainsworth und Silvia Bell (1970) fanden heraus, dass Säuglinge das Spielzimmer und die Spielsachen in Anwesenheit ihrer Mütter intensiver erkundeten als nach dem Eintritt einer fremden Person oder in Abwesenheit der Mutter (Ainsworth & Bell 1970). Dies lässt nach John Bowlbys und Mary Ainsworths Untersuchungen auf eine sichere Bindung schließen. Dieser Test kann ebensogut auf die Mensch-(anderes)Tier-Beziehung übertragen werden. Der Ablauf entspricht dem obigen Beispiel. Topal und Kollegen (1998) sowie Prato-Previde und Kollegen (2003) zeigten bei der Hund-Mensch-Beziehung, dass Hunde in Anwesenheit ihres Halters mehr Erkundungs-

Der sichere Hafen – mit Mensch beobachtet es sich entspannt.

verhalten aufwiesen. Der Effekt der sicheren Basis wurde dadurch vermutet, dass die Hunde das Spielen mit dem Fremden in Anwesenheit des Besitzers mehr akzeptierten als in dessen Abwesenheit. Ebenso kann dieser Test in abgewandelter Form auf Katzen übertragen werden, wie Edwards und Kollegen (2007) zeigten. Potter und Mills (2015) kritisieren hingegen, dass der „Strange Situation Test" für die Verwendung bei Katzen nicht geeignet ist und stellen infrage, ob die Bindung zwischen einer Katze und ihrem Besitzer die Anforderungen einer sicheren Bindung erfüllt. In Anwesenheit eines Fremden zeigten Katzen häufiger Alarmverhalten. Eine **sichere Bindung** ist somit das Ergebnis von sensitiver und verlässlicher Vorbetreuung. Das Kind bzw. der Hund zeigt bei Anwesenheit der Bezugsperson Erkundungsverhalten und wird beruhigt durch die Nähe der Bezugsperson. Ist die Verlässlichkeit der Bezugsperson nicht immer gegeben und/oder ist die Bezugsperson wenig sensitiv oder responsiv, kann sich eine **unsichere-vermeidende Bindung** entwickeln. Dabei wird sich nicht mehr an die primäre Bezugsperson gewandt, da dies eine Enttäuschung erspart. Kommt es zu einer Trennung von der Bezugsperson, zeigten die Kinder weiterhin Spielverhalten, da sie sich selbst durch Ablenkung beruhigten. Hunde mit diesem Bindungstyp scheinen alle Probleme selbst zu lösen und entwickeln eine Pseudounabhängigkeit zu ihrem Halter. Laut Gansloßer und Kitchenham (2015) wird dieses Verhalten wohl oft als Dominanzverhalten fehlinterpretiert.

Ebenso kann eine Gegenstrategie, die **unsicher-ambivalente Bindung**, entwickelt werden. Bei dieser Strategie zeigten Kinder in Anwesenheit der Mutter wenig Erkundungsverhalten. Anstatt die Bezugsperson beim Verlassen des Raumes zu ignorieren, wie bei der unsicheren-vermeidenden Bindung, „klammerten" die Kinder vermehrt. Waren die Kinder nach der Trennung mit der Mutter wieder vereint, beruhigten sie sich nicht und es kam erneut zu einem „Klammern". Bei Hunden zeigte sich ein Konflikt zwischen starker Annäherung bzw. der Suche nach Sicherheit in der Nähe des Menschen, aber auch gleichzeitigem Ärger gegenüber dem Menschen (Gansloßer & Kitchenham 2015). Anhängliches Verhalten und Aggression können sich also möglicherweise abwechseln.

Mary Main und Judith Solomon (1986) definierten **desorganisierte bzw. chaotische Bindungen** als einen weiteren Bindungstyp. Während der sichere und unsichere Bindungstyp organisiert sind, gilt hier der Verlust von Organisation und ein Zusammenbruch des Bindungsverhaltens. Es entsteht durch Defizite in der Betreuung. Das Kind erlebt sich als hilflos und verwundbar. Es hat Furcht vor der Bezugsperson und/oder diese gibt keine Sicherheit. Für Ganslоßer und Kitchenham (2015) steht dieser Bindungstyp bei Kindern in einem Zusammenhang mit Verlustängsten und Vernachlässigung. Hunde mit diesem Bindungstyp zeigten bereits in der kurzfristigen Trennungsreaktion des Bindungstests Zerstörungsanfälle oder Stereotypien (= sich ständig wiederholende Verhaltensweisen). Mit den Erkenntnissen zur Bindung zwischen Hund und Halter ist es nicht verwunderlich, dass Hunde bei der Trennung vom Halter typisches Trennungsverhalten zeigen.

TRAUER

Die Trauer, die ein Individuum nach Verlust eines Bindungspartners erlebt, hat durchaus ihre Daseinsberechtigung. Die damit verbundene reduzierte Aktivität gibt eine Grundlage, um eine Neuordnung für den Rest der Gruppe zu ermöglichen und Reparaturmechanismen im Gehirn zu unterstützen, da dafür mehr Energie zur Verfügung steht. Die Erholungszeit kann dabei von mehreren Wochen bis zu Monaten reichen, manchmal tritt keine Rückkehr zu den Basiswerten ein (Ganslоßer 2020).

PHASEN DER TRENNUNG

Findet eine Trennung statt, reagiert das Individuum mit Verhalten, das zum Ziel hat, die Distanz zur Bindungsfigur zu verringern. Zu Beginn steht die sogenannte **Protestphase**, die durch eine erhöhte Aktivität und Kontaktverhalten wie Rufen und Suchen gekennzeichnet ist. Auch physiologisch sind Änderungen zu verzeichnen: Katecholamine und Glucocorticoide sind erhöht. Findet die Vereinigung statt, fährt der Körper langsam wieder herunter, statt Stresshormone wird das „Kuschel- und Bindungshormon" Oxytocin freigesetzt, das die Ausschüttung von Stresshormonen dämpft und bindungsfördernd wirkt. Rehn und Kollegen (2014) konnten in ihrer Studie nachweisen, dass die Existenz und Form der Begrüßung von Hund und Halter eine besondere Bedeutung haben. Wurden die Hunde vom Halter körperlich und verbal begrüßt, reduzierte sich die Cortisol-Konzentration am deutlichsten, aber auch ausschließlich verbale oder körperliche Begrüßung hatte eine senkende Wirkung auf das Stresshormon (Rehn et al. 2014).

Bleibt die Wiedervereinigung während der Protestphase aus, setzt die **Depressionsphase** ein. In dieser ist die Produktion von Glucocorticoiden weiterhin erhöht. Antrieb, Neugier und Aktivität werden durch den Hippocampus, eine zentrale Schaltstation des limbischen Systems, gesteuert. Ein anhaltend erhöhter Cortisol-Spiegel sorgt für das Absterben von Nervenzellen in diesem Hirnbereich. Das Individuum zieht sich zurück, zeigt kaum noch körperliche Aktivität. Findet nun, nach Einsetzen dieser Phase, die Wiedervereinigung statt, ist trotzdem noch eine erhöhte Aktivität der Nebennierenrinde vorhanden.

TRENNUNGSBEZOGENE VERHALTENSPROBLEME

Abgesehen vom beschriebenen, nicht pathologischen Trennungsverhalten kann aber auch trennungsbezogenes Problemverhalten gezeigt werden. Laut Horwitz und Mills (2009) sind 20 bis 40 % der Verhaltensprobleme bei Hunden auf eine Trennungsproblematik zurückzuführen. Trennungsbezogene Verhaltensprobleme sind damit weit verbreitet und können durch einige der folgenden Verhaltensweisen gekennzeichnet sein: Zerstörung, Vokalisation, Ausscheiden, Lethargie, Überaktivität, Anhänglichkeit, repetitive Verhaltensweisen oder auch Selbstverletzung (Overall 2013, Ogata 2016).

Da dieselbe Verhaltensweise aufgrund verschiedener Emotionen gezeigt werden kann, ist es von großer Bedeutung, den ursächlichen inneren Zuständen auf den Grund zu gehen, um schlussendlich auch sinnvoll zu behandeln.

Viele Hundefreunde fragen sich, ob ein weiterer Hund dem Ersthund nicht helfen würde, allein Zuhause zu bleiben. Diese Frage stand bei einer Studie von Stephan und Kollegen (2021) im Fokus. Mehr als 70 Hunde wurden dabei auf Video aufgenommen und deren Verhalten u. a. auf mögliche Zusammenhänge von Einzel- bzw. Gruppenhaltung und Aktivitätsniveau untersucht. Auch wenn die Hunde sich überwiegend passiv verhielten, waren Hunde, die mit Artgenossen zusammenlebten, in der ersten Stunde der Trennung vom Halter deutlich aktiver als Hunde in Einzelhaltung. Diese erhöhte Aktivität beinhaltete vorrangig Verhaltensweisen, die nicht in Interaktion zum Artgenossen standen (Stephan et al. 2021). Hier könnte man nun vermuten, dass ein Artgenosse bei Trennungsstress keine große Hilfe ist. Beziehen wir uns an dieser Stelle jedoch erneut auf die Studie von Konok et al. (2019) und auf Ergebnisse aus der Humanpsychologie (Bowlby 1969) wird deutlich, dass es möglich ist, dass das äußere Verhalten und die physiologische Antwort nicht zwangsläufig einhergehen. Je nach Bindungstyp ist es möglich, dass physiologisch eine Stressreaktion stattfindet, obwohl das Verhalten nicht auffällig ist. Ebenso kann es sein, dass das Verhalten auffällig ist, physiologisch aber keine starke Reaktion zu verzeichnen ist. Eine erhöhte Aktivität muss daher nicht unbedingt bedeuten, dass kein Effekt durch den Artgenossen auf physiologischer Ebene stattfindet.

TRENNUNGSBEZOGENE PROBLEMVERHALTENSFORMEN

Mills und Kollegen (2012) beschreiben drei Haupttypen trennungsbezogenen Problemverhaltens. Eine Form wird als **„primary hyperattachment"** bezeichnet. Hier wird angenommen, dass der Hund die Eigenschaften der Bindung, die er zur Mutter hatte, auf seinen Halter überträgt und als nicht völlig entwöhnt angesehen werden kann. Vor und/oder während einer Trennung werden deutliche Stresssignale gezeigt. Verhaltensweisen zielen meist auf Kontaktsuche ab (Heulen, Graben, Türen zerstören). Nach Rückkehr des Halters findet häufig eine exzessive Begrüßung

KRITERIEN FÜR DIAGNOSE VON TRENNUNGSANGST

(Horwitz & Mills 2009)

— Hinweis auf starke Bindung zum Halter durch Folgeverhalten, aufmerksamkeitssuchendes Verhalten.
— Verhalten zeigt sich während der Abwesenheit der Bindungsperson.
— Verhalten tritt kurz nach Verlassen auf (meist innerhalb von 30 Minuten).
— Eine oder mehrere der folgenden Verhaltensweisen ist/sind während der Trennung zu beobachten:
  - destruktives Verhalten (oft auf Ausgänge wie Türen oder Fenster fokussiert)
  - Vokalisation
  - Ausscheiden
  - starkes Speicheln
  - Appetitlosigkeit
  - Verhaltensdepression (Immobilität)
  - gastrointestinale Auffälligkeiten
  - Selbstverletzung
  - erhöhte oder ungewöhnliche motorische Aktivität
— Hohes Erregungslevel bei Rückkehr des Halters.
— Andere furcht- oder angstbezogene Umstände wie Geräuschsensibilität.

statt. Meistens zeigt der Hund, trotz anwesender anderer Menschen, weiterhin eine Trennungsproblematik. Es ist aber auch möglich, dass andere Menschen als anteiliger Ersatz wirken und sich das gesamte Ausmaß erst zeigt, wenn der Hund ganz allein ist.
Bei Hunden von diesem Typ zielt die Behandlung darauf ab, die Abhängigkeit vom Halter zu reduzieren (Mills et al. 2012).
Bei der zweiten Form entwickelt sich die problematische Bindung **„secondary hyperattachment"** erst später im Leben, häufig in einer Phase von Not und mangelnder Gelegenheit für Sicherheit. Die trennungsbezogenen Verhaltensweisen werden weniger konsistent als bei „primary hyperattachment" gezeigt. Oft treten Probleme erst auf, wenn sich Umstände ändern. Beispielhaft dafür wäre das Ende einer langen Home-Office-Zeit durch die Covid-19-Pandemie, deren Beendigung dafür sorgt, dass das Problemverhalten gezeigt wird. Auch hier zielen die Verhaltensweisen auf die Wiederaufnahme des Kontakts zum Halter ab, wobei sich auch oft in den Ruhezonen aufgehalten wird, in denen der Geruch des Halters intensiver ist. Daher kann es hier gut vorkommen, dass das Sofa nach Rückkehr des Halters nicht mehr ganz unversehrt ist. Hunde dieses Typs besitzen ein größeres Potenzial dafür, die Trennungsprobleme nicht mehr zu zeigen, wenn ein Ersatz vorhanden ist. Damit ist nicht gemeint, dass zwangsläufig ein anderer Mensch anwesend sein muss, sondern dass dem Hund Komfort-Stimuli mit beruhigender Qualität wie ein Pullover des Halters zur Verfügung gestellt werden (Mills et al. 2012).
Als dritte Form von trennungsbezogenem Problemverhalten wird die **konditionierte Furcht vor der Trennung** erwähnt. Damit sind Hunde gemeint, die während einer Trennung negative Erfahrungen, wie z. B. Donner oder Feuerwerk, gemacht haben und diese nun mit der Trennung selbst verknüpfen. Während einer Trennung zeigen diese Hunde weniger gerichtetes bzw. kontaktsuchendes Verhalten. Statt an Türen zu graben (was als kontaktsuchendes Verhalten interpretiert werden kann), werden hier eher unbewegliche Objekte wie Teppich oder Sofa zerstört.
Setzt der angstauslösende Reiz während der Anwesenheit des Halters ein, wird auch dann eine Angstreaktion gezeigt, da das Problem mit der primären Aversion gegenüber diesem Reiz zusammenhängt. Auch wenn dieser Typ Anteile der anderen Typen enthalten kann, steht hier keine Bindungsproblematik im Vordergrund (Mills et al. 2012).

Ursache in einer problematischen Beziehung?

Während Mills und Kollegen (2012) eine zu starke Bindung als eine mögliche Ursache für ein problematisches Trennungsverhalten nicht ausschließen, wird dies von anderen Autoren nicht in Betracht gezogen (Parthasarathy & Crowell-Davis 2006, Konók et al. 2011).
Nachdem Parthasarathy und Crowell-Davis (2006) einen Bindungstest mit Hund und Halter durchgeführt hatten, wurden die Hunde anschließend über eine halbe Stunde vom Halter getrennt. Hunde mit bzw. ohne Trennungsangst zeigten dabei keine Unterschiede in Verhaltensweisen, die auf eine zu starke Bindung hindeuten würden. Dies würde der Aussage von Mills und Kollegen (2012), dass Typ „primary hyperattachment" und „secondary hyperattachment" eine zu starke Bindung zu ihrem Halter haben, widersprechen. Auch die Studie von Konók und Kollegen (2011) deutet darauf hin, dass vor allem eine problematische Bindung von Hund und Halter trennungsbezogenes Problemverhalten wahrscheinlicher machen. Hunde, die unter Trennungsangst litten, zeigten in deren Untersuchungen, dass der Halter nicht als sichere Basis genutzt wurde und die Hunde nach Rückkehr des Halters nicht einfach wieder beruhigt werden konnten. In einer Untersuchung von Konok und Kollegen (2019) konnte bestätigt werden, was in der Humanpsychologie schon seit längerem

bekannt ist (Crockenberg 1981, Leerkes 2011, Meins et al. 2001, Dallaire & Weinraub 2005): **die Reaktionsfähigkeit der Mutter bzw. des Halters spielt eine entscheidende Rolle bei der Vorhersage von trennungsbezogenem Problemverhalten.** Hundehalter, bei denen in dieser Studie eine niedrige Reaktivität beobachtet wurde, hielten Hunde, die entweder physiologisch oder im Verhalten starken Stress zeigten. Der unterschiedliche Umgang der Hunde mit der niedrigen Reaktivität der Halter wird als das Vorliegen unterschiedlicher Bindungstypen interpretiert. Dabei wird angenommen, dass Hunde, die mittleren physiologischen Stress, aber starke Stresssignale nach außen zeigen, ängstlich gebunden sind. Durch ihr Verhalten verlangen sie nach Kontakt und Aufmerksamkeit. Zeigen Hunde im Verhalten weniger Stresssignale, haben aber eine sehr deutliche physiologische Antwort, wird dies dem vermeidenden Bindungstypen zugeordnet. Hier werden Verhaltensweisen, die die Bindung fördern, unterdrückt und das Bindungssystem wird deaktiviert (Bowlby 1969).

Trennungsprobleme aus Frustration?

Die Interpretation der Ergebnisse kann aber auch in Anlehnung an Lund und Jørgensen (1999) und Lenkei et al. (2018) geschehen. Nach Meinung dieser Forscher liegen verschiedene innere Zustände zugrunde.

Lund und Jørgensen (1999) untersuchten den Erregungsverlauf während einer Trennung und entdeckten dabei zwei Komponenten. Zum einen eine wiederkehrende zyklische Erregung nach 23 bis 28 Minuten, die vermutlich durch innere Faktoren (Adams & Johnson 1993) beeinflusst ist. Zum anderen eine langfristige exponentielle Abnahme der Erregung, bei der anscheinend eine Beeinflussung von außen eine Rolle spielt.

Die Forscher (Lund & Jørgensen 1999) gehen davon aus, dass Trennungsprobleme durch Frustration verursacht werden, die wiederum zu Erregung, Furcht und Enthemmung führen kann. Trennungsangst zeigte sich während der Trennung eher durch Weinen und Bellen. Hohe Aktivität und Bellen wurden mit einem hohen Erregungslevel durch die vorhandene

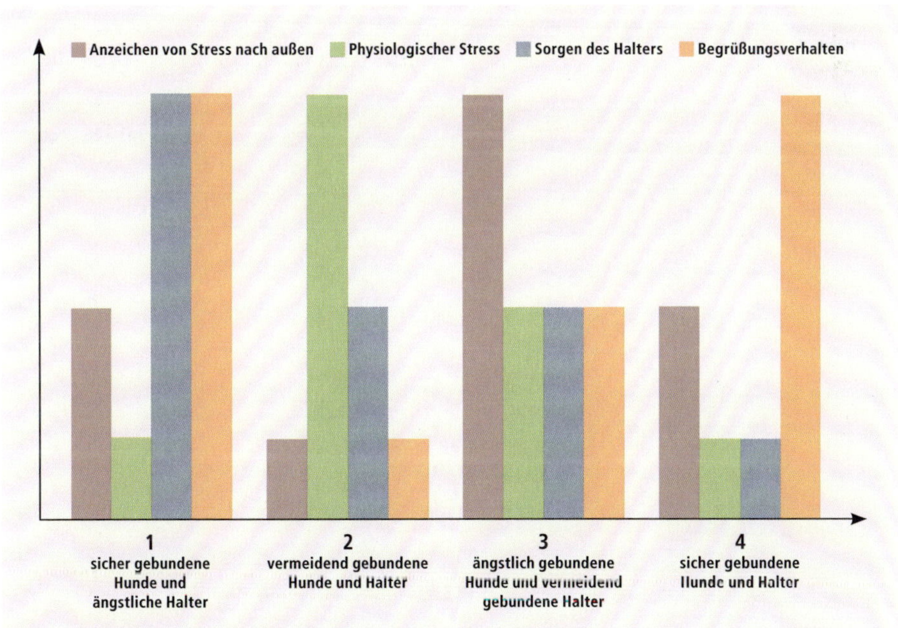

Schematische Darstellung der vier Cluster (Konók et al. 2019)

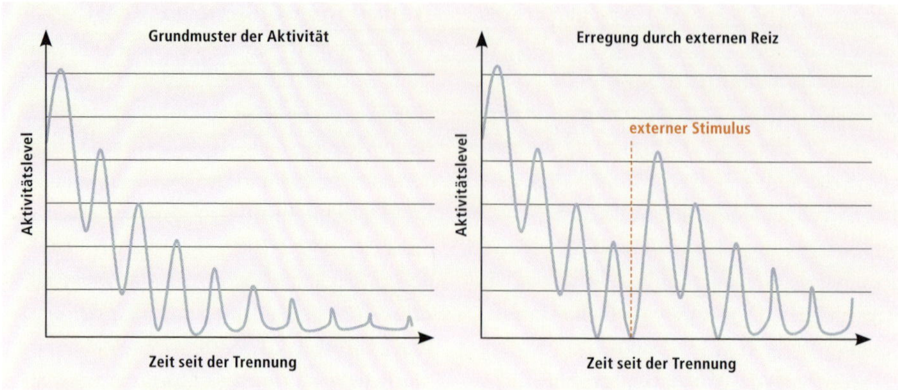

Schematische Darstellung des zeitlichen Verlaufs der Erregung während der Trennung vom Halter (Lund & Jørgensen 1999)

Frustration erklärt. Die Bindung zum Halter ist ursächlich für die ausgelöste Frustration während einer Trennung. Aber auch individuelle Eigenschaften wie Rasse, Geschlecht, Vorerfahrungen und die Einstellung des Halters können das Auslösen von Furcht und Erregung und die Bindung von Hund und Halter beeinflussen und somit das Verhalten während einer Trennung teilweise erklären (Lund & Jørgensen 1999).
Auch Lenkei et al. (2018) beschäftigten sich mit möglichen inneren Zuständen während

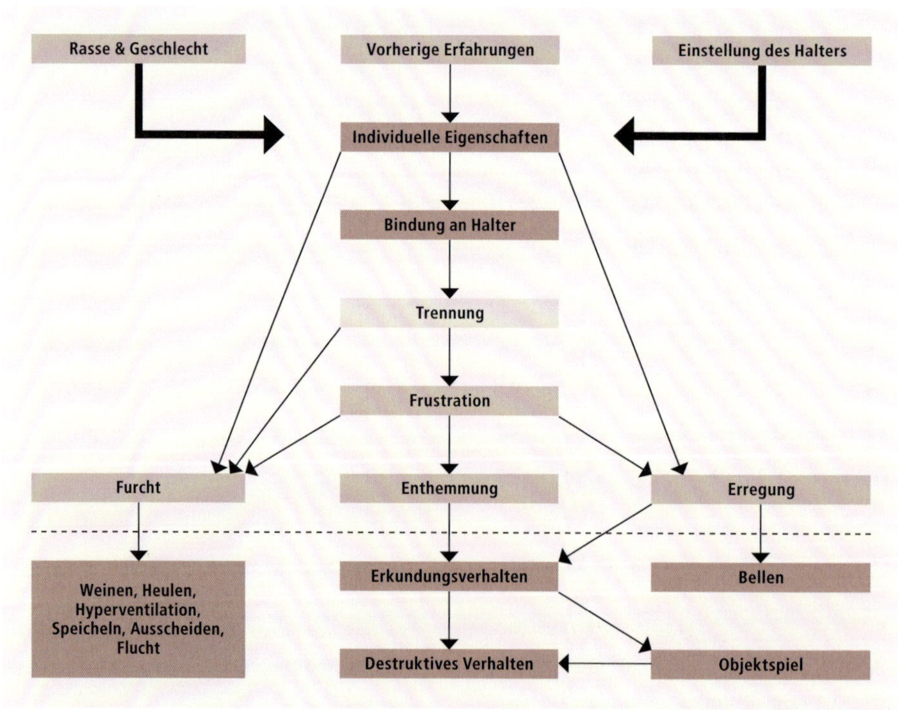

Einflussfaktoren auf die Stärke der Trennungsreaktion. Die gestrichelte Linie zeigt den Übergangs bereich zur Trennungsstörung (Lund & Jorgensen 1999).

einer Trennung von Hund und Halter. In dieser Untersuchung, die den Fokus u. a. auf verschiedene Arten der Vokalisation legte, zeigte sich, dass Hunde, die Trennungsangst hatten, eher weinten, während Bellen unabhängig vom Vorliegen einer Trennungsangst auftrat. Zwischen beiden Vokalisationsarten konnte statistisch kein Zusammenhang festgestellt werden, sodass von den Autoren vermutet wird, dass verschiedene innere Zustände auslösend sind. Die Vermutungen von Lund und Jørgensen (1999) bestätigten sich damit. Ein Ziel der Studie war es, eine mögliche Beziehung zwischen dem Auftreten von Trennungsangst zu Verhaltenseigenschaften des Halters, vor allem in Bezug auf dessen Nachgiebigkeit, zu untersuchen. Ein weiterer Fokus lag auf Verhaltenseigenschaften des Hundes, insbesondere forderndem Verhalten. Ein deutlicher Zusammenhang konnte zwischen dem Status an Trennungsangst und der Vokalisation zur Nachgiebigkeit des Halters während Alltagssituationen festgestellt werden. Die Ergebnisse zeigten, dass Hunde, die während einer Trennung bellten, eher nachgiebige Halter hatten und vom Halter eingeschätzt wurde, dass eine Trennungsangst vorhanden ist. **Eine Vermutung der Forscher ist, dass das Bellen keine Trennungsangst anzeigt, sondern Frustration seitens der Hunde.** Da Bellen oft störender empfunden wird als z. B. Weinen, wird es häufiger als Anzeichen für eine Trennungsproblematik angenommen. Inkonsistentes Verhalten des Halters könnte eine niedrige Frustrationsschwelle der Hunde nach sich ziehen und damit das vermehrte Bellen während einer Trennung erklären.

Heulen – nicht immer eine emotionale Reaktion?

Mazzini und Kollegen (2013) führten eine Studie mit Wölfen durch und untersuchten dabei die Rolle und das Entstehen des Heulens genauer. Dafür entfernten sie jeweils ein Individuum für 45 Minuten vom Rudel. Die Häufigkeit des Heulens stand hier im Zusammenhang mit dem Dominanzstatus des entfernten Individuums. Je höher der Status des getrennten Gruppenmitgliedes, desto häufiger heulte das verbliebene Rudel. Einen weiteren Einfluss hatten affiliative Interaktionen zwischen dem Heuler und dem von der Gruppe getrennten Wolf. Anders als mancher erwarten würde, zeigte das Cortisol-Level keinen Effekt auf die Häufigkeit des Heulens. **Die Ergebnisse deuten darauf hin, dass Heulen nicht zwangsläufig durch erhöhten Stress zustande kommt, sondern flexibel eingesetzt werden kann, um die Nähe zu einem wichtigen Individuum wiederherzustellen.** Vokalisation kann danach, zumindest in einigen Fällen, auch kontrolliert eingesetzt werden, um sozial vorteilhaft zu wirken und ist laut Mazzini und Kollegen (2013) nicht zwangsläufig eine einfache emotionale Reaktion. **Die Studien zeigen erneut, dass trennungsbezogene Verhaltensprobleme durch verschiedene Ursachen zustande kommen und nicht zwangsläufig eine Trennungsangst vorliegt, wenn ein Hund sehr starke Vokalisation während der Trennung zeigt** (Lenkei et al. 2018, Lund & Jørgensen 1999). Außerdem wird auch hier deutlich, dass Trennungsangst sehr komplex ist und von multiplen Faktoren beeinflusst werden kann.

Bevor also eine entsprechende Behandlung begonnen werden kann, ist es von äußerst wichtiger Bedeutung, die Ursache für die problematischen Verhaltensweisen, die während der Trennung gezeigt werden, zu finden. Dazu bietet es sich an, den Hund so oft wie möglich und in verschiedenen Kontexten zu filmen, sowie den Ort und die Häufigkeit des Verhaltens zu dokumentieren. Außerdem ist es sinnvoll zu erfragen, wie lange das Verhalten bereits auftritt und ob es durch (äußere?) Veränderungen entstanden sein könnte. Denkbar wären hier z. B. Umzug, veränderte Arbeitszeiten oder eine Scheidung (Simpson 2000).

DIFFERENTIALDIAGNOSEN

(Horwitz & Mills 2009)

VEHALTEN	MÖGLICHE URSACHEN
Destruktives Verhalten	Spielverhalten, zu wenig Auslastung und Stimulation, Donner- oder Geräuschsensibilität, territoriales Verhalten, furchtauslösende Reize, Trennungsangst
Vokalisation	Außenreize, sozialer Kontakt mit anderen Hunden, territoriale Zeichen, Spiel, Furcht oder Phobien, Trennungsangst
Ausscheiden	Unzureichende Stubenreinheit, keine Möglichkeit zur Ausscheidung, Furcht, Aufregung, sumissives Urinieren, Markieren mit Urin, Inkontinenz, medizinische Ursachen, Parasiten, kognitive Fehlfunktion, Trennungsangst
Selbstverletzung	Hauterkrankungen, Allergien, Neuritis, Trennungsangst

BEGÜNSTIGENDE FAKTOREN

Es gibt viele Eigenschaften und Umstände, die das Trennungsverhalten von Hunden beeinflussen können und das Auftreten von trennungsbezogenem Problemverhalten wahrscheinlicher machen (Pongrácz et al. 2017, McGreevy & Masters 2008, Tiira et al. 2016, Overall et al. 2001, Overall 2013, Storengen et al. 2014, McMillan 2017, Schwartz 2003, Boissy 1995, Serpell et al. 2017, McCrave 1991, Flannigan & Dodman 2001, Konok et al. 2015, Mendl et al. 2010, Pongrácz et al. 2020, Konok et al. 2019). Um auf einige der Faktoren genauer einzugehen, sei hier die Übersicht von Serpell und Kollegen (2017) genannt. So können Überforderungen des Nebennierenrindensystems, z. B. durch Trennung vor der 12. Lebenswoche oder Verletzung im Welpenalter, dazu führen, dass bei einem erwachsenen Hund u. a. eine höhere Anfälligkeit für Trennungsängste zu beobachten ist (Ganslößer 2020). Mendl und Kollegen (2010) versuchten einen möglichen Zusammenhang einer pessimistischen Grundtendenz und dem Auftreten einer Trennungsproblematik zu untersuchen. Bevor die eigentliche Testung auf Pessimismus begann, wurden bei den teilnehmenden Hunden eine Erwartungshaltung aufgebaut. Dazu stand auf einer Seite des Raumes immer eine volle Schale mit Futter, auf der anderen Seite war die Schale immer leer. Befand sich die Schale während der nachfolgenden Testung dann mittig oder auf der als negativ konditionierten Seite, bewegten sich Hunde mit Trennungsangst langsamer als Hunde ohne Trennungsangst, da diese vermutlich eher davon ausgingen, dass die Schale leer war. Dieses Verhalten wurde von den Forschern als Folge

Eigenständig arbeitende Rassen sind weniger kooperativ und sehr selbstständig.

einer pessimistischen Einstellung eingestuft. Anscheinend führt Pessimismus mit höherer Wahrscheinlichkeit zum Auftreten von trennungsbezogenem Problemverhalten (Mendl et al. 2010).

Kooperativ und unabhängig arbeitende Hunderassen

Eine andere Frage, die sich stellt, ist, ob die Hunderasse ein Faktor sein kann, der das Auftreten trennungsbezogenen Problemverhaltens beeinflusst. Pongrácz und Kollegen (2020) testeten in ihrer Studie Hunde verschiedener Hunderassen, von denen nur einige Trennungsangst zeigten, andere hatten wiederum keine dahingehende Problematik.
Es stellte sich ein Unterschied zwischen kooperativ und unabhängig arbeitenden Rassen heraus. Während der Trennung vom Halter vokalisierten vor allem kooperativ arbeitende Hunderassen mit Trennungsangst mehr als unabhängig arbeitende Hunderassen mit Trennungsangst. Bei Hunden ohne Trennungsangst zeigte sich ein ähnlicher Trend: kooperativ arbeitende Hunderassen vokalisierten mehr als unabhängig arbeitende Hunderassen. Als teilnehmende kooperativ arbeitende Hunderasse sind hier Deutsch Kurzhaar, Perro de Agua Español, Weimaraner, Epagneul Breton, Golden Retriever, Labrador Retriever, Deutscher Schäferhund und Pointer zu nennen. Auf Seiten der unabhängig arbeitenden Hunderassen stehen in dieser Studie Alaskan Malamute, Beagle, Bodeguero, Bull Terrier, Spanischer Galgo, Siberian Husky, Pitbull und Podenco Canario (Pongrácz et al. 2020).
Vermutlich spielt hier erneut die Bindung eine wichtige Rolle. Rassen, die zur Arbeit mit dem Menschen gezüchtet werden, zeigen intensiver stressbezogene Verhaltensweisen während der Trennung vom Halter. Interessant ist diesbezüglich auch der Bezug zur Ausbildung der Oxytocinrezeptoren, die sich sowohl innerhalb als auch zwischen den Rassen unterscheidet und mit Geselligkeit und Menschenbezogenheit zusammenhängt (Kis et al. 2017, von Holdt et al. 2017).
Unter diesen Gesichtspunkten kommt die Frage auf, ob die Lebensqualität unserer Hunde durch gezielte Zucht mit Fokus auf das Verhalten verbessert werden könnte.
Eine Voraussetzung dafür ist, dass ein genetischer Zusammenhang vorliegt. Salonen et al. (2020) beschäftigten sich mit Zusammenhängen von Prävalenz (Auftretenshäufigkeit, Komorbidität (Gemeinsamkeit im Auftreten) und Rassespezifität verschiedener Ängste, wie z. B. Angst vor Oberflächen, Höhenangst und Angst bei Trennung. Der schon von Tiira et al. (2016) vermutete starke genetische Zusammenhang, der sich durch eine hohe Komorbidität zwischen verschiedenen Ängsten äußerte, bestätigte sich in der Studie von Salonen et al. (2020). Diese zeigte auf, dass bei bestimmten Hunderassen einige Ängste deutlich häufiger auftraten als bei anderen.
Trennungsbezogene Verhaltensprobleme sind, sowohl was die Ursachen als auch die Diagnose und Behandlung angeht, komplex. Die ursächlichen inneren Zustände, wie Angst versus Frustration, können gleiche bis ähnliche Symptome auslösen, wodurch eine Diagnose schwierig wird (Lenkei et al. 2018, Mills et al. 2012). Wie schon von Mills et al. (2012) erwähnt, ist eine durch und durch intensive Anamnese daher ratsam.

Kooperativ arbeitende Hunderassen reagieren auch auf Trennung von ihrem Menschen.

STRESS, ANGST, FURCHT UND THERAPIEFORMEN

STRESS BEIM HUND

VON ALETTA WINKLER UND HANA TEBELMANN

Der britische Biologe Donald Broom definiert Stress folgendermaßen: **„Stress findet dann statt, wenn die Anpassungsfähigkeit eines Tieres überfordert wird und dadurch das Tier auf lange Sicht Nachteile für Gesundheit oder Fortpflanzungsfähigkeit erleidet“** (Broom & Johnson 1993). Das heißt, Stress kann sehr viele unterschiedliche Ursachen haben. So können physikalische Reize (z. B. Hitze) oder mechanische Reize (z. B. Berührungen) Stress auslösen. Aber auch soziale (z. B. Mobbing), emotionale (z. B. Angst), psychische (z. B. Reizüberflutung) und körperliche (z. B. Schmerzen) Ursachen können Stressreaktionen auslösen. Grundsätzlich werden bei Stress immer zwei Reaktionen im Körper ausgelöst: zum einen die Aktivierung des Sympathikus und zum anderen das Ingangsetzen der Hypothalamus-Hypophysen-Nebennierenrinden-Achse.

STRESSREAKTIONEN

Doch an welchen Persönlichkeitsmerkmalen liegt es, dass Bello das ganze Haus zerlegt und gegenüber Menschen und anderen Hunden aggressiv wird, während Struppi sich zurückzieht und in eine Depression verfällt?
Ein Erklärungsmodell wäre die Unterscheidung zwischen dem Persönlichkeitstyp A (bold, wagemutig) und dem Persönlichkeitstyp B (shy, zurückhaltend).
Während und nach Stresssituationen wird beim Persönlichkeitstyp A (Bello) vor allem Adrenalin aus dem Nebennierenmark ausgeschüttet, während beim Persönlichkeitstyp B (Struppi) überwiegend Cortisol ausgeschüttet wird. Schauen wir uns die Wirkung des Neurotransmitters Adrenalin und des Hormons Cortisol an, wird schnell klar, warum Bello eher mit einem aktiven bis aggressiven Verhalten auf Stresssituationen reagiert, während Struppi eher mit Rückzug und einem depressiven Verhalten reagiert.

AKTIVIERUNG DES SYMPATHIKUS

Adrenalin steigert den Gefäßtonus, erhöht den Blutdruck und die Herzfrequenz und wirkt katabol (erhöhend) auf den Glykogen- und Glucosestoffwechsel. Somit schafft Adrenalin die Voraussetzungen für die rasche Bereitstellung von Energiereserven, die in gefährlichen Situationen das Überleben sichern sollen. Als Hormon übernimmt Noradrenalin ähnliche Aufgaben wie Adrenalin. Es löst die typischen Kampf-oder-Flucht-Reaktionen im Körper aus. Noradrenalin als Neurotransmitter aktiviert den Sympathikus. Dem Nebennierenmark wird signalisiert, Adrenalin zu produzieren. Außerdem kommt es zu einer gesteigerten Aufmerksamkeit und einer erhöhten Handlungsbereitschaft.

HPA-ACHSE

Neben der Aktivierung des Sympathikus, haben wir als zweite Stressreaktion des Körpers die Aktivierung der Hypothalamus-Hypophysen-Nebennierenrinden-Achse. Sie beschreibt einen komplexen endokrinologischen Regelkreis zwischen Hypothalamus, Hypophyse und Nebennierenrinde. Er beeinflusst zahlreiche Körperfunktionen und -reaktionen, u. a. die Stressreaktion, und unterliegt einer

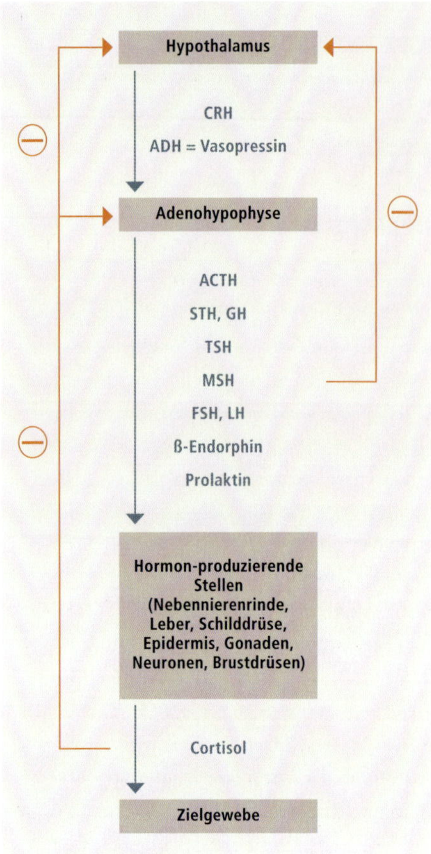

Regelung der Stressreaktion
blaue Pfeile = Aktivierung, Auslösung
orange Pfeile = Dämpfung (negative Rückkopplung)

negativen Rückkopplung. Anhand der HPA-Achse werden schnell die körperlichen und medizinischen Folgen von Stress ersichtlich. Die adenohypophysären Hormone haben nämlich folgende Wirkung:

— **ACTH** bewirkt kurzfristig eine Steigerung der Cortisolsynthese und -sekretion in der Nebennierenrinde.
— **STH** induziert in der Leber die Bildung von Wachstumsfaktoren (IGF-I, IGF-II); wachstumsfördernde Wirkung durch Stimulation des Knorpelwachstums in den Epiphysenfugen, weiterhin aufbauende, fettabbauende und insulingegenwirkende Eigenschaften.
— **TSH** stimuliert die Synthese und Sekretion von T3 und T4 (Schilddrüsenhormone).
— **MSH** stimuliert die Synthese von Melanin (Pigment der Haut und Haare), weiterhin ist es an der Regulation von Fieber, Hunger und sexueller Erregung beteiligt.
— **FSH, LH** stimulieren die Bildung von Geschlechtshormonen.
— **ß-Endorphin** bindet an Opiatrezeptoren von Neuronen im Gehirn, starke analgetische (schmerzdämpfende) Wirkung.
— **Prolaktin** fördert das Wachstum und die Differenzierung der Brustdrüsenzellen, die Laktation nach der Geburt und das Brutpflegeverhalten.

Eine vermehrte Cortisolausschüttung blockiert nicht nur entzündliche und immunologische Prozesse, sondern dämpft auch die Aktivität des Tieres. Die Folgen davon sind depressive Verstimmungen, Lern-, Konzentrations- und Gedächtnisschwächen, Panikverhalten und Angstreaktionen. In Kombination mit anderen entsprechenden Einflüssen neigt der Persönlichkeitstyp B (Struppi) auch zu der erlernten Hilflosigkeit, in der er mit komplettem Rückzug und Teilnahmslosigkeit reagiert. Glucocorticoide werden langsamer produziert und ausgeschüttet als Adrenalin und Noradrenalin, die Wirkung beginnt in der Regel erst nach 5 Minuten. Sie haben jedoch auch eine sehr viel langsamere Abbaugeschwindigkeit. Dies wird besonders deutlich, wenn man sich den epigenetischen Einfluss von Cortisol anschaut. Der Neuroendokrinologe Dietmar Spengler konnte anhand eines Mausmodells darlegen, wie frühkindlicher Stress zeitlebens erhöhte Stresshormone und eine verminderte Stresstoleranz zeigten. Werden neugeborene Mäuse von der Mutter für kurze Zeit getrennt, dann können sich diese Tiere ihr Leben lang nur schlecht an Stresssituationen anpassen. Die Stresshormonpegel sind erhöht, weil im Gehirn der traumatisierten Mäuse das Eiweißmolekül Vasopressin überproduziert wird. Über Vasopressin wird zunächst die Hirnanhangdrüse aktiviert, die ihrerseits die Nebennierenrinde antreibt, Stresshormone wie Cortisol und Adrenalin vermehrt in die Blutbahn abzugeben. Spengler et al. (2009) konnten einen die Genaktivität regulierenden Abschnitt identifizieren, der durch Methylierung die Aktivität des Vasopressins hemmt. Dieser epigenetische Ausschalter fehlt den traumatisierten Tieren und führt zu einer lebenslangen Überproduktion von Vasopressin. Infolgedessen steigt nicht nur der Cortisolspiegel durch Aktivierung der HPA-Achse, durch die negative Rückkoppelung kommt es auch zu Gewichtsverlust, Muskelabbau, sexuellen Funktionsstörungen und Depressionen. Wie von vielen befürchtet, führt Stress auch zu grauen Haaren. Forscher der Harvard University haben im Mausmodell bestätigt, dass Stress die Haare ergrauen lässt. Ursächlich sind allerdings nicht erhöhte Cortisolwerte. Vielmehr führt Stress dazu, dass vermehrt Noradrenalin ausgeschüttet wird. Dieses bewirkt die übermäßige Aktivierung von Stammzellen in den Haarfollikeln, die dann zu Melanozyten umgewandelt werden. „Bereits nach wenigen Tagen waren alle pigmentregenerierenden Stammzellen aufgebraucht", erklärt der Seniorautor der Studie, Professor Dr. Ya-Chieh Hsu. In dem betroffenen Follikel können dann keine Pigmentzellen mehr gebildet werden (Zhang et al. 2020). Auf unsere beiden Hunde Bello (Typ A) und Struppi (Typ B) bezogen, wird durch ein und denselben Stressor also bei dem wagemutigen Bello vermehrt der Sympathikus aktiviert, während bei dem schüchternen Struppi eher die Auswirkungen der HPA-Achse beobachtet werden können.

STRESSSYMPTOME

Grundsätzlich unterscheidet man zwischen geringgradigen, mittelgradigen und starken Stresssymptomen.

Bei **geringgradigen Stresssymptomen** ist der Hund verunsichert, aber generell noch ansprechbar. Einzelne Stresssymptome wie z. B. Unruhe, Blickabwenden und Gähnen sind erkennbar. Es ist ersichtlich, dass sich der Hund nicht wohl fühlt. Zu geringgradigen Stresssymptomen gehören z. B. Unruhe, Nervosität, mangelhafte Konzentration, Lippenlecken, Schmatzen.

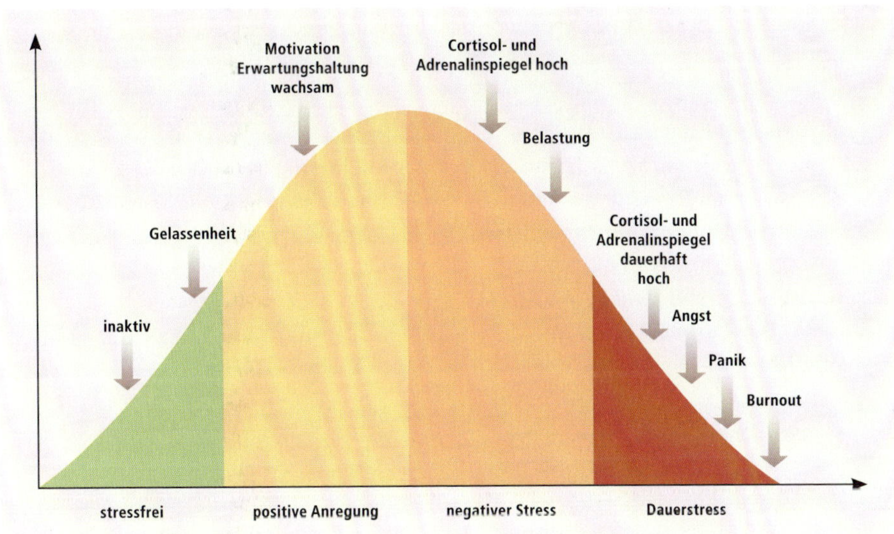

Stresskurve des Hundes

Bei **mittelgradigen Stresssymptomen** ist der Hund weniger ansprechbar. Die Furcht wird stärker. Zeichen hierfür sind z. B. Zittern, Tippeln, Schwitzen (Pfoten) und ein geduckter Körper durch Einknicken in den Gelenken.
Bei **starken Stresssymptomen** ist der Hund nicht mehr ansprechbar. Dazu gehören z. B. panikartige Flucht, Aggression (Knurren, Verbellen), Erstarren (starre Körperhaltung, Muskelanspannung, wenig Bewegungen), eingekniffene Rute, Speicheln, Erbrechen, Durchfall, Koten, Urinieren und Sich-auf-den-Rücken-Legen.
Im Gegensatz dazu können wir bei entspannten Hunden **Komfortverhalten** beobachten. Das Komfortverhalten bezieht sich meist auf das Tier selbst und ist häufig auf den Körper bezogen wie Fell-Belecken, Kratzen, Sich-Räkeln, Wälzen etc. Es kann sich jedoch auch als soziale Fellpflege, dem sogenannten Grooming äußern. Sie merken aber schon, dass es sich um das Gesamtbild des Hundes und nicht um einzelne, isoliert betrachtete Verhaltensweisen handelt. So kann ein Hund sich z. B. auch aufgrund eines Juckreizes belecken und kratzen.

FURCHT UND ANGST

Furcht und Angst werden umgangssprachlich oft synonym verwendet. Die beiden Gefühle unterscheiden sich jedoch deutlich auf der körperlichen, gedanklichen und hirnphysiologischen Ebene. **Furcht entsteht dann, wenn es eine klare Bedrohnung gibt. Angst ist normalerweise ein Alarmzeichen für den Organismus, sich auf eine mögliche Gefahr vorzubereiten.**
Die Gemeinsamkeit von Angst und Furcht besteht darin, dass sie durch Anspannung und eine Erregung des autonomen Nervensystems charakterisiert sind.
Befindet sich ein Hund in akuter Angst, ist er nicht bzw. nur noch sehr eingeschränkt in der Lage, auf sein Umfeld zu reagieren (Ganslоßer & Kitchenham 2012). Aus Angst kann sich im weiteren Verlauf Panik entwickeln. Man spricht hier von einer übersteigerten Angstreaktion (Gansloßer & Krivy 2016). Aus extrem furchtsamem Verhalten kann sich eine Phobie entwickeln. Diese äußert sich meist in übermäßig starken Reaktionen auf minimale Reizauslöser (Gansloßer & Krivy 2016).
Während Unsicherheit, Furcht und teilweise auch Angst überlebenswichtige Reaktionen sind, können Phobien und übersteigerte Angstreaktionen unangemessene, überstürzte und unbedachte Reaktionen hervorrufen (siehe S. 301 f.).

Da es bislang überraschenderweise keine evolutiven Modelle gibt, die den Einfluss von Umweltfaktoren auf die Stressantwort von Lebewesen vorhersagen, entwickelte Barbara Taborsky (2020) mit ihrem internationalen Team ein mathematisches Modell, das vorhersagt, wie Lebewesen unter bestimmten Lebensumständen auf Stress reagieren. Dieses Modell stützt sich auf die Grundlage, dass die physiologische Reaktion auf einen Stressor bei allen Organismen gleich abläuft. Und zwar gibt es nach Taborsky et al. drei charakteristische Werte für eine Stressreaktion:

- Der Basalwert stellt die Konzentration der Stressmoleküle in Abwesenheit von besonderen Stressoren dar.
- Durch die Anwesenheit eines Stressors kommt es innerhalb weniger Minuten zum Anstieg der Stressmoleküle, bis zu einem Spitzenwert, dem Peak.
- Da Stress vermehrt Energie verbraucht, strebt der Organismus danach, wieder zu dem Basallevel zu gelangen (return to baselevel). Der dritte Wert ist also die Abbaugeschwindigkeit der Stresshormonmoleküle. Bis der Organismus wieder beim Basalwert angelangt ist, dauert es meistens mehrere Stunden.

Die Stressreaktionen unterscheiden sich jedoch stark zwischen verschiedenen Arten und sogar zwischen Individuen derselben Art, was den Basalwert, den Peak und die Abbaugeschwindigkeit der Stresshormone betrifft.
Diese drei Werte sind stark von der Lebenssituation des Organismus abhängig. So ist es z. B. für einen Organismus, der in einer gefährlichen Umgebung lebt, vorteilhaft, ein hohes Basallevel an Stresshormonmolekülen zu haben. Somit ist er jederzeit bereit, auf eine Gefahr zu reagieren. Er muss jedoch auch die negativen Konsequenzen, die damit einhergehen (z. B. stärkerer Energieaufwand), tragen. Für einen Organismus, der in einer sicheren Umgebung lebt, wäre es nachteilig, ein hohes Basallevel und damit einhergehend einen hohen Energieaufwand zu haben. Für diesen Organismus ergibt es mehr Sinn, ein tiefes Basallevel an Stresshormonen zu haben, damit Energie zu sparen und diese anstattdessen z. B. für die Fortpflanzung nutzen zu können. So können wir uns z. B. auch erklären, warum so mancher Auslandshund mit einem viel höheren Basallevel zu uns kommt, im Vergleich zu einem Hund, der in einer sicheren Umgebung aufgewachsen ist (siehe auch S. 25 f.).
Außerdem hat auch der bereits erwähnte Persönlichkeitstyp eine Auswirkung auf Basislinie, Peak und Abbaugeschwindigkeit. So wird unser scheuer, bedächtiger Struppi (Persönlichkeitstyp B) sehr viel höhere Spitzenwerte haben, als unser wagemutiger Bello (Persönlichkeitstyp A). Die Basislinie der beiden Persönlichkeitstypen unterscheidet sich in vielen Studien jedoch vergleichsweise wenig.

HORMONSTÖRUNGEN

In Zusammenhang mit den Stresssystemen sind auch folgende Hormonstörungen (Endokrinopathien) zu erwähnen: Der Hyperadrenokortizismus oder auch **Morbus Cushing** genannt, ist die häufigste Erkrankung des Hormonsystems beim Hund. Zu 85 % entsteht diese Erkrankung durch kleine Tumoren im Hypophysenvorderlappen. Dadurch ist die Rückkopplungswirkung gestört, sodass die Hypophyse nicht mehr auf die negative Rückkopplung des Cortisols reagiert. Infolgedessen kommt es zu einer beidseitigen Vergrößerung der Nebennieren. Bei den restlichen 15 % sind meist einseitige Nebennierenrindentumoren für die Hormonstörung verantwortlich. Durch die Tumoren wird übermäßig viel Cortisol ausgeschüttet. Durch den Regelkreis kommt es zu einer Unterdrückung der Aktivität von Hypothalamus (CRH-Sekretion sinkt) und Hypophyse (ACTH-Sekretion sinkt). Infolgedessen verkümmert die nicht veränderte Nebenniere. Durch die Wirkung der Glucocorticoide kommt es beim Morbus Cushing zu einer gesteigerten hepatogenen Gluconeogenese (Eiweiß wird in der Leber zu Traubenzucker ab /umgebaut) und Glykogenabbau, zu gesteigertem Fettabbau und damit zu vermehrtem Proteinabbau, zu einer Immununterdrückung. Eines der auffälligsten Symptome ist meist die Stammfettsucht (tonnenförmiger Körper, dünne Beine). Außerdem kommt es zu vermehrtem Durst und Urinabsatz, zu einer Fettleber, Hautveränderungen, Muskelschwäche usw. Leider fehlen im Moment noch fundierte wissenschaftliche Studien dazu, inwiefern sich Morbus Cushing auf das

»Die Reaktion auf Stresssoren ist primär biologisch angepasst. Nur bei Überforderung oder mangelnder Anpassungsfähigkeit entstehen Krankheitssymptome.«

Manche Rassen sind für Morbus Cushing oder MDR1-Defekt anfälliger.

Verhalten der betroffenen Hunde auswirkt. Es ist jedoch davon auszugehen, dass betroffene Tiere durch ein erhöhtes Basallevel schneller und durch weniger gravierende Stressoren den Stresspeak erreichen, als Hunde, deren Basallevel von Haus aus niedriger ist. Auch aus etlichen Erfahrungsberichten geht hervor, dass betroffene Hunde oft sehr stressempfindlich sind, und dass geringe Stressoren bereits heftige Stressreaktionen auslösen können.
Beim Hypoadrenokortizismus, auch **Morbus Addison** genannt, kommt es aufgrund einer Nebennierenrinden-Insuffizienz zu einem kompletten oder teilweisen Mangel an Mineralo- und/oder Glucocorticoiden. Entscheidend ist vor allem der Mangel an dem Mineralokortikoid Aldosteron, denn dieser führt zu einem erhöhten Kaliumwert, was wiederum zu Herzrhythmusstörungen und einer zu langsamen Herztätigkeit führen kann. Des Weiteren führt der Mangel an Aldosteron zu Natrium-, Chlorid- und Wasserverlust, sodass es zu einer verminderten Durchblutung der Organe kommt. Durch den Mangel an dem Glucocorticoid Cortisol kommt es zu Symptomen wie Erbrechen, Durchfall, Inappetenz, Bauchschmerzen und Gewichtsverlust. Durch die Beeinträchtigung der Glukoneogenese (s. o.) und des Fettstoffwechsels kann das Tier in Unterzucker fallen. Außerdem zeigen betroffene Tiere keine adäquate Reaktion auf Stress.
Beim **MDR1-Gendefekt** ist die Barrierefunktion im Gehirn, in der Plazenta und im Hoden gestört. Von diesem Gendefekt sind vor allem Collies, Australian Shepherds, English Shepherds, Shelties, Bobtails, Border Collies, Weiße Schäferhunde, Wäller, Whippets und Silken Windhounds betroffen. Durch einen Defekt im Multidrug-Resistance Transporter (MDR1, einem Eiweiß der Blut-Hirn-Schranke) kommt es zu einer Überempfindlichkeit gegenüber bestimmten Medikamenten. Zusätzlich übernimmt das MDR1-Protein auch Transportfunktionen und beeinflusst endokrine Regelkreise. So limitiert das intakte MDR1-Protein den Übertritt der NNR-Hormone Cortisol und Corticosteron ins Gehirn. Ist diese Transportkontrolle nicht mehr gewährleistet, kommt es zu einer Down-Regulierung des Regelkreises der Hypothalamus-/Hypophysenachse. Niedrige Basalcortisolkonzentrationen und eine Unterdrückung der Schilddrüsenhormone können die Folge sein. In einer Studie aus den USA zeigten Tiere mit dem MDR1-Gendefekt eine erhöhte Stressanfälligkeit (deutlich herabgesetzte Antwort der NNR nach Stimulation) im Vergleich zu intakten Hunden, sie erholten sich langsamer von schweren Erkrankungen (Mealey et al. 2007).

PRÄVENTION – DIE BESTE MEDIZIN

Verhaltensweisen, die einen Hund in seinem Alltag und seiner Entwicklung negativ beeinflussen und somit zu vermehrtem Stress führen, sind in den meisten Fällen Deprivationsschäden oder traumatische Erfahrungen (Feddersen-Petersen 1992). Gerade die ersten Lebenswochen und -monate eines Hundes haben einen großen Einfluss auf die weitere Persönlichkeitsentwicklung des Tieres. So verbessern sich z. B. die Stressresistenz und das Immunsystem bei Hunden, die in der Welpenphase regelmäßigen Menschenkontakt hatten oder behutsam an Kälte gewöhnt wurden (Gansloßer & Krivy 2020).

Zwischen der 5. und 8. Lebenswoche zeigen sich Welpen besonders sensibel gegenüber neuen Reizen. Alle Stressoren, mit denen der Welpe in dieser Zeit in Kontakt kommt, sollten auf die individuellen Bewältigungsmöglichkeiten abgestimmt sein. Das bedeutet, dass die Konfrontation mit solchen Reizen immer auf freiwilliger Basis und in geringer Dosierung erfolgen sollte, sodass die neue Situation den Hund nicht überfordert. Unangenehme Erfahrungen in dieser Zeit können den Welpen in seiner Sozialisierung und Prägung nachhaltig negativ beeinflussen.

Von der 8. bis hin zur 12. Lebenswoche normalisiert sich das Stresssystem wieder, der Welpe ist besonders lernfähig. Die positive Verknüpfung mit Stressoren ist in diesem Alter wesentlich für die weitere Stressbewältigung (Gansloßer & Krivy 2020).

Die Entwicklung von umgebungsbezogener und sozialer Kompetenz wird vor allem im 3. und 4. Lebensmonat geprägt, weshalb Welpen keinesfalls vor der 8. Lebenswoche dem Muttertier entzogen werden sollten.

Der Kontakt zu gleichaltrigen Welpen und ausgewachsenen Artgenossen sowie zu umweltbezogenen Reizen ist maßgeblich für die Prävention und Vermeidung späterer Verhaltensauffälligkeiten (Gansloßer & Krivy 2020). Folglich ist die Sozialisation in der Welpenphase ausschlaggebend für ein mögliches späteres Meideverhalten. Die Lernvorgänge der ersten Prägungsphase können zu einem späteren Zeitpunkt (etwa zwischen dem 6. und 8. Lebensmonat) durch wiederholt positive (oder negative) Erfahrungen gefestigt werden. Der zuvor erworbene Lernfortschritt kann somit stabilisiert, ebenso aber auch durch neue Erfahrungen verändert und überschrieben werden (Borgmann 2021). Im Klartext bedeutet das, dass Welpen moderaten Stresssituationen ausgesetzt werden sollen, die sie in ihrer jeweiligen Entwicklungsphase gut meistern können. Nur so lernt der Welpe, wie er auch zukünftig mit Belastung umgehen kann, also sogenannte Coping-Strategien. Wichtig hierbei ist, dass der Stressor individuell an das Tier angepasst ist, er das Tier nicht überfordert, und dass der Hund danach ausreichend Zeit hat, um sich zu regenerieren.

STRESSMANAGEMENT

Grundsätzlich ist ein Stressreiz also per se nicht als gut oder schlecht zu bewerten, sondern es kommt darauf an, welche Auswirkungen er bei dem Individuum hat. Wie sich ein Stressreiz auf das Individuum auswirkt, hängt von den folgenden Faktoren ab.

Typ und Anzahl der Stressreize: Während für den einen Hund akustische Reize viel Stress bedeuten, sind für den anderen Hund visuelle Reize oder Gerüche mit einer starken Stressreaktion verbunden. Hinzu kommt, dass in unserer modernen Welt oft eine Vielzahl an Stressoren gleichzeitig auf uns und die Hunde einprasselt. Beispielsweise während ein Hund mit seinem Frauchen auf die U-Bahn wartet, hört er, wie die Menschen sich unterhalten, wie die Bahn einfährt und quietschend anhält und nebenbei ein Baby zu kreischen anfängt. Zusätzlich blinken verschiedene Leuchtreklamen auf. Ganz zu schweigen von einer Vielzahl Gerüche, die der Hund wahrnimmt.

Intensität des Stressreizes: Manche Hunde können mit weniger lauten Geräuschen noch gut umgehen, wenn die Geräusche aber eine bestimmte Lautstärke überschreiten, führt dies zu einer starken Stressreaktion.

Zeitdauer des Stressreizes: Wenn jemand Sie bittet, eine Flasche Wasser zu halten, erscheint das erstmal wie eine leichte Aufgabe. Wenn Sie diese aber über mehrere Stunden halten müssen, sieht das Ganze schon anders aus. Genauso kann es einem Hund z. B. mit dem Alleinbleiben gehen.

Vorhersehbarkeit des Stressreizes: Wenn ein Tier nicht vorhersehen konnte, dass ein Stressreiz auftaucht, kann dies das Stressempfinden zusätzlich verstärken. Andererseits kann auch eine „Angst vor der Angst" entstehen, wenn das Tier schon mit einer Situation, die es nicht gut händeln kann, rechnet.

Ausmaß an Kontrolle, das ein Tier über einen Stressreiz hat: Stressreize, über die das Tier keinerlei Kontrolle hat, verstärken das Stressempfinden zusätzlich. Bei einem Gewitter z. B. hat der Hund keinerlei Einfluss darauf, wann der nächste Donnerschlag eintritt und aus welcher Richtung dieser kommt.

Vorherige Auswirkungen des Stressreizes – also, was hat der Hund bereits gelernt? Wie konnte der Hund bei dem letzten Mal mit dem Stressreiz umgehen? Wie ist der Hundehalter mit der Situation umgegangen? Zum Beispiel, wenn ein Hund zunächst leichte Stressanzeichen zeigt und dafür aber von seinem Halter bestraft wird, kann es dazu kommen, dass der gleiche Stressreiz beim nächsten Mal starke Stressreaktionen hervorruft.

WAS HILFT ÄNGSTLICHEN HUNDEN?

Ängstliche Hunde profitieren enorm von einem geregelten Tagesablauf mit festen Fütterungs-, Spiel- und Spaziergehzeiten. Wenn ein ängstlicher Hund nicht weiß, wann er das nächste Mal nach draußen geht, oder der Besitzer da ist, wird er eine deutliche Grundnervosität entwickeln, die sämtliche Angst- und Furchtproblematiken verstärken kann. **Viele wissenschaftliche Untersuchungen zeigen, dass klare Strukturen im sozialen Miteinander von Säugetieren Sicherheit vermitteln** (Koolhaas et al. 2017).
Auch die körperliche und geistige Beschäftigung spielt eine wichtige Rolle im Stressmanagement: Gerade durch regelmäßige körperliche Beschäftigung, durch die der Hund ins Hecheln kommt, wird Serotonin gebildet, was für eine ausgeglichene Gemütslage verantwortlich ist. Hierbei ist aber zu beachten, dass übermäßige körperliche Beschäftigung den gegenteiligen Effekt hat. Dabei kommt es nämlich zu einer vermehrten Cortisolausschüttung und damit zu Stress. Es geht also darum, ein gesundes Mittelmaß zu erreichen. Die geistige Beschäftigung gibt dem Hund eine Aufgabe und reduziert die Zeit, in der er sich sonst in Angstzustände hineinsteigert. Selbstverständlich spielt auch der Hundehalter eine entscheidende Rolle beim Stressmanagement. Eine vertrauensvolle Beziehung zwischen Hund und Halter bildet den Grundstein für jede Zusammenarbeit. Über eine gute Beziehung kann einem Hund durch seinen Menschen auch in angstauslösenden Situationen Sicherheit vermittelt werden. Bei Hunden konnte nachgewiesen werden, dass ihr Cortisolspiegel in einer stressauslösenden Situation geringer ist, wenn ihr Halter anwesend ist, im Vergleich zur Anwesenheit eines Fremden (Schöberl et al. 2016).
Außerdem ist die Führungskompetenz des Halters entscheidend, um dem Hund Sicherheit zu vermitteln. In diesem Kontext ist es uns sehr wichtig zu betonen, dass Führungskompetenz nichts mit unangebrachter Bestrafung oder aversivem Training zu tun hat. **Eines der wichtigsten Grundbedürfnisse des Hundes ist Sicherheit. Diese muss der Hundehalter dem Hund bieten und**

vermitteln. Aversives Training führt zu einem starken Widerwillen beim Hund, sein Sicherheitsgefühl wird beträchtlich vermindert und das Vertrauen in den Halter langfristig gestört.

Ist eine Furcht erst einmal vorhanden, wird sie durch Vermeidungsverhalten gegenüber der Furcht auslösenden Reize aufrechterhalten (Schmidt & Schaible 2006, Möller et al. 2005). Wenn Ihr Hund z. B. beim Gehen über ein Gitter Furcht zeigt und Sie daraufhin umkehren, wird Ihr Hund jedes Mal in seiner Furcht bestätigt: Durch sein Flucht- und Vermeidungsverhalten konnte er die als unangenehm empfundene Situation meiden. Jedes Mal, wenn dieses Meideverhalten gezeigt wird, werden belohnende Hormone ausgeschüttet und der Hund fühlt sich zunächst einmal besser.

YERKES-DODSON-GESETZ

Im Hundetraining sollte man sich das Yerkes-Dodson Gesetz zunutze machen. Dieses beschreibt die kognitive Leistungsfähigkeit in Abhängigkeit vom allgemein-nervösen Erregungsniveau. Dieses Modell besagt, dass bei niedriger Anspannung das Leistungsniveau niedrig ist. Das heißt, dass man bei Unterforderung oder Langeweile nicht seine optimale Leistung abrufen kann. Steigt das Anspannungsniveau auf ein Maß an, in dem man eine mittlere Aufregung verspürt, erreicht man sein Leistungsoptimum. In dieser Phase kann man sich optimal auf seine Aufgabe konzentrieren und bereits Gelerntes abrufen. Übersteigt die Anspannung dieses Maß jedoch, fällt die Leistungskurve wieder ab. Dies ist bei Überforderung der Fall.

Für das Hundetraining bedeutet das, dass Trainingsaufgaben an den Trainingsstand des jeweiligen Hundes angepasst werden sollten: ein gewisser Grad an Belastung erhöht die Leistungsbereitschaft. Wird jedoch zu viel Noradrenalin ausgeschüttet, verschiebt sich das Verhältnis von Noradrenalin zu Serotonin zugunsten des Noradrenalins. Dies hat zur Folge, dass vor allem das noradrenerg gesteuerte Zwischenhirn aktiviert wird.

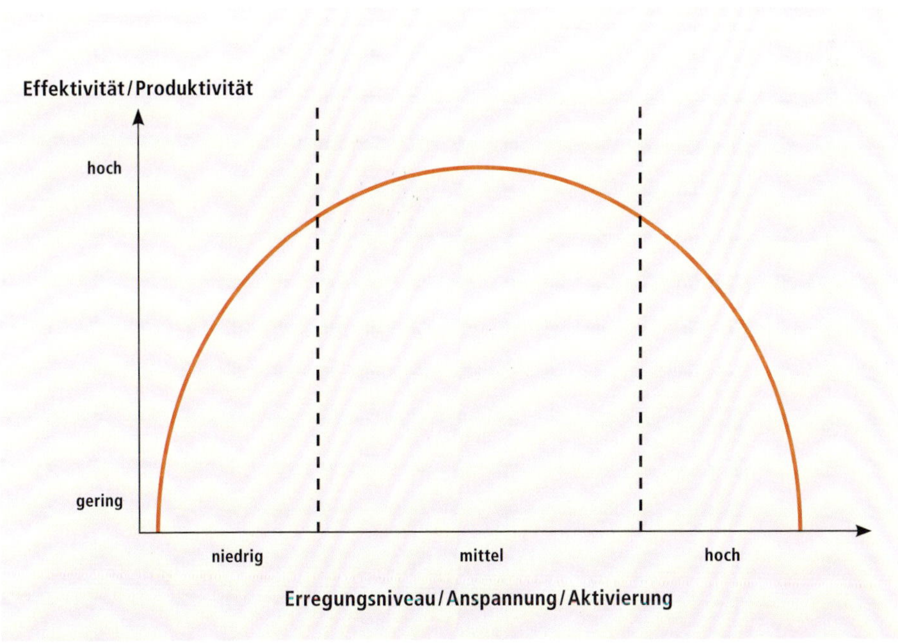

Zusammenhang zwischen der Stärke einer Belastung und der Leistungsfähigkeit des Tieres.

BEWÄLTIGUNG VON BELASTUNGEN

Ein Zitat des griechischen Philosophen Heraklit lautet: *„Die einzige Konstante im Leben ist die Veränderung."* Diese Weisheit hat auch nach zweieinhalbtausend Jahren nichts an Gültigkeit verloren und wird im Leben der Hunde immer deutlicher spürbar. Insofern sollten unsere Hunde Möglichkeiten und Copingstrategien erlernen, um mit Veränderungen und stressauslösenden Situationen gut umgehen zu können. Resilienz bezeichnet die seelische Widerstandsfähigkeit, also Belastungen auszuhalten, ohne seelischen Schaden daran zu nehmen (Mills et al., S. 281, 300 f.). Viele Wissenschaftler sind der Auffassung, dass Resilienz keine angeborene Eigenschaft ist, sondern im Laufe des Lebens entwickelt wird. Allerdings entsteht sie durch ein komplexes Zusammenspiel vieler Faktoren – und darunter sind einige, die angeboren sind. So z. B. die folgenden drei Eigenschaften:

Optimismus hilft, die Hoffnung nicht zu verlieren und das Licht am Ende des Tunnels zu sehen.
Intelligenz hilft, kreative Lösungsansätze zu finden, um aus belastenden Situationen herauszufinden.
Extraversion hilft, soziale Kontakte zu knüpfen und ein stabiles soziales Netz aufzubauen, das einen in schwierigen Situationen auffängt.

Als Hundehalter können wir die Resilienz unseres Hundes fördern, indem wir schrittweise die Intensität eines Stressors erhöhen – immer nur so weit, dass der Hund noch gut damit zurechtkommt. Gerade für junge Tiere ist viel Habituation und Sozialisation der Schlüssel zum Erlernen wichtiger Coping-Strategien. Ein wichtiger Punkt hierbei ist auch die Selbstwirksamkeit, also dass der Hund wenigstens teilweise Kontrolle über seine Umwelt, den Stressor selbst oder auch die Nähe/Distanz zum Stressor hat.

Resilienz lässt sich fördern, indem man gemeinsam Situationen meistert.

Der sichere Hafen für Welpen – zwischen den Beinen seines Menschen.

AUS DER FORSCHUNG (VON KRISTIN STRAUSS)

RESILIENZ UND PERSÖNLICHKEIT

Auch die Persönlichkeit wirkt sich auf die Gesundheit aus, wie das Team rund um Sara Corsetti (2018) herausfand. Das Team verglich die Persönlichkeit von 28 Tierheimhunden mit der Gesundheit dieser Tiere. Mittels einiger Verhaltenstests konnten die Forscher drei Gruppen hinsichtlich der Grundpersönlichkeiten ausmachen: neun A-Typen (im Englischen als „bold" bezeichnet), neun B-Typen (im Englischen als „shy" bezeichnet) und zehn dazwischenliegende Persönlichkeiten.

Die Ergebnisse bezüglich des Gesundheitsstatus der Hunde, über den Blutuntersuchungen Aufschluss gaben, ließen sich mit denen der Persönlichkeit zur Deckung bringen: A-Typen waren gesünder als B-Typen und konnten sich nach einem Monat besser an den stressigen Tierheimalltag anpassen – zumindest waren ihre Blutwerte deutlich besser als die der B-Typen. Die Forscher führen dies auf den Zusammenhang zwischen der Hypothalamus-Hypophysen-Nebennierenrinden-Achse und dem Immunsystem zurück, wodurch gestresste B-Typen durch eine geschwächte Immunantwort ein höheres Risiko für das Auftreten von Krankheiten aufweisen.

Die Fähigkeit, sich nach einem negativen oder traumatischen Ereignis wieder zu erholen, im Englischen als resilience bezeichnet, scheint auch von der Persönlichkeit abhängig zu sein. Katriina Tiira fasst 2019 Studien zusammen, die die Ergebnisse der hier genannten Studie bekräftigen. Neurotischere, introvertierte, verschlossene, weniger gewissenhafte und weniger freundliche Individuen, aber auch B-Typen, neigen zu einer geringeren Resilienz; extrem Ängstliche könnten ein traumatisches Erlebnis möglicherweise niemals verarbeiten. Positive Emotionen, Selbstbeherrschung, emotionale Stabilität und soziale Aktivität sind demnach wichtige Bestandteile der Resilienz. Leider zeigt die Zusammenfassung von Tiira, dass die Zucht von Showlinien und das ausschließliche Selektieren nach Gestalt zu einer höheren sozialen und nichtsozialen Furcht und zu geringerer Verspieltheit und Neugier führt – alles Eigenschaften, die eine angemessene Stressbewältigung erschweren.

SCHLAFPROBLEME

Vermehrter Stress ist oft mit Schlafproblemen gepaart. Dies liegt daran, dass Cortisol als Gegenspieler von Melatonin, dem Einschlafhormon, bezeichnet werden könnte. Zu wenig Schlaf bedeutet jedoch zusätzlichen Stress für den Körper, denn Schlaf spielt zum einen bei der Fixierung von Lernprozessen und zum anderen bei der Regeneration vieler Organsysteme eine wichtige Rolle. Adams und Johnson (1994) zeigten in ihrer Studie, dass Hunde durchschnittlich 23 Schlaf-Wach-Episoden innerhalb einer menschlichen Schlaf-Episode von ca. 8 Stunden haben (siehe S. 210 ff.).

SPIELEN

Natürlicherweise suchen Säugetiere neue Informationen und probieren sich und ihre Umgebung neu aus, wenn ihre grundlegenden Bedürfnisse wie Sicherheit, ausreichend viel Nahrung und soziale Bindungen erfüllt sind. Das bedeutet, dass wir vermehrte Neugierde und vermehrtes Spielverhalten beobachten können, wenn die äußeren Umstände gut und sicher für das Tier sind. Beim Spielen mit Objekten lernt der Hund die physikalischen Eigenschaften des Objektes kennen. Zum Beispiel, dass der Ball wegrollt, wenn man ihn anstupst. Beim Spielen mit Artgenossen lernt der Hund viel über den sozialen Umgang, den Charakter des Spielpartners und auch eigene Stärken und Schwächen. Andererseits kann beim Spielen Frustration abgebaut werden und es können neue Umgangsformen erlernt werden. Insgesamt kann das Spielen die Resilienz und damit den Umgang mit Stress also bedeutend unterstützen (siehe S. 330 ff.)

VERHALTENSTHERAPIE

Die gängigsten Therapieformen der Verhaltenstherapie sind die Desensibilisierung, Gegenkonditionierung, Habituation und das Verwenden von Strafen und Belohnungen.
Als **Desensibilisierung** bezeichnet man eine gezielte Habituation durch schrittweises Heranführen an einen furchtauslösenden Reiz. Dabei setzt man das Tier einem Reiz in der Intensität aus, bei der es gerade noch entspannt bleibt (Stresskurve: Ende des grünen Bereichs, siehe S. 273). Das Lernziel ist zu zeigen, dass durch den Reiz keine negativen Konsequenzen entstehen.
Wenn wir uns als Beispiel einen Hund vorstellen, der sich vor Pferden fürchtet, würde man in bewusst herbeigeführten Trainingssituationen in kleinen Schritten die Entfernung zum Pferd verringern. Dabei muss darauf geachtet werden, dass der Hund zwar aufmerksam ist, aber keine Zeichen des unerwünschten Verhaltens und Gefühlszustandes zeigt.
Gegenkonditionierung bedeutet, eine durch klassisches Konditionieren erlernte Reiz-Reaktions-Verbindung durch eine weitere Konditionierung mit anderen Reizen wieder zu verlernen bzw. neu zu konditionieren. Das Ziel der Gegenkonditionierung ist es, eine bestehende Reiz-Reaktions-Verbindung durch eine andere (bessere) zu ersetzen.
Bei der **Habituation** wird das Tier wiederholt einem Reiz ausgesetzt, der weder negative noch positive Auswirkungen hat. Dadurch stellt sich ein Gewöhnungseffekt ein.
Davon abzugrenzen ist das **Flooding**. Dies bedeutet, dass ein Tier so lange mit einem starken, furchtauslösenden Reiz konfrontiert wird, bis eine emotionale Entspannung eintritt. Während dieser Konfrontation wird der Hund an einer Flucht gehindert (orangener und roter Bereich der Stresskurve, S. 273).
Das hiermit einige Risiken einhergehen, liegt auf der Hand. Wird die Situation z. B. vor der emotionalen Entspannung abgebrochen, kommt es zu weiterer Sensibilisierung und damit zum gegenteiligen Effekt. Die Tierärztliche Arbeitsgemeinschaft Hundehaltung gab folgende rechtliche Bewertung von Flooding bei Hunden ab: Da einem Tier nur in Notfällen zugemutet werden darf, physische und psychische Grenzen zu überschreiten, denen

es offensichtlich nicht gewachsen ist und die Therapie in Form von Flooding keinen Notfall darstellt, ist die Reizüberflutung tierschutzwidrig (TAG-H e.V. 2020). Oft führen Hundehalter, die Hunde aus dem Auslandstierschutz (siehe S. 25 f.) zu sich nehmen, unbewusst ein Flooding mit ihren Hunden durch. Viele dieser Tiere kennen bis dahin weder Wohnungen und den engen Kontakt zu Menschen, noch Verkehr, Baustellenlärm usw. Aufgrund der hohen Belastung für den Hund und einer möglichen Verschlimmerung des Furchtverhaltens bei falscher Durchführung, sollten vor allem Hundeschulen und Hundetrainer über andere Therapieverfahren aufklären und die Bindung zwischen Mensch und Hund in den Vordergrund des Trainings stellen, anstatt mit Zwang und Druck zu arbeiten (Borgmann 2021).
Wie bereits erwähnt, gehört ein Gefühl der Sicherheit zu den Grundbedürfnissen des Hundes. Ist dieses Bedürfnis nicht erfüllt, wird es dem Hund auch nicht gelingen, stabile soziale Beziehungen einzugehen, Resilienz zu entwickeln und sein vollständiges Potenzial im kognitiven Denken zu entfalten. Durch Trainingsmethoden wie dem Flooding wird nicht nur das grundsätzliche Sicherheitsgefühl vermindert, sondern auch das Vertrauen zum Hundehalter gestört. Somit sollte es nicht nur aus tierschutzrechtlichen Gründen, sondern auch in Bezug auf das langfristige Stressmanagement strikt abgelehnt werden.

PHEROMONE

Pheromone sind chemische Substanzen, die an die Umwelt abgegeben werden und das Verhalten oder die Physiologie von anderen Tieren dieser Spezies beeinflussen. Diese Art der innerartlichen Kommunikation ist vor allem bei Säugetieren und Insekten weit verbreitet. Das erste Pheromon, das wissenschaftlich identifiziert werden konnte, war ein sexueller Lockstoff von *Bombyx mori*, besser bekannt als Seidenspinner. Dieses Pheromon wird von weiblichen Seidenspinnern produziert und löst bei männlichen Werbeverhalten aus. Nach fast 20-jähriger Arbeit gelang dem Biochemiker Adolf Butenandt die Extraktion und Reinigung eines Stoffes aus mehr als 500 000 Seidenspinnern, den er Bombykol nannte. Er synthetisierte die vier möglichen Stereoisomere (räumlich unterschiedlich gebaute Varianten des Moleküls) und testete sie auf ihre biologische Aktivität. Da nur ein Isomer dieselbe Aktivität wie der Extrakt zeigte, erbrachte er damit den Nachweis, dass die Kommunikation unter Insekten auf stofflicher Basis erfolgt. Die Menge an Pheromonen, die aus bestimmten Drüsen gebildet wird, ist sehr variabel und hängt von der Art und der biologischen Funktion ab.

Unterschied zwischen Geruch und Pheromon

Nun stellt sich die Frage, was die konkreten Unterschiede zwischen Gerüchen und Pheromonen sind. Bei der Wahrnehmung von Gerüchen lösen sich Moleküle von Riechstoffen in der Schleimschicht der Riechschleimhaut und heften sich über spezifische Rezeptormoleküle in der Membran von Riechzellen an. Dadurch wird dann über eine Signalkaskade ein Aktionspotenzial ausgelöst. Im Gegensatz dazu ist das Vomeronasale Organ während der normalen Atmung nicht so leicht zugänglich. Das Vomeronasale Organ, oder auch Jakobson-Organ genannt, ist ein bei vielen Tieren vorkommendes, zusätzliches Sinnesorgan, das der Wahrnehmung von Pheromonen dient. Um stimuliert zu werden, muss es zunächst geöffnet werden, sodass die Pheromone zu den Rezeptoren der Nervenzellen gelangen. Gerüche können den benötigten Reiz zur Öffnung des VNO darstellen (Pageat & Gaultier 2003).

Primer und Releaser Pheromone

Grundsätzlich unterscheidet man zwischen „Primer“ und „Releaser“ Pheromonen. „Releaser“ Pheromone starten ein spezielles Verhalten, während „Primer“ Pheromone vor allem die Stimmung und die Emotionen

beeinflussen. So gehören zu den „Releaser“ Pheromonen z. B. Pheromone, die die sexuelle Attraktion eines Tieres steigern, Pheromone, die auf Gefahren oder Futterstellen hinweisen, oder welche, die das Territorium abstecken. „Releaser“ Pheromone bewirken also eine Veränderung des Verhaltens des Empfängers. Uns interessieren in diesem Zusammenhang jedoch vor allem die „Primer“ Pheromone. Denn diese beeinflussen das neuroendokrine limbische System und somit auch die Amygdala, die Angst und Emotionen kontrolliert. Das heißt, „Primer“ Pheromone bewirken eine Änderung der Physiologie des Empfängers. Beruhigende Pheromone werden vor allem von Muttertieren in den ersten paar Tagen nach der Geburt produziert und von den Neugeborenen über vomeronasale Rezeptoren aufgenommen. Dies spielt eine große Rolle für die Bindung zum Muttertier. Synthetisch hergestellte Pheromone, wie z. B. Adaptil®, sollen nach diesem Vorbild das Wohlbefinden von Hunden steigern und ein Gefühl von Sicherheit und Geborgenheit vermitteln. Genau wie natürliche Pheromone werden die synthetischen Pheromone von vomeronasalen Rezeptoren aufgenommen und vermitteln ihre Effekte an das limbische System.
In einem zufallsgemischten und Placebokontrollierten Dreifachblindversuch konnten Mills et al. (2006) einen beruhigenden Effekt erkennen. In dieser Studie wurde bei Welpen, die frisch adoptiert wurden und das dogappeasing Pheromon (DAP) bekamen, eine Reduktion von Verhaltensweisen, die mit Angst assoziiert werden, in der neuen Umgebung festgestellt.
In einer anderen Studie konnten Sheppard und Mills (2003) eine Reduktion von Stressverhalten infolge von Feuerwerk darstellen. Auch Denenberg und Landsberg (2009) konnten einen stresslindernden und angstlösenden Effekt von DAPs bei Welpen in der Hundeschule beobachten.
Trotzdem muss man dazu sagen, dass 11 von 14 Berichten, die im Journal of the American Veterinary Medical Association veröffentlicht wurden, keine ausreichende Evidenz für die Wirksamkeit von Pheromonen bei unerwünschtem Verhalten bei Katzen und Hunden aufbringen konnten.
Nach Pageat und Gaultier (2003) könnten die Probleme der Pheromon-Therapie jedoch auch technischer Natur sein. So werden z. B. in der Natur nicht einzelne Pheromone ohne andere Gerüche abgegeben. Zudem zeigt das Tier, das die Pheromone abgibt, eine bestimmte Haltung oder Mimik, zum Teil werden Körperteile ersichtlich, die sonst versteckt sind (z. B. die Analregion) oder die abgegebenen Stoffe werden noch einmal modifiziert (z. B. durch Scharren nach Urin- oder Kotabsatz). Die Funktion all dieser Signale ist es, das VNO zu öffnen, das sonst, wie bereits beschrieben, geschlossen ist.
Es werden also noch weitere wissenschaftliche Studien zu Pheromonen, deren Wirkweise und den besten Verabreichungsformen benötigt. Aufgrund der bereits beschriebenen Erfolge und der sanften Wirkweise ohne Nebenwirkungen steckt in der Pheromontherapie ein großes Potenzial.

PSYCHOPHARMAKOTHERAPIE

Medikamentöse Behandlung spielt eine wichtige Rolle, um den Behandlungserfolg zu unterstützen oder gar erst zu ermöglichen. In der Dialektisch-Behavioralen Therapie des Menchen geht man davon aus, dass bei einer Anspannung von über 70 % (auf einer Skala von 1 – 100 %), der Verstand kaum noch eine Rolle spielt und Lernprozesse stark eingeschränkt bis unmöglich sind (Unckel 2004). Es ist davon auszugehen, dass dies beim Hund ähnlich ist, und teilweise ist es nur durch Psychopharmaka möglich, die Anspannung auf ein Niveau zu senken, bei dem Lernprozesse wieder möglich sind. Psychopharmaka greifen in den Neurotransmitterhaushalt ein und können dadurch zu Verhaltensänderungen führen. Langfristige Erfolge können jedoch meist nur in Kombination mit einer

Verhaltenstherapie erzielt werden. Vor dem Einsatz von Psychopharmaka sollte außerdem eine Allgemeinuntersuchung mit Blutuntersuchung beim Haustierarzt gemacht werden (siehe S. 73 ff.).

PHYTOTHERAPIE

CBD (Cannabidiol) – siehe S. 97

Aromatherapie

Neben der direkten pharmakologischen Wirkung der Aromen, kommt bei der Aromatherapie noch eine olfaktorische Konditionierung hinzu. Hauptbestandteile ätherischer Öle sind vor allem Terpene und Derivate von Phenylpropankörpern. Besonders angstlösend wirken die ätherischen Öle Bitterorange, Basilikum, Bergamotte, Jasmin, Kamille, Lavendel, Majoran und Ylang-Ylang.
Da Hunde ca. 23-mal so viele Sinneszellen auf ihrem Riechepithel haben wie Menschen, nehmen sie Gerüche auch umso intensiver wahr. Sie lassen sich von daher ausgezeichnet mit Duftstoffen konditionieren. Zur olfaktorischen Konditionierung wird der Hund immer wieder in sehr entspannten Momenten mit dem ätherischen Öl konfrontiert.

Adaptogene

Pflanzliche Adaptogene sind Phytotherapeutika, die dem Organismus helfen sollen, sich an Stresssituationen anzupassen und die die Resilienz fördern (Panossian 2017).
Pharmakologisch betrachtet, haben Adaptogene einen pleiotropen Effekt auf das neuroendokrine Immunsystem. Pleiotrop bezeichnet die Eigenschaft, dass ein Hormon oder ein Arzneimittel durch seine Wirkung auf verschiedene Zielstrukturen unterschiedliche Wirkungen hervorrufen kann.
Außerdem lösen Adaptogene die Erzeugung von Hormonen (z. B. Cortisol, Corticotropin-releasing hormone, Gonadotropin-releasing homone, Neuropeptid Y) aus, die eine Schlusselrolle in der Stoffwechselregulation und in der Homöostase spielen.
Biochemisch zählen unterschiedliche Stoffe, jedoch vor allem tetrazyklische Triterpene, Phenethyl- und Phenylpropan-Glykoside, Stilbene, Lignane und viele mehr dazu. Wichtig für die gewünschten Effekte ist das Zusam-

WICHTIGE ADAPTOGENE

Rosenwurz *(Rhodiola rosea)*
- verstärkte Ausschüttung von Neurotransmittern
- neuroprotektiv
- antidepressiv

Ginseng *(Panax ginseng)*
- Verbesserung des körperlichen Leistungsvermögens bei Müdigkeit, Schwäche- und Erschöpfung
- immunmodulatorisch
- hepatoprotektiv (schützt die Leber)
- entzündungshemmend (antiphlogistisch)
- schmerzlindernd (analgetisch)
- fiebersenkend (antipyretisch)
- antioxidativ

Taigawurzel *(Eleutherococcus senticosus)* (Chrubasik-Hausmann)
- Anti-Stress- und Anti-Müdigkeitswirkung
- immunmodulatorisch
- antioxidativ
- neuroprotektiv
- kardioprotektiv (schützt das Herz)
- hepatoprotektiv (schützt die Leber)
- antientzündlich
- antimikrobiell und antiviral
- antidepressiv
- gefäßentspannend, blutdrucksenkend und antiödematös

Ginkgo *(Gingko biloba)*
- neuroprotektiv
- Förderung der Gehirndurchblutung
- Verbesserung des Gehirnstoffwechsels und der Hypoxietoleranz

menspiel der einzelnen Komponenten, denn dadurch wird die Hypothalamus-Hypophysen-Achse beinflusst, die eine wichtige Rolle in der Verarbeitung von Stress spielt.
Ein kurzfristiger Effekt wird hingegen durch Aktivierung der Sympathikus-Nebennieren-Achse ausgelöst. Im Vergleich zu Stimulanzien (wie z. B. Koffein) tritt bei Adaptogenen keine Gewöhnung oder gar Abhängigkeit auf.

WOHLFÜHLMASSAGEN

Durch regelmäßige Wohlfühlmassagen tun Sie sich selbst und Ihrem Hund etwas Gutes. Sowohl bei Ihnen, als auch bei Ihrem Vierbeiner werden durch den Körperkontakt vermehrt „Wohlfühlhormone" ausgeschüttet. Odendaal und Meintjes (2003) konnten in ihrer Studie aufzeigen, dass ß- Endorphin, Oxytocin, Prolactin, β-Phenylethylamine und Dopamin bei positiven Mensch-Hund-Begegnungen bei beiden Spezies deutlich anstiegen. Selbst bei chronischen Schmerzen können Massagen helfen, denn hierbei werden nicht nur myofasciale Triggerpunkte stimuliert und die Muskelspannung herabgesetzt, sondern es werden auch Schmerzrezeptoren beeinflusst.

THUNDERSHIRT

Das Thundershirt oder ein enganliegendes Kinder-T-Shirt hat den Effekt, dass durch einen leichten, konstanten Druck vermehrt Oxytocin ausgeschüttet wird und somit ein entspannender Effekt eintritt.
Damit der Hund das Shirt jedoch nicht mit einer Stresssituation verbindet, ist es essenziell, dass das Shirt zunächst positiv konditioniert wird. Erst dann kann man es auch in Stresssituationen (z. B. bei Gewitter) verwenden.

AKUPUNKTUR

Bei der Akupunktur handelt es sich um eine Behandlungsmethode der traditionellen chinesischen Medizin (TCM). Durch feine Nadelstiche soll das Qi, die „Lebensenergie", angeregt werden. Die einzelnen Leitbahnen der Energie werden als Meridiane bezeichnet. Bestimmte Akupunkturpunkte dienen als Zugangspunkte zu den Meridianen. Durch Stimulierung dieser Akupunkturpunkte soll der Energiefluss wiederhergestellt werden.
Es existieren Überlegungen, die der Akupunktur neurobiologische Wirkmechanismen zuschreiben. So sollen die Stiche z. B. die örtliche Durchblutung oder die Ausschüttung von Hormonen und Neurotransmittern anregen. Dies soll etwa die Schmerzweiterleitung über die Nerven zum Gehirn blockieren, dadurch Schmerzen lindern und den Körper wieder ins Gleichgewicht bringen.
Bis heute ist allerdings unklar, ob und wie genau Akupunktur auf den Körper wirkt. Auch konnten bislang keine Energiebahnen im Körper nachgewiesen werden. Deshalb ist die Methode umstritten. Eine große Metastudie (Mu et al. 2020) verglich 33 Einzelstudien, die die Wirksamkeit von Akupunktur auf chronische Rückenschmerzen untersuchten. Im Vergleich zu einer Scheinbehandlung fanden sie keine Verbesserung nach einer Akupunktur-Behandlung.

ERNÄHRUNG

Tryptophan

In Bezug auf die psychische Konstitution und die neuronale Aktivität ist das Aminosäurenmuster der Proteine entscheidend.
Die Aminosäuren Tryptophan, Tyrosin, Cholin und Histidin sind Grundbausteine für Serotonin, Katecholamine, Acetylcholin und Histamin.
Ein Versuch an Ratten und Mäusen hat ergeben, dass die Tiere durch einen Entzug an Tryptophan und Vitamin B hyperaggressiv wurden. Der Grund dafür ist der, dass diese Stoffe vom Körper benötigt werden, um Serotonin herzustellen. Serotonin wird umgangssprachlich auch als „Glückshormon" bezeichnet, da es ausgleichend wirkt und Stress und Depressionen entgegenwirkt.
Für die Verfügbarkeit von Aminosäuren sind die Menge, der Zeitpunkt der Aufnahme, die

Zusammensetzung und die Verdaulichkeit der Nahrung entscheidend. Schätzungen besagen, dass von 100 % der Trypophan-Moleküle, die über die Blut-Hirn-Schranke in das Gehirn gelangen, nur 1 % in Serotonin umgewandelt werden (Strodtbeck & Schröder 2020). Einen großen Einfluss dabei spielt jedoch auch das Verhältnis von Tryptophan zu anderen Aminosäuren. Es wird davon ausgegangen, dass Tryptophan an der Blut-Hirn-Schranke mit Tyrosin, Phenylalanin, Leucin, Isoleucin und Valin um Transportsysteme konkurriert. Da Tryptophan in den meisten proteinhaltigen Nahrungsmitteln den geringsten Anteil aller neutralen Aminosäuren (large neutral amino acids = LNAA) ausmacht, sinkt also bei einer proteinreicheren Nahrung der Anteil an Tryptophan, der die Blut-Hirn-Schranke passieren kann. Infolgedessen bringt es nicht den gewünschten Erfolg, einfach ein proteinreiches Futter zu füttern. Eine Studie von J.S. DeNapoli et al. (2000) ergab, dass eine proteinreiche Fütterung mit Tryptophan-Zusatz Aggression, die auf eine mangelnde Affektregulation zurückzuführen ist, verringern kann. Um territoriale Aggression zu verringern, erwies sich eine proteinarme Diät, mit Zusatz von Tryptophan, als hilfreich. Zudem wurde in humanmedizinischen Studien herausgefunden, dass das Tryptophan bei kohlenhydratreicher Fütterung erfolgreicher die Blut-Hirn-Schranke überwinden kann und zu einem Anstieg des Serotonin-Spiegels führt. Der Grund hierfür liegt bei einem Anstieg des Insulinspiegels im Blut, der das Verhältnis von konkurrierenden Aminosäuren zum Tryptophan senkt.

Tyrosin

Tyrosin ist eine direkte Vorstufe der Katecholamine Dopamin, Noradrenalin und Adrenalin. Es wird aus Phenylalanin synthetisiert und wirkt stimmungsaufhellend und stressreduzierend.

Vitamin-B-Komplex

- Vor allem bei hyperaktiven Tieren hilfreich
- Niazin (Vit B3) wirkt im ZNS ähnlich wie angstlösende Beruhigungsmittel

Alpha-Casozeptin („Zylkene")

Alpha-Casozeptin entsteht als Proteinabbauprodukt im Darm von Säuglingen, wenn sie Muttermilch verdauen. Durch die Bindung an GABA-Rezeptoren wird ihm ein beruhigender und angstlösender Effekt zugeschrieben. In seiner Wirkung gleicht es dem Benzodiazepin Diazepam, das eine schlaffördernde und krampflösende Wirkung hat (Beata 2007). In der Studie von Y. Werner (2013) konnte in dem Beobachtungszeitraum von vier Wochen jedoch kein signifikanter Unterschied im Therapieerfolg zwischen der Zylkène®- und der Placebo-Gruppe festgestellt werden. An Langzeitstudien fehlt es noch.

Fette und Fettsäuren

Eine Studie an Ratten ergab, dass vor allem Eicosapentaensäure (EPA) einen angstlindernden Effekt in Stresssituationen hatte (Oshima et al. 2018). Außerdem gibt es Hinweise darauf, dass mehrfach ungesättigte mittelkettige Fettsäuren oder direkter, separater Zusatz von DHA und EPA die Lerneffizienz begünstigen und einer kognitiven Dysfunktion entgegenwirken (Strodtbeck & Schröder 2020).

»Verhaltensbeeinflussung durch Nahrungsänderung ist möglich, wenn Bestandteile des Hirnstoffwechsels betroffen sind.«

ANGST, FURCHT UND WEITERE FORMEN

VON PD DR. UDO GANSLOSSER

Der Begriff der Angst, gegenüber einer konkreten Furcht, ist in der Philosophie bereits seit langer Zeit gebräuchlich. Spätestens seit Kierkegaard (original 1844, neu 2020) ist die Angst als menschliche Eigenschaft in den einschlägigen Schriften vertreten. Die Abgrenzung gegenüber Furcht wird im philosophischen Zusammenhang (s. auch Frischmann 2020) allerdings u. a. auch als Unterschied zwischen Menschen und anderen Lebewesen dargelegt. Dass auch nichtmenschliche Tiere Angst empfinden können, wird dort meistens bezweifelt. Für eine genauere, auch geisteswissenschaftliche Herleitung der Begriffe in Philosophie, Psychologie und medizinischen bzw. biologischen Wissenschaften siehe auch Tembrock 2000, Hüther 1999. Hüther weist darauf hin, dass der Angstbegriff in den biologischen Zusammenhängen meist weitergefasst wird als z. B. in der Affektforschung der Psychologie: *„Er bezeichnet das initial bei jeder psychogenen Stressreaktion ausgelöste Gefühl, das sich durch die individuelle Erfahrung der Bewältigbarkeit einer bestimmten psychischen Belastung zwangsläufig verändert. Das ursprüngliche Gefühl der Angst verwandelt sich daher in Abhängigkeit von diesen individuell gemachten Erfahrungen zu einem ganzen Spektrum von Gefühlen, die wir aus der Erfahrung der Überwindbarkeit initial empfundener Ängste entwickeln."*

In einer Artikelserie (Pratsch et al. 2020, Affenzeller et al. 2021) wurde die Thematik speziell im Hinblick auf Tierarztbesuche inklusive möglicher Bewältigungsmaßnahmen diskutiert. Leider werden, trotz anfänglicher Differenzierung, später die Begriffe Angst und Furcht zusammengeworfen, was gerade bei der Empfehlung von Gegenmaßnahmen, inklusive Psychopharmaka, problematisch ist. Gerade die unterschiedliche Auswirkung z. B. auf Schmerzempfinden wird dort sogar ausdrücklich betont. Trotzdem ist eine Reihe wichtiger praktischer Empfehlungen z. B. bezüglich Ablenkung, Gegenkonditionierung, der neurobiologischen Abläufe bei Gegenlernmaßnahmen etc. dort gut nachlesbar. Wichtige Aussagen sind z. B. auch, dass es eben in der Regel nicht möglich ist, Angst durch Rücksichtnahme zu konditionieren, und dass Reizüberflutung als Gewöhnungsmaßnahme abzulehnen ist.

DEFINITION VON ANGST UND FURCHT

Im verhaltensmedizinischen Zusammenhang, gerade bei Hunden und Katzen, sind die ausführlichsten Abhandlungen im Lehrbuch und den einschlägigen Veröffentlichungen von Karen Overall (2013) zu finden. **Ängstlichkeit oder Angst definiert sie als eine besorgte Vorwegnahme zukünftiger Gefahren oder Ungeschicke, die durch ein Gefühl von Besorgnis und/oder somatische Symptome der Anspannung (Wachsamkeit, autonome Hyperaktivität, gesteigerte motorische Aktivität und Spannung) charakterisiert wären.** Der Fokus der Angst kann intern oder extern sein. Wenn die Angst (oder auch Furcht) außerhalb des Kontexts oder in einem Ausmaß oder einer Form gezeigt wird, die über die Notwendigkeit zur Zielerreichung hinausgeht, dann wird sie pathologisch. **Furcht dagegen definiert Karen Overall als das Gefühl der Besorgnis in Gegen-**

wart oder Nähe eines Objekts, Individuums, einer sozialen Situation oder einer Klasse der genannten. Furcht ist Teil des Normalverhaltens und kann durchaus eine angepasste Reaktion sein. Overall diskutiert auch den Zusammenhang zwischen Angst und Erregung („Arousal"). Auch wenn Angst und Erregung die zugrundeliegenden Reize sein können, die eine Furchtreaktion auslösen, betont sie doch, dass sich Angst und Furcht aufgrund der Prozesse in der Großhirnrinde und in der neurologischen Signalisierung unterscheiden. Furcht wird charakterisiert durch physischen Rückzug, reduzierte soziale Interaktionen und klare Signalisierung. Diese zeigt, dass die Interaktion von Seiten des Senders beendet werden sollte, selbiger sich gerne aus der Situation zurückziehen möchte und keine offenkundige Bedrohung darstellt. Ängstliches Verhalten dagegen kann auch mehr vorwärtsgerichtet proaktiv sein oder in vollständigem inneren Rückzug bestehen.

Untersuchungen sowohl an Hunden als auch anderen Tierarten (Zusammenfassung z. B. Purùùnen et al. 2020, Overall 2013) zeigen, dass auch noch kategorische Unterscheidungen hinsichtlich der unterschiedlichen neurologischen und hormonellen Gegebenheiten getroffen werden müssen. Nicht soziale Furcht, z. B. vor Umweltreizen, der Problematik mit glatten Fußböden oder Ähnlichem, muss von der Sozialfurcht (Reaktionen auf Artgenossen oder Menschen) unterschieden werden. Eine weitere, nochmals getrennt zu betrachtende Erscheinung ist eine übermäßige Geräuschempfindlichkeit. Diese scheint nicht mit anderen Angst- oder Furchtreaktionen gekoppelt zu sein, wohingegen andere Formen der Angst, z. B. Trennungsstörungen (siehe S. 262 ff.) oder ähnliche, scheinbar völlig anderweitig motivierte Verhaltensprobleme oft gemeinsam auftreten. Die Ursachen für diese verschiedenen Probleme sind also vielfältig.

Der Gesichtsausdruck eines Hundes kann Angst oder Furcht deutlich zeigen.

Zapata et al. (2022) zeigen in einer genetischen und fragebogenbasierten Analyse, dass einerseits Furcht und Aggression gegen Hunde und unbekannte Menschen statistisch miteinander verbunden auftreten und andererseits mit Furcht gegenüber nichtsozialen Reizen. Aggression gegen den eigenen Menschen dagegen liegt außerhalb dieser Merkmalsgruppe und korreliert stärker mit Angst als mit Furcht. Die Anwesenheit menschlicher Kinder im Haushalt korreliert signifikant mit Ängstlichkeit.
Karen Overall (2013) zeigt gerade im Zusammenhang mit der notwendigen allostatischen Regulation, also der Regulation des inneren Gleichgewichts in der Situation, auch weswegen es absoluter Unfug ist, mit dem Motto „Da muss er durch" einen Hund zu zwingen, sich solchen überwältigbar erscheinenden Situationen auszuliefern. Die dabei auftretenden Veränderungen im Hirnstoffwechsel, insbesondere im Zusammenhang mit der Bildung der für den Hirnstoffwechsel und für die Lernprozesse notwendigen Zytokine, Nervenwachstumsfaktoren und anderer Botenstoffe, können hier langanhaltende bis lebenslange, meist negative und unerwünschte Veränderungen erfahren. Soziale Unterstützung und ein kompetentes Management seitens des Menschen, mit dem er seine Leittieraufgaben von Gefahrenbewältigung und Gefahrenvermeidung demonstriert, sind hier wesentlich zielführender.

URSACHEN UND EINFLUSSFAKTOREN

Wie Overall (2013) betont, ist das Ausmaß der Grunderregung („Arousal") an der Basis aller Angstzustände des Patienten. Eine erhöhte Erregung oberhalb eines angepassten derzeitigen Levels verbietet nämlich sowohl die genaue Beobachtung und Sammlung von Informationen, greift in den Prozess der Informationsverarbeitung ein und kann sich auch negativ auf die nachfolgenden Aktivitäten auswirken. Insofern ist die Frage des Erregungsniveaus

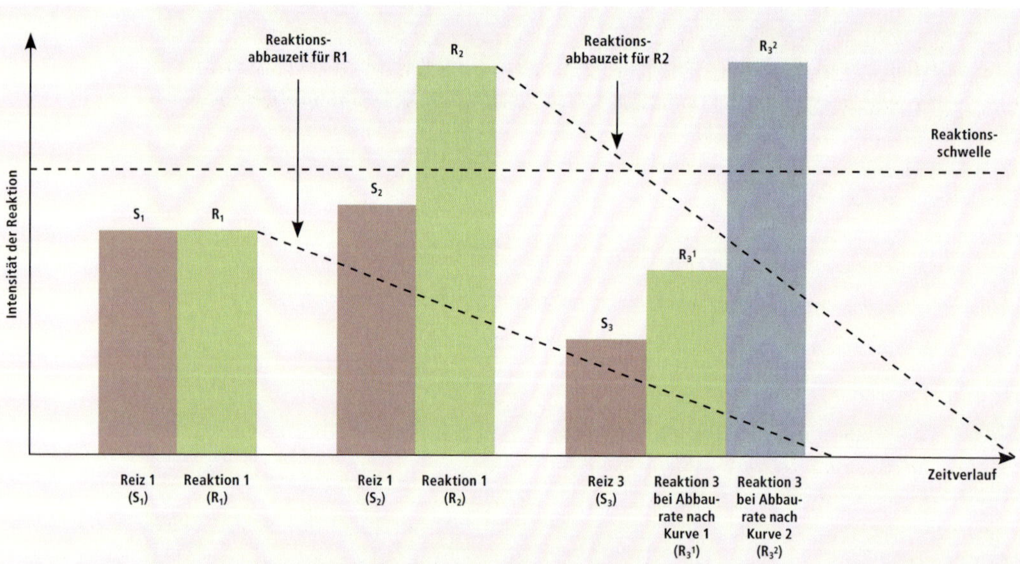

Zusammenhang zwischen Reizstärke, Ablaufgeschwindigkeit der Erregung und Auftreten von kritischen Reaktionen. Ist der zweite Reiz bereits vor dem Abflauen vorhanden, kommt es zu einer überschwelligen Reaktion. Bei 3 reicht dann sogar ein sehr schwacher Reiz zum erneuten Überreagieren (nach Overall 2013).

eines Hundes bereits vor Konfrontation mit angst- oder furchtauslösenden Situationen oftmals entscheidend für einen Eingriff des Menschen oder andere, soziale oder nichtsoziale Bewältigungsmaßnahmen. Neben der Höhe der emotionalen Grundspannung und des Erregungsniveaus vor der Konfrontation mit der schwierigen Situation, ist ein zweiter wichtiger Faktor die Abbaugeschwindigkeit der elektrischen Vorgänge. Und hier trifft sich das Problem dann wieder mit der im Kapitel Stress dargelegten unterschiedlichen, auch ökologisch und evolutiv begründbaren Abbaugeschwindigkeit von Stresshormonen, der nachfolgenden Empfindlichkeit für erneute Stressoren und andere Reaktionseigenschaften (siehe S. 274). Gerade Patienten, bei denen die Abbaugeschwindigkeit der Hormone und Botenstoffe besonders langsam ist, und/oder dazu auch noch die Reaktion im Gehirn und Hormonsystem besonders hoch, können hier sehr leicht durch wiederholte Konfrontation in einen Zustand der völligen Handlungsunfähigkeit überführt werden.

Je reaktiver ein Hund ist, je schneller die Kurve seiner Erregung in der problematischen Situation ansteigt, desto kürzer ist das Zeitfenster für eine sinnvolle Reaktion, sei es des Therapeuten oder auch des Hundehalters selbst. Auch während der Hund bereits Warnsignale zeigt und die Umgebung besonders aufmerksam beäugt und untersucht, gibt es noch ein Zeitfenster zum Eingreifen. Dieses endet jedoch spätestens dann, wenn die Anstiegskurve des reaktiven Verhaltens so stark wird, dass der Hund eben nicht mehr ansprechbar ist.

ANGSTZUSTÄNDE

1. Sowohl im sozialen als auch im nichtsozialen Bereich kann ein Zuviel ebenso wie ein Zuwenig an bestimmten Reizen zu Angst führen. Labortiere, die auf einem freien, leeren Tisch sitzen (sogenanntes offenes Feld) reagieren bisweilen ebenso mit deutlich messbaren, im Verhalten und in der Physiologie erkennbaren Anzeichen von Stress und Angst, wie solche, die in ein verengtes Behältnis gesetzt werden. Und auch ein an sich sozial lebendes Tier kann in der Vereinsamung ebenso Angst empfinden wie in einer dicht gedrängten Ansammlung, vor allem von unbekannten Artgenossen. Die Reaktion ist in jedem Fall darauf gerichtet, in der momentanen Situation den besseren Zustand an Kontakt, sei es mit Artgenossen oder Umweltreizen, herzustellen. Jede Abweichung von diesem Optimalwert nach unten wie nach oben bedeutet Belastung und kann zu Angstentstehung beitragen. Die Regulationsprozesse, die diesen verbesserten Zustand herstellen sollen, werden als allostatische Reaktion zusammengefasst.

2. Im ökologischen Zusammenhang können Ängste als Folge des motorischen Versagens oder auch schon in dessen Vorfeld entstehen. Hier wären z. B. Hunde zu nennen, die keine Treppen kennen oder Verhaltensreaktionen auf unbekannte Fußbodenbelage. Versagt die Wahrnehmung, was möglicherweise gefährliche Ursachen haben kann, kann dies die zweite Ursache für Angstverhalten sein. Dies zeigt sich z. B. beim Senior (siehe S. 366 ff.), der sich mit eingeschränkter Sinnesleistung in der Dunkelheit oder anderen unbekannten Situationen unwillig sträubt.

3. Eine Angst kann auch als Folge von Fehleinstellungen gegenüber der Umwelt auftreten. Ein Beispiel wäre, dass der Hund bestimmte Reize nicht kennt, weil er fern jeglicher Zivilisation aufgewachsen ist und dementsprechend auch keine einschlägige Bewältigungsstrategie für sich sieht.

STADIEN DER ANGST

Die Stadien der Angst und ihre Bewältigung wurden in mehreren psychologischen Modellen dargelegt. Lazarus und Folkman (1984), Nathan (1971) und Strian (1998) fassen diese wie folgt zusammen:

Die **Erstbewertung** (Primary Appraisal) wird zunächst durch eine Abschätzung der möglichen Auswirkungen auf die eigene Person stattfinden. Danach folgt die **Zweitbewertung**, die sich mehr mit den individuellen Bewältigungsmöglichkeiten beschäftigt, und in der dritten Phase die **Neubewertung** der Situation. Im Anschluss an diese drei Phasen der Bewertung kommt dann der **Bewältigungsprozess**. Dieser besteht zunächst überwiegend darin, innere Angstzustände abzubauen.
Ob dies mittels Erinnerung an frühere Handlungen oder dank sozialer Unterstützung geschieht, in jedem Fall versucht man mit dem Problem irgendwie fertig zu werden.
Krankhafte Angstzustände entstehen dann, wenn entweder die Bedrohungswahrnehmung gestört ist, eine falsche Einschätzung der Bedrohung passiert oder die Alarm- und Bedrohungsreaktionen im Gehirn gestört sind, sodass Angstattacken auftreten. Auch wenn die Warnsignale im Gehirn zu lange anhalten, obwohl die Problemsituation längst vorbei ist oder vielleicht sogar bewältigt wurde, können krankhafte Zustände entstehen.

SCHALTKREISE IM GEHIRN

Die Wichtigkeit der Reizwahrnehmung und Verarbeitung wurde in den meisten Laboruntersuchungen vorwiegend am Beispiel einer durch Töne oder andere Geräuschsignale angekündigten Präsentation, z. B. eines leichten elektrischen Schlags, getestet. Wird anschließend der Ton erneut präsentiert, erfolgt zunächst eine Weiterleitung über den Hörnerv zur Hörregion im Mittelhirn, von dort zur Hörregion im Thalamus, also dem Zwischenhirn. Von dort erfolgt eine erneute Weiterleitung an die Hörrinde im Großhirn. Die Konditionierung einer Schreckreaktion auf die Präsentation des ankündigenden Tones wird sowohl durch Zerstörung der Hörregion im Mittelhirn wie auch der Hörregion im Thalamus, nicht aber durch Zerstörung der Hörrinde bewerkstelligt. Dies zeigt, dass ganz offensichtlich die Angst- oder Furchtkonditionierung von den Einflüssen der Großhirnrinde unabhängig abläuft. Die Meldung aus dem Zwischenhirn gelangt dann parallel neben der Hirnrinde auch noch in den Mandelkern, dem wichtigsten emotionalen Zentrum. Einflüsse des Hippocampus hingegen werden erst nach der Zwischenstation Großhirnrinde sekundär wiederum auf die Mandelkerne ausgeübt (Ledoux 1999). Ein Sinnesreiz, der über das Ohr oder das Auge wahrgenommen wird, wird also über zwei verschiedene, unterschiedlich schnelle Schaltkreise im Gehirn bewertet und bearbeitet. Der schnelle, fehleranfälligere Weg führt über den Thalamus zum Mandelkern und zum Hirnstamm. Dort werden die klassischen Angstsymptome generiert. Da gerade der Mandelkern auch maßgeblich am Auftreten von Aggression beteiligt ist, zeigt sich eben oftmals auch eine aggressive Reaktion auf solche Repräsentationen.
Da dieser Schaltkreis auch häufiger bei harmlosen Sinnesreizen reagiert, gibt es noch den langsameren Kreislauf, der die Fehlerkorrektur erleichtert. Dies ist der Weg vom Thalamus über die Großhirnrinde. Dort wird dann analysiert, um welchen Reiz es sich handelt, danach geht es zum Hippocampus als Gedächtniszentrum. Erst dann kann auch eine sekundär gedämpfte Reaktion im emotionalen System angestoßen werden, wenn man sich mit der Situation bereits ein- oder mehrfach erfolgreich auseinandergesetzt hatte.
Neben der eigenen Erfahrung und der Entwicklung von Bewältigungsstrategien gibt es noch andere wichtige Einflussfaktoren.

GENETISCHE ZUSAMMENHÄNGE

Die Genetik spielt durchaus eine wichtige Rolle. Auch wenn es „Gene für Verhalten" nicht gibt, sondern diese immer die Bildung eines Eiweißstoffes bewirken, sind genetische Zusammenhänge gerade auch bei Hunden in den letzten Jahren zunehmend bekannt geworden. Zu den ältesten in diesem Zusammenhang veröffentlichten Untersuchungen

gehören die mit dem **Wachstumsfaktor IGF1**. Wer mehr IGF1 im Blut hat, ist vorsichtiger und zurückhaltender. Deshalb sind kleine Hunde auch aus molekularbiologischer Sicht eher zu Größenwahn prädestiniert (Gansloßer & Kitchenham 2019). Neben dem IGF1 sind noch andere Botenstoffe beteiligt, z. B. einige Bindungsstellen für das Dopamin, und ein Protein, das den sperrigen Namen PCBH9 trägt und mit der Reizweiterleitung an den Synapsen befasst ist. Auch die **Gamma-Aminosäure GABA**, ein körpereigenes Beruhigungsmittel, das erregungsdämpfende Schaltkreise im Gehirn steuert, hat mit der Vermeidung bzw. Lösung von Angst- und Furchtreaktionen zu tun. Umgekehrt kann z. B. der häufig in Angstsituationen erfolgreich angewendete Nahrungsergänzungsstoff Casozepin durch die Stimulation der GABA-Wirkung den entsprechenden Schaltkreis aktivieren (siehe S. 287).
Serotonin führt ebenfalls im Gehirn zu guter Laune und Wohlbefinde. Bei Serotoninmangel kommt es zu eher depressiven Verstimmungen, aber bei ängstlichen Hunden werden ebenfalls häufig niedrige Konzentrationen von Serotonin und Dopamin gefunden. Gerade das immer angeführte, nicht ganz zutreffend als „Farmfuchsexperiment" bezeichnete Zuchtgeschehen von besonders zutraulichen bzw. menschbezogenen Silberfüchsen zeigt ebenfalls den Zusammenhang zum Serotoninsystem auf. Erwünscht gezüchtete, menschbezogene zähmbarere Silberfuchslinien hatten einen erhöhten Serotoninspiegel im Gehirn. Dass aber keineswegs das Motto „viel hilft viel" angewendet werden kann, zeigen andere Untersuchungen: Ein Zuviel an Serotonin führt ebenfalls zu Verhaltensstörungen!
Sarviahu et al. (2019) zeigten in einer genomweiten Suche nach genetischen Ähnlichkeiten bei Deutschen Schäferhunden, die entweder extreme Geräuschempfindlichkeit, Furcht vor Fremden oder neuartigen Situationen aufwiesen, deutliche Ähnlichkeiten mit humanpsychiatrisch bekannten Genorten der gleichen oder vergleichbaren Verhaltensreaktionen. Auch hier sind z. B. **Glutamat** und **Dopamin** beteiligt. Zum anderen gibt es gerade im Zusammenhang mit der Geräuschempfindlichkeit noch eine genetische Verbindung zu Genorten, die mit Hörschärfe oder Geräuschwahrnehmung verbunden sind. Auch hier zeigt sich also, weswegen es einen Unterschied macht, ob ein Hund sich vor Geräuschen fürchtet oder andere, eher nichtsoziale oder soziale Angst- und Furchtreaktionen zeigt. Alexandra Moesta et al. (2020) zeigen, dass es einen Zusammenhang zwischen **Nervenwachstumsfaktoren** (BDNF) im Gehirn von Hunden unter Anfälligkeit für Trennungsängste (siehe S. 263 f.) gibt. Die Nervenwachstumsfaktoren sind u. a. in ihrer Konzentration abhängig vom Ausmaß des Spielverhaltens, womit wir wiederrum auf das Thema Resilienz und deren Entstehung stoßen (Gansloßer & Käufer 2022).
Auch das als Hungerhormon bezeichnete **Neuropeptid Y**, das durch mütterliche Fürsorge deaktiviert wird, hat im Rahmen der Angstbewältigung eine wichtige Funktion. Gerade in der Humanpsychiatrie werden derzeit immer mehr genetische Zusammenhänge zwischen Angststörung und andere Verhaltensauffälligkeiten festgestellt. Marshall (2020) zeigt ein wahres Geflecht genetischer Korrelationen zwischen verschiedenen, verhaltensbiologischen Auffälligkeiten. Die Angststörung ist hier am deutlichsten und häufigsten mit der Depression genetisch korreliert, schwächere Korrelationen bestehen beim Menschen mit der Schizophrenie und noch schwächere mit einer Zwangsstörung (siehe S. 313 ff.).

Arbeitsgeschichte der Hunderassen

In Zusammenhang mit genetischen Befunden spielt gerade bei Hunden auch die Arbeitsgeschichte der jeweiligen Rasse eine Rolle. Sowohl eine neuere Zusammenstellung von Puurunen et al. (2020) als auch die ältere

Arbeit von Melissa Starling und ihrem Team (2013) zeigen deutliche Zusammenhänge zwischen Vorsicht bzw. Zurückhaltung und der früheren Arbeitsgeschichte einer Hunderasse. Hunde, die sich z. B. einem gefährlichen Nutzvieh (Rind) von vorne zu nähern hatten, ohne dieses durch direkte Kontaktaufnahme zu treiben, sind wesentlich vorsichtiger und zurückhaltender in ihrer Gesamtpersönlichkeit als Hunde, die auf Distanz gearbeitet haben. Andererseits gibt es auch Aufgaben, die einen Wagemut in der Bewältigung erfordern. Dass die kleinen Bauhundrassen, speziell Kleinterrier, aber auch Dackel, oftmals recht wagemutig sind, liegt auf der funktionalen Ebene eben daran, dass sie sich mit für sie recht großen und beeindruckenden Gegnern unter der Erde auseinandersetzen mussten.

Einfluss des Menschen

Letztlich spielt selbstverständlich auch der Mensch eine wichtige Rolle. Und zwar geht es hier nicht nur um die konkrete Stimmungsübertragung in einer Situation, die auch dem Menschen Probleme bereitet. Maria Pereira und Co-Autorin (2021) konnten zeigen, dass auch die Persönlichkeitseigenschaften im Bezug auf Ängstlichkeit bzw. Vorsicht zwischen menschlichen und hundlichen Punkten sehr stark korrelieren. Eine Assoziationsstudie zwischen dem Persönlichkeitsmerkmal Ängstlichkeit des Hundehalters und des Hundes in einer Fragebogenstudie mit fast zwölfhundert Mensch-Hund-Teams ergab eine positive Korrelation zwischen dem Persönlichkeitszug der Ängstlichkeit beim Hundehalter und der Schwere von Furcht- und Angstreaktionen des Hundes. **Schutzverhalten des Menschen gegenüber dem Hund hat dagegen keinen Einfluss auf die Korrelation gehabt. Auch hier spricht also nichts gegen soziale Unterstützung in Krisensituationen.** Bemerkenswert ist auch, dass die Anwendung von eher etwas robusteren, hier als „coercive", also druckvoll bezeichneten Erziehungsmethoden keinen Einfluss auf Angst- oder Furchtverhalten der Hunde hatte.

Wie im Folgenden dargestellt werden wird, sind die neurobiologischen Prozesse einer erfolgreichen oder auch erfolglosen Problembewältigung in Angst- und Furchtsituationen vom Mechanismus her sehr ähnlich. Für die erfolgreiche Bewältigungsstrategie spielt aber vorwiegend das zentrale System des Noradrenalins eine Rolle. Nach wiederholten, verschiedenartig kontrollierten Stressbelastungen kommt es im noradrenergen System zu einer verstärkten Aktivierung: durch erhöhte Feuerungsrate, durch vermehrte Produktion und Ausschüttung von Noradrenalin und dadurch ein verstärktes Auswachsen von Axonen und damit verstärkter Nervenverknüpfung bestimmter Regionen der Großhirnrinde. In ähnlicher Weise dürfte es auch im Dopamin- und Serotoninsystem zu Veränderungen kommen.

Alles dies zusammen erlaubt dem Tier eben eine nicht nur verhaltensbiologisch-psychologische, sondern sogar neuroanatomische Anpassung an Bewältigungsstrategien.

NEUROBIOLOGISCHE PROZESSE

Gerade weil die Entstehung von Angst, Panik und verwandten psychischen Problemen auch im Zentrum der humanpsychiatrischen Forschung steht, wurden in den letzten Jahren sehr viele Übersichtsartikel zu diesem Thema, auf der Basis einerseits von modernen am Menschen durchgeführten Studien, andererseits auch von Labortieruntersuchungen veröffentlicht. Zusammenfassungen finden sich z. B. bei Banich und Compton (2018), Gahr (2001), Hüther (1999), LeDoux (2000) oder im Lehrbuch von Karen Overall (2013). An der Basis der Entstehung sowohl von Angst, Furcht und verwandten Problemen, aber auch der Bewältigungsstrategien, liegen

Gemeinsam überstehen wir auch gruselige …

… Situationen und feiern den Erfolg.

grundlegende neurobiologische Prozesse des Lernens, insbesondere die Langzeitpotenzierung und Langzeitdepression (LTP und LDP, siehe S. 204). Auch andere Vorgänge der neuronalen Plastizität sind hier immer wieder von Bedeutung. So kommt es zum Absterben von Nervenzellen, z. B. unter Einfluss langanhaltender hoher Cortisolkonzentrationen im Hippocampus, aber auch zur Neubildung von Zellen im Hippocampus durch Erhöhung der Serotoninkonzentrationen.
Auch in anderen Regionen des Gehirns werden, z. B. durch Aktivierung noradrenerger Fasern (siehe S. 294), sowohl die Zelldichte als auch ihre Verknüpfungsrate positiv oder negativ beeinflusst. Gerade das noradrenerge System spielt hier aufgrund seiner vielfachen Verknüpfungen eine besonders wichtige Rolle. Seine Nervenzellen sitzen einerseits im blauen Kern (*L. coeruleus*), andererseits im Hirnstamm. Sie erhalten neuronalen Eingang von höheren Regionen der Großhirnrinde und des limbischen Systems, haben aber auch wieder nachgeschaltete Zentren in den genannten Regionen.
Kommt es nun aus einer dieser Regionen zu einem verstärkten Signaleingang, führt das Noradrenalin durch seine Wirkung als Reizverstärker und Modulator dazu, dass die Erregbarkeit der nachgeschalteten Zentren steigt, also die Reizschwelle für Weiterleitung von Erregungen sinkt. Da die noradrenergen Fasern oftmals keine Synapsen am Ende tragen, sondern sogenannte freie Nervenendigungen bilden, können sie sehr schnell und vor allem auch unmittelbar als Neurohormone ihre Wirkung entfalten. Die zentrale Wirkung von Erregung („Arousal") wird durch diese noradrenerge Funktion nochmals verdeutlicht.
Gleichzeitig wirkt das noradrenerge System aber nicht nur auf Nervenzellen, sondern auch andere, als Hilfszellen des Hirns etwas ungerechtfertigt abwertend bezeichnet,

z. B. die sternförmigen Astrozyten, die durch die Wirkung des Noradrenalins zu einer erhöhten Freisetzung von energieliefernden Substanzen (Glukose und Laktat) angeregt werden und zur Abgabe von Nervenwachstumsfaktoren. Letztere wiederum können über die Genexpression auch benachbarte Neuronen beeinflussen. Auch an den Gliazellen, deren Bedeutung für die Lernvorgänge erst in den letzten Jahren deutlich wurde (siehe S. 204), und an den Gefäßzellen wirkt das Noradrenalin und kann so durch Veränderungen der Gehirndurchblutung nochmals den Stoffwechsel beeinflussen.
Wie bereits erwähnt, reagiert gerade das noradrenerge System auch mit einer verstärkten Aktivierung in bestimmten Regionen, wenn wiederholt kontrollierbare belastende Situationen aufgetreten waren. Es kommt dann zu einer erhöhten Rate von elektrischen Erregungen, aber auch zum verstärkten Auswachsen von Nervenfasern und zu einer verstärkten Innervierung bestimmter Gebiete der Großhirnrinde. Eine Bahnung und Verankerung der dabei wiederholt benutzten Nervenverbindungen kann in der Zukunft zu effektiverer Reizweiterleitung und damit im günstigsten Fall auch zu einem verbesserten Abrufen der jeweiligen Situationen und ihrer Lösungsstrategien führen. Gerade eine verdickte Großhirnrinde, verstärkte Blutgefäßaufspaltung, vermehrte Anzahl von Gliazellen und verbesserte Synapsendichte sind z. B. charakteristisch für die Gehirne von Ratten (aber wahrscheinlich auch Hunden), die in der frühen Jugend (vgl. S. 218) durch Hochnehmen, Streicheln und andere Berührung der Körperoberfläche immer wieder aktiviert wurden.
Epigenetische Prozesse spielen auch bei der Regulation des Cortisolregelkreises eine wichtige Rolle. Werden die Gene für Glucocorticoidrezeptoren im Gehirn einschlägig aktiviert, kommt es zu einer Feinjustage des Glucocorticoidregelkreises und dadurch auch zu einer verbesserten Regulationsfähigkeit in belastenden Situationen.

Frühe Erfahrungen als Welpe spielen in den Wachstumsprozessen des Hippocampus eine große Rolle.

GEHIRNREGIONEN

Die wichtigsten Gehirnregionen, die auch für die Entstehung von Angst, Furcht und verwandten Regionen wichtig sind, sind u. a.:

Die **Amygdala** (Mandelkern), die in der neueren neurobiologischen Literatur oft als der amygdaloide Komplex bezeichnet wird, da sie doch mehr verschiedene Aufgaben und verschiedene Verknüpfungen aufweist als früher gedacht. Andererseits ist bereits seit längerem bekannt, dass die Amygdala keineswegs nur an der Entstehung negativer Reaktionen und Emotionen beteiligt ist. Auch bei bestimmten Formen des belohnungsabhängigen Lernens spielt die Anatomie der Mandelkerne eine wichtige Rolle. Zusätzlich aber sind nicht alle Neuronen in der Region der Mandelkerne nur an der Entstehung konkreter Emotionen beteiligt. Einige Kerngebiete sind auch allgemein für die Erhöhung der Erregbarkeit zuständig, die dann eher die notwendige Voraussetzung und nicht so sehr die konkrete Fixierung von emotionaler Bewertung und emotionalen Einschätzungen bietet. Noch komplizierter wird das Ganze, weil gerade die für Negativreize zuständigen Regionen der Amygdala offensichtlich empfindlicher und damit leichter stimulierbar sind, als die für positive Emotionen zuständigen. Der unterschiedliche Grad der Erregbarkeit von Amygdalazellen ist es also oftmals, der dann leichter eine negative als eine positive Emotion entstehen lässt. Evolutionsbiologisch und ökologisch ist das ja auch durchaus verständlich. Wenn man versäumt, sich zu fürchten, kann das gefährlicher werden, als wenn man versäumt, sich zu freuen! So gibt es also im Bereich der Mandelkerne unterschiedliche Zuständigkeiten: Manche Zellen erhöhen einfach die Erregbarkeit, sind dann aber für negative Einflüsse ansprechbarer als für positive, andere sind für positive, wieder andere für negative Emotionen zuständig. Für das Auslöschen von bereits gemachten Erfahrungen und abgespeicherten Informationen ist der Mandelkern mitverantwortlich. Auslöschungslernen wird hier vorwiegend durch die Aktivierung der NMDA-Rezeptoren, also der glutamatabhängigen Neuronen (siehe S. 203), ermöglicht.

Der **Hippocampus**, die berüchtigte einzige Gehirnregion ohne bekannten deutschen Namen, spielt gerade bei der Bewertung von belastenden Ereignissen eine große Rolle. Hier wurden sehr viele Studien am Menschen durchgeführt, u.a. im Zusammenhang mit dem Auftreten von posttraumatischen Belastungsstörungen z. B. bei menschlichen Kriegsveteranen. Noch feiner differenziert sind Untersuchungen, in denen eineiige Zwillinge untersucht wurden, von denen einer jeweils die Kriegserfahrungen machte, der andere nicht (Banich & Kronkton 2018). Hier zeigt sich, dass die Größe des Hippocampus vor, aber auch nach der Traumatisierung eine wichtige Rolle spielt. Wer einen größeren Hippocampus hat, ist offensichtlich schon resilienter. Gleichzeitig ist der Hippocampus bei dem Menschen mit der PTBS kleiner geworden (Absterben von Hippocampuszellen), während er sich bei dem Menschen ohne Posttraumatische Belastungsstörung in seiner Größe wenig verändert hat. **Hier wird wiederum deutlich, welche wichtige Aufgabe die frühkindliche und frühwelpliche Erfahrung spielt, die die Hippocampuswachstumsprozesse erst aktiviert!** Bei menschlichen Veteranen zeigte sich auch, dass ein kleinerer Hippocampus nicht nur mit der Belastungsstörung korreliert, sondern Patienten mit kleinerem Hippocampus auch auf die Therapie der PTBS weniger gut ansprechen als solche, die einen größeren Hippocampus aufwiesen. Gerade im Zusammenhang mit dem Wahrnehmen und Bewerten von potenziell gefährlichen Umgebungen spielt hier ein ökologisches Konzept, nämlich die Landschaft der Furcht (Landscape of Fear), offensichtlich mit der Wirkung des Hippocampus zusammen.

Dieses Konzept beschreibt, warum Beutetiere oder andere gefährdete Lebewesen in einer Gegend, in der sich auch viele Fressfeinde aufhalten, vorsichtiger, gegebenenfalls sogar belastungsanfälliger reagieren als in einer harmloseren Umgebung (Gaynor et al. 2019). Ökologisch und verhaltensbiologisch gleichermaßen verständlich und möglicherweise neurobiologisch durch die Wirkungen des Hippocampus erklärbar.

Der **präfrontale Cortex**, also das vorderste Stirnhirn, steht oftmals im Zusammenhang mit dem Auslöschen, also der nachträglichen Bewältigung von belastenden Situationen, in enger Verbindung. Gerade diese Region hat auch Zusammenhänge mit dem Mandelkern und kann gegebenenfalls dämpfend und damit stress- und angstmodulierend auf den amygdaloiden Komplex (siehe S. 297) einwirken. Kommt es zu einer Beschädigung des unteren bis mittleren präfrontalen Cortex, dann steigt die Anfälligkeit der Amygdala für negative Informationen und negative Reize. Aber auch in Bezug auf die Aufmerksamkeitsstruktur scheint diese Region eine wichtige Rolle zu spielen. Sei es die Reaktion auf negative, bedrohliche oder anderweitig unangenehm eingestufte Gesichter oder andere als bedrohlich eingestufte Bilder, die Deaktivierung des mittleren bis unteren vordersten Stirnlappens kann auch hier im Mandelkern eine dämpfende Wirkung erzielen.

Der **vordere zinguläre Cortex** ist offensichtlich vorwiegend mit dem Überwachen der Umgebung, also mit dem Sammeln von einschlägigen Sinnesinformationen verbunden. Eine erhöhte Aktivierung in diesem Bereich wird immer wieder, auch durch neue bildgebende Studien an besonders ängstlichen Menschen, beschrieben. Menschen mit Angststörung haben nicht nur unter bedrohlichen Situationen, sondern bereits im Ruhezustand in diesem Bereich eine erhöhte Aktivität.

GEDÄCHTNISLEISTUNGEN

Wie bereits dargelegt, sind die beiden unabhängig voneinander agierenden Schaltkreise zwischen Hippocampus, Mandelkernregion und Großhirnrinde mit für die unterschiedlichen Geschwindigkeiten, gegebenenfalls aber auch abgestuften Bewältigungsreaktionen zuständig. Die Gedächtnisleistungen spielen hier eine große Rolle. Das **deklarative Gedächtnis**, also das Vermögen, sich an Sachverhalte zu erinnern und frühere Erlebnisse zu verarbeiten, beruht auf Wechselwirkungen zwischen dem Hippocampus und der Großhirnrinde. Das **emotionale Gedächtnis** dagegen, das aus den Wechselwirkungen zwischen Thalamus, Hippocampus und Amygdaloidkomplex ohne Zwischenschaltung der Großhirnrinde besteht, reagiert viel schneller, unwillkürlicher und kann gegebenenfalls leider auch den Eingang vom Großhirn her blockieren. Kommt es nun zu einer Situation, in der man sich besonders gefährdet fühlt oder vielleicht sogar wirklich verletzt wurde, dann werden zunächst im deklarativen Gedächtnis die Umstände, unter denen das Ganze passierte, abgespeichert. Das emotionale Gedächtnis merkt sich, wie es einem dabei ging. Die beiden Gedächtnisformen arbeiten dann parallel und im Normalzustand verschmelzen sie zu einem gemeinsamen Bewusstsein. **Da aber z. B. der Hippocampus in der Kindheitsentwicklung später reift als die Amygdala und ihre Umgebung, können oftmals traumatisierende Erlebnisse in der frühen Kindheit besonders langanhaltende und schwer zu therapierende Folgen haben.** Furcht dagegen wird erst später, mit einem genügend entwickelten Gehirn, möglich. Das lässt verstehen, warum z. B. bei Welpen erst ab der 5. Woche (Zirkaangabe, abhängig von Rasse u. a.) konkrete Vermeidungsreaktionen auf bestimmte Situationen konditioniert werden können, während eine ungünstige Einflussnahme von allgemein negativen Lebensumständen bereits viel früher zu einer Persönlichkeitsveränderung führen kann.

REGULATION VON ANGST-PROZESSEN

Bereits erwähnt wurde, dass **Langzeitpotenzierung** und **Langzeitdepression** wichtige Prozesse sind, durch die sowohl die Entstehung von Angst und Angststörungen, aber auch im günstigen Fall die Entwicklung von Bewältigungsstrategien gefördert wird (siehe S. 292). Auch hier wirken die gleichen Botenstoffe, z. B. Glutamat und die NMDA-Rezeptoren, an unterschiedlichen Stellen, entweder bei der Fixierung und Verbesserung der Problemlösung oder bei der Fixierung und Verbesserung (hier wohl eher Verschlechterung!) der negativen Reaktionen. Gerade in der Wechselwirkung zwischen Thalamus und Mandelkernregion sind diese glutamatabhängigen NMDA-Rezeptoren jeweils nachweisbar. Neben Glutamat und den NMDA-Rezeptoren spielen aber auch andere Substanzen bei der Entstehung und gegebenenfalls Modulation von Angstreaktionen eine wichtige Rolle. Wie fast immer, wenn die Nebenhirnrinde angesteuert wird, ist das ACTH eine zentrale Substanz (siehe S. 272).

Bei der Regulation der bereits geschilderten Feinjustierung des Rückkopplungssystems für die Cortisolfreisetzung spielt das CRH-Bindungsprotein eine wichtige Rolle. Dieses entfernt das Corticotropin Releasing Hormon (CRH) aus dem System und die CRH-Bindungsproteine sind es letztlich, die durch epigenetische Regulationen in der Kindheit und frühen Jugendentwicklung ihre Empfindlichkeit verändern. Gibt es eine reizangereicherte, aber bewältigbare Umwelt in den ersten Lebenswochen, dann werden die Gene für das CRH-Bindungsprotein in größerem Maße freigeschaltet, CRH kann feinfühliger aus dem System entfernt werden und die Stressantwort ist angepasster. Wird dagegen in einer langweiligen oder gar negativ belastenden Umgebung der erste Teil der Kindheit verbracht, dann werden die genannten Rezeptorgene nicht freigeschaltet und die überschießende Produktion von Stresshormonen ist lebenslang vorprogrammiert.

Serotonin ist ebenfalls in erheblichem Maß an der Regulation von Angst und Angstprozessen beteiligt. Untersuchungen an Menschen, Hunden und Labortieren zeigen, dass auch hier vor allem wieder die Konzentration und die Untertypen von Bindungsstellen wichtigste Voraussetzung zur Verringerung oder Erhöhung der Angstanfälligkeiten ist. Nur wer genug Serotoninrezeptoren hat, und das ganz besonders vom Typ HT1A (in der rechten vorderen Stirnrinde), kann die von dort ausgehenden Dämpfungsbefehle an die Amygdala aussenden und damit auch die Angst- und Panikanfälligkeit in den Griff bekommen. Der gleiche Serotoninrezeptoruntertyp dieser HT1A-Rezeptoren ist bei Menschen mit psychiatrischen Auffälligkeiten, z. B. Depressionsanfälligkeit, Schizophrenie oder Selbstmordtendenzen, sowie bei Hunden mit einer erhöhten Anfälligkeit für Angst- und Panikstörungen beschrieben worden. Dass aber auch beim Serotonin nicht nur das Prinzip „Viel hilft viel" von Bedeutung ist, zeigt die Tatsache, dass es auch bei einem ungewöhnlich hohen Serotoninspiegel durchaus zu Angststörungen kommen kann. Dieser scheinbare Widerspruch kommt möglicherweise daher, dass die Dichte der Serotoninrezeptoren sich mit der Zeit an eine erhöhte Konzentration anpasst und dann zu einer Herunterregelung der Rezeptortypen für Serotonin führt. Dadurch wird der elektrische Impulsfluss über die Nervenzellen übermäßig gesteigert. Es gibt offenbar auch hier zwei in ihrer Wirkung entgegengesetzte Typen von Serotoninrezeptorfamilien, die einen eher hemmend, die anderen eher fördernd. Hier ist dann wiederum die besonders feinfühlige Anwendung von Psychopharmaka von Bedeutung, da manche davon den einen, manche den anderen Rezeptortyp aktivieren und je nach Genese und spezieller Form der Angststörung der eine oder der andere Medikamententyp besser geeignet scheint (siehe S. 108 ff.).

RESILIENZ

Mills et al. (2013) listen vier Komponenten des Resilienzkonzepts auf, die bei verschiedenen Lebewesen, auch bei unseren Hunden, auftreten können. Die Fähigkeit,

— die Auswirkungen eines Stressors auf die normale Funktion des Organismus zu minimieren.
— selbst dann, wenn das normale Funktionieren nicht mehr gegeben ist, noch Kompetenz zu behalten.
— sich auch nach einer Auswirkung schnell zu erholen.
— in der Zukunft das eigene Bewältigungspotenzal als Resultat vorheriger Stressorenexposition zu verbessern.

Im Bereich des tierlichen Wohlbefindens ist ein wichtiger Ansatz der, die Stressorexposition zu minimieren, aber manche davon sind einfach unumgänglich. Wurde ein Tier viel zu sehr vor belastenden Situationen geschützt, kann es möglicherweise weniger fähig zur Anpassung sein und in Zukunft selbst bei minimalen Belastungen eher leiden müssen. Neben der langsamen Gewöhnung an steigende Belastung, ist z. B. auch die Fähigkeit für ein Tier, Kontrolle über seine Umwelt auszuüben sowie die sicheren Basiseffekte einer guten sozialen Bindung (siehe S. 256), ein weiterer Schutzfaktor.

In einer neuen Zusammenstellung haben Gilan et al. (2021) versucht, zwar primär aus humanpsychologischer Sicht, aber gestützt auch auf Labortierstudien, die Frage der Stressbewältigung und Stressresistenz zu beleuchten. Der Begriff Resilienz, Widerstandsfähigkeit, ist in den Verhaltenswissenschaften mit individuell unterschiedlichen Fähigkeiten verknüpft. Bereits seit längerem ist bekannt, dass immer wiederkehrende, bewältigbare Stressorenkonfrontation (sogenannte Stressimpfung) im Laufe der Zeit durchaus zu verbesserter Stressbewältigung führt, auch wenn kurzfristig dabei ethologisch und physiologisch Belastungsanzeichen zu sehen sind. Epigenetisch werden dabei wahrscheinlich die Regelkreise der Stresshormonproduktion zwischen Gehirn und Hormondrüsen feinjustiert.

COPINGSTRATEGIEN

Zur Bewältigung von Belastungen können mehrere als „Coping“ bezeichnete Strategien ergriffen werden. Das sogenannte aktive Bewältigungssystem kann wiederum in mindestens drei Möglichkeiten unterteilt werden:

— Das problem- bzw. lösungsorientierte Coping, bei dem man versucht, die Situation zu verändern.
— Das emotionale Coping, das die entstehenden Negativempfindungen, z. B. Angst, Wut oder Furcht, zu bewältigen sucht. Ob man die Emotion dann einmal auslebt, ob man Trost bei anderen sucht oder selber versucht, sich seiner Empfindungen klar zu werden und Distanz dazu findet, hängt auch vom eigenen Persönlichkeitstyp ab.
— Die vermeidende Strategie kann durchaus kurzfristig helfen, ist langfristig aber eher riskant.

Demgegenüber wird durch sogenannte passive Bewältigung der innere Sollwert, die innere Erwartung, verändert: *„Wenn ich die Welt nicht nach meinen Erwartungen ändern kann, muss ich eben meine Erwartungen soweit herunterschrauben, dass sie in die Welt passen.“*

Das Erlernen solcher passiven Copingmechanismen ist ein wichtiger Teil der Erziehung und Sozialisation, ein Gemeinwesen funktioniert nur, wenn sich alle auch anpassen. Wenn das zu oft oder dauernd gemacht wird, führt das aber zu einem Glucocorticoidanstieg, der durchaus krank machen kann wie Untersuchungen z. B. von Frans de Waal et al. (2000) zeigen. Gilan et al. (2021) zählen aber auch einige Faktoren auf, die die Resilienz langfristig fördern können. Wichtig ist dabei,

Aus sicherer Entfernung eine gruselige Situation zu bewerten, kann auch Teil der Bewältigung sein.

dass man Selbstwirksamkeit erfahren durfte, indem man aus dem Wissen über eigene Kompetenzen auch vorteilhafte Konsequenzen des eigenen Tuns erwartet. Eigene Erfolgserlebnisse, Modelllernen z. B. durch Beobachtung oder Ermutigung seitens geschätzter Sozialpartner, fördern diese Erwartungen. Selbst wahrgenommene Belastungssymptome, wie z. B. Zittern oder Angst, können die Belastung zumindest kurzfristig reduzieren. Auch sogenannte kognitive Flexibilität spielt hier eine Rolle: Man hat zum Beispiel erkannt, dass es nicht mit dem Kopf durch die Wand geht, ist aber bereit dazu, irgendwo eine Tür zu finden und diese dann zu öffnen. Viele dieser Mechanismen können in sinnvoller Weise auch für Hunde und Mensch-Hund-Teams zur Anwendung kommen. Wir müssen aber immer beachten, dass Selbsterfahrung und Selbstwert nur durch bewältigbare Probleme steigen. Dagegen bewirken Kontrollverlust, Überforderung oder gar Traumatisierung sowie ständiges Fordern und Fördern von Passivität und Vermeidungsreaktionen oft das Gegenteil.

EXTREM- UND SPEZIALFORMEN

PHOBIE

Overall (2013) definiert Phobie als eine tiefgehende, nicht abgestufte extreme Reaktion auf bestimmte, wiederkehrende und erkennbare Reize oder Reizgruppen, die als intensive, aktive Vermeidungs- oder Fluchtreaktion oder Angstverhalten mit Aktivierung des sympathischen Nervensystems einhergeht. Die Verhaltensreaktionen können entweder im Erstarren oder in einer hyperaktiv-manischen Panikkomponente bestehen. Empfindlichkeit für Schmerz, aber auch für soziale Reize, ist deutlich reduziert. Phobien äußern sich normalerweise sehr schnell und verändern sich danach nicht mehr in der erkennbaren, von außen sichtbaren Reaktion. Das Tier wird zunehmend immer mehr versuchen, die auslösende Situation zu meiden. Gerade hier betont Overall, dass eine Behandlung dringend erforderlich ist, und dass es keineswegs angemessen, bisweilen sogar tierschutzwidrig ist, das Tier in dieser Situation allein zu lassen oder ihm die soziale Unterstützung zu verwehren.

PANIK

Im Gegensatz zur Phobie ist Panik eine deutliche, nach dem Alles-oder-nichts-Prinzip stattfindende, abnormal tiefgehende Reaktion, die ohne erkennbaren auslösenden Reiz, situationsbezogen, innerlich oder generalisiert auftreten kann. Im Gegensatz zur Phobie ist kein auslösender Reiz erkennbar. Die weitere Unterscheidung muss dann zwischen einzelnem Panikanfall bzw. Panikereignis und der allgemeinen Panikstörung, mit einem wiederkehrenden, in sich schlüssigen Reaktionsmuster getroffen werden. Beim Menschen werden etwa 20 bis 30 % der Patienten mit Depressionsstörungen auch als panikgefährdet beschrieben. Auch hier betont Karen Overall, dass es keinerlei Hinweise darauf gibt, dass Hunde durch „Verwöhnen" („Spoiling"), also durch eine Hundehaltung, die auf Wohlbefinden und Lebensqualität Rücksicht nimmt, zu einer erhöhten Anfälligkeit für Panikstörungen neigen würden. Im Zusammenhang mit den getroffenen Beobachtungen und Beschreibungen des Resilienzfaktors, ist wohl eher das Gegenteil zu erwarten.

GERÄUSCH-/GEWITTERPROBLEME

Sturm- bzw. Gewitterprobleme und allgemeine Geräuschempfindlichkeit müssen nicht immer zusammen auftreten. Sie haben vielfach überlappende Merkmale, sowohl im Bereich der Risikofaktoren, als auch des Auftretens, aber sie sind nicht das Gleiche. Beim Sturm und Gewitter sind wesentlich mehr Faktoren beteiligt. Auch die Reaktion auf Feuerwerk ist unterschiedlich von der auf Gewitter und auf Gewehrschüsse, möglicherweise wegen der starken visuellen Komponenten des Feuerwerks. Gerade bei der Reaktion auf Gewitter können noch andere physikalische Reize (z. B. Ozonkonzentration in der Luft, Luftdruckschwankungen, Hitze) zu einer verstärkten Reaktion führen. Eine genetische Komponente lässt sich in vielen Fällen nachweisen (Overall 2013). Das häufig gemeinsame Auftreten mit anderen Angststörungen, z. B. der generalisierten Angststörung und der Trennungsangst, wird immer wieder beschrieben. Bemerkenswert ist, dass die Reaktionen von Hunden hier offensichtlich nicht nur, wie häufig behauptet, als Reaktion auf das Verhalten des Menschen zu sehen sind. Eine Studie an Kojoten in einer Versuchsstation des US-amerikanischen Landwirtschaftsministeriums zeigt, dass am amerikanischen Nationalfeiertag durch Feuerwerk, vorbeimarschierende Blaskapellen und andere Reize, auch die Kojoten in den Zwingern der Versuchsstation durch erhöhte Cortisolreaktion reagierten (Schell et al. 2013). Die Wirkung von Feuerwerk auf Zootiere ist sehr unterschiedlich, in den allermeisten Fällen lässt sich jedoch keine deutliche Reaktion feststellen (Rodewald et al. 2014).

Studie über Feuerwerksangst

Stefanie Riemer (2019, 2020) und ihr Team (Gähwiler et al. 2020) haben sich mit einer Kombination von Videoanalysen und Fragebogenstudien dem Problem der Feuerwerksangst, speziell an Silvester, gewidmet.
Am deutlichsten waren die veränderte Ohrposition, danach die gesteigerte Bewegungsaktivität und Hecheln. Zur Vorbeugung vor Feuerwerksproblemen war ein sehr frühes

Gewitter sind oft schon lange vor dem ersten Blitz und Donner für viele Hunde ein Problem.

Training, also BEVOR der Hund anfängt, solche Probleme zu entwickeln (das am besten schon im Welpenstadium), sehr hilfreich. Auch Entspannungsmanagement während des Feuerwerks erwies sich als hilfreich, ebenso wie die Gabe geeigneter Psychopharmaka (Benzodiazepampräparate oder Noradrenalinfreisetzungshemmer). Die Gabe von Pheromonen, alternativ-medizinischen Präparaten, Nahrungsergänzungen oder pflanzlichen Präparaten kam in dieser Umfragestudie nicht über den Erwartungswert von Placebos hinaus. Am anfälligsten für Feuerwerksprobleme waren in der Umfragestudie Mischlinge, Hütehundrassen, Pointerrassen, Terrier und Spitze, am gelassensten waren Molosser, Stöberhunde, Pinscher, Retriever und Schoßhundrassen.

Bemerkenswert ist ein von Ana Luisa Lopes Fagundes und Co-Autoren, aus dem Team von Daniel Mills in Lincoln, beschriebener Zusammenhang, wenn auch auf kleiner Stichprobe basierend, mit dem Auftreten von Schmerzleiden bei Hunden (siehe S. 354 ff.). Und bemerkenswert ist auch ein offenkundiger Zusammenhang der Geräuschempfindlichkeit mit dem Hormonsystem der Schilddrüse (siehe S. 113 ff.). Nicht nur, dass viele Hunde mit Schilddrüsenunterfunktion unter einer erhöhten Geräuschempfindlichkeit leiden. Lauinger (2012) konnte bei Bearded Collies, zeigen, dass eine Schilddrüsenhormongabe auch bei Hunden ohne Auffälligkeiten im Schilddrüsenprofil bessere Wirkungen auf die Geräuschempfindlichkeit hatte, als verhaltenstherapeutische Maßnahmen.

GENERALISIERTE ANGSTSTÖRUNG

Hier handelt es sich um eine stetige und in sich schlüssige Steigerung sowohl der Aktivität des autonomen Nervensystems, gepaart mit Hyperreaktivität, erhöhter motorischer Aktivität und erhöhter Wachsamkeit, die das normale soziale und umweltbezogene Verhalten negativ beeinflusst. Es gibt definitiv hier keine spezifisch auslösenden Reize. Erhöhte Bewegungsaktivität, Wachsamkeit, Absuchen der Umgebung, leichte Ablenkbarkeit, die auch im Training und in der Ausbildung negative Auswirkungen hat, eine niedrigere Reizschwelle, auch für unpassende Reaktionen, und eine Reaktion, die auch nach dem Wegfall eines möglichen auslösenden Reizes noch länger anhält, sind typisch. Physiologische Stressanzeichen der autonomen Erregung, wie z. B. erweiterte Pupillen, erhöhte Atmungs- und Herzrate und nahezu dauerhaftes Bewegungsmuster, können hinzukommen. Overall (2013) betont, dass viele Hunde die generalisierte Angststörung erst im Laufe der Pubertät bzw. sozialen Reife ausbilden oder zeigen und vermutet deshalb, dass in dieser Zeit Veränderungen in der Neurochemie und/oder der Arbeitsteilung im Gehirn ursächlich dafür werden. Auch die generalisierte Angststörung tritt oft gemeinsam mit anderen angstbezogenen Problemen, hauptsächlich der erhöhten Geräuschempfindlichkeit und Geräuschphobie auf. Aggression kann sekundär hinzukommen. Die wichtigsten diagnostischen Schritte sind zunächst, die angstbezogene Aktivitäts- und Spannungssteigerung von angemessenem und angepasstem Verhalten, z. B. in Gegenwart wirklich bedrohlich erscheinender Reize, zu unterscheiden.

Hund allein zu Haus – und das bei einem Feuerwerk … absolut keine gute Idee!

Die einen Hunde fahren gern im Auto, für andere ist es ein großes Problem.

NEOPHOBIE

Auch Neophobie, die aggressive und/oder furchtsame Ablehnung neuartiger Situationen und Reize, kann zu einem angstbezogenen Verhaltensproblem werden. Zunächst ist auch Neophobie ein Persönlichkeitsmerkmal. Ähnlich wie bei der allgemeinen Vorsicht (siehe S. 307), handelt es sich hierbei um einen Bestandteil der emotionalen Disposition eines Hundes (Sheppard & Mills 2002). Kommt es jedoch zu extremen, lang anhaltenden oder vor allem nicht mehr abgestuften Reaktionen auf neue Situationen, unbekannte Objekte oder Lebensumstände, die als intensive, aktive Vermeidung, Flucht oder mit Ängstlichkeitsverhalten auftreten, und dazu einer Erregung des sympathischen Nervensystems, kann die Neophobie auch als krankhafte Störung auftreten. In der Regel tritt sie als krankhaftes Problem dann auf, wenn die betreffenden Reizgeber (Tiere, Situationen, Gegenstände o.Ä.) während der sensiblen Phase in der Jungtierentwicklung nicht oder nicht ausreichend präsentiert wurden. Echte Neophobie als Krankheitsbild ist also vorwiegend bei Hunden aus Billigvermehrungsanstalten und ähnlichen beeinträchtigten Umgebungen zu sehen. Overall betont, dass gerade diese phobischen Reaktionen auf unbekannte Situationen besonders komplex sind, und dass Hunde mit Neophobie keinerlei Anpassung, auch keine Desensibilisierung mit zunehmender Zeit und/oder Intensität der Reizaussetzung, zeigen, und dass es sich hierbei nicht um eine normale Reaktion, z. B. auf einen Lebensraumwechsel nach Übernahme aus dem Tierheim o. Ä., handelt. Dementsprechend ist dieses Krankheitsbild auch deutlich zu unterscheiden von der normalen Vorsicht, mit der Welpen und Junghunde unbekannte Situationen langsam und bedächtig erkunden.

TRAUMA & POSTTRAUMATISCHE BELASTUNGSSTÖRUNG

Traumatisierende Einflüsse wirken nicht nur während des Erwachsenenlebens, sondern insbesondere auch in verschiedenen Stadien der Welpen- und Junghundentwicklung. Wie bei allen, auch menschlichen Traumata, ist die Grundvoraussetzung für die Entstehung das Gefühl eines Ausgeliefertseins, des Nichtreagierenkönnens, der nicht bewältigbaren

Lebens- oder Verletzungsgefahr, Gewalterfahrungen etc. Die Frage der Resilienz ist gerade bei der Entstehung und Bewältigung solch traumatisierenden oder potenziell traumatisierenden Erlebnisse von besonderer Bedeutung. Eine genetische Untersuchung an menschlichen Traumaopfern legt nahe, dass das mit der Gedächtnisbildung assoziierte Protein PKC alpha hier eine wichtige Rolle spielt (Quervein et al. 2012). Sowohl Menschen als auch im Labor geschaffene Mäusezuchtstämme mit einem besonders guten, durch PKC alpha gesteigerten Gedächtnis waren für traumatisierende Erlebnisse und Traumabildung bzw. posttraumatische Störungen besonders anfällig.

Hain und Binder (2009) versuchen die unterschiedlichen Entwicklungsabschnitte in der Gehirnentwicklung mit der Auftretenswahrscheinlichkeit von posttraumatischen Störungen und deren Symptomatik zu korrelieren. Die Amygdala entwickelt sich vor der Geburt am schnellsten und ihre Entwicklung dauert auch am längsten in die Jugendentwicklung hinein. Der frontale Cortex (vorderes Stirnhirn) kommt als nächster. Er beginnt seine Entwicklung allerdings erst sehr spät in der Jugendentwicklung und beendet sie bereits relativ früh im Bereich rund um die echte Pubertät. Der Hippocampus beginnt seine Entwicklung ebenfalls relativ früh und beendet bereits im Laufe der Kindheit seine Differenzierung. Umgekehrt tritt die Degeneration der Amygdala am spätesten in der Seniorenzeit auf, der Frontalcortex beginnt etwas früher und der Hippocampus noch früher mit seinen Abbauerscheinungen. Je nachdem, in welchem Altersabschnitt die Traumatisierung eintritt, trifft es diejenige Hirnregion am stärksten, die gerade am meisten wächst und sich differenziert. Nach Overall (2013) zeichnet sich die Posttraumatische Belastungsstörung auch bei Hunden dadurch aus, dass ein Reiz, der an eine frühere, damals nicht bewältigbare, gefährliche oder fluchtunmögliche Situation erinnert, die nahezu identischen Verhaltens- und physiologischen Reaktionen hervorruft, wie in der Ausgangssituation. Auch hier kann dies zu einer erhöhten Bewegungsaktivität oder zu einem weitestgehenden Bewegungsverlust führen, mit verringerter Ansprechbarkeit auf Schmerz oder soziale Reize. Häufig dissoziieren hier auch die verschiedenen Elemente des Gedächtnisses, sodass z. B. entweder nur der betreffende Ort oder ein damit verknüpfter Sinnesreiz, wie etwa Geruch oder Geräusch oder nur die emotionale Erinnerung allein ausreicht. Dann kommt es zu den sogenannten Flashbacks, bei denen Wutanfälle, extreme Angstreaktionen, bei Menschen auch Weinkrämpfe oder tiefe Traurigkeit auftreten können, ohne dass dem außenstehenden Beobachter eine auslösende Situation erkennbar sein muss. Auch hier betont Overall besonders, dass Gewöhnungen oder Ignorieren dieser Reaktion absolut kontraproduktiv sind. Der Hund kommt nicht allein durch die Situation und wird eher noch eine gesteigerte Reaktivität im Laufe der Zeit entwickeln. Gerade hier kommt es darauf an, dass die notwendigen Zytokine und Nervenwachstumsfaktoren, die der Bildung neuer Proteine als notwendige Voraussetzung des Lernprozesses vorangehen, durch die massive Traumatisierung bzw. die nachfolgenden Flashbackerlebnisse etc. nachhaltig unterbunden werden. Eine erneute, vorwiegend überschwellige Exposition zu den auslösenden Reizen verhindert also nachhaltig das genannte Lernen. „Da muss er durch" ist hier das Falscheste, was man tun kann.

REISEPROBLEME

Eine besondere Rolle in der Behandlung und Diagnose von angstbezogenen Verhaltensauffälligkeiten wird von Chiara Mariti und Co-Autoren (2012) beschrieben: Reisekrankheiten und die weiteren reisebezogenen Probleme bei Hunden sind ein wohlbekanntes Phänomen für viele, die mit ihrem Hund z. B. im Auto unterwegs sind. In ihrer Umfrage waren über 76 % der Hunde jeweils freudig und begeistert, wenn sie im Auto transportiert wurden. Beim Rest zeigte sich häufiger eine Aufregung als eine Inaktivität als negative Reaktion, und die meisten Hunde, die während der Erwachsenenzeit Autofahrprobleme hatten, waren als Welpen nur wenig, gar nicht oder nur zu unangenehmen Erlebnissen (Tierarzt, Hundefriseur etc.) mit dem Auto transportiert worden. Da diese Problematik oftmals nicht nur mit rein psychischen, sondern auch mit veränderten Sinneswahrnehmungen verknüpft ist, z. B. dem Bewegungssinn, muss eine differenzierte Diagnose immer am Einzelfall ansetzen. In unseren eigenen Studien zeigte sich z. B., dass bereits ein Wechsel des Autos oder ein Transport an anderen Stellen im Auto häufig zu einer Verbesserung geführt hat. Manche Hunde reagierten z. B. auch nicht mit Reisestörungen, solange sie (in der Schweiz beispielsweise) durch lange Autotunnels fuhren. Ein Diensthund reagierte nur auf den Privat-PKW der Halterin, etwas weniger auf den Streifenwagen und überhaupt nicht, wenn er in einem Kleinbus zum Dienst gefahren wurde. Mills et al. (2013) zeigen weitere Behandlungsmöglichkeiten auf: Gerade bei reisekranken und reisereaktiven Hunden ist oftmals der Einsatz von Pheromonen eine wertvolle Hilfe. Mills et al. führten eine ähnliche Umfragestudie in Großbritannien durch und fanden ca. 25 % aller Hunde in der Studie mit Reiseproblemen. In den USA waren es ebenfalls 10 – 15 % der Hunde, die in der allgemeinen Tierarztpraxis vorgestellt wurden und zumindest an Reisekrankheiten litten. Erregbarkeit, Brechreiz und Angespanntheit bzw. Angstreaktionen sind die häufigsten Symptome. Jedoch muss auch hier das Gesamtbild betrachtet werden. Rasseeinflüsse und Geschlechtsunterschiede scheinen für die Wahrscheinlichkeit der unterschiedlichen Symptomkomplexe mit entscheidend zu sein, wie Mills et al. zeigen. In der Gruppe, die mit Erregung reagierte, waren fünfmal mehr männliche als weibliche Hunde vertreten, hauptsächlich waren es Hirten- und Hütehunde. Terrier und Arbeitshunde dagegen zeigten kaum übermäßige Erregbarkeit als Symptome der Reisekrankheit. In der von Brechreiz befallenen Gruppe waren männliche und weibliche Hunde weitgehend in ähnlichen Zahlen vertreten, jedoch litten mehr Retriever und Mischlingshunde an der Krankheit. Angst wiederum trat siebenmal häufiger bei Rüden als bei Hündinnen auf, zwischen den Rassen gab es jedoch kaum Unterschiede. Auf den Einsatz von Pheromonen reagierten die Hunde aus der Brechreizgruppe besonders schnell und nachhaltig. Bei Hunden, die von Angst oder Furcht befallen waren, musste die Pheromonbehandlung am längsten fortgesetzt werden. Und bei Hunden mit Erregbarkeit oder Frustrationsanzeichen, war die Behandlung am wenigsten erfolgreich. Hier waren andere Methoden wie z. B. ein spezielles Training zur Impulskontrolle hilfreicher.

BEHANDLUNGSMÖGLICHKEITEN

Die Möglichkeiten, durch Verhaltensveränderungen, Verhaltensmanagement, vor allem aber durch Vorbeugungsmaßnahmen die Entstehung von Verhaltensproblemen rund um den Komplex „Angst und Furcht“ zu verringern oder zu verhindern, sind ebenso vielfältig wie die Symptome. Gerade hier muss eine intensive, differenzialdiagnostische und individuelle Einschätzung von Persönlichkeitstyp, Bindungstyp des jeweiligen Mensch-Hund-Teams und die Haltungssituation mit einfließen. Jeanette Frank (2020) und Karen Overall (2013) zeigen die meisten Möglichkeiten in diesem Bereich auf.

Besonders wichtig ist jedoch auch hier wieder die saubere Unterscheidung zwischen angst- versus furchtbezogenen Problemen. Während bei Furcht, gegebenenfalls auch bei einer

Phobie ein mildes, vorsichtiges Desensibilisierungstraining (aber bitte keine Reizüberflutung als sogenanntes Flooding!) im Laufe der Zeit zu einer Verbesserung, also einer Gewöhnungsreaktion, ohne gleichzeitige Resignation des Patienten führen kann, sind bei allen aus dem Angstproblem heraus entstehenden Schwierigkeiten Elemente der Persönlichkeitsstabilisierung, der Selbstwirksamkeit und andere, eher auf die „Yes We Can"-Mentalität ausgerichtete Tätigkeiten von Vorteil. Auch der Bindungstyp muss beachtet werden: Hunde mit einer vermeidenden Bindung, die sich ohnehin überwiegend für ihre Umwelt und kaum für ihren Menschen interessieren, sollten eher nicht mit solchen Beschäftigungen stabilisiert werden, die die selbstständige Arbeit noch unterstützen (z. B. Freiverlorensuche, Mantrailing oder Trickdog im Sinne des freien Shaping). Umgekehrt sind Hunde, die sich in einem unsicher ambivalenten Bindungsverhältnis zu ihrem Menschen befinden und diesen ohnehin nicht aus den Augen lassen, nicht mit Aktivitäten wie etwa dem „Do As I Do" von Claudia Fugazza oder einer Dummy- oder Apportierarbeit mit direktem Einweisen zu beschäftigen.
Die individuelle Zusammenarbeit zwischen Trainer, Verhaltensmediziner und Verhaltensbiologen spielt, je komplizierter und schwieriger der Fall ist, eine immer größere Rolle in diesen Zusammenhängen. Einfache Lösungen oder gar das „Da muss er durch" sind fast immer abzulehnen.

UNSICHERHEIT UND VORSICHT

Nicht alle Begriffe und Vorstellungen, die im Zusammenhang mit dem Problemkreis Angst und Furcht bei Hunden geäußert werden, beziehen sich auf konkrete emotionale Hintergründe. Vielfach verwechselt werden auch Persönlichkeitseigenschaften oder situative Anpassungen. Ein vorsichtiger Hund oder auch ein Hund, der eher zurückhaltende Persönlichkeitseigenschaften zeigt, muss keineswegs auch ängstlich sein. Gerade in unbekannten oder unübersichtlichen Gegebenheiten kann eine individuell typische Zurückhaltung durchaus auch Vorteile bringen. Auch der Begriff der Unsicherheit kann ganz unterschiedliche Inhalte haben. Wenn man es informationstheoretisch betrachtet, ist Unsicherheit einfach nur die Abwesenheit von konkreten Informationen. Wenn ich in einer bestimmten Situation noch nicht genug über die Umwelt, mein Gegenüber oder andere mich betreffende Gegebenheiten weiß, habe ich informationstheoretisch den Zustand der Unsicherheit. Dass ich dann je nach Persönlichkeitstyp, vor allem als eher zurückhaltend/bedachtiger Bedenkenträger (B Typ, siehe S. 245), nicht unbedingt sofort vorwärtsstürmen werde, ist evolutionsbiologisch und situativ verständlich.
Unsicherheit als Zustand dagegen bedeutet, dass ich mir über meine Handlungsmöglichkeiten oder deren Auswirkungen nicht klar bin. Eine solche Unsicherheit kann wiederum auf Informationsmangel, auf Mangel an einschlägigen Erfahrungen oder auf einer schwer vorhersagbaren, unplanbaren bis chaotischen Umwelt beruhen. Bekomme ich dann entweder Erfahrung in dieser Situation (am besten positive!) oder mehr Information, oder kann aus meiner Umwelt doch ein Muster erkennen, dann geht die Unsicherheit zurück und die Handlungsfähigkeit wird verbessert.
Alle diese begrifflichen Abklärungen müssen zunächst erfolgen, bevor man einem Hund Angst oder auch Furcht etc. unterstellt.

MUSIKTHERAPIE

VON GIANNA JANN

Schon den frühen Schamanen war bekannt, dass Musik auf den Organismus wirkt. Sie nutzten Rhythmen und Klänge, um den Schmerz verletzter und kranker Stammesmitglieder zu lindern und die Selbstheilungskräfte zu aktivieren (Gasenzer & Neugebauer 2011). In der Wissenschaft ist der Wert der Musik für die menschliche Psyche sehr gut dokumentiert, doch wie wirkt Musik auf unsere Haushunde? Obwohl nicht eindeutig geklärt ist, wie Hunde Tonfolgen wahrnehmen, gibt es zahlreiche Angebote von Entspannungs-CDs bis hin zu Hörbüchern für Hunde. Haben Hunde eine Musikvorliebe und kann die richtige Musikwahl ihr Wohlbefinden beeinflussen?

REAKTION AUF AKUSTISCHE REIZE

Um herauszufinden, wie Hunde auf unterschiedliche akustische Reize reagieren, wurden verschiedene Musikrichtungen (Bowman et al. 2015, Kogan et al. 2012, Wells et al. 2002), aber auch Hörbücher und andere Geräusche getestet (Brayley & Montrose 2016). Dabei wurde nicht nur das Verhalten der Hunde dokumentiert, sondern auch ihre Herzfrequenz sowie ihre Cortisolkonzentration in Speichel und Urin untersucht (Bowman et al. 2017), die Aufschluss über Stressreaktionen des Körpers geben (siehe S. 271 ff.). Die meisten hier genannten Studien forschten an Hunden in Auffangstationen und Tierheimen, da diese Hunde durch Isolation von der Umwelt und Konflikte mit Artgenossen erhöhtem Stress ausgesetzt sind (Beerda et al. 1997). Um diesen Stress zu minimieren und das Zwingermanagement mit einfachen Mitteln zu verbessern, wird zunehmend nach effizienten Lösungen gesucht. Vorbild waren dabei erfolgreiche Studien an Zootieren, die ähnlichem Stress ausgesetzt sind (Wells 2004, Wells et al. 2002 und 2009 sowie Wells & Irwin 2008).

Hörreize beinhalten Geräusche von Artgenossen, Umweltgeräusche, Tonfolgen und instrumentale Musik (Wells et al. 2009).

In einer Studie von Wells et al. (2002) untersuchte man die Wirkung verschiedener Hörreize auf Hunde im Tierheim. Dabei beobachtete man das Verhalten von 50 Hunden, die jeden auditorischen Reiz 4 Stunden lang hörten, dazwischen gab es jeweils eine Pause von einem Tag. Die auditorischen Reize bestanden aus menschlicher Konversation, klassischer Musik, Heavy Metal Musik, Pop Musik und aus einer Kontroll-Gruppe, die nicht beschallt wurde. Beobachtet wurde der Aufenthaltsort im Zwinger (vorne, hinten), die Aktivität (laufen, liegen, schlafen) und die Lautgebung (Bellen, Ruhe, andere).

In der Auswertung stellte man fest, dass die Lautgebung mit der Aktivität signifikant zusammenhängt. Vor allem während der Beschallung mit klassischer Musik lagen die Hunde mehr und verhielten sich signifikant ruhiger als bei Pop, Heavy Metal oder menschlicher Konversation. Die Hunde wirkten insgesamt entspannter.

Ähnliches konnte in einer Studie von Kogan et al. (2012) in Colorado beobachtet werden, wo 117 Hunde aus Hundepension und Tierheim beobachtet wurden. Die Musikstile waren ähnlich denen bei Wells, jedoch kam zusätzlich noch eine bestimmte Musik mit klassischen Elementen speziell für Hunde komponiert hinzu. Die Ergebnisse zeigten ebenfalls, dass klassische Musik entspannend auf die Hunde wirkte, wohingegen Heavy Metal zu Stresssignalen wie Schütteln und

Unruhe führte. Anzumerken ist, dass die speziell für Hunde zusammengestellte Musik mit klassischen Elementen keine signifikant positiveren Verhaltensänderungen hervorrief.

TRITT BEI HUNDEN EIN GEWÖHNUNGSEFFEKT EIN?

Nachdem diverse Studien mit Kurzzeitstimulation durch Beschallungsintervalle von 10 Minuten bis zu wenigen Stunden vorlagen, blieb die Frage offen, ob sich die Hunde bei einer Beschallung mit Musik über längere Zeiträume an den Reiz gewöhnen. Dieser Frage ging die Studie von Bowman et al. (2015) nach. Getestet wurde nun über einen Zeitraum von sieben Tagen im Scottish SPCA Dunbartonshire und West of Scotland animal rescue and rehoming centre (ARRC) von Juli 2013 bis März 2014. Um genau zu beurteilen, wie Musik auf Hunde wirkt, zog man nun Messungen physiologischer Parameter wie Herzratenveränderungen und Cortisolkonzentration im Speichel hinzu. Die zwei Testgruppen bestanden aus 50 Hunden, darunter waren 25 kastriert.

Die zufällig in zwei Gruppen aufgeteilten Hunde wurden zuerst sieben Tage Stille ausgesetzt, gefolgt von sieben Tage klassischer Musik, täglich von 10:00 bis 16:30 Uhr. Gruppe zwei begann mit sieben Tage klassischer Musik, morgens von 10:30 bis 12:00 und nachmittags von 14:00 bis 15:30 Uhr. Im Anschluss folgten auch hier sieben Tage Stille. In der Auswertung der Ergebnisse stellte man fest, dass die Hunde in beiden Gruppen in den Zeiträumen, in denen sie klassische Musik hörten, mehr Zeit im Sitzen oder Liegen verbrachten. Die Veränderungen in der Pulsrate und deren Variabilität sowie die Verhaltensänderungen deuteten auf eine positive Veränderung des Stresspegels hin. Bei weiterer Auswertung fiel insbesondere auf, dass männliche Hunde besser auf die auditorische Stimulation reagieren als weibliche. Es zeigte

Auch Hunde im Tierheim reagieren auf geeignete Musik.

sich, dass die positive Wirkung der Musik am siebten Tag nicht mehr der des ersten Tages entsprach, sondern vergleichbar mit den Messdaten und Beobachtungen während der Tage ohne Musik war. Man kann also davon ausgehen, dass sich unter den Hunden eine Gewöhnung im Laufe des Beschallungszeitraumes entwickelt. In einer weiteren kleinen Versuchsreihe mit weniger Hunden stellte sich heraus, dass die Anpassung an die Playlist bereits nach einem Tag erfolgen kann. Diese Studie zeigt also, dass es möglich ist, Hunde in Zwingern mit akustischer Stimulation positiv zu beeinflussen und ihre Stresssituation zu verbessern. Dabei ist jedoch die genaue Herangehensweise und Dosierung der Beschallung ausschlaggebend, was genauere Untersuchung in weiteren Studien erfordert.

Gewöhnung bei variabler Playlist

Im Jahr 2017 führte Bowman et al. eine weitere Studie durch. Diesmal untersuchte man das Verhalten sowie Veränderungen in den Pulsraten und deren Variabilität und den Cortisolgehalt im Urin während einer variierenden Abfolge aus Soft Rock, Motown, Pop, Reggae und Klassik. 38 Hunde verschiedenen Alters wurden 11 Tage unter Stille und 5 Tage mit der Musik, die von 10 bis 16 Uhr gespielt wurde, beobachtet. Die Musik folgte allerdings keiner bestimmten Reihenfolge, sondern wurde gemischt abgespielt.
Die Erkenntnisse aus dieser Versuchsreihe belegen, dass bei einer variablen Playlist die Gewöhnung deutlich langsamer erfolgt als bei nur einer Musikrichtung. Breit gefächerte Pulsvariabilität-Parameter ließen außerdem vermuten, dass Hunde eine eigene Präferenz für bestimmte Musik entwickeln können. Feststellen konnte man allerdings auch, dass das Alter der Hunde sich auf die Wirkung des Reizes auswirkt, was vermutlich mit dem abnehmenden Hörvermögen im Alter zusammenhängt. Mit Hinblick auf die Cortisolkonzentration im Urin stellte man fest, dass der Creatinin-(UCCR)-Gehalt signifikant höher war, wenn Softrock gespielt wurde, sowie in Phasen der Ruhe nach Stimulation. Insgesamt blieben die physiologischen Werte sowie die Verhaltensänderung konstant, was nahelegt, dass innerhalb der fünftägigen Beschallung bei einer variablen Abfolge keine Anpassung an die Musik stattfand. Hunde können also durch Musik positiv beeinflusst werden und sogar Vorlieben entwickeln. Doch was hat es mit akustischer Stimulation durch Stimmen in Form von Hörbüchern auf sich?

HÖRBÜCHER FÜR HUNDE

Der Vergleich von auditorischer Stimulation in Form von Klassik und der auditorischen Stimulation durch Hörbücher beschäftigte Brayley und Montrose (2016) in ihrer Studie ‘The effect of different genres of music on the stress levels of kennelled dogs’.
Hier wurden 31 Hunde den Genres Klassik, Hörbuch, Popmusik sowie Stille ausgesetzt. Der Zeitraum der Stimulation betrug zwei Stunden, mit einer Pause von zwei Tagen zwischen den Genres.
Die Ergebnisse machen deutlich, dass die auditorische Stimulation durch ein Hörbuch positive Veränderungen auf das Verhalten der Hunde auslösen kann, ähnlich der Effekte, die klassische Musik zeigte. Die Hunde verbrachten während der Stimulation durch das Hörbuch signifikant weniger Zeit im Sitzen oder Stehen und mehr Zeit im Liegen und Schlafen. Auch das Herumlaufen war reduziert im Vergleich zu anderen Genres. Darüber hinaus bellten die Hunde weniger während der Hörbuch-Beschallung und der klassischen Musik, verglichen mit anderen Musikstilen.
Die auditorische Stimulation durch Hörbücher scheint demnach einen ähnlichen Effekt wie klassische Musik zu haben. Allerdings wurden hier noch keine Untersuchungen zur Langzeitbeschallung unternommen und die Studie gibt keine Auskunft über eine mögliche Adaption nach Langzeitbeschallung.

WEITERE POSITIVE EFFEKTE

2018 untersuchte Engerbretson in ihrer Dissertation, wie Stressfaktoren in Tiervermittlungseinrichtungen minimiert werden können. Neben sozialer Verhaltensbereicherung und Bewegung ließ Musik keine deutlichen Effekte auf die Cortisolkonzentration der Hunde erkennen. Dieses Ergebnis erklärte Engerbretson (2018) durch den Blick auf individuell sehr unterschiedliche Ergebnisse der Hunde und betonte, dass Bereicherung durch Musik besonders für solche Hunde geeignet scheint, denen z. B. aus medizinischen oder organisatorischen Gründen kein soziales und physisches Enrichment (Förderung) angeboten werden kann. Musik lässt sich demnach als Zusatz zu Bewegung und sozialer Interaktion anwenden, um die psychische wie physische Gesundheit der Tiere zu erhalten.
Eine Studie zu Angst- und Aggressionsverhalten bei dem Besuch einer Tierklinik stellte heraus, dass vor allem das Befinden der tierhaltenden Person durch klassische Hintergrundmusik im Behandlungszimmer signifikant verbessert werden kann. So gaben Menschen anhand von Fragebögen zum eigenen Befinden und dem Verhalten ihres Haustieres an, den Besuch in der Tierklinik als angenehmer zu empfinden als solche, die im Behandlungszimmer keine Musik hörten.
Die Befragung lässt offen, ob die Musik direkt oder die positivere Erfahrung der Bezugsperson auch positive Auswirkungen auf das tatsächliche Angst- und Aggressionsverhalten der Hunde hat (Engler & Bain 2017). Auf die Verfassung der Hunde geht eine Studie von Köster et al. (2019) näher ein. Während der veterinärmedizinischen Untersuchung wurden hier die Herzratenvariabilität (HRV) von 16 Hunden untersucht. Dabei ließ sich eine positive Auswirkung auf die Herzratenvariabilität von klassischer Musik auf Hunde feststellen. Bei Hunden, die während der Untersuchung klassische Musik hörten, wurde ein durchschnittlich 6 % geringerer Blutdruckwert gemessen. Im Hinblick auf diese Studie bietet klassische Musik eine kostengünstige Methode, um unvermeidliche Stresssituationen für Hunde angenehmer zu gestalten (Köster et al. 2019).
Musik kann nicht nur auf Hunde im Wachzustand positive Auswirkungen haben, sondern erwies sich bei Menschen sogar als Hilfsmittel, um eine tiefere Narkose zu erzielen. Diesen Effekt untersuchten zwei Studien im Bezug auf Hunde (Albright et al. 2017, Tuna et al. 2018). Dafür wurde bei 10 Hunden der Effekt von Geräuschen bzw. Musik auf die Narkose untersucht. Als Cross-over-Design (d. h. variable Bedingungen der Abfolge) wurden die Hunde direkt nach der Injektion des Narkosemittels vier verschiedenen auditorischen Reizen ausgesetzt:

1. Menschliche Stimmen bei 55 – 60 dB
2. Menschliche Stimmen bei 80 – 85 dB
3. Klassische Musik bei 45 – 50 dB und
4. Hintergrundgeräusche bei 40 – 45 dB, die als Kontrollgruppe fungierten.

Die Ergebnisse zeigten, dass sich eine Geräuschkulisse unter 80 dB förderlich auf die Sedierung und die Aufwachphase auswirken. Es konnte kein signifikanter Effekt durch das Abspielen klassischer Musik nachgewiesen werden (Albright et al. 2017).
Im darauffolgenden Jahr unterzogen Tuna et al. (2018) 24 gesunde Hündinnen einer ähnlichen Studie, um herauszufinden, welche Effekte verschiedene Musikgenres während der Aufwachphase nach der Narkose zeigen. Bei einer Lautstärke von 60 dB wurden jeweils 8 Hündinnen während und nach einer Kastration entweder mit Sufi Musik oder Heavy Metal Musik beschallt. Eine ebenso große Kontrollgruppe durchlief die Studie ohne Musik. Auswertungen der Blutwerte und Herzfrequenz zeigen keine signifikanten Unterschiede zwischen den Testgruppen während der Operation. Die erste Aufwachphase der mit Heavy Metal Musik beschallten Hündinnen war signifikant kürzer als die der

Kontrollgruppe. Eine länger Aufwachphase zeigte die Gruppe der mit Sufi Musik beschallten Tiere, diese unterschied sich jedoch nicht maßgeblich zur Aufwachphase der Kontrollgruppe (Tuna, Kisadere & Dönmez 2018). Es liegt also nahe, dass sich weniger das Musikgenre als vor allem die Umgebungslautstärke auf die Sedierung bei Hunden auswirken. Zahlreiche wissenschaftliche Untersuchungen belegen, dass klassische Musik sowie Hörbücher einen signifikant positiven Effekt auf das Verhalten von Haushunden in Stresssituationen haben. Dabei sind vor allem die Dosis sowie das Genre ausschlaggebend. So kann „beunruhigende" Musik Hunde ebenso negativ beeinflussen. Die Musikrichtung Heavy Metal rief z. B. Stressreaktionen hervor, während die beruhigende Wirkung klassischer Musik sogar während medizinischer Untersuchungen nachgewiesen werden konnte. Die Stilrichtung ist demnach entscheidend, aber nicht alle Musikstücke oder Komponisten, die verwendet werden, zeigen die gleiche Wirkung auf Hunde. So hatten Stücke von Beethoven wie „Für Elise" und Bachs „Orchestersuite Nummer 3" signifikante beruhigende Auswirkungen, wohingegen Beethovens „Mondscheinsonate " und Strauss' „An der schönen blauen Donau" signifikant weniger beruhigend auf die Hunde wirkte (Kogan et al. 2012). Eine bewusste Auswahl der Titel scheint deshalb sinnvoll. Man geht davon aus, dass Hunde individuelle Vorlieben für Musik entwickeln können. Jedoch fehlen dazu bisher wissenschaftliche Belege. Um einer Gewöhnung und der damit einhergehenden Schmälerung des Effekts vorzubeugen, sollte die Auswahl aus einer zufälligen Wiedergabe von Musikstücken verschiedener Genres bestehen. Die Ergebnisse dieser Studien sind Grundlage für eine auditive Bereicherung in Zwingeranlagen zur Verbesserung des Wohlbefindens der dort gehaltenen Hunde. Zukünftig ist auch die Anwendung dieser Erkenntnisse zur Wirkung von Musik in Trainingsmodellen denkbar.

Mit mancher Musik schläft es sich wunderbar.

STEREOTYPIEN UND REPETITIVE STÖRUNGEN

VON FRIEDERIKE WINKELSER UND CARINA KOLKMEYER

Sicherlich ist dem einen oder anderen Hundehalter schon einmal aufgefallen, dass sein Hund ein bestimmtes Verhalten oder eine bestimmte Verhaltensabfolge mehrfach hintereinander abspult.

Diese häufig wiederkehrenden, routinierten oder gar zwanghaften Verhaltensweisen werden unter dem Begriff Stereotypie zusammengefasst und finden sich nicht nur bei Hunden, sondern auch bei vielen weiteren Tierarten.

So zeigen es z. B. die Rhesusaffen (Draper & Bernstein 1963, Mason & Green 1962) oder auch Schimpansen (Berkson et al. 1963, Davenport & Menzel 1963). Recht häufig betroffen sind unter den Säugetierarten die Huftiere. Ein bekanntes Beispiel ist das (Kopf-)Weben oder Koppen (Luftschlucken) bei Pferden. Ebenso fallen gerade im Zootierbereich neben Elefanten, Nashörnern oder Bären, die ihr Gehege auf- und ablaufen, auch Hundeartige wie Wölfe auf, die mitunter stereotypes Verhalten aufweisen. Bei bestimmten Fleischfressern, wie z. B. Panthern, wurde u. a. festgestellt, dass die Stereotypie Am-Gitter-Entlanglaufen bei Tieren zunimmt, die in freier Wildbahn große Entfernungen zurücklegen (Clubb & Mason 2007). Eine Studie mit mongolischen Rennmäusen zeigt auf, dass Rennmäuse, die in einem Bereich mit Sand wühlen durften, stereotypes Wühlen zeigten. Rennmäuse aber, die keinen Sand zur Verfügung hatten, aber einen Bau als mögliches Ergebnis des Wühlens, wühlten weniger und zeigten kein stereotypes Wühlen (Wiedenmeyer 1996).

Als enge Verwandte vom Wolf zeigen unsere Haushunde auch stereotypes Verhalten, das vom Jagen des eigenen Schwanzes bis zum Wundlecken der Pfoten o.Ä. reichen kann. Aufgrund retrospektiver Daten wurde ein Zusammenhang zwischen dem Auftreten verschiedener Verhaltensprobleme und Halterverhalten bzw. Mensch-Hund-Beziehung festgestellt (Jagoe & Serpell 1996).

GENETISCHE FAKTOREN

Sie scheinen bei Stereotypien eine wichtige Rolle zu spielen. So werden bei verschiedenen Rassen bestimmte Stereotypien vermehrt beobachtet, wie z. B. das Flankenlecken des Dobermanns, Anstarren von Schatten oder Lichtreflexen von Border Collies und das Jagen des eigenen Schwanzes von Pitbull, American Staffordshire Terrier, American Bulldog und Deutschem Schäferhund. Das Jagen des Schwanzes wurde bei der Studie „Environmental Effects on Compulsive Tail Chasing in Dogs" (Tiira et al. 2012) genauer untersucht. Die Studie umfasste die Rassen Bullterrier, Staffordshire Bullterrier und Deutscher Schäferhund und es wurden folgende Erkenntnisse gewonnen:

- Gestresste oder gelangweilte Hunde sind häufiger betroffen.
- Früher Beginn mit 3 – 6 Monaten.
- Schwanzjäger neigen auch häufiger zu anderen Stereotypien.
- Durch Zugabe von Vitamin B6 und Vitamin C tritt weniger Schwanzjagen auf.
- Hunde mit schlechterer mütterlicher Pflege sind häufiger betroffen.
- Schwanzjäger wurden früher von der Mutter getrennt (im Schnitt 7 Wochen alt).
- Schwanzjäger sind scheuer.

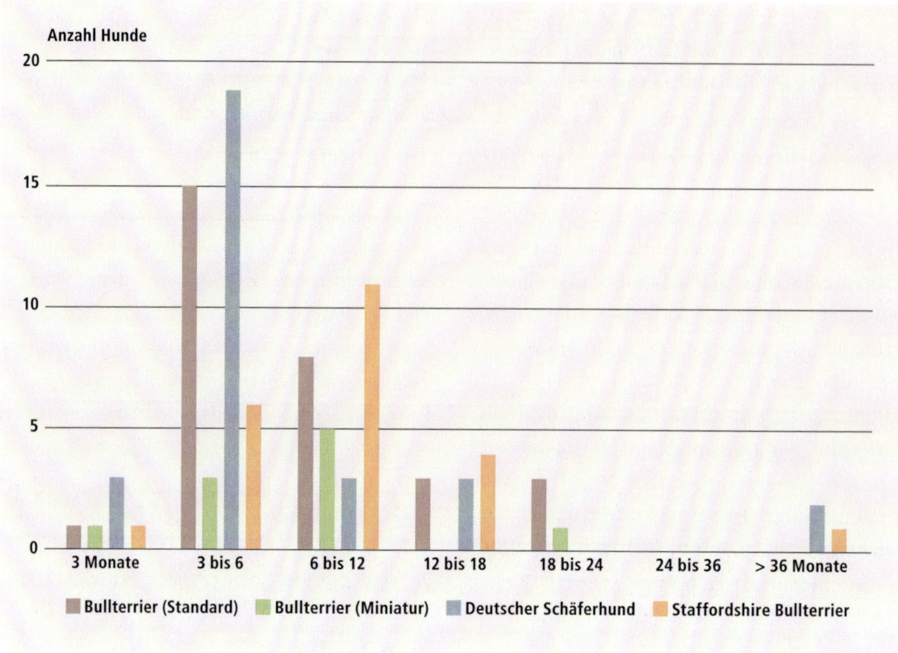

Stereotypien: Alter des Auftretens des Schwanzjagdverhaltens nach Rasse (Tiira et al. 2012)

— In Haushalten mit mehreren Hunden oder Kindern tritt das Jagen des Schwanzes aufgrund geringerer Langeweile weniger auf.
— Kastrierte Hunde sind weniger betroffen.

UNTERSCHIED ZWISCHEN STEREOTYPIE UND ZWANGSSTÖRUNG?

Unter einer Stereotypie versteht man abnormale wiederholte und gleichförmige Bewegungen, welche weder Zweck noch Ziel haben. Bei einer Zwangsstörung ist dies anders. Das zwanghafte Verhalten beinhaltet eine Handlung, die zur Abwehr von eventuell eintretenden negativen Ereignissen dienen soll, es wird also ein Ziel verfolgt. Ein Beispiel wäre das Pfotenlecken nach dem Abheilen einer juckenden Hauterkrankung. Der Hund hat während der Erkrankung gelernt, dass das Belecken zu einer Linderung geführt hat.

WIE KOMMT ES ZU VERHALTENSANOMALIEN?

Stereotypien sind im Allgemeinen eher negativ behaftet, jedoch steckt nicht hinter jeder Stereotypie automatisch ein traumatisches Erlebnis, eine schlechte Haltung oder Behandlung des Tieres. **Grundsätzlich bedeutet eine Stereotypie zunächst, dass ein bestimmtes Verhalten wiederholt ausgeführt wird und zu einer möglichen Stressverminderung beitragen soll.** Pferde können z. B. durch die beruhigende Wirkung des Koppens sogar ihr Cortisolniveau und ihre Herzschlagrate senken (Bergeron et al. 2006). Aufgrund der Ähnlichkeiten in den repetitiven Störungen, die von verschiedenen Tierarten gezeigt werden, ist anzunehmen, dass die dahinterstehenden Mechanismen die gleichen sind (Hutt & Hutt 1965).
Doch wie entwickelt sich eine Stereotypie? Kommt es z. B. zu einer Verkleinerung des Lebensraums oder einer Steigerung der Aktivität, kann sich eine Stereotypie manifestieren. Insgesamt entwickeln sich Stereotypien oft

dann, wenn es einem Lebewesen nicht mehr möglich ist, angemessen auf einen inneren oder äußeren Reiz zu reagieren (Pomerantz et al. 2012).
Während einer Verhaltensanomalie kommt es zu einer Verminderung einer bestimmten Aktivität im zentralen Nervensystem, woraufhin kein Adrenocorticotropin (ACTH) mehr freigesetzt wird und das Belohnungssystem wieder ins Gleichgewicht kommt. ACTH wirkt sich am stärksten auf die Freisetzung des Stresshormons Cortisol aus (Cooper & Nicol 1992). Es wird hier zum einen von einer möglichen Fehlfunktion im präfrontalen Cortex ausgegangen (Garner 2006), die zu unkontrollierbarem Zittern, Ablenkbarkeit und Unkonzentriertheit führen kann.
Zum anderen könnte auch eine Störung in den Basalganglien (Kerngebiete in der Großhirnrinde) hinter stereotypem Verhalten stecken, die sich in Hyperaktivität oder sich wiederholende Aktivitäten widerspiegelt.
Gerade bei manchen Tieren und Kindern können sich Stereotypien schnell dadurch entwickeln, wenn sich die Lebensumstände ändern, da routinierte Tagesabläufe durch die neu geschaffenen Bedingungen zunächst in Stress enden (Kanner 1958). Um die dadurch auftretende Anspannung und Unsicherheit zu vermindern, wird eine Art Ritual zur Selbstberuhigung eingeführt. Der Umgang mit instabilen oder ungünstigen Situationen kann dadurch erleichtert werden. Eine ebenso auftretende stereotypieähnliche Verhaltensweise stellt die Polydipsie (krankhaft gesteigerter Durst) dar.

Einfluss kindlicher Entwicklung

Ein wichtiger Faktor für das Auftreten späterer Stereotypien ist vor allem die kindliche Entwicklung. Das Forscherteam Novak und Kollegen (2006) fanden heraus, dass die Nähe von Mutter und Kind einen großen Einfluss auf die Entstehung von Verhaltensanomalien haben. Dafür beobachteten sie Rhesusaffen, die von ihrer Mutter vernachlässigt worden sind. Gerade die Affenbabys, die in ihren ersten Lebensmonaten ohne Mama aufwuchsen, zeigten einige Stereotypien im späteren Leben. Diese reichten von Selbstumarmung bis zum Hin- und Herschaukeln als Kompensation für die fehlende Mutternähe.

Den eigenen Schwanz zu jagen, zu fangen und reinzubeißen, tritt gerade bei Schäferhunden häufig auf.

FRUSTRATION UND AUSWIRKUNG VON KASTRATION

Ein Gefühl, das häufig mit Stereotypien einhergeht, ist Frustration. Letztere kann dadurch entstehen, wenn die negative Rückkopplungsschleife auf ein motiviertes Verhalten fehlt (im engl. frustrated motivation hypothesis). Wenn ein Tier z. B. vor einer Gefahr flüchtet, würde es aufhören zu laufen, sobald die Gefahr vorüber ist. Fehlt jedoch dieses Feedback auf das eigene Verhalten, weil es dem Reiz nicht entkommen kann, kommt es zur Frustration und folglich zu stereotypem Verhalten.

Was ebenfalls Frustration begünstigen kann, ist mangelnde kognitive Auslastung. Zu den häufigsten Stereotypien gehören Im-Kreis-Drehen, Schwanzjagen, Entlanglaufen an der Zwingerwand, Kratzen und Graben, Pfotenlecken, konstantes Bellen, Polydipsie, Polyphagie und imaginäres Fliegenschnappen (siehe auch Tabelle).

Interessanterweise scheint es auch Unterschiede zwischen kastrierten und intakten Hunden bzgl. stereotypen Verhaltens zu geben. So fanden Kaufmann et al. (2017) anhand von Fragebogen- und Videoanalysen heraus, dass kastrierte Rüden ängstlicher, gestresster, panischer und aggressiver sind und zudem häufiger zu Stereotypien neigen als intakte Rüden. Dies könnte darin begründet sein, dass aufgrund des Wegfalls der Sexualhormone nach einer Kastration der Stresspegel der Hunde ansteigt, da die Sexualhormone als wichtige Gegenspieler des Stresshormons Cortisol fungieren (siehe S. 235 ff.). Da Stereotypien auch der Selbstberuhigung und Stressverminderung dienen, ist ein möglicher Zusammenhang mit dem Stresshormon Cortisol daher nicht auszuschließen.

WAS TUN BEI STEREOTYPIEN?

Um bereits bestehenden oder sich anbahnenden Stereotypien entgegenzuwirken, sollte ein erster Ansatz insbesondere darin liegen, den hundlichen Bedürfnissen entgegenzukommen. Dazu gehören positive Sozial-

HÄUFIGE STEROTYPIEN

AGGRESSIV	Angreifen des Futternapfes oder imaginären Objekten, selbst-gerichtete Aggression, unvorhersehbare Aggression
HALLUZINATORISCH	Aufschrecken, Schatten anstarren
LOKOMOTORISCH	Auf-etwas-Herabstürzen, Auf- und Ablaufen, Erstarren, Kreiseln, Lichtreflexe jagen, Schwanz jagen
ORAL	Gliedmaßen-Kauen, Flanke-Saugen, Fliegen-Schnappen (imaginär), Kratzen, Luft- oder Nase-Lecken, Objekte abschlecken oder ankauen, Fressen von Gegenständen, Podydipsie, Polyphagie, Sich-selbst-Belecken
VOKALISIEREND	anhaltendes Jaulen, Bellen

kontakte, abwechslungsreicher, aber dennoch strukturierter Alltag mit einem entsprechenden Bewegungsfreiraum.

Leider können schon falsche Haltungsbedingungen in der Welpenphase wie mangelhafte Sozialisation oder Habituation zu Stereotypien führen, die der zukünftige Hundehalter dann versuchen muss, auszumerzen.

Es sollte selbstverständlich sein, dass ein Hund tägliche Spaziergänge unternehmen muss. Je nach Rasse und körperlichen Konstitution sollten diese Spaziergänge unterschiedlich ausgeprägt sein. Auch sollte bei sehr aktiven Hunden die Kopfarbeit wie z. B. Sucharbeit, Mantrailing, Agility, Obedience, Dog Dance etc. nicht fehlen.

Wichtig ist auch der regelmäßige Kontakt zu Artgenossen, um das Sozialverhalten zu stärken und den Hund nicht zu isolieren. Auch sollte eine reine Zwingerhaltung ausgeschlossen und der Hund als Familienmitglied angesehen werden. Ein fester Bindungspartner und routinierte Abläufe im Alltag festigen zusätzlich die Psyche des Hundes.

Liegt eine Stereotypie vor, wie z. B. das Belecken der Pfoten, muss abgeklärt werden, ob dies eine körperliche oder neurologische Ursache hat oder ob schmerzhafte Prozesse vorliegen. Kann dies ausgeschlossen werden und es liegt eine Stereotypie vor, muss eine verhaltensbasierte Therapie mit oder ohne Medikamente erwogen werden.

Ein möglicher Ansatz findet sich in einer pharmazeutischen Therapie, vorzugsweise mit Medikamenten, die entweder die Dopaminaktivität herunterfahren, den Serotoninlevel erhöhen oder dem Opiatsystem entgegenwirken. Jedoch, wie bei fast jedem Medikament, kann es auch zu Nebenwirkungen kommen. Speziell die über den Mund verabreichten Pharmazeutika haben den Nachteil, nicht nur innerhalb der Zielregionen im Gehirn wirksam zu sein, sondern auch weitere Rezeptortypen zu beeinflussen. Opioidantagonisten wie z. B. Naloxon können stereotypes Verhalten reduzieren, da während einer Verhaltensanomalie die Opioidaktivität gesteigert wird. In ähnlicher Weise können auch Dopamin-Antagonisten Abhilfe schaffen, da unter stereotypen Verhalten auch Dopamin im Belohnungszentrum freigesetzt wird.

Zu Beginn einer Verhaltenstherapie kann es sein, dass eine Medikamentengabe unumgänglich ist, um mit dem Hund überhaupt arbeiten zu können. Im späteren Verlauf sollte die Gabe von Psychopharmaka aber in den Hintergrund treten.

Eine andere Möglichkeit Stress abzubauen und die Stereotypien zu mildern, ist durch die Gabe von Pheromonen, meist in Form von Spray oder Steckdosenzerstäubern. Hormone wie z. B. Serotonin oder auch Oxytocin wirken auch beruhigend und stressreduzierend und können parallel zum Verhaltenstraining eingesetzt werden. Sie werden in Form von Nahrungsergänzungsmittel dem Hund zugeführt.

Schließlich sollte nicht zu voreilig zu Medikamenten gegriffen und vorerst verhaltenstherapeutische Maßnahmen ausprobiert werden.

Sucharbeit, besonders Naseneinsatz, ist verhaltensgerechte Alltagsbereicherung.

AKTIVITÄT, HYPERAKTIVITÄT UND ADHS

VON TANJA KARRER UND DR. BENEDIKT HIELSCHER

AKTIVITÄT UND HYPERAKTIVITÄT

Unter **körperlicher Aktivität** versteht man jede von der Skelettmuskulatur ausgeübte Kraft, die zu einem Energieverbrauch oberhalb des Grundumsatzes führt (Caspersen & Powell 1985). Ihre Bedeutung für die körperliche und geistige Gesundheit des Menschen ist mittlerweile anerkannt und gewinnt in der heutigen Gesellschaft zunehmend an Bedeutung. Regelmäßige körperliche Aktivität kann das Risiko einiger Erkrankungen senken und zu deren Heilung beitragen (Bouchard et al. 1994, Paffenbarger et al. 1993, United States. Public Health Service. Office of the Surgeon General. et al. 1996). In Zusammenarbeit mit dem Bundeministerium für Gesundheit wurden Empfehlungen für die tägliche Aktivität verschiedener Altersgruppen herausgegeben (Rütten et al. 2016).
Wie alle Säugetiere haben Hunde ein natürliches Bedürfnis nach Aktivität. Auch bei ihnen ist bekannt, dass sich zu viel oder zu wenig Aktivität negativ auf die Entwicklung, Gesundheit und das Verhalten auswirken kann. Meist wird ein täglicher Bedarf von zwei Stunden angegeben, dies variiert aufgrund der Vielzahl an Rassen, Größen und Art der Nutzung allerdings sehr (The Kennel Club 2016). Wie der Mensch, muss sich auch der Hund an den modernen Lebensstil gewöhnen: weniger als Arbeits- und mehr als Familienhund lebend ändern sich die täglichen Anforderungen an die Tiere. Vergleicht man die körperlichen und charakterlichen Eigenschaften verschiedener Rassen miteinander, wird schnell deren unterschiedlicher Bedarf an Aktivität ersichtlich. So können z. B. Hunde aus Arbeitslinien schnell unterfordert sein, wenn ihnen zu wenig Bewegung ermöglicht wird. Hunde brachycephaler Rassen dagegen sind mit dem üblichen Pensum an Bewegung schnell an ihren körperlichen Grenzen. Eine Überforderung kann sich bis zu einem lebensbedrohlichen Zustand entwickeln (siehe S. 86 ff.). Weitere Faktoren, die einen großen Einfluss auf das Aktivitätsverhalten der Hunde haben, sind u. a. Alter und Gesundheitszustand der Tiere.
Hyperaktivität beschreibt den übersteigerten Bewegungsdrang eines Individuums. Oft wird es als Synonym für die Aufmerksamkeitsdefizit-Hyperaktivitätsstörung (ADHS) verwendet. Bei diesem Krankheitsbild ist Hyperaktivität allerdings nur eins von drei Hauptsymptomen.

ADHS

Unaufmerksamkeit, motorische Unruhe (Hyperaktivität) und Impulsivität – diese drei Begriffe werden von der Bundesärztekammer genutzt, um die Aufmerksamkeitsdefizit-/Hyperaktivitätsstörung (ADHS) beim Menschen zu beschreiben (Vorstand der Bundesärztekammer 2005). Auch wenn oft angenommen wird, dass ADHS ein Phänomen moderner Zeiten ist, ist es schon seit Jahrhunderten bekannt (Thapar & Cooper 2016). Dabei ist es in diesem Zeitraum immer relativ gleich häufig vorgekommen. Erst etwa seit Mitte der 2000er Jahre ist es zu einem Anstieg der Diagnosen von ADHS gekommen (Thapar & Cooper 2016). Dabei hat die Diagnosehäufigkeit von 2009 bis 2014 bei Kindern und Jugendlichen in Deutschland in einer Untersuchung der AOK um etwa 20 % zugenommen

☞ **AUS DER FORSCHUNG (VON HANA TEBELMANN)**

SUCHT

Zu den Verhaltensstörungen bei Hunden gehören neben Hyperakitivität, übersteigertem Aggressions- (S. 105 ff.) oder Angstverhalten (S. 288 ff.) auch suchtähnliche Verhaltensweisen. Eine wichtige Rolle bei suchtähnlichem Verhalten spielt die Amygdala, der orbitofrontale Cortex (OFC), der vordere cinguläre Cortex (ACC) sowie der Hippocampus, der Septal Kern und der Nucleus accumbens (NAcc), ebenso wie das dopaminerge System, der präfrontale Cortex, das Striatum, die Area tegmentalis ventralis und die Substantia nigra (Christoph et al. 1986, Mirenowicz & Schlutz 1994, Parkinson et al. 2000, Chambers et al. 2003, Everitt et al. 2003, Everitt & Robbins 2005, Kalivas & Volkow 2005, Schultz 2006, Martin-Soelch et al. 2007, Vanderschuren 2013, Spanagel et al. 2017).
Ein Persönlichkeitsmerkmal, das sich als Faktor für Suchtverhalten herauskristallisiert hat, ist „Novelty Seeking". Novelty Seeking, das sowohl von genetischen als auch von Umweltfaktoren beeinflusst wird, ist definiert als die Tendenz, neue Reize und Umgebungen zu suchen. Auf der Verhaltensebene zeigen sowohl Studien an Menschen als auch an Nagetieren, dass ein hohes Neuheitsbedürfnis den Beginn suchtähnlichen Verhaltens und den Übergang zu zwanghaftem Suchtverhalten beeinflusst und die Rückfallquote erhöht (Wingo et al. 2016). Bei selbstbelohnenden Verhaltensweisen, zu denen auch Süchte gehören, werden die Regulationsprozesse des Nucleus accumbens gestört und dopamingesteuerte Systeme aktiviert, die im Zusammenspiel mit einer erhöhten Cortisolproduktion zu einer Hemmung des präfrontalen Cortex (vorderes Stirnhirn) und zu einer verminderten Fähigkeit der Impulskontrolle führen können.

Die Neurophysiologie der Sucht ist u. a. aufgrund der hohen Übertragbarkeit und guten Kontrollierbarkeit von Tierversuchen gut erforscht. Eine Ratte zeigt das gleiche Zwangsverhalten, das man bei einer Person, die nach Suchtbefriedigung strebt, sehen würde – ebenso ist es beim Hund. Ein Hund, der seine Gelenke verschleißt, bis zum Kreislaufzusammenbruch oder zum Autounfall Bällen hinterherhetzt, zeigt sowohl auf neurologischer als auch auf psychologischer Ebene genau die gleichen Bausteine des Suchtverhaltens, die auch ein Mensch zeigen würde.

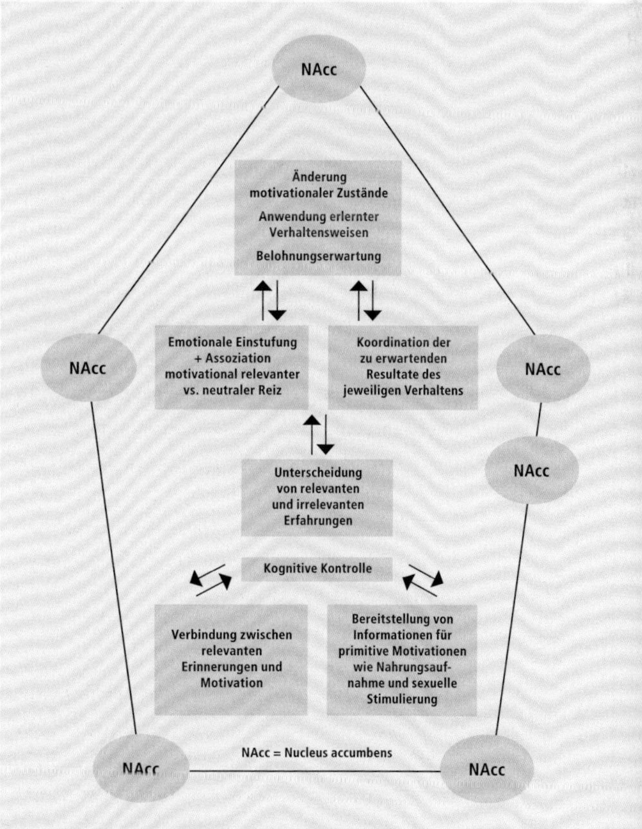

Die Zusammenhänge der Suchtentstehung.

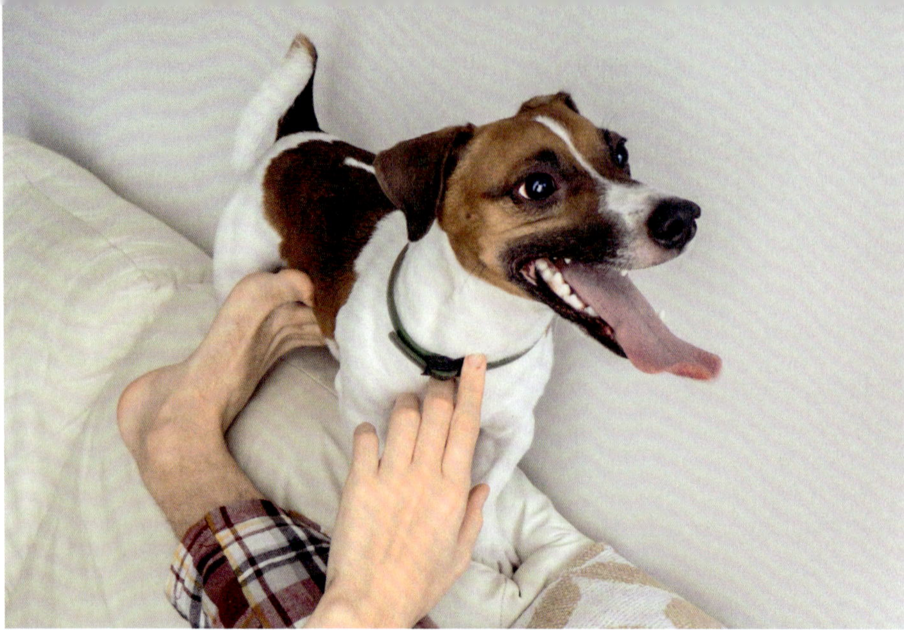

Hyperaktive Hunde sind durch Zuwendung allein nicht zu beruhigen.

(Bachmann et al. 2017). Jungen sind sowohl im Jahr 2009 als auch im Jahr 2014 mehr als doppelt so häufig von ADHS betroffen wie Mädchen (Bachmann et al. 2017).
Als Ursache beim Menschen werden genetische wie auch Umweltfaktoren beschrieben. Es wurde herausgestellt, dass Hyperaktivität familiär gehäuft auftritt (Thapar & Cooper 2016), jedoch nicht auf die Veränderung eines einzelnen Gens, sondern auf die Veränderung mehrerer Gen-Loci zurückzuführen ist (Vorstand der Bundesärztekammer 2005). Gleichzeitig scheinen soziale und ökonomische Faktoren im Zusammenhang mit Hyperaktivität zu stehen. Thapar und Cooper (2016) vertreten die Meinung einer Uneindeutigkeit in Bezug auf die Entstehung von ADHS. Sie sagen, dass eine eindeutige Zuschreibung zu genetischen oder sozialen Faktoren beim Menschen nicht erfolgen kann (Thapar & Cooper 2016).
Auch bei Hunden können immer häufiger Verhaltensauffälligkeiten festgestellt werden, die mit denen von ADHS beim Menschen gleichzusetzen sind. Zur Diagnosestellung kann ein für den Menschen entworfener Fragebogen dienen, der von Vas et al. (2007) an den Hund angepasst wurde. Fux et al. (2021) untersuchten eine Methode, ADHS anhand von Videoaufzeichnungen zu diagnostizieren. Sie nutzten dazu ein System (Blyzer System), das mit einer Kamera aufgezeichnetes Verhalten der Hunde automatisch analysiert. Ziel der Studie war, ein objektiveres Diagnostikum zu finden, als die bisher genutzten Fragebögen der Halter. Aufgezeichnet wurde das Bewegungsverhalten von Hunden in Behandlungsräumen einer Tierklinik sowie deren Interaktion mit einem Spielzeugroboter in Hundegestalt. Verhaltensexperten hatten zuvor bei ADHS zu erwartende Eigenschaften beschrieben, wie z. B. höhere Geschwindigkeit, übermäßiges Erkundungsverhalten und erhöhtes Interesse an den anwesenden Personen (Tierarzt und Halter). Es wurden Hunde mit schon zuvor bestätigten ADHS-typischen Verhaltensweisen und Hunde mit bisher unauffälligem Verhalten verglichen. Verhaltensexperten sehen Potential in dieser Art der Untersuchung, allerdings wurde bisher nur eine kleine Gruppe Hunde untersucht, sodass noch weitere Studien notwendig sind (Fux et al. 2021). Schon seit mehreren Jahren versucht man herauszufinden, welche genetischen und sozialen Faktoren bei Hunden eine Rolle bei der Entstehung spielen und in welchen Punkten es Übereinstimmungen zum Menschen gibt.

URSACHEN FÜR ADHS: GENETIK

Serotonin

Serotonin (5-Hydroxytryptamin) ist ein Neurotransmitter (Botenstoff), der sich u. a. auf die Stimmungslage auswirkt und vor allem Gefühle der Ruhe, Gelassen- und Zufriedenheit hervorruft. Niedrigere Serotoninlevel im synaptischen Spalt zwischen zwei Neuronen konnten in mehreren Studien bei Menschen und anderen Tieren mit vermehrter Aggression und Hyperaktivität in Verbindung gebracht werden (Halperin et al. 1997, Hechtman 1994, Lucki 1998). Die Serotoninkonzentration im synaptischen Spalt wird u. a. über die Wiederaufnahme durch Serotonintransporter (5-HTT) in vorangeschaltete Neurone bestimmt. Dieser Transporter ist auch auf Thrombozyten (Blutplättchen) vorhanden. Rosado et al. (2010) konnten in einer Studie zeigen, dass die Wiederaufnahme von Serotonin bei aggressiveren Hunden höher und die Serumkonzentration im synaptischen Spalt dementsprechend niedriger war als bei weniger aggressiven. Als Grund konnten sie eine erhöhte Aktivität der 5-HTT auf Thrombozyten feststellen. Beim Menschen sind mehrere Genvarianten des 5-HTT bekannt, bei denen sich u. a. die Länge des Allels unterscheidet und die unterschiedlich effizient bei der Wiederaufnahme von Serotonin aus dem synaptischen Spalt arbeiten (Kent et al. 2002). Es ist als wahrscheinlich anzusehen, dass es bei anderen Säugetieren und so auch beim Hund ähnliche Veränderungen gibt, die zur Entstehung von ADHS beitragen.

Tyrosinhydroxylase

Die Tyrosinhydroxylase ist ein Enzym, das an der Synthese von Dopamin, Noradrenalin und Adrenalin beteiligt ist. Es stellt den limitierenden Faktor bei der Synthese von Noradrenalin und Dopamin dar. Kubinyi et al. (2012) konnten in einer Studie eine Kausalität zwischen einem Polymorphismus im Intron 4 (Genabschnitt im Innern des Gens der Tyrosinhydroxylase) und Aktivität und Impulsivität bei Deutschen Schäferhunden feststellen. Die Halter von 104 Schäferhunden füllten einen an den Hund angepassten ADHS-Fragebogen aus. Zusätzlich wurden anhand von einem Verhaltenstest eine Aktivitäts-Impulsivitäts-Skala erstellt. Speichelproben der Hunde wurden auf verschiedene Polymorphismen der Tyrosinhydroxylase im Intron 4 untersucht. Dabei konnten zwei unterschiedliche Allele festgestellt werden: eine kurze Form, Allel 1, mit 36 Basenpaaren und eine lange Form, Allel 2, die doppelt so lang war. Hunde, bei denen nur die kurze Form (homozygot) bzw. die kurze und lange Form (heterozygot) nachgewiesen werden konnte, hatten im Fragebogen und auch bei den Verhaltensversuchen höhere Werte für Aktivität und Impulsivität als die Hunde mit ausschließlich langem Allel (Kubinyi et al. 2012). Takeuchi et al. (2005) untersuchten in einer Studie Polymorphismen der Tyroxinhydroxylase bei verschiedenen Hunderassen (Beagle, Golden Retriever, Labrador Retriever, Malteser, Miniatur Schnauzer und Shiba Inu). Es konnten vier Polymorphismen an je einem Basenpaar (Einzelnukelotid-Polymorphismus) festgestellt werden. Vergleicht man das Vorkommen der Polymorphismen und Charakterzüge der Hunde, konnten Übereinstimmungen gefunden werden. Takeuchi et al. (2005) sehen darin eine Bestätigung, dass bestimmte Allelvarianten an der Ausprägung charakterlicher Merkmale beteiligt sind. Verglichen wurden u. a. Dominanz gegenüber dem Halter (heute als Affekt(kontroll)aggression bezeichnet), Aggression gegenüber anderen Hunden, Reizbarkeit, übermäßiges Bellen.

Dopamin

Dopamin ist ein Neurotransmitter und ruft positive Gefühle hervor. Die Ausschüttung wirkt wie eine Belohnung auf das Individuum und sorgt für gesteigerte Motivation, erhöhte Konzentration und einen erhöhten Antrieb. Die Neuronen, die Dopamin ausschütten, werden zusammengefasst als dopaminerges System bezeichnet. Die Ausprägung und Anzahl dieser Neurone kann bei verschiedenen Rassen unterschiedlich sein: Dies hängt mit der Zucht und der unterschiedlichen Nutzung bestimmter Rassen zusammen. Bei einigen zählen z. B. eine höhere Konzentration auf bestimmte Aufgaben, eine niedrigere Reizschwelle und vermehrte Aktivität zu den gewünschten Eigenschaften. Diese Rassen sind dementsprechend anfälliger für Reize und neigen schneller zu Reizüberflutungen als andere (Hense 2010, Ücüncü 2019). Allerdings lässt sich das dopaminerge System auch durch „Training" erweitern: Eine häufige Ausschüttung von Dopamin verstärkt den Effekt neuronaler Verschaltungen und lässt sie zuverlässiger reagieren. Selbstbeherrschtes Verhalten tritt weniger auf und die Tiere reagieren impulsiver. Hüther (2005) spricht in einer Übersichtsarbeit von „dopaminerger Hyperinnervation". Doch wie passen diese Erkenntnisse damit zusammen, dass die beim Menschen am häufigsten eingesetzten Medikamente gegen ADHS über die Hemmung von Dopamintransportern oder die vermehrte Freisetzung von Dopamin dessen Konzentration im synaptischen Spalt erhöhen? Seeman & Madras (1998) haben die wissenschaftlichen Erklärungen dazu in einer Übersichtsarbeit zusammengefasst. Sie beschreiben, dass es bei Erregung der Nerven durch entsprechende Reize zu einer pulsierenden Ausschüttung von Dopamin kommt, in Ruhephasen dagegen nur eine konstante Menge ausgeschüttet wird. Die bei ADHS eingesetzten Medikamente haben je nach Dosierung unterschiedliche Wirkungen: eine sehr hohe Dosierung bewirkt eine stoßweise Erhöhung, eine niedrige Dosierung erhöht die in Ruhe vorliegende Konzentration im synaptischen Spalt. Dadurch wird der durch Reize ausgelöste relative Anstieg von Dopamin im Vergleich zum Ruhewert verringert, was wiederum die Freisetzung von weiterem Dopamin reduziert. Die postsynaptischen Rezeptoren für Dopamin (v. a. D1 und D2) werden durch Reize weniger aktiviert und somit die psychomotorische Aktivität reduziert. Auch bei den Dopaminrezeptoren kommen eine Vielzahl an Polymorphismen vor. Einer der bisher am besten untersuchten ist ein im Exon III des Dopamin-D4-Rezeptors (DRD4) vorkommender. Bei Kindern mit ADHS konnten gehäuft DRD4 mit einem 7-Repeat-Allel gefunden werden (LaHoste et al. 1996). Vereinfacht erklärt bedeutet dies, dass eine bestimmte Nukleotidsequenz mit in diesem Fall 48 Basenpaaren sieben Mal wiederholt wird. Das Vorhandensein dieses Polymorphismus konnte in anderen Studien auch mit dem Persönlichkeitsmerkmal „novelty seeking", übersetzt „der Neugier gegenüber Neuem", in Verbindung gebracht werden (Ebstein et al. 1996). Es wird vermutet, dass Rezeptoren, bei denen der Polymorphismus vorliegt, weniger empfindlich für Dopamin sind (Seeman & Madras 1998). Mittlerweile gibt es mehrere Studien zu Polymorphismen des DRD4 bei Hunden. Untersucht wurden u. a. Exon I und III sowie Intron II. Ito et al. (2004) untersuchten diesbezüglich Hunde verschiedener westlicher und orientalischer Rassen, während Hejjas et al. sich eher auf Deutsche und Belgische Schäferhunde konzentrierten (Hejjas et al. 2007, 2009, Kubinyi et al. 2012). Es konnten Genvarianten verschiedener Längen festgestellt werden. In den verschiedenen Studien wurden anhand von Fragebögen oder Verhaltensbeobachtungen Charaktermerkmale wie Aggressivität, Impulsivität, Reaktivität, Reizbarkeit und Freundlichkeit bewertet. Dabei konnten Zusammenhänge zwischen Polymorphismen und der Wahrscheinlichkeit des Auftretens der Merkmale festgestellt werden.

URSACHEN ADHS: UMWELTFAKTOREN

Wie beim Menschen geht man auch bei Hunden davon aus, dass ADHS nicht nur auf genetische Veränderungen zurückzuführen ist, sondern auch Umweltfaktoren eine große

Rolle spielen (siehe auch S. 215 ff.). Der Mangel an Konzentrationsfähigkeit ist eine der Hauptursachen für hyperaktives Verhalten. Einige der folgenden Aspekte können sich negativ auf diese auswirken, da sie eher zu Impulsivität, motorischer Unruhe und Frustration führen: Beziehungen sind die Grundlage für jede Art der Bindung. Die Fähigkeit, Bindungen einzugehen wird daher durch die Beziehung zum Muttertier geprägt. Ist diese sehr harmonisch, bilden sich genug Rezeptoren im Gehirn aus. So reicht später eine kleine Menge an Botenstoffen aus, um das Gefühl von Bindung und Zugehörigkeit zu vermitteln. Bei hektischen oder aggressiven Müttern oder bei Handaufzucht entwickeln sich deutlich weniger Rezeptoren, sodass eine höhere Anzahl von Botenstoffen benötigt wird. Der Hund versucht in solchen Fällen, durch sein Verhalten aktiv Aufmerksamkeit zu erlangen. Dazu wird in vielen Fällen auch negatives Verhalten genutzt, denn auch Strafen sind eine Form der Aufmerksamkeit (Hense 2010). Auch das Verhalten und die Reizempfindlichkeit der Mutter spielt eine große Rolle: Ist sie permanent gestresst oder reagiert sehr empfindlich auf Reize, kann sich dies auf die Welpen übertragen (Hense 2010). Erste Erfahrungen mit Frustration erleben die Welpen zur Zeit der Entwöhnung: Die Mutter entfernt sich öfter und länger, die Säugezeiten werden kürzer und die Welpen werden bei zu aufdringlichem oder schmerzhaftem Verhalten gemaßregelt. Da diese Erfahrungen sich langsam steigern und immer nur von kurzer Dauer sind, lernen die Welpen schrittweise mit frustrierenden Ereignissen umzugehen. Diese Fähigkeit kann bei Handaufzuchten völlig und bei überforderten Muttertieren zum Teil fehlen (Hense 2010). Auch die Geschwister sind zur Bewältigung stressiger und frustrierender Situationen wichtig: Nicht immer gewinnt man das Gerangel um die Zitze und das Spiel wird abgebrochen, wenn es dem anderen zu viel wird. Gibt es Größenunterschiede zwischen den Welpen, können diese Erfahrungen ungleich verteilt sein: Sehr kleine und leichte Welpen können nervöser werden und greifen tendenziell schneller zu aggressiveren Mitteln, um sich durchzusetzen als größere und schwerere, die weniger Frustration erleben (Hense 2010).

Alle Säugetiere haben einen angeborenen Drang zu spielen, der seinen Ursprung im Neocortex hat. Panksepp (2008) vergleicht diesen Teil des Gehirns mit einer „sauberen

Die Fähigkeit, Bindungen einzugehen, wird bereits durch die Beziehung zum Muttertier geprägt.

Tafel", die nach der Geburt durch Erfahrungen individuell beschrieben wird. Dabei spielen Umweltfaktoren und gemachte Erfahrungen eine größere Rolle als genetisch bereits vorhandene Informationen. Das Spiel dient der Befriedigung des eigenen Vergnügens und ist ein wichtiger Aspekt der Sozialisierung (Panksepp 2008). Fehlende Möglichkeiten zu spielen stehen im Verdacht, das Risiko für ADHS zu erhöhen (Panksepp 2008). Bezard et al. (2003) konnten in einer Studie mit Mäusen zeigen, dass mentale und körperliche Betätigung in frühen Lebensphasen das Risiko neurologischer Erkrankungen durch eine Reduktion der Dopaminwirkung senken kann. Zu einem ähnlichen Ergebnis kommen Hoppe et al. (2017), die in einer Studie bei Hunden feststellten, dass mehr Spielmöglichkeiten bei Hunden unter sechs Monaten zu weniger Bewegungsdrang und Hyperaktivität führen. Außerdem stellen sie fest, dass die Anzahl der Sozialkontakte die Konzentrationsfähigkeit der Hunde steigert und die Rasanz beim Interessensaufbau und -verlust reduziert. In einer anderen Studie konnte gezeigt werden, dass das Spielen mit anderen Hunden das Risiko für Verlustängste minimieren kann (Harvey et al. 2016). Auch Hense kommt zu dem Schluss, dass eine zu reizarme Umgebung im Welpenalter zu Entwicklungsstörungen führen kann. Die Welpen können sich nicht mit „normalen" Reizen auseinandersetzen und sie als harmlos abspeichern, sodass sie schnell überfordert sind, wenn sie in neue Situationen gebracht werden (Hense 2010). Allerdings weist sie auch darauf hin, dass zu viele Reize auf einmal oder ständiges Animieren zu Bewegung ebenfalls problematisch sein kann: Der Hund steht permanent „unter Strom" und ist ständig bereit für neue Aktivitäten. Dies ist besonders oft dann der Fall, wenn der Welpe in sein neues Zuhause umzieht. Hunde profitieren davon, die neue Umgebung in kleinen Schritten mit genügend Ruhepausen kennenzulernen (Hense 2010). Hoppe et al. (2017) konnten in ihrer Studie zeigen, dass die Dauer der Streicheleinheiten nach der Übernahme des Welpen sich positiv auf das Verhalten der Hunde auswirken kann: je länger diese sind, desto niedriger fallen die Werte für Unaufmerksamkeit aus. Im Alltag wird ruhiges Verhalten der Hunde oft ignoriert, während aufgeregt und aktiv sein mit negativer oder positiver Beachtung belohnt werden. Dies fördert aktives Verhalten, was die Entstehung von Hyperaktivität fördern kann (Hense 2010). Hense (2010) und Hoppe et al. (2017) betonen außerdem, dass sich eine nächtliche Isolation negativ auf die Entwicklung auswirken kann: Welpen, die nicht allein schlafen müssen, zeigen niedrigere Unaufmerksamkeitswerte. Die Anzahl erlebter Stress- oder Furchtsituationen zeigt in der Studie von Hoppe Auswirkungen auf die Motoraktivität der Hunde: je mehr solcher Erfahrungen der Hund macht, desto höher sind die Werte für Motoraktivität. Eine erhöhte Anzahl erlebter Aggressionssituationen steigerte die Unaufmerksamkeitswerte (Hoppe et al. 2017).

ZUSAMMENFASSUNG

Insgesamt lässt sich zusammenfassen, dass verschiedene Polymorphismen an Transportern, Enzymen oder Rezeptoren verschiedener Hormone in Kombination mit Umwelteinflüssen und epigenetischen Veränderungen zur Entstehung von Hyperaktivität beitragen können. Viele Faktoren, angefangen bei den Elterntieren und den ersten Wochen beim Züchter, über den Umzug und die ersten Tage und Wochen im neuen Zuhause, bis zum anschließenden Training und der täglichen Bewegung haben einen Einfluss auf die Entwicklung der Persönlichkeit. Einige Faktoren wie die Nähe zu Wurfgeschwistern und den Mitgliedern der neuen Familie scheinen sich generell positiv auszuwirken. Andere Faktoren wie Spiel, das Kennenlernen neuer Reize sowie Frequenz und Länge der Spaziergänge sind dosisabhängig: zu wenig und zu viel können jeweils schaden. Wird der Welpe unterfordert, hat er nicht die Chance, seine

Umwelt kennenzulernen und kann schnell überfordert sein. Sind die Reize zu viel und wird aufgeregtes und aktives Verhalten gefördert, kann impulsives Verhalten und motorische Unruhe entstehen. Dies wirkt sich negativ auf die Konzentrationsfähigkeit aus und fördert die Entstehung von hyperaktivem Verhalten. Welche Menge an Bewegung und Reizen die richtige ist, richtet sich in hohem Maße auch nach Rasse und Zuchtlinie: Hunde einer Arbeitslinie benötigen sicher mehr Bewegung als Familienhunde. Doch auch hier spielt die tägliche Routine eine entscheidende Rolle: Gewöhnt man einen Hund – egal welcher Rasse – an viele und lange Spaziergänge, wird er dies auch einfordern, obwohl er zu einer generell ruhigeren Rasse gehört. Ein Hund, der für tägliche Arbeit gezüchtet wurde, langweilt sich wahrscheinlich schnell, wenn er so gut wie nie nach draußen kommt.

KÖRPERLICHE AKTIVITÄT

Das Thema Bewegung und dessen Zusammenhang mit ADHS sorgt immer wieder für Diskussionen: Wieviel Bewegung braucht ein Hund? Wirkt sie sich sogar positiv aus? Und wieviel fördert die Erkrankung und schadet dadurch eher?

„Wer rastet der rostet" ist ein sehr altes Sprichwort, das wohl jeder kennt. Schon damals war bekannt, dass zu wenig Bewegung und mentale Beschäftigung sich negativ auf den Körper auswirken kann. Heute ist die Wissenschaft einen Schritt weiter und kann zumindest zum Teil erklären, wie sich Bewegung auf den Körper und auch die Psyche auswirkt. Körperliche Aktivität beeinflusst die Ausschüttung verschiedener Hormone und Neurotransmitter. Dazu gehören Serotonin, Noradrenalin, einige Endorphine, ACTH (adrenocorticotropes Hormon) und dadurch auch Cortisol. Anhand einer Laufbandstudie mit Hunden konnte gezeigt werden, dass die Intensität des Trainings einen Einfluss auf die Menge hat. Bei Hunden, die ein sehr intensives Training absolvierten, stiegen die Konzentrationen von ACTH, Beta-Endorphinen und Cortisol deutlich schneller an als bei Tieren nach einem leichteren Training (Radosevich et al. 1989). Ein Anstieg von Noradrenalin im Blutplasma konnte bei beiden Gruppen ebenfalls nachgewiesen werden. Im Liquor (Flüssigkeit in Gehirn und Rückenmark) stieg die Konzentration bei intensivem Training um 50 % an, während sie sich bei leichtem Training kaum veränderte. Einmalige und intensive Laufbandaktivität scheint die Tiere zu stressen und die Konzentration von Noradrenalin im Gehirn im Anschluss an das Training zu vermindern, während regelmäßiges Training die Aktivität von Noradrenalin steigert und dessen Speicherkapazität in Teilen des Gehirns erhöht (Radosevich et al. 1989). Auch der Serotoninspiegel wird durch Training beeinflusst. In einer Studie von Dey et al. (1992) wurde der Metabolismus des Hormons bei Ratten untersucht, die nach Gewöhnung an Wasser entweder nur einmal eine Stunde oder über vier Wochen an sechs Tagen pro Woche je 30 Minuten schwimmen mussten. Der Serotoninspiegel stieg bei einmaligem Training in Hirnstamm und Hypothalamus (Boden des Zwischenhirns) an. Bei regelmäßigem Training stieg die Konzentration auch in der Großhirnrinde und war auch nach einer Woche Pause noch erhöht. Im Hypothalamus sank sie unmittelbar nach dem Training, stieg aber nach einer Woche Pause über den Ausgangwert an. Brown et al. (1979) konnten bei Ratten, die über acht Wochen regelmäßig ein Laufbandtraining absolvierten, ebenfalls eine erhöhte Serotoninkonzentration in Großhirnrinde und Mittelhirn feststellen. Dey et al. (1992) gehen davon aus, dass der positive Effekt von regelmäßigem Training auf die Psyche durch den erhöhten Serotoningehalt in der Großhirnrinde entsteht. Diese These wird durch eine Studie von Petty und Sherman (1983) unterstützt, die einen erniedrigten Serotoninspiegel in der Großhirnrinde von Ratten mit einer experimentell herbeigeführten Depression feststellten.

Durch eine Injektion von Serotonin in die Großhirnrinde konnte die Depression rückgängig gemacht werden (Petty & Sherman 1983).
Des Weiteren ist schon lange bekannt, dass Sport die Aktivität des präfrontalen Cortex herabsetzt und diesen sozusagen zu einer „Pause“ zwingt. Dieser Teil des Gehirns ist u.a. für das Arbeitsgedächtnis und die Planung von zukünftigen Handlungen unter Berücksichtigung bereits gemachter Erfahrungen zuständig. Ihm eine Pause zu gönnen macht „den Kopf frei“ und fördert Konzentration und Leistungsfähigkeit. Die durch Bewegung gesteigerte Durchblutung wirkt sich positiv auf die Funktion des Hippocampus aus, der Schaltstelle zwischen Kurz- und Langzeitgedächtnis. Ein weiterer positiver Effekt von Bewegung ist der verlangsamte Abbau von Dopamin, was zu einer Steigerung der Konzentration führt.

GEISTIGE AKTIVITÄT

Neben der körperlichen, spielt auch die geistige Aktivität eine wichtige Rolle. Die Konzentration auf eine bestimmte Aufgabe und das Erlernen von Neuem erfordert komplexe Vorgänge im Gehirn und ist dadurch anstrengend und ermüdend. Bei der Nasenarbeit kommt noch körperliche Anstrengung hinzu. So wird z.B. bei „ZOS®“ (Zielobjektsuche) die natürliche Fähigkeit des Hundes trainiert, Gegenstände zu finden und anzuzeigen. Aktivitäten dieser Art tragen zu Ausgeglichenheit bei und fördern geistige und körperliche Kondition. Wie bei der körperlichen Arbeit, erfordert auch die geistige Anstrengung Training: Verlangt man zu viel oder geht eine Übungseinheit zu lang, kann es zu Überforderung und Frustration kommen. Die Anforderungen und das Tempo sollten daher auf den jeweiligen Hund angepasst sein.

Gibt es Bewegungsempfehlungen, die grundsätzlich anwendbar sind?

Es gibt eine Untersuchung, die einen Zusammenhang zwischen vermehrten Spaziergängen (Häufigkeit und Dauer) und hektischerem Verhalten bzw. Schwierigkeiten beim Lösen von Problemen zeigt (Hoppe et al. 2017). Daraus könnte geschlussfolgert werden, dass häufige Aktivitäten mit dem Hund zu einer Hyperaktivität des Tieres führen könnte.
In der Tat zeigt sich in unterschiedlichen Untersuchungen mit verschiedenen Vorgehensweisen, dass sich Hunde, die ihren Alltag frei einteilen können, relativ wenig bewegen. Eine Studie untersuchte frei lebende Hunde in den italienischen Abruzzen in einem Zeitraum von 1984 bis 1987 (Boitani et al. 2017). Die Hunde wurden mithilfe von GPS-Signalen begleitet. Darüber hinaus wurden im Untersuchungszeitraum mehrfach direkte Beobachtungen der Tiere durchgeführt. Die Ergebnisse zeigen, dass die Hunde fast die Hälfte des Tages ruhten, 40 % der Zeit aktiv waren und nur 12 % der Zeit „reisten“. „Reisen“ wurde dabei als Unterschied in der Position zwischen zwei Messzeitpunkten definiert. Diese Messungen wurden in der Regel fünfmal täglich durchgeführt. Es wurde jedoch belegt, dass in einzelnen Fällen auch große Distanzen an einem Tag zurückgelegt werden können.
Weiterhin gibt es eine Untersuchung aus Australien, in der 20 Hunde beobachtet wurden – Daten von 17 Hunden liegen vor (Sparkes et al. 2014). Alle Hunde waren zwar im Besitz mindestens einer Person, konnten sich jedoch draußen frei bewegen. Jedes der Tiere wurde für sieben Tage mit dem GPS ausgestattet. Heraus kam, dass die Hunde mit einer durchschnittlichen zurückgelegten Distanz von etwas mehr als drei Kilometern weniger aktiv waren als z.B. Dingos. Das deutet darauf hin, dass der häufig genutzte Vergleich zum Wolf zumindest in Bezug auf das Aktivitätsverhalten von Familienhunden nicht unmittelbar möglich ist. Trotzdem fanden Sparkes et al. (2014) auch ein Tier, das an einem Tag mit

einer zurückgelegten Distanz von 17 Kilometern deutlich hervorstach.
In Indien wurde eine Untersuchung durchgeführt, die die Aktivitäten von Straßenhunden dokumentierte (Majumder et al. 2014). Zu unterschiedlichen Tageszeiten wurden die Aktivitäten aller gesichteten Hunde dokumentiert. Zum Zeitpunkt der Sichtungen waren mehr als die Hälfte der Hunde inaktiv. Wenn sie doch aktiv waren, gingen sie den größten Teil der Zeit (ca. 16 % der Sichtungen).
Eine Studie aus Chile untersuchte ausschließlich männliche Hunde, die zwar einen Halter hatten, denen jedoch auch freien Zugang zur Straße und damit die Freiheit zur eigenen Aktivität gewährt wurde (Pérez et al. 2018). In dieser Untersuchung wurden 86 Hunde mit GPS-Sendern ausgestattet. Jeder Hund wurde bis zu dreimal für drei bis vier Tage mit dem GPS beobachtet. Im Durchschnitt liefen die Hunde ca. 1,1 km pro Tag. Jedoch wurde auch gezeigt, dass zwei Individuen dieser Untersuchung sehr große Streifgebiete aufwiesen. Weiterhin zeigte sich bei jungen Hunden eine größere Aktivität als bei älteren Tieren.
Hubrecht et al. (1992) untersuchten unterschiedliche Aktivitätspegel bei Haushunden in unterschiedlichen Haltungsformen. Sie untersuchten das Verhalten von Beaglen in einem Labor und von Hunden in zwei unterschiedlichen Tierheimen. Dabei waren die Tiere in einem Tierheim und im Labor auf sehr kleinen Flächen untergebracht (zwischen ca. 1,1 m^2 bis 6,8 m^2 pro Tier), während das zweite Tierheim Hundegruppen mit bis zu elf Tieren eine Fläche von 744 m^2 zur Verfügung stellte (ca. 67,6 m^2 pro Tier). Sie kommen zu dem Ergebnis, dass in allen Haltungsformen die Hunde den größten Teil des Tages nicht aktiv waren. Aktives Verhalten wurde definiert als „Gehen", „Trotten", „Rennen" oder „auf den Hinterbeinen stehen". Die Hunde waren im Tierheim mit der größten Auslauffläche am aktivsten (etwas über 23 % der Zeit) und am wenigsten aktiv in dem Tierheim, in dem sie die kleine Fläche zur Verfügung hatten (7,2 %). Das Aktivitätsverhalten wurde zumeist als „trottend" beschrieben. Rennen kam nur in dem Tierheim mit der großen Auslauffläche vor, aber auch dort nur sehr selten.
Eine weitere Untersuchung aus Australien zeigt, dass Wachhunde tagsüber ca. 70 % der Zeit inaktiv und nachts ca. 84 % der Zeit inaktiv waren (Adams & Johnson 1995). In dieser Studie wurden Wachhunde untersucht, die z. B. Schrottplätze bewachten. In der Untersuchung wurde zwischen zwei Gruppen unterschieden. Eine Gruppe lebte permanent am zu bewachenden Ort, während die andere Gruppe nur nachts am zu bewachenden Ort und tagsüber an einem Ruheort war. Dabei stellte sich heraus, dass die Hunde, die dauerhaft an einem Ort waren, tagsüber deutlich aktiver waren, als Hunde, die tagsüber an einem extra Ruheplatz lebten. Dieser Unterschied wird von den Autoren darauf zurückgeführt, dass Menschen mit den Tieren, die

Herdenschutzhunde sollen bei der Wache ruhen!

Aufmerksames Herumliegen ist die häufigste Aktivität nach Schlafen.

den ganzen Tag im zu bewachenden Objekt verbrachten, interagierten. Die Autoren gehen davon aus, dass diese Tiere tagsüber trotzdem ausreichend Ruhe erhielten, da sich das Aktivitätsverhalten der beiden Gruppen nachts nicht voneinander unterschied.
Als Schlussfolgerung lässt sich aus diesen Studien ziehen, dass Hunde, die ihren Alltag frei bestimmen können, zumeist relativ wenig aktiv sind. Wenn sie sich jedoch bewegen, so ist das zumeist nicht in einer hohen Intensität, sondern entspricht eher einem langsamen Trott oder langsamen Gehen.

Wie viel Bewegung erhalten Familienhunde in einer „normalen" Haltungssituation?

Eine Studie aus Deutschland kommt zu dem Ergebnis, dass Hundehalter durchschnittlich pro Woche etwa elf Stunden mit ihrem Hund spazierengehen und sich insgesamt mehr als 13 Stunden pro Woche mit ihrem Hund bewegen (Hielscher et al. 2021). Dies würde ca. zwei Stunden Aktivitäten mit Hund pro Tag und 1,5 Stunden Hundespaziergängen pro Tag entsprechen.
Studien aus anderen Ländern kommen zu dem Ergebnis, dass Halter dort deutlich weniger mit ihren Hunden spazierengehen. So zeigen Untersuchungen aus Australien, dass Hundehalter dort ca. ein (Baumann et al. 2001) bis zwei (Christian et al. 2016) Stunden pro Woche mit dem Hund spazierengehen. Leicht variierende Ergebnisse liegen für Großbritannien (Westgarth et al. 2019), Japan (Oka & Shibata 2012), Taiwan (Liao et al. 2018) und die USA (Hoerster et al. 2011, Richards 2016) vor. Nur in den Untersuchungen von Nijland et al. (2010) und Crozet et al. (2021) wurden höhere Werte (90 Minuten pro Tag) gemessen. Dies entspricht etwa 10,5 Stunden pro Woche und ist mit den Ergebnissen aus Deutschland vergleichbar. Die meisten angegebenen Zahlen beziehen sich dabei ausschließlich auf die Halter, die überhaupt mit ihrem Hund spazierengehen. In den meisten Untersuchungen gibt jedoch ein bedeutender Anteil der Hundehalter an, dass sie gar nicht mit ihrem Hund spazierengehen.

Bei diesen Untersuchungen müssen drei Dinge bedacht werden:

1. Die Mittelwerte zeigen jeweils große Streuungen. Das heißt, dass es sowohl Hundehalter gibt, die deutlich weniger, als auch Hundehalter, die deutlich

mehr mit ihren Hunden spazierengehen. Westgarth et al. (2019) geben als Maximum der Spaziergänge 1 755 Minuten pro Woche an, was etwa 29,3 Stunden entspricht. Bei diesem Wert handelt es sich wahrscheinlich um einen Ausreißer (dessen Daten u. U. auch deutlich überschätzt sind). Die Studie zeigt jedoch, dass Hunde in menschlicher Obhut u. U. ein höheres Maß an körperlicher Aktivität durchführen (müssen), als sie selbst durchführen würden, wenn sie frei entscheiden könnten.

2. Bei den angegebenen Mittelwerten ist keine Aussage zur Intensität der körperlichen Aktivität enthalten. Bereits in einer sehr frühen Untersuchung wurde festgestellt, dass Hundespaziergänge länger dauern und langsamer sind als normale Spaziergänge auf derselben Strecke, gleichzeitig gingen die Halter aber mit Hund auch längere Strecken (Messent 1983). Darüber hinaus zeigt eine Untersuchung aus den USA, dass Halter, die sich ihrem Hund näher fühlen, kürzere Strecken bei längerer Zeit mit ihrem Hund spazierengehen (Curl et al. 2017). Daraus würde sich sowohl für die Halter als auch für die Hunde eine geringere Intensität ergeben.
3. Die zitierten Studien beziehen sich alle auf die Aktivität der Hundehalter. Daraus zu schlussfolgern, dass das die gesamte Aktivität der Hunde ist, wäre nicht richtig. Vermutlich werden viele Hunde von mehr als einer Person spazierengeführt, weshalb die angegebenen Werte eher die Mindestdurchschnittswerte der Zeit bilden, die Hunde tatsächlich spazierengehen. Wenn man die Werte für die Hunde erheben würde, würden diese vermutlich eher höher liegen als die von den Haltern für sich selbst angegebenen Zeiten.

Die Ergebnisse von Pickup et al. (2017), die auch im Kapitel zu Übergewicht und Adipositas beim Hund thematisiert werden und die Empfehlungen des Kennel Clubs (The Kennel Club 2020) stehen konträr zu den Ergebnissen der Untersuchungen des Bewegungsverhaltens von frei lebenden Hunden. Pickup et al. (2017) geben an, dass mehr als die Hälfte der Hunde die Bewegungsempfehlungen nicht erreichen. Der Kennel Club gibt hingegen Bewegungswerte für die von ihm anerkannten Hunderassen an, bei denen unklar ist, ob sie auf empirischer Forschung oder auf Basis von Expertenbefragungen basieren. Wenn man die Ergebnisse der frei lebenden Tiere in einen Zusammenhang mit den Ergebnissen der Studien zum Aktivitätsverhalten der Halter mit Hund setzt, kann man zu dem Ergebnis kommen, dass Hundehalter mit der Dauer der Spaziergänge, die sie mit ihrem Hund durchführen, nicht unbedingt im besten Interesse ihrer Tiere handeln. Gleichzeitig ist es schwierig, die genannten Studien an frei lebenden Hunden auf Hunde, die in einem menschlichen Haushalt leben, zu übertragen. Der Vergleich von Hunden, die ihr Leben zwar vollständig selbst bestimmen können, dabei aber auch Zeit für den Nahrungserwerb aufbringen müssen oder Hunden, die in Laboren oder Tierheimen in einer Form der Käfighaltung gehalten werden mit Hunden, die in menschlichen Haushalten leben, ist schwierig, da die Lebensbedingungen extrem unterschiedlich sind. Darüber hinaus ist der Vergleich von Straßenhunden (in der Regel Mischlinge), wie sie bei Boitani et al. (2017) und Majumder et al. (2014) untersucht wurden, und hochspezialisierten Hunderassen, die für bestimmte Arbeitsbereiche gezüchtet wurden (z. B. Border Collie oder Kleiner Münsterländer), oder auch Hunderassen, die speziell als menschliche Begleithunde gezüchtet wurden oder deren Zucht zu solchen Deformitäten wie einer Brachycephalie geführt hat (z. B. Mops) nicht zulässig. Insofern sind Empfehlungen zum Bewegungsverhalten für Hunde im Allgemeinen sehr schwierig und vermutlich unmöglich zu treffen. Wichtig ist, dass alle Faktoren berücksichtigt und individuell auf das einzelne Tier abgestimmt werden.

SPIELTHERAPIE

VON MECHTILD KÄUFER

Spieltherapie für menschliche Kinder wurde von Psychoanalytikerinnen/-therapeutinnen wie Melanie Klein, Anna Freud und Margaret Lowenfeld bereits in den 1930ern eingeführt. Sie wurde von Virginia Axline zu einer nicht-direktiven Therapieform weiterentwickelt und ist heute eine breit etablierte Therapieform für Kinder (Cuschierl 2019). Spieltherapie für Hunde dagegen ist immer noch ungewöhnlich, obwohl die Wissenschaft die heilende Wirkung des freien Spiels auch bei anderen Tieren schon vor Jahrzehnten erkannt und eingesetzt hat. Spiel als therapeutisches Mittel wurde in der Wissenschaft zur Heilung von Deprivationsschäden bei Rhesusaffen (Harlow & Suomi 1971), Hundewelpen (Scott & Fuller 1965) und später bei Ratten mit ADHS-ähnlichen Symptomen (Panksepp et al. 2003) erfolgreich eingesetzt.

Das Wörterbuch Pschyrembel Psychiatrie (Markgraf & Maier 2012) definiert Spieltherapie als *„Verfahren, das mit Hilfe des Mediums Spiel heilende Prozesse anregt [...].“* Die Grundlage des Heilungsprozesses in einer Psychotherapie sind die therapeutische Beziehung und die Gespräche zwischen dem Therapeuten und dem Patienten. Die natürliche Ausdrucksform von Kindern ist Spiel, deshalb wird Spiel bei Kindern sowohl zur Diagnose als auch zur Therapie von psychischen Erkrankungen, Traumata, Entwicklungs- und Verhaltensstörungen eingesetzt (Cuschierl 2019). Spieltherapie bei Hunden verzichtet natürlicherweise auf das Bewusstmachen von emotionalen Konflikten, setzt aber auf die gleichen Wirkmechanismen, wie sie die interpersonelle Neurobiologie für das berührungsintensive Spiel mit vertrauten Sozialpartnern bei menschlichen Kindern beschreibt (Kestly 2017, Wheeler & Dillman Taylor 2016). **Spieltherapeuten versuchen durch eine vertrauensvolle unterstützende Beziehung, die soziale Verbindung und das sichere Feld herzustellen, die eine (Re)Aktivierung der Emotionssysteme für Erkundung, Spiel und soziales Lernen wieder möglich machen.** Nicht-direktive Spieltherapeuten adressieren traumatische oder fehlende Erfahrungen im vorsprachlichen Bereich des impliziten (unbewussten) Gedächtnisses: *„Spiel ist eine Hauptquelle für implizites [unbewusstes, nicht zielgerichtetes] Lernen in sozialen Bereich“* (Marks-Tarlow 2012). Dem Kind soll im Spiel mit dem Therapeuten die Möglichkeit gegeben werden, preverbale (vorsprachliche) implizite Gedächtnisinhalte, entstanden z. B. durch frühkindliche Vernachlässigung, durch den natürlichen Prozess des Spielens zu heilen. Damit der Heilungsprozess stattfinden kann, muss das sympathische Nervensystem in einem ruhigen Zustand sein, der dem Kind signalisiert, dass die Umgebung sicher genug ist, um zu explorieren und zu spielen (Kestly 2017).

Körperbetontes Spielen ...

SPIELFORMEN

Nicht alles, was umgangssprachlich als Spiel bezeichnet wird, hat positiven Einfluss auf das Wohlbefinden oder sogar einen heilenden Effekt. Natürliches, unstrukturiertes Spiel (rough-and-tumble play), das Panksepp (2009) empfiehlt und Spieltherapeuten einsetzen, wird definiert als: **nicht funktionelles/zielgerichtetes Verhalten, das sich vom Verhalten im Ernstkontext zeitlich/strukturell unterscheidet.** Es ist durch variable Wiederholungen gekennzeichnet, freiwillig und von positiven Emotionen begleitet. Gespielt wird nur, wenn Grundbedürfnisse erfüllt sind und in einem stressarmen sicheren Umfeld (Burghardt 2015). Exploration und vor allem Sozialspiel sind, nicht nur bei Hunden, durch einen niedrigen Cortisol- und einen erhöhten Oxytocinlevel gekennzeichnet (Rossi et al. 2018), der Entspannung, Wohlbefinden und Verbundenheit signalisiert (Details siehe Gansloßer & Käufer 2022).

DIE HEILENDE KRAFT DES SPIELS

Eine theoretische Grundlage der Spieltherapie bilden die von Panksepp (1998, Panksepp & Biven 2012) entdeckten angeborenen subkortikalen Säugetier-Emotionssysteme (siehe S. 344 f.) – eines davon ist soziales, körperliches Spiel (PLAY). Spiel ist nach Panksepp das wichtigste Werkzeug für die Sozialisierung des Säugetiergehirns. Ein Säugetierjunges exploriert und spielt nur in der sicherheitsspendenden Nähe der fürsorglichen Mutter oder eines anderen Bindungspartners. Durch Spiel wird Gehirn und Verhalten eines Jungtiers optimal für die herausfordernden, unvorhersehbaren Situationen in einem komplexen sozialen Umfeld vorbereitet. Im Spiel lernt es angemessenes Verhalten und entwickelt Freundschaften und Bindungen. Fehlt diese Lernmöglichkeit, bleiben soziale Defizite, besonders im Bereich von Impulskontrolle, Emotionsregulierung, Verhaltensflexibilität, Konfliktfähigkeit und Empathie. Um diesen positiven Effekt im Spiel von Jungtieren oder in einer Spieltherapie zu erreichen, muss das Spiel unstrukturiert, körperlich, spontan und kreativ sein (Panksepp 2009). **Die nichtdirektive Spieltherapie verzichtet deshalb auf Strukturierung durch Instruktion, Lenkung und Kontrolle.** Sie setzt stattdessen auf die heilende Wirkung der freiwilligen spielerischen Interaktionen im optimalen Erregungslevel des Spiels, dem damit verbundenen sozialen Lernen und der sich daraus entwickelnden vertrauensvollen Beziehung. Das freie soziale Spiel ist ein Phänomen, das vor allen Dingen von taktilen Reizen, also Berührungen, kontrolliert wird: Tiere, bei denen man die Körperstellen, die Hauptziele bei spielerischen Attacken sind, durch Medikamente betäubt, zeigen zwar immer noch eine hohe Spielbereitschaft, aber deutlich weniger Spielreaktionen (Siviy & Panksepp 1987). Auch experimentelle Beschädigung des Gehirnbereichs im Thalamus (parafascicular area = perifaszikuläre Region, Wand des Zwischenhirns), in der die Verarbeitung der Spielberührungen stattfindet, reduzieren

... macht Mensch und Hund glücklich.

Spielgesicht auf beiden Seiten.

Spiel erheblich und dauerhaft (Siviy & Panksepp 1985). Spiel benötigt also Berührungen, um das Ausmaß spielerischer Reaktionen aufrechtzuerhalten, um die damit verbundenen positiven Emotionen und letztlich die vertrauens- und bindungsfördernde und somit heilende Wirkung des Spiels zu aktivieren (Jackson & McGlone 2020). Die positiven Emotionen werden von einem komplexen Zusammenspiel körpereigener Substanzen wie Opioide/Endorphine, Endocannabinoide, Dopamin und Noradrenalin u.a.m. ausgelöst (Vanderschuren, Achterberg & Trezza 2016).

KÖRPERKONTAKT, MIMIK UND LAUTGEBUNG

Das Spiel mit viel Blick- und Körperkontakt, sozialer Nähe und Berührungen ist bei vielen Säugetieren mit einem Spielgesicht und Spielvokalisation wie Lachen bei Menschen, Spielhecheln bei Caniden oder Kichern im 50 kHz-Ultraschallbereich bei Ratten verbunden (Horowitz & Hecht 2014, 2016, Palagi, Nicotra & Cordoni 2015, Simonet 2005, Bryant 2020, Winkler & Bryant 2021). Diese Mimik und Vokalisation sind Ausdruck der Aktivierung des Spiel-Systems und die spielbegleitende Vokalisation (Lachen) eine evolutionär sehr alte mit der Ausschüttung von Dopamin/Opioiden verbundene Reaktion, die bei Sender und Empfänger positive Emotionen auslöst und einen enormen therapeutischen Effekt hat (Bryant 2020, Panksepp 2009).

Im Spiel vertrauter Spielpartner sieht man häufig Verhaltenssynchronisation und Rapid Mimikry, das schnelle unbewusste Spiegeln der Mimik. Beides sind Zeichen für eine entspannte Spielstimmung und der von beiden Spielpartnern geteilten Spielfreude (Horowitz & Bekoff 2007, Palagi, Nicotra & Cordoni 2015, Spinka 2012). Für Palagi (2019) bilden diese geteilten sozialen Emotionen, die vor allem im Spiel auftreten, deshalb eine Brücke zwischen Individuen und Arten.

Panksepp führte die positiven Emotionen, die Raufspiele begleiten, auf den Körperkontakt und die Berührungen zurück. Er vermutete, dass bestimmte Körperregionen spezielle Rezeptoren enthalten, die für die sozialen, positiven Berührungen im Spiel empfänglich sind. Dafür könnten C-taktile Afferenzen (C = aufsteigende Nerven zum ZNS) in behaarten Hautbereichen von Säugetieren verantwortlich sein, die auf soziopositive

Berührungen wie Streicheln, Anstupsen, Grooming, Kuscheln und eben Spiel reagieren. Diese auf affektive soziale Berührungen spezialisierten Nervenfasern „repräsentieren die neurobiologischen Substrate für die affektiven und belohnenden Eigenschaften der Berührung im Spiel“ (Morrison, Löken & Olausson 2010, Morrison 2016, Jackson & MacGlone 2020). Sie aktivieren die Ausschüttung von Oxytocin und Endorphinen, die natürlichen Gegenspieler der Stresshormone, und lösen die positiven Emotionen wie Vertrauen, Zugehörigkeitsgefühl, Zufriedenheit und Glücksgefühle aus, was Panksepp mit dem Begriff „soziale Freude“ zusammenfasst. Besonders Oxytocin verursacht eine Verschiebung von selbstbezogenem Verhalten, hin zu mehr Offenheit gegenüber sozialen Reizen und einer steigenden Attraktivität des Spielpartners, die mit mehr Empathie und Kooperation verbunden ist (Zak & Barraza 2013). Hier wird das Potential von Spiel mit Körperkontakt und Berührungen für Vertrauensaufbau, Bindungsförderung und soziales Lernen deutlich. Die C-taktilen Afferenzen haben auch eine zuführende Verbindung zu evolutionär alten Gehirnbereichen wie dem Hirnstamm und können damit auch körperliche Grundfunktionen beeinflussen, die für lebenswichtige Prozesse zuständig sind, wie Atmen, Fressen, Verdauung. Das erklärt die insgesamt beruhigende angst- und herzschlagreduzierende Wirkung von soziopositiven Berührungen wie sanftes Spiel oder Streicheln, Kraulen oder Kontaktliegen, mit dem Sozialspiel häufig endet (Morrison 2016). Nach Panksepp (Gordon et al. 2003, Panksepp & Panksepp 2013) ist eine der Hauptaufgaben des Spiels von Jungtieren die Reifung der höheren Gehirnbereiche, wie der frontalen Hirnrinde, die für Verhaltenshemmung und auch für das Erlernen von Empathie zuständig sind. Auch Spieltherapeuten führen die heilende Wirkung der Spieltherapie u. a. darauf zurück, dass Spiel sowohl für eine bessere Vernetzung der linken und rechten Gehirnhälften sorgt als auch für eine vertikale Integration, d. h. eine Vernetzung älterer Bestandteile des Gehirns (z. B. Amygdala, limbisches System) mit den neueren (z. B. dem Neocortex). Die bessere Vernetzung im Gehirn wird durch eine wachstumsfördernde Substanz im Gehirn (IGF-I = Insulinelike growth factor) unterstützt, die besonders in Spielen mit viel Körperkontakt ausgeschüttet wird (Gordon et al. 2003, Bell et al. 2010, Burgdorf et al. 2010, Kestly 2017). Die verbesserte Vernetzung der emotionalen Zentren im Gehirn mit denen, die für deren kognitive Kontrolle zuständig sind, ermöglicht eine bessere Kontrolle der eigenen Emotionen. Die spontane emotionale Furcht- oder Wutreaktion der subkortikalen Schaltkreise bzw. des limbischen Systems kann durch flexiblere, vom Neocortex kontrollierte Reaktionen ersetzt werden.

SPIEL ZUR DIAGNOSTIK

Auch wenn Spiel – vor allem Sozialspiel – häufiger bei nicht gestressten, gesunden Individuen beobachtet wird, deren Grundbedürfnisse erfüllt sind, scheint es nicht darauf beschränkt zu sein, insbesondere wenn Spiel als Bewältigungsstrategie eingesetzt wird. Das Spiel von Tieren (einschließlich Kindern) mit Entwicklungsstörungen, psychischen Problemen, sozialen Defiziten oder Verhaltensstörungen verändert sich. Es unterscheidet sich sowohl quantitativ als auch qualitativ von dem gesunder Individuen (Blois-Heulin et al. 2015, Dallaire et al. 2018). Mit schlechtem Wohlbefinden (Hunger, Bedrohung, Depression) ist häufig auch reduziertes Spiel verbunden. Körperlich kranke Kinder spielen weniger, zeigen weniger Spielformen, ihr Spiel ist weniger flexibel und enthält stereotype Wiederholungen. Psychisch kranke Kinder (Depression, Angststörung, PTSD) agieren im Spiel weniger und aggressiver mit anderen Kindern. Depressive Kinder spielen weniger sozial, zeigen mehr Erkundung, selbstbezogenes Verhalten und fragmentiertes Spiel. Auch missbrauchte Kinder zeigen weniger soziale Interaktionen im Spiel. Spiel fällt bei körperlich oder psychisch kranken Individuen also nicht unbedingt komplett weg, sondern verändert sich. Diese Veränderungen und Unterschiede im Spielverhalten können bei der Diagnose von körperlichen/psychischen Problemen oder Entwicklungsstörungen hilfreich sein. Bei Hunden ist dieser Zusammenhang m. W. noch nicht systematisch untersucht, bekannt sind aber z. B. Reduzierung oder Wegfall von Sozialspiel, mehr Solitärspiel und aggressive Interaktionen bei isoliert aufgezogenen Welpen (Scott & Fuller 1965, Fox & Stelzner 1966, vanFleet 2014), Wegfall von Spiel bei körperlich beeinträchtigten und bei depressiven Hunden (Mills et al. 2020), Solitärspiel als Ersatz für Sozialspiel und Bewältigungsstrategie bei reizarmer Umgebung oder Übersprungverhalten in Konfliktsituationen (Sommerville 2017).

SPIEL ALS THERAPIE

Schon Panksepp (1998, 2009, Panksepp & Biven 2012) empfahl freies Spiel aufgrund der therapeutischen Effekte besonders bei Angststörungen, Depression und ADHS einzusetzen. Die heilende Wirkung des freien Spiels adressiert vor allem preverbale Gehirnbereiche (also solche mit nichtsprachlicher Funktion) und das zugrunde liegende Emotionssystem existiert bei allen Säugetieren. Hund-Halter-Spiel kann den Cortisolspiegel senken, den Spiegel von Oxytocin, Endorphinen und Dopamin erhöhen und die Mensch-Hund-Bindung festigen (Odendaal & Meintjes 2003, Horváth et al. 2008, Bradshaw, Pullen & Rooney 2015). Auch das Hund-Hund-Spiel kann den Stresslevel senken, Problemverhalten vorbeugen und verbessern (Harvey et al. 2016, Gfrerer et al. 2017, Sadler & Feeney 2014), deshalb ist der Einsatz von Mensch-Hund- oder Hund-Hund-Spiel im Rahmen einer Spieltherapie auch bei Hunden empfehlenswert und wird auch bereits eingesetzt. Spiel wird in der Therapie von Hunden unter mehreren Aspekten eingesetzt:

1. indirekt: indem lediglich das entspannte Feld des Spiels genutzt wird, um in diesem Feld die eigentlichen diagnostischen oder verhaltenstherapeutischen Maßnahmen zu starten.
2. indirekt: als Belohnung, insbesondere, wenn Futter nicht eingesetzt werden kann.
3. direkt: indem tatsächlich die heilende Wirkung der im Spiel stattfindenden sozialen Interaktionen und der damit verbundenen neurobiologischen Prozesse genutzt wird.

Spiel wird in der Verhaltenstherapie bevorzugt da eingesetzt, wo mit Futter nicht gearbeitet werden kann. Wenn man bedenkt, dass Spiel in erster Linie das sichere Feld symbolisiert und vertrauens- und bindungsfördernd wirkt, sind das Prozesse, die Futter nicht leisten kann.

WELCHE SPIELTHERAPIEN GIBT ES FÜR HUNDE?

Spiel wird bereits in der Verhaltensmedizin bei Angststörungen/Phobien, Deprivationssyndrom und Verhaltensproblemen eingesetzt (Schneider & Solms 2020, Schroll & Dehasse 2016). Die mit Spiel verbundene entspannte Stimmung wird zur Gegenkonditionierung und Desensibilisierung eingesetzt. Der furchtauslösende Reiz wird in einer Intensität präsentiert, die unterhalb der stressauslösenden Schwelle liegt, während Halter oder Therapeut mit dem Hund spielen und damit für die entspannte Stimmung sorgen (Schneider & Solms 2020, Schroll & Dehasse 2016). Sowohl Spektrum als auch Dauer und Intensität des Reizes werden nach und nach erweitert und variiert. Spiel und spielerische Aktivitäten in Form einer direktiven Spieltherapie werden in der Verhaltensmedizin auch eingesetzt, um die Impulskontrolle bei Hyperaktivität, das Wohlbefinden bei depressiven Hunden und Seniorenhunden zu verbessern (Schroll & Dehasse 2016). Mensch-Hund-Spiel wird bei Militärhunden mit C-PTSD, der hundlichen Form der posttraumatischen Belastungsstörung (Canine Post-Traumatic-Stress-Disorder), die bei 5 % der „War dogs" diagnostiziert wird, eingesetzt. Bevorzugt vor Futter oder anderen Verstärkern (Burghardt 2013, Haq 2017, Reid 2019), denn Spiel und Angst/Furcht sind zwei der von Panksepp identifizierten Emotionssysteme, die nicht gleichzeitig aktiviert sein können (Reid 2019). Freies Mensch-Hund-Spiel, ohne Futterbelohnung und Spielzeug, setzt auch die Kognitionsforscherin und Hundetrainerin Amy Cook ein. Cook entwickelte ihren spieltherapeutischen Ansatz „The play way" der hunde-zentriertes Spiel (Raufspiele auf Augenhöhe) als diagnostisches und therapeutisches Mittel einsetzt und auch Haltern als therapeutisches Spiel vermittelt. Die Spielbereitschaft des Hundes signalisiert für Cook zuverlässig, dass er entspannt genug ist, um seine individuellen Reizschwellen herauszufinden und therapeutisch mit ihm zu arbeiten, d.h. die konditionierte emotionale Reaktion des Hundes auf die auslösenden Reize zu verändern (Cook 2017, 2018 Online). Einen sehr systematischen Ansatz verfolgt der belgische Hundetrainer Carl Grooteboer mit seinem Programm Speel & Socialisatie, das er zunächst bei Tierheimhunden einsetzte und seit einigen Jahren auch für privat gehaltene Hunde anbietet. Im Mittelpunkt steht hier der Abbau von Furcht/Angst und Stress durch das Spiel mit sehr sorgfältig ausgesuchten Artgenossen. Bei der Suche nach passenden Spielpartnern kann Grooteboer inzwischen auf einen Pool von 50 souveränen spielkompetenten Hunden zurückgreifen. Wie die Spieltherapeuten, betont auch Grooteboer die Bedeutung des entspannten Feldes als Voraussetzungen für das Zustandekommen von Spiel (Grooteboer & Meester 2013, Online). Um das zu gewährleisten, bietet er einen Spielplatz mit vielfältigen Spiel- aber auch vielen Rückzugsmöglichkeiten an, der Sicherheit bietet, aber auch zur Exploration und zum Abenteuer einlädt. Diese Umgebung eröffnet dem Hund viele Wahlmöglichkeiten. Er kann nur beobachten, parallel spielen oder aktiv am Spiel teilnehmen. Er kann selbst Spielformen mit unterschiedlichen Graden an Körperkontakt und damit Risiko initiieren, sich aber auch jederzeit in ein sicheres „Versteck" oder zum sicherheitsbietenden Halter zurückziehen. Jeder Hund durchläuft ein dreistündiges Aufnahmeprotokoll, in dem Herkunft, Persönlichkeit, Spielstil, Sozial- und Spielkompetenz abgefragt werden. Der Hund wird außerdem mit verschiedenen anderen Hunden zusammengeführt, um sein Verhalten zu testen. Nach der ausführlichen Anamnese legt Grooteboer zusammen mit dem Halter konkrete Lernziele fest und erarbeitet einen individuellen Therapieplan. Im Laufe der Spieltherapie wird der Hund dann zunächst mit ähnlich spielenden, später schrittweise auch mit Hunden mit anderen Spielstilen zusammengeführt.

Die Aktivierung positiv berührungsempfindlicher Regionen ist hier geradezu sichtbar.

AUS DER PRAXIS (VON MECHTILD KÄUFER)

KATIE – HEILUNG EINES HUNDES MIT SCHWEREM DEPRIVATIONSSYNDROM

Ein Beispiel für das erfolgreiche Heilen eines Hundes mit einem schweren Deprivationssyndrom durch therapeutisches Spiel wurde von Risë van Fleet (2010, 2014, 2017) in den USA durchgeführt, wissenschaftlich dokumentiert und auf der ISAZ-(International Society for Anthrozoology) Konferenz in Wien 2014 vorgestellt.

Katie, eine Australian Shepherd-Hündin wurde in einer Puppy Mill („Welpenfabrik“) geboren und lebte dort, ohne Kontakt zu Menschen oder Artgenossen bis zum sechsten Lebensmonat in einem Käfig. Nach der Schließung der Produktionsstätte wurde sie einem Tierheim übergeben, aus dem sie ausriss und zwei Monate auf sich allein gestellt im Wald lebte. Die frühe Isolation führte zu einem schweren Deprivationssyndrom, definiert als *„Verhaltensstörungen, die durch Vorenthalten oder Entzug bestimmter Erfahrungen während der frühen Ontogenese bedingt sind und das Verhalten zeitlebens kennzeichnen“* (Gattermann 2006).

Die fehlenden Erfahrungen mit Menschen, Artgenossen und nicht-sozialen Reizen führten dazu, dass Katie weder Menschen noch Artgenossen vertrauen konnte. Sie befand sich nach der Übernahme von Risë vanFleets Familie in einem permanenten Stresszustand und Dauer-Fluchtmodus, zeigte bei allen neuen Reizen Panik und war unfähig, sich zu entspannen. Die üblichen Methoden wie operante Konditionierung,Gegenkonditionierung und Desensibilisierung waren bei Katie nicht einsetzbar, weil sie kein Verhalten zeigte, das verstärkt werden konnte und zudem die üblichen Verstärker nicht funktionierten. Futter akzeptierte sie nicht, Spielzeug oder Streicheln lösten Furcht und Fluchtreaktion aus (vanFleet 2017).

Die wichtigste Voraussetzung war es zunächst, Sicherheit zu vermitteln. Neben anderen Interaktionen zum Vertrauensaufbau setzte Risë vanFleet deshalb auch Spiel mit ihrer erfahrenen Therapiehündin Kirrie ein. Sie bot Katie zweimal täglich eine fünfminütige Spielsitzung an. Nach der 18. Sitzung reagierte Katie erstmals spielerisch auf Kirries Spieleinladungen. Danach wurde ihr Spielverhalten schrittweise aktiver und sie setzte Spielzeug ein. Nach und nach akzeptierte sie andere Hunde, später auch menschliche Spielpartner. Risë vanFleet weist darauf hin, dass alle Fortschritte zuerst im Spiel auftraten und dann erst außerhalb des Spiels sichtbar wurden. Der Heilungsprozess dauerte jahrelang, auch nach zehn Jahren gibt es noch Fortschritte, aber inzwischen ist Katies Verhalten kaum noch von dem eines normal sozialisierten Hundes unterscheidbar. Risë vanFleet hat Spiel als therapeutisches Mittel inzwischen bei über 40 traumatisierten, deprivierten oder hochgradig ängstlichen Hunden eingesetzt. Aufgrund ihrer positiven Erfahrungen, plädiert sie für eine systematische wissenschaftliche Untersuchung der Einsatzmöglichkeiten von therapeutischem Spiel bei Tieren (vanFleet 2010, 2014).

EMPFINDUNG UND SCHMERZ

EMPFINDUNGSFÄHIGKEIT

VON PD DR. UDO GANSLOSSER, BETTINA HINTE-BREINDL UND DR. BARBARA FELDE

Wie immer, wenn wir uns mit Konzepten beschäftigen, die in einem Begriff zusammengefasst sind, ist es sinnvoll, von vornherein festzulegen, wie dieser Begriff definiert ist. In unserem Fall ist es der Begriff der „Empfindungsfähigkeit". Eine allgemein anerkannte Definition gibt es – wie so oft – nicht. Wir folgen hier der Ausführung der Philosophin Friederike Schmitz (2020), die sagt: **„Die Empfindungsfähigkeit lässt sich verstehen als die Fähigkeit, äußere Reize oder auch innere Gefühle oder Gedanken bewusst zu empfinden."** Für die Zusprache der Empfindungsfähigkeit reicht es nicht, dass ein Lebewesen auf einen von außen kommenden Reiz – z. B. dem Kontakt mit einem heißen Gegenstand – reagiert – z. B. mit einem Zurückzucken. Dies wäre einigen Konzepten folgend zwar eine notwendige Bedingung für die Zusprache von Empfindungsfähigkeit, jedoch noch keine hinreichende. Das heißt, wenn ein Lebewesen empfindungsfähig ist, wird es versuchen, schädliche Reize zu vermeiden. Aber nur weil es schädliche Reize vermeidet, können wir allein daraus noch nicht darauf schließen, dass es empfindungsfähig ist. Der Grund hierfür ist, dass wir noch nicht wissen, ob das Lebewesen vor dem heißen Gegenstand nur aus reinem Reflex zurückschreckt, oder ob es tatsächlich Schmerz oder Ähnliches empfindet. Erst wenn Lebewesen einen Reiz bewusst erfahren, es ihnen „[...] etwas ausmachen kann, welche Erfahrungen ihnen zustoßen", wie Evelyn Pluhar (2008) es so schön formuliert, sprechen wir von Empfindungsfähigkeit. Eleanor Boyle (2009) hat ausdrücklich hier auch die Neurobiologie der Empfindungsfähigkeit betont.

NOTWENDIGE UND HINREICHENDE BEDINGUNG

Rufen wir uns das Bild eines Pferdes (und zwar eines Schimmels) vor Augen. Hier gilt: Weiß zu sein ist eine notwendige Bedingung für einen Schimmel. Das heißt, ohne weiß zu sein, kann etwas kein Schimmel sein. Weiß zu sein, ist aber keine hinreichende Bedingung, denn nur weil etwas weiß ist, ist es nicht unbedingt ein Schimmel. Es könnte zum Beispiel auch Milch sein.

GESCHICHTE UND HINTERGRÜNDE

Niemand zweifelt daran, dass ein Mensch Empfindungen hat. Oder? Noch vor gar nicht allzu langer Zeit – bis in die 1980er Jahre! – wurden Neugeborene ohne Einsatz von Narkose oder Schmerzmitteln operiert. Es wurde davon ausgegangen, dass Neugeborene noch keine Empfindungen haben, keinen Schmerz spüren oder selbst, wenn sie Schmerz spüren würden, dieser nicht relevant sei, da die kleinen Patienten später keine Erinnerungen an diese frühe Zeit ihres Lebens haben (vgl. Anand & Hickey 1987). Kaum zu glauben! Noch schwerer zu glauben ist, dass dieses Thema auch heute in der Wissenschaft noch aktuell ist. So wurde z. B. 2021 eine Studie veröffentlicht, in der der Wissensstand und die Wahrnehmung von medizinischem Personal in Bezug auf Schmerz bei Neugeborenen untersucht wurde (Popowicz 2021) – mit durchaus nicht beruhigendem Ergebnis. Wen wundert es da, dass auch die Empfindungsfähigkeit von nicht-menschlichen Tieren (im Weiteren der

Hundliches Wohlbefinden bildhaft dargestellt.

Einfachheit halber „Tiere") lange Zeit angezweifelt wurde? Es zweifelten oder verneinten jedoch bei Weitem nicht alle. Schon in der Antike gab es Denker, die davon überzeugt waren, dass nicht nur Menschen, sondern auch Tiere Empfindungen haben. So schrieb z. B. Plutarch (45 – 120) über die Leugnung von Empfindungen bei Tieren: *„Da gibt es ja welche, die törichterweise behaupten, Tiere würden keine Freude, keinen Zorn, keine Furcht empfinden, keine Vorbereitungen treffen, sich an nichts erinnern"* (Plutarch nach Giebel 2015). Ihm wird dabei zugeschrieben, Tiere auch schon wirklich um ihrer selbst willen betrachtet zu haben (vgl. Grimm & Wild 2016). Anders als Aristoteles (384 – 322), der zwar auch davon überzeugt war, dass Tiere Empfindungen haben, ihnen jedoch die Vernunft absprach und damit eine klare Grenzlinie zwischen Menschen und Tieren zog. Aristoteles Ansatz war geschichtlich betrachtet wesentlich einflussreicher. Lange Zeit wurde – wenn überhaupt – auf Tiere nur Rücksicht genommen, weil der Mensch einen Nutzen daraus zog. Entweder im ganz praktischen Sinn, wie z. B.: Kühe geben mehr Milch, wenn es ihnen gut geht, Fleisch schmeckt besser, wenn die Tiere keinen übermäßigen Stress haben, der Esel zieht schwerere Karren, wenn er keine Schmerzen hat. Oder aber in einem moralischen Sinn, wie z. B. bei Immanuel Kant (1724 – 1804). Er war der Meinung, dass die schlechte Behandlung von Tieren negativ auf den Menschen zurückfallen würde: *„[…] denn der Mensch, der schon gegen die Tiere solche Grausamkeit ausübt, ist auch gegen Menschen ebenso abgehärtet"* (zitiert nach Grimm & Wild 2016).

Wirklich entscheidend dafür, dass Tiere um ihrer selbst willen gut behandelt werden sollten – wie es schon in den Schriften Plutarchs angelegt war –, wurde der Gedanke der Empfindungsfähigkeit erst viel später. Heute wird das Vorhandensein von Empfindungsfähigkeit häufig als entscheidendes Kriterium dafür genannt, dass ein Tier um seiner selbst willen moralisch zu berücksichtigen ist. Dass das Tier – wie es so schön heißt – in unsere moralische Gemeinschaft aufgenommen wird. Es wird davon ausgegangen, dass wenn ein Tier Empfindungen hat, es dann moralisch verwerflich sei, keine Rücksicht darauf zu nehmen, dass es etwas empfindet oder auch was es empfindet. Und zwar nicht, weil die mangelnde Rücksichtnahme auf uns Menschen zurückfällt, sondern eben, weil dem Tier als empfindungsfähigem Lebewesen moralische Rücksichtnahme zusteht. Kurz gesagt: Wenn wir wissen oder mit guten Gründen glauben können, dass ein Tier Empfindungen hat, dann müssen wir in unserem Verhalten auf seine Empfindungen prinzipiell Rücksicht nehmen. Über das genaue Maß der Rücksichtnahme auf Tiere und die daraus entstehenden Verhaltensvorgaben wird dabei in der Wissenschaft bisweilen heiß diskutiert und es finden sich ganz unterschiedliche Konsequenzen, die vom Zugeständnis gleicher Rechte für Menschen und Tiere und der Abschaffung jeglicher Nutzung von Tieren zu menschlichen Zwecken bis hin zu einem mehr oder auch weniger rücksichtsvollen Umgang mit Tieren reichen. Im deutschen Tierschutzgesetz spiegelt sich – wie wir später noch sehen werden – die Auffassung wider, dass wir Tiere zwar halten und auch zu unseren Zwecken nutzen dürfen, uns dabei jedoch an Regeln zu halten haben, die Rücksicht auf die Empfindungen von Tieren verlangen oder anmahnen.

EMPFINDUNGEN BEI TIEREN

Doch wie können wir nun überhaupt sicher gehen, dass ein Tier und was ein Tier empfindet? Auf die Schwierigkeit, bei einem anderen Lebewesen als uns selbst herauszufinden, was es empfindet, treffen wir schon bei uns Menschen. Selbst der sprachlich kompetente Austausch über Empfindungen bleibt doch letztendlich immer unzureichend, da Empfindungen eben subjektiv sind. Das heißt, dass ich mich den Empfindungen einer anderen Person zwar annähern kann (und zwar je besser, desto empathischer ich bin und vielleicht auch desto mehr Lebenserfahrung ich mitbringe), aber es bleibt stets eine Annäherung. Denken wir an den Versuch, die Empfindungen von sprachlich (noch) nicht so kompetenten Mitmenschen nachvollziehen zu wollen – z. B. die Empfindungen von kleinen Kindern oder auch von Menschen, deren Sprachvermögen eingeschränkt ist. Hier wird es zunehmend schwieriger und wir sind auf andere Komponenten als auf Sprache angewiesen. Dies im Hinterkopf können wir uns leichter den Schwierigkeiten nähern, auf die wir bei dem Anliegen stoßen, herausfinden zu wollen, ob Tiere Empfindungen haben und wenn ja, welche. Wir können Tiere genauso wenig befragen, wie wir es z. B. bei einem einjährigen Kind tun können. Was hilft uns hier also konkret?

1. Wir können uns die Evolutionsgeschichte anschauen und darüber versuchen, Rückschlüsse zu ziehen, ob es nach unserem Wissensstand wahrscheinlich ist, dass ein Tier Empfindungen hat.

2. Wir können die physiologischen Eigenschaften von Tieren erforschen und darüber versuchen, Rückschlüsse zu ziehen, ob es nach unserem Wissensstand wahrscheinlich ist, dass ein Tier Empfindungen hat.

3. Wir können uns das Verhalten von Tieren anschauen und darüber versuchen, Rückschlüsse zu ziehen, ob es nach unserem Wissensstand wahrscheinlich ist, dass ein Tier Empfindungen hat.

Klar ist, dass wir dies immer nur aus unserem menschlichen Blickwinkel heraus tun können. So ist der oft geäußerte Vorwurf des Anthropomorphismus als Warnung zwar stets im Hinterkopf zu behalten, aber eben auch als gegeben zu akzeptieren. Klar ist auch, dass sich mit der Zunahme unseren Wissens, die Einschätzung verändern kann. Und denken wir z. B. an die Unterschiedlichkeit von Gorillas, Hunden, Kolibris, Krokodilen, Buntbarschen, Oktopoden und Regenwürmern, wird auch klar, dass es innerhalb der Gruppe der Tiere große Unterschiede sowohl im Hinblick auf die Physiologie als auch im Hinblick auf das Verhalten gibt.

NEURO-/VERHALTENSBIOLOGISCHE ASPEKTE

Unabhängig von der betrachteten Tierart gehörte das Vorkommen von Gefühlen lange Zeit, insbesondere unter dem Einfluss der wichtigen Warnhinweise von Morgan und im allgemein naturwissenschaftlichen Bereich von Occam zu dem am stärksten verneinten und damit auch vernachlässigten Verhaltensphänomen überhaupt.
In den letzten Jahren bis Jahrzehnten hat sich gerade in der Verhaltensbiologie eine differenziertere Sichtweise durchgesetzt. Gordon Burghardt (1995), Frans de Waal (2011), Marc Bekoff (2009), Marc Bekoff und Jessica Pierce (2011) und andere haben ausführlich begründet, weshalb es gerechtfertigt sein kann, auch außerhalb unserer menschlichen Spezies von emotionalen Zuständen und Gefühlen zu sprechen. Ein sehr wichtiges Argument in diesem Zusammenhang ist das z. B. von Frans de Waal ausführlich beschriebene Homologieargument: Es besagt allgemein, dass man auch von der Existenz menschenähnlicher Gefühle und Emotionen ausgehen darf, wenn die beteiligten Gehirnteile, Nerven, Sinnesorgane, Hormonsysteme und anderen anatomischen und physiologischen Grundlagen bei einem anderen Tier genauso ausgebildet wären wie beim Menschen. Die Neurobiologie ist hier von besonderer Wichtigkeit. Im Gegensatz zu dem, was Menschen vielfach vermuten (leider steht es indirekt auch so im Tierschutzgesetz), ist nämlich das emotionale System im Gehirn zumindest bei uns Säugetieren ein sehr altes und keineswegs mit einer besonderen geistigen Höherentwicklung verknüpftes Teil. Die Gehirne, Sinnesorgane, Nervenverbindungen, Hormonsysteme und die von ihnen genutzten und über sie weitergeleiteten elektrischen und chemischen Impulse sind bei anderen Säugetierarten praktisch nicht von denen bei uns Menschen zu unterscheiden.
Letztlich gibt es eine ganze Reihe von Verhaltensphänomen, die nichts mit Emotion zu tun haben. Prominent an dieser Stelle muss das Thema der Aggression genannt werden. Aggression ist keine Emotion, kein Gefühl und damit auch nicht an dieser Stelle zu behandeln (mehr dazu ab S. 186 ff.).
Wie de Waal darlegt, ist weniger die Existenz von Emotionen, sondern möglicherweise eher die Fähigkeit zur Emotionskontrolle und Selbstbeherrschung ein Teil der Höherentwicklung des Großhirns, denn diese, oft als Exekutivfunktionen bezeichneten Wege der rationalen Kontrolle über das tiefer liegende System, treten in der Individualentwicklung (Pubertät) als auch in der Stammesgeschichte (z. B. höhere Primaten) erst später auf.

ANTHROPOMORPHISMUS UND ANTHROPOZENTRISMUS

Antropomorphismus meint die Übertragung menschlicher Eigenschaften auf Lebewesen und Nicht-Lebewesen bei (noch) fehlender oder unzureichender Beweislage. Als Hypothesengrundlage kann Anthropomorphismus methodologisch durchaus sinnvoll sein, solange man sich dessen bewusst ist.
Anthropozentrismus meint das Selbstverständnis des Menschen als Mittelpunkt der Welt. Auf ihn wird alles bezogen und von ihm ausgehend alles erklärt. Von dieser Perspektive wird auch dann nicht abgewichen oder sie infrage gestellt, wenn es gute Gründe dafür gibt (siehe auch Wild 2008).

FILTERMECHANISMEN

In den letzten Jahren haben einige Untersuchungen an verschiedensten Säugetierarten, speziell an Ratten, Primaten und Hunden, eine Reihe von durchaus als Voreinstellungen oder Filtermechanismen zu betrachtenden Auswirkungen zwischen der Sicht auf die Welt, die ein Tier hat, und der nachfolgenden Bewertung bestimmter Ereignisse ergeben.
In einer Zusammenstellung von Paul, Harding und Mendl (2005) wurden wichtige Bestandteile dieser Filtermechanismen genannt:
Am interessantesten, weil für die Verhaltensantwort oftmals mitentscheidend, sind die als **kognitive Filter** oder auch **kognitive Verzerrung** bezeichneten Mechanismen.
In Untersuchungen konnte die Arbeitsgruppe von Michael Mendl (Burman 2014, Burmann et al. 2009) zeigen, dass optimistische Hunde weniger Probleme mit dem Alleinsein, also mit Trennungsängsten, aber auch weniger Tendenz zu anderen Angstproblemen, stereotypem Bellen etc. hatten.
Aufregend sind auch die Befunde, dass ein Aufwachsen in interessanten, abwechslungsreichen und qualitativ hochwertigen Umgebungen oder auch das Leben in einer stabilen, vorhersagbaren und qualitativ hochwertigen Umgebung, einige Zeit vor dem Versuch, eher den positiv-optimistischen Ansatz, ein Aufwachsen in ständiger Gefahr, unter schlechten Lebensbedingungen oder in unvorhersagbaren Lebensumständen eher den negativen Filter begünstigt. Bei Schweinen und anderen Tierarten wurden die genannten Persönlichkeitsunterschiede durch die Arbeitsgruppe von Mendl in Bristol bereits gefunden.
Anna Kis et al. (2015) aus Budapest zeigen zudem einen Zusammenhang mit dem Bindungssystem: Hunde, denen man vor dem Test auf kognitive Filterung Oxytocin in die Nase verabreicht hatte, reagierten optimistischer als Hunde der Kontrollgruppe.
Sheppard & Mills (2002) sowie Wright et al. (2011) haben, wiederum am Beispiel des Haushundes, noch mehrere andere Bestandteile der emotionalen Disposition identifiziert und durch validierte und gut anwendbare Fragebogen messbar gemacht. Im Bereich der emotionalen Disposition finden sich neben der Optimismus-Pessimismus-Achse noch die allgemeine Erregbarkeit, die Achse von Energie und Interesse sowie die Beharrlichkeit. Im Bereich der Impulsivität wird nochmals unterschieden in die Faktoren An- bzw. Abwesenheit von Verhaltensregulation (Selbstbeherrschung), Aggression und/oder Abwehr gegen neue Situationen (auch bei anderen Tierarten als Neophobie bezeichnet) und Empfindlichkeit bzw. Reaktionsfähigkeit für unerwartete oder schwierige Situationen.

POSITIVE UND NEGATIVE EMOTIONEN

Die Vor- und Nachteile einer derzeitigen Umweltsituation und ihre wahrscheinliche Bedeutung für die künftige Fitness des betreffenden Tieres, werden von Mendl et al. (2010), Fraser und Duncan (1998) und anderen ausführlich thematisiert.
Positive Emotionen werden in diesem System als Belohnungsfaktoren gesehen, die dann einsetzen sollten, wenn entweder eine Handlung erfolgreich abgeschlossen wurde oder eine künftig positiv wirkende Situation gewissermaßen auf Vorrat zu einer künftigen Fitnesssteigerung führen könnte.
Negative Emotionen werden als negative Verstärker, bisweilen sogar als Bestrafungsmechanismen im Sinne der klassischen Lernpsychologie gesehen. Wenn das Tier sich in einem unzureichenden Allgemeinzustand befindet, dann verkündet ihm die negative Emotion eindringlich, dass es sich besser auf die Suche nach einer Verbesserung und Veränderung des derzeit unbefriedigenden Zustandes machen sollte. Im Bereich von Empathie und Stimmungsübertragung zeigt Spinka (2012), dass verbesserte Gruppenkoordination evolutive Alltagsvorteile bringen kann.

ACHSENKREUZ DER EMOTIONEN

Mendl, Burman und Paul (2010) entwerfen ein zweidimensionales Modell der Einschätzung und Einteilung emotionaler Zustände, wobei in einem Achsenkreuz von links nach rechts die negativen bzw. positiven, von unten nach oben bzw. die niedrigen bzw. hohen Aktivitätszustände eingetragen werden (siehe Grafik). Nicht nur momentane, durch konkrete Reize bzw. Reizkombinationen auslösbare Emotionen können in dieses Achsenkreuz eingetragen werden, sondern auch Stimmungen, die ohne konkreten Außenreiz das Innenleben des Tieres beeinflussen.
Durch relative Abschätzung der beteiligten Komponenten, also der allgemeinen Stimmungslage des Tieres, der Stärke der gerade herrschenden inneren und äußeren Reize und der daraus entstehenden Emotionen, können die Aktivitäten von Tieren oftmals besser verstanden und auch in angewandten Problemsituationen verändert bzw. beeinflusst werden. Falconer-Taylor et al. (2014) haben dies am Beispiel der Anwendungsmöglichkeiten bei Training und Erziehung von Hunden ausführlich dargelegt. In Zusammenhang mit der Bewertung positiver Stimmungen und Emotionen wird von Balcombe (2009) nochmals betont, wie wichtig die Kenntnis der Zusammenhänge positiver, als Vergnügen („pleasure") bezeichneter Zustände für die Einschätzung tierlichen Wohlbefindens wäre. **Es sollte nicht nur darum gehen, bei Tieren negative Empfindungen und Emotionen wie Angst, Furcht aber auch Hunger etc. zu vermeiden, sondern ihnen zudem einen Zustand positiver Emotionen, Glück oder zumindest Zufriedenheit vermitteln zu können.**

KLASSIFIZIERUNG

In den vergangenen Jahren, meist gestützt auf neurobiologische und/oder hormonelle Untersuchungen (siehe S. 344 ff.), wurden verschiedene Versuche veröffentlicht, wie man der Komplexität verschiedenster Emotionen bei Tieren durch ein Klassifizierungssystem beikommen könnte. Einer der ersten, der dies, auch auf seinen eigenen neurobiologischen Untersuchungen basierend, versucht hat, ist der Neuropsychiater Jaak Panksepp (z. B. 2005). Er unterscheidet im Wesentlichen sieben, als basisemotionale Systeme bezeichnete Bereiche:

1. Suchsystem
2. Zorn- und Wutsystem
3. Furchtsystem
4. Paniksystem
5. Spielsystem
6. Lustsystem
7. Fürsorgesystem

Während in diesem Modell die verschiedenen Grundemotionen sozusagen gleichberechtigt nebeneinander stehen und nur in verschiedenen Teilen des Gehirn- und Hormonsystems ihren Ursprung haben, versuchte de Waal (2011) eine hierarchische, in mehreren Ebenen angeordnete Klassifizierung der Emotionen. Bradshaw (2011) hat dieses System teilweise übernommen. Im Folgenden sollen die Ansätze von Bradshaw und de Waal kombiniert und erweitert bzw. ergänzt werden.

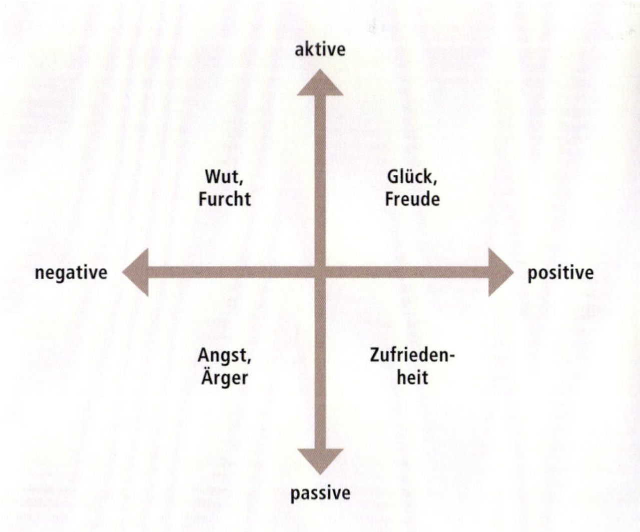

Achsenkreuz der Emotionen (abgeändert von Mendl et al. 2010, aus Gansloßer et al. 2020)

Ebene der Primäremotionen

Primäremotionen beziehen sich unmittelbar auf das Verhältnis des betreffenden Tieres zu seiner nicht sozialen und oft auch unbelebten Umwelt. Hier wären als negative Emotionen Furcht, Angst oder Wut anzusetzen, aber auch Glück, Zufriedenheit und ähnliche sind in diesen Bereich anzusiedeln.

Ebene der sekundären Emotionen

Diese beziehen sich überwiegend auf das Verhältnis des betreffenden Individuums zu seiner sozialen Umgebung. Im Zusammenleben mit Artgenossen und anderen Sozialpartnern finden sich hierbei nochmals zwei Untergruppen:

- Die als **soziale Sekundäremotionen** bezeichnete Gruppe, die neben dem Menschen durchaus auch anderen, sozial lebenden Säugetieren zugewiesen wird, umfasst Liebe bzw. Freundschaft oder auch, etwas nüchterner betrachtet, die emotionalen Komponenten einer echten Bindung (vgl. S. 256 ff.), aber auch Trauer und Eifersucht. Auch die Empathie, das echte Mitgefühl für die derzeitigen inneren Zustände eines Sozialpartners, ist in diesem Gebiet anzusiedeln.
- Die als **moralische Sekundäremotionen** bezeichneten Zustände, etwa Stolz, schlechtes Gewissen, Schuldgefühl etc. sind dagegen in Untersuchungen an anderen Tierarten außerhalb des Menschen noch nicht wissenschaftlich belegbar.

BASISEMOTIONS-SYSTEME

Die Regionen unseres Gehirns, in denen emotionale und gefühlsmäßige Bewertungen von Situationen entstehen, sind in den letzten Jahren, nicht zuletzt durch verbesserte und weniger belastende (= invasive) Methoden, erst so richtig erforscht worden. Auch hier ist unter anderem Jaak Panksepp und seine Arbeitsgruppe an vorderer Stelle zu nennen. Panksepp war es u.a. auch, der die bereits erwähnten sieben Basisemotionssysteme verschiedenen Gehirnteilen zugeordnet hat.

SUCHT- UND ERWARTUNGSSYSTEM

Im Bereich der allgemein positiven Motivation, des Sucht- und Erwartungssystems, ist ein Teil des Streifenkörpers (Nucleus accumbens) beteiligt sowie verschiedene Teile im Bereich des Mittelhirns und des mittleren Großhirns. Auch der seitliche Teil des Hypothalamus, seitliches unteres Zwischenhirn, wäre hier zu nennen. Botenstoffe sind vor allem Dopamin, Glutamat sowie Opioide (hirneigene opiumverwandte Substanzen wie Neurotensin, Orexin). Weitergehende Untersuchungen zu diesem Belohnungssystem zeigen noch weitere Differenzierungen (Schweinhardt et al. 2009). Die Erwartung einer Belohnung, als „wanting" also „wollen" bezeichnet, und der eigentliche Genuss der vollendeten Handlung mit dem Belohnungseffekt, als „liking" also „mögen" bezeichnet, werden nochmals von unterschiedlichen Botenstoffen und auch von leicht unterschiedlichen Zellgruppen verursacht. Das Mögen kommt mehr von den Opioiden aus dem Streifenkörper, das Wollen mehr vom Dopaminsystem im unteren Streifenkörper. Dieses, als mesolimbisches Belohnungssystem bekannte System, ist eines der ältesten im Gehirn von landlebenden Wirbeltieren. Vom basalen Mittelhirn steigen aber auch Nervenverbindungen zum präfronalten Cortex, also dem vordersten Teil des Stirnhirns. Dieser Teil ist es, der durch auf- und absteigende Fasern nicht nur mit dem Genießen, sondern auch mit der Regulation einschlägiger Erfahrungen zu tun hat. Ist die Kontrolle durch den präfrontalen Cortex zu schwach, kann das Belohnungssystem sozusagen auf Autopilot arbeiten. Das wiederum hat viel mit der Entstehung von Sucht zu tun. Der Nucleus accumbens ist dabei das unbewusst-emotionale, der präfrontale Cortex das bewusst- und erfahrungsbedingte Genusszentrum.

WUT- UND ÄRGERSYSTEM

Das Wut- und Ärgersystem, dessen Hauptbotenstoffe Glutamat, Acetylcholin und die als Substanz P bezeichnete Transmitterform sind, befindet sich hauptsächlich im mittleren Bereich des Mandelkerns, also der Amygdala, sowie zusätzlich noch im seitlichen und mittleren Bereich des Hypothalamus und im Bereich der grauen Substanz rund um den Ventrikel, also den Hohlraum des Mittelhirns.
Furcht und Angst werden überwiegend im zentralen und seitlichen Mandelkern sowie im mittleren Teil des Hypothalamus und im oberen Teil der grauen Substanz, rund um den Hohlraum des Mittelhirns, ausgelöst. Hier sind u.a. als Botenstoffe wiederum Glutamat, aber auch CRF (Corticopin-Relasing-Faktor) und verschiedene andere Proteine beteiligt.

LUST- UND SEXUALSYSTEM

Das Lust- und Sexualsystem finden sich überwiegend im äußeren und mittleren Teil des Mandelkerns, in der vorderen Region des Hypothalamus und im Bereich der genannten grauen Substanz im Mittelhirn. Dort sind u. a. die Sexualsteroide, aber auch Vasopressin und Oxytocin nebst einigen Botenstoffen aus den Schaltkreisen des Fortpflanzungssystems aktiv.

FÜRSORGESYSTEM

Ein vom Sexualsystem getrennter Schaltkreis befindet sich u. a. im vorderen Teil des Hypothalamus sowie in einigen Teilen des Großhirns und wiederum im Bereich des ventralen unteren Mittelhirns. Dort sind Oxytocin, Prolaktin und einige Opioide, aber wahrscheinlich auch das Dopamin beteiligt.

PANIK- UND TRENNUNGSSYSTEM

Das Panik- und Trennungssystem, das sich vor allem im Bereich des oberen und mittleren Zwischenhirns und in den vorderen, vor dem Sehnerv liegenden Regionen des limbischen Systems befindet, wird durch CRF und Glutamat gefördert, Opioide, Oxytocin und Prolaktin dämpfen es.

SPIEL-, HUMOR- UND GLÜCKSSYSTEM

Letztlich befindet sich im vorderen oberen Teil des Zwischenhirns und im Bereich rund um den Ursprung des fünften Gehirnnervs das Spiel- und Glückssystem, die mit Opioiden, Glutamat, Acetylcholin, aber auch mit Cannabinoiden, also dem Cannabis-verwandten Botenstoffen, und möglicherweise noch weiteren Substanzen arbeiten.
Kompliziert wird es dadurch, dass die verschiedenen Zentren miteinander in komplizierten Schaltkreisen verbunden sind. So wird vermutet, dass das Panik- und Trennungssystem auch mit der Entstehung von Empathie, also Einfühlungsvermögen, verknüpft wäre, das Fürsorgesystem ist wohl nicht nur für mütterliches Verhalten, sondern auch für Bindungsverhalten zwischen anderen Sozialpartnern beteiligt, das Furcht- und Angstsystem hat auch etwas mit der Entstehung von Schmerzen und deren Regulation zu tun (Panksepp & Panksepp 2013).

VERGNÜGUNGS- UND LEIDENS-SCHMERZ-BESTRAFUNGSSYSTEM

Zwei Schaltkreise, deren Aktivität in den letzten Jahren besonders intensiv untersucht wurde, sollen hier noch speziell angesprochen werden: Das Vergnügungssystem, auch als Pleasure-Schaltkreis bezeichnet, und das gegenläufige Leidens-Schmerz-Bestrafungssystem. Beide arbeiten mit denselben Botenstoffen, in beiden Fällen sind Dopamin- und Endorphine, speziell als µ-Opioide bezeichnete Substanzen aktiv. Beteiligt an beiden Systemen sind die Zentralteile des Mandelkerns und für diesen wurde durch neueste Untersuchungen (Tonegawa et al. 2017) ein wichtiger Beitrag geleistet. In der bisherigen Sichtweise war für den Mandelkern (Amygdala), speziell dessen zentralen Teil, vorwiegend eine Beteiligung an negativen Emotionen angenommen worden. Die genannten neuen Untersuchungen zeigen jedoch, dass von sieben identifizierbaren Typen der Nervenzellen im Bereich dieser Hirn-

Schweinische (oder besser schweinliche) Emotionen sind mittlerweile unstrittig.

region, fünf eher mit dem Belohnungs- und damit positiven Emotionssystem und nur eine mit Furcht und anderen negativen Emotionen verknüpft werden. Leknes und Traicey (2008) zeigen, dass die positiven, mit Vergnügen und Erwarten des Erfolgs bzw. der Belohnung verknüpften Aktivitäten überwiegend aus dem Bereich des Tegmentums zum Nucleus accumbens und einer als Pallidum bezeichneten Region an der Basis des Großhirns ziehen. Dort wird überwiegend mit Dopamin und mit den genannten µ-Opioiden gearbeitet.
Schmerz und Leiden dagegen führt zu einer Veränderung der Dopaminwirkung und zu einer Reduzierung der Ausschüttung der genannten µ-Opioide. Jedoch zeigt die Übersicht von Leknes und Traicey, dass noch eine Vielzahl anderer Regionen sowohl im Bereich des Großhirns (der genannte präfrontale Cortex) oder die als Inselregion, mit der Kontrolle von emotionalen Reaktionen durch soziale Mechanismen besonders verknüpften Teile der Großhirnrinde, eine wichtige Bedeutung haben. Auch die beteiligten Botenstoffe sind sehr unterschiedlich und entfalten viele weitergehende Wirkungen. Die Wirkungen von Oxytocin und Vasopressin bei der Regulation sozialer Unterstützung, beim Ausdruck von Bindungsverhalten und bei dem durch die Kontakte mit dem Bindungs- und Sozialpartner entstehenden Wohlfühleffekt sind weitgehend untersucht (mehr darüber ab S. 257).

BEWERTUNG DER LEBENSQUALITÄT

Wie bereits erwähnt, wird gerade die Bewertung von emotionalen Zuständen bei Tieren in der Haus-, Nutz- und Zootierethologie zunehmend als eine Möglichkeit zur Bewertung der Lebensqualität herangezogen.
Auch die Darstellungen von Balcombe (2009) heben im Wesentlichen darauf ab, dass positive emotionale Zustände, zumindest Zufriedenheit, zwischendurch auch Glück und Freude bei Tieren als erstrebenswerte Haltungsbedingungen anzusehen wären.

Meehan und Mench (2007) führen hier eine weitere Komponente haltungsbezogener Anforderungen an: Wenn Tiere in die Lage versetzt werden, durchaus auch schwierige, aber für sie lösbare Probleme erfolgreich abzuschließen und zu bearbeiten, kann diese Problemlösefähigkeit durchaus auch zu einer höheren Zufriedenheit und damit zu einem ausgeglichenen emotionalen Zustand führen. Wenn keine Herausforderungen, keine besonderen stimulierenden und vielleicht aufregenden Umweltbedingungen mehr herrschen, tritt durchaus auch abnormales Verhalten im Sinne von Verhaltensstörungen auf. Auch eine leichte, aber eben nicht lähmende Belastung kann durchaus als emotionale Unterstützung für die Problemlösung wirken (siehe S. 273). **Beschäftigungsprogramme, die kognitive Fähigkeiten von Tieren fordern, sie in eine milde Aufregung oder eine noch zu bewältigende und tragbare Belastung versetzen, ihnen dann aber die Zufriedenheit des erfolgreichen Problemabschlusses gewährleisten (und damit das Belohnungssystem im mesolimbischen Bereich aktivieren), sind also durchaus in diesem Zusammenhang nicht nur als tierschutzkonform, sondern sogar als wünschenswert anzusehen.**

Im Zusammenhang mit den hier dargelegten emotionalen Komponenten fordert Mellor (2016) auch, dass die positiven Emotionen Glück, Zufriedenheit, das erfolgreiche Genießen eines Problemabschlusses ebenfalls zum lebenswerten Leben für andere, nichtmenschliche Tiere dazugehören.

Hier besteht erheblicher Nachholbedarf: Proctor et al. (2013) haben in einer Übersichtsarbeit an über 2800 Arbeiten zu Empfindungsfähigkeit nichtmenschlicher Lebewesen aus den Jahren 1999 – 2012 gezeigt, wie sehr sich der Forschungsschwerpunkt auf negative Zustände konzentriert. Nur 154 Artikel behandeln positive, gegenüber ca. 2360 über negative Zustände. Auch bei Weglassung der Studien, die Modelle für menschliche Psychologie oder Pharmakolgie untersuchten, blieben nur 149 über positive gegen 625 über negative Zustände. Umso wichtiger sind Bücher wie Wynne (2019) oder Starling und McGreevy (2018), die explizit auf Basis moderner Forschungsansätze positive Emotionen bei Hunden diskutieren.

TIERSCHUTZGESETZ

VON DR. BARBARA FELDE UND BETTINA HINTE-BREINDL

Das Tierschutzgesetz (TierSchG) enthält in vielen Vorschriften Verweise auf „Schmerzen, Leiden oder Schäden". Bereits die sogenannte Programmnorm des § 1 TierSchG, die das Ziel und den Zweck des Gesetzes wiedergibt, verbietet es, einem Tier ohne vernünftigen Grund Schmerzen, Leiden oder Schäden zuzufügen. Die Stellung ganz am Anfang des Tierschutzgesetzes macht deutlich, dass die Begriffe „Schmerzen", „Leiden" und „Schäden" wichtige Begriffe sind und das ganze Tierschutzrecht beeinflussen. Sie ziehen sich durch das gesamte Tierschutzgesetz und sind immer wieder Gegenstand von Verboten, deren Verwirklichung z. T. auch mit Geldbußen und Strafen (Freiheits- bzw. Geldstrafen) bewehrt sind (Ordnungswidrigkeiten werden mit Geldbußen belegt, Straftaten mit Geldstrafe oder mit Freiheitsstrafe).

Ausgangspunkt für jegliche Tierhaltung in Deutschland ist die Vorschrift des § 2 TierSchG. Nach dieser Vorschrift muss derjenige, der ein Tier hält, betreut oder zu betreuen hat, das Tier seiner Art und seinen Bedürfnissen entsprechend angemessen ernähren, pflegen und verhaltensgerecht unterbringen (§ 2 Nr. 1 TierSchG). Auch darf er die Möglichkeit des Tieres zu artgemäßer Bewegung nicht so einschränken, dass ihm Schmerzen oder vermeidbare Leiden oder Schäden zugefügt werden (§ 2 Nr. 2 TierSchG). Schon im zweiten Paragraphen finden sich wieder die Begriffe Schmerzen, Leiden und Schäden.

Grundlage für nähere Konkretisierungen der beiden Vorschriften, z. B. zu der Frage, wann eine Ernährung der Art und den Bedürfnissen der jeweiligen Tiere entsprechend angemessen, wann eine Unterbringung verhaltensgerecht und wann einem Tier Schmerzen, Leiden oder Schäden zugefügt werden, sind hauptsächlich ethologische, daneben auch veterinärmedizinische und biologische Erkenntnisse.

DIE FÜNF FREIHEITEN

Eng mit den Begriffen Schmerzen, Leiden und Schäden sind die sogenannten „Fünf Freiheiten", die allen in Menschenhand gehaltenen Tieren zugestanden werden sollen, anzusehen. Diese gehen auf die 1960er Jahre und die Nutztierhaltung zurück: Die Nutztierhaltung erfuhr wegen der zunehmenden Industrialisierung der sogenannten „Tierproduktion" und der daraus folgenden Massentierhaltung seit den 1960er Jahren zunehmend Kritik. Ein wichtiges Werk, das dem Bürger die Zustände der damals bereits florierenden Massentierhaltung vor Augen geführt hat, war das Buch Animal Machines („Tiermaschinen") von Ruth Harrison. Es wurde 1964 veröffentlicht und löste die Erarbeitung des sogenannten Brambell-Reports (Technical Committee to Enquire into the Welfare of Animals kept under Intensive Livestock Husbandry Systems, 1965) aus, der von einem britischen Komitee unter Vorsitz von Rogers Brambell geschrieben wurde und die Forderung aufstellte, dass es allen Nutztieren möglich sein sollte, aufzustehen, sich hinzulegen, sich herumzudrehen, sich zu pflegen und sich auszustrecken („to stand up, lie down, turn around, groom themselves and stretch their limbs").

Diese Fünf Freiheiten zogen sich in Form von Publikationen und Forderungen durch die Jahrzehnte und wurden im Jahr 1993 vom UK Farm Animal Welfare Council (heute: Farm Animal Welfare Committee, FAWC) festgeschrieben. Seit 1998 bilden die Fünf Freiheiten auch die Grundlage der Tierschutzpolitik der Europäischen Union (Wartenberg 2012).

In rechtlicher Hinsicht finden sich einige Begriffe, die in der Beschreibung der Fünf Freiheiten vorkommen, genauso oder etwas anders auch im Tierschutzgesetz wieder: Der Begriff „Unwohlsein" muss im Zusammenhang mit dem in § 2 TierSchG genannten Begriff „Leiden" gesehen werden; die Begriffe „Verletzung" und „Krankheit" sind unter dem Begriff „Schmerzen" zu erörtern, aber auch unter den Begriffen „Leiden" und „Schäden" (vgl. § 2 Nr. 2 TierSchG). Der Begriff „Schmerz" findet sich sogar wortgleich im Tierschutzgesetz wieder. Der Begriff „normales Verhalten" ist wesentlich im Rahmen des § 2 Nr. 1 TierSchG, nach dem eine verhaltensgerechte Unterbringung sichergestellt werden muss, aber auch dem Begriff „Leiden" zugehörig, denn ein Tier kann leiden, wenn es in seinem normalen Verhalten beschränkt wird. Letztlich sind die Begriffe „Angst" und „Stress" zwar nicht ausdrücklich in § 2 TierSchG genannt, müssen aber ebenfalls im Zusammenhang mit dem Begriff „Leiden" behandelt werden. Die drei Begriffe werden durch das Tierschutzgesetz selbst nicht definiert. Mittlerweile haben sich aber feste Definitionen

FÜNF FREIHEITEN

Mit den Fünf Freiheiten werden fünf essentielle Dinge für die sogenannten Nutztiere gefordert, die jeweils immer gewährleistet sein müssen. Die Freiheit ...

- von Hunger und Durst (freedom from thirst, hunger or malnutrition)
- von Unwohlsein (appropriate comfort and shelter)
- von Schmerz, Verletzung und Krankheit (prevention, or rapid diagnosis and treatment, of injury and disease)
- normales Verhalten an den Tag zu legen (freedom to display most normal patterns of behaviour)
- von Angst und Stress (freedom from fear)

Viele Konzepte der Tierschutzforschung kommen aus der verantwortungsvollen Landwirtschaft.

herausgebildet, sodass für die Bestimmung, ob ein Tier Schmerzen hat, leidet oder ihm ein Schaden zugefügt wurde, feste Maßstäbe gelten, die natürlich von Tierart zu Tierart variieren.

Definition „Schmerz"

Zunächst ist zu klären, was „Schmerz" genau ist: Unter Schmerz versteht man eine *„unangenehme Sinneswahrnehmung, verursacht durch tatsächliche oder potentielle Verletzung, die motorische oder vegetative Reaktionen auslöst, in einem erlernten Vermeidungsverhalten resultiert und die potentiell spezifische Verhaltensweisen verändern kann wie z. B. das Sozialverhalten"* (Lagrange & Hoffmann 2006). Säugetieren wie auch Vögeln wird seit langem eine Schmerzempfindung zugeschrieben, wie auch der Mensch sie hat, bereits wegen der grundsätzlich gleichen morphologischen und funktionellen Struktur des Zentralnervensystems (Hirt et al. 2016). Zum Teil werden daher auch die Definitionen für die Bestimmung menschlichen Schmerzes herangezogen. Der Gesetzgeber vermutet eine Schmerzfähigkeit – unabhängig von einzelnen naturwissenschaftlichen Ansichten, z. B. Fische betreffend – bei allen Wirbeltieren, da der Wortlaut der Vorschriften, die es verbieten, Tieren Schmerzen zuzufügen, auf Wirbeltiere abstellt (siehe auch S. 354 ff.).

Die Begriffe „Verletzungen" und „Krankheiten", die in der Beschreibung der Fünf Freiheiten vorkommen, hängen eng mit dem Begriff des Schmerzes zusammen. Denn der Begriff „Verletzung" kommt schon in der Definition des Begriffs „Schmerzen" vor. Durch Verletzungen können dem Tier Schmerzen zugefügt werden; der Schmerz kann Ergebnis einer Verletzung sein und auch mit der Verletzungshandlung einhergehen. Dadurch, dass Tiere „frei von Verletzungen" sein sollen, wird für sie in den Fünf Freiheiten auch die Freiheit vor dem Schmerz, der ebenfalls ausdrücklich in den hier zitierten Beschreibungen der Fünf Freiheiten erwähnt worden ist, gefordert.

Definition „Leiden"

Leiden im juristischen Sinn meint *„alle nicht bereits vom Begriff des Schmerzes umfassten Beeinträchtigungen im Wohlbefinden, die über ein schlichtes Unbehagen hinausgehen und eine nicht ganz unwesentliche Zeitspanne fortdauern."* Auch seelische Störungen des Wohlbefindens fallen unter den Leidensbegriff. Dies stellt heraus, dass es für das Hervorrufen von Leiden noch nicht einmal eine Berührung, geschweige denn eine Gewebeschädigung braucht. Ein reines Unterlassen – z. B. das Unterlassen der Versorgung eines Tieres – kann Leiden bei diesem auslösen. Dies ist eigentlich logisch, wenn man bedenkt, dass das Unterlassen so weit gehen kann, dass das Tier verhungert oder verdurstet und ihm so der größtmögliche Schaden – der Tod – zugefügt werden kann.

Definition „Wohlbefinden"

Da der Begriff des Leidens von der Grundlage des „Wohlbefindens" ausgeht, muss hier auch erklärt werden, was rechtlich unter diesem Begriff zu verstehen ist. *„Wohlbefinden ist ein Zustand körperlicher und seelischer Harmonie des Tieres in sich und mit der Umwelt; regelmäßige Anzeichen des Wohlbefindens sind Gesundheit und ein in jeder Beziehung normales Verhalten."* Auch durch diese Definition wird klar, dass es auch im Recht auf Emotionen und das Seelenleben des Tieres ankommt, nämlich im Rahmen der Bestimmung des „Normalzustandes", der eben der des „Wohlbefindens" sein soll.

Definition „Angst" und „Furcht"

„Angst" wird in der Literatur als *„ein unangenehmer emotionaler Zustand bei Erwartung eines stark negativen Ereignisses"* (z. B. Schläge, Tritte, Stromeinwirkung) definiert (Hirt et al. 2016). Damit wird auch klar, dass im Tierschutzrecht Emotionen des Tieres eine Rolle spielen können, nämlich dann, wenn es um „Angst" und damit weiterhin um den Leidensbegriff geht. Wobei mit dem Begriff „Angst" auch „Furcht", nämlich das Erwarten eines konkret bereits erlebten negativen Ereignisses, gemeint sein kann. Juristen kennen im Zusammenhang mit den hier erörterten Begriffen nur den Begriff „Angst", der aber auch Furcht erfassen dürfte.

Ob ein Tier Angst hat, kann anhand objektiver Kriterien festgestellt werden, muss aber immer im Einzelfall mittels einer Gesamtschau im Kontext festgestellt werden. So sind (einzelne) Ausdruckszeichen für Angst (und damit Leiden) bei Hunden Schreckurinieren, Zittern, Sträuben der Haare, stark erhöhter Herzschlag, weites Öffnen der Augen, Lautäußerungen wie z. B. Winseln, Unruhe, Fluchttendenz, Blickvermeidung, Erbrechen u. a. (Hirt et al. 2016, Kluge 2002).

Wie aber die Definition von „Leiden" zeigt, gibt es zwei Ausnahmen von dem Grundsatz, dass eine Beeinträchtigung des Wohlbefindens als Leiden gilt: Zunächst kann eine reine Augenblicksempfindung für sich genommen noch nicht als Leiden angesehen werden (wohl aber dann, wenn sich mehrere kurze Augenblicksempfindungen aneinanderreihen!). Weiter ist ein „schlichtes Unbehagen" auch noch nicht als Leiden einzustufen. Die Grenzen verlaufen jedoch fließend; bei längerer Dauer oder höherer Intensität des Unbehagens kann die Grenze zum Leiden schnell erreicht sein. Hier bedarf es jedoch immer einer konkreten Einzelfallanalyse. Auch gezielt herbeigerufene Angst oder Furcht kann u. U. unter den Leidensbegriff subsumiert werden (OVG Lüneburg, Beschluss vom 15.10.2012, 11 ME 234/12, NVwZ-RR 2013, 182). Erziehungs- und Ausbildungsmethoden, mit denen ein Tier absichtlich ständig in Angst versetzt wird und/oder unter ständigem Stress steht (siehe S. 271 ff.), sind daher konsequenterweise verboten.

Nach den Fünf Freiheiten ist auch die Freiheit von Angst und Stress eines der Gewährleistungselemente. Angst und Stress werden unter den Begriff „Leiden" gefasst und sind daher auch vom Tierschutzgesetz erfasst.

Einzelne Vorschriften des Tierschutzgesetzes erfordern aber „erhebliche" Schmerzen, Leiden oder Schäden, so z. B. der Straftatbestand des § 17 TierSchG, nach dem derjenige mit Freiheitsstrafe bis zu drei Jahren oder mit Geldstrafe bestraft wird, der einem Wirbeltier länger anhaltende oder sich wiederholende erhebliche Schmerzen oder Leiden zufügt. Das Merkmal „erheblich" dient der Ausgrenzung von Bagatellfällen; „erheblich" meint alle Beeinträchtigungen, die die Geringfügigkeitsgrenze überschreiten und nach ihrer Art und Intensität beträchtlich, gravierend oder gewichtig sind; der Begriff umfasst die gesamte Bandbreite von „gerade keine Bagatelle mehr" bis hin zu „schwer" (Hirt et al. 2016, Kluge 2002).
Neben Schmerzen und Leiden dürfen dem Tier auch keine „Schäden" zugefügt werden. Ein Schaden liegt vor, wenn der körperliche und/oder der seelische Zustand, in dem ein Tier sich befindet, vorübergehend oder dauerhaft zum Schlechteren hin verändert wird. Hierzu ist zunächst vom typusgemäßen „Soll-Zustand" eines körperlich und seelisch gesunden Tieres auszugehen (Hirt et al. 2016). Zeigen sich hiervon negative Abweichungen, so liegt ein Schaden vor. Beispiele hierfür sind Abmagerung, Abstumpfung der Sinne, Amputationen, Krankheit, erhöhte Aggression gegenüber Menschen und/oder anderen Tieren usw. Dass auch die Bedürfnisse von Tieren im Rahmen der Begriffe der Schmerzen, Leiden und Schäden eine Rolle spielen, zeigen eindrücklich Ausführungen des Oberlandesgerichts (OLG) Karlsruhe, wie erhebliche Leiden entstehen können. Im vom OLG Karlsruhe entschiedenen Fall war ein Rinderhalter wegen Tierquälerei verurteilt worden, der seine Rinder mit deutlich zu wenig Einstreu gehalten hatte. Das Gericht führt hierzu aus: *„Erhebliche Leiden können nämlich trotz Fehlens von äußeren Anzeichen auch dann schon vorliegen, wenn das Tier über einen nicht geringfügigen Zeitraum Verhaltensrestriktionen unterworfen wird, die eine elementare Bedürfnisbefriedigung unmöglich machen. Auch eine nicht artgerechte Haltung, die sich z. B. in einer (dauernden) Entbehrung angeborener Verhaltensbedürfnisse zeigt, vermag erhebliche Leiden zu begründen."* (OLG Karlsruhe, Urteil vom 29.10.2015, 3 Ss 433/15, 3 Ss 433/15 – AK 170/15 (juris.) Rn. 11). Kann ein Tier also das ihm angeborene, arttypische Verhalten nicht ausleben, so vermag dies zu erheblichen Leiden führen, deren Zufügung ohne vernünftigen Grund verboten ist.
Gleichwohl bleibt festzuhalten, dass die tierschutzgesetzliche Formulierung *„niemand darf einem Tier ohne vernünftigen Grund Schmerzen, Leiden oder Schäden zufügen"* grundsätzlich impliziert, dass sehr wohl durch das Tierschutzgesetz Gründe zugelassen sind, Tieren Schmerzen, Leiden oder Schäden zuzufügen. Es müssen eben nur „vernünftige Gründe" sein. Darüber aber, welche Gründe „vernünftige Gründe" sein können, sollte unbedingt verstärkt unter Einbezug aktueller wissenschaftlicher Erkenntnisse zu (unter anderem) der Emotionsfähigkeit von Tieren diskutiert werden.

Hier dürfte das Wohlbefinden dreier empfindungsfähiger Lebewesen klar sein.

AUS DER FORSCHUNG

TIER- UND VERHALTENSGERECHTE HUNDEHALTUNG

Immer wieder stößt man in Diskussionen mit Hundehaltern und anderen tierbezogenen Menschen auf die Forderung nach einer möglichst artgerechten Tierhaltung. Dieser Begriff ist bemerkenswerterweise im deutschen Tierschutzgesetz überhaupt nicht vorhanden, lediglich die Forderung, sein Tier seiner Art gemäß zu füttern, steht dort festgeschrieben. Der Begriff artgerecht wird zwar bisweilen auch in Gerichtsentscheidungen und behördlichen Anordnungen verwendet, ist jedoch aus juristischer wie auch zoologischer Sicht äußerst schwierig zu fassen. Eine juristisch eindeutige Definition gibt es nicht, einige Obergerichte haben versucht, sich dabei am Verhaltenskatalog einer Tierart zu orientieren. Je mehr Elemente aus dem natürlichen, gegebenenfalls angeborenen Verhaltensrepertoire einer Tierart ein Individuum in einer gegebenen Haltung zeigen könnte, desto artgerechter wäre diese Haltung.
Modernere tierschutzethologische Forderungen dagegen beziehen sich vielmehr auf zwei andere Gesichtspunkte: Auf die Frage nach der Erfüllung von Wünschen und die Frage nach der Kontrolle über seine Umwelt. Wenn ein Tier also weitgehend Kontrolle über seine Umgebung ausüben kann und weitgehend seinen Wünschen folgen kann, dann wäre eine tier- und verhaltensgerechte Haltung erreicht. Eine zweite, davon unabhängige Forderung jedoch wäre noch die nach der Gesundheit. Ist das Tier gesund und hat es was es will? Wenn beide Fragen mit Ja beantwortet werden, ist die tier- und verhaltensgerechte Haltung gewährleistet.

Das SCAN Prinzip

Zur Umsetzung dieser Prinzipien und Anforderungen hat z. B. der britische Tierschutzforscher Trevor Poole bereits vor ca. 30 Jahren ein Abkürzungsprinzip veröffentlicht, das auch für unsere Hundehaltung durchaus bedeutsam sein kann – das SCAN Prinzip. Diese Abkürzung steht im englischen (und übersetzt im Deutschen) für folgende Begriffe:

— Security (Sicherheit)
— Complexity (Komplexität)
— Achievement (selbst verschaffte Erfolgserlebnisse)
— Novelty = Neuheit

Zur **Sicherheit** gehört nicht nur der Rückzugsort, an dem der Hund weitgehend ungestört und unbehelligt bleiben muss, sondern dazu gehört eben auch eine Planungssicherheit im Alltag, z. B. das Wissen, dass man regelmäßig Futter bekommt. Auch die Führungskompetenz und die Leittieraufgaben der Gefahrenerkennung und Gefahrenabwehr seitens des Menschen können unter diesem Stichpunkt angemerkt werden.

Komplexität bezieht sich ebenfalls nicht nur auf räumliche Strukturen, in denen man sich verstecken, durch die man hindurchkriechen oder über die man drüber turnen kann. Auch eine zeitliche Komplexität, das heißt verschiedene, unterschiedlich strukturierte Handlungsabläufe, kompliziertere Spaziergänge und nicht einfach nur langweilige Pinkelrunden immer um den gleichen Häuserblock wären hier zu nennen.
Am wichtigsten und am schwierigsten sind die **selbst verschafften Erfolgserlebnisse.** Wer seinen Hund hier geistig fordert und fördert, der kommt sehr schnell in ein geistiges Wettrüsten zwischen Hund und Halter, je kompliziertere Aufgaben der Mensch dem Hund stellt, desto mehr strengt sich der Hund an, diese Aufgaben auch zu bewältigen. Je besser der Hund in der Problembewältigung wird, desto schwieriger wird es wiederum für den Menschen, sich noch kompliziertere Aufgaben auszudenken. Gleichzeitig dient aber gerade diese, durch Problemlösung ausgeübte Beschäftigung auch dem Erfahren von Selbstwirksamkeit und damit der Empfindung von Kontrolle über seine Umwelt.

Neuheit ist dann wiederum leichter zu bewältigen. Abwechslung macht das Leben schön, nicht nur für den Hund. Auch hier sind allerdings einige warnende Einschränkungen nötig: Hunde mit bereits vorhandener oder gar bestätigter ADHS-Tendenz, Senioren oder Auslands- und andere Tierschutzhunde, vor allem in der Eingewöhnungsphase, sollten nicht zu viel, sondern eher wenig an Neuigkeiten und neuen Anforderungen erleben. Für sie ist der strukturierte Alltag, der vorhersagbar bleibt, wesentlich wichtiger.

Kontrolle über das Leben

Und gerade hier stehen wir dann wieder vor dem Thema der Kontrolle. Kontrolle über sein Leben ausüben zu können, bedeutet eben nicht, dass man tun und lassen kann, was man will. Gerade eine „antiautoritäre", nach dem Laissez-faire-Prinzip strukturierte „Erziehung" ermöglicht keine Kontrolle über das Leben. Kontrolle bedeutet innerliche Wenn-dann-Beziehungen herstellen zu können. Wenn ich dieses tue, reagiert meine Umwelt so. Wenn meine Umwelt das tut, sollte ich jenes als Reaktion darauf tun (oder besser lassen). Das ist Kontrolle über die Umwelt und ein intelligenter Untergebener mit einem kompetenten Chef kann letzteren sehr gut kontrollieren. Er muss nur immer tun, was von ihm verlangt wird. Wer sich dagegen ohne Leitplanken und ohne Regeln durch den Tag hindurchwursteln muss, immer in Sorge, dass möglicherweise irgendwo ein Abgrund ist, der aber nicht durch eine Leitplanke gesichert ist, der empfindet Stress. Und so zeigen auch Untersuchungen z. B. aus der Humanpsychologie deutlich, dass diese antiautoritär regellos erzogenen Kinder keineswegs die glücklichsten und zufriedensten, sondern diejenigen mit der höchsten Neigung zu Depressionen und sogar Selbstmordtendenzen sind.

SCHMERZ AUS PHYSIO-THERAPEUTISCHER SICHT

VON DR. SABINE MAI

Schmerz ist ein unangenehmes Sinnes- und Gefühlserlebnis, das mit aktueller oder potentieller Gewebeschädigung verknüpft ist oder mit Begriffen einer solchen Schädigung beschrieben wird (International Association for the Studies of Pain).

Wie Schmerzen das Verhalten beeinflussen können, das habe ich am eigenen Leib erlebt. Ruheschmerz, der keinen erholsamen Schlaf zulässt, die daraus resultierenden Leistungseinbußen und die schlussendlich daraus folgende Frustration, weil das Leben, so wie man es kannte, nicht mehr möglich ist, sind einfach schrecklich. Belastungsschmerz, der alle Aussagen von Bewegungstherapeuten ad absurdum führt: Sie müssen gehen, laufen, schwimmen – ja gerne, aber wie? Ganz einfache Dinge, die unmöglich werden: Schuhe anziehen, in der Küche stehen und kochen – vom Tanzen und aufs Pferd klettern oder mit den Hunden trainieren spreche ich gar nicht – jetzt bin ich behindert…
Klassische Schmerztherapie, die auf den Magen/auf die Leber oder die Niere schlägt und dabei immer höhere Dosen nötig macht – und auch nicht zur erwünschten Schmerzfreiheit führt. Und schlussendlich die Wundermittel – ganz egal ob CBD, Kurkuma oder das ganz besondere Kollagen – you name it – I tried it. Und geholfen hat nichts. Nichts lange und nichts nachhaltig. Von Heilung gehe ich ja sowieso schon nicht mehr aus. Und dann habe ich diesen Chirurgen getroffen und eine künstliche Hüfte bekommen. Die erste Nacht – normalerweise die schlimmste nach einer OP – war wunderbar. Weil ich schlafen konnte. Alle haben meine gute Laune bewundert und meinen Willen zur Rehabilitation und dabei war es so einfach: Ich war ausgeschlafen. Zum ersten Mal seit Jahren…

Schmerzen sind schrecklich – sie schränken das Leben nachhaltig ein. Seither habe ich noch viel weniger Toleranz und Verständnis für Tierbesitzer, die bei ihrem 14-jährigen Husky mit seinen Bandscheibenproblemen eine Schmerztherapie ablehnen, weil sie Angst haben, die Niere zu schädigen, oder für den Hundehalter, der seinen hinkenden Retriever mit den Worten vorstellt: Schmerzen hat er keine – sonst würde er ja nicht fressen oder spielen oder Gassigehen wollen. Ich sehe in meiner Praxis unzählige Beispiele dafür, wie schmerzgebremst Hunde oft auch über lange Zeit sind.
Die Hündin, die nach einer eitrigen Gebärmutterentzündung wieder fröhlich herumtollt, dass man glauben möchte, sie wäre um Jahre jünger. Wie lange sie wohl „Bauchweh" hatte? Monate? Oder länger? Der kleine Terrier, der im Zuge einer Routineuntersuchung mit einem zerbrochenen Backenzahn diagnostiziert wird und nach der Zahnextraktion plötzlich wieder Ballspielen mag. Es gibt unzählige Beispiele.
Was ich in meiner Tätigkeit als Fachtierärztin für Physiotherapie gelernt habe: Die EINE Schmerztherapie gibt es nicht. Am erfolgreichsten bin ich als Teil eines Teams und dieses besteht aus folgenden Personen: dem Chirurgen, der Knochen, Bänder, Gelenke usw. rein mechanisch wieder herstellt. Direkt danach kommt in der Hierarchie der Haustierarzt zum Einsatz, der die passende Schmerztherapie auswählt und auch für etwaige Nebenwirkungen genau der richtige Ansprechpartner ist. Und dann bin ich an der Reihe: der Physiotherapeut wird alles daran setzen, um eine möglichst schnelle Rehabilitation zu ermöglichen und eine gute Bewegungsqualität zu erreichen.

Warum die Aussage: „Ein guter Chirurg braucht keine Physiotherapie" schon lange nicht mehr stimmt, möchte ich hier gerne aufzeigen.

WARUM SCHMERZEN WICHTIG SIND

Schauen wir uns doch einmal genau an, warum Schmerzen wichtig sind – vielleicht sogar überlebensnotwendig. Wenn ich den Finger auf die heiße Herdplatte halte, dann ist es notwendig, dass das Schmerzempfinden den Zurückzuck-Reflex auslöst – ja gut, den habe ich jetzt gerade so benannt, aber es wird deutlich, wie unglaublich wichtig ein gesundes Schmerzempfinden ist. Wenn unsere alten Hunde an einer Degeneration des Rückenmarks oder an einem Abriss des Nervengeflechts an der Vorhand leiden, dann können sie erstens keine Schmerzen empfinden und zweitens keinen Zurückzuck-Reflex ausführen – sodass sie Gewebeschäden an den Pfoten gar nicht beantworten können. Wenn aber die Schmerzursache abgestellt wurde und die Tiere trotzdem weiter leiden, dann ist da irgendetwas im physiologischen Ablauf durcheinandergeraten. Das Schmerzgedächtnis ist aktiv geworden …
Aber wir wollen ganz am Anfang beginnen: an den Rezeptoren, die Schmerzen registrieren. Im Organismus, ganz egal, ob wir hier von Menschen, Hunden oder Pferden, Katzen und Kühen sprechen, gibt es Fühlersysteme, die im ganzen Körper verteilt sind. Manche dieser Rezeptoren messen Druckveränderungen, andere Längen- und Spannungsänderungen und wieder andere messen physikalische oder chemische Veränderungen im Gewebe.
Die Rezeptoren schauen je nach Aufgabe völlig unterschiedlich aus – schließlich sollen sie ihren unterschiedlichen Aufgaben nachkommen und eventuell drohende Schäden ans zentrale Nervensystem weiterleiten, damit eine Gegenmaßnahme gesetzt werden kann und diese eventuell drohenden Schäden vielleicht sogar verhindert werden können. **Wir nennen diese Rezeptoren Nociceptoren – also Schadensmelder.**
Die Ansicht, dass überschießende Sinnesreize das Gewebe schädigen, entstand schon unter Aristoteles (384 – 322 v. Chr.). Leonardo da Vinci (1452 – 1519) brachte als erster Wissenschaftler das Gehirn als Endorgan des Schmerzgeschehens ins Spiel. Seinen Ansichten folgend, wurde Schmerz lange Zeit als überschießende Stimulierung des Berührungssinnes betrachtet, bis Charles Sherrington 1906 zum ersten Mal die Theorie aufstellte, dass Gewebeschädigung Schutzreflexe auslöst und diese Gewebeschädigung zu Schmerzen führen kann.
Erst einige Jahre später – nach 1926 – konnten schmerzleitende Nerven als solche identifiziert werden: dünne Nervenfasern, die langsam leiten, das sind die, die Schmerzempfindungen weiterleiden und eventuelle Schutzreflexe auslösen.

SCHMERZTYPEN

Seither konnte die Schmerzforschung mithilfe selektiver Reizung der einzelnen Fasern, elektrischen Ableitung und MRI-Untersuchungen immer genauer darstellen, dass es verschiedene Schmerztypen gibt:
Normaler Warnschmerz: kurz andauernd, wie ein Nadelstich, wird ganz sicher mit einem Schutzreflex beantwortet, dem Zurückziehen der Pfote (in Abb. gelb).
Entzündungsschmerz: je nachdem, ob es sich um eine akute oder um eine chronische Entzündung handelt hell und pochend oder dumpf und drückend oder ziehend. Wird von den Hunden meist mit Lecken und Knabbern beantwortet (in Abb. rot).
Neuropathischer Schmerz: durch die Schädigung der schmerzleitenden Nerven (in Abb. grün). Schon eine federleichte Berührung führt zu einer Schmerzempfindung (Allodynie) oder Schmerzen werden übertragen und nicht mehr da empfunden, wo die Nervenschädigung tatsächlich stattgefunden hat, sondern an einem anderen Ort.

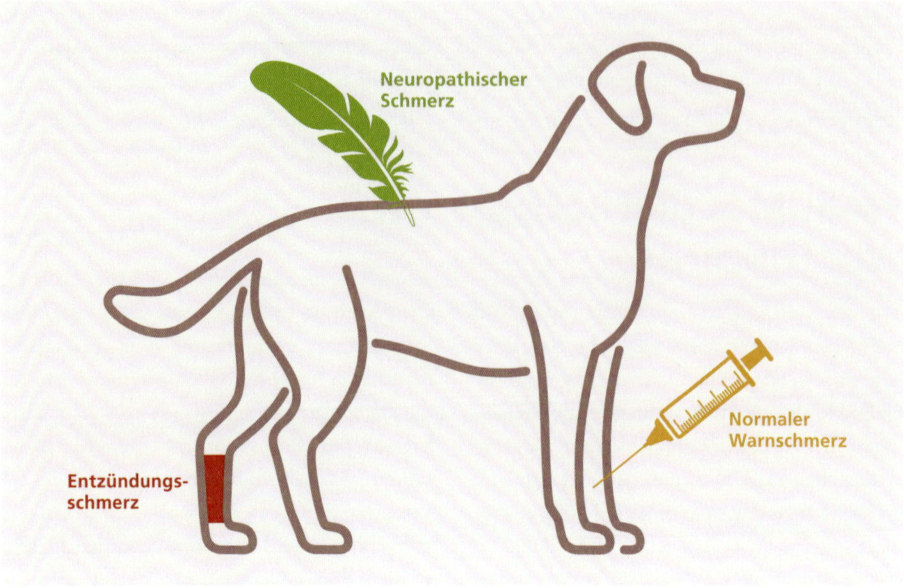

Die drei Schmerztypen

AKUTER/CHRONISCHER SCHMERZ

Ich habe während meines Studiums noch gelernt, dass es sich hierbei um eine Unterscheidung der Dauer eines Phänomens handelt – diese Ansicht ist heute überholt. **Akuter Schmerz** wird als der Schmerz bezeichnet, der in direktem Zusammenhang mit dem Schmerzauslöser steht. **Chronischer Schmerz** ist der Schmerz, der sich verselbstständigt hat – entweder ist die Schädigung längst abgestellt und es lässt sich keine direkte Schmerzauslösung mehr identifizieren oder der Schmerz wird unverhältnismäßig stark empfunden.
„Mein Hund ist gar nicht schmerzempfindlich!" oder *„Meine Maus ist schmerzempfindlich!"* – wo ist hier die Kernaussage? Beide haben recht, wenn sie das Schmerzverhalten ihrer Tiere korrekt lesen und interpretieren können. Denn Schmerzempfindung ist ausgesprochen subjektiv. Die Bewertung von Schmerz ist immer eine Interpretation des einzelnen Organismus. Jeder hat das Recht auf seine eigene Schmerzempfindung und Tierhalter sind gut beraten, genau zu forschen und zu beobachten, wie sich ihre Tiere im Alltag verhalten. Schmerzen sind nicht immer gleich – so ist es an uns herauszufinden, wann und vielleicht auch warum ein Hund Schmerzen hat.
In der Veterinärmedizin sind wir immer auf unsere eigenen Beobachtungen angewiesen, was die Schmerzeinschätzung oft wirklich schwierig macht.

SCHMERZSKALEN

Wir bedienen uns verschiedener Methoden: so gibt es ganz einfache visuelle Schmerzskalen, wo der Halter oder der Betreuer der Tiere den Zustand mithilfe von lachenden oder weinenden Gesichtern von 1 (schmerzfrei) bis 10 (sehr schmerzhaft) einteilt. Das Problem, das wir dabei immer wieder haben, ist die Tatsache, dass wir Menschen sehr oft voreingenommen sind. Ein Rottweiler hat einfach tapfer zu sein, währen der Malteser mit der rosa Schleife automatisch als überempfindlich abgehandelt wird. Ich habe noch nie einen Hund so schreien hören wie den riesigen Rottweiler-Rüden, der im letzten halben Jahr immer aggressiver wurde und zunehmend lahm gegangen ist, als er am glatten Boden ausgerutscht war. Beim nachfolgenden CT zeigte sich der Knochenkrebs im Oberarm, der im Röntgen noch nicht zu sehen war. Schmerzhaft? Ja und wie! Und die kleine Malteserin, die beim Kotabsetzen still das Maul öffnete – schlussendlich wurde ein bösartiger Tumor unter der Wirbelsäule gefunden. Schmerzhaft? Unvorstellbar.

Dass es Verhaltensänderungen aufgrund von Schmerzempfindungen gibt, ist uns allen klar: wer denkt ans Spielen, wenn ihm der Rücken wehtut? Oder der Bauch? Wer freut sich auf eine mehr oder weniger wilde Begrüßung eines Artgenossen, wenn er weiß, dass jede Erschütterung, jedes Anrempeln Schmerzen auslöst. Zerrspiele werden zur Qual, wenn die Zähne gebrochen oder entzündet sind oder wenn die Halswirbelsäule vielleicht durch eine Bandscheibenerkrankung schmerzhaft ist. Wie der Hund da reagieren wird? Das kommt ein bisschen auf die Schmerzqualität an – und auf die vegetative Ausgangslage unseres Hundes. In der Traditionellen Chinesischen Medizin (TCM) werden unterschiedliche Schmerzqualitäten beschrieben. Der helle und stechende Schmerz macht einen Hund wahrscheinlich eher aggressiv und vermehrt reaktiv, während der leere Schmerz eher eine mürrische Grundstimmung vermittelt – und vielleicht eher mit Abwenden und Verstecken beantwortet wird.

Die Neurophysiologie erklärt die unterschiedlichen Reaktionen auf Annäherung folgendermaßen:

Akute Schmerzen, die aus Verletzungen oder Operationen entstehen, gehen mit einer Stressreaktion des Körpers einher: Herzklopfen, schnelle Atmung, Anspannung der Muskulatur und weite Öffnung der Pupillen sind z. B. Zeichen dieses Erregungszustandes. Hier wird das aktive Stresssystem hochgefahren und die Adrenalinausschüttung angeregt. Das ergibt Sinn, denn durch reflexartige Vermeidung des Schmerzauslösers lassen sich weitere Schädigungen des Organismus vermeiden.

Chronische Schmerzen, die möglicherweise gar nichts mehr mit dem Auslöser zu tun haben, benötigen keine schnelle Reflexantwort, sondern werden als nicht zu vermeidende, also ausweglose Belastungen empfunden. Das Einnehmen von besonderen Schonhaltungen, Schlafstörungen, Appetitmangel oder depressive Verstimmungen können die Folge sein.

REAKTION DES ORGANISMUS

Der Cortisolspiegel wird hochgefahren und die kurz bis mittelfristige Anpassung des Hormonsystems wird bei längerer Dauer zur Stresskrankheit, weil trotz der körpereigenen Schutzmechanismen keine dauerhafte Schmerzreduktion erfolgen kann. Höchste Zeit, um einzugreifen!

Weil die Notwendigkeit einer Schmerztherapie in solchen Fällen oft nicht ausreichend erkannt wird, sind körperliche Anpassungsphänomene unabwendbar. Das Gewebe, in dem die Schmerzrezeptoren liegen, wird sich im ph-Wert verändern, wird Entzündungszellen aus dem Bindegewebe und aus dem Gefäßsystem anfordern. Die hochsensiblen Nervenfasern werden in dieser entzündlichen Suppe, die sie umspült, sensibilisiert und neu geeicht: die Schmerzschwelle wird gesenkt und diese Schmerzmelder springen in weiterer Folge nicht mehr auf potentielle Gewebsschäden an, sondern auf ganz normale Stoffwechselvorgänge und minimale ph-Schwankungen im Gewebe. Außerdem können die Schmerzrezeptoren in ihrem „Schrei um Hilfe“ auch noch eine Maßnahme bedingen: wenn die Schmerzfasern, die Schmerzen melden, noch nicht genügend Aufmerksamkeit bekommen, dann benötigt der Organismus halt mehr Schmerzrezeptoren. Und so werden tatsächlich Wachstumsfaktoren produziert und ausgeschüttet, die das Einsprossen von neuen Nervenfasern – also neuen Schmerzmeldern – veranlassen. Damit werden auch bisher nicht schmerzhafte Gebiete in das Schmerzgeschehen mit einbezogen und für kleinste Veränderungen sensibilisiert.

Zusammengefasst: Unsere Rezeptoren melden einen potentiellen Schaden im Gewebe über die Nerven und das Rückenmark ins Gehirn. Im Gehirn wird dieser Reiz bewertet, bearbeitet und interpretiert. Diese Interpretation und die Wahrnehmung das Nervenimpulses als unangenehmer, mit Emotionen besetzter Impuls muss gelernt werden. Schmerzempfindung ist eingelernt.

Wozu das dient? Um schneller auf einen Schadensreiz reagieren zu können. Die Schmerzerfahrungen werden gespeichert und dienen als Vorlage, mit der jeder neue Schmerz verglichen wird. Recht beeindruckend wird wieder die kognitive Komponente der Schmerzerfahrungen sichtbar: Schmerz ist eine wichtige, positiv zu bewertende Schutzmaßnahme des Organismus.

UMGANG MIT SCHMERZEN

Der Umgang mit Schmerzen ist vielfältig. Es gibt viele Gewebs- und Neurohormone, die helfen, dass diese Schmerzreize nicht allzu negativ bewertet werden: Endorphine, die körpereigenen Schmerzmittel, kennen wir alle, aber auch Serotonin oder Dopamin helfen, Schmerzen nicht als unerträglich zu empfinden. Oder der Gate Control Mechanismus, den Melzac und Wall in den 1960er Jahren beschrieben haben: Bewegungsimpulse „überholen" auf schnellen Nervenfasern die langsameren Schmerzimpulse und blockieren im Gehirn die Weiterleitung der Schmerzimpulse. Das Phänomen der Schmerzüberlagerung – wenn ein Körperteil stark schmerzt, spürt man die weniger heftigen Schmerzen in einem anderen Körperteil nicht mehr – ist ein weiteres Beispiel körpereigener Reaktionsmuster auf Schmerzen. Die komplementäre Schmerztherapie setzt genau in diesen körpereigenen Regulationsmechanismen an, während die medikamentelle Therapie versucht, in die ablaufende Schmerzkaskade einzugreifen und die Verstoffwechselung der einzelnen Faktoren zu blockieren.

Damit Schmerzen als Schmerzen bewertet werden können, muss das Tier bei Bewusstsein sein: In Narkose ist die Schadensmeldung der Rezeptoren an das Gehirn weiterhin aktiv – nur die Interpretation des Impulses unterbleibt durch die (hoffentlich) vollständige Bewusstlosigkeit.

Mich haben Fragen wie z. B. „Schläft Ihr Hund noch immer im Schlafzimmer?" begeistert. Der Grund hinter dieser Frage ist einfach der, dass die meisten Schlafzimmer im ersten Stock liegen und die Hunde das Treppensteigen am Abend vermeiden. Oder sie nicht mehr ins Bett springen können oder auf das Fensterbrett, wo sie früher so gerne gesessen sind. Manche Hunde lecken oder knabbern an bestimmten Körperstellen, andere ziehen sich zurück und

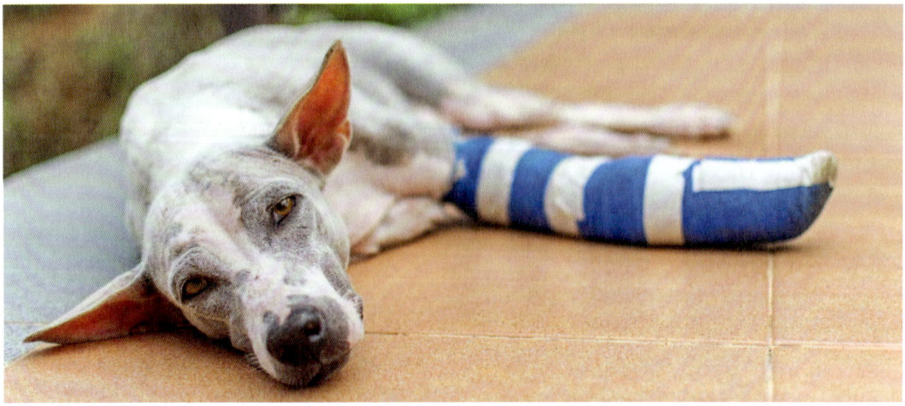

Hier wird wohl jede/r verstehen, warum dieser Hund inaktiv sein möchte ...

schlafen viel. Und dann gibt es natürlich auch die, die aggressiv werden. Nie werde ich den Rottweiler vergessen, der mich mitten im allernettesten Streicheln attackiert hat. Der Halter meinte: „Ja, man darf ihm einfach nicht trauen." Die heftige Ohrentzündung habe ich erst später gefunden und verstanden, warum er beim Ohrkraulen so reagiert hat. Oder den entzückenden Flat Coated Retriever, der nicht mehr schwimmen wollte. Dass beide Ellbogengelenke durch die arthrotischen Veränderungen und den daraus resultierenden Schmerz eingefroren waren und daher keine Schwimmbewegung mehr zuließen, das haben uns die Tierhalter lange nicht geglaubt. Schließlich ist der Hund nie lahm gegangen. Doch, wenn beide Beine weh tun – wohin soll der arme Hund dann sein Gewicht verlagern, so wie er das beim Humpeln tun würde?

SCHMERZTHERAPIE

Wir haben heute eine große Anzahl an Schmerzmitteln zur Verfügung, die speziell für Hunde zugelassen wurden. Sie sind im Allgemeinen gut verträglich, leicht zu verabreichen und wirksam. Wie beim Menschen auch, stehen der Veterinärmedizin viele verschiedene Stufen von Arzneimittel zur Verfügung. Die „normalen" NSAIDs (non steroid antiinflammatory drugs) sind oftmals der erste Schritt in die Behandlung. Folgen können unterschiedliche Opioide, Neuroleptika oder pflanzliche Wirkstoffe. Auch Kortison, Lokalanaesthetika oder komplementäre medizinische Anwendungen wie Akupunktur, Osteopathie, Homöopathie usw. sind möglich.

Wenn ein Medikament nicht wirkt oder nicht gut genug wirkt, sollte das mit dem Tierarzt besprochen werden. Auch gibt es Praxen und Kliniken, die sich auf ein komplettes, multimodales Schmerzmanagement spezialisiert haben. Hier ist das Motto: Maximale Wirkung bei minimaler Nebenwirkung. Sie müssen das Angebot für Ihren Hund nur annehmen – und einem schmerzarmen Leben mit guter Lebensqualität steht nichts mehr im Weg. Wie so oft, nehmen wir in der Komplementärmedizin beim Hund Bezug auf Erfolge in der Behandlung von Menschen. Beim Menschen gibt es immer öfter den Ansatz, in der Behandlung von chronischen Schmerzzuständen mit Antidepressiva zu arbeiten. Antidepressiva können natürlich in medikamenteller Form verabreicht werden, aber auch in Form von Kräuter- und Pflanzenanwendungen. Auch Aromaöle können helfen und Bewegung fördert nicht nur die Ausschüttung von Endorphinen, sie wirkt auch antidepressiv.

Spiele mit wenig Bewegungsintensität und hohem Belohnungsfaktor, Streicheln und Massieren sowie Zuwendung, gemeinsame Erlebnisse und Abenteuer, die der Hund bewältigen kann, senken nicht nur den Stresslevel, sondern erhöhen auch die Lebensqualität und damit die Lebensfreude.

Wenn die Schmerzinterpretation ein kognitiver Prozess ist, dann wird auch eine kognitive Förderung einen weiteren, sinnvollen Ansatz in der Schmerztherapie mit sich bringen.

In meiner Physiotherapiepraxis sehe ich vorwiegend Hunde mit chronischen, degenerativen Erkrankungen des Bewegungsapparates. Die wichtigste Botschaft an den Hundehalter ist immer die, dass die Krankheit des Hundes nicht heilbar, aber sehr wohl gut zu managen ist. Ich arbeite vorwiegend am myofaszialen Gewebe mit allen Arten von Massage und Mobilisation, mit Akupunktur und immer mit Bewegung. Das Auswählen und Einüben ganz vielfältiger Bewegungstherapien macht sicher den größten Teil meiner Therapieerfolge aus. Ich glaube fest daran, dass ein Leben mit Schmerzen nicht lebenswert ist und fordere alle Hundehalter dazu auf: Tun Sie etwas gegen die Schmerzen Ihres Hundes, seien Sie aufmerksam und hinterfragen Sie Verhaltensänderungen Ihres Tieres. Die Möglichkeiten der Schmerztherapie und des Schmerzmanagements sind unglaublich groß. Nutzen wir sie!

SCHMERZ UND GERÄUSCHPROBLEME

Lopes Fagundes et al. (2018) aus der Arbeitsgruppe Daniel Mills in Lincoln haben eine, wenn auch noch auf kleiner Stichprobenbasis beruhende Vergleichsstudie über mögliche Zusammenhänge zwischen Geräuschproblematik bei Hunden und gleichzeitigen Schmerzen aufgrund von Problemen im Muskel- und Skelettsystem zusammengetragen. Je zehn Hunde, die in der Verhaltensklinik mit und ohne Schmerzproblematik vorgestellt wurden, sind im Bezug auf besondere Geräuschempfindlichkeit, Geräuschängste aus verschiedenen Gründen und eventuellen vorangehenden Behandlungen untersucht worden und Therapiepläne wurden individuell erstellt. Bemerkenswerte Befunde daraus ergeben sich z. B. aus dem Alter der betroffenen Hunde: Hunde mit Schmerzproblemen, die gleichzeitig auch Geräuschprobleme entwickelt hatten, taten dies wesentlich später (im Durchschnitt vier Jahre später) als Hunde mit reiner Geräuschproblematik. Während also eine „normale" Geräuschproblematik offensichtlich aufgrund von früheren Erfahrungen, mangelnden Sozialisationserlebnissen oder anderen Aspekten entwickelt werden konnte, war bei Hunden mit gleichzeitiger Schmerzproblematik offensichtlich erst in höherem Alter auch die Geräuschempfindlichkeit aufgetreten. Dies und einige andere Erfahrungen aus der betreffenden Arbeitsgruppe, empfiehlt übrigens auch dringend, bei einem Hund mit später im Leben auftretenden plötzlichen Verhaltensschwierigkeiten (Ängste, Fürchte, Phobien etc.) und nicht nur bei Aggression, wie bisher üblich, auch auf Schmerz assoziierte oder andere medizinische Ursachen zu untersuchen.

Auch wenn die Stichprobe mit zehn Hunden in der Schmerzgruppe und zehn Hunden in der Kontrollgruppe sehr niedrig ist und keine analysierende Statistik angewendet wurde, zeigt sich ein höherer Prozentsatz mit extremen Geräuschproblemen in der Schmerzgruppe als in der Kontrollgruppe. Auch waren unter den Hunden der Schmerzgruppe mehr Individuen, die bereits generalisierte Ängste und generalisierte Störungen entwickelt hatten als in der Kontrollgruppe. Etwas mehr Hunde in der Schmerz- als in der Kontrollgruppe zeigten auch allgemeine Vermeidungsreaktionen in ungewöhnlichen oder neuen Situationen (obwohl der Anteil optimistischer Hunde nach Selbsteinschätzung der Halter in beiden Gruppen vergleichbar war). Auch im Umgang mit anderen Hunden waren mehr Tiere aus der Schmerzgruppe als der Kontrollgruppe vorsichtig oder sogar vermeidend – ablehnend.

Selbst bei Hunden der Kontrollgruppe wurde in etlichen Fällen dann auch die Verwendung von Schmerzmedikamenten, teilweise in Kombination mit verschiedenen Psychopharmaka, empfohlen, und in allen Fällen, in denen die Hundehalter dieser Schmerzmedikation zustimmten, ergaben sich deutliche Verbesserungen.

In der Besprechung der Ergebnisse wird nochmals darauf hingewiesen, dass gerade bei Hunden mit höherem Alter auftretende Angst-, Furcht- oder Phobieprobleme eine medizinische Grunduntersuchung unter Einbeziehung orthopädischer Fragestellungen dringend erforderlich wäre. Gleiches gilt für solche Hunde, die auf die Anwendung von angstlösenden oder angstbekämpfenden Medikamenten nicht oder nur unzureichend ansprechen. Letztlich wird nochmals auf das Problem des Schmerzgedächtnisses oder der bereits gelernten Assoziation zwischen Schmerzwahrnehmung und Geräuschwahrnehmung hingewiesen, weswegen auch nach Behandlung der Schmerzen oder der medizinischen Grunderkrankung eine verhaltenstherapeutische Bearbeitung der Geräusch- oder anderen Angst- und Furchtproblematik notwendig sein kann. Temperament und Persönlichkeit der Hunde scheinen, und auch das unterscheidet die schmerzassoziierten Angst- und Furchtprobleme von denen der Aggression, hier keinen Einfluss zu haben.

OSTEOPATHIE

VON ANTONIA WELZ

Bei Osteopathie denken viele an Probleme mit Knochen und Gelenken. Doch Osteopathen arbeiten nicht nur am Bewegungsapparat, sondern auch an den Organen und am Nervensystem. Die Behandlung eines Tieres erfolgt für das Tier passiv mit den Händen (in der Physiotherapie ist es ein aktives, sanftes Arbeiten mit dem Tier und im Tempo des Tieres, z. B. bei Spondylarthrose, Rückenschmerzen und Lahmheit, siehe S. 359). Die Osteopathie hat durch das Lösen von Muskulatur, Gelenken, Knochen, Organen, Faszien und des Nervensystems einen Einfluss auf schmerzbedingtes Verhalten. Warum das wichtig ist, wird hier erläutert. Bevor wir damit starten, wieso die Osteopathie bei Verhaltensproblemen hilft, müssen wir klären, was Osteopathie ist. Dazu begeben wir uns hinein in unseren eigenen Körper.

WAS VERSTEHT MAN UNTER OSTEOPATHIE?

Sie laufen über einen Waldweg. Die Sonne scheint, die Vögel zwitschern, Sie atmen die reine Luft und träumen so vor sich hin. Im völligen Genuss der Natur übersehen Sie eine Wurzel und bums – Sie sind gestolpert. Rasend schnell checkt ihr Nervensystem die Spannung in einzelnen Muskeln und Sehnen, versucht zu erfassen, wo Sie sich im Verhältnis zum Boden und zur Wurzel befinden, gibt Botenstoffe frei für die richtige Schnelligkeit. Und dann, fallen Sie doch nicht. Nein, Sie fangen sich selbst auf, Ihr Körper trägt Sie, zwar etwas unsanft, aber Sie stehen. Und dann laufen Sie achselzuckend weiter. Für Ihren Geist eine Nichtigkeit. Für Ihren Körper ein Feuerwerk an Informationen. Innerhalb einer winzigen Sekunde hat er es geschafft, die Strukturen (Muskeln, Sehnen, Bänder, Knochen etc.) so umzusteuern und anzupassen, dass seine Funktion (Leben) weiterhin Bestand hat. Sie konnten dabei atmen, Ihr Herz schlug etwas schneller, mehr Adrenalin wurde produziert, Ihre Pupillen weiteten sich, um nur einen Bruchteil von dem zu nennen, was geschah, während Sie stolperten. Das ist unser Körper. Millionen von Steuermechanismen, die versuchen, so gut wie möglich zusammenzuarbeiten. Menschliche und andere tierliche Körper passen sich also permanent an die Umwelt an, an kleinere und größere Unfälle. Die meisten Ausrutscher und Fehltritte bekommen wir sehr oft nicht bewusst mit. Die „Wurzel" (die Summe der kleinen Unfälle) haben wir schnell wieder

Durch Osteopathie kann der Körper so reguliert werden, dass er sich wieder besser seiner Umwelt anpassen kann.

vergessen und wenn wir Jahre später „einfach so" Schmerzen bekommen, dann hat unser Körper das Limit seiner Anpassungsfähigkeit erreicht. Er meldet Schmerzen, weil er keine Gegenstrategie mehr hat. Es liegt eine strukturelle Dysfunktion vor. Und dort setzt Osteopathie an: **Den Körper durch das Zusammenspiel des vegetativen Nervensystems, des zentralen Nervensystems, des endokrinen Systems, des kardiovaskulären Systems, der Organe, Muskeln, Knochen und Gelenke so zu regulieren, dass er sich wieder leichter seiner Umwelt anpassen kann.** Das hat zur Folge, dass wir Menschen, wie auch unsere Hunde, ausgeglichener und resilient leben.

WIE FUNKTIONIERT OSTEOPATHIE?

Wir Osteopathen arbeiten ausschließlich mit unseren Händen, um die hier beschriebenen strukturellen Dysfunktionen zu lösen. Dafür gibt es viele verschiedene Techniken. Von direkten Manipulationen an einem Gelenk bis zum faszialen Lösen eines Nervs oder eines Organs (z. B. den Nervus Vagus, der unser Gehirn mit dem Magen-Darm-Trakt verbindet, er tritt aus dem Schädel am äußeren Gehörgang aus und kann dort durch fasziale Techniken manipuliert werden) ist alles dabei. An dieser Stelle ist mir ein Punkt besonders wichtig: Osteopathie erzeugt keine Schmerzen. Wenn ich einem Hund Schmerzen zufüge, dann ist

1. sein Vertrauen in mich zerstört und
2. habe ich mich vermutlich in Gefahr gebracht und dann ist auch mein Vertrauen in den Hund gestört.

Tiere zu behandeln, bedeutet also weniger Schmerzen provozieren, als vielmehr Entspannung zu initiieren. Wenn ich eine Dysfunktion spüre, dann wird sie so sanft wie möglich gelöst, indem ich z. B. ein Gelenk manipuliere, ohne vorher Schmerzen zu provozieren. Ziel der Behandlung ist ein entspannt schlafender und träumender Hund.

WIE KOMMT ES ZUR ENTSPANNUNG?

Millionen Steuermechanismen, die in unserem Körper und dem unserer Tiere wirken, sind wahnsinnig vielfältig. Osteopathie führt zur Regulation des vegetativen und zentralen

Die Behandlung soll den Hund entspannen.

Nervensystems und damit zu einer allgemeinen Entspannung des Körpers. Denn Stress und Schmerz führen zu einer dauerhaften Überreizung des Nervensystems und können bestehende Schmerzen noch schlimmer machen. Außerdem spielen die Durchblutung und die Sauerstoffsättigung eine essenzielle Rolle. Blut transportiert Blutzellen, Nährstoffe, Stoffwechselprodukte, Hormone, Proteine, vermittelt das Gerinnungssystem, Antikörper, Sauerstoff, Kohlendioxid und Immunglobuline. Sie sind ein wichtiger Bestandteil des Körperkreislaufs. Wenn die Blutgefäße selbst durch den Sympathikus eine zu hohe Spannung aufweisen, wird wiederum Stress im Körper potenziert. Das wirkt sich auf die Biomechanik eines Körpers aus, auf seinen Stoffwechsel, seine Hormonproduktion und deren Transport. Im Körper wird viel hin und her transportiert und diese Wege müssen gut zugänglich und frei sein. Stagniert es an einer Stelle oder wird der Kanal enger, stresst das den Körper und führt zu strukturellen Dysfunktionen. Die oberste Priorität haben also die „freien Wege und Kanäle" des Körpers. Damit sind auch die Grenzen der Osteopathie zu erwähnen. Wir arbeiten mit dem Körper, der vor uns liegt. Wenn dieser Körper „keine" Nase hat, können wir zwar die Rippen und das Zwerchfell unterstützen, wir können aber an der Ursache (Qualzuchten) nichts ändern! Außerdem können wir z. B. keine Schilddrüsenerkrankungen (siehe S. 113 ff,) oder Tumore wegzaubern. Dafür brauchen wir Medikamente und fähige Tierärzte. Die Osteopathie wirkt dort „lediglich" unterstützend und ersetzt keine Operation und Medikamente. Außerdem ist die Gabe von Schmerzmitteln nicht zu verachten. Gerade ältere Tiere leiden still und ertragen ihren Schmerzen „einfach". Ein erfolgreiches und nachhaltiges Arbeiten gelingt gerade bei chronischer Erkrankung ausschließlich durch die Zusammenarbeit mit Tierärzten. Und wenn ein Schmerzmittel nicht wirkt, dann gibt es zum Glück noch genügend weitere (siehe auch S. 359).

OSTEOPATHIE UND SCHMERZ

Im veterinären Bereich geht es sehr oft um das Thema Schmerz. Wie viel Schmerzen Tiere haben, können wir nicht auf einer Schmerzskala festlegen, da sie uns nicht mitteilen können, welche Qualität und Quantität ihr Schmerz hat. Wir sehen leichter starke Schmerzen – wenn ein Hund sich das Kreuzband reißt, läuft er dauerhaft auf drei Beinen und im Moment des Risses gibt er evtl. ein Jaulen von sich. Das ist für uns eindeutig und akut. Aber wie steht es um die Hunde, die „etwas" Rückenschmerzen haben? Wie äußern sich Kopfschmerzen, Bauchschmerzen und chronische Schmerzen? In der Regel durch ihr Verhalten oder besser über die Dinge, die sie nicht mehr machen. Und auch das hat Abstufungen des Offensichtlichen. Nehmen wir z. B. das „Ins-Auto-Hüpfen". Abstufungen von „irgendetwas stimmt nicht in meinem Körper" können wie folgt gezeigt werden: Ich hüpfe mit einer kleinen Verzögerung in das Auto. Ich hüpfe mit einer größeren Verzögerung in das Auto und suche vorher nochmal Blickkontakt. Ich tripple vor dem Auto herum, suche Blickkontakt und springe auf mehrmaliges Signal ins Auto. Ich stehe vor dem Auto, tripple herum und gebe Laute von mir. Ich bleibe vor dem geöffneten Auto stoisch stehen und bewege mich nicht. Dazwischen liegt von Unwohlsein über Angst vor Schmerzen bis hin zu Schmerz alles. Daraus folgt: Wenn mein Tier ein normales Verhalten nicht mehr oder verzögert zeigt, liegt ein körperliches Problem vor, dessen Ausmaß allerdings noch nicht einzuordnen ist. Es ist ein erstes Anzeichen, durch das wir aufmerksam gemacht werden können. Es gilt: Vorsorge ist besser als Nachsorge. Und es ist wichtig zu verstehen, dass Hunde sehr oft Schmerzen nicht direkt anzeigen. Ein junger Hund, der sich während eines Spaziergangs immer wieder ablegt, macht in der Regel eine Pause, weil sein Bewegungsapparat Schmerz sendet. Schmerz hat vielfältige

Gesichter, und Schmerz geht nicht einfach wieder weg. Wir haben so viele Möglichkeiten, dank der Medizin, unsere (alten) Hunde gut mit Schmerzmitteln zu versorgen.

BEISPIELE AUS DER PRAXIS

Wenn durch Osteopathie strukturelle Dysfunktionen im Körper eines Tieres gelöst werden, haben wir in der Regel ein freundliches, ausgeglichenes Wesen, das eine gewisse Resilienz gegenüber dem alltäglichen Anspruchsniveau zeigt. Alles was davon abweicht, sollte uns als erster Warnhinweis dienen. Schwierig wird es dann, wenn wir ein Tier haben, das von Anfang an (unabhängig vom Alter) ein Problem in seinem Körper hat. Wie z. B. bei einem 4-jährigen Bengalkater. Seine Halterin hat ihn als Jungtier bekommen und beschrieb ihn als freundlichen, trotteligen Kater. Ich war bei ihm, weil er Probleme beim Kotabsetzen hatte. Das war also das sichtbare Symptom, das vorhanden war. Das war der Moment, wo sein Körper das Limit seiner Anpassungsfähigkeit erreicht hatte. Dass er ein Bengale war, also tollpatschig und trottelig in seinen Bewegungen, war von Anfang an so und wurde als niedlich betrachtet. Was es auch war – doch nicht normal, da Bengalen eigentlich sehr sportliche Katzen sind. Er hatte eine sehr schwerwiegende strukturelle Dysfunktion durch die Frühkastration mit sechs Wochen und die daraus resultierenden Entwicklungsdefizite. Die Blockaden waren gut zu lösen, da er glücklicherweise erst 4 Jahre alt war. Ab dem Zeitpunkt konnte er sich koordiniert, elegant und fließend bewegen und entsprach seinem Rasseprofil. Auch wenn in diesem Haushalt noch ein weiterer sehr eleganter Bengale lebte, wurde bei dem „tollpatschigen" Kater angenommen, dass er einfach so ist. Es ist also schwierig zu erkennen, was vermeintlich normal für diesen Kater ist, aber nicht normal für die Rasse oder Art. Dieser Kater hatte definitiv Rückenschmerzen, die absolut nicht als Schmerzen gelesen wurden. Und damit ist er nicht allein. Sehr oft fällt es erst auf, dass Tiere Schmerzen haben, wenn sie nach der osteopathischen Behandlung ruhiger und länger schlafen, entspannt mit Artgenossen umgehen und/oder wenn sie sicherer in diversen Begegnungen werden. Hierzu zwei komplett gegensätzliche Beispiele, deren einzige Gemeinsamkeit Schmerz ist. Abby ist die vermeintlich zickige und strenge Hündin (chronischer Schmerz mit erhöhtem Cortisolspiegel), die Jasper (Hund im gleichen Haushalt) drangsaliert und kontrolliert. Er wird z. B. auf seinen Platz verwiesen und darf sich nicht mehr bewegen. Gleichzeitig verlangt sie mehr Körperkontakt zu ihrer Halterin. An diesem Verhalten, was nur phasenweise einsetzt, ist zu erkennen, dass Abby wieder das Limit ihrer Anpassungsfähigkeit erreicht hat und damit deutlich weniger resilient ist. Durch die osteopathische Behandlung in Zusammenarbeit mit einer Schmerztheraphie der Spondylose, verlängern sich die Phasen, in denen Abby gut gelaunt ist und damit schmerzfrei.

Auf der anderen Seite gibt es Wilma, die immer, wenn sie an ihr körperliches Limit kommt und Schmerzen hat, fremde Menschen charmant umgarnt, von ihnen Streicheleinheiten verlangt und mit ihren Halterinnen unbedingt spielen will, aber Körperkontakt meidet. Wilma versucht also durch ihr Verhalten den Schmerz zu verdecken (Entzündungsschmerz). Abby sagt hingegen klar: „Lasst mich alle in Ruhe!" (chronischer Schmerz). Beide Varianten des Schmerzumgangs sind dennoch nicht klar als Schmerz zu definieren. Weil sie ja laufen und offensichtlich nicht lahmen, weil ihre Halterinnen sie überall anfassen können (die Hunde beißen schließlich nur selten vor Schmerz). Selbst bei extremen Schmerzäußerungen fällt es uns schwer, diese als Schmerzen zu lesen. Ein Hund, der auf drei Beinen läuft, „frisst ja trotzdem noch" und sieht auch beim Laufen „ganz glücklich" aus, schließlich „rennt er ja noch". Und ein Hund, der droht oder sogar beißt, ist „ungehorsam" und muss die Hand seiner Halterin

Bengalkatzen sind temperamentvoll, unerschrocken und energiegeladen.

„akzeptieren lernen". Wir sollten uns für den Schmerz unserer Tiere sensibilisieren, damit wir noch handeln können.
Hunde, die nach der Osteopathie wieder oder zum ersten Mal mit anderen spielen, Tierschutzhunde, die sich nach der Behandlung Menschen neugierig nähern, die sie vorher gemieden haben, Hunde, die reserviert sind und anschließend aufblühen. Hunde die einfacher zur Ruhe kommen und konzentrierter im Training sind. All diese Verhaltensweisen, die sich nach der Osteopathie verändern, sind als Schmerzzeichen zu akzeptieren. Und das ist die Herausforderung bei diesem Thema: Weil es so unklar ist, ist es umso wichtiger, sein Tier zu beobachten, Kleinigkeiten wahrzunehmen und Rückschlüsse zu ziehen.
Es gibt also Auswirkungen von Schmerz auf das Verhalten. Und weil Osteopathie Schmerzen beeinflusst/verbessert, verändert sich das Verhalten. Der Schmerz kann das Spiel-, Schlaf-, Fress- und Trinkverhalten oder das Bedürfnis nach Nähe verändern, Schmerz kann Beziehungen und Bindung beeinflussen. Schmerz verändert das Körperbewusstsein, die Resilienz und kann Folgeerkrankungen mit sich bringen (chronischer Stress). Je besser ein Körper sich an seine Umwelt anpassen kann, desto größer ist die Chance, dass wir einen ausgeglichenen und fröhlichen Hund an unsere Seite haben. Je eher wir Verhaltensauffälligkeiten erkennen, desto größer ist die Chance, dass unser Hund rechtzeitig behandelt wird. Sobald etwas ungewöhnlich ist, ein neues Verhalten dazu kommt oder ein altes Verhalten verschwindet, sollte dies der Startpunkt zum Handeln sein, bei der Tierärztin, der Physiotherapeutin und bei der Osteopathin. Damit die schwerwiegenden Schmerzzustände und der „Point of no return" einer irreparablen Schädigung ausbleiben können.

WENN HUNDE ÄLTER WERDEN

VON JENNIFER KNOCHE

Wer einen Hund in die Familie aufnimmt, entscheidet sich dafür, ein ganzes Leben mit ihm zu verbringen. Jedoch ist die Lebenszeit unseres Vierbeiners biologisch gesehen sehr viel begrenzter als unsere eigene. Daher ist er leider nur ein Begleiter für einen Lebensabschnitt von uns. Als Hundehalter geht man die Verantwortung ein, dem Hund Zeit seines Lebens Pflege und Betreuung zukommen zu lassen. Oft beginnt der gemeinsame Weg schon kurz nach der Geburt der Fellnase, sodass man viele gemeinsame Jahre miteinander erlebt und der Mensch die einzelnen Entwicklungsschritte vom Welpen, über den jungen Erwachsenen bis hin zum Senior hautnah miterlebt. Wie in jeder guten Beziehung geht es dabei zusammen auch durch gute und schlechte Zeiten. Nach jahrelang durchlebter Routine und ausgeprägtem Charakter ist man meist ein eingespieltes Team. Hinzu kommt, dass der Senior oft ruhiger wird, sodass sich das Zusammenleben einfacher gestaltet als mit einem Jungspund. Allerdings kann es im Alter zu starken Veränderungen des Verhaltens kommen, wodurch der Halter verwirrt werden kann und die gute Beziehung eventuell ins Wanken kommt. Schließlich wird einem die Endlichkeit der gemeinsamen Zeit schmerzlich bewusst. Durch die zunehmenden körperlichen Beeinträchtigungen und Verhaltensänderungen bedarf es einer Anpassung des Halters an den alternden Vierbeiner, viel Geduld, Empathie und manchmal ein zwinkerndes Auge sind dafür notwendig.

HUNDEJAHRE VERGLICHEN MIT MENSCHENJAHREN

(nach Patroneck 1997)

HUNDEJAHRE	½	1	1½	2	3	4	5	6	7
HUNDERASSE BIS 15 KG	15	20	24	28	32	36	40	44	48
HUNDERASSE 15 BIS 45 KG*	10	18	21	27	33	39	45	51	57
HUNDERASSE ÜBER 45 KG	8	14	18	22	31	40	49	58	67

*Beispiel: Ein Hund mit einem Gewicht von 15–45 kg und einem Alter von 4 Jahren wäre in Menschenjahren 39 Jahre alt.

WANN IST EIN HUND EIN ALTER HUND?

Die Vielzahl an unterschiedlichen Rassen und Größen von Hunden lässt eine große Spanne an der Lebenserwartung der Tiere aufkommen. Aus diesem Grund kann auch keine klare Grenze gesetzt werden, ab wann ein Hund ein Senior ist. Die einzelnen Lebensphasen lassen sich grundsätzlich in die Abschnitte Wachstum, Reproduktion und Alter (dabei in Unterabschnitte ohne und mit körperlichen Beeinträchtigungen) einteilen. Durchschnittlich liegt die Lebenserwartung eines Hundes zwischen 7 und 14 Jahren.
Die weitverbreitete Faustregel, dass ein Hundejahr sieben Menschenjahren entsprechen, kann leider nicht ohne Weiteres übernommen werden, wie spätestens durch eine Arbeit von Gary Patronek bewiesen werden konnte (Tabelle unten, Gansloßer & Kitchenham 2019). Viel zu groß sind die rasseabhängigen Unterschiede der Lebenserwartung bzw. des Alterungsprozesses. Es wurde jedoch versucht, in einigen Tabellen die Lebensjahre des Hundes an Menschenjahre anzupassen, dies in Abhängigkeit des Gewichtes der Tiere.

LEBENSBEDINGUNGEN

In Ähnlichkeit zum Menschen haben auch beim Hund die Lebensbedingungen einen starken Einfluss auf das Altern. Dabei spielen Ernährung, Sozialisierung, Umgebung und die gegebenen Reize eine Rolle. So führen z. B. Stress und ein damit einhergehender hoher nachweisbarer Spiegel des Stresshormons Cortisol zu einer verkürzten Lebensdauer. Der Persönlichkeitstyp des Hundes kann innerhalb einer Rasse ebenso einen Einfluss auf die individuelle Lebenserwartung haben. Durch die Arbeit von Vincent Careau und seinem Team (2010) wird deutlich, dass die Wahrscheinlichkeit, dass Hunde, die dem Typ-A angehören, der wagemutiger, erkundungsfreudiger, „schnelllebiger" ist und eher dem Adrenalinsystem untergeordnet ist, früher zu altern höher ist, als bei solchen, die dem gemächlicheren durch das Cortisolsystem gesteuerten Typ-B angehören (siehe S. 271). Aus diesem Grund hat sich das Motto „gehorsame Hunde leben länger", durch das die Ergebnisse Careau's Arbeit zusammengefasst werden können, auch in der gängigen Literatur verbreitet. Denn in seiner Arbeit konnte ein gravierender Zusammenhang zwischen der Trainierbarkeit und des erreichten Lebensalters eines Hundes festgestellt werden. Dies könnte darin begründet werden, dass beim Typ-A nicht nur die Lebensführung aktiver und schneller zu sein scheint, sondern auch die Stoffwechselvorgänge im Organismus und damit auch die Zellteilungen schneller vorangehen und es damit einhergehend zu einem früheren Altern kommt.

8	**9**	**10**	**11**	**12**	**13**	**14**	**15**	**16**	**17**	**18**	**19**	**20**
52	56	60	64	68	72	76	80	84	88	90	94	100
63	69	75	80	85	90	95	100					
76	85	94	100									

Alle Angaben in Jahren

EINFLUSS DER RASSE

Zwischen den einzelnen Rassen können teilweise deutliche Differenzen der durchschnittlichen Lebensdauer auftreten. Im Unterschied zu den gängigen Regeln der Biologie, altern große Hunderassen schneller und haben eine geringere Lebenserwartung als kleinere. Im Vergleich zu anderen Spezies ist dies ziemlich ungewöhnlich, da kleine Lebewesen üblicherweise eine viel kürzere Lebensdauer aufweisen als größere. Dazu kann man z. B. die durchschnittlichen Lebensjahre einer Maus mit der eines Pferdes vergleichend betrachten. In kleinen Organismen findet ein viel schnellerer Stoffwechsel statt, was ebenfalls zu einer schnelleren Alterung und damit kürzeren Lebensdauer führt. Beim Hund scheinen die größeren Rassen einen beschleunigten Alterungsvorgang aufzuweisen (Kraus et al. 2013). Dieser ließ sich durch eine erhöhte Zellteilungsrate durch ein verstärktes Wachstum erklären. Aus diesem Grund wäre auch die erhöhte Tumorrate bei größeren Hunderassen nachvollziehbar. Kraus et al. stellten ebenfalls fest, dass der Alterungsprozess bei Riesenrassen (über 50 kg) bereits einsetzt, bevor diese Individuen vollends ausgewachsen sind. Ein in der aktuellen Forschung diskutierter Grund für die verkürzte Lebensspanne größerer Hunde ist der Wachstumsfaktor IGF1, denn einige Studien zeigten, dass je höher die Konzentration an IGF1 im Blut, desto schneller die Alterung fortschreitet (vgl. Sutter et al. 2007). Zwei Rassen, die gegen diese hier genannte Regel klein sind und trotzdem eine hohe Sterblichkeitsrate aufweisen, sind der Dackel und der Zwergdackel. Dies könnte laut Kraus et al. an dem vermehrten Aufkommen von Rückenproblemen in einigen Dackelzuchtlinien liegen.

Wenn sie keine Rückenprobleme haben, werden Dackel durchaus alt.

MEDIZINISCHE FAKTOREN

Weiterhin haben auch medizinische Faktoren Auswirkungen auf die individuelle Lebensdauer. So haben z. B. übergewichtige Tiere aufgrund von Begleiterkrankungen sowie der Belastung des Bewegungsapparates oft eine geringere Erwartung der Lebenszeit.
Keine Unterschiede bei der durchschnittlichen Lebenserwartung konnten zwischen Rüden und Hündinnen und Rasse- bzw. Mischlingshunden gemacht werden (Patronek 1997). Letztendlich gilt jedoch der Spruch „Man ist so alt, wie man sich fühlt", sodass sich auch beim Hund das biologische Alter von dem tatsächlichen Lebensalter stark unterscheiden kann. Je weniger Stress der Hund ausgesetzt ist und je weniger sogenannte „freie Radikale" sich in seinem Organismus befinden, desto jünger kann sein biologisches Alter sein. Abhängig davon ist auch der Vitamin-, Hormon- und Enzymhaushalt.

WAS BEDEUTET „ALTERN"?

Im Körper finden zahlreiche biochemische Prozesse in jeder Sekunde statt. Das Altern ist auch ein biochemischer Ablauf. Er kann so nicht verlangsamt oder gar aufgehalten werden, jedoch ist seine Geschwindigkeit, abhängig von der individuellen Lebensführung, zu einem gewissen Grad beeinflussbar.
Jede Zellteilung im Organismus kann auch Kopierfehler beinhalten, welche zu Mutationen führen können, falls die Reperaturmechanismen des Körpers diese Fehler nicht mehr ausgleichen können. Diese werden im Laufe des Lebens immer mehr. Ebenfalls werden unsere Chromosomen im Alter anfälliger für Schäden, da sich mit den Jahren das Telomer immer weiter verdünnt, welches die Chromosomen an ihren Enden stabilisiert und sie als eine Art Schutzkappe grundsätzlich vor schädlichen Einflüssen wie z. B. Strahlungen schützen soll (Krivy 2021).
Chemische Einflüsse auf das Altern gibt es z. B. durch freie Radikale, aus diesem Grund kann eine Fütterung von Antioxidantien von Bedeutung sein (siehe S. 373).
Im Laufe des Lebens kommt es zu Veränderungen der Funktion und Funktionsfähigkeit von Geweben und Organen. So verliert z. B. das Bindegewebe an Elastizität und es kommt zu Verhärtungen. Diese haben zur Folge, dass Tiere an Bluthochdruck leiden (die Gefäßwände sind weniger elastisch), es zu Gelenkschäden kommt und das Hörvermögen schlechter wird.

KÖRPERLICHE UND PSYCHISCHE VERÄNDERUNGEN IM ALTER

Allgemeine Anzeichen des körperlichen Alters können die sinkende Abwehrkraft des Immunsystems, eine geringere Kondition und Beweglichkeit, nachlassende Sinnesleistungen, schmerzende Gelenke und ausbleibende Körperpflege sein. Des Weiteren lässt die Funktion verschiedener Organe wie z. B. die der Nieren oder die Pumpkraft des Herzens nach. Vor allem bei kastrierten Hündinnen kann mit fortschreitendem Alter eine Inkontinenz auftreten, die in einer nachlassenden Straffheit des Blasenschließmuskels und der hormonellen Veränderungen begründet ist (siehe auch S. 232 ff.).
Äußerlich sichtbare Veränderungen sind zumeist das Grauwerden des Fells, was aufgrund von nachlassenden Melanin-Konzentrationen stattfindet und in der Regel im Schnauzenbereich beginnt. Auch verringert sich der Muskelanteil deutlich, während die Fettmasse zunimmt.
Oft zeigen unsere älteren Vierbeiner ein erhöhtes Ruhebedürfnis, das der Halter ihnen einräumen sollte. Dies kann auch daraus resultieren, dass die Erregbarkeit und Unruhe älterer Hunde im Allgemeinen ansteigt, sie so einen eher unruhigen Nachtschlaf aufweisen und deshalb tagsüber mehrere Nickerchen halten. Melissa Starling und ihr Team verdeutlichten 2013 zusätzlich, dass sich der Persönlichkeitstyp von Hunden im Alter mehr in Richtung des gemütlicheren, weniger aktiven B-Typs verschiebt.

Schwierigkeiten beim Alleinbleiben

Durch das Wiener Team wurde deutlich, dass ältere Hunde oft ruhiger und gelassener reagierten und auch ein weniger aktives Fluchtverhalten beim Alleinsein zeigten, dass die Ängstlichkeit im Alter jedoch deutlich zunehme (Wallis et al. 2020). Dies lässt sich durch eine erhörte Cortisolreaktivität bei älteren Hunden in Trennungssituationen erklären, die in einer Versuchsreihe von Paolo Mongillo nachgewiesen wurde (Mongillo et al. 2013). Durch eine Messung des Speichelcortisolspiegels während einer Trennung vom Halter konnten bei älteren Hunden im Vergleich zu jüngeren Artgenossen deutlich höhere Konzentrationen festgestellt werden. Es wird also deutlich, dass das Verhalten der Senioren in dieser gewohnten Trennungssituation durchaus kontrollierter ist, sie jedoch innerlich einem größeren Stress ausgesetzt sind als Junioren. Aus diesem Grund kann auf ein erhöhtes Bindungsverlangen im Alter geschlossen werden, selbst wenn die soziale Interaktion im Allgemeinen eher reduziert ist und auch die aktive Kontaktaufnahme und Geselligkeit abnimmt.

Die Konzentration des passiven Stresshormons Cortisol steigt im Alter grundsätzlich an, dies konnte durch Untersuchungen bei Labortieren und auch beim Menschen bereits nachgewiesen werden. Die genannte Versuchsreihe von Mongillo lässt diese Schlüsse auch auf den Hund übertragen (vgl. Gansloßer & Kitchenham 2019). **Der erhöhte Cortisolspiegel im Organismus führt auch dazu, dass ältere Hunde Routinen und Rituale in ihrem Leben benötigen.** Sie gewöhnen sich nicht mehr so gut an drastische Veränderungen und haben ein erhöhtes Sicherheitsbedürfnis. Neben dem Cortisolgehalt liegt die abnehmende Flexibilität bei Hunden im Alter auch an den eingeschränkten kognitiven Fähigkeiten sowie den Beeinträchtigungen der Sinnesleistungen, die zu einer geringeren Anpassungsfähigkeit an neue Lebensumstände führen kann.

Des Weiteren lassen sich im Alter Veränderungen der Konzentrationen der Botenstoffe Acetylcholin und Dopamin feststellen. Durch Untersuchungen von Claudio Araujo (Araujo et al. 2005) konnte gezeigt werden, dass sich das Gedächtnis älterer Hunde bei einer Gabe von Medikamenten, die den Acetylcholinspiegel erhöhen, merklich verbesserte. Dies liegt daran, dass Acetylcholin für die Bildung des Kurzzeit- und Arbeitsgedächtnisses zuständig ist. Aus diesen Ergebnissen kann geschlussfolgert werden, dass die Konzentration von Acetylcholin im Alter im Allgemeinen sinkt. Dadurch kann im Vergleich zum Menschen auch erklärt werden, warum ältere Menschen sich oft noch haargenau an Geschehnisse aus ihrer Jugend erinnern, aber vergessen, wer gestern zu Besuch gewesen ist. Denn das Langzeitgedächtnis wird durch Acetylcholin kaum beeinflusst. Neben der Gedächtnisleistung wird durch eine sinkende Acetylcholinkonzentration auch die Aufmerksamkeit stark reduziert, sodass es zu einer Apathie kommen kann. Der Dopamingehalt sinkt im Alter ebenfalls. Dies führt wie die Veränderung des Cortisol- und des Acetylcholinspiegels auch zu einer Veränderung im Verhalten. Die Hunde erscheinen antriebsloser. Die Gabe von Ginkopräparaten soll durch eine verbesserte Durchblutung und einen direkten Einfluss auf die Dopaminkonzentration diesem negativen Effekt entgegenwirken (Reichling et al. 2006).

HUNDE IN DER ALTERSFORSCHUNG

„Der Hund wird gerne als Objekt zur Altersforschung verwendet, auch um vergleichbare Schlüsse beim Menschen ziehen zu können. Aufgrund ihres sozialen Wesens, ihrer Lebensdauer und ihrer Kognitivität sind sie hierfür besser als Labortiere geeignet."

Verhaltensänderungen im Alter

Wie bereits erwähnt, ist Altern eine Veränderung der Körperfunktionen und der Psyche. Ein „erfolgreiches Altern", das heißt, dass man mit den auftretenden Alterungsprozessen gut zurechtkommt, braucht dabei eine gute Anpassungsfähigkeit (Krivy 2021). Hannah Salvin und ihr Team (2011) haben durch die Anwendung eines Beurteilungskataloges versucht, ein Konzept zu entwickeln, das eine Diagnose von Hunden mit Altersschädigungen wie Demenz ermöglichen soll. Typische Verhaltensänderungen im Alter beim Hund, die in diesem Katalog berücksichtigt wurden, sind Änderung des Nahrungs- und Ausscheidungsverhaltens, weniger Interesse am Spiel und weniger Bewegungsdrang, die sogenannte „senile Körbchenflucht" sowie weniger soziale Interaktionen wie z. B. das Belecken von Sozial-

Ruhiger Umgang und Verständnis sind für Senioren wichtig.

partnern. Des Weiteren lässt sich bei Senioren eine geringere Gedächtnisleistung feststellen, was zur Folge hat, dass weniger auf zuvor erlernte Signale gehört wird. Es hat also nicht unbedingt mit Sturheit oder geringem Hörvermögen zu tun, wenn ein älterer Zeitgenosse auf Zuruf nicht zu seinem Halter kommt. In einigen Fällen kommt es weiterhin zu einer nachlassenden Stubenreinheit, die eher medizinisch begründet ist und aus einer höheren Ausscheidungsrate durch die Beeinträchtigung der Nierenleistung resultieren kann. Salvin et al. konnten durch ihre Auswertungen feststellen, dass die sogenannte „Canine Cognitive Dysfunction" oder auch Canine Demenz deutlich unterdiagnostiziert ist (siehe S. 373).

Gedächtnisleistung

Durch Beth Adams und ihre Gruppe konnte nachgewiesen werden, dass bei älteren Hunden das Arbeitsgedächtnis, das Umkehrlernen, das räumliche Lernen und das Ortsgedächtnis stark beeinträchtigt sind, während das sogenannte prozeduale Gedächtnis kaum durch das Altern beeinflusst wurde (Adams et al. 2000). Diese Beeinträchtigungen können mit Schädigungen im Bereich des Hippocampus in Zusammenhang stehen.

Sowohl Untersuchungen von Christina Siwak-Tapp (2008) als auch von Emily Bray et al. (2013) zeigen, dass die Impulskontrolle und Selbstbeherrschung bei älteren Hunden gehemmt sind. Bray ließ Hunde, vergleichend junge und ältere Hunde, eine „Umwegaufgabe" lösen. Bei dieser hatten die Hunde die Möglichkeit, entweder gegen eine durchsichtige Scheibe zu laufen oder dieses transparente Hindernis zu umlaufen, um z. B. einen dahinter aufgestellten Futternapf zu erreichen. Während jüngere Hunde meist den Weg des Umlaufens wählten, folgten die Älteren vorwiegend ihrem ersten Impuls und liefen geradeaus gegen die Scheibe.

Ebenso konnte durch die Wiener Arbeitsgruppe um Lisa Wallis eine Veränderung in

der Konzentrationsfähigkeit älterer Hunde festgestellt werden. Es wurde in diesem Bereich eine Versuchsreihe zur Aufmerksamkeitsspanne bei Border Collies durchgeführt. Durch diese wurde deutlich, dass ältere Hunde sich zwar besser konzentrieren konnten, ihre Aufmerksamkeitsspanne, insbesondere bei der selektiven Aufmerksamkeit, jedoch deutlich unterhalb der von Hunden in der mittleren Altersgruppe lag (Wallis et al. 2014). Paolo Mongillo und seine Gruppe konnten durch einen weiteren Versuch feststellen, dass die soziale Interaktion durch diese abnehmende selektive Aufmerksamkeit ebenfalls eingeschränkt werden kann. Denn die Rate der Unterscheidung zwischen einer Fremdperson und dem eigenen Menschen lag bei alten Hunden deutlich niedriger als bei den jüngeren Artgenossen (Mongillo et al. 2013).
Beth Adams und Co-Autoren konnten nachweisen, dass das Wortgedächtnis älterer Hunde ebenfalls beeinträchtigt ist. Während jüngere Hunde ein einmal gelerntes Signal auch nach einer längeren Zeit der Nichtbenutzung noch richtig anwenden konnten, zeigten ältere Artgenossen bei dieser Aufgabe deutliche Probleme (Adams et al. 2000).

Orientierungsverlust

Das räumliche Denken älterer Hunde sei, wie durch eine Arbeit von Gary Landsberg (2005) deutlich wird, ebenfalls beeinträchtigt, was neben den geminderten Sinneswahrnehmungen sowie verzögerten Reizreaktionen zu einer Desorientiertheit führen kann. So kann es dazu kommen, dass sich Hunde in einer ihnen eigentlich bekannten Umgebung verirren oder es ihnen neben der bereits erwähnten gehemmten Impulskontrolle Schwierigkeiten macht, Hindernisse zu überwinden, da die Orientierung eingeschränkt ist. Dieser Orientierungsverlust lässt sich dadurch erklären, dass vor allem der Hippocampus als Sitz des Ortsgedächtnisses betrachtet wird und eben dieser Bereich von dem altersbedingten Zellabbau stark betroffen sein kann.
Wie bereits geschildert, ist bei älteren Hunden sowohl die Impulskontrolle gehemmt als auch der Stresspegel auf einem höheren Niveau, was dazu führen kann, dass das Nervenkostüm des Seniors durch eine erhöhte Reizbarkeit etwas dünner wird. Aus diesem Grund sollten gerade ältere Hunde im Umgang mit Kindern beaufsichtigt werden, damit es nicht zu einer unangemessenen Reizreaktion kommt.

Wo ist noch mal der Weg nach Hause?

FÖRDERUNG ALTER HUNDE

Gerade den bereits erwähnten Beeinträchtigungen im Bereich des Hippocampus durch einen Verlust von Nervenfasern und deren Verknüpfungen kann durch geeignete Beschäftigungsprogramme entgegengewirkt werden (vgl. Siwak-Tapp et al. 2008). Solche Beschäftigungsprogramme können z. B. aus einer Paarhaltung, Spielzeugen, regelmäßigen Spaziergängen und Denkaufgaben bestehen. Durch all diese Angebote kann es durch eine Verknüpfung des Hippocampus mit der linken Hirnhälfte zu einer Reduzierung der neuralen Alterserscheinungen kommen.
Im Allgemeinen bewegen sich ältere Hunde deutlich weniger als die jüngeren Generationen. Zusätzlich verlangsamen sich die Stoffwechselprozesse im Alter zunehmend. Aus diesen Gründen sollte die Tagesration an Futter im Senioralter um 25 – 30 % gekürzt werden. Dabei ist es jedoch von Bedeutung, dass die notwendigen Aminosäuren, Vitamine und Spurenelemente dem Körper in leichtverdaulicher und gut aufzunehmender Qualität zugeführt werden. Besonders wichtig ist dabei ein qualitativ hochwertiges Eiweiß, hierbei sollte das Futter einen Proteingehalt von 19 – 22 % jedoch nicht überschreiten, da er sonst den Nieren zur Last fällt. Des Weiteren sollte die Tagesration auf mehrere und dafür kleinere Mahlzeiten verteilt werden, da so auch der Verdauungstrakt entlastet werden kann.
Norton Milgram stellte zusätzlich fest, dass die Ernährung dem Verlust des räumlichen Denkens entgegenwirken kann (Milgram et al. 2002). In einem Versuch fügte er dem Futter einer Gruppe Antioxidantien und Nahrungsergänzungen, die die Funktion der Mitochondrien förderten, hinzu. Wenn nun Futter durch eine Landmarke markiert in größere Entfernung gestellt wurde, waren die Hunde, die eine angereicherte Ernährung erhielten in der Lage, diese zu finden. Weitere sinnvolle Ergänzungen zum Futter sind die Gabe von Vitamin C und E, da sie als Antioxidantien wirken und einen Schutz des Gehirns auf freie Radikale bilden können.

DEMENZ IM ALTER

Wie bereits eingehend erläutert, sind gewisse Verhaltensänderungen von Hunden im Alter zu erwarten. Wenn diese jedoch rasant fortschreiten und somit die Anpassungsfähigkeit des Seniors übersteigen, kann eine senile Demenz als Ursache in Betracht gezogen werden. Das sogenannte kanine kognitive Dysfunktionssyndrom oder „Canine Cognitive Dysfunction“ (CCD) kann mit der menschlichen Alzheimererkrankung verglichen werden, da es sich in vielen Symptomen ähnelt (Schneider 2013). Aus diesem Grund liefern demente Hunde auch einige Ansätze in der Forschung für Alzheimerpatienten.
Die Unterscheidung zwischen den als normal zu betrachtenden Veränderungen des Verhaltens z. B. im Schlaf-Wach-Rhythmus, die sich mit zunehmendem Alter zeigen, zwischen denen, die schon als krankhaft einzustufen sind, ist mitunter nicht einfach. Weshalb Hannah Salvin die CCD als deutlich unterdiagnostiziert einstuft (Salvin et al. 2010). Salvin und ihre Arbeitsgruppe entwickelten aus diesem Grund einen Katalog, in dem sie 27 Verhaltensmuster analysierten. Dabei betrachteten sie die Veränderungen innerhalb der letzten sechs Monate und gingen bei einer starken Entwicklung von einer beginnenden kognitiven Einschränkung aus.
Dabei sieht Dr. Schneider die häufigsten Symptome in sogenannten 5 Leitsymptomkomplexen, die sie in Desorientiertheit, veränderter Interaktion, veränderter Schlaf-Wach-Rhythmus, Stubenreinheit und veränderter Aktivität sieht. Die Ausprägung der Beeinträchtigungen ist dabei individuell unterschiedlich. Festzustellen sei bei den betroffenen Hunden ein zielloses Umherwandern oder sie erscheinen

apathisch und starren ins Leere. Zum Teil können Stereotypien wie Hin- und Herlaufen beobachtet werden. Die Hunde zeigten weniger Interesse an ihrer Umgebung und auch weniger Reaktionen auf ihnen bekannte Reize. Das Erkennen von bekannten Orten und Sozialpartnern sei auch eingeschränkt und die Kontaktaufnahme zum Halter ist deutlich vermindert. Zusätzlich kann eine vermehrte Unruhe auftreten, die sich vor allem in den Abendstunden bemerkbar machen zu scheint und die Hunde oft rastlos werden. Mitunter kann es dazu kommen, dass die Hunde unsauber werden.

Dazu lassen sich neben von außen zu beobachtenden Verhaltensveränderungen, auch die Veränderungen, die sich auf der cerebralen Ebene finden lassen, mit denen der Alzheimererkrankung vergleichen. Elizabeth Head, Jaime Rofina und Co-Autoren beschreiben diese Veränderungen im Gehirn vor allem mit einer Abnahme des Volumens. Diese lasse sich vor allem in den Bereichen des Hippocampus, Frontalhirns und präfrontalen Anteil des Sitrnhirns feststellen (Head et al. 2008). Neben dieser Reduzierung des Volumens seien zusätzlich mit zunehmendem Alter die Bildung von Hohlräumen zu erkennen. Des Weiteren kommt es zu der Ausbildung von Eiweißstrukturen, die bei gesunden und jungen Hunden nicht auftreten. Diese sogenannten Amyloidkörnchen sind in ihrem chemischen Aufbau mit denen von Menschen identisch. Zuerst lassen sich diese Amyloidablagerungen im präfrontalen Stirnhirn, der sowohl die Impulskontrolle, die Selbstbeherrschung und die sozialen Kompetenzen steuert, bemerken.

Weniger Muskulatur im Alter führt zu erhöhter Kälteempfindlichkeit.

Im Bereich des Hippocampus ist ein deutlicher Verlust der Neuronen zu beobachten. Vor allem die Neubildung der Nervenzellen in dieser Hirnregion ist stark reduziert. Diese Reduktion lässt bestimmte Verhaltensänderungen von betroffenen Tieren erklären, da gerade die Neubildung von Zellen im Hippocampus bei der Bewältigung von Stresssituationen oder der Gedächtnisbildung und dem Umlernen von Bedeutung ist.

Auch eine weitere Gruppe von Eiweißstrukturen tritt im Alter des Öfteren auf, die **Tauproteine**. Dies sind Eiweißfäden in einer Gruppe, die mit starken Phosphatgruppen versehen sind. Auffällig ist, dass sich die Bildung dieser Tauproteine, wie einige Untersuchungen zeigten, durch die Anwesenheit von Sexualhormonen aufhalten oder zumindest verlangsamen lässt. Aus diesem Grund lässt sich eine erhöhte Demenzwahrscheinlichkeit bei kastrierten Hunden erklären.

Abschließend ist zu sagen, dass die kognitive Dysfunktion eine unheilbare, degenerative Erkrankung ist, die durch Therapieansätze nicht aufgehalten, sondern nur verlangsamt werden kann. Wichtig ist dabei, dass die betroffenen Tiere weiterhin gefördert und beschäftigt werden. Wie bereits im Abschnitt „Förderung alter Hunde" erläutert, führen Beschäftigungsprogramme zu neuen Verbindungen zwischen den Neuronen im Hippocampus, sodass den Alterseinschränkungen zu einem gewissen Teil entgegengewirkt werden kann. Dies kann mit der Plastizität des Gehirns erklärt werden, die bis ins hohe Alter gegeben ist.

Ältere Hunde brauchen ihre Ruhe, aber auch den intensiven Kontakt zu ihrem Menschen.

MEDIZINISCHE VERSORGUNG

Senioren sollten regelmäßig (minestens einmal im Jahr) zum Gesundheits-Check beim Tierarzt vorgestellt werden. Das Erkrankungsrisiko ist bei älteren Hunden deutlich erhöht und oft Bedarf es ein frühes Eingreifen. Denn wie bereits erwähnt, lässt die Leistung des Immunsystems im Alter nach. Wichtig ist es auch, dass die Zähne regelmäßig kontrolliert und behandelt werden. Erkrankte Zähne können nämlich sowohl zu Schmerzen und somit einer abnehmenden Lebensqualität führen als auch zu einer Verschleppung von Bakterien, die eine Herzentzündung bedingen können. Ebenfalls sind regelmäßige Blutuntersuchungen empfehlenswert, um Erkrankungen der Organe frühzeitig erkennen zu können. Die erschlaffende Muskulatur im Alter kann der Auslöser einer Magendrehung sein, die einen Notfall darstellt. Wenn der Hund kurz nach der Futteraufnahme versucht zu erbrechen, ohne dass der Mageninhalt austritt, er stark hechelt und sehr unruhig ist, sollte dies schnell von einem Tierarzt abgeklärt werden. Durch die Belastung des Bewegungsapparates im Alter, z. B. durch Arthrosen, kann eine individuell angepasste Schmerztherapie erforderlich sein, um die Lebensqualität des Seniors zu verbessern (siehe auch S. 359).
Zusätzlich können physiotherapeutische Anwendungen unterstützend wirken. Diese können z. B. Massagen oder Lauftraining auf dem Unterwasserlaufband sein.
Aus den genannten Ergebnissen wird deutlich, dass es nicht DIE eine Haltungsempfehlung für einen Seniorhund gibt. Es kann zu individuellen körperlichen und psychischen Veränderungen kommen, auf die man genauso individuell eingehen muss. Wichtig ist, dem Hund die Art von Pflege und Betreuung zukommen zu lassen, die er benötigt. Wie viel Pflege ein Hund wirklich im Alter Bedarf und ab wann diese einsetzen muss, ist genauso wie bei Menschen sehr unterschiedlich.
Wichtig ist, dass man sich auf die möglichen Veränderungen im Miteinander mit dem Senior einstellt und ihn so weiterhin ins Familienleben integriert. Denn wenn man selbst ein wenig umdenkt und den Hundeopa bzw. die Hundeoma auch noch weiterhin fördert, muss das Zusammenleben im Alter nicht schwieriger werden und man kann die Vorteile eines ruhigeren und gelasseneren vierbeinigen Kameraden genießen und die letzte gemeinsame Zeit noch harmonisch miteinander verbringen.

SERVICE

— *Wissenswertes für Hundehalter*

AUTORINNEN UND AUTOREN

Autorinnen und Autoren sind im Inhaltsverzeichnis und bei den Beiträgen genannt.

Bergeest, Johanna: approbierte Tierärztin, derzeit Promotionsprojekt über Verhaltensentwicklung bei Welpen, (Veterinäramt).

Brunken, Jessica, B.Sc.: „Biologie" an der Universität Halle/Wittenberg, mit dem Schwerpunkt Tierphysiologie, Masterstudium „Wildtierökologie und Wildtiermanagement" an der Universität Wien.

Burda, Hynek, Prof.: Prof. für Allg. Zoologie Universität Duisburg-Essen in Essen (1994 – 2018), im Ruhestand, Prof. für Zoologie an der Agraruniversität in Prag, Tschechien, seit 2010 Gastprofessor für Zoologie an der Südböhmischen Universität in Budweis, Tschechien.

Daub, Viola: praktische Tierärztin, selbstständig in einer Gemeinschaftspraxis, ehrenamtliche Prüferin, Ausbilderin und Rettungshundeführerin beim Deutschen Roten Kreuz.

Egner, Hannah J.: Studium der Veterinärmedizin an der Universität Leipzig, ab Frühjahr 2022 Tierärztin; Beginn einer Promotion im Bereich der Zoo- und Wildtiermedizin.

Felde, Barbara Dr. jur.: Richterin am Verwaltungsgericht, stellvertretende Vorsitzende der Deutschen Juristischen Gesellschaft für Tierschutzrecht e. V. in Berlin.

Fischer, Andrea, Prof. Dr. med. vet.: EBVS European Specialist for Veterinary Neurology, Diplomate American College of Veterinary Internal Medicine (Neurology), FTA Innere Medizin, ZB Neurologie.

Fischer, Martin S., Prof. Dr. rer. nat., Dr. h.c.: Institut für Zoologie und Evolutionsforschung Friedrich-Schiller-Universität Jena, Funktionsmorphologe und Evolutionsbiologe, Vorsitzender der Gesellschaft zur Förderung Kynologischer Forschung e. V. (GKF), Mitglied im wissenschaftlichen Beirat des VDH.

Gansloßer, Udo, PD Dr.: Privatdozent für Zoologie am Institut für Zoologie und Evolutionsforschung der Universität Jena, führt regelmäßig Kurse in Verhaltensbiologie und Tiergartenbiologie an verschiedenen Universitäten durch, Schwerpunkt seiner Arbeitsgruppe sind die Canidae (Hundeartige), Herausgeber des vorliegenden Buches.

Hielscher, Benedikt, Dr.: Promotionsprojekt zur körperlichen Aktivität von Hundehaltern an der Deutschen Sporthochschule Köln.

Hinte-Breindl, Bettina: Magister in Philosophie und Psychologie, 2. Staatsexamen in Sonderpädagogik. Nach dem Abschluss ihrer Ausbildung im Bereich Tierpsychologie, mit dem Schwerpunkt Hundeerziehung und -training, leitet sie in Lübeck ihre eigene Hundeschule.

Jann, Gianna, MSc: Umweltpädagogin, hauptberuflich in der Kinder- und Jugendarbeit tätig.

Karrer, Tanja: Tierärztin, angestellt in einer Kleintierpraxis. Tätigkeitsschwerpunkte Internistik und Dermatologie, weitere Schwerpunkte Tierernährung und -verhalten.

Käufer, Mechtild: Dipl.-Sozialarbeiterin, Hundetrainerin, Fachautorin mit den Schwerpunkten Hund-Hund- und Mensch-Hund-Spiel.

Kirchhoff, Stefan: staatlich geprüfter Tierpfleger im Bereich Heim- und Pensionstierpflege, IHK-Ausbilder und Prüfer für Tierpfleger, Hundetrainer und Verhaltensberater, Inhaber einer Hundepension.

Klimm, Sandra: Tierärztin, arbeitet seit 7 Jahren in ihrer eigenen mobilen Tierarztpraxis mit den Schwerpunkten Alternativmedizin und Angsthunde.

Knezevic, Kristina, Biologin MSc: Hundetrainerin, selbstständig mit einem Unternehmen für Hundebetreuung.

Knoche, Jennifer: approbierte Tierärztin, Promotionsprojekt über die Persönlichkeitsentwicklung bei Jagdhundewelpen.

Kolkmeyer, Carina A., MSc, BSc: Promotionsprojekt über Kastrationsfolgen bei Caniden, Lehrbeauftragte der Universität Vechta.

Mai, Sabine Dr., MSc, MAS, CCRP: Fachtierärztin für Physiotherapie und Rehabilitation, engagiert in der Weiterbildung von Fachleuten rund um das Thema Bewegungsgesundheit.

Mertes, Sarah, BSc: zertifizierte Hundetrainerin nach § 11 Abs. 1 Nr. 8f und Verhaltensberaterin, Gründerin und Geschäftsführerin der Pupy GmbH.

Rettich, Daniela: Schweizer BLV-anerkannte Hundetrainerin; Autorin des Sachbuches „Der MDR1-Gendefekt – wenn der Türsteher an der Blut-Hirn-Schranke fehlt".

Schmiedel, Sophie: Studentin der Pferdewirtschaft an der HfWU Nürtingen und Auszubildende im TeamHundecoach zur Hundeverhaltensberaterin.

Schmitz, Jennifer: MSc Biologie, Doktorarbeit über Aggressionsverhalten beim Hund in Planung und Hundetrainerin in Wuppertal.

Schnappat, Britta, MSc, BSc: derzeit administrative Assistenz/Labormanagerin Abteilung Neuronale Zellbiologie am Zentrum für Hirnforschung der Medizinischen Universität Wien, Koordination Paarbindungsprojekt bei Wildcaniden Mammalia AG.

Silbermann, Jennifer: BSc Biologie, MSc Evolution, Ecology and Systematics, Masterarbeit zu „Factors influencing separation behaviour of dogs (Canis lupus familiaris)".

Strauß, Kristin P., MSc: Promotion über die Verhaltensentwicklung bei Welpen und Junghunden, angestellt beim Verein für Deutsche Schäferhunde (SV) e. V., als Bearbeiterin für das Projekt 3657.

Tebelmann, Hana: Research Assistant Mammalia AG, derzeit Forschung zu artübergreifendem Kooperationsverhalten verschiedener Caniden (u.a. Wölfen, Dingos und Füchsen), Mitglied Primitive and Aboriginal Dog Society mit Interesse an Verhaltensunterschieden verschiedener Urhund-Typen.

Ten Thoren, Svenja: Sc. Biologie und Geographie, tiermedizinische Fachangestellte, Biologin im Umweltplanungsbüro, freiberufliche Redaktions- und Organisationsassistenz bei PD Dr. Udo Gansloßer. Koordination des Buches.

Welz, Antonia: Dipl. Tier-Osteopathin, eigene mobile Praxis mit Spezialisierung auf Hunde und Katzen, Privatdozentin mit Schwerpunkt auf Anatomie, Physiologie und Verhalten.

Winkelser, Friederike, Mag. med. vet.: Dissertation über Welpen, Tierärztin in Köln.

Winkler, Aletta: Tierärztin für Kleintiere, Promotionsprojekt im Bereich Ethologie.

Wolff, Celina, MSc, BSc: Masterarbeit über die Nutzung olfaktorischer Reize (Gewürze) zur Tierbeschäftigung der Hudson-Bay-Wölfe im Zoo Osnabrück.

Wörner, Kathrin, MSc: Biologin mit Schwerpunkt Verhalten und Physiologie, selbstständige Ernährungsberaterin für Hunde und Katzen, zertifizierte Hundetrainerin, aktuell tätig im Online-Marketing.

REGISTER

BILDNACHWEIS

Anna Auerbach/Kosmos (44: S. 7, 8, 13, 34, 51, 52, 65, 67, 70, 100, 124, 146, 152, 159, 160, 190, 191, 198, 199, 202, 206, 209, 215, 221, 227, 240, 242, 246, 253, 261, 269, 276, 280, 281, 295, 301, 317, 330, 331, 332, 335, 339, 352), Anna Auerbach/Archiv (2: S. 151, 296), Inga Haase/Kosmos (2: S. 170, 268), Matthias Krüger/Phyletisches Museum Jena (3: S. 90), Nicole Schick/Kosmos (1: S. 375), Heike Schmidt-Röger (1: S. 120), Shutterstock (56: 28/Oliveshadow; 42/Olya Maximenko; 53/Michael Pettigrew; 62/Sergiy Bykhunenko; 75/The Darkroom-Photography; 76/Anne Richard; 79/La Su; 84/Todorean-Gabriel; 92/Billion Photos; 99/ BERMIX STUDIO; 112/Anna Krivitskaya; 119/David Moreno Hernandez; 123/thka; 128/ KAMONRAT; 131/Wacharin Nanakorn; 134/Waldemar Dabrowski; 145/Lindsay Helms; 149/Zivica Kerkez; 150/Viktoriia Hnatiuk; 153/1stGallery; 169/vyasphoto; 171/dezy; 172/ Laura-Sophie Fotografie; 174/Mary Swift; 183/Krizek Vaclav; 185/AMNAT DPP; 188/Ashley Swanson; 211/Przemek Iciak; 230/Valerie Berdinel; 234/Philipp Lohr; 254/Sara Borbala Balogh; 270/Ryan_hoel; 289/Mickart.photography; 302/ Alexandra Astaleks; 303/Vincent Scherer; 304/dezy; 309/Bearok; 312/sophiecat; 315/Tatyana Blinova; 320/ Anastasiia Chukhova; 323/ Mia Hao; 327/BreakfastCandy; 328/Kirill Gorshkov; 337/Kuba Kwiatkowski; 346/Bernd Wolter; 349/OlgaLucky; 351/ANGHI; 358/KANTAPHON KWANSRISUT; 361, 362/leung-chopan; 365/Ian McGlasham; 368/Sabine Schmidt; 371/JPRFPhotos; 372/ Jaromir Chalabala; 374/Sarah Ros; 376/Enna8982), Hana Tebelman (1: S. 56), Svenja ten Thoren (1: S. 27)

Mit Illustrationen von Wolfgang Lang (12: S. 14, 155, 157, 162, 163, 164, 166, 167, 176). Alle weiteren 36 Grafiken von Atelier Krohmer (anhand von Vorlagen der Autoren). Illustration S. 36/Shutterstock: Hund/ProfiTrollka, Spritze/Erta, Feder/Anatolir.

QUELLENVERZEICHNIS

Das Quellenverzeichnis finden Sie als PDF-Download unter **https://www.kosmos.de/ganslosser_verhaltensphysiologie**

DANKE

Herausgeber und Verlag danken allen Autorinnen und Autoren für ihre Beiträge – dadurch ist ein umfangreiches Werk rund um die Verhaltensphysiologie und -medizin entstanden. Besonderer Dank gilt unserer famosen Redaktionsassistentin Svenja ten Thoren, die mit ihrer doppelten Fachkompetenz als Biologin und tiermedizinische Fachangestellte den Schwarm an Manuskripten, Abbildungen und Abgabeterminen stets im Blick hatte und erfolgreich alle säumigen Schafe in den Pferch gebracht hat.

IMPRESSUM

Umschlaggestaltung von GRAMISCI Editorialdesign/München unter Verwendung eines Farbfotos von Shutterstock/wacpan, mit Illustration (Organe) von Kay Elzner.

Mit 111 Farbfotos und 48 Illustrationen.

Alle Angaben in diesem Buch erfolgen nach bestem Wissen und Gewissen. Sorgfalt bei der Umsetzung ist indes dennoch geboten. Der Verlag und die Autoren übernehmen keinerlei Haftung für Personen-, Sach- oder Vermögensschäden, die aus der Anwendung der vorgestellten Materialien, Methoden oder Informationen entstehen könnten.

Unser gesamtes Programm finden Sie unter **kosmos.de**.
Über Neuigkeiten informieren Sie regelmäßig unsere Newsletter, einfach anmelden unter **kosmos.de/newsletter**

Gedruckt auf chlorfrei gebleichtem Papier

ISBN 978-3-440-17236-0
Redaktion: Hilke Heinemann
Gestaltungskonzept: Peter Schmidt Group GmbH, Hamburg
Gestaltung und Satz: Atelier Krohmer, Dettingen/Erms
Produktion: Carolin Wacker, Eva Schmidt
Druck und Bindung: Westermann Druck Zwickau GmbH, Zwickau
Printed in Germany / Imprimé en Allemagne

FSC
www.fsc.org
MIX
Papier | Fördert gute Waldnutzung
FSC® C110508